数值天气和气候预测

托马斯·汤姆金斯·沃纳
(Thomas Tomkins Warner)　著

陈葆德　李　泓　王晓峰　等 译

气象出版社
China Meteorological Press

图书在版编目(CIP)数据

数值天气和气候预测 / 陈葆德等译著. -- 北京：气象出版社，2017.3（2020.1重印）
ISBN 978-7-5029-6244-9

Ⅰ. ①数… Ⅱ. ①陈… Ⅲ. ①数值天气预报②气候预测 Ⅳ. ①P456.7②P46

中国版本图书馆 CIP 数据核字(2017)第 026945 号

北京市版权局著作权合同登记:图字 01-2017-1452

Shuzhi Tianqi he Qihou Yuce

数值天气和气候预测

托马斯•汤姆金斯•沃纳(Thomas Tomkins Warner)著 陈葆德 李泓 王晓峰 等译

出版发行：气象出版社
地 址：北京市海淀区中关村南大街 46 号 邮政编码：100081
电 话：010-68407112(总编室) 010-68408042(发行部)
网 址：http://www.qxcbs.com E-mail： qxcbs@cma.gov.cn
责任编辑：王萃萃 李太宇 终 审：邵俊年
责任校对：王丽梅 责任技编：赵相宁
封面设计：博雅思企划
印 刷：北京中石油彩色印刷有限责任公司
开 本：787 mm×1092 mm 1/16 印 张：25.5
字 数：640 千字
版 次：2017 年 3 月第 1 版 印 次：2020 年 1 月第 2 次印刷
定 价：150.00 元

本书如存在文字不清、漏印以及缺页、倒页、脱页等，请与本社发行部联系调换。

翻译团队成员（按姓氏笔画为序）

王晓峰　刘梦娟　李　泓　杨玉华
张　旭　张　蕾　陈葆德　骆婧瑶
黄　伟　谢　英　谭　燕

数值天气和气候预测

本教科书为研究生、研究人员和专业人士提供了关于天气和气候预测综合而易懂的论述。针对大气模式的使用,讲授其优点、缺陷和最佳实践,对在各个方面应用模式的学者们来说是本理想的书籍。书中描述了不同的数值方法、资料同化、集合方法、可预报性、陆面模拟、气候模拟和降尺度、计算流体动力模式、基于模式研究的试验设计、检验方法、业务预报,以及空气质量模式和洪水预报等专业应用。本书基于作者在宾夕法尼亚州立大学和科罗拉多大学 30 多年所教授的课程,也得益于作者在美国国家大气研究中心(NCAR)的模式实践经历。

本书将满足在研究和业务应用中需要了解大气模式的人士,适合作为天气和气候预测分支学科的教科书,也可作为具有大气科学、气象学、气候学、环境科学、地理学及地球物理流体力学/动力学等研究背景的专业人士作为参考用书。

本书作者 Tom Warner(全称 Thomas Tomkins Warner,托马斯·汤姆金斯·沃纳,简称 Tom Warner),之前是宾夕法尼亚州立大学气象系教授,后加入美国国家大气研究中心(NCAR),同时在科罗拉多大学任教。他的一生致力于数值天气预报和中尺度天气过程的教学和研究工作,其成果已在众多专业期刊发表,并于2004 年出版了《沙漠气象学》*(Desert Meteorology)一书(剑桥大学出版社)。

---

* 中文版《沙漠气象学》(魏文寿等译),已由气象出版社 2008 年出版。——编辑注

专家评述

《数值天气和气候预测》一书对于想综合了解大气和地球系统数值模式的读者来说是一本非常好的书籍,无论他们的兴趣是天气预报、气候模拟、还是其他的数值模式应用。本书内容全面、叙述精致,包含大量清晰的插图。

Richard A. Anthes 博士

大气研究大学联盟(UCAR)主席

Tom Warner 的这本书内容丰富、书写精炼,全面总结了从局地到全球尺度大气模式的各个方面,应该被所有气象学家、气候学者,以及其他对模式的能力及优缺点感兴趣的科学家所收藏。

Roger A. Pielke Sr. 教授

科罗拉多州立大学大气科学系

Tom Warner 在宾夕法尼亚州立大学和 Boulder 的科罗拉多大学教授数值天气和气候预测课程三十多年,也曾是大气科学界广泛使用的数值模式的主要研发者之一,还很长时期地应用这些程序代码。这一宽广的背景造就了 Warner 教授在模式如何工作、如何使用模式、模式的问题出自何处、以及如何将之解释给学生等方面的独特视角。他的这本书是在假定学生对大气科学有基本认识的前提下撰写的。本书涵盖有关模式的所有常见内容,如数值技术,也包含意料外的东西,如集合模式、初始化及误差增长。如今大多数学生是模式的使用者而非研发者,越来越少的人能够超越他们感兴趣的狭小区域深入研究模式。成千上万行的代码中研发团队一般关注其中的某部分,很少有人能说他完全了解一个模式的全部。Warner 教授的这本教科书可以帮助学生和模式的高级使用者更好地领会和了解已成为大气科学主宰的数值模式。

Brian Toon 教授

科罗拉多大学大气和海洋科学系主任

Tom 的这本新书内容广泛,涵盖从传统的须知材料到尖端的大气模式话题,是所有模式使用者和有抱负的模式研发者的必读书籍,也将是我的数值天气预报(NWP)学生的必读教科书。

David R. Stauffer 教授
宾夕法尼亚州立大学气象系

这本书讨论了数值天气预报中很多实践的问题,特别适合学生及利用数值模式做研究和应用的科学家。虽然已有一些关于数值预报基础理论的优秀教科书,但本书提供了更多的辅助材料,对于理解业务数值天气预报的关键部分是非常有用的。

蒲朝霞教授
犹他大学大气科学系

Lewis Fry Richardson 可谓数值天气预报之父。除了对模拟大气的方法有极大兴趣，他对发展可预报战争的数学方程，以期避免战争抱有同样的热情。让我们，在大大小小各方面，追随 LFR 的热情。

感谢 John Hovermale，是他提议写这本书。

中文版序一

自 20 世纪初挪威科学家 Bjerknes 首次提出数值预报的科学思想,并于 20 世纪 50 年代成功地将数值预报应用于天气业务以来,伴随着高性能计算机、卫星探测等新技术的快速发展和数值预报理论研究的不断深入,数值预报的发展取得了巨大成功,已成为现今大气科学进步的重要标志、气象预报业务的主要方法。科学研究和业务实践表明,数值预报具有物理基础扎实、客观定量等优点,是提高天气预报准确率的根本途径,这也是国际大气科学领域的普遍共识。随着数值预报模式分辨率的不断提升和预报时效的不断延长,数值预报发展亦面临可预报极限、天气气候一体化、物理过程改进、新探测资料同化、计算效率等诸多挑战,世界上模式研发领先的国家正在制定并实施新一轮的数值预报发展计划,抢占数值预报的制高点。

我国的气象业务和科研部门一直高度重视数值预报的发展,早在 20 世纪 50—60 年代就开始数值预报研究和试验,80 年代初建立了第一代数值预报业务系统,是数值预报起步较早的国家之一。经过多年发展,我国已经建立了包括全球、区域和专业模式在内的完整的数值预报业务体系,取得了长足的进步。2016年,我国自主研发的 GRAPES 数值预报模式投入了业务应用,使我国成为当前少数几个具有模式自主研发能力的国家之一。为促进新时期我国气象预报业务的现代化发展,2016 年初,中国气象局发布"十三五"现代气象预报业务发展规划,提出无缝隙、精准化、智慧型气象预报业务发展目标,大力发展精细化预报预测等业务,而高时空分辨率数值预报则是实现这一目标任务的关键和基础。目前已成立了多支创新团队共同开展数值预报攻关,力争在数值模式核心技术方面取得新突破。

以本书主要译者陈葆德博士领军的上海高分辨率区域模式创新团队,作为目前国内区域数值预报研发的翘楚,长期从事区域数值预报业务与研究,不但在高分辨率区域模式研发和中小尺度物理过程研究等方面颇有建树,还通过数值预报云的建立快速共享了该团队研发的高分辨率数值预报产品,有力地支撑了华东区域乃至全国的精细化预报业务发展。该团队也非常注重跟踪数值预报国际前沿进展,不吝分享其掌握的先进数值预报理念与科技成果,本书的翻译出版即是其中的一个方面,将为广大从事气象预报的科技人员提供一个快速学习的途径。在此,对陈葆德博士及其团队的贡献表示感谢。

由 Thomas Warner 所著、剑桥大学出版社出版的《数值天气和气候预测》是国际上关于数值预报的最新专著之一,其内容丰富,涵盖了从局地到全球尺度数值模式的各个方面;图文并茂,应用了大量的示意图和研究事例,方便读者理解;每章节附有练习题和延伸阅读书籍,供有兴趣的读者深入理解和进一步学习。该书不但为大气科学学科学生、数值预报研究人员提供参考,亦可成为广大预报员掌握数值预报基本原理、提升数值预报产品应用能力的优秀培训教材。

矫梅燕

中国气象局副局长

2017 年 2 月

中文版序二

上海作为一个超大城市，对气象灾害及其影响高度敏感。如何做好极端天气气候风险分析研判和预报预警，牢牢守住城市安全运行和生态环境保护的底线，是气象工作者最关心的难题。高分辨数值预报作为短期与中期天气预报最重要的工具，已经越来越被预报员所认可，其产品在时空上的精度及预报时效已在很大程度上超越了人工预报，促进了气象服务水平的大幅度提高。随着数值模式的快速发展，新的问题也逐渐展现在人们面前，即预报员如何甄别海量的预报信息；在日益准确和智能化的模式产品面前，预报员如何更好地发挥作用。实践证明，只要充分理解了数值模式的原理、架构、内在的物理过程和资料的应用，预报员就能更好地理解和判断数值预报的可信度，尤其是高分辨率区域模式与全球模式的差异所在，从而更有效地提高预报能力。

合适的数值预报教材和参考书对提升模式的应用能力十分重要。剑桥大学出版社出版的 Thomas Warner 撰写的《数值天气和气候预测》一书，内容丰富，深入浅出，实例多样，涵盖了中尺度天气模式到气候模式的各个方面。它的引进与翻译，对于需要综合了解天气和气候数值预报的学生及模式研发和预报人员来说，具有十分重要的参考价值。

本书的翻译人员来自上海市气象局区域高分辨率数值预报创新中心，他们有着丰富的研发与应用的实践经验，近年来其研发的数值预报业务系统为上海及华东的预报人员提供了强有力的支持。在此基础上，上海市气象局搭建了区域高分辨率数值模式及应用体系建设的众创平台，希望越来越多的学生加入数值预报研发队伍，从模式的"旁观者"或应用者变为研发者，为我国的数值预报发展和气象现代化建设做出更大贡献。

陈振林

上海市气象局局长

2017 年 2 月

中文版序三

半个世纪以来,数值模式已经成为天气预报的主要工具。基于我们对大气物理过程的了解,再加上计算机计算能力的提升和计算资源的普及,数值模式可以说是无所不在。从全球气候预测,中尺度极端天气的预报,到城市建筑物流场的模拟,都可以看到数值模式的运用。随着数值天气预报的进展,天气预报模式可以与客户端的应用程式更紧密地结合,让用户可以根据天气预报模式的输出来驱动下游的应用程式,然后使用应用程式的结果来做决策。比如,空气质量的预测及其对人类健康的影响、作物的灌溉、交通路况、飞行安全、水资源的管理、风能太阳能的利用、紧急疏散等,都必须与天气预报模式紧密结合。随着数值模式精准度的提高,我们也可以利用数值模式来做各种仿真,使我们能够更好地掌握模式预报的不确定性及模式的偏差。天气及气候数值模式已经成为进行大气科学研究不可或缺的工具。

20 世纪 60 年代和 70 年代,早期数值模式的研究及运用仅局限于有限的专家。这些专家对于他们自己发展的模式有着很好的了解。随着数值模式的普及,现在许多人都可以接触和使用数值模式,即使他们对数值模式的了解不是很深,模式使用的经验也很少,对模式局限性的了解不足。因此,好的数值模式教育和训练材料,对一般的模式用户来说特别需要。好的教科书可以提供模式用户必要的知识,让他们有效地、恰当地使用数值模式。虽然已有很多针对数值模式的某些专门课题的书,Warner 博士的这本《数值天气和气候预测》可以说是最好的一本数值模式教科书。它的内容包含了从传统数值模式的基本教材到先进的数值模拟课题,提供了数值天气预报及气候模拟所有相关的材料。这本书为数值模式用户提供了非常实用、非常有价值的讯息。从最基础的控制方程式、动力框架、数值方法、边界条件、物理参数化、数据同化、模式初始化,到模式实验设计、模式结果分析、统计后处理、模式校验、可预报度、集合预报、再分析、区域气候预测,到模式在民生与国防的应用,非常齐全。Warner 博士提供了很多很实际也非常实用的范例。这本书对初学者或是有经验的数值模式工作者都很有用。

Warner 博士 1970 年初师从 Anthes 博士(Dr. Richard A. Anthes),是 Anthes 博士的第一个博士生。他和 Anthes 博士一起工作,把 Anthes 博士的三层台风模式转化成普遍性的中尺度模式,也就是 MM0(中尺度模式初始版),是 20 世纪 90 年代非常有名的 MM5(中尺度模式第 5 版)的前身。

　　Warner 博士是我的师兄,我念博士时他给了我很多指导。Warner 博士人很好,做研究非常认真。这本书累积了他数十年在天气及气候模式的工作及教学经验,是一本难得的好书。很高兴陈葆德博士等把这本书翻译成中文,让国内的学者能更方便阅读 Warner 博士的大作。陈葆德博士是中国气象局台风数值模式重点实验室主任,中国气象局上海台风研究所科学主任,也是上海高分辨率区域数值天气预报创新基地的首席科学家。陈葆德博士对天气及气候数值模式有很深的造诣。本书的翻译准确翔实,文笔流畅,是一本难得的译著。我相信,本书的出版会对国内数值天气预报及气候模拟的推展做出重大的贡献。

　　　　　　　　　　　　　　　　　　　郭英华

　　　　　　　　　　　美国大气研究大学联盟(UCAR)

　　　　　　　大气研究社团课题室主任(Community Programs Director)

　　　　　　　　　　　2017 年 1 月

中文版序四

　　能够见证已故 Thomas Tomkins Warner 教授这部著作的中文版面世,是一件让我高兴的事。我很有幸能成为他在 1993 年调职到美国大气科学研究中心之前,在宾夕法尼亚州立大学指导的最后一个博士生。他对学生倾其所能,这使我在他身上获益良多。他激励和培育了我对数值天气预报的兴趣,这种兴趣以后把我引向去美国国家海洋大气管理局工作的道路。在我成为一名科研人员之后,我们继续保持着工作关系。20 世纪 90 年代我曾在两个研究项目中和他一起工作,这和本书的其中两章"物理过程参数化"和"集合预报"颇有关系。通过这些项目合作,我越发钦佩他对数值天气预报和气候模拟的研究热情。Warner 教授的教学和研究工作覆盖了大气模式的不同领域。这部书真实地反映了 Warner 教授在教授数值天气和气候预报方法的精神。书中材料取自 Warner 教授在宾夕法尼亚州立大学和科罗拉多大学的数值天气和气候预报相关的研究生课程教学中大量使用的讲义,这使得这部书适用于在校学生和有更多天气和气候模式背景的资深读者学习和参考。

　　这部书讲述清楚,可读性极高。其内容包含大气方程组及其数值解、物理过程参数化、模式初始化/资料同化、集合方法,可预报性、检验方法、基于数值模式的研究的试验设计、业务预报、计算流体动力模式、气候模拟和降尺度、模式输出分析技术、后处理统计,以及数值模式的一些特殊应用(例如空气质量模拟和洪水预报等章节)。书中的每一章都附有清晰且翔实的插图,且各章可独立阅读。书的开始部分有详尽的首字母缩略词、缩写和数学符号。对于需要进一步了解特定主题信息的读者,每一章节还包含了额外的参考文献。

　　作为一部全面介绍大气和地球系统数值模式的入门参考书,该书适用于利用数值模式进行学习、研究和应用的学生、研究人员和专业人士。这本书的易读性使它成为一部有助于全面理解大气数值模拟关键过程的好书。它不仅可帮助模式使用者,特别是将数值模式当黑箱的使用者了解数值模式的能力、优点和缺点,还能给专注于具体且往往狭窄的课题的模式发展人员提供天气和气候数值模拟的基本理念。

包剑文

美国国家海洋大气管理局地球系统实验室(NOAA/ESRL)

气象研究员(Research Meteorologist)

2017 年 1 月

译者前言

2007 年我回国领导华东区域中心的气候变化和区域数值预报的科研与业务工作。工作中发现，团队成员急需拓展数值模拟相关知识的深度与广度，就一直试图寻找一本深入浅出、综合全面的专业书籍供大家学习参考。直到 2012 年春，NCAR 的 Matthias Steiner 博士访问上海，将刚刚出版的 Thomas Warner 的遗作《数值天气和气候预测》作为礼物送给我们。阅读以后发现此专著是迄今为止同类出版物中最全面、最详尽的一本。上海数值预报团队的资料同化专家李泓博士和长期从事数值天气预报应用的王晓峰博士，从各自的专业角度出发，也与我的看法高度一致。

数值预报作为预报天气的一种方法，发展至今已有百余年历史。随着探测技术和高性能计算的快速发展，数值预报已成为天气和气候预报必不可少的重要手段。考虑到广大学生、教师、科研和业务人员对综合了解数值预报基础理论和模式实践的迫切需求，我们组织翻译团队，历时四年，在中国气象局行业专项（GY-HY201206006）的资助下，共同努力将此书引入与翻译，期望译著对广大师生及模式研发、应用人员有所帮助。我们每个人很荣幸参与这一工作，以期能为数值天气与气候预报在我国的研究与应用贡献自己的一份微薄之力。

本书的翻译工作分工如下：目录、缩略词、符号及第 1 章由谭燕、杨玉华合作翻译，陈葆德校对；第 2 章由陈葆德翻译及校对；第 3、14、15、16 章由张旭翻译，陈葆德、谢英校对；第 4、5 章由黄伟翻译，刘梦娟校对；第 6 章由骆婧瑶翻译，李泓校对；第 7、8、10 章由李泓翻译，李泓、谭燕校对；第 9、12 章由张蕾翻译，谭燕、张蕾校对；第 11、13 章由王晓峰翻译，张蕾校对。另外，扉页、前言、附录等由李泓、谭燕、张旭完成。

翻译从 2013 年开始，从成稿、校对到反复修改、文字润色，期间凝聚着各位译者的辛勤劳动和几多汗水，也包含气象出版社李太宇编审的极大热情和心血。感谢黄润恒研究员、章澄昌教授等对全书各章节的审校。在此，我们要对那些为本书的出版付出辛劳和给予帮助的所有人表示衷心的感谢！最后十分感谢中国气象局矫梅燕副局长、上海市气象局陈振林局长、美国 UCAR 的郭英华（Bill Kuo）教授和 Warner 教授的学生、NOAA 的华人科学家包剑文（JianWen Bao）博士为本译著写序，推荐本书。

　　由于译者水平有限,译文中肯定还有这样那样的不当之处,请各位读者不吝赐教,我们深表感谢。

陈葆德

2017 年 2 月

原版前言

本书旨在为业务预报或科学研究使用大气数值模式提供一个综合介绍,希望众多的模式使用者能够了解模式的长处与局限。不同于仅介绍模式某方面细节的书籍,本书主要对数值模式进行了总体论述,可用于自学或有关课程的学习。虽然书中的大量篇幅涉及数值方法,但它不是本书的重点。读者可以发现,书中介绍了大量与模拟大气过程相关的其他内容,只有很好地理解了这些,才能在研究和业务中有效地使用模式。对某些主题有特别兴趣并想深入了解的读者,每章还提供了相关内容的参考文献。本书适用于有微分方程数学基础、大气科学学士或以上学位的读者。

书中第一次出现的缩略词和符号等,在章节中会有定义,同时为了便于查询,也会包括在第一章前的缩略词表中。虽然应注重于概念而不是术语,但为了便于讨论相关主题,有必要准备一本技术词典。常用或重要术语在第一次出现时会用斜体表示,以提醒读者这些术语是值得记忆的。

针对某特定主题,本书并不试图提供一份详尽的参考文献列表。如果读者想得到详细的历史文献列表,可以参考最近的文献,或者每章结尾处推荐的综述文章。由于互联网地址的频繁变更,本书不提供相关地址链接信息,读者应该利用搜索引擎查询当前模式说明和资料来源的相关信息。

许多同事对本书的出版提供了各种有形与无形的支持和帮助。Cindy Halley-Gotway 为本书的图片和封面耐心地进行了艺术处理;浅水流体模式解的图形是基于 Gregory Roux 的模式试验,他也为第 3 章中的一些函数作了图。许多同事花费时间参与技术讨论,这里要特别感谢 George Bryan,Gregory Byrd,Janice Coen,Joshua Hacker,Yubao Liu,Rebecca Morss,Daran Rife,Dorita Rostkier-Edelstein,Robert Sharman,Piotr Smolarkiewicz,Wei Wang 和 Andrzej Wyszogrodzki。帮助本书各章审阅与编辑的同事有:Fei Chen,Luca Della Monache,Joshua Hacker,Andrea Hahmann,Thomas Hopson,Jason Knievel,Yubao Liu,Yuwei Liu,Linlin Pan,Daran Rife,Robert Sharman,David Stensrud,Wei Wang,Jeffrey Weil 和 Yongxin Zhang。Christina Brown 负责获取版权的相关事宜,Carol Makowski 为手稿的准备提供了技术帮助。来自国家大气研究中心图书馆的 Leslie Forehand 和 Judy Litsey 对参考文

献材料提供了帮助。同时,John Cahir 对本书各章的组织提供了宝贵的建议,使得逻辑性更缜密。最后,提供其他形式协助的还有:编辑 Matt Lloyd,助理编辑 Laura Clark 和剑桥大学出版社的出版编辑 Abigail Jones。

缩略词一览表

3DVAR	Three-Dimensional VARiational data assimilation	三维变分资料同化
4DVAR	Four-Dimensional VARiational data assimilation	四维变分资料同化
AC	Anomaly Correlation	距平相关
AGCM	Atmospheric General Circulation Model	大气环流模式
AGL	Above Ground Level	离地高度
ALADIN	European NWP project	欧洲数值天气预报项目名称
AOGCM	Atmosphere-Ocean General Circulation Model	大气海洋环流模式
AR4	Assessment Report number 4	第四次评估报告
ARPEGE	Action de Recherche Petite Echelle Grande Echelle (Research Project on Small and Large Scales)	小尺度和大尺度研究计划
ARPS	Advanced Regional Prediction System	高级区域预报系统
ARW	Advanced Research WRF model	高级 WRF 研究模式
ASL	Above Sea Level	海平面以上
BB-LB	Big-Brother-Little-Brother experiment	大兄小弟试验
BS	Brier Score	布赖尔评分
BSS	Brier Skill Score	布赖尔技巧评分
CAM	Community Atmospheric Model, of NCAR	NCAR 公共大气模式
CAPE	Convective Available Potential Energy	对流有效位能
CCA	Canonical Correlation Analysis	典型相关分析
CCM	Community Climate Model of NCAR	NCAR 公共气候模式
CCN	Cloud Condensation Nucleus	云凝结核
CCSM	Community Climate System Model	公共气候系统模式
CFD	Computational Fluid Dynamics	计算流体力学
CFL	Courant-Friedrichs-Lewy numerical stability criterion, which requires that $U\Delta t/\Delta x \leqslant 1$	Courant-Friedrichs-Lewy (CFL) 计算稳定性判据
CFS	Climate Forecast System of the US NCEP	美国 NCEP 气候预报系统
CIN	Convective Inhibition	对流抑制
CMAP	CPC Merged Analysis of Precipitation	CPC 降水融合分析

CMC	Canadian Meteorological Center	加拿大气象中心
CMIP	Climate Model Intercomparison Project	气候模式比较计划
COAMPS	Coupled Ocean-Atmosphere Mesoscale Prediction System, of the US Navy	美国海军海气耦合中尺度预报系统
COLA	Center for Ocean-Land-Atmosphere studied, USA	美国海—陆—气研究中心
CPC	Climate Prediction Center	气候预测中心
CRMSE	Centered Root-Mean-Square Error	中心均方根误差
CSI	Critical Success Index	临界成功指数
CSIRO	Commonwealth Scientific and Industrial Research Organisation, Australia	澳大利亚公益性科学与工业研究组织
DCISL	Departure Cell-Integrated Semi-Lagrangian finite-volume method	出发点格点积分的半拉格朗日有限体积方法
DEMETER	Development of a European Multimodel Ensemble system for seasonal to inTERannual prediction	季节到年际预测的欧洲多模式集合预报系统的发展
DMO	Direct Model Output	直接模式输出
DNS	Direct Model Simulation	直接模式模拟
DSS	Decision Support System	决策支持系统
ECHAM	Global climate model developed by the Max Planck Institute for meteorology	Max Planck 气象研究所发展的全球气候模式
ECMWF	European Center for Medium-range Weather Forecast	欧洲中期天气预报中心
ECPC	Experimental Climate Prediction Center, US Scripps Institution of Oceanography	美国斯克里普斯海洋研究所试验气候预测中心
EKF	Extended Kalman Filter	扩展卡尔曼滤波
EL	Equilibrium Level	平衡高度
EML	Elevated Mixed Layer	抬升混合层
EnKF	Ensemble Kalman Filter	集合卡尔曼滤波
ENSO	El Nino-Southern Oscillation	厄尔尼诺-南方涛动
EOF	Empirical Orthogonal Function	经验正交函数
ERA	ECMWF global reanalysis	ECMWF 全球再分析
EROS	Earth Resources Observing System, of the US Geological Survey	美国地质调查局地球资源观测系统
ESA	European Space Agency	欧洲空间局
ETKF	Ensemble Transform Kalman Filter	集合变换卡尔曼滤波
ETS	Equitable Threat Score	公平 TS 评分

F	False-alarm rate	空报率
FAR	False-Alarm Ratio	空报比
FASTEX	Fronts and Atlantic Storm Tracks Experiment	锋面和大西洋风暴路径试验
FDDA	Four-Dimensional Data Assimilation	四维资料同化
FFSL	Flux-Form Semi-Lagrangian finite-volume method	通量形式半拉格朗日有限体积方法
FIM	Flow-following finite-volume Icosahedral Model, of the US NOAA	美国 NOAA 气流追随的二十面有限体积模式
GABLS	Global Energy and Water-cycle Experiment (GEWEX) Atmospheric Boundary-Layer Study	全球能量和水循环试验,大气边界层研究
GCM	General Circulation Model	大气环流模式
GEM	Global Environmental Multiscale model of the Meteorological Service of Canada	加拿大气象局的全球环境多尺度模式
GEOS	Goddard Earth Observing System, of NASA	美国 NASA 戈达德地球观测系统
GFS	Global Forecasting System, of the US NCEP	美国 NCEP 全球预报系统
GLADS	Global Land Data Assimilation System, of the US NOAA and NASA	美国 NOAA 和 NASA 的全球陆面资料同化系统
GME	Global model of the German Weather Service	德国气象局全球模式
GOES	Geostationary Operational Environmental Satellite	地球静止业务环境卫星
GPI	GOES Precipitation Index	GOES 降水指数
GPS	Global Positioning System	全球定位系统
GSS	Gilbert Skill Score	Gilbert 技巧评分
H	Hit rate	命中率
HIRLAM	High-Resolution Limited Area Model	高分辨有限区域模式
HRLADS	High-Resolution Land Data Assimilation System, part of the WRF system	高分辨陆面资料同化系统,WRF 系统的一部分
HSS	Heidke Skill Score	Heidke 技巧评分
IC	Initial Conditions	初始条件
IN	Ice Nucleus	冰核
IPCC	Intergovernmental Panel on Climate Change	政府间气候变化专门委员会
IRI	International Research Institute for Climate and Society	国际气候与社会研究所
KE	Kinetic Energy	动能

KF	Kalman Filter	卡尔曼滤波
LAM	Limited-Area Model	有限区域模式
LBC	Lateral-Boundary Condition	侧边界条件
LCL	Lifting Condensation Level	抬升凝结高度
LDAS	Land Data-Assimilation System	陆地资料同化系统
LES	Large-Eddy Simulation	大涡模拟
LFC	Level of Free Convection	自由对流高度
LM	Lokal Modell, of the German Weather Service	德国气象局 LM 模式
LSM	Land-Surface Model	陆面模式
MADS	Model-Assimilated Data Set	模式同化资料集
MAE	Mean Absolute Error	平均绝对误差
ME	Mean Error	平均误差
MERRA	Modern Era Retrospective-analysis for Research and Application, of NASA	NASA 用于研究和应用的当代再分析
MET	Model Evaluation Toolkit	模式评估工具包
MICE	Modeling the Impact of Climate Extremes	气候极端影响模拟
MM4	Penn State University-NCAR Mesoscale Model Version 4	宾州州立大学/NCAR 中尺度模式第 4 版
MODIS	Moderate-resolution Imaging Spectroradiometer	中分辨率成像光谱辐射仪
MOS	Model Output Statistics	模式输出统计
MRF	Medium-Range Forecast model, of the US NWS	美国 NWS 的中期预报模式
MSC	Meteorological Service of Canada	加拿大气象局
MSE	Mean-Square Error	均方差
NAM	North American mesoscale Model, of the US NCEP	美国 NCEP 的北美中尺度模式
NAO	North Atlantic Oscillation	北大西洋涛动
NARR	North American Regional Reanalysis	北美区域再分析
NASA	National Aeronautics and Space Administration, of the USA	美国国家航空与航天局
NCAR	National Center for Atmospheric Research, of the USA	美国国家大气研究中心
NCDC	National Climatic Data Center, of NOAA	NOAA 国家气候资料中心
NCEP	National Centers for Environmental Prediction, of NOAA	NOAA 国家环境预报中心

NESDIS	National Environmental Satellite, Data, and Information Service, of NOAA	NOAA 国家环境卫星、数据及信息服务中心
NetCDF	Network Common Data Format	网络公共数据格式
NMC	National Meteorological Center, predecessor of NCEP	国家气象中心，NCEP 的前身
NNMI	Nonlinear Normal-Mode Initialization	非线性正规模初始化
NNRP	NCEP-NCAR Reanalysis Project	NCEP-NCAR 再分析计划
NOAA	National Oceanic and Atmospheric Administration, of the USA	美国国家海洋大气管理局
NOGAPS	Navy Operational Global Atmospheric Prediction System, of the USA	美国海军全球大气预报业务系统
NSIP	NASA Seasonal-Interannual Prediction Project	NASA 季节—年际预报计划
NWP	Numerical Weather Prediction	数值天气预报
NWS	National Weather Service, of the USA	美国国家天气局
OI	Optimal Interpolation	最优插值
OLAM	Ocean-Land-Atmosphere Model	海陆气模式
OLR	Outgoing Longwave Radiation	向外长波辐射
OMEGA	Operational Multiscale Environment Model with Grid Adaptivity	网格适应的多尺度环境业务模式
OSE	Observing-System Experiment, Observation Sensitivity Experiment	观测系统试验，观测敏感性试验
OSSE	Observing-System Simulation Experiment	观测系统模拟试验
PC	Proportion Correct	正确率
PCA	Principal Component Analysis	主成分分析
PCMDI	Program for Climate Model Diagnosis and Intercomparison	气候模式诊断与比较计划
PDF	Probability Distribution(or Density) Function	概率分布(密度)函数
PILPS	Project for Intercomparison of Land-surface Parameterization Schemes	陆面过程参数化方案比较计划
POD	Probability of Detection	检出概率
PP	Perfect-Prognosis	完全预报法
PRIDENCE	Prediction of Regional scenarios and Uncertainties for Defining European Climate change risks and Effects	欧洲气候变化风险与影响的区域情景和不确定性预测

PV	Potential Vorticity	位涡
QA	Quality Assurance	质量保证
QC	Quality Control	质量控制
QPF	Quantitative Precipitation Forecast	定量降水预报
RAMS	Regional Atmospheric Modeling System, of Colorado State University	科罗拉多州立大学区域大气模拟系统
RANS	Reynolds-Averaged Navier-Stokes equations	雷诺平均 Navier-Stokes 方程
RASS	Radio Acoustic Sounding System	无线电声学探空系统
RCM	Regional Climate Model	区域气候模式
RFE	Regional Finite Element model, of Canada	加拿大区域有限元模式
RH	Relative Humidity	相对湿度
RMS	Root-Mean-Square, error or difference	均方根,误差或者差异
RMSE	Root-Mean-Square Error	均方根误差
ROC	Relative Operating Characteristic	相对作用特征
RPS	Rank Probability Score	等级概率评分
RPSS	Rank Probability Skill Score	等级概率技巧评分
RSM	Regional Spectral Model, of NCEP	NCEP 区域谱模式
RTG	Real-Time Global analysis, of the Marine Modeling and Analysis Branch of NCEP	NCEP 海洋模拟和分析室的全球实时分析
RUC	Rapid Update Cycle model, of the US NCEP	NCEP 快速更新循环模式
RUC-2	RUC, version 2	NCEP 快速更新循环第二版
SC	Successive Correction	连续订正
SCIPUFF	Second-order Closure Integrated PUFF model	二阶闭合一体化烟团模式
SEVIRI	Spinning Enhanced Visible and InfraRed Imager	旋转增强的可见光和红外成像仪
SFS	SubFiler Scale	亚滤波尺度
SGMIP	Stretched-Grid Model Intercomparison Project	可变网格模式比较计划
SL	Starting Level	起始层
SLP	Sea-Level Pressure	海平面气压
SNOTEL	Snow Telemetry	雪遥测
SOM	Self-Organizing Map	自组织映射图
SREF	Short-Range Ensemble Forecasting	短期集合预报
SS	Skill Score	技巧评分
SSM/I	Special Sensor Microwave Image	专用传感器微波成像

SST	Sea-Surface Temperature	海表面温度
STARDEX	Statistical and Regional dynamical Downscaling of Extremes	极端事件的统计和区域动力降尺度
STATSGO	State Soil Geographic data base	国家土壤地理数据库
SVD	Singular Value Decomposition	奇异值分解
TKE	Turbulent Kinetic Energy	湍流动能
TOMS	Total Ozone Mapping Spectrometer	总臭氧量测绘分光仪
TRMM	Tropical Rainfall Measurement Mission satellite	热带测雨任务卫星
TS	Threat Score	TS 评分
UCAR	University Cooperation for Atmospheric Research	美国大气研究大学联盟
UCM	Urban Canopy Model	城市冠层模式
UKMO	United Kingdom Meteorological Office	英国气象局
UMOS	Updatable MOS	可更新的模型输出统计
WRF	Weather Research and Forecasting model	天气研究与预报模式
WSR-88D	Weather Service Radar,1988,Doppler	天气服务多普勒 88-D 雷达

主要符号

Roman capital letters 罗马体大写字母

A	covariance matrix of the analysis errors	分析误差协方差矩阵
B	Planck's function	普朗克函数
$\boldsymbol{B}$	background covariance matrix	背景协方差矩阵
C	phase speed	相速度
	cloud fraction	云量
	thermal capacity, or heat capacity	热容量
	economic cost of protecting against a weather event	天气事件的防灾经济成本
C_G	group speed	群速度
C_P	phase speed	相速度
C_R	real part of a phase speed	相速度的实部
D	rate of water loss through drainage within the substrate	基底层内排水失水率
D_θ	soil-water diffusivity	土壤水分扩散率
E	evaporation rate	蒸发率
ET	evapotranspiration rate	蒸散率
F	all terms on the right side of a prognostic equation flux	通量预报方程的右边所有项
Fr_x	frictional acceleration in the x direction	x方向的摩擦加速度
G	sensible heat flux between the surface and subsurface	地面和次表层之间的感热通量
H	rate of gain or loss of heat	热量获取或损失率
	sensible heat flux between the surface and the atmosphere	地面和与大气之间的感热通量
	mean depth of a fluid	流体平均厚度
	scale height	尺度高度
$\boldsymbol{H}$	forward operator, observation operator	向前算子,观测算子

H_S	heat flux within the substrate	基底层内热通量
I	longwave radiation intensity	长波辐射强度
$I\downarrow$	downward-directed longwave radiation intensity	向下传输的长波辐射强度
$I\uparrow$	upward-directed longwave radiation intensity	向上传输的长波辐射强度
J	cost function	目标函数
K	highest permitted wavenumber	允许的最大波数
	Transfer coefficient	转换系数
$\mathbf{K}$	Kalman gain matrix	卡尔曼增益矩阵
	Weight matrix of analysis	分析的权重矩阵
K_θ	hydraulic conductivity	水利传导系数
K_{Hs}	thermal diffusivity of a substrate	基底层热扩散系数
L	domain length	区域长度
	Latent heat of evaporation	蒸发潜热
	Horizontal length scale	水平长度尺度
	Economic loss from a weather event	天气事件的经济损失
L_R	length scale of the Rossby radius of deformation	罗斯贝变形半径的长度尺度
$\mathbf{M}$	model dynamic operator	模式动力算子
P	wave period	波动周期
	Rate of water input through precipitation	降水补水率
$\mathbf{P}$	error covariance matrix	误差协方差矩阵
Q	direct-solar radiation intensity	直接太阳辐射强度
Q_v	rates of gain or loss of water vapor through phase changes	相变的水汽得失率
$\mathbf{Q}$	covariance matrix of the model forecast errors	模式预报误差协方差矩阵
R	rhomboidal truncation	菱形截断
	gas constant for air	空气气体常数
	Rossby radius of deformation	罗斯贝变形半径
	net-radiation intensity	净辐射强度
	rate of water loss through surface runoff	地表径流的水损失率
	radius of influence	影响半径
$\mathbf{R}$	covariance matrix of the observation errors	观测误差协方差矩阵
RH	relative humidity	相对湿度
S	source or sink of water substance	水物质的源或汇
T	temperature	温度
	turbulent, eddy, or Reynold's stress	湍流应力,涡动应力或雷诺应力

	triangular truncation	三角形截断
T_a	atmospheric temperature a short distance above the surface	地面气温（距地面短距离的大气温度）
T_g	temperature of the ground surface	地表温度
T_s	temperature within the substrate	基底层温度
U	mean wind speed	平均风速
V	value, economic value	价值,经济价值
$\vec{V}$	velocity vector	速度矢量
V_T	terminal velocity	末（端）速度
$\boldsymbol{X}$	vector of atmospheric state variables	大气状态变量的矢量

罗马体小写字母

a	radius of Earth	地球半径
c	specific heat	比热
c_p	specific heat at constant pressure	定压比热 *
e	Coriolis parameter	柯里奥利参数
	base of natural logarithms	自然对数底
f	Coriolis parameter	科里奥利参数,科氏参数
	generic dependent variable	通用因变量
g	acceleration of gravity	重力加速度
h	depth of a fluid	流体厚度
i	$\sqrt{-1}$	$\sqrt{-1}$
k	wavenumber	波数
	kinetic energy	动能
	von Karman constant	冯·卡曼常数
	weighting coefficient in statistical analysis	统计分析的权重系数
k_s	soil thermal conductivity	土壤热传导率
l	length scale of energy-containing turbulence	含能湍流的长度尺度
m	map-scale factor	地图尺度因子
n	integer wavenumber	整数波数
o	observation	观测

　＊　现在的定义是 specific heat capacity at constant pressure（比定压热容），为保持原书完整，除此处加注外,不再改动。

p	pressure	气压
p_s	pressure at the land or water surface	陆地或水面的气压
p_t	pressure at the top of a model	模式层顶的气压
q	specific humidity	比湿
	diffuse solar radiation	漫射太阳辐射
q_s	saturation specific humidity	饱和比湿
r	radius of Earth	地球半径
	radial distance	径向距离
t	time	时间
u	east-west component of wind	东西方向的风分量
u^*	friction velocity	摩擦速度
v	north-south component of wind	南北方向的风分量
w	vertical component of wind	垂直方向的风分量
x	east-west space coordinate	东西方向空间坐标
	general space coordinate	通用空间坐标
$\boldsymbol{x}$	state vector	状态矢量
y	north-south space coordinate	南北方向空间坐标
y	observation vector	实测矢量
z	vertical space coordinate-distance above or below surface of substrate	垂直空间坐标—高于或者低于基底层表面的距离
z_o	roughness length	粗糙长度

希腊体大写字母

Δ	change or difference in some quantity, operator	某些变量的变化或差异,算子
	Spatial filter length scale	空间滤波长度尺度
Δx	grid increment	格距
Θ	volumetric soil-moisture content	土壤体积含水量
Ω	rotational frequency of Earth	地球旋转频率

希腊体小写字母

α	albedo	反照率
	Generic dependent variable	通用因变量
γ	vertical lapse rate of temperature	温度垂直递减率

γ_d	dry adiabatic lapse rate of temperature	温度干绝热递减率
δ	Kronecker dalta	克罗内克符号
ε	alternating unit tensor	可变的单位张量
	Emissivity	发射率
	Error	误差
θ	potential temperature	位温
λ	longitude	经度
	amplification factor	放大因子
	wavelength	波长
μ	dynamic viscosity coefficient	动力黏滞系数
	Thermal admittance	蓄热系数
π	pi	pi
ρ	density	密度
σ	Stefan-Boltzmann constant	斯蒂芬—玻耳兹曼常数
	Terrain-following vertical coordinate	地形追随垂直坐标
	standard deviation	标准差
τ	momentum stress, or shearing stress	形变应力
	Relaxation coefficient	松弛系数
φ	latitude	纬度
ω	frequency of a wave	波频

通用上标和下标

E	applies on Earth's surface	用于地球表面
G	applies on a grid	用于格点
I	imaginary part of a number	复数的虚部
R	real part of a variable	变量的实部
T	transpose	转置
a	analysis	分析
	atmosphere	大气
b	background	背景
g	ground or substrate surface	地表或基底层表面
i	grid-point index in x direction	x 方向的格点指数
j	grid-point index in y direction	y 方向的格点指数
k	grid-point index in z direction	z 方向的格点指数

m	wavenumber	波数
o	observation	观测
p	wavenumber	波数
	applies at constant pressure	用于等压下
s	saturation	饱和
	surface	表面
	substrate or soil	基底层或者土壤
τ	point on the discrete time axis	时间坐标轴离散点

目　录

第 1 章 引 言

尽管 L. F. Richardson 早期撰写的《数值天气预报》(1922)已经预言了 20 世纪电子计算机发明后数值预报的发展,当 Phillip Thompson 在 1961 年开始撰写第一本具有广泛读者的数值天气预报①教科书时,数值天气预报还处于婴儿期。20 世纪 60 年代,计算机的可用性大大增加,大学里也开始开设大气模式的课程。但是大多数模式使用者仅限于模式的开发者,因为许多错误存在于未经测试的代码中,求解方程的数值方案和物理过程的代表性没有很好测试与深入了解,有限区域模式的侧边界条件导致数值解的很多噪声,确定初始条件的软件需要进一步研发。此阶段的专业人员大多通过彼此相互学习、阅读杂志论文、参加研讨会以及通过早期课程来了解大气模式的基本原理。在 20 世纪的后 30 年,许多大学提供了研究生水平的大气模式课程。由于大气的计算机模拟日益成为天气预报研究和业务的一个重要工具,这些课程通常都是满员的。尽管如此,大气模拟仍具有一定程度的专业性,除了国家中心和一些大学,模式也很难接触到。要了解更多的大气模式的历史,可参考 Smagorinsky(1983),Thompson(1983),Shuman(1989),Persson(2005),Lynch(2007)和 Harper(2008)。

相比之下,今天大多数接触模式的人更多的是使用者,而不是开发者。他们可以免费获取经过了全面测试的公用、全球和区域模式,这些模式一般提供完整文档、定期培训以及在线帮助。一些模式号称"一站式(turn-key)"系统,能在台式机上运行,可被气象专业和非气象专业有一定大气模式经验的人使用。当然,模式的开发人员仍然致力于新一代模式的研发,他们与为数众多的模式使用者有着明确的不同,后者只把模式当作工具,用以解决与物理过程、政策制定或业务预报相关的实际问题。

目前模式能模拟的时空尺度范围很广。就时间尺度而言,有些情况下数值模式被用于资料同化方案,以确定资料与模式动力相一致的大气初始状态;基于模式的"临近预报",时间尺度为 1~2 小时;天气的确定性预报(如一些特定的气象事件)可以延伸到数周;海气耦合模式所作的天气趋势预测是季节内尺度;而气候模式最长可以积分上百年。与此同时,模式所解析的空间尺度在不断缩小。一些全球模式有足够的水平分辨率来模拟中尺度过程;一些模式可以模拟城市街区冠层和建筑物附近的风,其中部分已经运行得足够快,可应用于业务。

随着大气模式性能的提高和计算成本的下降,基于模式特殊和标准版本的各种应用大量涌现。耦合了空气质量模式,模式可用于空气质量预报以帮助政府或企业制订应对区域空气质量的策略。政府和私营企业使用模式进行与农业相关的天气预报,用于估计农业灾害的分布情况,安排种植、收割和灌溉等。军事上使用模式来制作特定的对海、陆、空作战有重要影响

---

① 历史上"数值天气预报"这一说法被用来描述与大气过程数值模拟相关的所有活动,不论模式是否被用于研究和业务预报。然而,一些人仅将此引用用于使用模式来做预报。在本书中,我们使用"数值天气预报"这一术语表示模式使用的所有类型。

的天气预报。模式可用于应急响应预案,如有毒化学、生物和辐射物质的泄漏或蓄意释放。模式可以预报风切变、湍流、云顶、能见度和飞机积冰等,它们均会影响商用和私人航空飞行的安全与效率。大气模式耦合水文流量模式,可用于洪水预报。风能公司使用大气模式选择风电场的最佳地点。能源公司使用大气模式预测云量、温度等可影响近期供暖和制冷电力需求的物理量。许多其他领域和政府部门也认识到,基于模式的天气预报可以提高其盈利能力和安全性。通常来讲,较好的天气预报导致较好的决策。

几十年来,全球大气模式一直处于气候变化挑战与争议的中心,对模式预报能力信心的不断增强也反映在对全世界减少二氧化碳和其他温室气体排放的呼吁。虽然气候变化过程是全球性的,证据表明它的具体的表现(如降水和温度的变化)在地区间的差异很大,要为当地决策者提供具体的指导,需要高分辨率区域模式嵌套于全球模式运行。模式也可较好地了解和预估与温室气体无关的气候变化。例如,已知全球范围内的土地退化和改变,如砍伐森林和城市化,可对大气过程产生显著影响。使用模式,开展"假定推测(what if)"试验,即针对地貌地形的变化假定不同的情景,通过模式短时间或长时间的积分,来确定对降水的影响。这些研究结果往往被用来促进相关的努力和活动以扭转负面的变化趋势。

传统上,全球和区域模式被用于对大气过程的基础性研究。特定的外场观测试验花费巨大,且只能在短时间内对有限区域取样。因此,研究中的常用做法是利用模式模拟来"增加观测"。如果模式在观测的时间和地点模拟得较好,则可认为模式在其他地方的模拟也是可信的。因此,格点的四维(三维空间和时间)模式资料集可以作为真实大气的替代,它的优势除成本低以外,资料在规则格点上且时间频率高,使得其更容易地用于对大气结构和物理过程的诊断。第 10 章中将着重指出,关于模拟研究的试验设计,在运行模式之前,首先应全面分析所有可用的观测数据,尽量了解所有信息。图 1.1 强调了作为研究工具,观测、理论和模式同等重要。我们应尽可能避免在了解理论和观测之前就运行模式。事实上,作者的经验表明,过早地使用模式,反而会延长完成项目或论文的时间。

历史上,对于不同的尺度和预报时效倾向于使用不同的模式,然而维护多个模式系统的成本促使气象预报中心和其他组织发展所谓的"统一"模式。例如,针对中尺度和全球尺度的应用不是去发展各自的模式,而是发展一个灵活通用的系统来满足两个应用。与此相似,以往的天气模式与气候模式截然不同,但现在人们努力使其合并以同时满足两个方面的要求。最后一点,业务模式往往不在科学研究中使用,意味着对业务模式来说,改进后的数值方法、物理过程参数化方案和初始化方案等等不易在业务中实施,但是现在业务和科研使用相同模式的例子也很多。

本书首先回顾控制方程,这是大气模式的基础(第 2 章)。假设读者已经对大气动力学有了很好的了解,并理解方程各项的含义。本书的目的之一是使模式用户学习所模拟过程的各个方面及其误差对结果的影响。因此,本书将要描述误差的明确来源:即动力框架的数值近似(第 3 章),物理过程参数化(第 4 章、第 5 章),侧边界条件(第 3 章)和初始条件(第 6 章)。第 7 章是集合方法的讨论,绝大多数模式,至少业务模式采用了集合方法向模式用户提供有关预报不确定性的有价值的信息。对我们所期望的预报技巧来讲,大气内在的可预报性具有深远的影响,将在第 8 章中讨论。第 9 章是关于如何合理地进行模式检验。这对于进行不同模式间的比较,以及判断单一模式中的各种改变对预报结果的质量和应用产生的正负效应都很重要。第 10 章和第 11 章分别总结了在研究中如何设计试验及分析结果。由于对业务模式和研究模式有着不同的要求和限制,两者间一些常见的差异在第 12 章讨论。第 13 章讨论业务模式的后处理,包括模式的偏差订正、预报场解析和决策支持。如前所述,大气模式可与提供专业预报信息的其他模式耦合,第 14 章回顾这类耦合模式的应用。虽然计算流体动力学模式通常用于比天气尺度小得多的尺度,但是它们仍然可模拟大气的某些过程,并正越来越常用于各种不同目的,第 15 章对此进行描述。第 16 章讨论全球和区域模式如何用于模拟当代和未来气候。图 1.2 总结了模式系统的总体结构和各章节所描述的内容。

图 1.1 观测、理论和模式作为大气研究工具具有同等重要性的图示

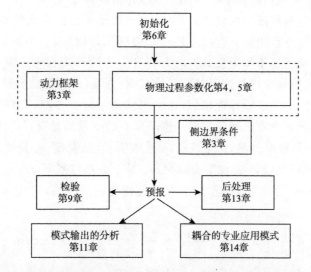

图 1.2 模式系统总体结构示意图及各章讨论的内容。虚线包括了模式程序的两个主要部分

第 2 章　大气控制方程组

2.1　基本方程

　　本章将介绍大气的控制方程组,它是用于业务与科研大气模式的基础。大多数模式使用相似的一组方程。但是模式方程的具体形式可以影响预报与模拟的精度,且特定形式的方程组能够直接滤除模式解中的某种大气波动。这些方程模式由于无法直接得到解析解,它们必须通过数值方法来求解,我们将在下一章(第 3 章)介绍数值方法。

　　作为众多数值天气与气候预报模式的基础,大气运动方程组在大气动力学的课程中已经介绍过。球面上的动量方程组如方程(2.1)—(2.3)所示,其代表了牛顿第二定律。它表明一个物体动量的时间变率正比于作用在其上的力并且与力的作用方向一致;热力学能量方程方程(2.4)表明了各种绝热和非绝热过程对温度的影响;方程(2.5)是总质量的连续方程,代表了大气质量守恒;方程(2.6)与连续方程相似,是水汽的质量守恒方程;方程(2.7)为理想气体方程,它构成了温度、气压和密度之间的关系。这里所有的变量都具有标准的气象学含意。独立变量 u, v 和 w 是笛卡儿速度分量,p 是气压,ρ 是密度,T 是温度,q_v 是比湿,Ω 是地球的旋转频率,φ 是纬度,a 是地球半径,γ 是温度直减率,γ_d 是干绝热直减率,c_p 是空气的定压比热 *,g 是重力加速度,H 是热量的收或支,Q_v 是水汽通过相变的得或失,F_r 是每个坐标方向摩擦力的一般表达式。

$$\frac{\partial u}{\partial t} = -u\frac{\partial u}{\partial x} - v\frac{\partial u}{\partial y} - w\frac{\partial u}{\partial z} + \frac{uv\tan\phi}{a} - \frac{uw}{a} - \frac{1}{\rho}\frac{\partial p}{\partial x} - 2\Omega(w\cos\phi - v\sin\phi) + Fr_x \quad (2.1)$$

$$\frac{\partial v}{\partial t} = -u\frac{\partial v}{\partial x} - v\frac{\partial v}{\partial y} - w\frac{\partial v}{\partial z} - \frac{u^2\tan\phi}{a} - \frac{uw}{a} - \frac{1}{\rho}\frac{\partial p}{\partial y} - 2\Omega u\sin\phi + Fr_y \quad (2.2)$$

$$\frac{\partial w}{\partial t} = -u\frac{\partial w}{\partial x} - v\frac{\partial w}{\partial y} - w\frac{\partial w}{\partial z} - \frac{u^2 + v^2}{a} - \frac{1}{\rho}\frac{\partial p}{\partial z} + 2\Omega u\cos\phi - g + Fr_z \quad (2.3)$$

$$\frac{\partial T}{\partial t} = -u\frac{\partial T}{\partial x} - v\frac{\partial T}{\partial y} + (\gamma - \gamma_d)w + \frac{1}{c_p}\frac{dH}{dt} \quad (2.4)$$

$$\frac{\partial \rho}{\partial t} = -u\frac{\partial \rho}{\partial x} - v\frac{\partial \rho}{\partial y} - w\frac{\partial \rho}{\partial z} - \rho\left(\frac{\partial u}{\partial x} + \frac{\partial v}{\partial y} + \frac{\partial w}{\partial z}\right) \quad (2.5)$$

$$\frac{\partial q_v}{\partial t} = -u\frac{\partial q_v}{\partial x} - v\frac{\partial q_v}{\partial y} - w\frac{\partial q_v}{\partial z} + Q_v \quad (2.6)$$

$$P = \rho RT \quad (2.7)$$

　　一个完整的模式还需要包括云水、云冰等不同降水物质的连续方程(见第 4 章)。关于对

---

　　*　按现行规定应叫"比定压热容",为保证此书完整性,这里维持原状。——编辑注

这组耦合、非线性与非均一的预报偏微分方程的讨论,请参阅 Dutton(1976)和 Holton(2004)。方程(2.1)—(2.7)称为原始方程,基于这些方程的模式称为原始方程模式。名词原始方程模式用于区别基于不同形式方程的模式,如涡度方程。几乎所有现代的研究与业务模式都是基于某种版本的原始方程。请注意方程组中与非绝热效应(H)、摩擦(F_r)、及相变所导致的水物质收支(Q_w)相关的项必须在模式中给予定义。需要特别指出的是这里选择以气压为垂直坐标的原始方程,当然我们也可有其他选择,这些将在下一章讨论。

2.2　雷诺方程:分离不可分辨的湍流效应

上述大气控制方程可应用于所有尺度的运动,甚至包括不能被天气预报模式所描述的小尺度波动和湍流。由于湍流不能被天气预报模式所直接分辨,大气控制方程必须被修正以使它仅能应用于较大尺度的非湍流运动,这可以通过将所有的因变量分成平均部分和脉动部分,或者,空间可分辨与不可分辨分量来实现。如 Pielke(2002a),将平均定义为在网格单元上的平均,例如:

$$u = \bar{u} + u'$$
$$T = \bar{T} + T'$$
$$p = \bar{p} + p'$$

将这些表达式带入方程(2.1)—(2.7),每个单项就会产生若干项,如方程(2.1)右边第一项:

$$u \frac{\partial u}{\partial x} = (\bar{u} + u') \frac{\partial}{\partial x}(\bar{u} + u') = \bar{u} \frac{\partial \bar{u}}{\partial x} + \bar{u} \frac{\partial u'}{\partial x} + u' \frac{\partial \bar{u}}{\partial x} + u' \frac{\partial u'}{\partial x} \tag{2.8}$$

因为所需要的是针对平均运动的方程,即非湍流的天气尺度运动,我们将平均算子应用到所有项。对上述项可得到:

$$\overline{u \frac{\partial u}{\partial x}} = \overline{\bar{u} \frac{\partial \bar{u}}{\partial x}} + \overline{\bar{u} \frac{\partial u'}{\partial x}} + \overline{u' \frac{\partial \bar{u}}{\partial x}} + \overline{u' \frac{\partial u'}{\partial x}} \tag{2.9}$$

注意方程(2.9)右边最后一项是协方差项。它的值依赖于在乘积中第一项和第二项是否共同变化,例如第一项的正值趋向于和第二项的负值成对,协方差项则为负;如果两项在物理上不相关,协方差项则为零。我们可以进一步使用 Reynolds 公设(Reynolds 1985,Bernstein 1966)来简化方程。对于变量 a 和 b,Reynolds 公设为

$$\overline{a'} = 0$$
$$\overline{\bar{a}} = \bar{a} \text{ 和} \overline{\bar{a}\bar{b}} = \bar{\bar{a}}\bar{b} = \bar{a}\bar{b}$$
$$\overline{\bar{a}b'} = \bar{\bar{a}}\bar{b}' = \bar{a}\bar{b}' = 0$$

给定这些公设,方程(2.9)可写为

$$\overline{u \frac{\partial u}{\partial x}} = \bar{u} \frac{\partial \bar{u}}{\partial x} + \bar{u} \frac{\partial u'}{\partial x} + \overline{u' \frac{\partial u'}{\partial x}} = \bar{u} \frac{\partial \bar{u}}{\partial x} + \overline{u' \frac{\partial u'}{\partial x}} \tag{2.10}$$

在介绍怎样把这些方法应用到方程(2.1)—(2.7)的所有项之前,我们使用对摩擦力项(F_r)的典型表达式将方程(2.1)重写为方程(2.11),其中不考虑地球的曲率项并且仅保留科氏力的主要项。在这些能够直接描述湍流运动的方程中,次网格尺度摩擦力仅源之于分子运动造成的黏性力。

$$\frac{\partial u}{\partial t} = -u\frac{\partial u}{\partial x} - v\frac{\partial u}{\partial y} - w\frac{\partial u}{\partial z} - \frac{1}{\rho}\frac{\partial p}{\partial x} + fv + \frac{1}{\rho}\left(\frac{\partial \tau_{xx}}{\partial x} + \frac{\partial \tau_{yx}}{\partial y} + \frac{\partial \tau_{zx}}{\partial z}\right) \quad (2.11)$$

这里，τ_{zx} 是 z 常数平面两边的流体施加在 x 方向每单位面积的力、或动量、或应力；τ_{xx} 和 τ_{yx} 是 x 方向横穿过另外两个坐标平面的应力。在一个假设的非黏性流体中，一个平面两边的气流将不会发生"联系"。但是在实际流体中，穿过每个坐标平面的分子运动或分子扩散将会使得流体属性进行交换。应力的一个典型表达式为

$$\tau_{zx} = \mu\frac{\partial u}{\partial z}$$

这里 μ 是动力黏性系数，它被称为牛顿摩擦或牛顿的应力定律。其表明对在 z 平面两边无限薄的流体而言，如果两边流体没有切变，黏性则不会产生应力。将牛顿摩擦的表达式代入方程 (2.11) 中的 F_r 项中，我们得到：

$$\frac{\partial u}{\partial t} \propto \frac{1}{\rho}\left(\mu\frac{\partial^2 u}{\partial x^2} + \mu\frac{\partial^2 u}{\partial y^2} + \mu\frac{\partial^2 u}{\partial z^2}\right) = \frac{\mu}{\rho}\nabla^2 u. \quad (2.12)$$

现在我们对方程 (2.11) 的所有项求平均。把每个因变量写成可解析的平均值和不可解析的湍流分量之和，代入方程后应用平均算子，使用 Reynolds（雷诺）公设并假定 $\rho' \ll \bar{\rho}$，得到：

$$\frac{\partial \bar{u}}{\partial t} = -\bar{u}\frac{\partial \bar{u}}{\partial x} - \bar{v}\frac{\partial \bar{u}}{\partial y} - \bar{w}\frac{\partial \bar{u}}{\partial z} - \frac{1}{\bar{\rho}}\frac{\partial \bar{p}}{\partial x} + f\bar{v} - \overline{u'\frac{\partial u'}{\partial x}} - \overline{v'\frac{\partial u'}{\partial y}} - \overline{w'\frac{\partial u'}{\partial z}} + \frac{1}{\bar{\rho}}\left(\frac{\partial \bar{\tau}_{xx}}{\partial x} + \frac{\partial \bar{\tau}_{yx}}{\partial y} + \frac{\partial \bar{\tau}_{zx}}{\partial z}\right). \quad (2.13)$$

Stull(1988) 使用尺度分析表明，对于湍流尺度的运动下面的连续方程成立：

$$\frac{\partial u'}{\partial x} + \frac{\partial v'}{\partial y} + \frac{\partial w'}{\partial z} = 0. \quad (2.14)$$

方程 (2.14) 乘以 u' 求平均，然后加到方程 (2.13)，将湍流的平流项转换成通量形式：

$$\frac{\partial \bar{u}}{\partial t} = -\bar{u}\frac{\partial \bar{u}}{\partial x} - \bar{v}\frac{\partial \bar{u}}{\partial y} - \bar{w}\frac{\partial \bar{u}}{\partial z} - \frac{1}{\bar{\rho}}\frac{\partial \bar{p}}{\partial x} + f\bar{v} - \frac{\overline{\partial u'u'}}{\partial x} - \frac{\overline{\partial u'v'}}{\partial y} - \frac{\overline{\partial u'w'}}{\partial z} + \frac{1}{\bar{\rho}}\left(\frac{\partial \bar{\tau}_{xx}}{\partial x} + \frac{\partial \bar{\tau}_{yx}}{\partial y} + \frac{\partial \bar{\tau}_{zx}}{\partial z}\right). \quad (2.15)$$

与分子黏性相关的应力相似，定义如下的湍流应力（或涡动应力、Reynolds 应力）：

$$T_{xx} = -\bar{\rho}\overline{u'u'}$$
$$T_{yx} = -\bar{\rho}\overline{u'v'}$$
$$T_{zx} = -\bar{\rho}\overline{u'w'}$$

将这些表达式代入方程 (2.15)，并假定密度的空间导数要远远小于协方差的空间导数，得到

$$\frac{\partial \bar{u}}{\partial t} = -\bar{u}\frac{\partial \bar{u}}{\partial x} - \bar{v}\frac{\partial \bar{u}}{\partial y} - \bar{w}\frac{\partial \bar{u}}{\partial z} - \frac{1}{\bar{\rho}}\frac{\partial \bar{p}}{\partial x} + f\bar{v} +$$
$$\frac{1}{\bar{\rho}}\left(\frac{\partial}{\partial x}(\tau_{xx} + T_{xx}) + \frac{\partial}{\partial y}(\tau_{yx} + T_{yx}) + \frac{\partial}{\partial z}(\tau_{zx} + T_{zx})\right). \quad (2.16)$$

除了与湍流应力相关的项和平均符号以外，方程 (2.16) 的形式与式 (2.11) 一样。在原始方程模式中很少使用平均符号，但是要理解因变量仍然仅代表非湍流的运动。湍流应力远远大于黏性应力，黏性应力一般可以忽略。湍流应力项有时候也用符号 F 表达，代表摩擦。用模式预报量来描述湍流应力属于边界层或边界层以上的湍流参数化的问题，将在第 4 章介绍。

2.3　方程组的近似

一个模式通常是基于近似方程组建立的,主要因为:

- 有些近似方程在数值上解起来比解完整的方程更有效率。例如,下面要介绍的静力近似、Boussinesq(布西内斯克)近似以及非弹性近似已经将声波在解中排除,这意味着可以使用较少的计算资源实现一个给定时间长度的预报或模拟,其原理将在下一章阐述。

- 对于仅为理解大气中的某些因果关系需要进行的模拟研究来说,完整的大气运动方程所描述的物理系统太复杂。因此,有时候特定的项和方程(以及相联的过程)需要在方程组中去掉。例如去掉所有相态水物质的方程以及水相变所导致的热力作用,将研究在一个简单的设定下进行。

- 简单形式的方程对教学与新数值算法的初始测试来讲更容易些。例如,将在下面介绍的浅水方程常被用作数值预报课程(和本书中)"玩具(练习)模式"的基础,但是它们具有足够的完整大气运动方程所包含的动力学信息,这对评估新差分方案在完整模式应用之前,进行测试十分有益。

下节介绍常用于研究和业务模式中的几种近似。

2.3.1　静力平衡近似

一个模式解中存在着相对快速传播的声波,则意味着为使模式的数值解稳定,必须取较短的时间步长(原理在下章介绍)。而取较短时间步长的结果,对于一个特定时间长度的模式积分来说,就是需要更多的时间步数,则意味着对更多计算资源的要求。因为声波一般不具有气象意义,通常希望模式方程采用不包含声波的某种形式。一种方式是使用静力平衡近似,它是第三个运动方程(方程 2.3)由仅保留重力与气压梯度力项的方程替代,即:

$$\frac{\partial p}{\partial z} = -\rho g$$

此方程隐含着大气密度由垂直气压梯度所约束。因为声波的传播要求密度按照声波内空气经向的压缩与膨胀所调整,声波不可能在静力平衡的大气中传播。为了使得静力平衡假定有效,第三个运动方程中所忽略项的和至少要小任一所保留项一个数量级,换言之:

$$\left| \frac{dw}{dt} \right| \ll g$$

对方程进行尺度分析表明(Dutton 1976,Holton 2004),静力平衡假定对于天气尺度的运动是有效的,而对于长度尺度小于 10 km 的中尺度和对流尺度运动,则不那么有效。因此较粗尺度的全球模式倾向于使用静力平衡方程,而中尺度模式则不使用。下节将介绍其它处理模式格点快波计算效应的方法。

2.3.2　Boussinesq(布西内斯克)近似和非弹性近似

与静力平衡假定类似,Boussinesq 近似与非弹性近似也属于通过分离气压与密度扰动直接滤去方程中声波的一类近似。但是不像静力平衡假定,它们的使用不限于模拟较大的水平尺度的运动。实际上,这些近似已被广泛应用于中尺度和云过程尺度模式中。Boussinesq 近

似是用以下方程来替代完整的连续方程(方程 2.5):

$$\frac{\partial u}{\partial x} + \frac{\partial v}{\partial y} + \frac{\partial w}{\partial z} = 0$$

它相当于用体积守恒代替质量守恒。对于非弹性近似,使用方程

$$\frac{\partial}{\partial x}\bar{\rho}u + \frac{\partial}{\partial y}\bar{\rho}v + \frac{\partial}{\partial z}\bar{\rho}w = 0$$

来代替完整的连续方程(Ogura 和 Phillips,1962;Lipps 和 Hemler,1982),这里 $\bar{\rho}=\bar{\rho}(z)$ 是与时间无关的密度参考态。除此之外,两种近似还涉及动量方程的简化(见 Durran 1999,20—26页)。Durran(1989)所描述的"假不可压缩"近似也是这类近似的一种。

2.3.3　浅流体方程

　　浅流体方程,有时也称为浅水方程,可以作为一个简单模式的基础,而这个模式可以用来说明与评价数值方案的特性,也可用于示范表示惯性—重力波、平流和 Rossby 波。此种模式不仅对数值方法经验的获得有用,由于包括了完整正压模式水平动力学的大部分,它也是在简单框架下测试数值方法的一个有用工具。例如,Williamson(1992)将浅流体模式应用于球面来测试为气候模拟设计的数值方案。

　　"浅流体"是指所模拟的波长必须要比流体的深度长。浅流体方程有各种形式,但这里,流体被假定为自动正压(直接确定为正压,而不是通过主导大气条件来决定)、均匀同性、不可压、静力平衡和无黏性。均匀同性意味着密度不随空间变化,而不可压性时是指,某一流体质点运动时,其密度不随时间变化。我们从以下的方程开始推导:

$$\frac{\partial u}{\partial t} + u\frac{\partial u}{\partial x} + v\frac{\partial u}{\partial y} + w\frac{\partial u}{\partial z} - fv + \frac{1}{\rho}\frac{\partial p}{\partial x} = 0 \qquad (2.17)$$

$$\frac{\partial v}{\partial t} + u\frac{\partial v}{\partial x} + v\frac{\partial v}{\partial y} + w\frac{\partial v}{\partial z} + fu + \frac{1}{\rho}\frac{\partial p}{\partial y} = 0 \qquad (2.18)$$

$$\frac{\partial p}{\partial z} = -\rho g \qquad (2.19)$$

$$\frac{d\rho}{dt} + \rho\left(\frac{\partial u}{\partial x} + \frac{\partial v}{\partial y} + \frac{\partial w}{\partial z}\right) = 0 \qquad (2.20)$$

这时,均匀同性和不可压隐含着

$$\frac{d\rho}{dt} = 0 \qquad (2.21)$$

则

$$\rho = \rho_0 \qquad (2.22)$$

ρ_0 为一常数,这时有

$$\frac{\partial u}{\partial x} + \frac{\partial v}{\partial y} + \frac{\partial w}{\partial z} = 0 \qquad (2.23)$$

静力平衡方程可写为

$$\frac{\partial p}{\partial z} = -\rho_0 g \qquad (2.24)$$

上式两边对 x 求导数,并注意到右边为常数,则可得到

$$\frac{\partial}{\partial x}\left(\frac{\partial p}{\partial z}\right) = \frac{\partial}{\partial z}\left(\frac{\partial p}{\partial x}\right) = 0 \qquad (2.25)$$

这意味着没有垂直气压梯度的水平变化或者没有水平气压梯度的垂直变化（正压的定义）。因为气压梯度力产生风，而风又会导致科氏力，则所有的力都不随高度变化。对方程(2.24)在流体深度上积分：

$$\int_{z(P_S)}^{z(P_T)} \frac{\partial p}{\partial z} dz = -\rho_0 g \int_{z(P_S)}^{z(P_T)} dz \tag{2.26}$$

P_T 和 P_S 分别代表上下边界的压力，则

$$P_S - P_T = g\rho_0 h \tag{2.27}$$

h 代表流体的深度，如果 $P_T=0$ 或 $P_T \ll P_S$，则

$$\frac{P_S}{\rho_0} = gh \tag{2.28}$$

$$\frac{1}{\rho_0} \frac{\partial P_S}{\partial x} = g \frac{\partial h}{\partial x} \tag{2.29}$$

上式表明流体底的水平气压梯度正比于流体高度的水平梯度，方程(2.17)和(2.18)中的气压梯度力，据此可写为另一种形式。不可压的连续方程对高度 z 进行积分可写为：

$$\int_0^z \frac{\partial w}{\partial z} dz = w_z - w_s = -\int_0^z \left(\frac{\partial u}{\partial x} + \frac{\partial v}{\partial y}\right) dz \tag{2.30}$$

如果 u 和 v 在初始不是 z 的函数，它们将一直不随 z 改变，因为气压梯度不随 z 改变。还有，因为 u 和 v 不是 z 的函数，则它们的导数也不是。因此，对于 $z=h$，我们有

$$w_h - w_s = -\left(\frac{\partial u}{\partial x} + \frac{\partial v}{\partial y}\right) h \tag{2.31}$$

对于一个水平下边界，运动边界条件 $w_s=0$ 有效，
并且注意到

$$w_h = \frac{dh}{dt} \tag{2.32}$$

则会得到新形式的连续方程。加上变量 u, v，就会得到有关三个变量的三个新方程：

$$\frac{\partial u}{\partial t} + u \frac{\partial u}{\partial x} + v \frac{\partial u}{\partial y} - fv + g \frac{\partial h}{\partial x} = 0 \tag{2.33}$$

$$\frac{\partial v}{\partial t} + u \frac{\partial v}{\partial x} + v \frac{\partial v}{\partial y} + fu + g \frac{\partial h}{\partial y} = 0 \tag{2.34}$$

$$\frac{\partial h}{\partial t} + u \frac{\partial h}{\partial x} + v \frac{\partial h}{\partial y} + h \left(\frac{\partial u}{\partial x} + \frac{\partial v}{\partial y}\right) = 0 \tag{2.35}$$

为简单起见，一般经常使用一维的方程系统。为了容许一个扰动在平均的 u 分量上发生，在 y 方向须要指定一个所需量级的气压梯度常量。一维方程系统可写为：

$$\frac{\partial u}{\partial t} + u \frac{\partial u}{\partial x} - fv + g \frac{\partial h}{\partial x} = 0 \tag{2.36}$$

$$\frac{\partial v}{\partial t} + u \frac{\partial v}{\partial x} + fu + g \frac{\partial H}{\partial y} = 0 \tag{2.37}$$

$$\frac{\partial h}{\partial t} + u \frac{\partial h}{\partial x} + v \frac{\partial H}{\partial y} + h \frac{\partial u}{\partial x} = 0 \tag{2.38}$$

$$\frac{\partial H}{\partial y} = -\frac{f}{g} \overline{U} \tag{2.39}$$

这里$\overline{U}$是指定的平均地转风常数，u的扰动相对于它来定义。很明显，这个系统用来代表实际大气有相当程度的局限性，但是，可以采取使系统更接近实际的一个步骤是定义流体的深度与某些特定层一致，如边界层、对流层等。

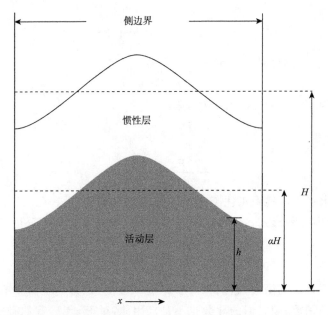

图 2.1　浅流体模式垂直结构的示意图。其中波脊位于区域中央。图中下部的阴影层代表了活动流体，它的深度(h)和风分量是模拟量。深度 H 表示大气的尺度高度，α 是尺度因子，用于减少深度 H 以考虑上部惯性层的浮力。

整个大气的高度可以用尺度高度(标高)来代表：

$$H = \frac{RT_0}{g} \tag{2.40}$$

这里 T_0 是表面温度，H 大约 8 km。如果模式大气用于代表对流层，可以假定在活动层高度 h 之上有一惯性层(inert layer)用于表示平流层(图 2.1)。这相当于在较低层引入了一个浮力，可通过"弱化(折合)重力"来实现，但是这会影响地转关系。较好的办法是有比例地减少活动层的深度，这是因为在模式的线性解中，重力外波的相速度对应于重力加速度与流体平均深度度的乘积。两种方法都具有同等效应，即将重力外波的相速度减少到更具有流体界面上重力内波的特征。可以证明重力加速度或流体的深度应该减少到 $\alpha = (\theta_T - \theta_B)/\theta_B$ 倍，因子 α 是基于顶层与底层的位势温度来确定。对于用较低层代表对流层的例子，这个比率大约为 0.25，即流体层的平均深度可定义为 2 km。

当基于上述非线性浅流体方程建立模式时，显式的数值频散项需要加到每一个方程以抑制由于"混淆"过程导致的短波发展，下一章将给出详细的描述。其他有关浅流体方程的信息和它们的数值解可参阅 Kinnmark(1985)，Pedlosky(1987)，Durran(1999)和 McWilliams(2006)。

问题与练习

(1)推导方程(2.2)—(2.7)的 Reynolds 方程。

(2)使用张量表达式重新推导 Reynolds 方程。比较 2.2 节的推导过程，注意相对简单。

第 3 章　方程组的数值求解

　　本章旨在对模式方程可分辨尺度运动的数值解进行总结。大气模式处理可分辨尺度的部分叫做动力框架,它明显有别于对次网格尺度、参数化物理过程的处理。一个尤为重要的研究主题是,用于求解方程的数值近似方法如何影响模式解。所有模式的使用者应该全面地了解这些非物理(数值)因素的影响。虽然本章介绍了一些数值方法的基础概念和例子,但远没有详尽。如需更深入地了解,请参见 Durran(1999)。本章中详细的逐步推导经常会留给读者自己完成。

　　在过去的几十年中,求解方程的数值方法不断取得进步,一方面是基于研究工作的进展,而另一方面则是有效计算资源的变化。决定特定模拟要使用的数值方法涉及各种因素,如计算效率(速度)、精度、内存要求和代码结构的简单性。如果模式用于研究工作,特别是提供学生使用,代码结构的简单性就显得尤为重要。出于教学目的,这里会介绍一些通常不用于现代业务模式的简单数值方法。

3.1　基本概念综述

　　下面对一些基本概念进行回顾,这可以帮助读者更好地理解以后的章节。

3.1.1　表征大气空间变化的格点和谱方法

　　模式方程组通常在准规则的三维空间格点上进行求解。本节将回顾对这些网格结构的不同选择。当网格点定义在地图投影上时,格点之间的实际距离随地点而变化,"准规则"一词则是指格点之间的距离实际上不是严格等距的。在使用经纬度网格,或使用分辨率会在梯度增加区域提高的适应性网格时,格点分布有时会变得非常不均匀。时间轴也用离散、等间隔的点来定义。方程中的时间和空间导数可用有限差分方法进行近似(见 3.3 节),这些会将一些非物理特征引入模式解,且受稳定性约束,必须限制时间步长(见 3.4 节)。作为在网格上求解方程的例子,我们利用简单的时间和空间上的三点中央差分近似来表征运动方程(2.1),此差分公式如下:

$$\frac{\partial}{\partial y} f(x,y,z,t) = \frac{f_{i,j+1,k} - f_{i,j-1,k}}{y(j+1) - y(j-1)} = \frac{f_{j+1}^{\tau} - f_{j-1}^{\tau}}{2\Delta y},$$

式中 f 表示变量;τ 代表时间轴上的离散点;i,j,k 分别代表 x,y,z 空间轴上的坐标;Δy 表示 y 轴上相邻两点的距离。运动方程(2.16)

$$\frac{\partial u}{\partial t} = -u\frac{\partial u}{\partial x} - v\frac{\partial u}{\partial y} - w\frac{\partial u}{\partial z} - \frac{1}{\rho}\frac{\partial p}{\partial x} + fv + Fr_x,$$

是一个非线性的、非齐次的偏微分方程,不可能进行解析求解。利用上述的三点中央差分近似，它变为了可解的算术方程：

$$\frac{u_{i,j,k}^{\tau+1} - u_{i,j,k}^{\tau-1}}{2\Delta t} = -u_{i,j,k}^{\tau}\frac{u_{i+1,j,k}^{\tau} - u_{i-1,j,k}^{\tau}}{2\Delta x} - v_{i,j,k}^{\tau}\frac{u_{i,j+1,k}^{\tau} - u_{i,j-1,k}^{\tau}}{2\Delta y} - w_{i,j,k}^{\tau}\frac{u_{i,j,k+1}^{\tau} - u_{i,j,k-1}^{\tau}}{2\Delta z}$$

$$-\frac{1}{\rho_{i,j,k}^{\tau}}\frac{p_{i+1,j,k}^{\tau} - p_{i-1,j,k}^{\tau}}{2\Delta x} + fv_{i,j,k}^{\tau} + Fr_{x(i,j,k)}^{\tau-1}, \tag{3.1}$$

通常假定 Δx 与 Δy 是相等的，Fr 为摩擦耗散项。对于每一个格点，可根据变量在前两个时次 τ 和 $\tau-1$ 的值，求解出方程左边的 $u_{i,j,k}^{\tau+1}$。对于其他的方程，类似地，也能求出变量 $\tau+1$ 时刻的值。

对于某些特定的模拟应用，Δx 的值的选择要保证有足够的格点数来准确表征所关心的最小尺度的气象特征。3.4.1 节将介绍截断误差（truncation error）的概念，它定量化了使用有限数量的格点来表征连续函数的精度。经验表明要合理地分辨一个波动需要 10 个格点。因此需根据目的是模拟天气尺度的 Rossby 波还是中尺度对流复合体，对模式的格点间距进行选择。另一替代方法是利用全域或局地的函数来表征变量的空间变化，从而解析计算导数。此类方法包括谱方法（3.2.2 节）和有限元方法（3.2.3 节）。

根据计算的空间范围，模式通常分为两类。如果模式的计算范围包括全球，则叫做全球模式（global model）。如果模式仅用于特定区域的大气，则叫做有限区域模式（limited-area model）。

3.1.2　时间积分

3.3.1 节介绍了对方程进行时间积分的不同方法。方程（3.1）中除了摩擦项，所用的方法称为蛙跃或三点中央时间差分方案，因为 τ 时刻的微分（方程右边）在前一时刻（$\tau-1$）与外插的后一时刻（$\tau+1$）中间进行计算。图 3.1 所示的是时间差分方法。注意到在使用蛙跃方案进行积分之前需要前差计算一个时间步长的值。对摩擦项采用向前差分，导数的计算在外插的起始点，这是唯一计算稳定方法。对于许多差分方案，时间步长被有限的 Courant 数所约束，其定义为 $U\Delta t/\Delta x$，其中 U 为网格点上最快波动的水平速度，如前所述，Δx 的选择取决于相关气象过程的分辨率。如果时间步长取得过长，就会违反稳定性约束，模式解中的非气象特征将会指数级增长，导致计算溢出、积分中断。对于方程（3.1）所使用的空间和时间差分方法，将平流项在欧拉框架下（方程格点上求解）表达时，稳定性的必要条件称为 Courant-Friedrichs-Lewy（CFL）计算稳定性判据，其要求 $U\Delta t/\Delta x \leqslant 1$。数值稳定性的概念将在 3.4.2 节做进一步的讨论。

为了理解什么因素在决定着模式运行的计算需要，假定预报在一个有限的地理区域上进行。为简单起见，假定网格点在水平方向上是规则分布的。对水平格距的选择是基于在一个波长上要有足够的格点能对所关注的气象特征进行很好的描述。同样，所选择格点的垂直分布也取决于所解析过程的垂直结构。如果已知模式方程包含的各种大气波动，则可判断出格点上最快的波。例如，如果模式解不包括声波和重力外波，那么通过局地大气的特征，就可确定平流波（比如在急流中）为最快的波动。这样，在 Courant 数中仅剩的参数就是时间步长。而对时间步长选择则必须保证数值解的稳定。在一个网格点上运行模式的计算成本依赖于在预报时长内须求解代数方程组（方程（3.1）是一个方程）的次数，并且，因为方程需要在每个格点上进行求解，它也与三维计算格点（有时也称为节点）的数量成线性比例。同时因为方程需要在每一个时间步在每一个格点上进行求解,所以预报时长内的时间步数同样决定着计算成本。对于一个给定区域,垂直和水平方向上的格距越小,时间步长越短,对模式运行的计算成本要求越高。对于给定的区域,一个细网格的中尺度模式比天气尺度模式需要更多的格点数,因此运行的计算成本更高。为了说明计算成本与分辨率之间的非线性依赖关系,假定我们对一个区域格点的分辨率加倍。这就需要 4 倍的格点数,而且因为必须满足稳定性准则(基于 Courant 数),时间步长需要减半。这样,增加 1 倍的水平分辨率将增加 8 倍的计算成本。因此,数值天气预报研究通常要关注发展求解运动方程的更加高效的数值方案。

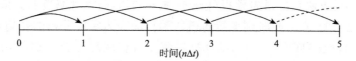

图 3.1　时间中央差分示意图,初始由 $n=0$ 和 $n=1$ 时刻向前外插

3.1.3　边界条件

　　求解模式方程既是边值问题(侧边界,上边界和下边界)也是初值问题。全球模式没有侧边界条件,因为计算区域自然是周期性的。对于有限区域模式,在网格边缘的点,方程无法求解,因为边界之外没有格点可用来计算垂直于边界的导数(见 3.5 节对侧边界条件的讨论)。在边界点的变量值需要由外部指定。利用有限区域模式进行业务预报时,侧边界条件必须由先前积分的全球预报模式的格点值插值确定,而对于科学研究,也可由观测的区域或全球的格点分析场来提供。

　　除了侧边界条件外,还需要确定全球模式和有限区域模式的上下边界条件。因为模式大气不可能像真实大气一样无限地延伸,而且我们有时需要将计算区域限制在对流层之内,因此有必要为模式指定人为的上边界条件。在 3.6 节中将介绍向下反射最小的上边界条件。另一个主要挑战是确定陆面和海表面的热通量、水汽通量以及动量通量。因为中纬度的行星尺度环流和季风环流都是由表面的感热加热梯度所驱动的,因此模式显然需要对该过程处理得相当好。此外,中尺度边界层环流来自于海岸线和其他地面状况水平不均匀的加热,因此感热通量的小尺度变化也需要准确地模拟。而且,表面的感热和潜热通量可抵消太阳能量的输入,因而潜热通量能够显著地影响边界层风场和热力特征。第 5 章将讨论对陆面过程和表面通量的模拟,4.4 节将讨论边界层参数化。

3.1.4　初始条件

　　因为大气模拟是一个初值问题,所以必须确定方程开始积分时变量的状态(图 3.1 最左边的点)。这个过程叫做模式的初始化,第 6 章将进行详细讨论。初始化过程完成得好坏对预报的准确性有重要的影响。首先,除了局地强迫过程(比如地形和海岸强迫),可以合理地假设预报质量通常不比初始条件要好。第二,如果初始的质量场与动量场远没有达到模式方程所确定的物理过程平衡(比如地转平衡),初始化之后模式会进行调整而产生惯性重力波。这些虚假的波动在被阻尼或传播到远离源地之前,有时会达到足够大的振幅而掩盖模式解的真实特征。如果初始条件中没有包含与地形或对流有关的垂直运动,或真实的中尺度海岸或山谷风,预报过程中模式将不得不对这些特征进行调整(spin up)。历史上,上述的调整过程导致了初始化后最初的 12～24 小时的预报不能使用。

通常有两类初始化,静态初始化和动态初始化(dynamic initializations)。对于前者,是将初始时刻的观测资料客观地分析到模式格点,可能还需要对其作某种平衡条件的约束,然后进行模式预报。这类不包含平衡后(spun-up)的垂直运动与非地转环流的静态初始化,称为冷启动。所谓动力初始化,顾名思义,意味着初始场具备某种动力上的约束,其通常来自于模式,它的目的是保证模式解在预报的初始时刻是平衡的或近似平衡的。一种方法是在预报开始时刻前的 12—24 小时,进行一次静态初始化,在预先预报(preforecast)期间运行模式使其解达到平衡。另一个不同的方法是在预先预报(preforecast)期间同化观测资料。或者,通常的一种技术是利用一个已有的、在初始时刻平衡的模式预报场作为客观分析的初猜值(first guess),将初始时刻一段时间窗内(比如±1 小时)的观测资料客观地融合入初猜场。这也就是说,利用观测资料来调整初始时刻的模式预报场。如图 3.2 所示的是一系列的 24 小时预报,预报以 6 小时为间隔进行初始化。在该例中,也可以说模式进行的是 6 小时循环预报。对于循环中第 4 个预报的初始化,第 2 个预报的 12 小时预报场(此时应达到平衡)可用作使用观测资料进行客观分析的初猜值。这种在一组连续的时间段内将观测资料融合进分析场的过程叫做间歇或顺序资料同化。也就是,仅在预报初始时刻将观测资料间断性地融入模式。同样,利用连续运行的资料同化系统对有效的观测资料进行同化,称为连续资料同化。利用达到不同程度平衡的小尺度环流作为初始条件进行初始化,称作暖启动或热启动(warm starts 或 hot starts)。

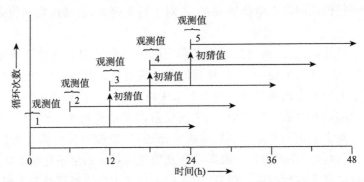

图 3.2　循环预报示意图,每 6 小时对模式进行初始化并启动一次新的预报。垂直虚线表示将先前初始化的模式预报输出作为初猜场(first guess,FG),使用初始时间窗口内的观测资料进行客观分析。循环次数标记在每次预报的初始时刻。

因为无线电探空资料仍然是仅可获得的在空间或时间上相对规则的陆地上的三维大气资料,它们是主要的信息来源。可惜的是,无线电探空的廓线通常相距几百千米,对于典型天气尺度过程的描述可能是合理的,但对于中尺度过程则不然。即使目前有很多其他观测资料的来源,比如卫星、雷达、商业飞机等,但对无线电探空资料的依赖解释了为什么业务预报模式仍旧使用 0000 UTC 和 1200 UTC 作为每天预报的初始时刻(大部分业务模式使用每天 4 次循环,即 0000 UTC,0600 UTC,1200 UTC 和 1800 UTC)。

3.1.5　物理过程参数化

在模式中加入方程(2.1)—(2.7)中描述热量、水汽和动量的湍流混合、湿对流、云微物理过程和太阳与大气辐射各项是非常复杂的,而且通常所需的算术运算要比方程其他项的总和还要多。对这些物理过程的参数化将在第 4 章介绍。参数化涉及使用物理过程与模式网格可分辨变量的关系对其进行表征。例如,单个的湍流涡旋不能分辨,但我们能建立湍流强度与模式可分辨风切变和静力稳定度的关系。通常有三个原因要对某个过程进行参数化:没有充分地了解物理过程而无法直接通过物理关系对其进行描述;物理过程的尺度太小模式网格不能分辨;物理关系太复杂以致对其显式处理时需要过多的计算资源。

3.2　数值框架

这里将描述处理大气动力学和热力学非线性偏微分方程组空间依赖性的四种模拟框架
- 有限差分或格点方法;
- 谱方法;
- 有限元;
- 有限体积。
本节不关注用于近似方程中空间导数方法的细节,而是着重于综合方法。

3.2.1　空间有限差分/格点方法

在过去的半个世纪里,大气科学家与海洋学家们发展了众多的格点方法用于求解全部球面或部分球面上的流体方程。这些方法包括使用地图投影网格,经纬度网格以及球面测地网格。在每一种网格,都要确定一种步骤把所模拟球面区域上的网格点有系统地组织起来。对于特定的模拟需求,选择哪一种方法取决于各种因素,包括模式的计算区域是全球还是有限区域,以及模式代码在研究中修改的难易程度等。

计算网格点可分为结构性或非结构性。传统的网格是结构性的,其包括一组格点,它们被排为二维或三维的规则形状。相反,非结构性网格由非规则形状的元素集合确定,比如三角形。非结构性网格使得在复杂区域上的离散具有更大的灵活性,同时也使可增加或减少网格点的适应性网格技术在非结构性网格上应用更加方便。与结构性网格不同,非结构性网格须要有关网格连通性的列表。

地图投影

地图投影是特定的几何/数学关系,可将在准球面比如地球表面或 $500\ hPa$ 面上的大气特征转换到水平面上,如地理地图,天气图或模式格点。图 3.3 是常用于大气模拟的三种类型的投影,其表示了球面与投影面之间的几何关系,根据这些几何关系可将定义在球面上的特征投影到平面上。在每一种投影中,设想可以画一组共同源点的射线,将球面上的点与投影面上的点相连。例如,墨卡托投影可由一个中心轴穿过球心的圆柱体确定。球面上的状况可映射到圆柱体上,而圆柱体可以进行剪切、打开和平置。类似地,平面和圆锥体可分别确定极射赤面投影和兰勃特正形投影的投影面。平面和圆柱体可视为圆锥体顶角分别为 180 度和 0 度时的特殊情况。在大气模拟中，圆柱体和圆锥体的轴线，也是投影平面垂直线，事实上总是与地球的旋转轴一致。对于每一种投影，投影平面可与球面相交（如图所示），也可与球面相切。前者称为正割投影，后者叫作正切投影。

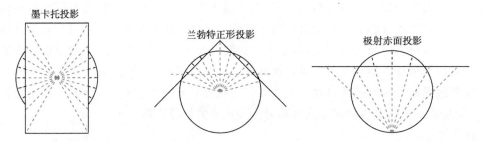

墨卡托投影　　　　兰勃特正形投影　　　　极射赤面投影

图 3.3　通常用于大气模拟的三种地图投影。分别将球面上的信息投影到圆柱体（墨卡托投影），圆锥（兰勃特正形投影）以及平面（极射赤面投影）上。球面上的点和投影面上的点由经线连接。圆柱体和圆锥体的轴线和平面的垂直线与地球旋转轴平行

在投影中，不可能保留球面上所有的几何特性（如，面积，形状，角度）。例如，图 3.3 所示墨卡托投影夸大了高纬度地区的距离与面积，而极射赤面投影则夸大了低纬度的距离与面积。事实上，仅在球面与投影面相交的点或线上能够保留所有的特征。但是，上述的三种投影全是正形的，所以在每个地区都能保持两曲线间的角度，在某一点所有方向上的距离变形都是相同的[①]。对于气象应用来说，保持大气特征的角度是非常重要的（比如等压线与风矢量间的角度），因此正形投影是可取的。可在变形相对较小的纬度上使用正形投影来弥补其在距离和面积保型的缺点。

事实上所有的大气模式都需要使用地图投影。对于一个使用球面坐标的全球模式来说，要将模式的输出在纸张或电脑屏幕上显示，需要大气状况和与之相联的参考地理信息（如国界和自然特征）在某个地图投影下给定。每个投影的数学转换关系都是将球坐标（经度和纬度）转换到投影面的笛卡儿坐标上。这也是地理学家们将球面上的特征转换到地图上的过程。

对于使用笛卡儿坐标系统在平面上求解方程的有限区域模式来说，球面与投影面间的转换一直伴随着模拟过程与方程本身。尤其是，定义在经纬度坐标上的观测站数据必须应用于模式格点在投影面上相应的笛卡儿坐标。另外因为距离的变形，有限差分方程中所使用的网格距需体现格点之间真实的水平距离。图 3.4 表示了球面与计算网格点所在投影面之间的距离转换对网格距的影响。投影面上的计算网格点是等距的，而每个格距所代表的物理距离则通常不同，且依赖于所处网格的位置。地图比例尺因子（map-scale factor），可用以衡量变形，由方程（3.2）定义，使用图 3.4 中的符号，即为投影面上的距离与球面上距离的比值：

$$m = \frac{\Delta x_G}{\Delta x_E}. \tag{3.2}$$

---

① 如果 x 为距离某一点的水平位移，则无论位移的方向 $\delta x_E / \delta x_G$ 都应相同，其中 E 指地球，G 指网格点。

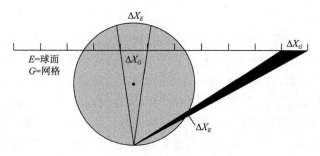

图 3.4 极射赤面投影正割投影中,球面网格距与计算网格距的关系。

地图比例尺因子沿着每一个纬圈都是相同的。图 3.5 显示了三个投影中地图比例尺因子作为纬度的函数。m 从 1 偏离的方向依赖于投影面是在地球表面的上方或下方。对于模式格点上的每个点,预先计算好的地图比例尺因子在方程中用来体现格点之间变化的距离。方程(3.3)所示的是广泛使用的有限区域模式中(Dudhia 和 Bresch 2002)包含地球曲率项的第一个运动方程。

$$\frac{du}{dt} = -\frac{m}{\rho}\frac{\partial \rho'}{\partial x} + \left(f + u\frac{\partial m}{\partial y} - v\frac{\partial m}{\partial x}\right)v - ew\cos\alpha - \frac{uw}{r} + D_u. \qquad (3.3)$$

其中,m 是给定的地图比例尺因子,可由下式定义

$$m = \frac{1 + \sin 60°}{1 + \sin\phi}$$

对于极射赤面投影,在纬度 60 度 $m = 1$ 时,格点间距则是实际距离;e 和 f 代表了完整的科氏力,其中 $f = 2\Omega\sin\phi$ 和 $e = 2\Omega\cos\phi$;D 是扩散项或摩擦耗散项;r 是地球半径;ρ 是密度;$\alpha(x, y)$ 是局地经线与 y 轴的夹角。正如图 3.5 所示,对于极射赤面投影,方程(3.3)中地图比例尺因子的微分项在极地地区最小,在赤道地区最大。

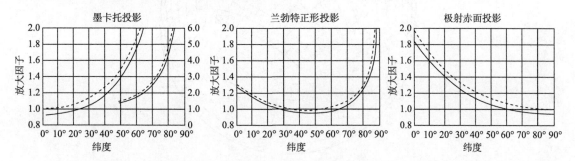

图 3.5 不同的正切投影(虚线)和正割投影(实线)的地图比例尺因子,均为纬度的函数。对于正割投影,圆锥体面与球面在纬度 30° 和 60°(北纬或南纬)相交,平面是在纬度 60°(北纬或南纬)与球面相交,圆柱体在纬度 60°(北纬或南纬)相交。图片摘自 Saucier(1955)。

因为格点之间的有效距离不断地变化,因此计算实际上是在"拉伸"(stretched)网格点上进行的,而且会导致方程解数值特征(比如误差)的空间差异。后面的章节我们可以看到,格点上相同的波动,依赖于纬度,会有不同的相速度和群速度。而且保证模式解稳定的条件也会随纬度变化。对于具体的模式,地图投影的最佳选择应该是(1)格点上地图比例尺因子偏离 1 的程度最小,(2)地图比例尺因子的纬向微分最小。一般来说,在热带地区使用墨卡托投影,高纬度地区使用极射赤面投影,中纬度地区使用兰勃特正形投影,通常能够最好地满

足上述条件(图 3.5)。

　　即使模式的某个特定应用选择了一个合理的地图投影,并且地图转换也适当地融入模式方程和初始化过程中(比如,使观测值处在计算网格点的正确位置上),投影特征还在多个方面来影响模式的使用。例如,大气中 u 和 v 的速度分量(以球面上的东西和南北方向来定义)与计算格点上的速度分量是不同的(按照网格点的行列定义),这须在初始化模式时处理。又例如,由使用者选择或模式自动选择的时间步长须依赖于网格距,以保证方程解的稳定性(见 3.4.2 节)。而由于实际水平格距随空间而变化,网格上某些地区可能因为时间步长太大违反局地的稳定性判据,会在格距最小的纬度上出现看起来虚假的模式解(比如小尺度波动)。

　　上述讨论的内容是针对球面上的有限区域使用地图投影。也有方法使用所谓复合网格(composite grid)将各种地图投影结合起来模拟整个球面,它的目的之一是避免后面提到的经纬度网格中的问题。例如,Phillips(1957a,1967)在近赤道的边界纬度使用墨卡托投影而在较高纬度使用极射赤面投影。而 Stoker 和 Isaacson(1975),Dudhia 和 Bresch(2002)使用了两个在赤道区域重合的极射赤面投影。其网格上的计算可在交界面上进行通信,因此不需要人工侧边界条件或独立积分。图 3.6 是一个使用重叠极地网格的例子。Browning 等(1989)在全球模拟中使用了两个重叠极射赤面投影,并在内存需求、计算时间和算数计算方面与两种谱方法进行了比较,结果有好有坏,但这种方法还是具有竞争力的。

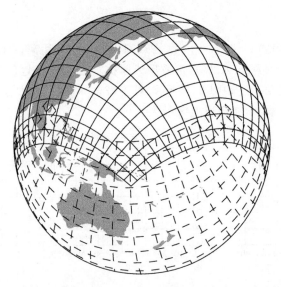

图 3.6　由重叠的南北极射赤面投影所定义的复合网格。图片摘自 Williamson(2007)

　　另外一个地图投影模拟球面的方法是将规则的多面体内比如立方体置于球体内。多面体的每一面定义为规则的笛卡儿网格,而且来自球体中心的射线穿过网格点将其投影到球体表面上。在立方体的情况下,模式方程在 6 个网格面的每个面上进行求解,但在边界上计算有限差分会遇到挑战。Sadourny(1972),McGregor(1996),Rančić 等(1996),Ronchi 等(1996)和 Purser 和 Rančić(1997,1998)总结了对这种多面心射投影的测试及其特性。Adcroft 等(2004)介绍了扩展立方体在麻省理工大学大气环流模式上的使用,McGregor 和 Dix(2001)对该方法在澳大利亚 CSIRO(澳大利亚联邦科学与工业研究组织)大气环流模式上的使用进行了总结,而 Zhang 和 Rančić(2007)则将该方法应用在美国 NWS Eta(美国国家天气局)模式中。图 3.7 所示的例子是地球面在一个扩展立方体面上的投影和一个在球面上分布相对均匀的网格。这种方法会产生非正形投影，但通过一些转换运算可将其变为具有正形特征的投影。

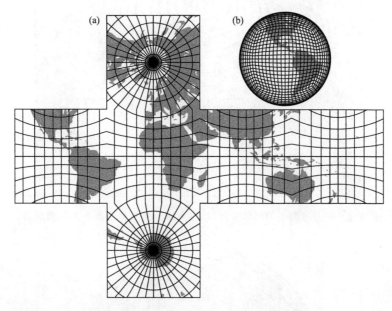

图 3.7　立方体心射投影，是指包含在球体中立方体的每一面都为笛卡儿网格，将这些网格投影到地球球面上，可在球面上产生空间相对均一的网格（b），基于该投影可构造全球模式的网格。（a）所示的是具有地理和经纬度参考的扩展立方体。图片（b）摘自 Rančić et al.（1996）。

经纬度网格

在经纬度网格中，纬度和经度都为水平坐标，垂直坐标定义为沿着由地心向外辐射的方向。在每一个垂直坐标平面内，利用经纬度的间隔将球面划分为网格单元。如果整个球面上坐标间隔是相同的，随着经线汇集于极点，格点之间的经向距离逐渐变小（图 3.8）。

格点间经向距离的减小要求时间步长够小以保证方程解的稳定性。此外坐标线（经线）在极点相汇，导致了极点的奇异性，意味着水平导数的计算成了问题。在极点附近缩短时间步长可能产生令人满意的结果，但花在占地球面积一小部分极区的计算时间会超过了总时间的一半（Grimmer 和 Shaw 1967）。

处理极地附近格点之间的短距离以及其对时间步长和模式性能的影响，可对极区附近的变量在东西方向上进行傅里叶滤波。即首先对变量进行傅里叶变换，通过对序列进行截断以滤掉高波数的波动，然后利用逆傅里叶变换将变量返回到物理或格点空间从而得到较为平滑的变量场。从模式解中移除小尺度信息可有效地滤掉速度较快的模态，虽然格点之间经向距离很短，仍可以使用较长的时间步长。但是该方法在极区格点数稠密的地方求解方程仍会有较大的计算负担，而且高密度的格点也会消耗大量内存。Williamson（2007）指出了这是一个不令人满意的，但今天仍在使用的工程学方法，例如 NCAR Community Atmosphere Model（CAM）的有限体积框架仍在使用该方法。另外一个方法是在靠近极点处使用较大的经向间距（Williamson 和 Rosinski 2000）。它的一个例子是使用弱化网格（reduced grid）（图 3.9）。

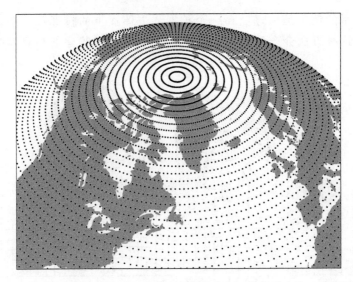

图 3.8　部分球面上的经纬度网格,在坐标方向上格点具有均一的间隔。

图 3.9　弱化网格。该网格的特点是离极点的距离越近经向网格的度数间隔越大,目的是保持格点之间相对均一的空间距离。图片取自 Williamson(2007)

球面测地网格

　　格点之间距离的均一性是球面上或部分球面上的网格所希望具有的特性。如前所述,当计算区域覆盖的面积较大时,地图投影会导致网格格点之间的地球距离有显著变化(图 3.5)。类似地,经纬度网格在经线汇聚的高纬度地区必然有较高的分辨率。但是测地网格在球面上有着近乎均一的网格点分布。

　　数学上,曲面上测地线与直线是等价的。在球体表面上,比如地球表面,测地线是两点之间最短的路径,确切地说是大圆圆弧的一部分。一种测地网格是以球面上等边三角形的边为测地线。确定这种网格的一种方法是首先从图 3.10a 所示的二十几何面体开始,它有 20 个三角面(主三角形),12 个顶角和 30 个边,顶角均位于球面上。然后在球面上用测地线把顶角点相联接,形成球面三角形。则网格可通过多种方法将主三角形划分为更小的三角形(三角形网格)来实现。例如,将二十面体的每个边平分,然后连接平分点,会在原先的每一个三角形上形成四个等边三角形(图 3.10b)。这些新三角形的顶角点沿球体半径射线投影到球面上(图 3.10c),然后将测地线连接再次形成球面三角形(图 3.10d)。尽管相邻点的距离看起来是均一的,但不是完全相等的。图形上中部新产生的顶角由 6 个紧邻的三角形包围(图 3.10d),而它的右侧原先二十面体的顶角仅由 5 个三角形包围,由此可以看出其表面的非对称性。Williamson(1968)和 Sadourny 等(1968)介绍了另外一种将主三角形划分为三角形网格的方法,在该方法中格点之间距离不相等的特性要小于上述方法。图 3.11 所示的是一个格点在球面分布的例子。

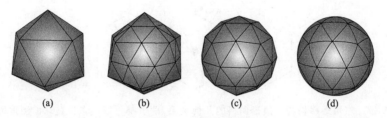

图 3.10　形成球面测地网格的方法。将二十面体的三角形(a)分割,在原先的每一个三角形上形成四个等边三角形(b),然后将新形成三角形的顶角投影到球面上(c),新的顶角由测地线相连,从而产生球面三角形网格(d)

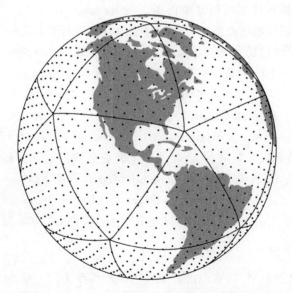

图 3.11　球面上网格点分布相对均匀的球面测地网格的例子。将二十面体的三角形进行分割从而形成三角形网格。注意该例中的水平分辨率较粗。图片取自 Williamson(1968)

一些球面测地网格使用的是上述三角形网格,而另外一些则使用相关的六边形网格。为了形成六边形网格,可基于三角形网格来构造 Voronoi(沃罗诺依)网格,它是到一个指定顶点的距离比到其他任何顶角都近的所有点集合。对于二十面网格原始的 12 个顶角(如图 3.11),Voronoi 网格是五边型。对其余则是六边形。图 3.12 表示了三角形网格与六边形网格的几何关系。Randall 等(2002)总结了三角形网格、正方形网格与六边形网格各自的优点。此外,Weller 等(2009)比较了一些网格细化的方法。

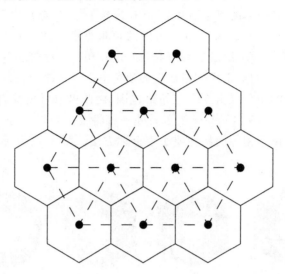

图 3.12　三角形网格与六边形网格的几何关系,两者都可以用来构造球面测地网格

球面测地网格其它优点包括选择性地在某些区域增加分辨率(增加三角形数)十分简单,较好地表征山区或其他小尺度局地强迫附近的细小尺度特征。一个缺点是格点的指数标定(indexing)要比笛卡儿或经纬度网格复杂得多。但 Randall 等(2002)介绍了如何将球面上的网格分离成为矩形,而矩形的格点值就可在计算机内存中进行逻辑化的组织。

目前使用球面测地网格的模式有 OLAM(Ocean-Land-Atmosphere Model,海陆气模式;Walko 和 Avissar 2008a,b),OMEGA(Operational Multiscale Environment Model with Grid Adaptivity 网格适应的多尺度环境业务模式;Bacon 等 2000),和德国天气中心的业务 GME 模式(Majewski 等 2002)。Randall 等(2002)介绍了海洋—陆面—大气耦合的球面测地网格模式在气候应用上的发展。Tomita 和 Satoh(2004)和 Satoh 等(2008)介绍了使用球面测地网格进行全球云分辨模拟的模式。美国 NOAA 正在发展业务应用的流体跟随有限体积的二十面体模式(Flow-following finite-volume Icosahedral Model,简称 FIM)。关于球面测地网格进一步的讨论请参见 Sadourny 等(1968),Williamson(1968),Baumgardner 和 Frederickson(1985),Nickovic(1994),Ringler 等(2000)以及 Ringler 和 Randall(2002)。

球面上不同的格点分辨率

对于模拟全球尺度过程来说,有理由希望使用某种程度上均一的水平分辨率。但是,在一些其他应用中,在特定地区使用更高的分辨率也是常见的。例如,针对特定气象特征的研究中,网格点和计算资源应该集中于其所在区域。对于业务预报模式来说,小尺度主导着在某些区域比如复杂地形区的过程,因此希望有比其他地区更高的水平分辨率。此外,业务模式通常用于服务有限区域比如某个国家,同样需要较高的分辨率。

在一个三维计算体积内,有各种方法来形成不同的水平分辨率。一个通常的方法是将高分辨率有限区域模式嵌入全球模式中,全球模式为有限区域模式提供侧边界条件。首先进行全球模式的预测或模拟。有限区域模式可以是单一的高分辨率网格,或使用多层嵌套网格,其相邻网格点的格距可能以 3 到 5 倍的比例跳跃变化。图 3.13 所示的是用于美国东部 Chesa-peake(切萨皮克)湾地区业务预报的多层嵌套网格(Liu 等,2008a)。3.5 节有关侧边界条件的讨论指出了这种在球面特定区域获得较高分辨率的方法与局限性。

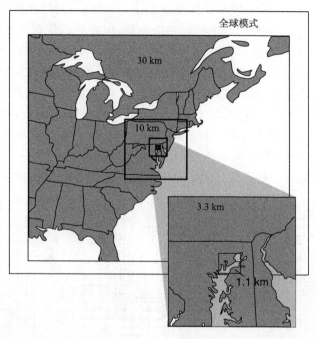

图 3.13　一个用于业务预报的嵌套网格模式。该模式嵌入全球模式,并具有双向作用的嵌套网格。模式网格格距在图中标出。

　　上述模式的一个特征是水平嵌套的网格必须有相同的垂直分辨率(垂直层的分布)。相反,有其它一些模式,不仅嵌套网格的垂直分辨率不同,而且也允许垂直方向上的嵌套。图 3.14c 所示的是嵌套网格具有相同的垂直分辨率的情形。相反,图 3.14a 和 3.14b 所示的是垂直方向的嵌套,内部网格不仅具有更高的垂直分辨率,而且集中计算资源在特定的垂直层。例如,在水平分辨率更高的内部网格,可在边界层、对流层顶或低空急流层以及变量垂直梯度较大的层次上使用更高的垂直分辨率。参见 Clark 和 Farley(1984)以及 Clark 和 Hall(1991,1996)关于 Clark 模式垂直网格嵌套的讨论。

　　因为在分辨率急剧变化的地区有时会对波产生反射,比如嵌套网格的过渡区(Davies 1983),使用逐渐变化的水平格距在特定地区来得到较高的分辨率是有益的。这种分辨率逐渐变化的网格有时被称为延伸网格(stretched grid)。Kalnay de Rivas(1972)和 Fox-Rabinovitz 等(1997)讨论了在可变分辨率网格上导数近似的截断误差。他们指出与非均匀平滑变化网格相关的截断误差等价于通过转换(比如与地图投影相关的转换)所确定的均匀网格的截断误差。也就是说,尽管 ΔX_G 为常数,地球表面的有效网格距 ΔX_E 仍然平滑地变化。实际上几乎所有的模式在垂直方向上均使用延伸网格,在某些层上,如近地球表面,使之有更高的垂直分辨率。Anthes(1970),Anthes 和 Warner(1978),Staniforth 和 Mitchell(1978),Staniforth 和 Mailhot(1988)以及 Walko 等(1995b)讨论与应用了笛卡儿水平延伸网格的有限区域模式。延伸网格在全球模式中的应用有时是出于节约计算成本,这种模式具有充分的灵活性,即既可用于全球研究也可用于特定地理区域的研究。例如,加拿大气象局(Meteorological Service of

Canada,简称 MSC)的 GEM(Global Environmental Multiscale)模式(Côté 等 1998a,b;Yeh 等 2002)和 NASA GEOS(Goddard Earth Observing System)的环流模式(Suarez 和 Takacs 1995;Takacs 和 Suarez 1996;Fox-Rabinovitz 等 1997,2000)。Côté 等(1993)描述了一个应用类似延伸方案的全球浅水模式。它的应用策略是使用球坐标,同时在两个水平方向上应用可变分辨率。对于全球研究,可使用传统的经纬度网格,但在极点具有奇异性。正如图 3.15 所示,在特定区域密集的网格点需要较高分辨率时,分辨率可以改变。坐标系统的极点不一定要与地球极点一致。在图 3.15 中,随着离网格极点(本例中接近于地理极点)距离的增加,在东西方向上的分辨率也在增加,直到在环球的东西带上(图中灰色的)保持不变。其他方向上的分辨率也在变化,在穿过美洲的南北带上采用均一的高分辨率。这样在两个水平方向上重合的美洲地区具有最高的分辨率,即均匀经纬度格距为 0.04°的高分辨率区域网格。Fox-Rabinovitz 等(2006)介绍了 SGMIP(Stretched-Grid Model Intercomparison Project,可变网格模式比较计划)计划,该计划将一些可变分辨率的全球模式用于区域气候的模拟。

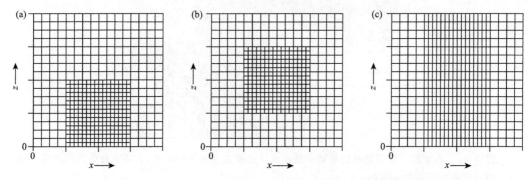

图 3.14　垂直网格的嵌套,某些大气特定的层次可用更高垂直分辨率的网格表征。图所示的是三个例子均为在水平方向上嵌入更高水平分辨率的网格。对低层大气(a)和中层大气(b)用垂直分辨率更高的垂直嵌套进行表征,没有进行垂直嵌套或网格延伸(c)

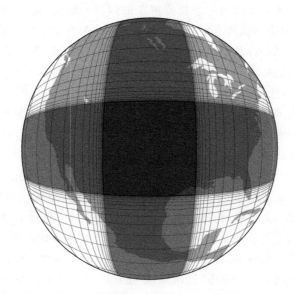

图 3.15　GEM 模式用于区域业务预报的可变水平分辨率的例子。图片取自 Yeh 等(2002)

在模式积分过程中,有很多方法可用来改变网格分辨率以便更好地表征大气过程的演变。适用于笛卡儿有限区域模式的一种方法是适应性网格或格点(Berger 和 Oliger 1984,Skamarock 和 Klemp 1993)。该方法使用了上述嵌套网格的概念,但能够自动地根据模拟或预测过程中对截断误差的估计来改变网格的大小、形状、位置以及数量(适应性过程)。例如,随着对流性或热带风暴的移动而自动产生细网格。Dietachmayer 和 Droegemeier(1992)以及 Srivastava 等(2000)还介绍了其他的方法。此外,适应性网格方法十分易于在球面测地网格上使用,因为可按照需要方便地增加或减少球面三角形的个数(Bacon 等 2000)。

垂直与水平格距的一致性

经验表明,不能单独地指定模式的垂直与水平分辨率。水平格距可分辨的物理特征,垂直格距也应能够分辨(反之亦然)。如果垂直格距过粗不能满足这个要求,所产生的截断误差在模拟中会激发虚假的重力波,从而使模拟结果变差。这个问题经常出现在大气具有坡度特征的地方比如锋面(Snyder 等 1993)或由条件对称不稳定产生的倾斜对流中(Persson 和 Warner 1991)。不同的学者定义了各种保持垂直格距和水平格局之间一致性的数学关系,但是从实际应用来看表达式通常十分相近。例如,Pecnick 和 Keyser(1989)给出了与水平格距相关的最优垂直格距表达式为

$$\Delta z_{opt} = s\Delta y, \tag{3.4}$$

其中 s 是锋面坡度,Δz_{opt} 是最优垂直格距,Δy 是水平格距。天气尺度锋面的坡度通常在 0.005 与 0.02 之间,当 $\Delta y = 100$ km 时该表达式给出的最优垂直格距为 0.5~2.0 km,$\Delta y = 10$ km 时为 50~200 m。Lindzen 和 Fox-Rabinovitz(1989)提出了两个一致性关系,一个是针对准地转流体,另一个是针对在临界层附近包含重力波的流体。在这两种情形下,中纬度地区的 Δz_{opt} 与由关系式(3.4)所获得的最优垂直格距相近。

一致性关系以及相关的静力或非静力模式的研究表明减小模式的水平格距而没有减小垂直格距可能不会改善模拟结果,相反有可能会使结果更差。Pecnick 和 Keyser(1989)利用二维模式对锋生过程的模拟表明当 $\Delta y > \Delta z_{opt}$ 时会产生虚假的重力波结构和虚假的速度与涡度大值。同时,Lindzen 和 Fox-Rabinovitz(1989)指出当垂直分辨率与水平分辨率不匹配时,会导致不稳定、虚假的振幅增长及其他问题。Gall 等(1988)也指出当垂直格距减小到与水平格距相一致时,在锋面上所产生的不正确波动会消失。

在很多上述的研究中展示了许多例子,它们说明了当大气结构能被水平格距很好地表征而不能被垂直格距充分地解析时所带来的影响。图 3.16 所示的是在倾斜对流的模拟中,不适当的较大垂直格距所导致的垂直运动计算噪声。图 3.16a 是平滑的垂直运动场,它是由 75 个等高度层和水平格距为 10 km 模式所做的 24 小时模拟;而图 3.16b 所示的是使用 25 个等高度层所模拟的垂直运动场。与较低垂直分辨率相关的截断误差产生了嘈杂的垂直运动和相关的重力波(图略)。在第一个试验中 $\Delta z = \Delta z_{opt}$,而第二个试验中 $\Delta z = 0.33\Delta z_{opt}$。第三个试验与试验二一样,使用 25 个等高层,但是水平格距从 10 km 增加到 30 km。在这个试验中,较粗水平和垂直格距的使用使得 $\Delta z = \Delta z_{opt}$ 并产生了平滑的解(图略),但是因为总的分辨率较粗,振幅远要小于图 3.16a 所示。

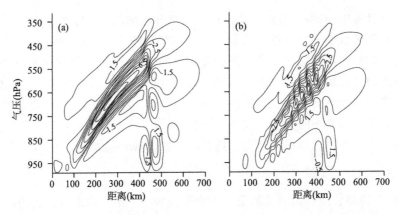

图 3.16　水平格距 10 km 和垂直 75 层(a)与 25 层(b)分别对条件对
称不稳定 24 小时模拟结果的垂直速度 ω(实线，$\mu b\ s^{-1}$)剖面图。摘自
Persson 和 Warner(1991)。

　　分辨率一致性的研究清晰显示了这种误差对特定气象例子模拟的重要性，但是随着水平
分辨率增加模式解变差不能总归咎于此种误差。例如，当模式水平分辨率增加时，依赖于分辨
率的物理过程参数化可能不适合。另外，与更加平滑的预报结果相比，预报能力传统的客观度
量比如偏差、平均绝对误差、均方根误差，对小尺度结构(比如来自于高水平分辨率模式)有较
低的预报技巧(Rife 等 2004)。

　　许多用于研究和业务预报的数值模式，尤其是中尺度模式，并不满足一致性的关系。例
如，对于图 3.16 中的模拟，如果格距到达 1 km，按照一致性关系就需要 750 个垂直层。然而，
在研究和预测中取得了的成功的模式，垂直分辨率普遍都不足够高，我们并不清楚一致性关系
得不到满足而产生的实际后果。Lindzen 和 Fox-Rabinovitz(1989)将此成功部分地归咎于水
平数值扩散对气象特征有效水平分辨率的限制作用。与关注于个例的研究不同，在业务应用
中计算区域有很多气象特征具有不同的倾斜度，这使得满足一致性关系的要求复杂化。再者，
大部分模式的垂直格距随距地面的高度有很大变化。还有，在嵌套网格中双向作用的网格具
有不同的水平格距，但通常使用相同的垂直格距。因此，Δz_{opt} 在同一模式积分中随空间和时间
变化很大。

　　在一定的计算资源下，通常会以降低垂直分辨率为代价将水平分辨率最大化，水平格距成
为模拟追求的目标(Holy Grail)。但是，对于模式应用来说，尽管没有足够的计算资源来完全
满足一致性条件，但上述试验表明此问题不能被忽略。应该通过对特定地区主要气象过程的
个例研究，评估模式解对于不同分辨率选择的敏感性，从而在垂直分辨率和水平分辨率之间作
出折中选择。随着将粗水平分辨率模式结果进行集合的趋势，至少暂时，一致性问题可能不那
么关键。

3.2.2　谱方法

　　早期进行全球格点模拟的方法包括使用须在极地附近减小时间步长的经纬度网格、准均
一的球面测地网格、立体球面网格以及复合网格。所有这些方法在提出时，均在不同方面存在
问题。这就使得在 Eliasen 等(1970)和 Orzag(1970)将谱转换方法引入，并且由 Bourke(1974)
具体实施后，谱模式成为占支配地位的模拟手段。在几十年的时间里谱方法一直是进行全球

模拟的主要手段,尽管格点方法的优化以及新计算框架的提出使人们有了更多的选择,但它至今仍被广泛使用。

谱形式的气象方程,是把变量做有限项展开,然后代入方程得到。变量展开时通常用双傅里叶序列或傅里叶—勒让德函数(通常称为基函数)来表示变量的水平空间变化。通过这些基函数的正交特性,可得到展开系数的耦合非线性常微分方程,而展开系数则为时间和垂直坐标的函数。在时间和垂直方向上利用传统的有限差分方法对这些方程进行数值积分。初始时将物理空间上的标准变量(格点值)转换至变换空间(扩展系数)对模式进行积分,然后经过逆变换将变量返回至物理空间从而得到通常的预报场。

在进一步讨论谱方法以及它的优缺点之前,先利用一维浅水方程对该方法进行说明。以傅里叶级数作为基函数,通常用下列级数来表征一维场:

$$A(x) = \sum_{m=0}^{\infty} (a_m \cos mkx + b_m \sin mkx), \qquad (3.5)$$

其中傅里叶系数 a_m 和 b_m 为实数,m 是波数(整数),$k = 2\pi/L$,L 为区域长度。利用欧拉关系进行幂函数的加减,可得

$$e^{imkx} = \cos mkx + i \sin mkx$$
$$e^{-imkx} = \cos mkx - i \sin mkx,$$

其中 $i = \sqrt{-1}$,可得:

$$\cos mkx = \frac{e^{imkx} + e^{-imkx}}{2} \qquad (3.6)$$

$$\sin mkx = \frac{e^{imkx} - e^{-imkx}}{2i}. \qquad (3.7)$$

将(3.6)(3.7)式代入(3.5)式得

$$A(x) = \sum_{m=0}^{\infty} \left[\left(\frac{a_m}{2} + \frac{b_m}{2i} \right) e^{imkx} + \left(\frac{a_m}{2} - \frac{b_m}{2i} \right) e^{-imkx} \right]. \qquad (3.8)$$

经过代数运算,可以定义

$$C_0 = a_0,$$
$$C_m = \frac{a_m - ib_m}{2},$$
$$C_{-m} = \frac{a_m + ib_m}{2},$$

(3.8)式可写为

$$A(x) = C_0 + \sum_{m=1}^{\infty} C_m e^{imkx} + \sum_{m=1}^{\infty} C_{-m} e^{-imkx}.$$

将最后合项中的下标乘以 -1,可以将其整合为

$$A(x) = \sum_{m=-\infty}^{\infty} C_m e^{imkx} = \sum_{|m| \leqslant \infty} C_m e^{imkx}.$$

在将解代入气象方程组之前,假设傅里叶系数 C_m 为时间的函数,且定义波数 m 的最大值。m 代表区域长度 L 内的波数,因此在级数定义的最大波数(或最小波长)就确定了模式的分辨率。

通过截断的傅里叶级数来表征变量,可将浅水方程(2.36—2.38 式)转换为谱形式。模式

变量可表达为：

$$u(x,t) = \sum_{|m| \leqslant K} U_m(t) e^{imkx}, \tag{3.9}$$

$$v(x,t) = \sum_{|m| \leqslant K} V_m(t) e^{imkx}, \tag{3.10}$$

$$h(x,t) = \sum_{|m| \leqslant K} H_m(t) e^{imkx}, \tag{3.11}$$

其中 $U_{-m}(t)$ 为 $U_m(t)$ 的复共轭，K 为所允许的最大波数。因此，变量的时间依赖性将由 U,V 和 H 的复傅里叶系数表征，空间依赖性由幂函数中的正余弦函数变化解析表征。将 (3.9)—(3.11) 式代入方程 (2.36)—(2.38)，两边乘以 e^{-ijkx}，其中 j 为任一波数，将每个方程关于 x 从 0 到 L 进行积分。使用以下幂函数正交性的关系，

$$\int_0^L e^{imkx} e^{inkx} dx = \begin{cases} 0; m = -n \\ L; m = -n \end{cases},$$

则可得到谱形成的浅水方程。这时原先的偏微分方程成为了常微分方程，

$$\dot{U}_m = -ik \sum_{\substack{|p| \leqslant K \\ |m-p| \leqslant K}} (m-p) U_p U_{m-p} + f V_m - ikgm H_m,$$

$$\dot{V}_m = -ik \sum_{\substack{|p| \leqslant K \\ |m-p| \leqslant K}} (m-p) U_p V_{m-p} - f U_m - g \frac{\partial H}{\partial y} \delta_m,$$

$$\dot{H}_m = -ik \sum_{\substack{|p| \leqslant K \\ |m-p| \leqslant K}} (m-p) U_p H_{m-p} + V_m \frac{\partial H}{\partial y} - ik \sum_{\substack{|p| \leqslant K \\ |m-p| \leqslant K}} (m-p) H_p U_{m-p},$$

其中 $m=0$ 时 $\delta_m=1$，$m \neq 0$ 时 $\delta_m=0$，且，

$$\dot{U}_m = \frac{d}{dt} U_m(t),$$

这时空间导数可以解析计算，仅剩下的时间导数可利用有限差分进行近似。

　　大部分全球大气谱模式使用球谐函数（spherical harmonics）作为基函数，该函数用傅里叶级数中的正弦和余弦函数的组合来表征变量的纬向变化，而用连带勒让德函数表征经向变化，其形式可写为

$$\Psi(\lambda, \phi) = \sum_{m=-K}^{K} \sum_{n=|m|}^{N(m)} \Psi_n^m Y_n^m(\lambda, \phi), \tag{3.12}$$

其中

$$Y_n^m(\lambda, \phi) = e^{im\lambda} P_n^m(\sin\phi),$$

Ψ 为任一变量，λ 为经度，ϕ 为纬度，m 为纬向波数，K 为最大纬向波数，n 为连带勒让德多项式的阶数，$N(m)$ 为连带勒让德多项式的最高阶数，Ψ_n^m 为谱系数，Y_n^m 为球谐函数，$P_n^m(\sin\phi)$ 为第一类连带勒让德函数（为多项式），可以参见 Krishnamurti 等（2006a）对连带勒让德多项式形式的讨论。另外还有些方法，包括使用二维傅里叶展开（Cheong 2000，2006）。

　　经向与纬向波数之间的关系决定了模式中所使用的截断类型。通常在全球谱模式中使用两种截断方法——三角形截断和菱形截断。截断类型决定了方程（3.12）中 $N(m)$ 的形式。三角形截断有 $N(m)=K$，而且允许每一个方向上具有相同的波数。对于菱形截断，$N(m)=|m|+K$，经向波数以固定的比例而大于纬向波数。图 3.17 显示了不同的截断类型。三角形截断在今天有着更加广泛的使用，对其原因，Krishnamurti 等（2006a）进行了讨论。三角形截断在全球有均匀的分辨率，纬向和经向分辨率相同。相反，菱形截断在近极区会有更高的分辨率。

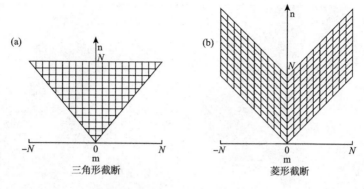

图 3.17　三角形截断和菱形截断的经向(m)和纬向(n)波数的关系

求解完整谱模式中的非线性项计算量巨大,使得求解过程无法实现。另外,局地强迫过程,如潜热释放,表面热通量的变化等,有些过程是不连续的,只能在物理空间内进行表征。这些问题是通过建立"假谱"模式(pseudospectral)得以解决的,在假谱模式中某些过程在谱空间进行处理,其他过程在物理空间即格点空间内处理。因为在每一个时间步都要进行谱空间和物理空间的转换,该方法被称为转换方法。特别是在时间外插产生新的谱系数之后,需要使用逆变换将变量从谱空间转换为适当格点上的值(如适用于一维傅里叶展开的(3.9)—(3.11)式,或使用球谐函数进行二维展开的(3.12)式)。对于非线性项 $u\partial u/\partial x$,变换方法如下:

- 在谱空间内计算 $\partial u/\partial x$,然后对 $\partial u/\partial x$ 和变量 u 进行逆变换转换到物理空间适当的格点上。
- 通过乘法运算在物理空间格点上计算出 $u\partial u/\partial x$。
- 将 $u\partial u/\partial x$ 转换到谱空间。
- 对于每一个波数,将 $u\partial u/\partial x$ 连同其他项的贡献加入 u 系数的倾向方程。
- 对于每一个波数,预报出 u 系数的新数值。

在该方法中,导数的计算没有使用有限差分方法进行近似。另外也存在一些别的特定谱转换方法。Swarztrauber(1996)比较了九种求解浅水方程方法的精度。

为确使非线性项产生非混淆解(alias-free),对三角形和菱形截断,转换网格纬向方向上的格点数都必须是 $3N+1$,而在经向方向,三角形截断需要 $(3N+1)/2$ 个点,菱形截断需要 $5N/2$ 个点。格点在纬向上是等距,经向上是不等距。勒让德多项式在高斯格点上具有精确解。但是,使用简单的经纬度变换网格存在先前描述过的极点问题(高斯格点与图 3.8 中的格点相似)。构造与图 3.9 中弱化(reduced)经纬度网格同类型的弱化高斯网格,是解决极点问题的办法之一(Williamson 2007)。图 3.18 所示的是一个弱化高斯网格的例子。Hortal 和 Simmons(1991)的研究表明在谱模式中使用弱化网格相对于完全网格,不会造成太大的精度损失。但是,减少格点数量会导致在计算非线性项时产生误差,从而产生一定混淆。在谱模式中应用弱化网格的一个限制是纬圈上格点数量必须与快速傅里叶变换算法所需格点数一致。弱化网格中球面上相对均匀格距的使用与谱模式中球谐函数三角形截断在谱空间上具有均一分辨率的特征相一致。

图 3.18　T106 弱化高斯网格的例子。摘自 Hortal 和 Simmons(1991)。

谱模式的垂直导数通常用标准的有限差分或有限元方法进行近似。勒让德多项式和 Laguerre 多项式均可用作垂直方向的基函数，但都有明显的缺点。Beland 和 Beaudoin (1985)，Steppeler(1987)和 Hartmann(1988)介绍了有限元方法的应用。

下面是典型的用全球谱模式进行预报的过程。

• 基于物理空间所希望的分辨率，选择谱截断(如，$K=42$ 的三角形截断叫做 T42)。出于避免混淆作用的考虑，选择纬向和经向上的格点数。对于所选择的谱截断，需要确定最高阶勒让德多项式和其根所在的纬度。这些纬度为高斯纬度，谱转换中的高斯格点由它们确定。

• 将变量的观测值在物理空间上客观分析到格点。

• 对表征模式初始状态的格点数据进行变换以确定谱系数。

• 在每一个时间步，将变量从谱空间逆变换至物理空间，在格点上计算动量方程、热力学方程和水汽方程中来自与局地过程相关倾向的贡献。这些过程本质上是局地的，具有很强的梯度或不连续性，因而不能够在谱空间中进行表征，包括表面热量、水汽和动量通量；辐射通量的散度；潜热的收支；云微物理过程和对流过程等等。类似的，非线性项根据上述的变换方法在格点上进行计算。垂直导数项也可能在在物理空间上计算。最后将倾向贡献转换至谱空间。

• 将谱空间和物理空间上计算的倾向贡献项相加，然后利用标准的时间差分方法进行时间外插。

• 在所希望的时间点上，将变量逆变换至物理空间，以图形方式显示在地图投影上，从而提供预报信息和与观测进行比较。

因为在确定水平分辨率时,人们通常使用的是格距而不是波数,全球谱分辨率与等价格距之间的一个简单转换是有帮助的。Laprise(1992)基于谱分辨率意义的不同解释,提出了几个选择[①],如下所示,

$$L_1 = \frac{2\pi a}{3K+1},$$

$$L_2 = \frac{\pi a}{K},$$

$$L_3 = \frac{2\sqrt{\pi}a}{K+1},$$

$$L_4 = \frac{\sqrt{2}\pi a}{K},$$

其中 K 如上述的定义,a 为地球半径。谱分辨率由 K 和截断类型来确定。如果 K 为 799,为三角形截断,则称分辨率为 T799。对于 T799 的谱分辨率,等价格距为 $L_1 = 16.7$ km,$L_2 = 25.0$ km,$L_3 = 28.2$ km,$L_4 = 35.4$ km。一些谱模式的优缺点可总结如下:

优点

- 一般不存在二次非线性项的混淆作用,因此不存在非线性不稳定。
- 因为微分是解析处理的,不存在空间截断误差,而且不存在波的数值频散。
- 易于应用半隐式时间差分方案。
- 几乎没有格点(计算)扩散现象。

缺点

- 某些局地强迫过程(如潜热释放,不同的表面热通量)是不连续的,只能在物理空间内进行表达。
- 当用波动(如球谐函数)的线性组合表征大的梯度或不连续现象时,会产生虚假的波(Gibbs 现象)。以比湿为例,"谱环"(spectral ringing)能够导致负比湿,这在物理上是不可能的。而超出正确解又可导致虚假的降水,所谓"谱雨"(spectral rain)。
- 对于较高分辨率,谱模式的计算成本要高于格点模式。
- 质量或能量在谱模式中不能精确守恒。

最后,少数的有限区域谱模式被开发完成并用于科研和业务预报。其中使用最为广泛的是美国 NCEP 的区域谱模式(RSM,Regional Spectral Model)(Juang 和 Kanamitsu 1994,Juang 等 1997,Juang 2000,Roads 2000,Juang 和 Hong 2001),该模式被用于业务天气预报。高分辨率的 RSM 一般嵌套于低分辨率的全球谱模式,而两个谱模式有相同的垂直结构和物理过程。RSM 区域模式使用双傅里叶系数做为基函数,并且定义在地图投影上。全球模式中进行多重的谱嵌套也是可能的。Scripps Experimental Climate Prediction Center 将 RSM 与 NCEP 全球谱模式耦合进行季节预报(Roads 2004),Han 和 Roads(2004)利用其进行了 10 年的气候模拟。区域谱模式还有其它很多用途。佛罗里达州立大学嵌套的区域谱模式被用来进行天气和季节气候模拟(Cocke 1998,Cocke 等 2007),日本气象厅也利用嵌套的区域谱模式进

---

① 对谱空间内"水平分辨率"仍缺少共识,甚至在更为直观的物理空间(格点)内也未有共识。因为格点模式所表征的尺度依赖于数值平滑和其他因素,而且 Pielke(1991)指出人们经常将"分辨率"这个词错误地当做网格格距。

行业务预报(Tatsumi 1986)。Boyd(2005)对有限区域谱模式进行了罗列,Krishnamurti 等(2006a)提供了相关模拟过程的总结。

3.2.3　有限元方法

有限元方法最初是在工程领域内发展起来的,它从开始就在海洋和大气过程的模拟中得到了应用。该方法与谱方法类似,都是 Galerkin 方法的特例,变量都近似为空间变化基函数的有限和,且系数随时间变化。对于谱模式,使用全域(非局地)的基函数;对于有限元模拟,基函数则是低阶多项式,它在局部区域非零,其他地区为零。在有限元方法中,计算区域被划分为多个连续的有限子区域(称为元)。在每一个元中,定义一个简单的函数,且要求相邻元函数之间连续。

有限元方法被用于加拿大业务区域有限元模式(RFE)(Staniforth 和 Mailhot 1988,Benoit 等 1989,Tanguay 等 1989,Belair 等 1994)、ECMWF 模式(Burridge 等 1986)和其他地区(Staniforth 和 Daley 1979)。有限元方法有时仅在垂直方向上使用,水平方向上使用有限差分或谱方法(Staniforth 和 Daley 1977,Beland 等 1983,Beland 和 Beaudoin 1985,Burridge 等1986,Steppler 1987)。对有限元方法在大气模式中应用的总结可见 Cullen(1979),Staniforth(1984)和 Hartmann(1988)。

3.2.4　有限体积法

与格点模式的预测变量为格点上的值不同,有限体积模式的预测变量为特定的有限控制体积内的积分值。控制体积通常为传统的三维网格单元,有限体积法也被称为单元积分法(cell-integrated methods)。该方法特别适用于对质量、总能量、角动量或熵的守恒性要求较高的应用中。的确对该方法重拾兴趣的一个原因是半拉格朗日模式对全球质量守恒的明显缺失。半拉格朗日方法在有限体积框架内有两种处理方法。一个是出发单元积分的半拉格朗日方案(DCISL),另一个是通量形式的半拉格朗日方案(FFSL)。DCISL 与 FFSL 不同之处在于如何估计在半拉格朗日平流轨迹出发点上的单元变量特性,如质量。如果质量守恒是主要关切,则连续方程使用有限体积方法,其他方程使用半拉格朗日格点方法。动力框架使用有限体积法的两个例子是欧洲高分辨率有限区域模式(European High Resolution Limited Area Model,缩写 HIRLAM)和 NCAR 全球公共大气模式(Community Atmospheric Model,缩写 CAM 3.0,Collins 等 2006b)。HIRLAM 使用的是 DCISL 方法,CAM 使用的是通量方案。先前提到的由 NOAA 发展的 FIM 模式也使用的是有限体积方法。参见 Machenhauer 等(2008)对有限体积方法在大气模拟中应用的总结。

3.3　有限差分方法

3.3.1　时间差分方法

时间差分方法可以是显式或隐式,或者是两者的结合。显式方法是指预报方程的左边为新(未来的)时间层上的变量值,右边为过去或者当前时间层上的变量值。隐式方法是指变量在新时间层上的值出现在方程的两边,必须迭代求解。半隐式方法是指方程的一些项显式求解,另一些项隐式求解。

　　除非使用第 2 章中介绍的滞弹性或 Boussinesq 近似,模式解中包含有等于或接近一个马赫数[①]速度传播的声波和重力外波。因为 Courant 数限制,这些没有气象意义的波动需要使用很小的时间步长,而使得计算效率下降。下节将介绍显示和隐式时间差分方法是如何处理该问题的。分离显示差分方案(split-explicit)是指对方程中与声波和重力外波有关的项采用短时间步长进行计算。与气象学过程相关的项使用较长的时间步长,这与气象波动相对低的速度相一致。半隐式差分、隐式方法的时间步长都不受 Courant 数的限制,用于求解快速的声波和重力波,与气象波动相关的速度较慢的项则由显式时间差分处理。

显式时间差分

　　通常有两类显式时间差分方法。一类是只用一个计算步来得到变量在新时间层的值,比如前面介绍的时间向前或时间中央差分方法。另外一种一步计算方案是 Adams-Bashforth 方法(Durran 1991)。另一类显式时间差分方法是使用多个计算步。当有两个计算步时,称为预测—修正方案。第一步为预测步,第二步为修正步。尽管多计算步方法需要大量的算术运算,需要较高的计算成本,但是某些数值特性优于单步计算步方法。在下列方程中,F 代表任一模式预报方程右边所有项(强迫项)的有限差分近似,θ 为任意变量,θ^* 为中间解。方程(3.1)是一个时间空间均为中央差的单步显式方案。方程(3.13)为此类方程的代表:

$$\theta_j^{\tau+1} = \theta_j^{\tau-1} + 2\Delta t F_j^{\tau}. \tag{3.13}$$

有许多种多步计算步方案,有些关于数值精度有着许多变化。例如 Lax-Wendroff 方案(Lax 和 Wendroff 1960):

$$\theta_j^* = \frac{1}{2}(\theta_{j+1}^{\tau} + \theta_{j-1}^{\tau}) + \frac{\Delta t}{2} F_j^{\tau} \quad \text{(预测步)} \tag{3.14}$$

$$\theta_j^{\tau+1} = \theta_j^{\tau} + \Delta t F_j^* \quad \text{(修正步)} \tag{3.15}$$

在第一步中,从 τ 时间层做半时间步的向前外插。第二步,这一预测值用来计算从时间层 τ 到 $\tau+1$ 用于外插的倾向项(F^*),该倾向位于中央时间步。另一个两步方案是 Euler 向后(或 Matsuno 1966)方案:

$$\theta_j^* = \theta_j^{\tau} + \Delta t F_j^{\tau}, \tag{3.16}$$

$$\theta_j^{\tau+1} = \theta_j^{\tau} + \Delta t F_j^*. \tag{3.17}$$

其他常用的,具有多种变化(变形)的方法是 Runge-Kutta 方案。其中一种,根据 Wicker 和 Skamarock(2002)的描述如下:

$$\theta_j^* = \theta_j^{\tau} + \frac{\Delta t}{3} F_j^{\tau}, \tag{3.18}$$

$$\theta_j^* = \theta_j^{\tau} + \frac{\Delta t}{2} F_j^*, \tag{3.19}$$

$$\theta_j^{\tau+1} = \theta_j^{\tau} + \Delta t F_j^+. \tag{3.20}$$

该方案被用在 WRF(Weather Research and Forecasting)模式中(Skamarock 等 2008)。

　　另一类显式时间差分就是所谓的分离显式方法。分离显式方法,有时也称为时间分离方法,其提出是由以下事实所启发,即可压缩非静力方程包含声波(马赫数为 1)和快速移动的重

---

　　① 马赫数是指波的相速度与声速的比值。

力外波,当然,以及气象学意义上的波动(比如平流波,Rossby 波,影响地转调整的重力内波),它们即使在最快的急流内马赫数也很少超过 0.3。因为声波和重力外波具有很小的振幅,而且在气象学意义上是不显著的,为了满足 Courant 条件而使用非常小的时间步长对计算资源是一种浪费。有几个方法可用来解决这个问题。一个是使用分离显式方法,对方程不同项使用不同的时间步长进行积分。与声波和重力外波相关的项用小时间步长进行积分,表征气象过程的其他项用较长的时间步长进行积分。所有的显式方法都须遵循由 Courant 数限制的线性稳定性准则。使用该方法的非静力模式包括,WRF(Skamarock 和 Klemp 2008),MM5(Mesoscale Model Version 5,Dudhia 1993),LM(Lokal Modell,Doms 和 Schättler 1997),CO-AMPS(Coupled Ocean-Atmosphere Mesoscale Prediction System,Hodur 1997)和 ARPS(Advanced Regional Prediction System,Xue 等 2000)。此外,关于分离显式时间差分的讨论还可参见 Marchuk(1974),Klemp 和 Wilhelmson(1978),Wicker 和 Skamarock(1998),Klemp 等(2007),Purser(2007)和 Skamarock 和 Klemp(1992,2008)。

隐式和半隐式时间差分

对一维线性平流方程做显式处理的一个例子如下

$$u_i^{\tau+1} = u_i^{\tau-1} - \frac{U\Delta t}{\Delta x}(u_{i+1}^{\tau} - u_{i-1}^{\tau}),$$

其中方程右边没有定义在 $\tau+1$ 时间层的变量。相反,线性平流方程下列的形式是隐式的,因为变量在 $\tau+1$ 时间层的值出现在方程的右边:

$$u_i^{\tau+1} = u_i^{\tau} - \frac{U\Delta t}{2}\left(\frac{u_{i+1}^{\tau+1} - u_{i-1}^{\tau+1}}{2\Delta x} + \frac{u_{i+1}^{\tau} - u_{i-1}^{\tau}}{2\Delta x}\right). \tag{3.21}$$

将空间导数的近似表示为向前和当前时间层导数的时间平均,因此意味着空间导数在 $\tau+1/2$ 时间层上进行近似。该方案应用在整套方程组通常是无条件稳定的,而且不受 Courant 数限制能使用较长的时间步长。因为隐式方程需要迭代求解(如 $u_i^{\tau+1}$),所以每一时间步需要比显式方程更多的计算量。具体地说,每一个时间步都要求解三维 Helmholtz 方程。不幸的是,对于拥有 6 个或 7 个变量和复杂方程的完整三维问题,较长时间步长对计算资源的节约不足以抵消每一时间步计算成本的增加。基于该问题,Marchuk(1965)和其他的研究者发展了半隐式方案,与显式方法相比该方案具有很多计算优点。半隐式方法是指对一些项隐式处理,另一些项则显式处理。也就是说,在有限差分方程中,隐式项使用与上述类似的平均运算,而显式项使用传统的运算。隐式处理的项通常是那些需要使用短的时间步长、与快速移动的声波和重力外波有关的项。对其余的项和慢气象过程有关的项进行显式处理。对显式项稳定的时间步长对隐式项同样也是稳定的,因为隐式项对时间步长绝对稳定性。Robert(1979)分析了以下浅水方程的半隐式形式:

$$\frac{\partial u}{\partial t} = -u\frac{\partial u}{\partial x} - v\frac{\partial u}{\partial y} - \overline{\frac{\partial \phi'}{\partial x}}^t,$$

$$\frac{\partial v}{\partial t} = -u\frac{\partial v}{\partial x} - v\frac{\partial v}{\partial y} - \overline{\frac{\partial \phi'}{\partial y}}^t,$$

$$\frac{\partial \phi}{\partial t} = -u\frac{\partial \phi}{\partial x} - v\frac{\partial \phi}{\partial y} - (\phi - \phi_0)\left(\frac{\partial u}{\partial x} + \frac{\partial v}{\partial y}\right) - \phi_0 \overline{\left(\frac{\partial u}{\partial x} + \frac{\partial v}{\partial y}\right)}^t.$$

其中 ϕ_0 为平均位势高度,上划线代表对方程(3.21)的高度梯度和散度项进行隐式时间平均运算。对其余项进行显式处理。Robert(1979)将这组方程线性化,显示重力波没有时间步长的限制,而平流项具有标准的 CFL 时间步长限制。浅水方程是不可压缩的,因而没有声波。

3.3.2　空间差分方法

欧拉空间差分

欧拉方式是在水平和垂直坐标固定的点上计算方程的传输项(平流项)。无论模式是完全基于格点方法或谱转换方法,都需要应用本章目前描述的方式。如以下方程,对任意独立变量 α,是在特定的点上求解时间导数,而平流项和其他的强迫项(F)都在同一地点:

$$\frac{\partial \alpha}{\partial t}\bigg|_{x,y,z} = -\vec{V} \cdot \nabla \alpha + F(x,y,z,t).$$

所有情况下,无论精度(截断误差控制)对时间步长是否有要求,平流项(及其他项)都需要遵循与时间步长相关的稳定性判据。由于欧拉方法对稳定性内在的限制以及相关的计算可靠性,以下将要介绍的半拉格朗日方法得到了广泛应用。

拉格朗日和半拉格朗日空间差分

纯粹的拉格朗日方法是针对单个移动空气质点的特征变化进行计算。也就是说,我们的参考系是空气质点而不是格点。在这种情况下,将使用下列方程,全微分或随质点的微分位于方程的左边:

$$\frac{\mathrm{d}\alpha}{\mathrm{d}t} = F(x,y,z,t). \tag{3.22}$$

对于一个完全守恒量则有,

$$\frac{\mathrm{d}\alpha}{\mathrm{d}t} = 0. \tag{3.23}$$

也就是说,变量 α 的值不随质点移动而改变。对(3.23)式在时间上进行积分,作为一大组方程的一部分,只涉及到估计守恒变量 α 受风场影响如何重新分布。该拉格朗日预报系统可由规则间隔的质点开始初始化,基于标准初始化技术将 α 的值赋予质点。但是,一段短时间的预报之后,质点的分布会变得非常不均匀,而导致空间分辨率不可接受的差异。这个问题促使了半拉格朗日空间差分方法的发展。一种方法是在每一个时间步选择一组完全新的规则间隔的质点。在每一个时间步,初始时将质点定义在格点上,然后根据主导速度场,在空间上将每个质点移动一个时间步长。新的质点位置,当然,不在格点上,但是质点保持 α 的原始值,因此可根据不规则间隔的轨迹末端点来确定 α 新的空间分布。然后将轨迹末端点的 α 值空间插值到原格点上,确定新的规则间隔的质点以开始下一个时间步。另外一种方法是从格点上的质点开始,利用上述过程相同的风场计算向后一个时间步长的轨迹点。然后 α 在向后轨迹末端点的值由当前的格点值进行空间插值确定,再将该值赋予格点(α 值在轨迹两端是相同的)。后一种方法使用的更加广泛,因为由规则格点向非规则格点进行插值比从相反方向插值更加方便。

对于具有强迫项(F)的通常情景,α 对于每一个质点是不守恒的(方程 3.22),下面给出一个示意的基于梯形积分方法的一维有限差分方程,其中 $x_j = j\Delta x$ 指格点的位置,$t^n = n\Delta t$,$\tilde{x}^n$

是在 t^n 时间层轨迹出发点位置的估计值（符号基于 Durran 1999）：

$$\frac{\alpha(x_j, t^{n+1}) - \alpha(\widetilde{x}_j^n, t^n)}{\Delta t} = \frac{1}{2}\big[F[x_j, t^{n+1}] + F(\widetilde{x}^n, t^n)\big].$$

其中，强迫项定义为轨迹出发点和到达点上值的平均。如果该方程用于某一化学物质 α，强迫项则代表这种物质的源或汇。如果 α 为气象变量，则强迫项代表了方程右边除了平流过程项的所有标准项。该项在格点上用标准的欧拉差分方法进行计算。在格点 x_j 上的 F 值可直接计算，而 $\widetilde{x}^n$ 上的 F 值可由附近的格点值插值求得。不幸的是，该方程是隐式的（t^{n+1} 上的变量出现在方程的两端），需要增加额外的计算量才能求解。另个选择是用下列显式的时间中央差分方法进行显式求解。它的时间步长仅受轨迹不能相交且轨迹末端点须在格点内的限制：

$$\frac{\alpha(x_j, t^{n+1}) - \alpha(\widetilde{x}_j^{n-1}, t^{n-1})}{2\Delta t} = F[\widetilde{x}_j^n, t^n].$$

Robert（1981，1982）与其他人开创性的工作使得半拉格朗日方法在全球和有限区域模拟中成为极为常用的方法，以下罗列了一些原因：

- 避免了与平流项相关的 CFL 条件限制，半拉格朗日方法比欧拉方案更加有效，
- 格点和谱方法均可使用半拉格朗日方法，
- 可以与用于气压梯度和速度散度项的半隐式方法相结合，
- 消除了非线性不稳定的来源，不存在非线性平流项。

相反，也有对半拉格朗日方法不能精确保证能量与质量守恒方面的批评。对半拉格朗日方法的总结可参考 Staniforth 和 Côté（1991），Durran（1999）和 Williamson（2007）。

跳点网格方法

跳点网格是指不同的变量定义在不同的格点上。通常一个网格上的点与其他网格上的点相距 $0.5\Delta x$。图 3.19 是一维跳点方式的示意图。对于图 3.19a 所示的非跳点网格，使用三点中央差分方法计算平流项 $u\partial\theta/\partial x$ 需要 $2\Delta x$ 的间隔进行差分。但对于图 3.19b 所示的跳点网格，微分可在 $1\Delta x$ 差分间隔进行计算。这就使得平流项计算时有效格距减半，增加了空间分辨率，降低了截断误差对解的影响。此外，Pielke（2002a）介绍了静力模式中使用跳点分布的水平和垂直速度的优点，即当通过对连续方程积分由水平散度对垂直速度进行诊断时，水平速度侧边界的值对垂直速度没有影响。这个结果可用图 3.20 说明。对于非跳点网格，u 和 w 在相同的点上，如图 3.20a 所示在第一个内点上的垂直速度（w_1）由 u 的侧边界值（u_o）计算。相反，对于跳点网格，第一个内点上的垂直速度仅由非侧边界值计算（图 3.20b）。图 3.21 所示的是一个标准的设置三维模式水平和垂直网格跳点的例子。风场分量（u,v）定义在图中矢量的位置，质量变量（q,p,θ）定义在圆点的位置。这种网格称为 Arakawa-C 网格，Arakawa 和 Lamb（1977）和 Haltiner 和 Williams（1980）也介绍了不同的跳点选择。不幸的是，进行导数计算的距离越小意味着有效格距也越小，因此需要更小的时间步长以满足 CFL 条件。但是，相对于非跳点网格，跳点网格在没有使用额外的网格点（需要更多的计算存储和计算量）的情况下，使得有效分辨率得以增加。几乎现在所有的模式都使用跳点网格。

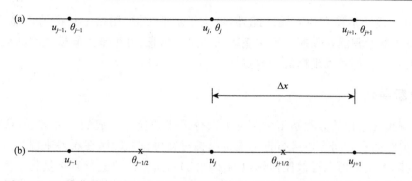

图 3.19　一维非跳点(a)和跳点(b)网格示意图。对于跳点网格,质量点(θ)定义在距动量变量(u)一半格距的点上。引自 Durran(1999)。

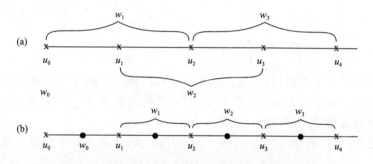

图 3.20　水平速度和垂直速度的一维非跳点(a)和跳点(b)网格示意图。下标所示的是相对于左边界的格点位置,左边界下标为 0。引自 Pielke(2002a)。

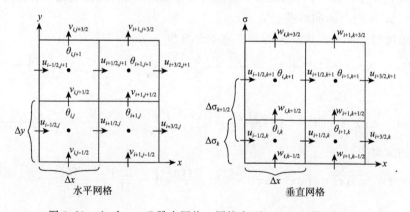

水平网格　　　　　　垂直网格

图 3.21　Arakawa-C 跳点网格。图摘自 Skamarock 等(2008)。

3.4　数值近似的影响

　　本节关注的是用于积分方程的数值方法是如何以各种方式来影响模式解的。关于截断误差的讨论说明了有限差分近似如何不能准确地估计方程中的导数。然后介绍为保证模式解稳定,方程中的每一项如何基于模式参数和大气状况来满足稳定性判据。阐述了数值方法对模式解中气象学波动的相速度和群速度的影响,举例说明对于一些差分方案,波动能量的传播甚至方向错误。讨论了网格上波的非线性相互作用通过混淆作用可引起小波长能量的错误积累,从而导致非线性不稳定的问题。此外,讨论了水平扩散(网格上特征的传播及平滑)的概念,因为水平扩散过程能移除模式解中正确的小尺度信息,可用来控制模式解的数值问题。最后,总结了模式中各种垂直坐标的优缺点。

3.4.1 截断误差

因为控制大气过程的方程是由大部分为微分形式的项所组成的微分方程,所以利用有限差分对连续的空间和时间导数进行近似成为模拟过程中重要的潜在误差来源。可利用泰勒理论(在某一间隔上定义用来近似任何函数的多项式)对这种误差进行直接量化。多项式的剩余项即为函数值和近似值之间的差(误差)。以下的多项式称为泰勒级数,其中 f 为方程(2.1)—(2.6)导数项中的任意气象变量,对于任意独立变量级数可写为:

$$f(x) = f(a) + (x-a) \frac{\partial f(a)}{\partial x} + \frac{(x-a)^2}{2!} \frac{\partial^2 f(a)}{\partial x^2} + \frac{(x-a)^3}{3!} \frac{\partial^3 f(a)}{\partial x^3} + \cdots$$

$$\cdots + \frac{(x-a)^n}{n!} \frac{\partial^n f(a)}{\partial x^n} + R(n,x) \tag{3.24}$$

方程表明任一点上的 f 函数值,都可由点 a 上的已知的值与导数进行近似。对于无穷级数,上述表达式是准确的。对于在 n 项截断的级数,存在着剩余项 R,定义为误差。本节中将确定三种有限差分近似的截断误差:两点,三点和五点格式。

对于两点近似,令方程(3.24)中 $x = a + \Delta x$,舍去二阶和更高阶项截断级数,求解导数得:

$$\frac{\partial f(a)}{\partial x} = \frac{f(a+\Delta x) - f(a)}{\Delta x}. \tag{3.25}$$

叫做空间向前差分方案,因为泰勒级数中的二阶和更高阶项被舍去,因此具有一阶精度。类似的,令 $x = a - \Delta x$ 得到空间向后差分方案。

将泰勒级数写成如下形式从而得到三点差分方案

$$f(a+\Delta x) = f(a) + \Delta x \frac{\partial f(a)}{\partial x} + \frac{(\Delta x)^2}{2!} \frac{\partial^2 f(a)}{\partial x^2} + \frac{(\Delta x)^3}{3!} \frac{\partial^3 f(a)}{\partial x^3} + \cdots \tag{3.26}$$

和

$$f(a-\Delta x) = f(a) - \Delta x \frac{\partial f(a)}{\partial x} + \frac{(\Delta x)^2}{2!} \frac{\partial^2 f(a)}{\partial x^2} - \frac{(\Delta x)^3}{3!} \frac{\partial^3 f(a)}{\partial x^3} + \cdots. \tag{3.27}$$

将两个级数相减得

$$f(a+\Delta x) - f(a-\Delta x) = 2\Delta x \frac{\partial f(a)}{\partial x} + \frac{2(\Delta x)^3}{3!} \frac{\partial^3 f(a)}{\partial x^3} + \cdots.$$

求解 $\partial f(a)/\partial x$ 得

$$\frac{\partial f(a)}{\partial x} = \frac{f(a+\Delta x) - f(a-\Delta x)}{2\Delta x} - \frac{(\Delta x)^2}{3!} \frac{\partial^3 f(a)}{\partial x^3} + \cdots. \tag{3.28}$$

忽略该方程右侧第一项以后的项进行截断近似,因为略去了级数中的三阶和更高阶项,该近似具有二阶精度。该方案跨越了 3 个点,$x - \Delta x, x$ 和 $x + \Delta x$,因此称作导数的三点近似:

$$\frac{\partial f(a)}{\partial x} = \frac{f(a+\Delta x) - f(a-\Delta x)}{2\Delta x}$$

一种计算级数截断对导数精度影响的方法是比较近似的导数值与准确值。令 $f = A\cos kx$,其中 $k = 2\pi/L$,L 为波长。导数的准确值为

$$\frac{\partial f}{\partial x} = -kA\sin kx, \tag{3.29}$$

近似为

$$\frac{\Delta f}{\Delta x} = \frac{A\cos k(x + \Delta x) - A\cos k(x - \Delta x)}{2\Delta x}. \tag{3.30}$$

利用三角恒等式可得

$$\frac{\dfrac{\Delta f}{\Delta x}}{\dfrac{\partial f}{\partial x}} = \frac{\sin k\Delta x}{k\Delta x}, \tag{3.31}$$

其中,当 $\Delta x/L \to 0, k\Delta x \to 0$ 而且 $\sin k\Delta x \to k\Delta x$。也就是,正弦函数的自变量趋近于零,函数本身也趋近于零,它们的比值趋近于 1。这个比值决定了截断误差,因为它代表了与泰勒级数截断相关的有限差分近似的误差。由此,对于由许多格点确定的波长为 L 的波,导数近似值与准确值的比值接近于 1。图 3.22 是对应于不同波长的比值。对于给定的格距,对长波导数的表征明显地好于短波导数。例如,利用三点近似对波长为 $6\Delta x$ 的波进行导数计算相对精确以致低估了 17%。对于波长为 $10\Delta x$ 的波,误差仅为 6%。因此一般定性的表述是要合理地表征一个波动至少需要 10 个网格格距。

泰勒级数同样可用来估计 5 点近似的截断误差。例如,将(3.26)式与(3.27)式相加,求二阶导数得

$$\frac{\partial^2 f(a)}{\partial x^2} = \frac{f(a + \Delta x) + f(a - \Delta x) - 2f(a)}{(\Delta x)^2} + \cdots.$$

三阶导数可定义为

$$\frac{\partial^3 f(a)}{\partial x^3} = \frac{\dfrac{\partial^3 f(a + \Delta x)}{\partial x^2} - \dfrac{\partial^2 f(a - \Delta x)}{\partial x^2}}{2\Delta x}.$$

利用上面的二阶导数,得

$$\frac{\partial^3 f(a)}{\partial x^3} = \frac{\dfrac{f(a + 2\Delta x) + f(a) - 2f(a + \Delta x)}{(\Delta x)^2} - \dfrac{f(a) + f(a - 2\Delta x) - 2f(a - \Delta x)}{(\Delta x)^2}}{2\Delta x},$$

简化得

$$\frac{\partial^3 f(a)}{\partial x^3} = \frac{f(a + 2\Delta x) - f(a - 2\Delta x) - 2f(a + \Delta x) + 2f(a - \Delta x)}{2(\Delta x)^3}.$$

将三阶导数代入(3.28)式,得 5 点近似:

$$\frac{\partial f(a)}{\partial x} = \frac{1}{2\Delta x}\left[\frac{4}{3}(f(a + \Delta x) - f(a - \Delta x)) - \frac{1}{6}(f(a + 2\Delta x) - f(a - 2\Delta x))\right]. \tag{3.32}$$

截断误差由(3.29)—(3.31)式进行计算。该方案因为 5 阶和更高阶项被截断,因此为微分的 4 阶精度近似,从图 3.22 可看出,该方案比三点/二阶近似具有更小的误差。有趣的是,对于二阶近似和四阶近似的截断误差,(3.31)式仅依赖于波动在网格上分辨的程度($L = n\Delta x$ 中的 n),而不是 x 本身。但是对于(3.25)式的 2 点近似来说,截断误差也依赖于 x。也就是说,$\Delta f/\Delta x \div \partial f/\partial x$ 依赖于在余弦波中的位置。对于波长为 $8\Delta x$ 的波,在 $x = L/4$ 处比值为 1,但是当 $x \to 0$ 和 π 时,比值将变得很大。

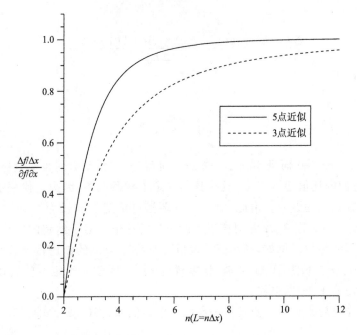

图 3.22　对于一个波长内不同的网格数(波动在网格上被分辨的程度),余弦函数导数近似值和精确值的比值。实线为 5 点近似(四阶精度),虚线为 3 点近似(二阶精度)。

　　归纳起来,在格点模式(非谱模式)中,几乎在每一个方程,每个格点和每个时间步,都需要利用有限差分近似对导数进行计算,而对导数的计算不精确,其误差的大小依赖于差分方案的复杂程度和网格对波动的分辨程度。动量方程中气压梯度力项的误差能导致地转风的误差,连续方程中散度项的误差能产生错误的垂直速度,平流项的梯度误差能导致错误的平流变化。而且,在地形追随 sigma 垂直坐标系中的气压梯度包含两个导数项(见 3.4.8 节),两者都为大项,它们的小差决定了气压梯度力的大小。在地形梯度大的地区,两项会变得很大,两项中不能抵消的截断误差会产生错误的气压梯度和加速度。使用方程的扰动形式,对平均态的扰动量进行微分,可以使该问题得到部分解决。

3.4.2　线性稳定性和阻尼特征

　　大气模拟中稳定性的概念是指,方程(2.1)—(2.7)或其他模式方程数值解中波动的振幅是否因为数值解法(非物理)原因而指数性地增长,快速地引起浮点溢出而导致模式积分中断。通常读者不需要担心这个问题,因为模式代码通常包含了对时间步长和其他参数的限制以防止不稳定性的发生。但是,了解这些限制为什么存在以及如果偶然违反了线性稳定性判据会有什么后果,对于读者来说是非常有帮助的。

　　对运动方程中时间与空间导数应用不同的有限差分近似会有不同的稳定性判据。有些近似是绝对稳定的,即不可能发生不稳定;有些是绝对不稳定的,即总是不稳定,不能使用。而大部分则是条件稳定的,即在模式参数和气象条件的一定范围内可得到稳定的模式解。方程(2.1)—(2.7)中的每一项都会影响方程解的稳定性,但是最易出问题的是平流项。所幸的是,线性平流方程的稳定性条件与非线性平流方程的几乎相同,使得我们可以利用线性项来解析计算稳定性判据。因为这一类的不稳定存在于线性平流项中,因此被称为线性不稳定,与后面介绍的非线性不稳定问题不同。本节讨论平流项和扩散项的线性稳定性条件。

平流项的线性稳定性

我们以下列的线性方程作为平流方程稳定性分析的基础。假设 h 为气压面高度或浅水流体的厚度等气象变量，U 为平均风速。在 x 轴的 j 格点和时间步 τ 有：

$$\frac{\partial h}{\partial t}\bigg|_j^\tau = -U\frac{\partial h}{\partial x}\bigg|_j^\tau.$$

假设方程具有下列形式的谐波解，

$$h = \hat{h}e^{i(kx-\omega t)}, \tag{3.33}$$

其中 $\hat{h}$ 为振幅，$k=2\pi/L$，L 为波长，$i=\sqrt{-1}$，$\omega=Uk$ 为波的频率。假定 ω 为复数，$\omega=\omega_R+i\omega_I$。将其代入(3.33)式得

$$h = \hat{h}e^{\omega_I t}e^{i(kx-\omega_R t)}. \tag{3.34}$$

复数频率的假设使得波的振幅随时间变化，正 ω_I 表示随着时间 t 波动指数性地增长，负 ω_I 表示波的阻尼，$\omega_I=0$ 表示波保持一定的振幅 $\hat{h}$。ω_I 值决定会出现哪种情景。第二个幂指数项决定了波在 x 方向上的位相。

出于教学的目的，我们首先利用时间前差和空间后差来分析平流方程的稳定性。有限差分形式表达为

$$\frac{h_j^{\tau+1}-h_j^\tau}{\Delta t} = -U\frac{h_j^\tau-h_{j-1}^\tau}{\Delta x}，或 \tag{3.35}$$

$$h_j^{\tau+1}-h_j^\tau = -\frac{U\Delta t}{\Delta x}(h_j^\tau-h_{j-1}^\tau), \tag{3.36}$$

其中 τ 为时间步数，j 为格点数。令 $x=j\Delta x$，$t=\tau\Delta x$，将(3.34)式表示为有限差分形式，有

$$h_j^\tau = \hat{h}e^{\omega_I\tau\Delta t}e^{i(kj\Delta x-\omega_R\tau\Delta t)}. \tag{3.37}$$

将其代入(3.36)式，得

$$e^{\omega_I\Delta t}e^{-i\omega_R\Delta t}-1 = \frac{U\Delta t}{\Delta x}[1-e^{-ik\Delta x}]. \tag{3.38}$$

利用欧拉关系

$$e^{ix} = \cos x + i\sin x \text{ 以及} \tag{3.39}$$

$$e^{-ix} = \cos x - i\sin x \tag{3.40}$$

(3.36)式变为

$$e^{\omega_I\Delta t}(\cos\omega_R\Delta t-i\sin\omega_R\Delta t) = 1+\frac{U\Delta t}{\Delta x}(\cos k\Delta x-1+i\sin k\Delta x).$$

为了显示解是否衰减或增长，将复数方程分为实部和虚部：

$$e^{\omega_I\Delta t}\cos\omega_R\Delta t = 1+\frac{U\Delta t}{\Delta x}(\cos k\Delta x-1), \tag{3.41}$$

$$e^{\omega_I\Delta t}\sin\omega_R\Delta t = -\frac{U\Delta t}{\Delta x}\sin k\Delta x. \tag{3.42}$$

将每个方程的两侧进行平方，然后相加以消去频率的实部，得

$$e^{\omega_I\Delta t} = \sqrt{1+2\left(\frac{U\Delta t}{\Delta x}\right)(\cos k\Delta x-1)\left(1-\frac{U\Delta t}{\Delta x}\right)}. \tag{3.43}$$

(3.34)式所示模式解的指数值控制解的振幅是否随时间增长或减小。也就是

$$e^{\omega_I t} = e^{\omega_I \tau \Delta t} = (e^{\omega_I \Delta t})^\tau,$$

的解随模式积分时间 τ 的增加是指数性的增长还是衰减。

对于这个特定时间差分与空间差分方案的组合,方程(3.43)代表了指数对波长和 $U\Delta t/\Delta x$ 比值的依赖性。如图 3.23 所示,是当 $U\Delta t/\Delta x < 1$ 时,模式解随时间呈指数式的衰减,当该比值为 1 时,振幅不变,当比值大于 1 时,模式解呈指数式的增长。短波比长波的衰减更加严重。对于该差分方案的稳定性判据是 $U\Delta t/\Delta x \le 1$。比值 $U\Delta t/\Delta x$ 即为先前定义的 CFL 条件,也称为 Courant 数(Courant 等 1928)。因此,选定格距并且给定预报中任意格点上可能的最大波速(U),则时间步长须基于稳定性的要求来选择。值得注意的是,能够选择性地衰减网格上不能很好分辨的短波,有时候是差分方案的优势之一。

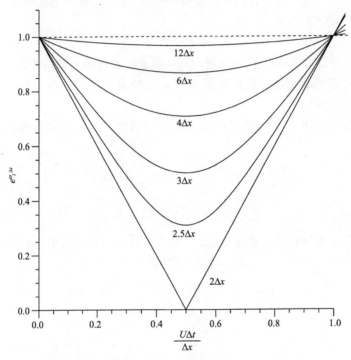

图 3.23 线性平流方程的时间前差、空间后差方案对不同波长每一时间步的增强或衰减率,其为 Courant 数的函数。

类似的,可对时间前差、空间中央差的平流方程进行稳定性分析

$$\frac{h_j^{\tau+1} - h_j^\tau}{\Delta t} = -U \frac{(h_{j+1}^\tau - h_{j-1}^\tau)}{2\Delta x},$$

得

$$e^{\omega_I \Delta t} = \sqrt{1 + \left(\frac{U\Delta t}{\Delta x}\right)^2 \sin^2 k\Delta x}.$$

只有时间步长为零时才可使指数小于或等于 1 而确保解的稳定。因此,该差分方案是绝对不稳定的。

现在考虑三点时间、空间中央差的线性平流方程:

$$\frac{h_j^{\tau+1} - h_j^{\tau-1}}{2\Delta t} = -U \frac{(h_{j+1}^\tau - h_{j-1}^\tau)}{2\Delta x}. \tag{3.44}$$

由(3.37)式解的假定形式,易得

$$h_{j+\beta}^{\tau} = e^{ij k \Delta x} h_j^{\tau} \text{ 以及} \tag{3.45}$$

$$h_j^{\tau+\upsilon} = e^{\omega_I \upsilon \Delta t} e^{-\omega_R \upsilon \Delta t} h_j^{\tau}. \tag{3.46}$$

将(3.45)式代入(3.44)式的右边,利用欧拉关系(3.39 式和 3.40 式),得

$$h_j^{\tau+1} = h_j^{\tau-1} - \frac{U \Delta t}{\Delta x}(2i\sin k \Delta x)h_j^{\tau}.$$

定义 $\alpha = (2U\Delta t / \Delta x)\sin k \Delta x$,得

$$h_j^{\tau+1} = h_j^{\tau-1} - i\alpha h_j^{\tau} \text{ 以及} \tag{3.47}$$

$$h_j^{\tau+2} = h_j^{\tau} - i\alpha h_j^{\tau+1}. \tag{3.48}$$

利用(3.47)式消除(3.48)式中的 $h_j^{\tau+1}$,得

$$h_j^{\tau+2} = (1-\alpha^2)h_j^{\tau} - i\alpha h_j^{\tau-1}. \tag{3.49}$$

方程(3.47)和(3.48)的矩阵形式为

$$\begin{bmatrix} h_j^{\tau+1} \\ h_j^{\tau+2} \end{bmatrix} = \begin{bmatrix} 1 & -i\alpha \\ -i\alpha & 1-\alpha^2 \end{bmatrix} \begin{bmatrix} h_j^{\tau-1} \\ h_j^{\tau} \end{bmatrix}. \tag{3.50}$$

差分方案的时间步长为 $2\Delta t$(方程(3.44)),因此在方程(3.46)中将 υ 替换为 2 以表征 $2\Delta t$ 期间解的位相和振幅变化,有

$$h_j^{\tau+2} = \lambda h_j^{\tau}, \tag{3.51}$$

其中

$$\lambda = e^{2\omega_I \Delta t} e^{-i2\omega_R \Delta t}.$$

因为 λ 代表了任意两个时间步长之间的变化,可以写为

$$h_j^{\tau+1} = \lambda h_j^{\tau-1}. \tag{3.52}$$

将(3.52)式代入(3.47)式,(3.51)式代入(3.49)式,得

$$0 = (1-\lambda)h^{\tau-1} - i\alpha h_j^{\tau},$$

$$0 = (1-\alpha^2-\lambda)h_j^{\tau} - i\alpha h^{\tau-1}.$$

因此,(3.50)式变为

$$\begin{bmatrix} 0 \\ 0 \end{bmatrix} = \begin{bmatrix} 1-\lambda & -i\alpha \\ -i\alpha & 1-\alpha^2-\lambda \end{bmatrix} \begin{bmatrix} h^{\tau-1} \\ h_j^{\tau} \end{bmatrix}.$$

如果系数矩阵的行列式等于 0,则方程的线性系统具有非平凡解(nontrivial)($h \neq 0$)。也就是

$$\begin{vmatrix} 1-\lambda & -i\alpha \\ -i\alpha & 1-\alpha^2-\lambda \end{vmatrix} = 0,得$$

$\lambda^2 + (\alpha^2-2)\lambda + 1 = 0$,具有两个解为

$$\lambda = 1 - \frac{\alpha^2}{2} \pm \frac{\alpha}{2}\sqrt{\alpha^2-4}. \tag{3.53}$$

注意到 λ 代表中央时间步长 $2\Delta t$ 内波动振幅和位相的变化。因此,λ 的大小表示波在 $2\Delta t$ 时间段内波的增长或衰减:

$$|\lambda| = \left| 1 - \frac{\alpha^2}{2} \pm \frac{\alpha}{2}\sqrt{\alpha^2-4} \right|.$$

如果 $\alpha^2-4=0$,两个解都为 $|\lambda|=1$。对于 $\alpha^2-4>0$,$|\lambda|>1$ 对应于负号解。对于 $\alpha^2-4<0$,λ 为复数,利用下式求 $|\lambda|$

$$|\lambda| = \sqrt{|\lambda_R|^2 + |\lambda_I|^2}$$

可得 $|\lambda|=1$。因此,对于 $\alpha^2 \leqslant 4$ 来说,$|\lambda|=1$,满足稳定性条件。注意当 $\alpha^2 > 4$,只有一个 $|\lambda|$ 大于 1,解也是不稳定的。根据 α 的定义和稳定性条件,有

$$\frac{U\Delta t}{\Delta x} \sin k\Delta x \leqslant 1, \tag{3.54}$$

因为 sine 项可以等于 1,则稳定性要求 $U\Delta t/\Delta x \leqslant 1$。如果刚刚好违反该条件,(3.54)式中 sine 函数等于 1、波长为 $4\Delta x$ 的波会首先变得不稳定。利用类似的方法,可得五点空间和时间中央差分近似的线性平流方程(3.55)的稳定性条件为 $U\Delta t/\Delta z \leqslant 0.73$。

$$\frac{h_j^{\tau+1} - h_j^{\tau-1}}{2\Delta t} = -U \frac{\frac{4}{3}(h_{j+1}^\tau - h_{j-1}^\tau) - \frac{1}{6}(h_{j+2}^\tau - h_{j-2}^\tau)}{2\Delta x} \tag{3.55}$$

空间和时间中央差分方案与时间前差和空间后差不同的是,在任一稳定的 Courant 数下均无衰减。

如上所述,在模式方程的所有项中,平流项是对线性稳定性条件要求最为严格的项之一。也就是,时间步长必须足够小以保证 Courant 数($U\Delta t/\Delta x$)在积分的任何时间和在网格的任何位置总小于 1。在该比值中通常选择足够小的格距以保证对网格上气象特征与过程的模拟或预测具有可接受的小截断误差。速度尺度是盛行气象特征的函数,无法控制。这就使得时间步长成为保证解稳定而仅有的能够自由调整的参数。一个几何方法可用来形象化地描述稳定性判据,将 $U\Delta t$,比值的分子,视为一个时间步长内平流特征所传播的距离。如果这个距离大于格距(分母),该比值大于 1,解是线性不稳定的。不幸的是,完整方程中不仅仅包含了平流作用项,对该项在完整的方程下进行分析可知在选择时间步长时,稳定性判据中的速度必须调整为 $U+C_p$。该速度为平流速度加上网格上最快波动的相速度。如果模式包含了声波或重力外波,相速度可达 300 m·s^{-1}。因此在选择稳定的时间步长时,必须估计最大的波速和网格上最强急流的平流速度。许多模式在内部对这些做出估计,从而选择"安全"的时间步长,同时也要考虑水平变化的地图放大因子使格点之间的实际距离不总等于 Δx。但是,有时这个估计并不充分保守,会导致在极端情况下发生线性不稳定。考虑到极端保守小的时间步长对计算资源的浪费,这种偶然发生的稳定性问题还是可以接受的。

垂直平流项的线性稳定性同样对时间步长有潜在而苛刻的限制。与水平平流项类似,对于 z 为垂直坐标的三点近似,稳定性条件为 $w\Delta t/\Delta z \leqslant 1$。在该表达式中的速度是垂直方向上的最大波速,可以是简单的平流速度,或者可以是平流速度与垂直传播的重力波和声波的速度之和。垂直格距 Δz 通常随模式大气的厚度而显著变化,小格距值通常用在边界层和对流层顶附近以便分辨大的垂直梯度。垂直平流波的速度通常在无辐散层最大,但是当模式显式地表征对流环流时,局地的平流速度也会变得很大。尤其是当小的垂直格距与大的垂直速度并存时,对时间步长的限制要比水平平流项更加严格。回顾前面章节关于从模式解中滤去声波的技术(Boussinesq 近似,滞弹性近似,静力近似)。考虑到在垂直方向上以 300 m·s^{-1} 的速度传播的声波以及大部分模式的垂直格距通常远小于水平格距,因此需要非常小的时间步长。所以,有必要滤去声波或对其进行数值处理以保证它们不会对整个方程的时间步长有苛刻的限制(例如,3.3.1 节介绍的分离显式时间差分方案)。

显式水平扩散项的线性稳定性

尽管随后还要在模式解的衰减或扩散的背景下对显式的数值扩散项进行详细的讨论,但

从整体性上的考虑,本节将讨论以下低阶扩散项的线性稳定性。扩散作用的强度由指定大小的正扩散系数 K 所控制:

$$\frac{\partial h}{\partial t} = K \frac{\partial^2 h}{\partial x^2}. \tag{3.56}$$

在一个有关变量 h 的预报方程的标准物理过程项中加入方程右边项,目的是对模式解中不能有效表征或有时错误的小尺度空间特征进行衰减。如果衰减足够强,下面描述的与网格上小尺度能量的非物理特征有关的一些问题会得到缓解。正如在平流方程的分析中,对于假定的波动形式解,解的振幅变化取决于频率的虚部值(方程 3.34)。利用上述平流方程的时间空间中央差方案对该方程进行近似,

$$h_j^{\tau+1} - h_j^{\tau-1} = \frac{2K\Delta t}{(\Delta x)^2}(h_{j+1}^\tau + h_{j-1}^\tau - 2h_j^\tau),$$

得

$$e^{\omega_I t} = \frac{2K\Delta t}{(\Delta x)^2}(\cos k\Delta x - 1) \pm \sqrt{4\left(\frac{K\Delta t}{(\Delta x)^2}\right)^2(\cos k\Delta x - 1)^2 + 1},\ \text{当}\ \omega_R = 0.$$

除非 $K=0$,则对于负根号值,指数小于 -1,解是绝对不稳定的,每一时间步解都会增大与改变符号(即位相)。如果应用时间前差,空间中央差近似,

$$h_j^{\tau+1} - h_j^\tau = \frac{K\Delta t}{(\Delta x)^2}(h_{j+1}^\tau + h_{j-1}^\tau - 2h_j^\tau),\ \text{以及}$$

$$e^{\omega_I t} = 1 + \frac{2K\Delta t}{(\Delta x)^2}(\cos k\Delta x - 1),\ \text{当}\ \omega_R = 0 \tag{3.57}$$

对于无限长的波,指数等于 1,因此无论 K 或 Δt 的取值,解不会衰减或放大。对于波长为 $2\Delta x$ 的波,

$$e^{\omega_I t} = 1 - \frac{4K\Delta t}{(\Delta x)^2}. \tag{3.58}$$

对于 $0 < K\Delta t/\Delta x^2 \leqslant 1/4$,有 $0 \leqslant e^{\omega_I t} < 1$,$2\Delta x$ 的波衰减;对于 $0 < K\Delta t/\Delta x^2 \leqslant 1/2$,有 $-1 \leqslant e^{\omega_I t} < 0$,波衰减,同时每个时间步都要改变位相;对于 $1/2 < K\Delta t/\Delta x^2$,有 $e^{\omega_I t} < -1$,波振幅增长,同时每个时间步都要改变位相。

因此,对于物理上实际的解,线性稳定性条件是 $0 < K\Delta t \leqslant 1/4$。3.4.7 节讨论了其他类型的水平扩散项。需要注意的是,模式的垂直扩散项通常具有类似的稳定性判据。对于较薄的模式层(小 Δz)和大的扩散系数,例如边界层,很容易违反稳定性判据。

保持方程中多个项的线性稳定性

单独对平流项和扩散项有限差分近似线性稳定性条件的分析,为选择合适的模式参数(比如时间步长)和气象条件以获得稳定而真实的解提供了定性的信息。对于平流项,时间中央差和空间二阶中央差近似的稳定性限制为 $U\Delta t/\Delta x \leqslant 1$。对于二阶的扩散项,时间前差、空间中央差方案要求 $K\Delta t/\Delta x^2 \leqslant 1/4$ 作为稳定性条件。对于同时具有这两项的方程,存在着如何选取适当的参数以保证稳定性的问题以及如何协调一项使用时间中央差而另一项使用时间前差。后者可通过扩散项在 $\tau-1$ 时间层上求解,然后以 $2\Delta t$ 间隔外插到 $\tau+1$ 时间层上来处理。方程(3.59)给出了两项结合的有限差分预报方程。

$$\frac{h_j^{\tau+1} - h_j^{\tau-1}}{2\Delta t} = -u_j^\tau \frac{(h_{j+1}^\tau - h_{j-1}^\tau)}{2\Delta x} + \frac{K}{(\Delta x)^2}(h_{j+1}^{\tau-1} + h_{j-1}^{\tau-1} - 2h_j^{\tau-1}). \tag{3.59}$$

以上分别对线性平流项和扩散项的稳定性进行分析在数学上是必要的,但是在实际操作中,对稳定性的限制是基于方程中所有项的结合。但实践中,先考虑对单个项的限制,而在积分中使用对稳定性条件要求最严格的时间步长。以方程(3.59)为例,使网格距为 25 km,估计的网格上最大速度为 50 m·s^{-1}。因为 Courant 数最大的稳定值为 1,所以最大的时间步长为 500 s。在实践中,选取的时间步长通常要比该限制小 20%~25%,主要考虑因素如下:(1)对最大稳定的 Courant 数的估计是基于线性分析的;(2)由于地图投影的原因,在某些地区地球格点之间的距离要小于 Δx;(3)对最大风速可能进行了错误的估计。因此,在本例中实际的时间步长可能为 400 s。对于扩散项,假设每一时间步要对 $2\Delta x$ 波的振幅衰减 25%,意味着 $e^{\omega_I t}$ 必须等于 0.75。因为方程(3.58)显示衰减率为时间步长和扩散系数 K 的函数,使用平流方程的时间步长,就能够选取 K 值以达到所期望的衰减。因此选取 $K=10^5$,有可能产生所需的衰减。

3.4.3　相速度/群速度的误差

本节将介绍有限差分近似如何引起物理上虚假的相速度和群速度。首先考虑平流方程的时间前差和空间后差近似(方程(3.35))。平流特征的速度为 U。为了确定计算解中的平流速度,将方程(3.42)与方程(3.41)相比消去 ω_I,再取反正切函数,利用 $\omega_R = C_R k$,得到

$$C_R = \frac{1}{k\Delta t}\text{atan}\left[\frac{(U\Delta t/\Delta x)\sin k\Delta x}{1+(U\Delta t/\Delta x)(\cos k\Delta x-1)}\right].$$

这个网格上平流波的相速度为波长(或波数)和 Courant 数的函数。图 3.24 显示了这种关系。对于所有的波长来说,Courant 数小于 0.5 使得波以慢于原本的速度传播,Courant 数大于 0.5

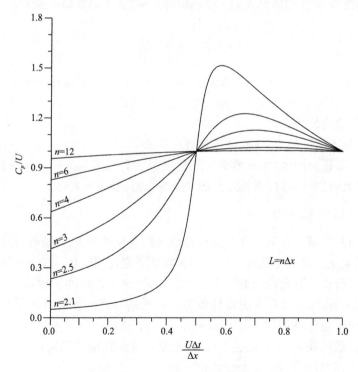

图 3.24　线性平流方程的时间前差、空间后差方案中不同波长($n\Delta x$)的数值相速度与真实平流速度的比值作为 Courant 数的函数。

使得波错误地以快速移动。相速是波长函数的波称为频散波（如 Rossby 波）。尽管平流波在自然中是不频散的，却在数值解中是频散的，该过程被称为数值频散。

三点空间和时间中央差的平流方程，对于方程（3.53）中 $\alpha^2 \leqslant 4$ 时稳定解的情景有，

$$\lambda = e^{2\omega_I \Delta t}e^{-i2\omega_R \Delta t} = 1 - \frac{\alpha^2}{2} \pm \frac{i\alpha}{2}\sqrt{4-\alpha^2}.$$

对于非衰减稳定解，第一个指数应等于 1。应用欧拉关系（方程（3.40）），将复数方程的实部和虚部分离，重写第二个指数，利用 $\omega_R = C_R k$，将 α 的定义代入，应用三角恒等式得

$$C_R = \frac{1}{k\Delta t}\text{asin}\left(\pm\frac{U\Delta t}{\Delta x}\sin k\Delta x\right). \tag{3.60}$$

这里有两个波动。一个对应于反正弦函数的正自变量，为物理波动的近似，移动方向正确但慢于真实的平流特征。另一个波动称为计算模或"幽灵模态"，其完全虚假，在实际中不存在，移动方向相反。计算模的振幅通常要比物理模小得多。如图 3.25 所示，物理模的相速度表示为波长和 Courant 数的函数。该差分方案也是频散的，长波的相速度更近似于真实速度，$2\Delta x$ 波的速度为 0。同时，当 Courant 数接近于 1 时，波速更趋近于真实。

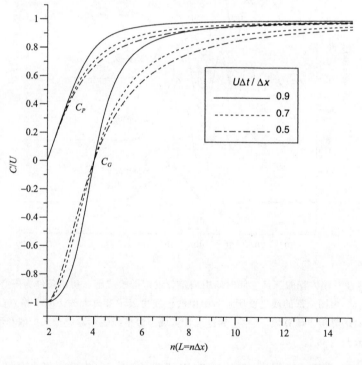

图 3.25　线性平流方程的三点空间中央和时间中央近似方案中物理模的相速度（C_p）群速度（C_G），表示为波长和 Courant 数的函数。

图 3.26 是线性平流方程三点（二阶精度）空间与时间中央差分近似（方程（3.44））的模式解。对于"无扩散"曲线，模式仅表示定义在一维网格上具有周期性边界条件的线性平流方程。也就是，计算域末端出来的波在另一端进入计算域。初始条件定义为中心在格点 50 处的高度场波动，由图中浅色曲线表示。平流速度的方向从左到右且大小为 10 m · s^{-1}。图中浅色线也表示穿过大约 100 个格点（100 km）后波的理论解，波动从右边界传出计算区域，从左边界进入计算区域。波动精确地按照平流速度 U 移动，没有衰减或增长。相反，图中黑线（最上端

的黑线)所示的是同一时间 Courant 数为 0.1(Δt＝10s)的数值解。波动虽然看起来是光滑的，但是由许多不同波长的傅里叶分量组成，它们具有不同的数值相速度，较长的波速度接近于正确值(见图 3.25)，但是短波以与波长成比例的速度移动。而非常短的波动在这个时刻甚至还没有从网格的右边界移出，它们的速度小于正确速度的一半。一些错误的波动能量可能与上述的计算模有关，我们很难从视觉上将与计算模相关的错误波动从物理模中表示欠佳的短波中分离出来。显然这个解用来表征平流过程不能令人满意。特别是当模式变量在短距离内快速变化，例如穿过锋面陡峭的梯度由短波傅里叶分量决定时。因此，即使模式初始条件能真实地给出该物理特征，随着它的传播，短波将与长波分离，使得梯度减弱。

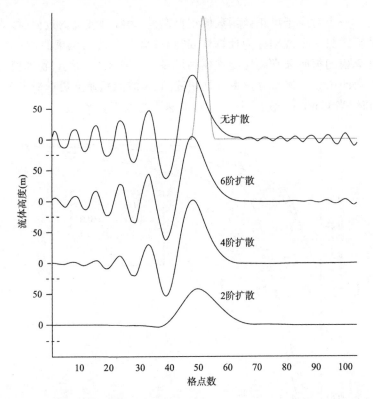

图 3.26　线性平流方程的三点空间时间中央差分近似的模式解。初始条件为中心在格点 50 处高度场上对称的波动，由图上部的浅色线所示。图中浅色线也表示穿过大约 100 个格点(100 km)后波的精确解，波动从右边界传出计算域，从左边界进入计算域。深色线表示对应于无扩散和不同阶数扩散的数值解。Courant 数为 0.1。

　　为说明 Courant 数的选择是如何影响数值频散的，图 3.27 显示了与图 3.26 中最上端的黑线(无扩散)类似的模式解，但也同时给出了 Courant 数为 0.5(Δt＝50 s)和 0.9(Δt＝90 s)时的情形。这些差异可参考图 3.25 进行解释，图中对接近于 1 的 Courant 数，3—10Δx 波长有更加准确的相速度，因此这些错误地减慢了的波动也拥有较少的能量。Courant 数的影响依赖于平流项的具体近似，但该例能够显示它有多大程度的影响。

　　类似地，图 3.28 所示的是利用高精度的四阶(五点)近似对线性平流方程(方程(3.55))进行求解的模式解(Courant 数为 0.1)。与三点方案一样，也出现了错误的但不太严重的数值频散。但是相比精确解，振幅有显著的减小，仍有能量错误地出现在较为正确的长波尾部。

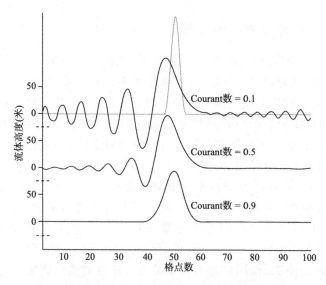

图 3.27　线性平流波的二阶空间时间中央差分近似对于不同 Courant 数的模式解（无扩散）。精确解由图上部的浅色线所示。

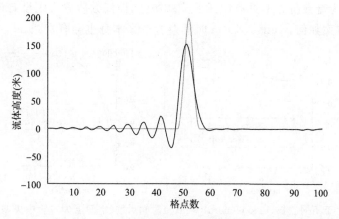

图 3.28　类似于图 3.26 中的无扩散曲线，但对平流方程中的空间微分进行四阶精度的 5 点近似。不使用显示扩散。Courant 数为 0.1。精确解由图上部的浅色线所示。

事实上，平流波是非频散的，相速度与群速度相等。如果空间时间中央差的解存在数值频散，它显示的是计算波的群速度（C_G），也就是波能量的传播速度。通常有

$$C_G = \frac{\partial}{\partial k}(C_P k). \tag{3.61}$$

对于平流方程的三点空间时间中央差近似，方程（3.60）表示相速度，C_p。将该式代入方程（3.61），求导数得

$$C_G = \frac{U \cos k \Delta x}{\left[1 - \left(\frac{U \Delta t}{\Delta x} \sin k \Delta x \right)^2 \right]^{1/2}}.$$

群速度在图 3.25 中表示为波长和 Courant 数的函数。对于波长为 $4\Delta x$ 的波，群速度为 0。$2\Delta x$ 的波以正确的速度传播，但方向错误。因此，这个有限差分近似对短波能量的传播特性严重地处理不当。

3.4.4 几种多步时间差分方案的特性

3.3.1 节仅定义了许多在大气模式中使用的多步时间差分方案的少数几个。尽管 Durran (1999)对它们的数值特性有详尽的讨论,在本节中将对几种方案进行介绍。多步时间差分方案通常很常用,因为它们的稳定性判据一般没有单步方案严格,具有相对高阶的精度,而且有些方案能够对不易分辨的短波进行选择性地衰减。图 3.29a 所示的是线性平流方程的 Lax-Wendroff 方案和欧拉后差时间差分方案每一时间步相对于波长的衰减。每个方案的空间差分都使用二阶的空间中央差分近似(方程(3.14)—(3.20)中的变量 F)。从对能对分辨差的短波进行选择性衰减,而分辨好的波动基本无衰减的期望来看,Lax-Wendroff 方案具有优势。图 3.29b 所示的是这些方案引起的数值频散,欧拉后差方法对分辨较好波动有更为准确的相速度。图 3.30 给出了利用多步时间差分方案和高阶空间差分求平流波解的例子。WRF ARW(Community Advanced Research)模式(Skamarock 等 2008)使用的是方程(3.18)—(3.20)所示的三阶 Runge-Kutta 时间差分方案结合六阶空间差分方案。与图 3.28 中单步时间中央差和四阶空间中央差方案的波动解进行比较,可以看到该差分方案具有很小的数值频散,主要波动的振幅得到了很好的保持。ARW 模式对空间差分提供了二阶到六阶的选项,默认为五阶选项,因为奇数阶方案具有隐式的衰减特性,而偶数阶方案则没有该特性。但是无论使用的空间差分方案如何,Runge-Kutta 时间差分方案本身也会有衰减。

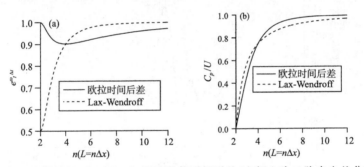

图 3.29　对于不同波长,Lax-Wendroff 和欧拉时间后差(空间上为二阶中央差分)方案每一时间步对振幅的衰减(a),及数值相速度与精确相速度的比值(b)。

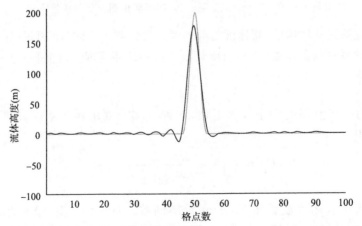

图 3.30　类似于图 3.26 中的无扩散曲线,但使用三阶的 Runge-Kutta 时间差分和六阶的空间差分方案。不使用显示扩散。精确解由图上部的浅色线所示。

3.4.5 混淆过程

混淆过程是指模式网格所表征的两个波通过方程中的非线性项相互作用而产生虚假的波动,导致波谱能量(振幅)错误地重新分布,甚至可导致不稳定而使模式积分中断。下面使用简单的非线性平流项来说明混淆作用:

$$\frac{\partial u}{\partial t} = - u \frac{\partial u}{\partial x}.$$

为了简单起见,假定 u 在数学上可表示为多个余弦波的和,比如,

$$u = \sum_{m=0}^{\infty} a_m \cos k_m x, \text{其中 } k_m = \frac{2\pi}{L} m,$$

L 为计算网格的长度,k_m 为波数[①]。对其关于 x 进行差分,得

$$\frac{\partial u}{\partial x} = - \sum_{m=0}^{\infty} a_m k_m \sin k_m x,$$

然后乘以 $-u$ 得

$$- u \frac{\partial u}{\partial x} = - (a_0 + a_1 \cos k_1 x + a_2 \cos k_2 x + \cdots + a_m \cos k_m x + \cdots) \times$$

$$(a_1 k_1 \sin k_1 x + a_2 k_2 \sin k_2 x + \cdots + a_n k_n \sin k_n x + \cdots).$$

k_m 和 k_n 两个波的相互作用为

$$a_n a_m k_n \sin k_n x \cos k_m x.$$

根据

$$\sin x \cos y = \frac{\sin(x+y) + \sin(x-y)}{2},$$

因此相互作用的乘积为

$$a_n a_m k_n [\sin(k_n + k_m)x + \sin(k_n - k_m)x] =$$

$$a_n a_m k_n \left[\sin \frac{2\pi}{L}(n+m)x + \sin \frac{2\pi}{L}(n-m)x \right].$$

因此,当波数分别为 m 和 n 的波相互作用时,会产生两个波,一个波数为 $n+m$,另一个波数为 $n-m$。在所有波数都可能的连续空间内,这没问题,但是在模式的离散(格点)空间内则不然。例如,假设一个具有 j_{max} 个间隔的一维网格(图 3.31),其中 j_{max} 为偶数。表 3.1 列出了该网格下波数和波长的范围,其中所能表征的最长的完整波由区域长度 L 所决定,而最短波由网格格距 Δx 所决定。

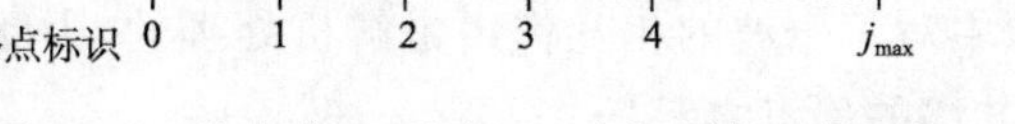

图 3.31 长度为 L,具有 j_{max} 个间隔的一维网格

---

① 注意:m 和 k_m 均为波数。m 表示长度 L 的区域内波的个数,为无量纲量。k_m 为 2π 除以波长(L/m),为长度倒数的量纲,有时叫做旋转波数。

表 3.1　在 $j_{\max}$ 个点的网格上相应的波数和波长

波数	波长
1	$j_{\max}\Delta x$（最长）
2	$j_{\max}\Delta x/2$
$\vdots$	$\vdots$
$j_{\max}/4$	$4\Delta x$
$j_{\max}/2$	$2\Delta x$（最短）

现在考虑当可分辨波数为 m 和 n 的波相互作用而产生波数大于网格所允许的波数时（即波长小于 $2\Delta x$）会有什么情况发生。这种情况来自于 $m+n$ 相互作用的乘积而非 $m-n$ 的乘积，因此有 $m+n>j_{\max}/2$。不用不等式来定义 $m+n$ 的一个方法是设 $m+n=j_{\max}-s$，其中 $s<j_{\max}/2$。因此由错误的 $m+n$ 相互作用产生的波动为

$$\sin\frac{2\pi}{L}(m+n)x = \sin\frac{2\pi}{j_{\max}\Delta x}\cdot(j_{\max}-s)\cdot(j\Delta x)$$

$$= \sin 2\pi\frac{j_{\max}-s}{j_{\max}}j = \sin\left(2\pi j-\frac{2\pi sj}{j_{\max}}\right).$$

由 $\sin(x-y)=\sin x\cos y-\cos x\sin y$ 得

$$\sin\left(2\pi j-\frac{2\pi sj}{j_{\max}}\right) = \sin 2\pi j\cos\frac{2\pi sj}{j_{\max}}-\cos 2\pi j\sin\frac{2\pi sj}{j_{\max}},$$

其中右边第一项的正弦函数等于 0，第二项的余弦函数为 1，因此有

$$\sin\frac{2\pi}{L}(m+n)x = \sin\frac{2\pi sj}{j_{\max}} = \sin\frac{2\pi s}{L}x.$$

这样不可分辨的波在网格上以波数 s 呈现，有 $s=j_{\max}-(m+n)$。例如，有 $m=\frac{1}{2}j_{\max}$（波长为 $2\Delta x$ 的波）和 $n=\frac{1}{4}j_{\max}$（波长为 $4\Delta x$ 的波），因此 $m+n=\frac{3}{4}j_{\max}$（波长为 $\frac{4}{3}\Delta x$ 的波）和 $m-n=\frac{1}{4}j_{\max}$（波长为 $4\Delta x$ 的波）。但是 $\frac{4}{3}\Delta x$ 的波不可分辨，因此混淆作用就会在 $4\Delta x$ $\left(s=j_{\max}-\frac{3}{4}j_{\max}=\frac{1}{4}j_{\max}\right)$ 波长的波上产生能量。

为了显示所有可能的相互作用，假设 $j_{\max}=24$。任何的相互作用都能产生波数大于 12 的波而产生混淆作用。图 3.32 所示的是网格上错误的能量分布。

混淆过程不仅使能量分布在错误的尺度上导致模式解的误差，而且会使模式解不稳定而中止数值积分过程。这叫做非线性不稳定，将在下节进行讨论。在谱模式模拟的讨论中也提到了混淆作用，在谱模拟中对每个波的相互作用是解析处理的，因此相互作用不会导致不可分辨的乘积。这是谱模拟方法的优点之一。

图 3.33 表示的是混淆过程对模式动能谱的影响。左图是一个正常的动能谱，混淆作用不是很明显。它使用了 3.4.7 节介绍的方法对模式解中高波数（短波长）的解进行滤波，使得在 $2\Delta x$ 波长和模式有效分辨率之间的谱段上产生动能的损失。此种衰减是所希望的，因为在网格这些波长的波动不能较好地被分辨。右图所示的是混淆作用将错误的能量叠加在能量谱的可分辨谱段上，抑制了左图中希望的衰减，且影响了模式对物理过程的表征。

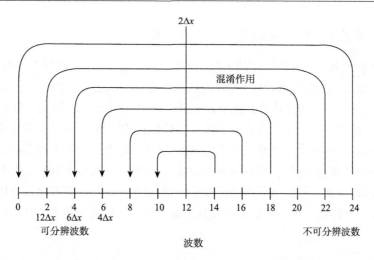

图 3.32 所示的是 24 点网格上非线性相互作用如何产生混淆,导致能量转移至错误的波长上。在图右侧相互作用产生不可分辨的波长,其能量越过最小可分辨的波数 $12(2\Delta x)$ 叠加在左侧可分辨的波段上。

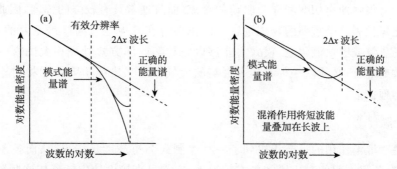

图 3.33 真实的(直线)和模式的动能谱示意图。在图(a)中,模式的扩散作用在模式波谱的末端对高波数波动的动能进行了衰减。该图中,混淆至高波数的能量由扩散作用所控制。图(b)中,混淆作用将高波数波动的错误能量叠加在模式解上。取自 Skamarock(2004)。

3.4.6 非线性不稳定

3.4.2 节关于计算不稳定的讨论是基于线性微分方程的,遵循适当的稳定性准则能够避免此类不稳定问题。对于非线性方程,也有类似的准则,但是即使满足该准则,在模式解中其它一类型的不稳定仍可发生。如第二章所示,原始方程模式基于非线性方程,问题的来源是上节介绍的混淆过程。混淆作用引起的非线性不稳定的表现在当模式经过长时间的积分后,模式解 $2\sim 4\Delta x$ 波长能量的快速积累。这种情形的原因可从波动相互作用的列表来推断,其与图 3.32 所示在 24 个网格点上的混淆作用相关联(参见本章后的问题 1)。尤其是,有 42 个波数 m 和 n 的组合能够导致混淆,其中 30 个相互作用产生的能量在 $2\sim 4\Delta x$ 范围内。加上每一个混淆的相互作用都要涉及该范围内至少一个波动,很明显,这一种不受控制的能量积累最终会使数值计算出现问题。使用对短波选择性衰减的差分方案,或者在方程中加入尺度选择的扩散(耗散)项(见下节)可对短波能量的积累进行控制。或者,对非线性项使用谱方法或半拉格朗日方法使非线性相互作用得到解析处理。连续积分具有图 3.33b 动能谱的模式可导致非线性不稳定。

3.4.7　实际、显式数值、隐式数值，格点的扩散

　　这里描述的扩散都有把模拟流体的热量场、湿度场和动量场上的特征在空间上散播的效应。扩散对变量中扰动的振幅具有衰减作用，因此有时也称为衰减过程。因为扩散或衰减过程是尺度选择的，所以这种方法也可被认为是滤波。显然在大气中存在着由湍流引起的真实（物理）扩散或混合过程，这需要一些实际的方式对这些过程进行表征。此外，通过预报方程中的显示项或使用衰减的差分方案，所有模式中都包括非物理的、具有尺度选择的扩散或衰减过程。扩散的目的是消除模式解中的虚假特征，它们与侧边界的噪声、计算模和来自于数值频散的错误的短波能量有关。最后，即使模式中不包括上述的扩散过程，但通过垂直和水平方向的有限差分仍可使模式变量的信息在空间传播。请读者注意在文献中表示不同扩散类型的术语是不标准的。

物理扩散

　　大气中存在着可在三维方向上消除或扩散动量场、热量场和湿度场结构的湍流过程。当有梯度存在时，湍流通量可对物理特性进行传输，从而减小物理场最大值或最小值的振幅。因为边界层内具有很强的由切变和浮力驱动的湍流，而且通常具有较强的梯度，因此需要用行星边界层参数化来代表这个重要的物理过程。湍流混合在其他地方同样是重要的，在自由大气中比如在风场急流或湿对流附近，模式需能够以一种实际的方式处理相关的混合过程。这些"实际"的扩散或混合，必须以一种物理上真实的大气模型来表征。第 4 章将讨论由湍流参数化所表征的物理扩散。

显式数值扩散

　　在前面关于混淆作用的章节里提到了一种控制人为短波能量积累，从而控制非线性不稳定的方法，即在预报方程的右边增加显式扩散项，它们可直接设计成能衰减这些短波。除了对不稳定进行控制，图 3.27 和 3.28 所示，数值频散能产生与物理解错误分离的短波解，对短波进行衰减也能改善模式解。面临的挑战是对模式解中错误分量进行充分地衰减，同时又不影响物理的真实部分。

　　如方程（3.62）所示，显式控制短波振幅的项有几种数学形式：

$$\frac{\partial h}{\partial t} = (-1)^{n/2+1} K_n \nabla^n h. \qquad (3.62)$$

其中 K 为扩散系数，h 为任一变量，$n=0,2,4,6$ 为阶数。零阶（$n=0$）的衰减为 $-K_0 h$，可产生无尺度选择的松弛作用，通常应用在侧边界和上边界附近。二阶项具有拉普拉斯形式，等价于方程（3.56），但具有水平二维空间。该形式的项出现在物理热扩散方程中，高值通常沿梯度传输至低值区。特征的变化仅取决于曲率（二阶导数）的符号和大小，这意味在物理场中没有引入新的极值。此二阶项的尺度选择性比高阶项弱。方程（3.57）代表一维问题时间前差和空间中央差的有限差分方案每一时间步衰减的大小。方程（3.63）是类似方程的四阶和六阶扩散。上面的方程与方程（3.57）相同，表示二阶扩散每一时间步的衰减，中间与底部的方程分别对应的是四阶和六阶扩散：

$$e^{\omega_I t} = 1 - K\Delta t \begin{bmatrix} (2 - 2\cos k\Delta x)/(\Delta x)^2 \\ (6 - 8\cos k\Delta x + 2\cos 2k\Delta x)/(\Delta x)^4 \\ (20 - 30\cos k\Delta x + 12\cos 2k\Delta x - 2\cos 3k\Delta x)/(\Delta x)^6 \end{bmatrix}. \qquad (3.63)$$

　　对这三个扩散算子来说,在不同波长的衰减量是关键,需一方面要滤去分辨较差的小尺度特征,尤其是在 $2-4\Delta x$ 波长范围内,同时对分辨较好的尺度振幅没有大的衰减。图 3.34 所示的是二阶、四阶和六阶项每一时间步的衰减量,表示为波长的函数。对于每一曲线,选择 K 和 Δt 使 $2\Delta x$ 波在每一时间步都被完全滤除。在实践中,通常不使用如此大的扩散系数,但是这个假设可使我们对曲线进行标准化以显示相对的衰减率。例如,对于分辨较好的 $8\Delta x$ 波来说,二阶扩散在每一时间步衰减了大约 15% 的振幅,而高阶方案仅衰减 $1\%\sim2\%$ 或更少的振幅。对于 $4\Delta x$ 波来说,二阶扩散每一时间步对振幅的衰减大约是四阶扩散的两倍。

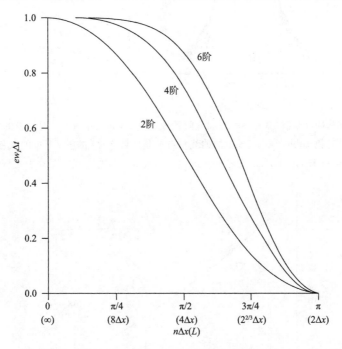

图 3.34　2 阶、4 阶和 6 阶扩散(3.63 式)每一时间步的衰减率,选择 $K\Delta t$ 使得对 $2\Delta x$ 的波具有 100% 的衰减。横坐标为波长($n\Delta x$,底部)和波数(上部)。

　　图 3.35 所示的是方程(3.62)中由二阶和六阶扩散($n=2$ 和 $n=6$)多时间步的衰减结果。这里选择方波作为要进行扩散的初始波形,虽然它代表的一阶不连续型在大多数大气变量中不存在。图 3.35a 是二阶扩散在 100 个时间步长后的结果,除了构成方波直角处的小尺度特征衰减外,$25\Delta x$ 主要波动的振幅也被抑制了大约 15%。较高阶的扩散项,尽管具有较强的尺度选择性,会在模式解梯度较大的附近能产生新的极大值或噪声。这种效应叫做 Gibbs 现象。这些方案中的扩散通量不一定是沿梯度向下的,这会导致非物理的人为特征。Xue(2000)介绍了解决这一问题的方法,当扩散通量与梯度方向一致时,将扩散通量置为零。图 3.35b 与图 3.35a 类似,表示了有通量限制器的六阶扩散。

　　图 3.26 提供了另一个对不同阶数扩散效应的说明。这里,对取 Courant 数为 0.1(解为"无扩散")的一维浅水二阶平流方程采用不同阶数的扩散项进行求解。尽管图 3.28 中的四阶平流项更加真实,但本例仍使用二阶方法,因为更易于图形显示扩散对不同波长的作用。在每个实验中,选择扩散系数使 $2\Delta x$ 波的振幅每一时间步衰减 10%。二阶扩散包括对主要波动的所有波长都有衰减作用。四阶扩散对衰减更有选择性,主要影响较短的波。六阶扩散仅影响

最短的波动,尤其是区域右侧未移出的波动。关于使用扩散项或滤波移除小尺度波动能量的进一步讨论请参见 Shapiro(1970,1975),Raymond 和 Garder(1976,1988),Raymond(1988),Durran(1999),Xue(2000)和 Knievel 等(2007)。

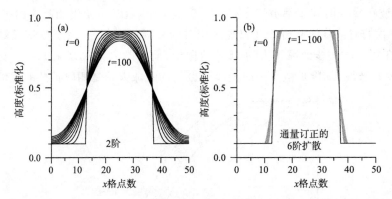

图 3.35　2 阶扩散(a,(3.62)式中 $n=2$)和 6 阶扩散(b,(3.62)式中 $n=6$)对方波的衰减率。其中 6 阶扩散使用通量限制器以避免 Gibbs 现象。a 中的曲线对应的是间隔 $10\Delta t$ 的解。b 中的灰色区包含了 10 个间隔 $10\Delta t$ 的解。与图 3.34 一样,选择 $K\Delta t$ 使得对 $2\Delta x$ 的波具有 100% 的衰减。图片引自 Xue(2000)。

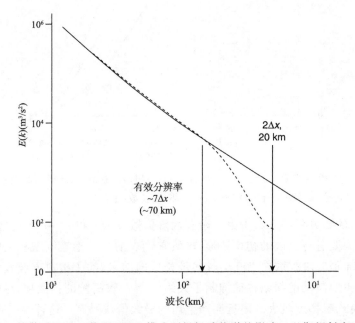

图 3.36　扩散对 10 km 格距 WRF 模式预报场动能谱的影响。以期望斜率 $k^{-5/3}$ 作为参考,对于 $7\Delta x$ 以上的波长模式可重现该值。但扩散过程对 $2\Delta x$ 与 $7\Delta x$ 波长之间的能量进行了衰减,使得模式有效分辨率为 70 km,而不是 20 km。图取自 Skamarock(2004)。

　　注意的是扩散项应该在准水平的平面上计算,而不是模式的等 sigma 面或等位温垂直坐标面上计算。例如,地形追随 sigma 平面上的温度通常在山顶是最小的。这样,如果在 sigma 面上进行计算,热力学方程中温度的扩散(从高值到低值)会使山顶的温度增加。高地形上温度增加可错误地导致直接由热力驱动的环流发展。因此,对每个格点,应该将被扩散的变量从模式坐标平面垂直插值到经过格点的水平面上。然后将水平面上计算的扩散项用于倾向方程。为了显示扩散对模式变量空间动能谱的作用,图 3.36 是 10 km 格距的 WRF 模式预测的动能谱。以期望斜率 $k^{-5/3}$ 作为参考,对于 $7\Delta x$ 以上的波长模式可重现该值。但是扩散过程对 $2\Delta x$ 与 $7\Delta x$ 波长之间的能量进行了衰减,使得模式有效分辨率为 70 km,而不是 20 km。进一步的讨论,可参考 Frehlich 和 Sharman(2008)有关对模式有效分辨率更多的分析。

隐式数值扩散

有些有限差分方案,比如 3.4.2 节介绍的时间前差、空间后差方法,和 3.4.4 节介绍的奇数阶 Runge-Kutta 时间差分方案,都会选择性地对某些波长段内的波进行衰减(如图 3.23)。如果衰减是可控的,而且有足够的尺度选择性,说明该差分方案具有所希望的特性,就可能不需要显式扩散项对无法分辨的短波能量进行衰减。

网格扩散

网格扩散过程来自于每个格点的模式变量每一时间步都通过空间导数而受到邻近格点的影响。通过方程中与空间有限差分有关的每个非零项,网格扩散使得大气特征进行传播,而网格距和时间步长决定了扩散率。真实大气中的平流、湍流扩散和惯性重力波运动都能引起大气信息的空间传播,但网格扩散是非物理、普遍存在的而且其作用是快速的。例如,考虑一个格距为 25 km 的模式,如果假定网格中最大的波速为 50 m·s^{-1},保守地取 Courant 数小于 0.7,时间步长则为 350 s。同时假定边界层的风速为 5 m·s^{-1}。对平流项进行三点有限差分近似,每个格点上的趋势都使用了一个格距以外的信息,则信息以 $\Delta x/\Delta t$ 或大于 70 m·s^{-1} 的速度进行传播。这个虚假的传播速度要比边界层中平流过程的传播速度快 10 倍以上。尽管该过程是非物理的,但其导致的平滑或混合有时也可用于表征大气中真实的扩散过程。不幸的是,从扩散强度和对小尺度特征选择性衰减方面,它的作用是无法控制的。

3.4.8　模式垂直坐标选择的数值含意

以下章节将简要地总结在 NWP 模式中垂直坐标历史上最常见选择的数值含意。更多可参见 Sundqvist(1979)。

海平面高度

表面上看,海平面高度坐标似乎是最令人满意的坐标。尤其是,坐标平面相对于地球表面是固定的,并且不像其他选择,运动方程中气压梯度力项仅由气压梯度一项表达。但该坐标存在一些重大问题。因为高度平面在低层与地形相交,所以坐标面上的某些格点区域大气变量是无法定义的。这就使得等 z 面上在这些空白区域附近的格点上不可能进行导数运算,同样不可能利用谱方法来确定模式变量的水平变化。最后,格点模式代码通常对格点矩阵的行列进行系统的处理,在格点不存在的地区会使处理过程中断,是极其不方便的。

有一种使用 z 坐标的方式,称为体积分数(volume-fraction)或削切网格单元格(shaved-grid-cell)(Adcroft 等 1997,Steppeler 等 2002,Walko 和 Avissar 2008b)方法,可避免上述缺点。在对部分嵌入地形表面以下的单元计算时,考虑了障碍物的运动学效应。即使该方法,相对于地形追随坐标,它的一个缺点是在紧挨地表以上使用较高垂直分辨率时,要求在地形高度变化较大的地区使用许多薄的模式层,因而增加了计算成本。另一个缺点是与地形相交的网格单元具有与其他网格单元不同的特征,因此需要使用不同的数值算法分别对其进行处理。

气压

当无线电探空将观测数据传输至地面站,气压是确定垂直位置的变量。因此,在一定意义上说,在同化无线电探空资料的模式中使用气压作为垂直坐标是合理的。但是,气压坐标具有与高度坐标几乎相同的问题。而且,地形与坐标平面相交的问题更加突出,因为气压面的高度随时间而变化,因此需要标注格点的形态也随时间而变化。在积分过程中,格点时而出现时而消失,将实际的物理特征赋予计算中临时出现的格点是非常困难的。

位势温度

在假定的绝热条件下,空气质点的位温(θ)在质点运动时保持不变,质点始终保持在等θ面上。也就是说,等θ面为物质面(material surfaces),而将这些平面作为垂直坐标面时,垂直速度($d\theta/dt$)为零。即使实际和模式大气过程都接近于绝热,在边界层之外和相变没有吸收或释放潜热的地区也不是完全的绝热过程,因为辐射通量散度从不为零。在$d\theta/dt$较小的较大体积内,垂直平流同样较小,而且垂直方向上人为的网格扩散也较小。在θ坐标系下,湿度和其他标量人为垂直传播的减小使得这些变量的输送更加真实。

因为位温与温度成明显的线性关系,在温度梯度最大的地区,模式的位温面也更加密集。这意味着需要更高的模式垂直分辨率来表征大的梯度,例如沿准水平的锋面和对流层顶。图3.37所示的是气压(a)和θ(b)坐标下锋面的剖面。在θ坐标系下(图3.37b),锋区强烈的风切变(阴影区)占剖面垂直高度的四分之一,而在气压坐标下(图3.37a)风切变集中在垂直方向上狭窄的区域内。同时,坐标面近似于物质面意味着它的水平梯度小于穿过锋区坐标面上的梯度。因此,与水平导数和垂直导数相关的截断误差将更小。不管有无地形,等熵面将与地球表面相交,所以位温有与气压和高度坐标相似的缺点。而且,在加热剧烈的地球表面附近,位温在一个薄层内随高度而减小(超绝热直减率),但在该层以下位温正常地随高度而增加。因此,对θ垂直坐标模式,在预报中,任一接近绝热值的直减率必须被人为地调整为更稳定的值

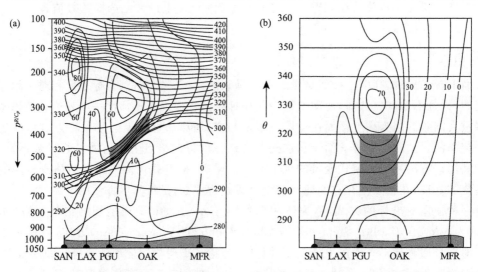

图3.37　一个锋面在气压坐标(a)和等熵坐标(b)下的垂直剖面图,水平轴为沿美国西海岸的南北方向。两个剖面中的灰色区包含了相同体积的大气。实线为等熵线,虚线为等压线。参考 Benjalin(1989),Shapiro 和 Hastings(1973),Bleck 和 Shapiro(1976)

以避免在垂直坐标上的两个位置出现相同的位温。另一个与 sigma 坐标(见下节)相同的问题
是气压梯度力项以蒙哥马利(Montgomery)位势水平导数的形式出现,Montgomery 位势包含
了两项之和($C_p T + gz$)。这些项的水平导数为大量,气压梯度由两个大值导数的小量差表征。
因此,导数中无法抵消的截断误差会使气压梯度产生较大的误差。

Sigma-p 坐标

所谓的 sigma 坐标系是地形追随坐标,因此避免了上述的高度、气压和位温坐标与陆面或
水面相交的问题。基于气压的 sigma 坐标(Phillips 1957b,GalChen 和 Somerville 1975)定
义为

$$\sigma = \frac{p - p_t}{p_s - p_t},$$

其中 p_t 为所选模式顶的气压,为一常数,p_s 为表面气压,p 为气柱内任一点的局地气压。如果
模式顶定义为大气顶,有 $\sigma = p/p_s$。对于 $p = p_s$,边界条件为 $\sigma = 1$。对于 $p = p_t$,$\sigma = 0$。因此在
模式大气的气柱内,有 $0 < \sigma < 1$。因为表面气压和局地气压为时间的函数,所以 sigma 坐标面
的垂直位置随时间而变化。图 3.38 是一个美国东部模式等 sigma 面的垂直剖面,模式顶为
500 hPa。

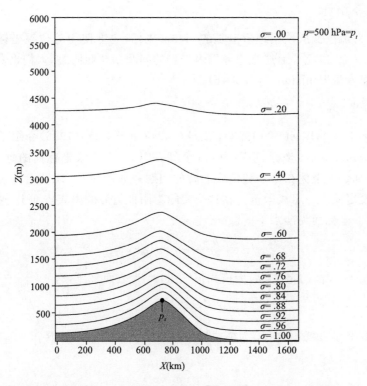

图 3.38 美国东部一个模式等 sigma 面的垂直剖面,模式顶为 500 hPa。图取自 Warner 等(1978)

如前所述,sigma 垂直坐标系方程的气压梯度包含两项。在 sigma-p 坐标系中,一项包含
了表面气压 p^* 的导数,另一项包含了 sigma 面的位势高度的导数,运动方程的气压梯度项如
下所示,

$$\frac{\partial p^* u}{\partial t} \propto -mp^* \left[\frac{RT}{p^* + \frac{p_t}{\sigma}} \frac{\partial p^*}{\partial x} + \frac{\partial \phi}{\partial x} \right].$$

每一项都是潜在的大值项,它们之间的小差代表了气压梯度力。在大的地形高度梯度的地方,每项的值会变得很大,截断误差不能在两项中抵消,从而产生错误的气压梯度和加速度。其可通过定义一个基本状态量的方法来部分解决,该方法使用方程的扰动形式,对偏离平均状态的扰动量进行导数运算。进一步讨论可参见 Mesinger 等(1988)对该坐标历史和缺点的讨论。

Sigma-z 坐标

上述的 sigma-p 坐标是由模式大气柱的气压厚度进行标准化,而 sigma-z 坐标(Kasahara 1974)由大气的物理厚度进行标准化。具体形式为

$$\sigma = \frac{z_t - z}{z_t - z_s},$$

其中 z_t 为所选模式顶的常数高度,z_s 为表面高度,z 为气柱内任一点的局地高度。显然,该坐标面的高度不随时间变化。与 sigma-p 类似,在模式大气的厚度上该坐标在 0 到 1 的范围内变化。

位温-sigma 混合坐标

该方法是在对流层低层使用地形追随的 sigma 坐标,之上使用等位温坐标。该坐标保留了等位温坐标的优点,避免了上述在边界层内产生的问题。与此同时,人们也发展了各种混合坐标,更多的信息参见 Benjamin 等(2004b)。

阶梯山地(eta)坐标

Mesinger 等(1988),Black 等(1993),Black(1994)和 Wyman(1996)介绍了一种垂直坐标为阶梯山地(step-mountain)坐标,也称为 eta 坐标。图 3.39 是该坐标面的垂直剖面。eta 的提出是为了避免 sigma 坐标在处理陡峭地形时的问题。如图所示,地形由模式三维的网格单元构成,表面高度定义为一组离散值。在这个实际为刚性边界的垂直表面上,速度的法向分量(图中圆圈)为零。坐标面为准水平的。eta 坐标定义为

$$\eta = \frac{p - p_t}{p_s - p_t} \eta_s = \eta_s \sigma,$$

其中 σ 为上述 sigma 坐标的定义,p_t 为模式顶气压,p_s 为表面气压,有

$$\eta_s = \frac{p_{rf}(z_s) - p_t}{p_{rf}(0) - p_t},$$

为地球表面的 eta 值。参考气压 p_{rf} 为模式层中间界面上的气压。对于 $p_t = 0$,eta 坐标的定义可简化为

$$\eta = \eta_s \sigma = \frac{p_{rf}(z_s)}{p_{rf}(0)} \sigma.$$

对于平坦地形($z_s = 0$),eta 坐标等同于 sigma 坐标。利用该坐标所做的模拟请参见上述文献。

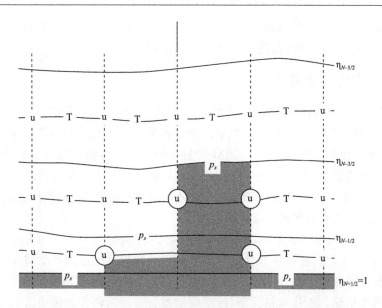

图 3.39　eta 坐标系在模式最低 3 层的垂直剖面,图中显示了
变量的配置。阴影区代表陆地面。图摘自 Mesinger 等(1988)。

3.4.9　时间平滑与滤波

通过空间和时间平滑可对传播的扰动进行衰减。3.4.7 节介绍的显式数值扩散运算旨在对空间小尺度扰动进行衰减或平滑。其它则针对时间维进行平滑。传播的扰动可以用任一方式进行平滑。尤其是在时间中央差方案中,奇数和偶数时间步的模式解彼此分离。该解的分离特点源于以下原因:在初始的向前时间步之后,蛙跃(leapfrog)差分方案使得奇数步和偶数步仅通过导数而互相影响。也就是说,蛙跃是从奇数步到奇数步,从偶数步到偶数步,该 $2\Delta t$ 的振荡可以容易地通过时间平滑进行衰减。Asselin(1972)描述了最流行的方法之一,

$$\alpha^{\tau} = (1-\beta)\alpha^{\tau} + \frac{\beta}{2}(\alpha^{\tau+1} + \alpha^{\tau-1}),$$

其中 α 为任一变量,β 通常取为 0.1。该方法可在每一时间步或间歇地使用。

3.5　侧边界条件

变量在有限区域模式(Limited-Area Models,LAMs)计算网格侧边界上的值必须被指定(不通过内部计算)。尽管一些用于天气气候预报的全球模式能够分辨中尺度过程,但在可预见的未来仍需要将高分辨率的 LAM 嵌入粗分辨率的模式。因此有必要指出处理侧边界条件所遇到的挑战。侧边界条件应具有如下的特性。

• 气象特征从粗网格到细网格的传递过程中应没有显著的扭曲。

• 惯性重力波应穿越边界传播,尤其是那些与重要物理过程,比如地转调整,相关的长波。在出流中可对短波进行衰减,但不应被反射。

• 侧边界条件不应引入可使模式积分过程中断的人为的网格间动力/数值反馈。

大量的文献介绍了侧边界条件的误差对 LAM 预测潜在的严重影响(比如,Miyakoda 和

Rosati 1977，Oliger 和 Sundstrom 1978，Gustafsson 1990，Mohanty 等 1990 和 Warner 等 1997)。下面关于侧边界条件作用的分析基于 Warner 等(1997)的工作。

3.5.1　侧边界条件误差的来源

因为侧边界条件对 LAM 解的负面影响是无法避免的，所以我们的目的是深入地了解问题的本质，并学会如何减小它们的负面作用。侧边界条件的负面影响归咎于至少六个因素。

· 侧边界条件资料的低分辨率—LAM 开放式侧边界条件的确定是基于粗分辨率模式的预测或观测的再分析资料，取决于是用于业务预报或科学研究。在两种情况下，侧边界信息的水平、垂直和时间分辨率通常都要低于 LAM 的分辨率，因此每一时间步插值到 LAM 网格上的边界值可潜在地降低模式解的质量。

· 侧边界条件的气象学误差—即使假定侧边界条件资料的分辨率与 LAM 分辨率相近，而且具有很小的插值误差，侧边界条件资料的质量仍可能因其他原因产生错误，尤其是当基于其他模式的预测给定侧边界条件时。也就是，提供侧边界条件的预测可能在与分辨率无关的其他重要方面出现错误。在任何情况下，这些误差都会通过网格界面传递给 LAM 区域。

· 缺少与较大尺度过程的相互作用—指定的侧边界条件决定了气象场在计算域尺度上的结构。但是，这些较长的波不能够与模式解在内部发生相互作用。这种局限的谱相互作用会影响 LAM 的预测结果，因为 LAM 的解不能对大尺度过程进行反馈。

· 噪声的产生—指定的侧边界条件能在 LAM 区域内会产生瞬时、非气象特征的惯性重力模态。即使可以认为这些模态不与气象解发生强相互作用，它们仍能叠加在物理真实场上使对预测结果的解释变得复杂。

· 物理过程参数化的不一致—物理过程参数化可能、有时是迫不得已，在 LAM 和提供侧边界条件的粗分辨率模式是不同的。所导致的在边界上不可避免的差异可造成虚假的梯度和网格间的反馈，最终会影响 LAM 区域的解。

· 相速度与群速度的差别—本章前面介绍了有些差分方案能产生相速度和群速度误差，它们的振幅取决于网格对波动分辨的好坏。因此，随着波动穿过不同格距的计算域，波动可能受到拉伸或压缩。Browning 等(1973)提出源自相速度差的数值折射效应，该效应可在双向作用网格的粗网格上引起"不可预料的巨大误差"。

3.5.2　侧边界条件误差的例子

至少有四类的研究，使得我们能够了解侧边界条件的误差。一种涉及到不同大小模式区域的使用，它可以直接确定侧边界周围对这些模拟质量的影响。另一种可归类于中尺度可预报性研究，首先利用 LAM 进行控制模拟，然后将扰动加入模式初始条件或侧边界条件，对有扰动和无扰动模式解的差异进行分析，将这些差异归咎于具体的因子，包括侧边界条件。第三类研究使用伴随模式，从中可直接产生对侧边界条件的敏感场。第四类是大兄小弟(Big-Brother-Little-Brother)试验，将在第 10 章进行详细的讨论。

区域大小的敏感性研究

粗分辨率预报来确定的 LAM 侧边界条件对预报影响的早期研究工作之一来自于 Baum-hefner 和 Perkey(1982)。将 2.5°经纬度网格的 LAM(Valent 等 1977)嵌入 5°经纬度的半球模式(Washington 和 Kasahara 1970),并从半球模式获取侧边界条件。两个模式都使用相同的垂直网格结构和物理过程参数化。将该嵌套系统的解与非嵌套 2.5°经纬度网格的半球模式的解进行比较来评估侧边界条件的误差。图 3.40 显示的是与侧边界条件有关的 48 小时预报时效内对流层中层气压的误差(LAM 与半球模式解的差异)。振幅为 5~10 hPa 的较大的气压误差主要从西北边界以每天 20°~30°经度的速度快速地在中高纬度预报区域内传播。该误差分布与天气扰动位置(图略)的比较显示误差的最大值与扰动显著变化的边界区域有关。副热带和热带不活跃的大尺度气象条件产生的侧边界条件误差非常小。对侧边界条件由 2.5°半球模式提供的 LAM 模拟(即,LAM 与半球模式有相同的水平分辨率)来说,同样有较大的误差,而且有相似的分布,这表明这些区域 LAM 显著的误差来自于侧边界条件自身的结构,而不仅是侧边界条件资料的质量。图 3.41 给出了有限区域内 500 hPa 高度均方根误差(RMS)的增长,其中侧边界条件分别来自 2.5°(点状线)和 5°(虚线)半球模式。明显地,无论侧边界条件的信息是由相同分辨率的模式或更粗分辨率的模式提供,LAM 的误差增长都是相似的。实线所示的是在 LAM 区域内 2.5°和 5°半球模式模拟结果之差,代表了与使用 2.5°网格和使用 5°网格相关的误差,与边界无关。对于 2.5°和 5°的侧边界条件,最快的误差增长均在最初的 24 小时。与 2.5°侧边界条件相关的误差在 24 小时以后减小,这表明一些误差可能与模拟早期在侧边界产生的快速传播和衰减的瞬时过程有关。相反,当使用 5°侧边界条件时,粗分辨率信息持续传播使得误差在预报期间都是增长。

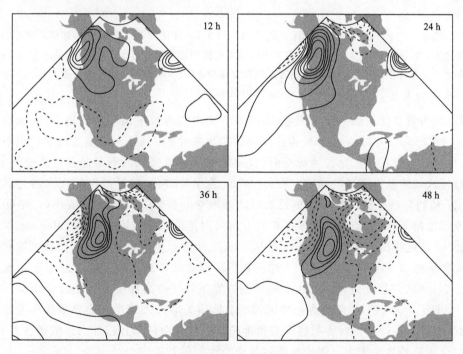

图 3.40　嵌入 5°半球模式的 2.5° LAM 与 2.5°半球模式 6 km 高度(500hPa)的气压在不同预报时间的差异。该气压差异与边界条件有关。图中的区域为 LAM 的区域。等压线间隔为 1 hPa,虚线表示负值。图取自 Baumhefner 和 Perkey(1982)

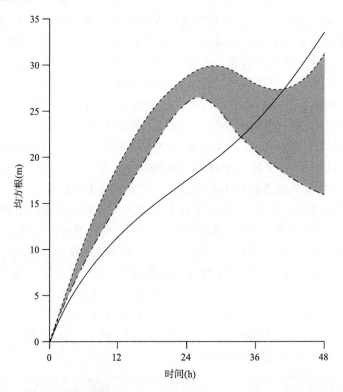

图 3.41　500 hPa 均方根的高度差,实线表示在 LAM 区域内 2.5°和 5°半球模式模拟结果之差;虚线表示 2.5°半球模式与由 5°半球模式提供侧边界的 2.5°LAM 模拟结果之差;点线表示 2.5°半球模式与由 2.5°半球模式提供侧边界的 2.5°LAM 模拟结果之差。横坐标为预报时间,单位为小时。图取自 Baumhefner 和 Perkey(1982)

　　当然,因为没有使用观测作为参考,该误差不是真实的预报误差。但是,发人深省的是用 2.5°半球模拟作为参考时,5°半球模拟比使用侧边界条件的 2.5°LAM 模拟的误差更小。也就是,当使用 2.5°半球模拟的解作为标准时,仅使用粗的半球模式而不是嵌套了高分辨率 LAM 的粗半球模式就能获得更高的精度。在另一个试验中(图略),将计算区域在东西边界扩展了 20 个经度,使边界条件的误差需要更长的时间影响中心区域,但是到了 48 小时,中间高纬度地区也受到以每天 30 个经度的速度从东西方向向内传播误差的影响。Baumhefner 和 Perkey (1982)指出“从这些试验中可得出意料之中的结论,边界位置应由所选取的预报时效和典型的边界误差传播速率所决定”。将 2.5°半球模式基于观测条件确定的模拟误差与嵌套入 5°半球模式的 2.5°LAM 进行比较,显示 24 小时后侧边界条件使得高纬度地区的总体模拟误差增加可达 50%以上。也就是,与侧边界条件无关的总体误差增长大约是侧边界条件有关的误差两倍。当然,侧边界条件的相对贡献很大程度地依赖于模式总体的预报能力。值得注意的是,使用两个完全不同的算法来指定侧边界条件可获得类似的结果。

　　Treadon 和 Petersen(1993)很好地论证了区域大小的问题,他们利用 80 km 格距和40 km 格距的美国 NWS Eta 模式(Black 等 1993,Black 1994)对冬季和夏季的个例进行了一系列的试验。在保持相同分辨率和物理过程的同时,逐渐缩小区域面积来分析其对预报能力的影响。“控制试验”利用 Eta 模式的整个计算域,而敏感性试验使用的区域逐渐变小,拥有的面积大约是上一个较大区域面积的一半(图 3.42)。利用美国 NWS 全球谱模式 T126 先前所做的循环预报场作为侧边界条件。对于冬季气旋生成的个例，80 km 和 40 km 格距的全区域模式均能产生相当准确的预报。但是，最小区域的预报，它的侧边界接近风暴影响的区域，仅 12 小时，500 hPa 高度的均方根误差是全区域预报的两倍（相对于分析场）。此外，地面的低压比观测弱很多，且位置也发生错误。对于夏季的个例，在小区域内有更弱的气流，误差的增长与冬季个例类似。最小区域的 36 小时预报的 500 hPa 高度均方根误差是最大区域的两倍多（图 3.43）。图 3.44 所示的例子显示了即使穿过边界的气流较弱或为中等强度，侧边界条件对高层大气有快速的影响。图 3.44 显示了对于夏季个例，40 km 格距的 Eta 模式模拟的 12 小时 250 hPa 等风速线。图 3.44a 显示了最大区域内的一条狭窄的急流，而图 3.44b 所示在最小区域模拟中（具有相同的分辨率），相同的特征已被大大地平滑了。

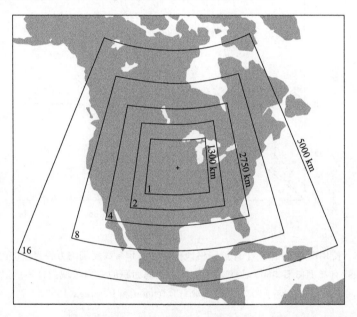

图 3.42　区域大小敏感性试验的 80 km 格距 eta 模式的 5 个积分区域。所使用的区域逐渐变小，拥有的面积大约是上一个较大区域面积的一半，网格点数与面积相对应。图取自 Treadon 和 Petersen(1993)

中尺度可预报性研究

　　利用中尺度 LAMs 进行的可预报性研究表明 LAMs 误差的增长与全球模式有很大的不同（Anthes 等 1985，Errico 和 Baumhefner 1987，Vukicevic 和 Paegle 1989，Warner 等 1989）。将小扰动（误差）加入 LAM 的初始条件（不是边界条件），来自扰动初始状态和无扰动（控制）初始状态的模拟，就像无边界模式一样，模拟结果都没有发散。区域内部的扰动大气在流出边界处被平流出模式区域，两个模拟中相同侧边界条件的使用使无扰动大气在流入边界进入模式区域。

　　在一个有关侧边界条件作用的可预报性研究中，Vukicevic 和 Errico(1990) 使用相对粗分辨率（格距为 120 km）的宾夕法尼亚州立大学—NCAR 中尺度模式（MM4）对 Alpine 气旋生成进行了 96 小时的模拟。侧边界条件分别使用分析资料和与 MM4 同时起报的 NCAR 全球公共气候模式（CCM1）的预报场。首先使用 MM4 得到控制试验，然后对初始条件进行扰动，再对模式积分。侧边界条件由资料分析场给定,因此它是"无预报误差的",且两个模拟使用相同的侧边界条件。图 3.45 所示的是两个试验模拟的 96 小时 500 hPa 位势高度的差。两个模拟之间最大的差别在区域的东半部,区域的下风方,这是因为相同的侧边界条件强烈地影响了西半部的模式解。

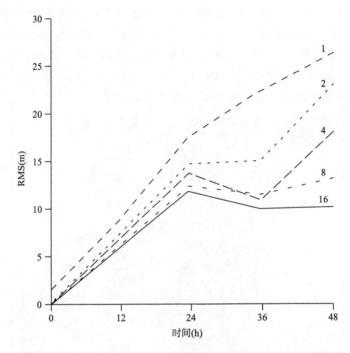

图 3.43　使用图 3.42 中 5 个计算网格预报的 500 hPa 高度场均方根误差的时间序列,起报时间为 1992 年 8 月 3 日 0000 UTC。误差都在相同面积的最内区域内计算(区域 1)。横坐标为预报时间。格点数对应于图 3.42。图取自 Treadon 和 Petersen(1993)

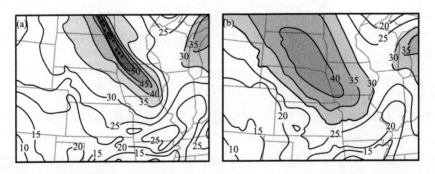

图 3.44　在最大计算域(a)与最小计算域(b)内 40 km 格距的 Eta 模式分别模拟的 12 小时 250 hPa 等风速线(m·s⁻¹),起报时间为 1992 年 8 月 3 日 1200 UTC。两张图所显示的区域均为最小区域。等风速线的间隔为 5 m·s⁻¹。图取自 Treadon 和 Petersen(1993)

图 3.45　MM4 控制试验与初始场扰动后的试验模拟的 96 小时 500 hPa 位势高度之差。等值线间隔为 5 m。两个试验使用相同的侧边界条件，均来自观测的分析场。图片取自 Vukicevic 和 Errico(1990)。

为了进一步了解侧边界条件对 LAM 解的影响，进行了另外一组试验，分别使用正常（控制）和扰动初始条件的 CCM1 预报结果来提供相应 MM4 预报的侧边界条件，MM4 模拟具有与 CCM1 控制模拟相同的初始条件。CCM1 扰动的初始条件按照所预计的业务误差来确定。因此，该试验的设计与 LAM 的业务预报有很大的相关性，因为它分离了粗网格预报的正常误差对其提供侧边界条件的 LAM 预报动力演变过程的影响。图 3.46 所示的是两个 LAM 6 小时模拟的 500 hPa 位势高度之差，其中 10m 以上的差出现在位于区域中央的欧洲地区。在短时间内，来自侧边界条件的高频瞬时模态破坏了整个区域。在这里使用的 LAM 区域可能是许多 LAM 区域的 4 倍，因此通常会在更短的时间内感受到侧边界条件误差的影响。基于这

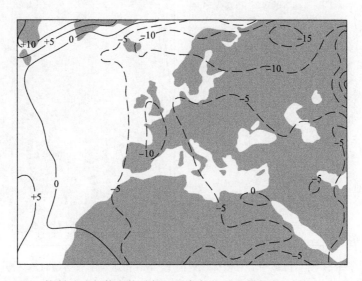

图 3.46　MM4 控制试验与使用扰动侧边界条件的试验模拟的 6 小时 500 hPa 位势高度之差。等值线间隔为 5 m，虚线表示负值。图取自 Vukicevic 和 Errico(1990)。

些结果,Vukicevic 和 Errico(1990)指出"对于中期预报而言,相对于全球模式,嵌套的有限区域模式并不能显著地减少均方根误差"。

伴随敏感性研究

伴随模式所使用的变分技术被用来探究 LAM 预报对初始条件和边界条件的敏感性。伴随算子所产生的场可对初始条件、边界条件或模式参数任意微小的扰动对预报特定方面的影响进行量化。由上述传统的可预报性类型的方法所得到的依赖性对初始或边界条件的特定扰动不敏感,而伴随方法则克服了此缺点。对该方法深入的讨论,请参考 Hall 和 Cacuci(1983),Errico 和 Vukicevic(1992)和 Errico(1997)。

Errico 等(1993)使用该方法研究了 LAM 模拟对区域内部条件和侧边界条件的敏感性。使用了 MM4 模式的干大气版本(没有水汽变量)和它的伴随模式,模式的格距为 50 km 和 10 个计算层。侧边界条件是 12 小时间隔的 ECMWF T42 分析场通过线性时间插值得到。敏感性实验针对冬季和夏季 72 小时模拟的个例进行。关于初始和边界条件的敏感性,从模拟的许多方面进行了研究。我们将关注侧边界条件对每一计算层 30 个格点上 72 小时相对涡度的影响,这些格点在区域中心 150 km 以内。

图 3.47a 所示的是对于冬季个例,区域中心小的气柱内 72 小时的相对涡度对区域内初始 400 hPa v 分量风扰动的敏感性(对于敏感性度量的深入讨论,请参见 Errico 等(1993)。为了比较,图 3.47b 所示的是相同的 72 小时涡度对侧边界条件 v 分量风的敏感性。侧边界条件敏感性的度量延伸至边界附近的四行四列格点上,因为该模式中侧边界条件的构造方式是定义在距边界最近的四个格点上。图 3.47a 和图 3.47b 的等值线间隔差别很大(参见说明文字)。侧边界条件和网格内部的敏感性仅位于西部和北部的下风向上。表 3.2 总结了模拟四个时次的区域内部和侧边界上敏感性度量的最大值,和预料的一样,在模拟的较早时次 72 小时涡度对区域内部条件的敏感性更小一些。也就是说,当内部条件随时间移除时,72 小时涡度模拟

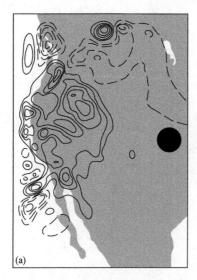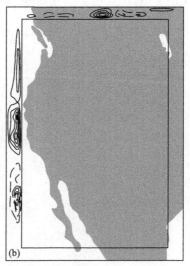

图 3.47　对于冬季个例,区域中心有限体积内的 72 小时相对涡度对初始时刻区域内部和侧边界上 400 hPa v 分量风扰动的敏感性。对图 a(b),最大的绝对值为 1.4 单位(8 单位),等值线间隔为 0.25 单位(1 单位)。图中仅显示了模式区域的西半部。引自 Errico 等(1993)。

逐渐地忘记了扰动的影响。对于 72 小时模拟的影响,48 小时的侧边界条件比其余时间的更为重要,因为 24 小时时间差(48 小时与 72 小时)是侧边界条件的信号传播到该层区域中心所需的时间。有趣的是,比起对其他任意时间侧边界条件扰动(8~150 个单位)的敏感性,72 小时的预报对初始条件($t=0$)扰动(1.4 个单位)更加不敏感。在风速较弱的模式下层(即扰动在 400 hPa 以下)的结果是类似的,但侧边界条件的影响需要更多的时间传播至区域中心。对于夏季个例,更弱的风速使得敏感性以比冬季个例慢两倍的速度传播。

表 3.2　区域中心附近 72 小时相对涡度对侧边界和区域内部 400 hPa v 分量风敏感性度量的最大值。数值所表示的是模拟的四个时次 72 小时涡度对 v 分量风扰动的敏感性。

	模拟时间(小时)			
	0	24	48	60
侧边界敏感性	8	40	150	52
内部敏感性	1.4	18	76	93

来源:Warner 等(1997)

大兄小弟(Big-Brother-Little-Brother)试验

这类试验中,高分辨率模式在网格面积较大的区域生成一个参照模拟,叫做大兄模拟。然后,在参照模拟的区域的一个子区域内使用相同的模式得到另一个模拟。侧边界条件基于大兄模拟,由通过滤波保留所有大尺度解的资料集提供,称为小弟模拟。除了小弟试验中要使用侧边界条件,两个模拟的试验条件是完全相同的,这样从两个模式解在小网格区域内的差则可分离出侧边界条件的影响。参见 10.4 节对这类试验的讨论。图 3.48 所示的是使用该方法将侧边界条件的影响分离出来。图中平均降水率的计算域是大兄和小弟试验的小网格区域。这里使用了加拿大区域气候模式(Caya 和 Laprise(1999))对区域气候模拟的方法进行检验。在该例中,侧边界条件对平均降水率的影响很小。

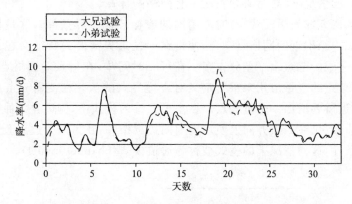

图 3.48　大兄小弟试验中小区域内的空间平均降水率。引自 Denis 等(2002)。

3.5.3　侧边界条件构造的类型

开放或自由侧边界条件需基于更大模式网格(如全球模式)的预报场或资料的格点分析场从外部指定变量值。有两种方法由粗分辨率网格确定侧边界条件。一种是将 LAM 嵌套入粗网格模式内同步进行积分,区域之间的信息流是双向的。参见 Harrison 和 Elsberry(1972),

Phillips 和 Shukla(1973)和 Staniforth 和 Mitchell(1978)对该技术的讨论。在另一种方法中，侧边界条件由先前积分的粗网格模式或观测的分析场提供。Shapiro 和 O'Brien(1970)，Asselin(1972)，Kesel 和 Winninghoff(1972)，Anthes(1974)介绍了这些技术的发展。前一种方法被称为双向嵌套，后一种被称为单向或依赖性嵌套。在两种方法中，粗网格区域的气象信息必须能进入细网格区域，而且惯性重力波和其他波动必须能够自由地离开细网格区域。对于双向作用的边界条件，细网格的信息能影响粗网格的解，同时粗网格能对细网格进行反馈。该方法可取性的一个例子是 Perkey 和 Maddox(1985)的工作，他们的数值试验表明对流性降水系统能够影响大尺度环境，然后可对中尺度过程进行反馈。值得注意的是，使用双向作用嵌套网格系统的 LAMs 最粗分辨率的区域通常必须从先前积分的全球模式或观测分析场中获取侧边界条件。因此，无论是否应用了双向作用的嵌套策略，在界面上使用单向作用的条件总是必要的。

对于双向作用嵌套区域之间的界面条件，已有各种方法成功地用于从粗网格解到细网格的插值，和反馈到粗网格的细网格解滤波(Clark 和 Farley 1984，Zhang 等 1986，Clark 和 Hall 1991)。对于单向作用网格，通用的技术是将边界附近细网格解的小尺度特征进行滤波或衰减(Perkey 和 Kreitzberg 1976，Kar 和 Turco 1995)。例如，在 Perkey 和 Kreitzberg(1976)的方法中，侧边界附近的波动吸收区或海绵区通过增强的扩散作用和时间导数的截断阻止向外传播波动在区域内部的反射。在这些方法中，细网格通过松弛或扩散项而受到大尺度条件的强迫(Davies 1976，1983，Davies 和 Turner 1977)。

从直觉上双向作用嵌套应该比单向嵌套在细网格上提供更好的模式解，这简单地归结于升尺度(upscale)效应能够对细网格进行反馈。事实上，已有一些相关例子，如 Clark 和 Farley (1984)关于强迫的重力波流和 Perkey 和 Maddox(1985)关于对流的研究。但是，单向嵌套的使用有时是出于一些实际考虑。例如，对于业务的嵌套模拟系统，单向嵌套能使粗网格的预报场首先完成，在预报员等待消耗更多计算资源的细网格产品时，快速地获得预报产品。另外，在计算机内存有限的情况下，有时必须一次一套网格的计算。

对一些简单的研究或教学模式，有时使用周期或循环侧边界条件。这是指区域边缘附近的网格点与另一端边缘附近的网格点耦合，使得在一端边界离开的特征会在另一端边界进入区域。图 3.49 是一维的三点水平差分方案。在每一时间步，在格点 2 到格点 j_{max-1} 的时间外插完成后，倒数二个点的变量值用来重新定义对应边界点的值。在使用五点水平差分的模式中，在每个边界附近需要增加一个重叠点。在水平二维的模式中，侧边界条件在两个方向上都可以是周期的。或者，仅在一个方向上使用周期侧边界条件，在另两个边界上假设为不能渗透的墙(刚性)边界条件，这种情况下的模式被称为通道模式(channel model)。

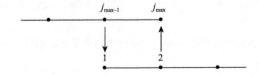

图 3.49　使用循环或周期性侧边界条件的计算网格，边界格点之间的信息交换。

3.5.4　一些实践中的建议

前面章节所介绍研究成果,以及其他一些成果,可以综合成一些建议,即在使用任何一个 LAM 时,如何将侧边界条件的影响降至最小。

(1)使用侧边界的缓冲区

到达 LAM 网格中心部分的侧边界条件的误差有时非常大,使得 LAM 的预报结果并不比提供侧边界条件的粗网格模式更有价值。在这种情况下,如果拥有足够的计算资源,侧边界应远离 LAM 网格的中心部分,使得侧边界误差在预报时效内不能达到该区域。或者,使用标准的区域将预报时效进行限制以阻止侧边界误差进入关注的气象中心区域。表 3.3 说明了对于不同气象特征和预报区域的长度尺度,为使侧边界条件的影响最小化需对区域大小和预报时效作必要的限制。

为了说明需要侧边界条件"缓冲区"的含义,假设一个典型的 LAM 配置,且计算出可用的预报长度。假设将所关注气象区域(长度尺度为 L)的侧边界在每个方向向外移到 $L/2$ 的距离。例如,如果每个方向上计算区域为 100 个格点,内部受保护的气象关注区域为中心的 50×50 格点的子集。尽管在所关注的区域之外有三倍的计算格点位于缓冲区,但多数人都同意这是一个合理的妥协做法。一般都接受这个看似巨大的额外计算开销是不可避免的。在这里,可用的预报时效定义为侧边界条件的影响平流至中心预报区域所需的时间[①]。表 3.3 是可用的预报时效(条目 a)对应于不同尺度(行)的四个不同计算区域和四个不同气象状况(列)。对流层中层的平均风速(表 3.3 中的 S)用来计算中纬度夏季、冬季状况和热带状况的平流时间。对于中纬度非耦合状况,假设有弱的垂直耦合,而且主导的气象过程由对流层低层强迫。最小的区域具有一座大城市的大小(行 1,大都市面积),下一个区域等同于标准气象雷达所覆盖的区域(行 2,雷达范围的面积),下一区域通常为大陆面积的 1/4(行 3,区域面积),最大的区域包含整个大陆(行 4,大陆面积)。对于大都市面积区域,不管什么样的气象形态,预报仅仅为短临预报(nowcast)(条目 a,有用的预报时长)。雷达范围以及下一个区域对于小到中等大小的国家来说是适合于区域天气预报的尺度,但是如果这些国家在热带地区,预报时长通常被限制为小于一天。大陆面积区域对应的有用预报时长可超过一天。

表 3.3 也给出了侧边界条件误差还没有深入区域内部的"标准"预报时长(列 3)所需的侧边界条件的位移(以 L 为单位)(条目 b)。此外,为了度量缓冲区所需的计算开销,对于每个延伸区域,计算了缓冲区格点数与内部的预报区域格点数的比值(条目 c)。如果要获得更长的、业务上更加有用的预报时长,对小区域增加缓冲区的宽度,计算额外开销通常会变得很大。例如,为了获得都市区域冬季 6 小时的预报需要额外 500—1000 倍的计算支出。经常可利用盛行平流风的气候态在速度和方向上的不对称性,在更强的盛行气流方向上增加缓冲区的宽度。建以通过非对称性地保护内部区域来精明地使用有效计算资源,但与使用相同格点数的对称缓冲区相比,该方法仅能增加不多于 50% 的预报时长。已经表明足够的大侧边界条件误差,当深入区域内部时可完全掩盖预报精度。但是,有一些方法来控制侧边界条件误差的振幅,当

① 为了简单起见,假设侧边界条件误差以平流速度进入 LAM 区域。但是侧边界条件误差可能由非平流波如重力波或 Rossby 波进行传播。

前一些侧边界条件的构造方法对模式解可能没有特别的损害。

表 3.3　对于四个不同计算区域(行)和四个不同气象状况(列):
ᵃ标准区域的有用预报时长;ᵇ 产生"标准"预报时长(列 3)所需的缓冲区
宽度(单位为 L,列 2);ᶜ 缓冲区格点数与"标准"预报时长所对应的中心预报区域的格点数之比。

预报区域大小	内部预报区域的长度尺度(L)	"标准"预报时长	气象状况			
			中纬度地区冬季 $S=30$ m·s^{-1} ($\sim$60 kt)	中纬度地区夏季 $S=15$ m·s^{-1} ($\sim$30 kt)	热带地区 $S=8$ m·s^{-1} ($\sim$15 kt)	中纬度地区非耦合气象状况 $S=5$ m·s^{-1} ($\sim$10 kt)
大都市面积	50 km	6 h	ᵃ14 min ᵇ13.0L ᶜ724	ᵃ28 min ᵇ6.5L ᶜ194	ᵃ52 min ᵇ3.5L ᶜ63	ᵃ1.4 h ᵇ2.2L ᶜ27
雷达范围的面积	500 km	18 h	ᵃ2.3 h ᵇ3.9L ᶜ76	ᵃ4.6 h ᵇ1.9L ᶜ23	ᵃ8.7 h ᵇ1.0L ᶜ8	ᵃ13.9 h ᵇ0.6L ᶜ4
区域面积	2000 km	36 h	ᵃ9.3 h ᵇ1.9L ᶜ23	ᵃ18.5 h ᵇ1.0L ᶜ8	ᵃ34.7 h ᵇ0.5L ᶜ3	ᵃ55.6 h ᵇ0.3L ᶜ1.7
大陆面积	5000 km	72 h	ᵃ23.1 h ᵇ1.6L ᶜ16	ᵃ46.3 h ᵇ0.8L ᶜ6	ᵃ86.8 h ᵇ0.4L ᶜ2	ᵃ138.9 h ᵇ0.3L ᶜ1.3

来源:Warner 等(1997)

(2)利用侧边界资料使插值误差最小

侧边界条件误差的实际大小依赖于许多因素,包括产生侧边界条件粗网格预报场的质量以及在侧边界由粗网格向 LAM 区域的空间与时间插值的误差大小。插值误差可以通过频繁地从粗网格模式向 LAM 传递信息来减少。例如,如果侧边界条件数据每六小时更新一次,穿越边界快速移动的中尺度气旋可完全被漏掉。

(3)使用与 LAM 和提供侧边界条件模式兼容的数值方法和物理

在两个网格上使用合理一致的物理过程参数化(对流,云物理,湍流和辐射)可以使得在界面上产生的虚假梯度最小,它们可由平流过程和惯性重力波传播至 LAM 区域。例如,Warner 和 Hsu(2000)研究了外部网格参数化的对流是如何通过侧边界条件强迫的质量场调整从而强烈影响内部网格可分辨对流的。

(4)使用经过检验和有效的侧边界条件构建方案

气象模式许多侧边界条件的构造方法在数学上是不当的,因此工程学方法被用来使可能发展的、潜在的、严重的数值问题最小化。侧边界条件构造方案需要经过足够的试验和和仔细的设计,使得其不能产生显著振幅的惯性重力波,它们可以远大于平流的速度移至区域的中心部分。尽管早期的一些例子显示这种误差是显著的,但使用合适的工程化的侧边界条件算法通常能将误差传播模态的振幅限制在可接受的范围。

(5)考虑资料同化对侧边界条件作用的影响

无论是连续或是间断的同化技术,使用一个前报的四维资料同化周期可能对侧边界条件产生正面或负面的影响。一方面,前报积分周期可使侧边界条件误差在预报开始前传播至接近于区域中心。另一方面,在该周期中同化的资料可部分地修正在观测影响区域内由侧边界条件产生的误差。

(6)考虑局地强迫的重要性

如果细网格内有强烈的局地强迫机制,而且主导了局地气象特征,预报质量可能不受侧边界条件误差的强烈影响。例如,相比与大尺度流场的特征和侧边界条件误差,海岸风环流建立的时间与局地热力学效用更具相关性。

(7)避免侧边界上的剧烈强迫

侧边界上的剧烈动力强迫能够对许多侧边界条件构造方案产生数值计算问题。虽然不可能避免瞬时大振幅的气象现象越过边界,但仍可以避免将侧边界和已知的具有强烈表面强迫的地区(比如陡峭的地形和强烈的温度梯度)配置在一起。将大的地形梯度设置在侧边界上或附近是侧边界条件引起模式积分崩溃最常见的原因之一。

(8)在可能的情况下使用相互作用的网格嵌套

当 LAM 不能影响为其提供边界值的粗网格模式解时,就阻止了 LAM 可分辨的波动与大尺度波动之间的尺度相互作用。此外,使用双向作用边界能够,但不是必然地,减小边界上虚假梯度的发展。因此在可能的情况下,尽量使用相互作用的边界,而不是单向指定的边界。

(9)对于任何的模式应用,都要进行确定侧边界条件影响的敏感性研究

在考虑了上述经验之后,应该对 LAM 任何新的应用都要进行侧边界条件的敏感性研究,尤其是不采纳前面提到的关于缓冲区宽度的建议时,更应做敏感性研究。敏感性研究应该包括预报精度对缓冲区宽度依赖性的检验,预报质量对不同侧边界条件构造方法的敏感性,以及 LAM 预报能力与无边界的业务化模拟系统的比较。在实践中对 LAM 应用的检验是将 LAM 的解与具有相同分辨率在更大区域上积分的模式解在有限区域上进行比较(Yakimiw 和 Robert 1990)。如果 LAM 用于业务,当然要在所有季节内对侧边界条件敏感性进行评估和检验。

3.6　上边界条件

所有大气模式都要求人造的上边界条件,因为模式大气不可能无限地向上延伸。在历史上的一些应用中,为了节省计算资源,将上边界条件设置在对流层内。例如,Lavoie(1972)将模式上边界,像"盖子"一样置于边界层顶部。Pielke(2002a)介绍了历史上在各种模式应用中上边界的位置。

向上传播的惯性重力波,例如由山体或深对流风暴所导致的,能够在大气中传播至很高的高度。通常使用的上边界条件(如刚盖和自由表面)能将这些波动完全反射,这是一个问题,因为在自然界中不会发生这样的反射,向下传播的错误波动能破坏模式解。有多种方法可解决该问题。一种方法是在紧邻模式顶的下方使用重力波吸收层或"海绵层"来阻止波动到达模式

顶从而发生反射。使用增强的人造水平和/或垂直扩散(黏性)也能对波动进行吸收,黏性从吸收层底由标准值增大到边界顶的最大值。这个方法一个明显的缺点是吸收层厚度很厚,要涵盖许多模式垂直层,因此增加了额外的计算开销。总体的吸收有效性依赖于重力波的波长、吸收层的厚度和层内的黏性分布。值得注意的是,使用大黏性、计算稳定的薄吸收层是无效的,因为大的黏性梯度也能产生波动反射。Klemp 和 Lilly(1978)将整个计算区域的上半层定义为吸收层。图 3.50 所示的是在使用和没有使用黏性衰减层的情况下,通过地形最高处理想气流的二维模式解。山体呈高斯型,具有 10 km 的宽度和 1 km 高度。图中所示的是最低层 10 km(模式顶高度为 50 km)的垂直速度场。Sharman 和 Wurtele(1983)介绍了该模式。衰减过程延伸至刚盖(定义为模式顶)以下的 20 km。如果没有衰减,反射的波能在模式顶以下 40 km 的对流层中产生较大的噪声。对于具有吸收层的试验,解中的波动可能是不完美衰减造成的结果,或者更有可能来自波动在侧边界的反射。另一种选择在波动到达上边界之前使用 Rayleigh 衰减层对其进行衰减,其同样是在模式顶之下,模式变量被松弛至预先确定的参考状态。例如,一个预报方程中的 Rayleigh 衰减项可为

$$\frac{\partial \alpha}{\partial t} = \tau(z)(\alpha - \bar{\alpha}),$$

其中 α 为任一变量,$\bar{\alpha}$ 为变量的参考值,$\tau(z)$ 在衰减层内向上增长而且具有确定的垂直结构(见 Durran 和 Klemp 1983)。Israeli 和 Orzag(1981)对 Rayleigh 衰减和黏性衰减方法进行了比较。

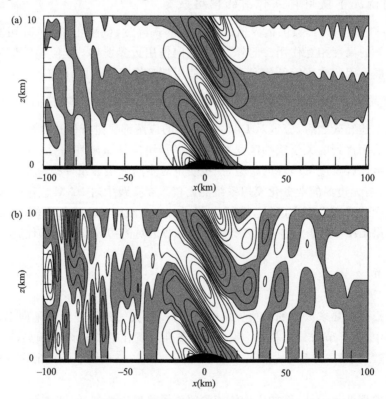

图 3.50　二维模式对过山气流的模拟(山体由图底部的阴影区标出),所示的是大气最低层 10 km 的垂直速度场,(a)为在模式顶部使用了黏性衰减层,(b)为没有使用黏性衰减层。气流从左至右,向下的运动由阴影标出。衰减层涵盖了模式上部的 20 km(模式顶高度为 50 km)。图片由 Robert Sharman 提供。

一个不依赖于吸收层,完全不同的方法涉及到辐射边界条件的使用。即边界上的变量值在积分过程进行调整以使波的反射最小。很清楚,辐射的含义是波动打算通过边界散发出去,而不是反射。Durran(1999)和 Klemp 和 Durran(1983)讨论了该方法,Israeli 和 Orzag(1981)将其与海绵方法进行了比较。

3.7　守恒问题

大气模式中所用的各种数值方法都具有其内在的特性,这些特性决定了质量、能量和其他变量守恒的程度。即使我们可能看到一个具有与连续方程和真实大气相同守恒性的模式,在数值方法的选择中仍需要考虑许多因素,例如对小尺度能量内在衰减,对相速度正确的表征和数值计算效率。即便表现为模式平均态的人为缓慢漂移的质量或能量系统性遗漏,对于短期预报是可以容忍的,但对于气候尺度的长期积分是绝不可接受的。因此,对于特定的模式应用,需要对物理变量的虚假源汇在何种程度上是可以接受的进行仔细慎重的考虑。Thuburn(2008)总结了天气预报模式和气候模式的守恒性,而且建议只要虚假数值源的时间尺度与真实物理源的时间尺度相比更长,我们就能期待准确的模式解。

假定与真实物理源无关,质量守恒无疑是绝对的守恒特征,而且,不像其他变量,对于非绝热和摩擦过程质量也是守恒的。如果质量不守恒,将影响表面气压的分布,进而影响环流。有时模式不能保证质量守恒,就需要在每一时间步使用一个非物理的、所谓的质量订正来修正全球总质量的变化,但是在该修正中所增加或移除的质量是任意的。而且,如果质量不守恒,各种物质比如水汽或大气中长时间存在的化学物质同样是不守恒的。Thuburn(2008)指出至少对长时间的气候模拟,有强有力的论据要求动力框架保证总质量守恒,从而保证大气成分的守恒。同时他也讨论了保证动量、角动量、位涡度拟能、能量(动能和有效位能)、熵和位涡守恒在何种情况下是重要的。

3.8　模式建立过程的实用小结

本节试图总结如何用本章所讨论的有关数值过程的知识来指导模式的准备。其他因素也需要考虑,比如物理过程参数化的适用性,这将在另外的章节中进行介绍。这里假设时间步长由模式内部决定,而且没有对求解方程的方法进行选择(比如谱方法和格点方法,显式和半隐式时间差分方案等)。

- 基于模拟地区的气象特征和使用模式的目的,确定必须要模拟或预测的物理过程。
- 选择足够小的水平格距以分辨网格上表征的所有过程。
- 确定格点的垂直分布,使得其能够准确地确定重要的垂直结构(如边界层梯度,低空急流,对流层顶),而且如有可能,确保垂直格距与水平格距合理地兼容。
- 对于有限区域模式,选择对由模式网格表征的纬度范围最合适的地图投影。建立模式时在每一个格点上绘制地图放大因子以确认其偏离 1 的程度。
- 将模式解与观测进行比较,量化其模拟能力。如果模式用作研究或业务预测工具,需要在所有季节选择大量的个例。即使已知模式对于其他地区和配置是准确的,也不能认为这一步可以省去。
- 对于有限区域模式,需要针对模式解的精度对边界条件的不同位置和不同的区域大小的敏感性进行检验。

• 须检验模式精度对垂直和水平格距的敏感性。

10.1 节介绍了其它利用模式进行科研个例研究的实践指导意见。

建议进一步阅读的参考文献

Durran,D. R. (1999). *Numerical Methods for Wave Equations in Geophysical FluidDynam-ics*. New York,USA:Springer.

Krishnamurti,T. N. , H. S. Bedi, V. M. Hardiker, and L. Ramaswamy(2006). *An Introduc-tion to Global Spectral Modeling*. New York,USA:Springer.

Staniforth,A. ,and N. Wood(2008). Aspects of the dynamical core of a nonhydrostaticdeep-atmosphere, unified weather and climate-prediction model. *J. Comput. Phys.* , **227**, 3445-3464.

Williamson,D. L. (2007). The evolution of dynamical cores for global atmospheric mod-els. *J. Meteor. Soc. Japan*,**85B**,241-269.

World Meteorological Organization(1979). *Numerical Methods Used in AtmosphericModels* , *Volume II*. Global Atmospheric Research Programme,GARP PublicationSeries No. 17. Geneva,Switzerland:World Meteorological Organization.

问题与练习

(1)基于图 3.32 中 24 点的网格,列出所有能产生混淆的相互作用的波数组合,以及相互作用所导致的错误波数。

(2)类似于 3.4.1 节中的 3 点近似,推导微分 5 点数值近似与解析解的比值表达式。

(3)用图形或文字解释为什么(3.25)式空间向前差分方案的截断误差依赖于其在波动中的位置,以及网格表征波动的好坏程度。

(4)图 3.27 说明对平流项使用空间和时间中央差近似,取接近于 1 的 Courant 数可产生更加真实的解,但现实中我们为什么不用足够大的时间步长来确保大 Courant 数?

(5)证明幂函数的正交性。

(6)选择一种编程语言,利用三点时间和空间差分方案构造一个一维浅水模式(不加显式扩散)。假定周期性边界条件做以下试验。

• 模拟平流波和重力波。

• 选择一个违反线性稳定性判据的时间步长,将每一步的模式解输出。

• 加入显式扩散项,说明不同的扩散系数对模式解的影响。

• 改变时间步长说明不同的 Courant 数对模式解的影响。

• 对于相同的初始条件,说明水平分辨率对模式解的影响。

(7)一些 LAMs 研究表明(Alpert 等 1996),侧边界离所关注的气象区域太远或太近,模式模拟的质量都会下降。解释可能的原因。

(8)假定无线电探空的观测间隔为 400 km,说明初始场中无线电探空资料足以表征哪类气象过程。

(9)对于图 3.44,解释为什么在小区域中模拟的急流比在大区域中模拟的更为平滑。

第 4 章　　物理过程参数化

4.1　背景

参数化通过数学或统计方法将模式中无法直接表达的物理过程所产生的效应与模式变量联系起来。具有以下特征的物理过程需要作参数化处理：

- 物理过程的尺度太小，导致直接表达所需计算量过大。
- 物理过程过于复杂，导致直接表达所需计算量过大。
- 对物理过程的认知不足，导致无法在数学上显式表达。

模式通过动力框架和模式"物理"共同表达大气过程。动力过程包括各种类型的波（如：平流过程、罗斯贝波、重力内波）的传播。虽然物理过程很大程度上需要参数化，但能否正确表达物理过程本质上对预报所有模式变量都至关重要。本章将讨论的参数化过程包括积云对流、云微物理、湍流和辐射。陆面过程将在第 5 章中单独讨论。

通常各个物理过程参数化的研发都彼此独立，也独立于动力框架，然而这种人为造成的状况应尽量避免。这是因为各个被参数化的物理过程间存在着相互作用，而能否正确表达它们的相互作用决定了模式的准确性。例如，辐射参数化决定了抵达陆面的太阳辐射能量通量。其中一部分被陆面参数化分配给了地面感热通量。由此产生的陆—气通量为近地面层和边界层湍流参数化方案提供了下边界条件，而这两个方案决定了低层大气中热量和水汽的分配。当水汽开始凝结时，与对流相关的次网格过程和与稳定性降水相关的水凝物变化过程分别由积云对流参数化和云微物理参数化确定。而此时，参数化所产生的对流云与层状云的辐射作用会减少抵达地面的辐射，这部分辐射衰减也应通过陆面参数化影响地面温度，并对后续的参数化过程造成影响。由此可见，这些物理过程之间是相互作用的，与之对应的参数化方案也不应被孤立考虑。因此，若要降低模式误差，应当将各个参数化方案视作整体来考虑。

一些参数化的性能也受季节和特定地区盛行的天气过程影响。例如，某些对流参数化方案更适合于中纬度地区，而其他方案在热带地区表现更好。适用于极地的参数化方案与适用于中纬度、沿海等地区的也不相同。即使同一个参数化方案，也需要根据特定需求来调整。然而对于全球模式，所有地区都只能使用同一种参数化方案，无法针对特定地区作出调整。

图 4.1 说明了如何在模式整体框架内实施参数化方案。最上方框内"可解析"项指不需要参数化的网格尺度过程。图 4.1 强调了输入任何参数化过程的基本要素均来自大气的可解析结构，正是这部分大尺度运动控制着参数化部分的物理过程。例如，近地面可分辨的静力稳定度可用于表征边界层中次网格湍流的强度，而在温度、湿度和风的倾向方程中，湍流强度决定了网格平均的垂直通量。类似地，模式中垂直层平均的相对湿度可用于计算次网格对流云的覆盖比，而覆盖比则用于计算到达地面的辐射。因此，参数化方案使可分辨尺度的输入量与参

数化过程所产生的效应(图 4.1 中 $\partial\Phi_p/\partial t$)建立了关系。从后文中我们将会发现参数化方案可繁可简。图 4.1 中间的方框所指既可以是简单的查表法,也可以是极其耗费计算资源的方法,复杂到甚至没有足够的资源来计算每一步的 $\partial\Phi_p/\partial t$。

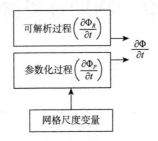

图 4.1　示意图给出了变量 Φ 的预报方程中来自可解析过程(下标 R)和参数化过程(下标 P)的贡献。参数化过程的输入项为网格尺度变量

从方程 2.1—2.6 中可以看到预报方程如何引入参数化过程的效应。动量方程(方程2.1—2.3)中包含摩擦项(Fr),而摩擦项分为黏滞项和湍流应力项(方程 2.16)。除摩擦项外,动量方程其他项可使用第 3 章中介绍的方法求解,它们的数值形式属于模式动力框架部分。而摩擦项在边界层中是由难以分辨的湍流涡动造成的,需由边界层参数化确定。类似地,热力学方程(2.4)中的非绝热加热/冷却项(H)包含了微物理和对流参数化确定的水的相态变化、近地面层参数化确定的湍流通量和辐射参数化确定的热量传输的贡献。

需特别指出的是,参数化方案通常发展于某些特定的网格距下。只有不能被模式网格解析的部分才需要被参数化。选择参数化方案时应考虑到这一前提。另一个与模式分辨率有关的常见问题是:随着计算能力增加,模式网格距不断减小,模式可以(粗略地)解析部分参数化过程。由此可能导致这部分过程被"重复计算"。也就是说,存在一个分辨率区间,在该区间内,一些物理过程既不能被完全显式表达,又找不到能够明确区分可分辨尺度和参数化尺度的阈值,从而确保参数化的假定条件是合理的。

Stensrud(2007)给出了目前最好的对大气模式中用到的所有参数化方案的综述,本章大部分的讨论参考了这本著作。

4.2　云微物理参数化

云微物理囊括了所有发生在云滴和水凝物尺度(而非云本身尺度)的成云降水过程。能否准确模拟这些过程决定了降水类型、降水量和降水空间分布的预报技巧。微物理过程往往也是诸如雷暴出流边界上的直线型风害的成因。为了准确预报辐射和地面能量收支,需要准确模拟出云在水平和垂直方向上的分布。微物理过程在气候模拟中也极为重要。例如,气候系统会对温室气体的增加做出响应,使得全球范围云的特征和反照率发生变化,这一响应成为温室气体造成的全球变暖的潜在正/负反馈。此外,气候发生变化后,大气中因自然或人为活动增加的气溶胶也会影响微物理过程,并造成降水效率的改变,这种影响也应当在模式中合理表达。

在过去,层云因其水平尺度较大,可以被多数天气模式显式表达,然而其中的微物理过程仍需参数化处理。与之相对的,大多数对流云的水平尺度小于典型格距,因此对流云需要通过参数化来表达。这就导致了在同一个模式中,一类云被参数化表达,另一类云被显式表达。而表达这两类云的过程都需要水汽。另外在模式输出中,两类云造成的降水也是分开的。这一现象至今仍存在于大部分业务天气预报与气候模式中。

对于研究应用和一些业务上的有限区域模式(LAM)来说,当水平格距取到足够小时(此时这些模式也被称为云分辨模式),便可显式表达湿对流。这时只用同一模式代码便可表达所有湿过程(包括微物理参数化),相比之前提到的分开表达层状云和对流云的模式更为合理,更具发展前景。而模式水平格距取到多小才能显式表达云过程,则需依具体情况而定。Weisman 等(1997)指出 4 km 的格距足以分辨飑线过程。然而,再细的格距也需要微物理参数化,因为微物理过程发生在云滴和雨滴的尺度上,可以达到毫米、微米量级,甚至分子尺度。

4.2.1　微物理粒子与微物理过程

本小节是为从未接触过云微物理课程的读者提供的一些准备知识。云粒子的类型及其微物理过程对不同类型降水的产生有重要的影响,因此在大气模式中需要对其参数化处理。更多内容可参考 Fletcher(1962),Rogers(1976),Cotton 和 Anthes(1989),Rogers 和 Yau(1989),Houze(1993),Pruppacher 和 Klett(2000)以及 Straka(2009)。微物理过程中涉及的粒子类型如下:

• 云滴——一种液态水滴,半径典型量级为 10 μm,主要通过水汽在云凝结核(cloud-condensation nucleus,以下简称 CCN)周围凝结而成。

• 雨滴——云滴可通过后文描述的碰并机制增长,或冰雪晶融化,形成雨滴。雨滴半径量级可达 100 至 1000 μm。

• 冰晶——存在冰核(IN,类似于 CCN)时,当液态水的温度降至冰点以下可凝华成冰晶。大水滴可在更高温度下冻结。

• 冰晶聚集体和雪花——不同下落末速度的冰晶在下落过程中互相碰并长大,形成冰晶聚集体。雪晶聚集体通常称为雪花。

• 凇附——温度在冰点以下时,冰晶通过与过冷水滴的碰冻过程而长大,即凇附机制。具有可辨识特征(透明或半透明)的冰晶可称为凇附冰粒子。

• 霰粒——不透明的冰晶或凇附的冰粒子可称作霰粒。当冻滴与冰晶碰撞时,也可能立即冻结形成霰粒。

• 冰雹——霰粒子下落时通过温度低于冰点的云层时,会通过凇附机制增长,极端凇附过程下可产生冰雹。

下面简要介绍一些微物理过程。

• 凝结——从 $-40\ ^{\circ}\text{C}$ 至冰点以上,都可形成液态水。凝结一般发生在 CCN 上。CCN 来自自然或由人类活动,常见尺度为亚微米。

• 碰并增长——在暖云过程中,重量不同的云滴对应不同的下落末速度,导致粒子之间互相碰撞、并合,使云滴尺度增长。随着尺度增长,下落末速度变大,碰并的几率也变得更高。

• 蒸发——云滴和雨滴在一定条件下会蒸发。

• 冰雪晶的聚合增长(aggregation)——冰晶与雪花间相互碰撞、合并,使尺度增长的过程。

• 冰粒子的碰并增长(accretion)——雪花、霰粒或雹在下落过程中合并其他液态或固态粒子并增长的过程。

• 冰晶效应——由于同温度下冰面饱和水汽压低于水面饱和水汽压,在冰晶、水滴和水汽三者共存的云中,如果水汽接近水面饱和状态,对冰面则是过饱和的,在过饱和状态下,冰晶不断吸收水汽,使得系统对水滴呈未饱和,于是水滴不断蒸发,而冰晶不断增长。这个过程也被称作贝吉龙效应。

• 融化——雪片、霰粒和雹下落至对流层低层,低于冻结层后,开始融化并形成雨滴。

• 冻结——存在冰凝华核时,水滴可能发生冻结;冻结时与冰晶碰撞形成凇附,雨滴也可通过冻结形成霰粒。

图 4.2 给出了模式中需要表达的微物理过程,图片底部标明了与各个过程对应的降水类型。Cotton 和 Anthes(1989)的文章中有类似的图示。

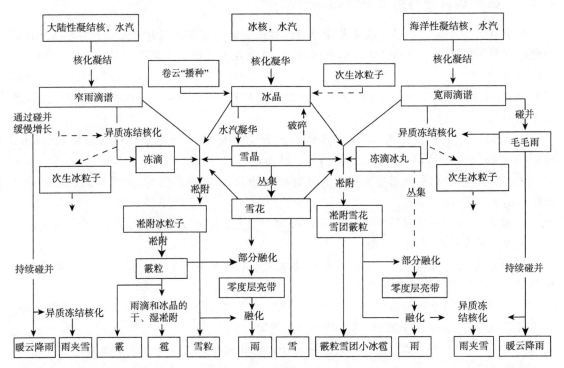

图 4.2　微物理过程示意图。图中的微物理过程对确定各类图底所示的降水的时空分布至关重要。此图表明了需在模式中表达的微物理过程的复杂性和必要性。详细内容可参考 Stensrud(2007),Cotton 和 Anthes(1989)中有类似图示。取自 Braham 和 Squires(1974)

4.2.2　微物理参数化

微物理参数化意在尽可能全面地表征上述微物理过程。根据表征粒子类型尺度分布的方式不同,参数化方式可分为两类。在分档模式(bin models)中,粒子谱被分成多个区间(分档),然后分别预报每个分档的粒子浓度。在这种模式下,粒子类型的转化和尺度的增减都可造成每个分档内粒子浓度的变化,这就要求每一种类型、每一种分档都有一个预报方程与之对应,且在每个格点上求解所有预报方程。由此可见,分档模式极其耗费计算资源,因此目前仅用于研究领域,一般不用在天气和气候的业务预报中。另一种参数化方式是总体微物理参数化(bulk microphysical parameterization)。这种方式假定每一种粒子类型的尺度谱有预设的解析形式,如指数分布(Kessler 1969)或者 gamma 分布(Walko 等 1995a),通过求解参数预报方程,可以得到尺度谱的演变。如单参数总体参数化方案只预报混合比或比湿(即某种粒子的重量与干空气重量或体积之比)。双参数总体参数化方案不仅预报混合比,也预报粒子的数浓度。三参数方案增加了雷达反射率的预报方程,从而允许 gamma 分布中的形状参数独立变化。

以单参数总体参数化方案为例,下面给出了五种水物质(水汽(q_v),云水(q_c),云冰(q_i),雪(q_s)和雨(q_r))的比湿预报方程。为简洁起见,用张量形式表达,即一项中若同一个下标出现两次,则该项对所有存在的下标求和。例如,等式右侧第一项表示三个空间方向的平流,当 $i=1,2,3$ 时,u_i 分别等于 u,v 和 w,x_i 分别等于 x,y 和 z。右侧第二项为湍流混合项(见第 2 章)的张量形式。等式右侧第三项,只出现在雨和雪中,表明这两种水物质有明显的下落末速度(V_T)。当水物质的质量在垂直方向上发生变化时,比湿随时间的变化项相应地按下落末速度的比例发生变化。右侧剩余几项(S)代表了与粒子类型发生转化时的源/汇项。

$$\frac{\partial q_v}{\partial t} = -u_i \frac{\partial q_v}{\partial x_i} - \frac{1}{\rho_0} \frac{\partial}{\partial x_i} \rho_0 \overline{u'_i q'_v} - S_{deps} - S_{depci} + S_{evapr} - S_{vcondtocw}$$

$$\frac{\partial q_{cw}}{\partial t} = -u_i \frac{\partial q_{cw}}{\partial x_i} - \frac{1}{\rho_0} \frac{\partial}{\partial x_i} \rho_0 \overline{u'_i q'}_{cw} + S_{vcondtocw} - S_{freezcw} - S_{cwtor} - S_{acccwbyr} - S_{acccwbys}$$

$$\frac{\partial q_{ci}}{\partial t} = -u_i \frac{\partial q_{ci}}{\partial x_i} - \frac{1}{\rho_0} \frac{\partial}{\partial x_i} \rho_0 \overline{u'_i q'}_{ci} + S_{freezcw} + S_{depci} - S_{citos} - S_{acccibys}$$

$$\frac{\partial q_s}{\partial t} = -u_i \frac{\partial q_s}{\partial x_i} - \frac{1}{\rho_0} \frac{\partial}{\partial x_i} \rho_0 \overline{u'_i q'}_s - V_{Ts} \frac{\partial q_s}{\partial z} + S_{citos} + S_{acccibys} + S_{acccwbys} + S_{deps} - S_{smelttor}$$

$$\frac{\partial q_r}{\partial t} = -u_i \frac{\partial q_r}{\partial x_i} - \frac{1}{\rho_0} \frac{\partial}{\partial x_i} \rho_0 \overline{u'_i q'}_r - V_{Tr} \frac{\partial q_r}{\partial z} - S_{evapr} + S_{acccwbyr} + S_{cwtor} + S_{smelttor}$$

上述公式中出现的源汇项定义如下:

S_{evapr} 雨滴蒸发

$S_{acccwbys}$ 与雪碰并导致的云水增长

$S_{acccwbyr}$ 与雨滴碰并导致的云滴增长

S_{deps} 水汽凝华导致雪的增长

S_{cwtor} 冷云过程(Bergeron-Findeisen 假说)导致的云滴增长

$S_{freezcw}$ 云水冻结成云冰

$S_{smelttor}$ 雪融化成雨滴

S_{depci} 水汽凝华导致的云冰增长

S_{citos} 云冰增长成雪

$S_{vcondtocw}$ 水汽凝华成云滴

$S_{acccibys}$ 与雪碰并导致的云冰增长

微物理过程参数化正是体现在这些"S"项(源和汇)中。简单方案考虑了较少的粒子类型及其之间的相互(转化)作用,复杂方案则包含了更多的相互作用。如图 4.3 给出的分别是

Dudhia(1989),Reisner 等(1998)和 Lin 等(1983)方案,从中可见不同方案所参数化的微物理过程中,粒子间相互作用的数目有巨大差异。更多细节可参考 Stensrud(2007)的文章。

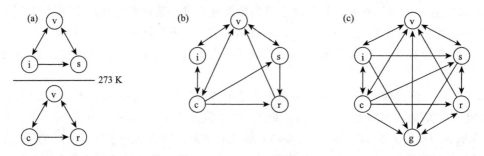

图 4.3 　(a)Dudhia(1989),(b)Reisner 等(1998),和(c)Lin 等(1983)3 种不同参数化方案中的微物理过程。粒子类型简写为水汽(v),云冰(i),雪(s),云水(c),雨水(r)以及霰和雹(g)。箭头表示粒子转化的方向。图(a)中的直线区分了冻结层以上和冻结层以下的过程。引自 Stensrud(2007)

4.2.3 微物理变量初始化

理想情况下,我们可以像处理其他变量一样初始化微物理过程中的变量。然而,实际情况中存在许多阻碍。首先,即便基于当前最先进的卫星云图(云冰和云水)和各种降水观测(雨和雪),也只能粗略推测大气中某种微物理粒子特征。粒子的垂直分布,及其水平方向上达到云尺度时的细节,依旧未知,使得现有的初始化存疑。另外,当尺度达到云尺度及以上时,微物理变量对大气环流强迫响应加快,因此不包含与之对应的环流信息的初始化是无效的。例如,如果用沿锋面观测到的云和降水来对微物理变量进行初始化,则仅当模式包含了正确的锋面位置和相应的垂直环流时,微物理变量信息才可能被保留下来。如果缺少锋面抬升的环境,云和降水将迅速消散。因此,有时在预报初始时刻,微物理变量被设为 0,根据预期,这些变量将在初始的 3—6 h 内接近真值。只有当使用顺序同化方法时(见第 6 章),模式的分析场以上一次运行的模拟结果为初猜场,此时可对微物理变量进行初始化;或者,使用连续同化方法,如牛顿张弛法,模式生成的微物理变量自动成为预报场初始条件的一部分。

4.2.4 人为和自然产生的气溶胶对微物理过程作用的模拟

大气中的云凝结核(CCN)指能够在饱和水汽下核化成云滴的气溶胶。CCN 的性能决定于其化学组分及尺度。因此,如何准确描述人为及自然产生的 CCN 是天气预报及气候模式中微物理过程的一个重要命题(Rosenfeld 等 2008)。这其中包含诸多挑战。首先,缺少对大气气溶胶特征的系统观测。其次,气溶胶粒子,水凝物和云动力学之间相互作用的复杂性,包括不同尺度和组分的粒子在核化过程中对水汽的竞争,使得预报系统对不同类型和数量的气溶胶(即使已获得了这部分信息)的响应十分困难。下面给出一个实例,从中可以看出了解 CCN 的近似数量的重要性。如果大气中存在许多 CCN,对应的,此时云滴浓度较高。对于给定的液态水含量,这便意味着云滴的尺度更小,光学厚度与反照率更高,于是降水效率降低。较低的降水效率则导致更高的云中液态水含量,生命周期延长,厚度增加(Albrecht 1989)。由此可以认为有效 CCN 增加时可导致雨滴浓度降低。然而,与之相反的,有些气溶胶会降低云的反照率(Kaufman 和 Nkajima 1993),且它们的化学组分会影响其云滴活性(Raymond 和 Pandis 2002)。可见,由于缺乏业务预报气溶胶特征的能力,使得微物理过程、云以及一般天气的可预报性也降低了。举例来说,Taylor 和 Ackerman(1999)发现在洁净的海洋环境中,云顶高度和层状云的微物理结构会受到船舶排出气溶胶的显著影响。

　　由于人为环境污染、荒漠化沙尘造成了气溶胶的长期变化,而气溶胶、云和降水是气候系统重要组成部分,因此在气候模式中准确模拟气溶胶的源、汇和输送也是极其重要的。更多内容可参考:Levin 和 Cotton(2009)较为全面地总结了气溶胶对微物理的效应;Heintzenberg 和 Charlson(2007)详细介绍了气溶胶在气候中的作用。

4.3　对流参数化

　　从实用角度出发,准确地模拟湿对流[①]十分重要。强对流过程易引发山洪、大风和龙卷等灾害性天气。即便是独立的对流单体,经过累积后的总体效应也是影响季风环流、哈德莱环流、沃克环流及 ENSO 的重要因素。因此为了尽可能合理地模拟这些大尺度过程,模式需具备在网格尺度上准确表征对流的能力。另一方面,浅积云盛行于热带地区,在其他纬度也十分常见,它们对全球反照率有重要影响。为了准确计算辐射收支,也需要在天气与气候模式中准确表征浅积云效应。

　　通常,在格点上的相对湿度未达到饱和时,对流参数化已开始激发湿对流过程。这是因为对流云的尺度通常小于网格,所以在一个网格内,即便存在饱和区域,整个网格的平均相对湿度仍然达不到饱和。参数化方案除了生成网格平均的对流性降水外,也表征了次网格尺度对流对格点上其他变量的作用。总的来说,参数化的目的便是表征发生在正确地点,正确时间(或日变化),有正确强度和正确演变的对流过程。同时,参数化也应当准确表征出对流对大尺度环流背景的反馈,以确保能够准确预报出后续的的对流过程。

　　图 4.4 给出了一个极为简化(Mapes 1997)的概念图。通常大尺度过程(如低层辐合,深厚的不稳定层结等)决定了湿对流,而对流通过积累的潜热释放,又反过来作用于大尺度环流。对流参数化的作用便是准确模拟出这一过程。

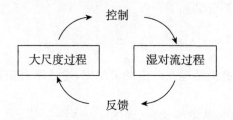

图 4.4　大尺度环流与湿对流相互作用示意图。引自 Arakawa(1993)

　　大气中的湿对流过程可分为两类。深对流在垂直方向上可达对流层上部,它与(1)低层的大尺度辐合环流有关,它的尺度要大于对流个体中的上升气流;也与(2)较为深厚的条件不稳定有关。与之相对的,浅对流的发展高度仅达深对流的一小部分,云顶高度约在几千米左右。深对流降水会抽干环境的水汽,并通过补偿性的下沉气流使环境增温。而不造成降水的浅对

---

　　①　这里的湿对流指能够成云致雨的对流。

流对环境则没有直接影响。但它的存在会通过反射太阳辐射,投影于地面,使边界层降温的方式,间接作用于环境。

云分辨模式的分辨率通常在 1 km 左右,常用于研究,可显式解析对流尺度环流(参考 Wu 和 Li(2008)的综述和相关文献)。如 Weisman 等(1997)用 4 km 分辨率的模式来显式解析飑线过程。然而,湿对流中的上升支与下沉支的尺度可从几百米延伸至几千米,未来几年内全球及区域业务天气预报模式还无法达到能够完全解析它们的分辨率。对气候模式而言,更是要等到数十年后。因此,在可预见的未来,模式仍然需要对流参数化。

4.3.1 对流参数化类型

绝大多数对流参数化方案有一个共同特点,即都通过计算环境的对流有效位能(Convective Available Potential Energy,以下简称 CAPE)和对流抑制(Convective Inhibition,以下简称 CIN)来估计对流特征。通过一次典型的暖季探空在温度—对数压力图(图 4.5)上的示意图可以形象地解释这两个变量。首先观察探空图上的细线,可知在 800 hPa 以下为干绝热递减,到 800—700 hPa 间为等温抬升,之后直至约 500 hPa 均接近干绝热递减。粗线则代表当气块从地面开始抬升,经过抬升凝结高度(Lifting Condensation Level,以下简称 LCL)后,达到自由对流高度(Level of Free Convection,以下简称 LFC)这一过程间温度的变化。从图上可知,在 LCL 与 LFC 之间,气块的温度低于环境温度,即密度更大,因此受到的净浮力为负。此时抬升气块需要能量来克服向下的浮力,这部分能量即为 CIN,它的大小与图中条纹面积成正比。其定义如下:

$$CIN = -g \int_{SL}^{LFC} \frac{\theta(z) - \bar{\theta}(z)}{\bar{\theta}(z)} dz,$$

其中 θ 为气块通过干绝热或湿绝热上升从起点(Starting Level,以下简称 SL)抬升至 LFC 时的位温,$\bar{\theta}$ 为环境位温,因需要能量才能将气块抬升至 LFC,所以 CIN 为正,因此等式右侧为负号。当存在足够能量将气块抬升至 LFC 后,气块所受的浮力转为正,它将沿粗线继续上升,直到平衡高度(Equilibrium Level,以下简称 EL),此时浮力为 0。可以看出这个简单的气块理论假设气块与环境之间不存在混合。CAPE 便是气块从 LFC 上升至 EL 间可获得的浮力能,它与图中的阴影面积成正比,其定义如下:

$$CAPE = g \int_{LFC}^{EL} \frac{\theta(z) - \bar{\theta}(z)}{\theta(z)} dz.$$

由此可知,发生对流的前提是存在一定的 CAPE,通过浮力来推动气块加速上升,并存在使气块克服 CIN 的机制。

对流参数化方案的分类方式有许多种,如下:

· 方案可以根据解决对流参数化问题的方法不同来进行分类。如,当相对湿度超过某个阈值且温度层结不稳定时,对环境温度的垂直廓线进行调节的方案被称为湿对流调整方案。有些方案会以发表这一方法的第一作者的名字来命名,如根据网格尺度上的水汽辐合来产生对流的方案被称作 Kuo 系列方案。

· Mapes(1997)提出一种分类方式,根据对流的发展由 CAPE 的产生还是 CIN 的消失决定来分类。前者便是深层控制方案,或平衡控制方案,将对流的发展归因于大尺度环流过程产生的 CAPE。在这些方法中,假设对流与大尺度环流背景场的不稳定度保持一种接近中性的平衡。另一种，低层控制方案或触发控制方案，将对流与 CIN 的消失相关联。事实上，许多方案既包含低层控制，也包含深层控制。

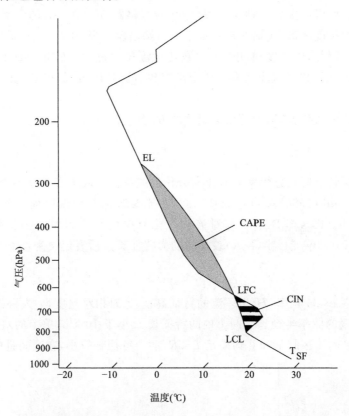

图 4.5　一次暖季探空的温度廓线（细线），800 hPa 以下为干绝热层，800 至 700 hPa 为等温层，700 hPa 至 500 hPa 为又一近干绝热层。粗线表示气块从地面向上运动，经过抬升凝结高度（LCL）和自由对流高度（LFC），到平衡高度（EL）的过程中温度的变化。两块填色区分别代表对流有效位能（CAPE）和对流抑制（CIN）。T_{SF} 为地面温度。

- 一些对流参数化仅考虑深对流（这里讨论的多数方案）的效应，另一些方案仅适用于浅对流（如 Albrecht 等 1979，Deng 等 2003，Bretherton 等 2004）。还有一些方案则同时适用于上述两种对流（如 Tiedtke 1989，Gregory 和 Rowntree 1990，Betts 和 Miller 1993 以及 Kain 2004）。

- 参数化方案也可根据环境、网格尺度、受对流影响的变量来分类。多数方案仅考虑对流对环境温度和湿度的影响，也有一些方案考虑了对动量的效应（如 Fritsch 和 Chappel 1980，Han 和 Pan 2006）。

- 一些方法在对流发生后立刻确定环境的最终状态，还有一些方法试图模拟对流影响环境的整个过程。前者通常比较简单，称为静态方案，后者称为动态方案。

- 可根据触发机制的条件不同区分对流参数化方案。即参数化方案中预设了一组判据，来判断何时何地对流将被触发。Kain 和 Fritsch(1992)证实了对流参数化方案中触发条件的重要性。他们在同一模式和同一参数化方案下（Kain-Fritsch 方案，kain 和 Fritsch 1993），测试了五种不同的触发机制对同一个个例的效果，发现不同的触发机制下模拟的对流有很大差异。Stensrud 和 Fritsch(1994)也得出了类似的结论。

    • 也可根据模式网格尺度的不同对方案进行分类。比如,有中尺度模式参数化和粗网格模式参数化方案。两者的主要差别在于中尺度模式(格距 5—50 km)的水平格距足以显式解析与对流相关的中尺度环流,包括对流系统中的雷暴出流边界、中高压、中低压、后侧入流急流以及中尺度涡旋。因此,中尺度模式仅需参数化对流尺度过程(如 Stensrud 和 Fritsch 1994,Zheng 等 1995),而粗网格模式需要参数化中尺度和对流尺度过程,以及它们之间的相互作用(Frank 1983)。

    给定一个对流参数化方案,即可根据上述的方法进行分类。

4.3.2　关于尺度的讨论

    上述讨论中提到了模式分辨率和对流参数化的关系。实际上参数化还受到其他类型的尺度问题的影响。Frank(1983)就 Ooyama(1982)对流参数化与对流过程尺度的关系的讨论专门做了进一步阐述。图 4.6 展示了与对流参数化有关的尺度区域。横坐标为物理特征长(L),纵坐标为由 Rossby 变形半径(R)表征的动力特征长。后者定义为:

$$R = \frac{NH}{(\zeta + f)^{1/2}(2Vr^{-1} + f)^{1/2}},$$

其中 N 为 Brunt-Väisälä 频率,H 为环流的特征高度,ζ 为相对涡度,f 为科氏参数,V 为风的旋转分量,r 为流线的曲率半径。区间 Ⅰ 内的特征长 L 小于 10 km,单个的对流单体和对流云的尺度落在这一区间。区间 Ⅰ 和 Ⅱ 均满足 L<R,动力特征长较小,在区间 Ⅲ 中,L>R,动力特

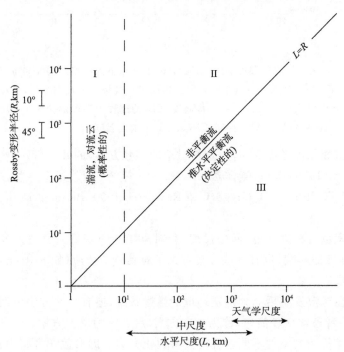

图 4.6　根据物理特征长(横坐标)和动力特征长(纵坐标,由 Rossby 变形半径表征)定义的大气环流的 3 个区间(Ⅰ,Ⅱ,Ⅲ)的示意图。纵坐标上标出了某些纬度上的典型 R 值区间。引自 Frank(1983),首次出现于 Ooyama(1982)

征长较大。Frank(1983)指出,落在区间Ⅲ中的参数化问题较为简单,因为大尺度环流和对流之间有较强相关。例如,若准确模拟出了一次冷锋的强度和位置,与之相关的对流性降水便很容易参数化。具体来说,当对流产生的潜热对动力尺度较大的系统的质量场产生了影响,系统会通过改变风的旋转分量[①]进行调整。而风的旋转分量与对流关系并不密切,因此质量场的调整对次级环流的相关性极弱,甚至没有。相反,对于动力尺度小的系统,由于潜热释放导致的质量场调整会导致辐散环流,从而影响后续对流的发展,使参数化变得困难。

4.3.3　次网格(对流)降水参数化和网格尺度降水的关系

除了分辨率极高,以至于可显式表达对流单体的模式之外,绝大多数模式采用对流参数化和微物理(4.5.1 节)参数化。这意味着降水既包括通过触发对流参数化产生的部分,也包括通过微物理参数化得到的网格尺度上降至地面的部分。前者是网格单元未饱和时,次网格降水通过参数化体现在网格尺度上。后者则要求格点垂直方向上一些层次达到饱和。模式地面层上的每个格点给出两种降水变量,一种是参数化的对流降水,另一种是网格尺度的降水。虽然输出降水量时用的是这两种变量之和,但模式开发者也经常将它们分别输出以更好地理解模式内部过程。这种处理降水的"双重标准",由截然不同的两个部分分别完成,导致了一些概念性和实际操作的困难。例如,对流参数化尽管产生降水,却一般不产生网格尺度上的云水和云冰,因此产生这部分降水的云的辐射效应并没有被模式考虑到。另外,对于某一次天气过程,在某些地形下,降水是由对流参数化产生的,而在另一些地形下,则是由网格尺度的微物理过程确定的。例如,在一次中尺度对流系统中,微物理参数化决定了尾流层云降水,而其他部分的降水却可能是由对流参数化产生的。又如,在温带气旋中,微物理过程和对流参数化可能分别主导了暖锋和冷锋一侧的降水。图 4.7 给出了这两类降水的分配对不同的天气事件和对流参数化方案的敏感性。

两张图中给出的均为模式预报 36 h 内对流性降水与总降水的比值(百分比)随时间变化的曲线,四条曲线代表 4 种不同的对流参数化方案,其余模式配置一致。左图模拟了一次发生在春季的中尺度对流系统,右图模拟的是一次冬季北极锋前暖区对流。可以看到不同模拟之间网格与次网格降水的分配有很大差异。如对于中尺度对流系统(图 4.7(a)),当使用 Anthes-Kuo 参数化方案时,几乎所有降水都来自于次网格过程,而使用 Grell 参数化方案时,大部分降水来自可解析的网格尺度过程。

可见,想要搞清在模式模拟中两种降水之间的关系,或者仅是判断出哪种降水占主导地位都绝非易事。进一步来说,用模式输出的两种降水来区分大气中层状云和对流性降水也是不合理的。

大多数模式中,对流和网格尺度降水没有直接联系,但也有例外。例如,混合方法就将对流方案中的一部分降水分给微物理过程中的网格尺度降水(如 Frank 和 Cohen 1987)。

---

① 　动力尺度较大时,质量场主导了地转调整过程,于是由潜热引起的不平衡会使风的旋转分量产生沿地转风方向的分量,使之更加接近地转风。具体讨论参考 6.10.1 章节有关地转调整的讨论。

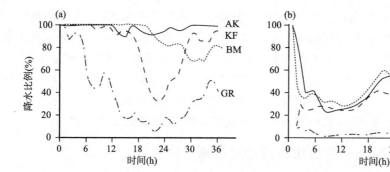

图 4.7　模式模拟的两次天气过程中次网格降水与总降水（次网格与网格降水之和）的比值（以百分比表示），每个个例中使用了 4 种不同的对流参数化方案。模式水平格距 36 km，图中所用数据代表整个计算区域的比值。(a)为 5 月间一次中尺度对流系统；(b)为 2 月北极锋中的暖区对流。四种对流参数化方案分别为 Grell（GR；Grell 1993，Grell 等 1994），Kain-Fritsch（KF；Kain 和 Fritsch 1993），Betts-Miller（BM；Betts 和 Miller 1986），and Anthes-Kuo（AK；Anthes 1977，Grell 等 1994）。取自 Wang 和 Seaman(1997)。

4.3.4　对流降水参数化方案小结

目前已有多种对流参数化方案，应用于不同尺度的模式中（如 Arakawa 和 Schubert 1974；Kuo 1974；Kreitzberg 和 Perkey 1976；Anthes 1977；Brown 1979；Fritsch 和 Chappell 1980；Molinari 和 Corsetti 1985；Betts 和 Miller 1986；Frank 和 Cohen 1987；Tremback 1990；Grell 1993；Kain 和 Fritsch 1993；Janjić 1994，2000；Grell 和 Dévényi 2002；Kain 2004）。

下面介绍一些广泛使用的方案，这里仅针对方案的主要特性做简单描述。详细内容可参考 Stensrud(2007)和 Wang 和 Seaman(1997)。

Grell 方案

Grell 方案是 Arakawa-Schubert 参数化方法（Arakawa 和 Schubert 1974）的一个简化方案，它属于深层控制方案。Arakawa-Schubert 方法将每个网格内的深对流与浅对流以尺度谱的形式理想化成点对流。而 Grell 方案仅用云的一个尺度，这用在中尺度模式的情况中是合理的。次网格降水的计算公式为：

$$P = Im(1-\beta),$$

其中 I 是上升流中的凝结量，m 是云底高度处上升气流的质量通量，$(1-\beta)$ 是降水效率，假定其为对流层低层已解析的环境风切变。方案中也参数化了下沉气流。

Anthes-Kuo 方案

该参数化方案（Anthes 1977，Grell 等 1994）在最早的对流方案之一——Kuo 方案（Kuo 1965，1974）的基础上做了一些变化，它基于整个气柱的水汽辐合（M）来确定对流的位置和强度。

当存在条件不稳定且水汽辐合超过阈值时，便会激发对流。由于对流的参数化基于 CAPE，所以该方法属于深层控制方案。被辐合进气柱中的水汽分为对流降水部分和增湿部分，降水率（P）的公式为：

$$P = (1-b)M,$$

其中,

$$b = 2(1 - \overline{RH})$$

$\overline{RH}$ 为气柱的平均相对湿度。该方案对计算资源要求不高,因此很长一段时间内保持着较高的使用率。然而,由于水汽辐合并不一定会导致对流活动,因此该方案缺乏牢固的物理基础。目前有更完备的方案可供选择。

Betts-Miller 方案

Betts-Miller 方案(Betts 和 Miller 1993,Janjić 1994)也是深层控制方案的一种。当对流启动时,该方案将每一个网格气柱的温度与湿度廓线向给定的参考廓线调整,这一参考廓线代表了与深对流相关的准平衡态(Betts 1986)。参数化降水的计算公式为

$$P = \int_{P_B}^{P_T} \frac{q_R - q}{\tau g} \mathrm{d}p,$$

其中 q 是格点比湿,q_R 是基于深对流的比湿参考廓线,τ 是调整的时间尺度,P_T 和 P_B 是云顶和云底的气压。

Kain-Fritsch 方案

Kain-Fritsch 方案(Kain 和 Fritsch 1993)是 Fritsch-Chappell 方案(Fritsch 和 Chappel 1980)的升级版本。该方案中的对流触发由低层强迫来确定,同时也是格点上 CAPE 的函数。因此该方案既是低层也是深层控制方案。对流降水的计算公式为:

$$P = ES,$$

其中 E 是降水效率,S 是从 LCL 到 150 hPa 的垂直水汽通量和垂直液态水通量之和。

4.3.5　对流参数化方案的选择及其对模拟的影响

针对对流参数化的问题,有许多方案与假设,当然,它们在假设满足时的表现最好。因此,方案的性能依赖于地理位置和盛行的天气过程。例如,一些参数化方案在热带,或在中纬度,或在高纬表现最佳。但是,全球模式中的参数化需要适用于所有气候和天气过程。

前文已经指出,用于粗分辨模式的参数化方案必须能够同时表征对流尺度过程和与其相关的中尺度过程。而中尺度模式中的方案仅需参数化对流尺度。在一个有限区域模式的嵌套网格系统中,模式分辨率可从天气尺度跨越到中—尺度,在不同的网格尺度上使用不同的对流参数化方案是合理的。如果嵌套网格的分辨率足够高,高到可分辨对流时,便不需要使用任何参数化。然而,多数对流参数化是为网格距为 20～30 km 或者更粗的模式设计的。即使有证据表明一些方案在格距为 10 km 左右仍能使用,但目前,从 10 km 到可显式表达对流的这段分辨率之间,仍没有较准确的对流参数化方案。

图 4.8 表明了降水预报准确性对对流参数化方案选择的潜在敏感性。图 4.8a 是观测和 5 组模拟(包括 4 组不同对流参数化方案和无参数化方案试验)的一次春季对流个例的平均总降水率(次网格和网格尺度之和)。各次试验的水平格距均为 12 km。从图上可知,在某些时段,不同参数化方案模拟的降水率差异可达 3—4 倍。图 4.8b 给出了 4 组参数化和无参数化共 5 组试验模拟的 3 个暖季对流个例的平均偏差评分。模式水平格距为 36 km,也就是说,在所有的试验中使用参数化方案都是合理的。模拟的平均偏差评分,及其随时间的变化都表明

了降水量对所采用的参数化方案有很强的敏感性。Betts-Miller 方案模拟的平均偏差评分接近 1，而 Grell 方案的偏差超过 2。不使用参数化的模拟（即显式，简写为 EX）严重低估了模拟初期的降水，因为网格尺度上的水汽需要一定时间才能达到饱和，从而激发网格尺度降水。以上只取了模式对对流参数化的敏感性的大量文献中的个例之一。

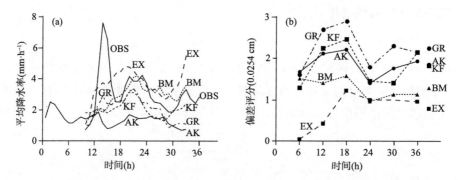

图 4.8　(a)一次春季对流个例中观测(OBS)和模拟得到的平均降水率，(b)3 次暖季对流个例中模拟的偏差评分。两组试验均进行了 5 次模拟，其中 4 次使用了不同的对流参数化方案，分别为 Grell(GR)，Kain-Fritsch(KF)，Betts-Miller(BM)，和 Anthes-Kuo(AK)方案；1 次没有使用对流参数化方案(EX)。水平格距为 36 km。引自 Wang 和 Seaman(1997)

　　模式模拟的降水不仅对该网格上所用的对流参数化方案敏感，在嵌套网格上云分辨尺度所模拟的降水对周围粗分辨率网格中采用的方案一样敏感。例如，Warner 和 Hsu(2000)利用一个 3 重嵌套的业务有限区域模式进行了试验。两个粗分辨率网格的格距分别为 10 km 和 30 km，因此需要使用对流参数化。而最内层网格距为 3.3 km，能显式表征对流（即不使用对流参数化）。图 4.9 模拟了一次美国西南地区夏季对流过程，给出了最内层格点平均的小时降

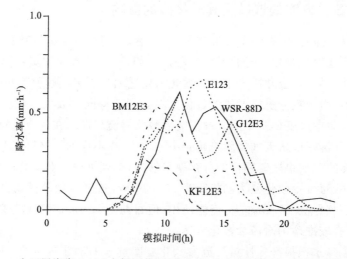

图 4.9　一个三层嵌套 LAM 在粗网格(网格 1 和 2)中分别使用 3 种不同的对流参数化方案和不使用参数化方案(E123)时，其内层网格(网格 3)格点平均的小时降水率。同时给出了由 WSR-88D 雷达反射率估计的降水。图中曲线的标注分别代表：BM 为 Betts-Miller 方案，G 为 Grell 方案，KF 为 Kain-Fritsch 方案，E 为显式方案。4 次模拟的细网格模式配置一致。取自 Warner 和 Hsu(2000)。

水率变化,包括 3 次粗网格使用不同参数化方案的模拟和 1 次不使用参数化的模拟结果,并给出了由 WSR-88D 雷达反射率估计的降水率观测。尽管 4 次模拟试验中最内层网格的配置相同,外层网格的对流参数化方案对模拟结果仍有很大影响。通过侧边界(LBC)的作用,粗分辨率网格的对流参数化方案在不同程度上使细网格格点更加干燥和稳定,从而导致模拟的降水结果有很大差别。

4.4　湍流或边界层参数化

4.4.1　边界层结构

边界层位于对流层的下边界,下垫面的影响通过边界层内的湍流过程直接传递给自由大气。水汽和热量便是通过边界层,或混合层内的湍流从地面向上输送至自由大气。另外地面作用于大气流体的摩擦应力也是通过湍流传递的。湍流能量有两个来源。一是白天地面加热产生的浮力,它导致气块上升(即对流),以及补偿的下沉气流。另一个与水平风速随高度的变化有关,如水平风沿垂直方向的切变。当切变较小且无浮力存在时,气流的运动是非湍流的,也即层流。当切变超过一定阈值,湍流从平均气流得到能量,运动变为湍流。白天浮力驱动的对流性湍流占主导地位,而夜间风切驱动的湍流则更为普遍。

由于任何表面,包括地面上的垂直方向风速为零,地表上是不存在湍流的,因此也无法输送热量和水汽。在地表以上几毫米的一层浅薄分子层,称作黏性副层(也叫微层),这一层中热量、水汽和地面摩擦作用通过分子过程输送。所以,黏性副层是介于地面和湍流为主的混合层间的非湍流界面,而混合层是黏性副层与自由大气之间的湍流界面。混合层底部的 $50\sim100$ m 内,热量、水汽、和动量的湍流通量变化极小(相比于之上的混合层),也被称为近地面层。

白天(对流)边界层高度由湍流混合所能达到的垂直距离决定。夜晚,近地面大气变冷,浮力来源消失。地面附近的稳定边界层中任何新湍流的能量只能来自于水平风的垂直切变。除非水平风特别强,否则夜间的边界层比白天低得多。白天,湍流和充分混合的不同气象要素廓线由于加热作用持续向上扩展。图 4.10 给出了美国大盆地沙漠(Great Basin Desert)在白天地面加热作用下,几个不同时次观测到的垂直位温廓线。随着不断的加热,准等位温层的厚度逐渐增加。而到了夜间,由于地面冷却,使得底层大气温度降低,形成逆温。

图 4.11 给出了仅由风切变产生的夜间湍流和由浮力与风切变共同作用产生的白天湍流的区别。两条曲线均给出了基于双向风标[①]观测的地面以上(Above ground level,以下简称 AGL)29 m 处风的垂直倾斜度(即风与水平面的夹角)随时间的变化。图中下部曲线偏离水平方向的变化的相对振幅较小,且频率较高,体现了仅由水平风垂直切变引起的夜间湍流的效应。相比之下,在白天,对应图中上部曲线,也表现出类似的高频变化,但它被叠加在周期约为 $15\sim60$ s 的低频变化上。较长的变化周期对应着水平方向上尺度较大的湍涡。

在纯粹的层流中,各层空气间相互滑动,少有混合。仅有的混合发生在各层之间的分子交换。分子从靠近地面的慢速移动层进入其上的快速移动层,慢速的分子对上层施以阻力使其减速。类似的,快速移动的分子向下移动,对下层施以拉力使其加速。水汽分子在各层间移

---

① 双向风标是一种有两个旋转轴的风标;其中一个在水平方向,另一个在垂直方向。

动,使得在干湿层之间出现净输送,而热量交换则由各层间分子动能的交换来完成。这是非湍流运动中,各层空气间相互"感知"的方式。在湍流中,各层间通过湍涡进行混合,这种混合比层流中分子混合的效率高得多。我们可以把湍流混合的垂直混合的方式想象成和分子混合一样。例如,由于近地面水汽含量一般随高度减少,湍涡中上升空气会含有更多水汽,而下沉流空气中的水汽含量则较少。

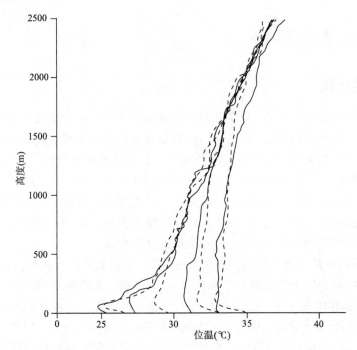

图 4.10　1997 年 9 月,一次静、晴空天气时,美国大盆地沙漠盐碱滩(实线)和有植被覆盖的沙地(虚线)在 4 个时次的位温探空廓线。4 对探空气球分别在当地时间白天 08:30(盐碱地探空为 08:50),10:00,12:00 和 14:00(图中从左到右)开始观测。两者相距约 20 km。由美国陆军 Dugway 试验场,Elford Astling 提供

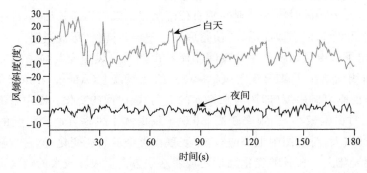

图 4.11　双向风标观测的离地 29 m 高度上,白天和夜间风的垂直倾斜度随时间的演变。平均水平风速为 3～4 m·s^{-1}。引自 Priestley(1959)。

图 4.12a 给出了白天(对流)混合层和夜间(稳定)混合层以及两者之间的过渡的结构示意图。在白天,地面加热引起的浮力产生湍流,使湍流活动向对流层延伸,对流性混合层厚度增加。通常,对流混合层厚度约 1 km,但在加热作用非常强烈的沙漠,混合层甚至可延伸至整个

对流层。日落之后,地面和低层大气冷却,提供湍流能量的浮力源消失。夜间或稳定混合层的大部分湍流能量来自风切变,厚度远小于白天。相比白天,夜间的混合可以是间歇的。当切变发展到某一临界值,混合发生,消耗切变,使之减弱,当低于临界值时,混合停止;之后切变再次增强,以此类推。在地面上,这一过程表现为静风期间夹杂着上层中等或强风向下混合的短暂过程。在稳定的夜间边界层上为白天混合层所残留的剩余层,其强度由于流体内部的摩擦而随时间衰减。

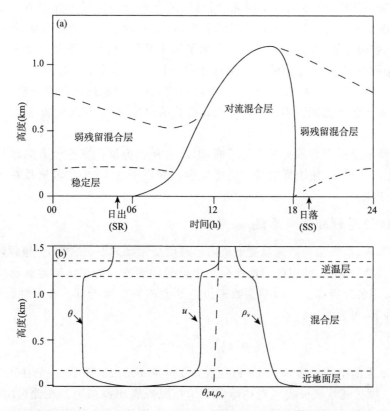

图 4.12　(a)边界层结构的典型日变化和(b)白天边界层内位温(θ),水平风速(u),水汽密度(ρ_v)的典型垂直廓线示意图。日出(SR)和日落(SS)时间分别标示在(a)的横坐标上,(b)中虚线表示大气与地面之间没有摩擦时的风速。取自 Oke(1987)。

图 4.12b 给出了白天典型的风速(u),水汽密度(ρ_v)和位温(θ)垂直廓线。不饱和气块由于湍流向上或向下混合的过程中,分别以干绝热递减率冷却或加热。因此,充分混合的温度垂直廓线满足干绝热递减率,可称为"中性"温度廓线。在这种情况下,位温不随高度变化,温度本身以约 $10℃$ km^{-1} 随高度递减。在近地面层,更加靠近地面的高度,温度以超绝热率甚至更快的速度随高度递减。在混合层顶通常有一层位温逆温层,层中位温随高度递增。在探空资料给出的位温廓线上,常用均一位温到逆温层的转变来确定混合层厚度。在近地面层中,风速从零开始随高度迅速增加,到混合层后则保持不变。在混合层以上的整个中纬度对流层,由于气候上的南北温度梯度导致风速随高度增加,直至对流层顶。图中虚线表示无摩擦时可达到的风速,可见摩擦对风速的作用是经由湍流传递至整层边界层的。混合层以上的自由大气中,由于没有湍流输送地表的摩擦应力,风速更大。水汽含量,这里用水汽密度来表示,在混合层中基本均一变化,但它会随高度减小,这是由于水汽源于地面,且夹卷作用不断将干空气向边

界层内混合的缘故。

边界层内部结构

　　白天的对流边界层和夜间的剩余混合层在图 4.12 中表现为一种具有平滑温度递减率的简单结构。然而，各种因素可能造成许多复杂的内部结构。首先，当边界层中包含沙尘层，沙尘的辐射加热和冷却效应会对垂直温度廓线造成影响。即使沙尘在整个边界层中均一分布，不同粒子尺寸和矿物类型（伴随着不同光学特征）的垂直分布可导致加热或冷却率的垂直差异。另一种情况则是当空气从不同的下垫面移来，由于不同下垫面的热通量、粗糙度等特征的变化，导致边界层内部结构的发展。例如，当水平风将平滑、温暖的下垫面上的空气输送至粗糙、较冷的下垫面时，粗糙下垫面的强迫使原有的边界层内发展出内边界层。也就是说，不同的地表粗糙度和热通量在混合层内产生一个内边界，在该区域内风与温度廓线发生了变化。这一边界与地面相交于温度和粗糙度发生明显变化的边缘，随着高度增加，边界逐渐向下游方向延伸。

　　由于地面特征总是存在或大或小的不同，因此只要边界层内的空气有向水平方向流动的分量，便会产生内边界层，使边界层结构变得复杂。如在图 4.10 中位温廓线在边界层中便表现出了明显的变化。

空气动力学粗糙度和垂直风廓线

　　近地面的热量，水汽和动量通量受下垫面粗糙度要素如岩石，植被和土壤颗粒等的空间分布特征的影响。总的来说，较粗糙的地面会产生较强的湍流。为表征近地面层内湍流对垂直风廓线的影响，用名为粗糙长（z_0）的参数来描述地面的粗糙度特征。在中性稳定（强对流混合）的特定条件下，可表示为：

$$u(z) = \frac{u_*}{k} \ln \frac{z}{z_0}, \tag{4.1}$$

其中 u 为高度 z 上的平均风速，u_* 为摩擦速度，k 是 von Karman 常数，一般在 0.35—0.40 间。z 为离地高度。摩擦速度表征大气对地球表面的拖曳或者摩擦应力。在此再次强调，该公式所适用的近地层指混合层底部 50—100 m，垂直方向上热量，水汽和动量通量变化相对较小的区域。

　　假设方程（4.1）中 $z = z_0$ 时，$u = 0$。此时的 z_0 是在中性条件下平均风速为零时的离地高度，且与地面粗糙度成正比。由于在近地层中 u_* 不是高度的函数，而 k 为常数，因此 u 随高度指数增加。图 4.13 给出中性条件下的一条典型水平风速廓线（即方程（4.1）的一个解）。如果方程求解 u_*，显然 u_* 与直线（$u/\ln(z/z_0)$）的斜率线性相关。该直线在 y 轴的截距为 z_0。图中也给出了稳定和不稳定条件下，也就是温度递减率小于或者大于中性值（干绝热递减率）时，u 的垂直廓线。在稳定条件下，廓线下凹；在不稳定条件下，廓线上凸。

　　显而易见，应用方程（4.1）需要对粗糙长进行估计。Bagnold（1954）指出贫瘠的平坦沙地下垫面的粗糙长约等于沙粒的平均直径除以 30（对于典型沙地大约为 10^{-5} m）。当存在植被时，粗糙长更大，且难以测量（Driese 和 Reiners 1997）。尽管已有许多研究估算了农田形状规则的农作物覆盖地区的粗糙长，但对非均一自然环境下垫面的粗糙长研究还很少。

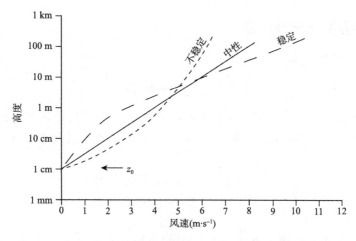

图 4.13 中性、稳定和不稳定条件下，近地层内风速与高度的关系。引自 Stull(1988)

与地面分离的边界层

所有边界层都源自与其直接接触的地面的作用。然而，边界层并不总是与形成它的地面保持接触，这一点对天气有重要影响。图 4.14 给出了一个个例。首先，在北墨西哥沙漠高原发展出了一个边界层。当对流层低层的西南风将加热的空气推向东北较低地形时，边界层开始与地面分离。此时，被抬升的混合层（EML）底部形成了一个逆温层，即一层稳定的空气。该层稳定的空气可抑制对流降水的发展，因为原本在中性递减率的近地面层内上浮的空气块在遇到被抬升的暖混合层时，浮力不再大于 0。这个"暖盖"，也就是边界层内的热空气，所带来的巨大 CIN，使得水汽和热量堆积在地面至边界层底之间。如果对流冲破了逆温，或从周围绕过逆温层，则可能引起能量的突然释放，从而导致强对流风暴。在春季，这一过程可在美国半干旱大平原造成强对流天气。世界上还有许多其他地区存在抬升的混合层，从而导致可能的下游降水。因此为了能够准确预报降水，这些特点也必须在模式中得到表达。

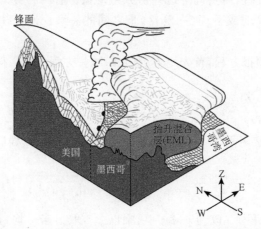

图 4.14 北美南部大平原地区，与抬升混合层（EML）相关的强天气示意图。图的前部为墨西哥高原，混合层从这里向东北方向移动，形成美国大平原抬升混合层。区域的西北象限坐落着南洛基山脉。在抬升混合层的西北边缘可以看到对流云，它们与低层东南气流造成的 EML 底部逆温层下流出的水汽与不稳定空气有关。如图所示，该个例中在洛基山脉东面存在一锋面。取自 Lakhtakia 和 Warner(1987)

4.4.2　边界层参数化闭合问题

动量方程的张量形式为：

$$\frac{\partial u_i}{\partial t} = -u_j \frac{\partial u_i}{\partial x_j} - \delta_{i3} g + f\varepsilon_{ij3} u_j - \frac{1}{\rho} \frac{\partial p}{\partial x_i}, \tag{4.2}$$

其中不包括黏性应力项。前文已提到，在张量形式中，相乘的变量中若某下标重复出现，即对该下标求和。克罗内克函数 δ_{mn}，满足当 $m = n$ 时等于 1，其他情况下等于零。交错张量定义为：

$$\varepsilon_{i,j,k} = \begin{array}{l} +1, \text{当 } i,j,k \text{ 升序排列} \\ -1, \text{当 } i,j,k \text{ 降序排列} \\ 0, \text{其他情况} \end{array}$$

这里升序指 i,j,k 为 1,2,3 或 2,3,1 或 3,1,2，降序指 3,2,1 或 2,1,3 或 1,3,2，若 i,j,k 中任意两者相等，则 $\varepsilon_{i,j,k}$ 为零。

对雷诺方程中动量的 u 分量方程（方程 2.15）进行求解时，首先是将方程（2.1）中应变量分为扰动量和平均量，并假定扰动量代表湍流。对方程（4.2）做同样处理，则有

$$\frac{\partial}{\partial t}(\bar{u}_i + u'_i) = -(\bar{u}_j + u'_j) \frac{\partial}{\partial x_j}(\bar{u}_i + u'_i) - \delta_{i3} g + f\varepsilon_{ij3}(\bar{u}_j + u'_j) - \frac{1}{(\bar{\rho} + \rho')} \frac{\partial}{\partial x_i}(\bar{p} + p').$$

进一步展开，并假定 $\rho' \ll \bar{\rho}$，则有：

$$\frac{\partial \bar{u}_i}{\partial t} + \frac{\partial u'_i}{\partial t} = -\bar{u}_j \frac{\partial \bar{u}_i}{\partial x_j} - u'_j \frac{\partial u'_i}{\partial x_j} - \bar{u}_j \frac{\partial u'_i}{\partial x_j} - u'_j \frac{\partial \bar{u}_i}{\partial x_j} - \delta_{i3} g + f\varepsilon_{ij3}\bar{u}_j + f\varepsilon_{ij3}u'_j - \frac{1}{\bar{\rho}} \frac{\partial}{\partial x_i}\bar{p} - \frac{1}{\bar{\rho}} \frac{\partial}{\partial x_i}p'.$$

$$\tag{4.3}$$

同 2.2 节中的处理，对上述方程应用雷诺假定，并代入连续方程，得到：

$$\frac{\partial \bar{u}_i}{\partial t} = -\bar{u}_j \frac{\partial \bar{u}_i}{\partial x_j} - \delta_{i3} g + f\varepsilon_{ij3}\bar{u}_j - \frac{1}{\bar{\rho}} \frac{\partial}{\partial x_i}\bar{p} - \frac{\partial}{\partial x_j}\overline{u'_i u'_j}. \tag{4.4}$$

等式右边雷诺应力项表示湍流对平均运动的作用，其中 $\overline{u'_i u'_j}$ 称为互相关或者统计二阶矩。因模式方程仅预报平均量，所以需要确定这些协方差的值。有两种方式来确定协方差。一种是建立二阶矩项与可分辨尺度或平均（一阶）变量之间的关系。另一种则是建立协方差的预报方程。

为了建立协方差的预报方程，首先用方程（4.3）减去方程（4.4），得到湍流速度分量的预报方程：

$$\frac{\partial u'_i}{\partial t} = -u'_j \frac{\partial u'_i}{\partial x_j} - \bar{u}_j \frac{\partial u'_i}{\partial x_j} - u'_j \frac{\partial \bar{u}_i}{\partial x_j} + f\varepsilon_{ij3}u'_j - \frac{1}{\bar{\rho}} \frac{\partial}{\partial x_i}p' + \frac{\partial}{\partial x_j}\overline{u'_i u'_j}. \tag{4.5}$$

用 u'_k 乘以该方程，并取雷诺平均，得到所要求解的协方差预报方程（方程 4.6）中等式右边第二项，

$$\frac{\partial}{\partial t}\overline{u'_i u'_k} = \overline{u'_i \frac{\partial}{\partial t}(u'_k)} + \overline{u'_k \frac{\partial}{\partial t}(u'_i)}. \tag{4.6}$$

然后将方程（4.5）中所有下标 i 改为 k，每一项乘以 u'_i，取雷诺平均，得到方程（4.6）中右边第一项。将两个方程相加得到以下求解协方差的预报方程：

$$\frac{\partial}{\partial t}\,\overline{u'_i u'_k} = -\bar{u}_j\frac{\partial}{\partial x_j}\overline{u'_i u'_k} - \overline{u'_i u'_j}\frac{\partial}{\partial x_j}\bar{u}_k - \overline{u'_k u'_j}\frac{\partial}{\partial x_j}\bar{u}_i - \frac{\partial}{\partial x_j}\overline{u'_i u'_k u'_j}$$

$$+ f(\varepsilon_{kj3}\overline{u'_i u'_j} + \varepsilon_{ij3}\overline{u'_k u'_j}) - \frac{1}{\rho}\left[\frac{\partial}{\partial x_i}\overline{p' u'_k} + \frac{\partial}{\partial x_k}\overline{p' u'_i} - \overline{p'\left(\frac{\partial u'_i}{\partial x_k} + \frac{\partial u'_k}{\partial x_i}\right)}\right].$$

上述方程代表了求解 $\overline{u'u'}$, $\overline{u'v'}$, $\overline{u'w'}$, $\overline{v'v'}$, $\overline{v'w'}$ 和 $\overline{w'w'}$ 6 个不同协方差的预报方程。然而,等式右边出现了三重相关或三阶矩项。如果进一步推导这些项的预报方程,等式右边则会出现四重相关项。我们会发现,未知项总是比方程多,因此需要将未知项表示为已知变量的某种函数,这便称为湍流参数化闭合问题。表 4.1 总结了不同阶数下统计矩的预报方程。

表 4.1　一阶至三阶统计矩的预报方程表,并给出了方程和未知量的数目

预报变量示例	阶矩	方程	需参数化的变量	方程数	未知量数
$\bar{u}_i$	一阶	$\dfrac{\partial \bar{u}_i}{\partial t}=\cdots -\dfrac{\partial}{\partial x_j}\overline{u'_i u'_j}$	$\overline{u'_i u'_j}$	3	6
$\overline{u'_i u'_j}$	二阶	$\dfrac{\partial}{\partial t}\overline{u'_i u'_j}=\cdots -\dfrac{\partial}{\partial x_k}\overline{u'_i u'_j u'_k}$	$\overline{u'_i u'_j u'_k}$	6	10
$\overline{u'_i u'_j u'_k}$	三阶	$\dfrac{\partial}{\partial t}\overline{u'_i u'_j u'_k}=\cdots -\dfrac{\partial}{\partial x_m}\overline{u'_i u'_j u'_k u'_m}$	$\overline{u'_i u'_j u'_k u'_m}$	10	15

表 4.2　相关项三角形,用于表明各湍流闭合层级上的未知量(仅用于动量方程)

闭合阶数	未知相关项三角形
零阶	$\bar{u}$ $\bar{v}\quad \bar{w}$
一阶	$\overline{u'u'}$ $\overline{u'v'}\quad \overline{u'w'}$ $\overline{v'v'}\quad \overline{v'w'}\quad \overline{w'w'}$
二阶	$\overline{u'u'u'}$ $\overline{u'u'v'}\quad \overline{u'u'w'}$ $\overline{u'v'v'}\quad \overline{u'v'w'}\quad \overline{u'w'w'}$ $\overline{v'v'v'}\quad \overline{v'v'w'}\quad \overline{v'w'w'}\quad \overline{w'w'w'}$

引自 Stull(1988)

当求解一阶矩状态变量(u, v, w, T, 等)时,预报方程中的协方差项(例如 $\overline{u'v'}$)被参数化为一阶矩的函数,这就称为一阶闭合。二阶闭合方案中,状态变量和协方差都由预报方程求解,这时,预报方程中的三重相关项,用一阶和二阶矩项来参数化。因此,闭合的阶数由预报方程保留的最高阶矩确定。Stull(1988)利用相关项的三角形来表示不同阶数闭合时的未知量(表 4.2)。需注意的是表 4.1 和表 4.2 只适用于动量方程,当考虑整套方程时,未知量更多。之所以寻求更高阶的闭合是因为我们假设预报方程的阶数越高,状态量的解就越精确。换句话说,需参数化的阶矩项阶数越高,则所做近似对预报变量(即一阶矩项)造成的误差就越小。

一些闭合方案中,同一阶的某些项被参数化,而另一些项则可以显式表达。比如,在一阶量的预报方程中,等式右侧的一些二阶项通过参数化得到,另一些可通过预报方程得到。如果所有二阶项均有预报方程,那么便是二阶闭合。反之,如果所有二阶项均参数化,便是一阶闭合。但对于之前提到的特殊情况,则属于 1.5 阶闭合方案。除此之外还存在其他非整数阶闭合。

如不考虑闭合的阶数,有两种方法可用于参数化。其一,某格点上的未知量由相同格点上的已知量,或其垂直导数确定,计算导数时还需用到垂直方向上相邻的点,这被称作局地闭合,目前已可达到三阶闭合。其二,格点上的未知量可由垂直方向上距离较远的格点上的已知量确定,这被称为非局地闭合。非局地闭合和高阶局地闭合通常比低阶局地闭合更为精确,然而前者需要消耗更多计算资源,同时增加了模式程序的复杂性(Stull 1988)。二阶或者更高阶数闭合方法的一个优点是通过预报风场的二阶矩量,可以计算出总湍流动能(TKE),即

$$\frac{TKE}{m} = \frac{1}{2} \overline{u_i u_i},$$

其中,m 为质量。TKE 变量对于任何需要表征湍流强度的应用都非常有用(如空气污染的扩散和负载于结构上的湍流等)。

4.4.3　局地闭合

模式中有许许多多局地和非局地闭合方法,在本节和下节中仅对其中一部分做详细介绍。有一种常见的局地闭合方法,称为 K 理论或梯度输送理论。在一阶闭合中,必须对二阶矩进行参数化。假定求解变量 ξ 的一般化预报方程为:

$$\frac{\partial}{\partial t}\bar{\xi} = \cdots - \frac{\partial}{\partial x_j}(\overline{\xi' u'_j}).$$

通量 $\overline{\xi' u'_j}$ 的闭合近似为:

$$\overline{\xi' u'_j} = -K \frac{\partial}{\partial x_j}\bar{\xi}, \tag{4.7}$$

其中参数 K 是单位为 $\mathrm{m^2 s^{-1}}$ 的标量。对于正的 K,上述方程表示通量 $\overline{\xi' u'_j}$ 沿着 ξ 的局地梯度方向。将上述方程合并,可得到:

$$\frac{\partial}{\partial t}\bar{\xi} = \cdots + \frac{\partial}{\partial x_j}K \frac{\partial}{\partial x_j}\bar{\xi},$$

这时等式右边不存在未知量。由于每个变量都有一个预报或者诊断方程,所以方程组是闭合的。系数 K 有许多名称,包括湍涡黏性系数、湍涡扩散系数、湍涡输送系数、湍流输送系数和梯度输送系数等。不同的变量有时对应不同 K 值,因而我们时常看到 K 在代表动量、水汽和热量的输送系数时,分别写作 K_m,K_E 和 K_H。显然,K 的值决定了湍流通量,仅凭直觉我们便可推测一阶矩对 K 的参数化需要用到风切(理查逊数)、静力稳定度、与湍流的机械和浮力生产项有关的变量等等。Stull(1988)总结了局地闭合中多种 K 的参数化方法,以及许多其他局地闭合方法。

由于湍流通量由局地条件确定,这一简单的闭合假定在模拟较小尺度湍涡,以及局地生成的湍涡时表现最好。而对于大涡,下面要介绍的非局地闭合方案有更好的表现。

4.4.4　非局地闭合

发展非局地闭合方法的动机源自认识到边界层中一大部分混合是与大涡相联系的,而大涡的尺度约为边界层高度,这些涡动并不决定于边界层中部的某些格点上局地的静力稳定度与风切变,而是由扩展到整个边界层的更深厚的平均稳定度驱动,平均稳定度又对地表热通量作出响应。图 4.15 给出了局地闭合和几种不同类型非局地闭合方法的区别。图 4.15a 代表局地闭合,网格中间未知的高阶量是由该点上的已知量,或者邻近点上已知量的导数决定的。

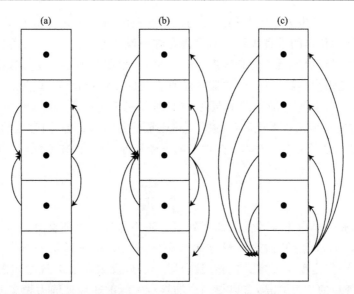

图 4.15　局地闭合和两种不同类型非局地闭合方法的示意图。图(a)为局地闭合,(b)和 (c)均为非局地闭合。详细内容参考正文。

有一种处理非局地闭合问题的框架,称为跨跃湍流理论(Stull 1988,1993)。想象模式的 一个网格柱,图 4.15 给出了其中一小部分。在其中指定一个参考网格。假设我们可以确定其 上下网格单元通过湍流混合流入参考网格的空气,和从参考网格中流入上下网格单元的空气。 图 4.15b 表示了气柱中间的参考网格和周围所有网格单元的混合过程。其他网格与周围网格 的垂直湍流混合过程也可如此确定。根据这一概念模型,热量、水汽和示踪物在网格单元间的 输送便可用跨跃湍流理论和 Stull(1988)中的公式进行量化。以 $\overline{\xi_i}$ 代表参考网格单元 i 内的某 种示踪物的浓度,以 c_{ij} 表示网格单元 i 中由格点单元 j 在时间 Δt 内通过湍流输送进来的空 气,同时以 $\overline{\xi_j}$ 作为网格单元 j 上示踪物的浓度。为计算一段时间后网格单元 i 内示踪物的浓 度,我们对气柱中所有 N 个网格单元的贡献进行求和,有:

$$\overline{\xi_i}(t+\Delta t) = \sum_{j=1}^{N} c_{ij}(\Delta t)\overline{\xi_j}(t)$$

该方程确定了每个网格单元 i 和其他所有单元 j 的交换。它实际上是一个线性方程组,其中 c_{ij} 代表混合系数的 $N \times N$ 矩阵,称为过渡矩阵,而 $\overline{\xi_i}$ 和 $\overline{\xi_j}$ 是 $N \times 1$ 矩阵(向量)。由于过渡矩阵 仅为湍流的函数,因此对所有的变量 ξ 都是一样的。Stull(1988)对过渡湍流理论范畴内的许 多非局地参数化方法进行了详细的讨论。

Blackadar(1978)和 Zhang 和 Anthes(1982)介绍了一个较为简单的非局地闭合。其中,白 天热量、水汽和动量的垂直对流性传输强度取决于地表热通量和整个混合层的热力结构(而非 局地热力结构)。如图 4.15c 所示,垂直交换发生在每一模式层与模式最底层间。从中可以看 到,小涡和大涡都源自近地面层。湍流输送项可表示为:

$$\frac{\partial \theta}{\partial t} = \cdots m(\theta_a - \theta),$$

其中 θ 是边界层中某一模式层上的局地位温,θ_a 为近地层顶的位温(约地面以上 10 m),而 m 是地表热通量的函数,表示气柱中模式层所在网格单元在一定时间内与近地面层网格交换的 质量的比例。

图 4.16 从另一个角度展示了非局地和局地闭合的区别。左图(a)是白天(对流混合层)森林冠层内及以上平均位温的垂直廓线。冠层内存在一浅薄逆温,其上是一不稳定层,再往上过渡到近中性层。过了近边界层顶的高度后,廓线层结开始变得稳定。垂直的虚线表示气块(空心圆)在边界层内的垂直位移。图(a)右侧 3 条垂直线的短横线,表示了边界层中湍流、非湍流(层流)的分层,以及分别使用局地或非局地方案时的稳定度分层。图(b)中的垂直的粗箭头(热通量)表示了在此廓线条件下观测到的垂直热通量的方向和大小,同时也给出了使用局地和非局地闭合估计的热通量分布。对垂直热通量的一个局地近似,如在方程(4.7)中,取 $\bar{\theta} = \xi$, $j = 3$ 时,为:

$$\overline{\theta'w'} = -K_H \frac{\partial}{\partial z}\bar{\theta},$$

此时,通量的方向和大小由位温的垂直梯度确定。使用这种方法便会导致(a)按照"局地静力稳定度"分层,(b)"局地解释"的热通量方向。显然,图(b)中热通量的方向与观测结果不一致。与之相对的,当静力稳定度定义在整层边界层上,以反映整层大气稳定度时,通过比较近地层气块和上层气块的位温差异,可以得到更加接近实际的非局地静力稳定度和热通量廓线。在垂直热通量方程的局地梯度项上,增加一项修正项以体现大涡作用,即:

$$\overline{\theta'w'} = -K_H \left(\frac{\partial}{\partial z}\bar{\theta} - \gamma\right)$$

这一修正项给出了一个有效垂直递减率,它比实际的递减率更加不稳定,以维持大涡中向上的热通量。

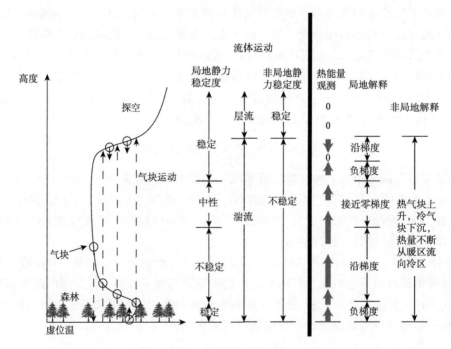

图 4.16　局地和非局地方法定义的稳定度及与之对应的热通量示意图,详细说明参考正文。改编自 Stull(1991)。

4.5　辐射参数化

　　太阳的电磁辐射是大气中发生的一切过程的来源。包括全球尺度的中纬度西风带和气旋,季风,热带气旋,哈德莱环流,以及中尺度的对流,海陆环流等。辐射过程的作用没有那么显而易见,但却非常重要,如辐射雾,对空气质量有明显影响的强烈近地面逆温,地球表面水的蒸发,极地强大的下降风,可引起对流天气的静力不稳定层结发展等。为了准确模拟这些过程,模式需要表达辐射与陆地、海洋、植被、云、空气分子、自然以及人类活动造成的气溶胶等等的相互作用。其中的关键在于给出地球表面的辐射通量,因为正是地面加热的空间分布特征,决定了不同地区大气加热的差异。此外,还需要计算辐射通量在大气中的能量辐散,以确定空气柱的辐射加热或冷却的量。由于有时辐射与大气和地面之间的相互作用发生在分子层面上(如分子散射,与云滴的相互作用),又这一相互作用是主导波长的光谱的复杂函数,这些过程的尺度太小,又过于复杂,难以直接模拟。因此,辐射过程需要参数化。接下来,第一小节简单回顾在模式中必须模拟的辐射过程,其余小节介绍短波和长波辐射通量参数化。

4.5.1　必须表达的过程

　　这一节将回顾一些大气辐射传输的基本概念,并说明需要通过辐射参数化表达的物理过程。图 4.17 给出了根据全球平均值计算得到的太阳辐射进入地气系统后的分配。设每年太阳辐射中有 100 个单位到达大气顶,其中 31 个单位通过反射和散射回到太空。其中包括地球表面(陆地和海洋)反射的 6 个单位,云反射和散射的 17 个单位,大气中的分子和沙尘反射及散射的 8 个单位。大气和云共吸收了 20 个单位。100 个单位中的剩余 49 个单位辐射被地球表面吸收。地球表面对辐射的吸收(49 单位)和反射(6 单位)两个部分的分配一般在陆面模式(第 5 章)中计算,陆面模式是大气模式的一部分。其他过程——包括大气、云和沙尘的吸收;空气分子和沙尘的散射;云和沙尘的反射等——都在辐射参数化中加以表述。图 4.18,同样基于全球年平均结果,给出了图 4.17 中被地球表面和大气吸收的 69 个单位的太阳辐射的去向。地面获得总共 144 个单位能量,其中 49 个单位为直射和漫射的太阳辐射,95 个单位为大气中的气体和云的红外辐射。地面同时也损失 144 个单位能量,包括向大气和太空发射的 114 个单位的红外辐射,因蒸发损失的 23 个单位,通过潜热通量传给大气的 7 个单位。净辐射为获得的 144 个单位减去损失的 144 个单位。大气从图左不同来源获得的 155 个单位必须等于图右过程的损失。模式系统的陆面部分负责计算蒸发率、红外辐射的发射和吸收;边界层参数化计算对流引起的湍流热通量;降水过程(包括参数化和网格尺度)决定了水汽凝结引起的潜热加热;而辐射参数化则决定剩下的过程。虽然收支中不同项目的估算都经过常规的修订,各项估算结果也常出现显著差异(例如,Mitchell 1989,Kiehl 和 Trenberth 1997)。有一点需要记住的是:由于这些项的大小是全球平均的,因而这些结果包含了海洋下垫面提供的巨大贡献。有些能量收支图给出大气顶的确切能量通量,而不是 100 单位的基准值。全球平均大气层顶的能量通量约为 342 Wm^{-2}。因而收支中的每一项表示所占总量的百分比。

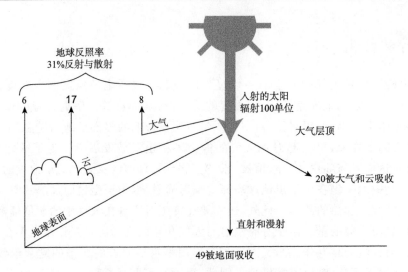

图 4.17　根据全球年平均值估算的大气能量收支图。估算出的各
能量所占的比例基于不同的来源。

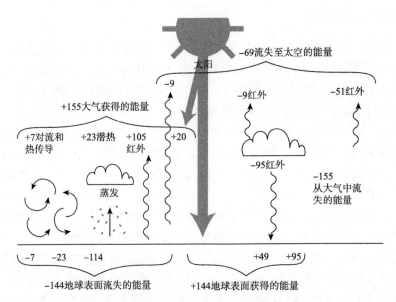

图 4.18　基于全球年平均地面和大气能量交换示意图。估算使用
的数据基于不同来源。

　　温度大于绝对零度的物体都会向外释放辐射。根据 Stefan-Boltzman 定律,物体释放的能量(对所有波长积分),与该物体的绝对温度的 4 次方成正比。引入无量纲系数 ε,Stefan-Boltzman 定律可表达为

$$释放的能量 = \varepsilon \sigma T^4 \qquad (4.8)$$

其中 σ 是 Stefan-Boltzmann 常数,取 5.67×10^{-8} Wm^{-2} K^{-4}。如果物体在单位时间单位面积释放出最大的可能辐射,即当发射率 ε 等于 1 时,该物体可称为黑体。辐射效率较低的物体,其发射率在 0 和 1 之间。黑体在不同波长下的发射强度是温度的函数,可由 Planck 定律得到。强度与波长的关系曲线的形状,与任意温度下发射体的光谱形状类似(如图 4.19),存在

单峰最大值。

特定波长下,发射能量的强度依赖于发射体的温度,因此温度的上升不仅增加了发射能量的总量(公式 4.8),还增加了短波所占的比重。也就是说,温度上升时,图 4.19 中的曲线向左移,发射峰值的波长 λ_{max} 相应移动,可表示为,

$$\lambda_{max} = 2.88 \times 10^{-3}/T,$$

其中 λ_{max} 单位为 m,而 T 的单位为 K。

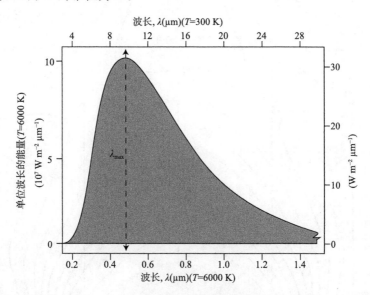

图 4.19　黑体在(a)6000 K(对应左侧纵坐标及下方横坐标)(b)300 K(对应右侧纵坐标及上方横坐标)的辐射能量谱分布。取自 Monteith 和 Unsworth(1990)

在大多数大气应用中,我们仅关心整个电磁谱中的紫外、可见光和红外波段。太阳辐射的能量大部分集中在可见光波段,从 0.36 μm(紫色)到 0.75 μm(红色)之间,如图 4.19 所示,图片给出了表面温度约为 6000 K 的太阳辐射在不同波长下的能量强度分布。由图可知,在波长短于紫色(紫外)和长于红色(红外)的两个波段上也分布了显著的能量,整个太阳紫外—可见光—红外波段从约 0.15 μm 延伸到 3.0 μm。此太阳光谱中的红外辐射指太阳红外,而非温度较低的地球及其大气发出的波长较长的红外。图 4.19 也给出了温度大约为 300 K 的地球及其大气发射的能量谱。可以看到,波长均在红外范围,从 3 μm 到 100 μm。因此,波长从 0.15 μm 到 3.0 μm 的太阳光谱称为短波辐射,从 3 μm 到 100 μm 的地球光谱称为长波辐射。需要指出的是太阳辐射的最大强度约为地球的 10^7 倍。太阳光谱的峰值强度出现在 0.48 μm 波段(为可见光谱中间的绿色),而地球—大气系统的峰值强度出现在约 10 μm 波段。

图 4.20 给出了水平表面上每天可接收到的太阳辐射总能量(不考虑大气衰减作用)随季节和纬度的变化。图中的数值代表白天无衰减的直射太阳能的时间积分,由太阳辐射的强度和决定每日日照角变化的地—日几何关系计算而来。不考虑气象因素(如云的反射,散射等)的影响,因此这是可能接收的最大能量。而大气对这部分辐射的影响正是需要进行参数化的部分。

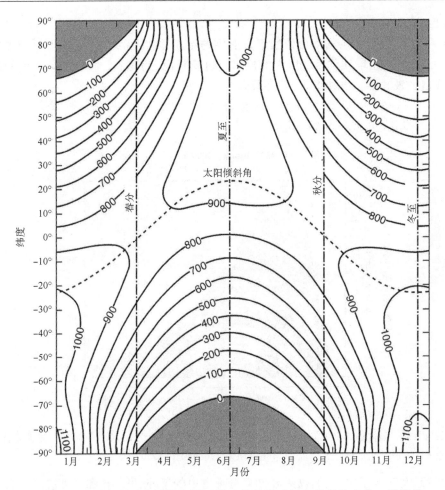

图 4.20　大气层顶收到的太阳辐射日总量随时间和纬度的变化。等值线
单位为卡[①]/cm²。引自 List(1966)。

　　由于云、沙尘和有光学活性（吸收和发射辐射）的气体的存在，地球大气对太阳和地球发出的辐射而言远非透明。每一种成分对特定的波段有独特的作用。考虑大气的总体效应的话，一部分辐射被反射或散射，一部分被吸收，剩余的穿过了大气。图 4.21 给出了被大气中几种主要成分单独吸收的辐射，和被混合大气所吸收的辐射的比例。可以看出，某些波段的辐射几乎完全被气体吸收，而对于其他波段，大气则几乎透明。对太阳光谱中能量最集中的，0.36 μm 到 0.75 μm 的可见光波段，气体几乎不吸收。

　　对于波长小于 0.30 μm 的紫外波段，臭氧几乎吸收了所有能量。而水汽为波长大于 0.80 μm 波段辐射的重要吸收体。从 8 μm 到 11 μm 存在一长波"窗区"，对于温度在 300 K 左右的地球而言，其 10 μm 的发射峰值波长刚好落在其间（图 4.19）。云会吸收这一窗区中透过的辐射，因此对其准确的参数化对于模式辐射收支平衡也非常重要。图 4.22 给出了太阳光穿过晴空大气时受到的散射和吸收对它的衰减作用。最外层的曲线 A，代表大气层顶的太阳光谱，它与图 4.19 给出的 6000 K 的黑体光谱对应的光滑曲线不同。在这里，发射率与 1 的距离

① 　1 卡＝4.18 J

与波长有关。剩余的曲线给出了臭氧吸收、分子散射、气溶胶散射、水汽和氧气的吸收作用对大气层顶光谱的改变。最下方的曲线 E 给出了太阳辐射通过大气介质后剩余的能量。辐射参数化的目的便是计算图中给出的这些年平均过程的三维日变化、季节变化、天气变化和气候变化的细节。

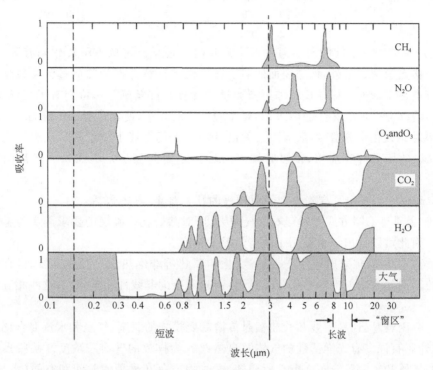

图 4.21　大气中主要气体成分和混合大气的吸收率（比值）。取自 Fleagle 和 Businger(1963)

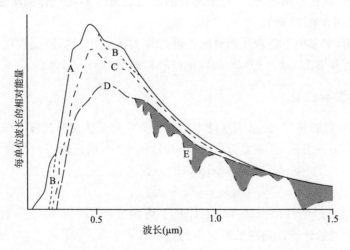

图 4.22　图中：A. 大气顶太阳光谱，B. 被臭氧吸收，C. 分子散射，D. 气溶胶散射，E. 水汽和氧气吸收造成的衰减。曲线 E 为到达地面的太阳辐射。引自 Henderson(1977)

4.5.2　模式中表达辐射的一般框架

模式计算每个格点的长波与短波辐射通量时都考虑到了前文提及的吸收、发射、散射和反射的效应。这些能量通量的垂直辐合在热力学能量方程(方程 2.4)中表现为

$$\frac{\partial T}{\partial t} \propto \frac{1}{\rho c_p} \frac{\partial}{\partial z}(F_D - F_U),$$

其中 F_D 为所有波段辐射能的向下通量,F_U 为其向上通量。将该方程转化到有限差分形式,然后在每个格点求解。另外,地球表面的向下通量也需计算并作为陆面过程参数化(第 5 章)的输入。难点在于如何既保证长波和短波通量的计算足够精确——特别对于气候模式,很小的百分比误差都会造成破坏性的后果;又要兼顾足够的效率,使模式能在规定的时间内运行完毕。由于辐射参数化十分费时,后者更为关键,因此,人们发展了一系列替代和简化辐射传输方程的方法。为降低计算需求,很多时候一个较为重要的处理是不在每一步都调用这些参数化。

Stephens(1984)列出了准确模拟辐射过程的几个难点,其中包括:

• 辐射会通过不同方式同时影响大气动力,而对参数化精确度的要求其实与盛行的天气过程有关。因此难以找出一个适用于所有情况的精度。

• 大气动力响应辐射通量辐合、相态变化和感热等非绝热加热过程。然而,有时这些过程是耦合的。例如当辐射冷却导致凝结时,会引起复杂的非线性相互作用,这些相互作用很难近似。

另外一个困难是:计算短波和长波辐射传输需要模式的温度、气压和水汽混合比的垂直廓线,除此之外还有许多有光学活性的气体及自然或人为排放的气溶胶浓度。某些预报中会采用气候上的气体和气溶胶分布。但总所周知,这些物质存在显著的时间和空间(水平和垂直)变化,这促使人们尝试将对这些物质的浓度的估计纳入模式初始场。为了模拟将来气候,还有一些实验性的尝试,把在不同场景下,可能出现的二氧化碳及其他气体的增量,也放入预测未来气候的模式模拟中(见 16 章)。

这里需要说明,本书中不会涉及到辐射传输计算方法和用于不同参数化中的近似方法的细节。细节内容可参考 Liou(1980),Stephens(1984)和 Stensrud(2007)。

4.5.3　长波通量参数化

最简单,最节省计算资源,通常也是最不精确的方法便是将网格尺度大气的总体特征与辐射通量联系起来。举例来说,有一类简单的、经验性的方法,用近地面的温度估计地面的向下长波辐射(F_{LD})。如,Unsworth 和 Monteith(1975)提出:

$$F_{LD} = c + d\sigma T_a^4,$$

其中 T_a 是 2 m 气温,$c = -119 \pm 16$ W m^{-2},对于英国某处,$d = 1.06 \pm 0.04$。Anthes *et al.*(1978)提出一个类似的计算地面净长波辐射的关系式:

$$F_{Lnet} = \varepsilon_g \varepsilon_a \sigma T_a^4 - \varepsilon_g \sigma T_g^4,$$

其中 ε_g 为底层,或者地面发射率,T_g 是地面温度,而 T_a 和 ε_a 分别是地面以上 40 hPa 的温度和发射率。

辐射传输问题的一般解涉及到以下积分方程:

$$F_U(z) = \int_0^\infty \pi B_\upsilon(z=0)\tau_\upsilon^f(z, z=0)\mathrm{d}\upsilon + \int_0^\infty\int_0^z \pi B_\upsilon(z')\frac{\mathrm{d}\tau_\upsilon^f}{\mathrm{d}z'}(z, z')\mathrm{d}z'\mathrm{d}\upsilon \qquad (4.9)$$

和

$$F_D(z) = \int_0^\infty\int_z^\infty \pi B_\upsilon(z')\frac{\mathrm{d}\tau_\upsilon^f}{\mathrm{d}z'}(z, z')\mathrm{d}z'\mathrm{d}\upsilon \qquad (4.10)$$

其中 $F_U(z)$ 和 $F_D(z)$ 分别为通过 z 层的向上和向下长波通量，υ 为频率，B_υ 为 Planck 函数，τ_υ^f 为半球积分定义的漫透射函数：

$$\tau_\upsilon^f(z, z') = 2\int_0^1 \tau_\upsilon(z, z', \mu)\mu\mathrm{d}\mu,$$

其中 μ 是天顶角的余弦值，且

$$\tau_\upsilon(z, z', \mu) = \exp\left[-\frac{1}{\mu}\int_{u(z)}^{u(z')} k_\upsilon(p, T)\mathrm{d}u\right].$$

$k_\upsilon(p, T)$ 为吸收系数，而 u 是沿定义路径 z 到 z' 的气体衰减系数。等式(4.9)右侧第一项代表地球表面发射的辐射衰减。等式(4.9)右侧第二项和等式(4.10)右侧皆对应类似的大气放出的长波辐射。不同的参数化方案采用了各种近似方法来求解上述 4 个积分方程。对具体技术和有关云对长波通量效应的参数化方法的讨论可参考 Liou(1980)，Stephens(1984)和 Stensrud(2007)。

4.5.4　短波通量参数化

大气中太阳辐射的传输比长波辐射简单，因为不用考虑垂直方向上层与层之间的吸收与发射——大气不发射这一波段的辐射。然而，由于短波辐射传输中分子散射扮演重要的角色，与长波辐射不同，因此在这个意义上短波辐射另有其复杂性。

与长波参数化类似，也有相对简单的经验方法来计算地球表面的短波通量。Anthes 等(1987)，Savijärvi(1990)及 Carlson 和 Boland(1978)给出了一些例子。如，Anthes 等(1987)采用以下方程计算地面吸收的短波辐射通量：

$$H_S = S_0(1 - \alpha)\tau\cos\zeta,$$

其中 S_0 为太阳常数，α 为反照率，ζ 为太阳天顶角，τ 为短波透射率。透射率计算基于 Benjamin(1983)的工作，同时考虑直接和漫射辐射的吸收和散射以及多层云的效应。

对于更复杂的计算，在 z 层上的直接辐射由 Beer 定律确定

$$F_D(z, \mu_0) = \mu_0\int_0^\infty S_\upsilon(\infty)\tau_\upsilon(z, \infty, \mu_0)\mathrm{d}\upsilon,$$

其中 $F_D(z, \mu_0)$ 为通过 z 层的向下辐射通量，其天顶角为 θ_0 ($\mu_0 = \cos\theta_0$)，方程对频率(υ)积分，$S_\upsilon(\infty)$ 为大气层顶的太阳辐射，单色透射函数为：

$$\tau_\upsilon(z, \infty, \mu_0) = \exp\left(-\frac{1}{\mu_0}\int_{u(z)}^{u\infty} k_\upsilon\mathrm{d}u\right).$$

Stensrud(2007)和 Stephens(1984)讨论了参数化中对这些积分的近似处理，以及对短波吸收和散射的表达。文献中还讨论了云对短波通量效应的参数化。

4.6　随机参数化

通常人们用确定性的公式来参数化次网格尺度对网格尺度的影响。与之相对的随机参数

化,则是认识到了对应于一个给定的解析变量,存在许多可能的次网格状态,并对解析尺度产生不同的反馈。这类随机方法有很多。Lin and Neelin(2000)给出了一个例子:在 Betts 和 Miller(1986)对流参数化的深层控制方案中,将一项随机项加到了由温度和湿度廓线决定的 CAPE 中。随机项的增加改善了热带季节内变化的模拟效果。类似的,Grell 和 Dévényi (2002)发展了一个可使用不同闭合假设和参数来作集合的参数化方法,之后用统计方法来确定对模式解析量的反馈。这一方法已在 NCEP 的快速循环更新系统(RUC)中业务化。Palmer(2001),Jung 等(2005),以及 Plant 和 Craig(2008)给出了许多其他随机参数化应用的例子。

4.7 云量或云盖参数化

在一个高分辨率云分辨模式中,如格距 1 km,我们可以假设整个网格是有云或者无云的。当然该假设并不适用于分辨率在 10—100 km 的全球气候与天气模式。因此,对于粗网格模式,便需要参数化出云的几何特征,以确保云对辐射和地面收支的影响足够准确。相关背景和深入介绍可参考 Tompkins(2002,2005)及 Tompkins 和 Janisková(2004)。

需估算的云的几何特征包括:
- 网格单元中云的水平覆盖率,
- 网格单元中云的垂直覆盖率,
- 每个垂直气柱内的云的重叠部分。

由于微物理和对流参数化不直接产生上述信息,因此这些信息需要单独估算。目前使用方法有两种,分别是基于相对湿度和基于统计的方法。

假设一个网格气柱的水平区域中,部分地区被云覆盖,云在模式层的垂直方向上延伸。充满云的那部分次网格中的空气是饱和的。而其他地方无云,也不饱和。此时,网格气柱的平均相对湿度显然小于 100%。因此,如果一个模式预报格点上相对湿度为 100%,便可假定该网格区域充满了云。如果模式格点上的相对湿度小于 100%,便需要通过参数化来判断网格单位中是否有云,从而考虑它对辐射和地面能量收支的效应。

所有参数化方法均假设温度和/或比湿存在次网格尺度上的扰动。以图 4.23 为例,图中给出了某一格点上混合比和饱和混合比的增量,而格点上的平均值是不饱和的。若没有扰动,就不存在 $q_s < q$ 的区域,也就是饱和区。将次网格云量与网格尺度变量联系起来的方法有许多。其中一类方法,是基于次网格云量与相对湿度的诊断关系。这种方法通常只应用于前文列出的云的几何特征的第一项——网格单元中云的水平覆盖率。Sundqvist 等(1989)给出了一个常用的相对湿度和云量之间的数学关系,如下

$$C = 1 - \sqrt{\frac{1 - RH}{1 - RH_{crit}}},$$

其中 C 是云量,RH_{crit} 是临界的相对湿度(RH),当相对湿度超过临界值时,便假设有云形成。此时 $0.0 \leq C \leq 1.0$,而 $RH_{crit} \leq RH \leq 1.0$,因此随着湿度的继续增加,云量从 0 向 1 单调递增。由于这个关系过于简单,很难广泛适用于各种类型的云和不同的天气及气候,因此人们便提出了许多替代方法。如,Slingo(1980,1987)给出了 RH 分别与对流云和高、中、低层云的关系。而 Xu 和 Randall(1996)同时将总云水,云冰混合比和 RH 作为预报因子。

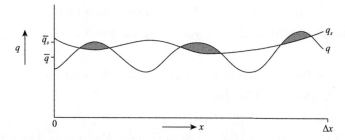

图 4.23　某一格点上混合比(q)和饱和混合比(q_s)的增量沿 x 方向的变化,尽管格点平均未达到饱和,但仍存在饱和区域。

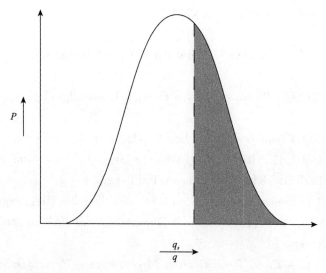

图 4.24　次网格尺度混合比概率分布函数的示意图。给出的饱和混合比(q_s)基于温度不变假定计算。阴影区表示云量。

另一类常用的解决方案涉及到湿度的次网格概率分布函数,有时也需要温度的概率分布函数。假定的概率分布函数多种多样,既有对称分布,也有非对称分布。图 4.24 给出了一个用概率分布函数估计云量的示例。在图中,为了简化,假设在该尺度上温度不波动,于是饱和混合比为常数。云量由图中 q 超过 q_s 后的那部分影响面积确定。

建议进一步阅读的参考文献

综合性

Stensrud,D. J. (2007). *Parameterization Schemes:Keys to Understanding Numerical Weather Prediction Models*. Cambridge,UK:Cambridge University Press.

对流参数化

Emanuel,K. A. ,and D. J. Raymond(eds.)(1993). *The Representation of Cumulus Convection in Numerical Models of the Atmosphere*. Meteorological Monographs,No. 46,Boston,USA:American Meteorological Society.

Frank,W. M. (1983). Review:The cumulus parameterization problem. *Mon. Wea. Rev.* ,**111**, 1859-1871.

Smith, R. K. (ed.)(1997). *The Physics and Parameterization of Moist Atmospheric Convection*. Dordrecht, the Netherlands: Kluwer Academic Publishers.

湍流参数化

Stull, R. B. (1988). *An Introduction to Boundary Layer Meteorology*. Dordrecht, the Netherlands: Kluwer Academic Publishers.

辐射参数化

Liou, K. -N. (1980). *An Introduction to Atmospheric Radiation*. London, UK: Academic Press.

Stephens, G. L. (1984). The parameterization of radiation for numerical weather prediction and climate models. *Mon. Wea. Rev.* , **112**, 826-867.

云微物理参数化

Cotton, W. R. , and R. A. Anthes(1989). *Storm and Cloud Dynamics*. London, UK: Academic Press.

Fletcher, N. H. (1962). *The Physics of Rain Clouds*. Cambridge, UK: Cambridge University Press.

Houze, R. A. , Jr(1993). *Cloud Dynamics*. London, UK: Academic Press.

Pruppacher, H. R. , and J. D. Klett(2000). *Microphysics of Clouds and Precipitation*. Dordrecht, the Netherlands: Kluwer Academic Publishers.

Rogers, R. R. (1976). *A Short Course in Cloud Physics*. Oxford, UK: Pergamon Press.

Rogers, R. R. , and M. K. Yau(1989). *A Short Course in Cloud Physics*. 3rd edn. Oxford, UK: Butterworth-Heinemann.

Straka, J. M. (2009). *Cloud and Precipitation Microphysics: Principles and Parameterization*. Cambridge, UK: Cambridge University Press.

云量参数化

Tompkins, A. M. (2005). *The Parameterization of Cloud Cover*. ECMWF Technical Memorandum.

问题与练习

(1)为什么在全球模式的不同地理位置使用不同参数化存在困难,即使这可能意味着参数化的效果更好?

(2)你认为水平分辨率大约在多少时不再需要次网格云量参数化?这个分辨率与天气类型存在什么样的关系?

(3)举出一些你觉得可能会对微物理变量初始化有帮助的观测设备或系统。

(4)简述自然和人类活动产生的矿物气溶胶的存在是如何影响大气中微物理和辐射过程的。

(5)鉴于矿物气溶胶对微物理和辐射过程有重要影响,如何在实际模式预报中表达它们的效应?

(6)对于一个双向嵌套网格的模式,哪些物理机制使得外层的对流参数化影响到内层的可分辨对流性降水(如图 4.9)?

第 5 章　表面过程模拟

5.1　背景

本章将讨论发生在陆—气和水—气界面的地表/水表过程的数值模拟。在陆地上,热量和水分在植被冠层和地面内的传输需要在天气和气候模式中得以表达。通过热量和水汽在陆—气界面的传输,陆面的性质,诸如温度和湿度等才能被大气边界层及其上的自由大气所感知。而大气,反过来通过辐射、降水和对蒸发蒸腾的控制影响底层和植被特征。空气经过表面,受摩擦应力的影响,这一过程涉及到的更多是边界层气象和参数化,而非陆面物理过程,因此相关讨论多集中在第 4 章。在水面上,风应力引起流动,波浪和水的垂直混合,从而影响表面温度与蒸发,使水—气相互作用变得复杂。

不同类型和尺度的大气过程的数值预报技巧取决于能否准确表达地—气相互作用。例如,对流的预报需要能够准确计算地表热量和水汽通量。受地表水平加热差异的强迫而产生的中尺度直接热力环流在沿海地区和斜坡地形对局地天气和气候起主导作用。在更大的尺度上,季节变化导致陆地和海洋的下垫面热力差异,形成了季风环流。地—气热通量引起的气团变性是在天气尺度上决定近地面温度的重要因素。在全球尺度上,与 ENSO 循环有关的过程涉及到海—气相互作用。事实上,整个大气环流受地球表面加热差异驱动,而全球水循环中的关键一环是表面蒸发。还有更多的例子表明能否准确模拟或预报大气过程依赖于地—气相互作用和地下及水下过程的精确模拟。

虽然许多陆—气过程在天气和气候尺度下十分相近,但其中一些过程只对气候预测重要。其中包括与碳循环有关的相互作用,以及干旱或其他气候变化引起的植物种类变化。这章中将考虑上述两个过程的模拟,虽然与气候相关的过程将在第 16 章中作更为细致的讨论。

由于大多数学习数值天气预报的学生和工作者对陆地和海洋过程的了解不及大气动力和热力学,这里给出一个总结,以说明一个完整的模式中哪些陆地与海洋过程是必须的。相对海洋过程,本章将提供更多陆地过程的细节,因为对于天气预报一到两周的时间尺度,通常假定海洋特征(如温度)是不变的。而由于陆地特征对降水,太阳辐射的日循环、日变化和日间变化响应较快,如锋面过境等,因此陆面和土壤过程在几乎所有的模式中都需显式模拟或参数化。

陆面模式(Land-Surface Model,以下简称 LSM)在数值天气预报中有两种应用方式。一种是作为大气模式的一部分,和大气模式同时运行;另一种运行于单独的系统中,由观测到的气象变量来诊断当时的土壤温度、湿度和植被状况,并用于模式初始化。这种方式是陆面资料同化系统(Land Data-Assimilation System,以下简称 LDAS)的基础。也就是说,当它运行时,LDAS 并不与大气模式耦合。

LSM 的复杂度存在不同的层级,以适应不同的应用,并非这里讨论的所有过程都需要在每个 LSM 中体现。然而,无论其处理方式有多复杂,地表过程的表达总是大气模式程序的一个组成部分。因此,对于模式用户来说,理解模式该部分的优劣十分重要,与理解模式的其他任何部分一样——不能因为 LSM 不属于大气科学就可以把它当作"黑箱"处理。

5.2　须模拟的陆面过程

陆面模式使用近地层参数化方案提供的大气信息(风速,温度等),对流和微物理参数化方案提供的降水强迫,和辐射参数化方案提供的辐射强迫。这些强迫和陆地状态量一起,用来计算地表对大气的热量和水汽通量,反射的短波辐射,以及向大气和太空发射的长波辐射。图5.1 给出了陆面过程中主要物理过程,从该图可以看出陆面过程所囊括的主题之广。这些过程涉及热量传输,水的移动和相态转化。在土壤中,存在以下过程:

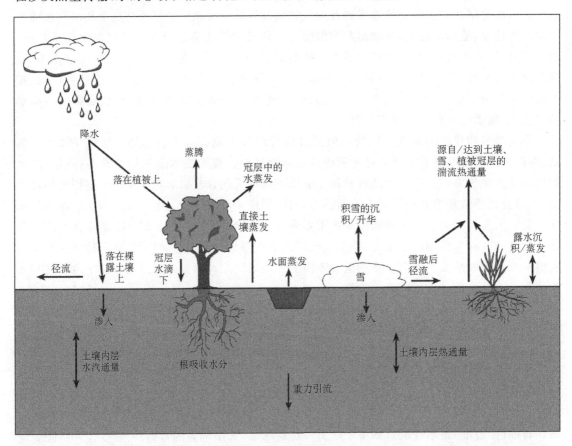

图 5.1　土壤中及地表上与热量和水的传输有关的物理过程示意图,改编自 Chen 和 Dudhia(2001)。

- 液态水通过重力作用向下输送,同时通过毛细效应向各个方向传输。同时也随着地下水位的变化而上升或下降。
- 水汽在大气中通过对流和分子扩散垂直输送。
- 植被的根从根部的土壤中吸收水分。
- 土壤中水分冻结和融化,伴随着融化潜热的释放和消耗。
- 伴随凝结潜热释放和消耗所发生的蒸发和凝结。

- 热传导。

在土壤表面和大气的交界面上，存在以下交换过程：

- 雨水，雪水，灌溉水和露水进入土壤。
- 水从土壤蒸发和升华，进入大气。
- 大气和土壤之间的热交换。
- 液态水从植被的地下根系进入地上的茎和叶中。

在交界面以上的浅层中，存在以下重要过程：

- 雨降落到裸露的地面或者植被上。
- 水从植被滴落至裸露地面或者其他植被上。
- 雪在裸露地面或植被上累积。
- 雪和霜融化和升华，消耗热量。
- 露水和霜在裸露地面和植被上形成，释放潜热。
- 雾在裸露地面或植被上沉积。
- 水在植被叶面上蒸发，从植被蒸腾，消耗热量。

5.2.1　陆面能量和水的收支

土壤和植被与大气相互作用，而陆面的能量和水分收支决定了土壤和植被中的温度和水含量。能量守恒方程可表示为单位质量或单位面积表面获得或损失的能量：

$$R = LE + H + G \qquad\qquad (5.1)$$

其中变量 R 是净辐射，L 是蒸发潜热，E 是蒸发或凝结率，H 是土壤\植被与大气的感热交换，而 G 是地面与地下土壤的感热交换（传导）。LE 是潜热通量，而 H 和 G 是热通量，量纲均与 R 一致。净辐射表示累加所有短波和长波辐射的各种源汇后，得到的辐射能量在地球表面的获得或损耗。地面辐射能量的平衡可形象地表示为：

$$R = (Q + q)(1 - \alpha) - I\!\uparrow + I\!\downarrow, \qquad\qquad (5.2)$$

其中 R, Q, q 分别是到达地球表面的净辐射、太阳的直射和漫射辐射，α 是地表反照率，$I\!\uparrow$ 是从地面向外的长波辐射，而 $I\!\downarrow$ 是地面吸收的由大气（气体，颗粒和云）发射的向下长波辐射。方程 5.1 简明地给出了辐射能量在地面的获得和损耗，从中可见 R 应当等于其他 3 项之和。在白天，地表获得的能量应等于由蒸发，从地面向土壤的热传导和进入大气的感热等引起的能量损耗之和。

地表浅层土壤的水分收支可表示为：

$$\frac{\partial \Theta}{\partial t} = P - ET - RO - D, \qquad\qquad (5.3)$$

其中 Θ（无量纲）是土壤体积含水量，P 是通过降水、融雪、露水和雾的沉积和灌溉水等作用产生的输入率，ET 是蒸发蒸腾作用引起的损耗率，RO 是侧边界径流引起的损耗率，D 是水流至深层引起的损耗率。

5.2.2　土壤中垂直热输送

尽管当孔隙率（空气体积所占百分比）高时，空气的对流和平流也可传输热量，但土壤中垂直热输送大多通过传导（例如，分子扩散）。土壤的输送非常重要，因为它有力地调节了地表热量收支。例如，白天土壤获得和储存的热量在夜间向大气释放，由此影响边界层结构，并调节夜间的最低温度。

　　由于土壤介质常由固体，液体和气体共同构成，其热传导率依赖于土壤介质中各成分的比例和特征。热传导的传输方向从高温指向低温，热通量的大小与温度梯度成正比。在数学上表示为：

$$H_s = -k_s \frac{\partial T_s}{\partial z},\tag{5.4}$$

其中 H_s 是土壤中的热通量（向上为正），k_s 是土壤热传导率，z 是垂直方向的距离（向上为正），T_s 是土壤温度。也就是说，热通量正比于温度梯度和反映物质输送热量能力的因子的乘积。这称为方程的通量梯度形式。负号表示通量传向低温方向。热传导一般定义为：当单位距离的温度梯度为 1 度时，单位时间内沿垂直于横截面方向，流过单位横截面积的热量。通常，土壤中包含土壤固体颗粒、液态水、冰和空气，这四种组分的传导率的相对贡献决定了土壤的整体传导率。土壤中水的存在可显著增加热传导率，这不仅是因为水的传导率高，还因为水替代了传导率极低的空气（一般我们认为空气是很好的隔热绝缘体）。具体来说，空气的传导率比岩石和湿土低两个数量级。因此，在查找或制作土壤传导率的检索表时，应当给出具体的土壤含水量和孔隙率。图 5.2 定性地展示了土壤的传导率和其他热力特征对土壤含水量的敏感性。

　　土壤的另一重要物理特征是热容量，这个量描述了单位体积物体升高 1 度所需的热量。与传导率一样，土壤热容量（C_s）与土壤中固体，液态水，冰和空气的含量有关。空气热容量低，所以若以水替代空气，即土壤变湿，会增加气—水—固体混合物的热容量（图 5.2b）。因此，提高湿土壤温度比干土壤需要更多的热量。另一个有关的量是比热，表示将单位质量物体提高 1 度所需的热量。因此，比热等于热容量除以土壤的密度（$c = C/\rho$）。热容量和比热有时被称为土壤的热感度。

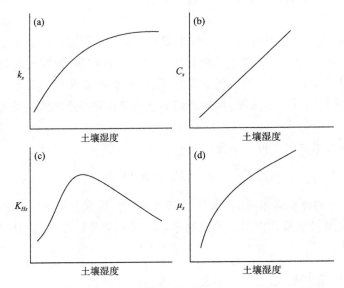

图 5.2　土壤水含量和(a)热传导率，(b)热容量，(c)热扩散率和(d)热导纳的一般关系。引自 Oke(1987)。

与热容量和热传导率有关的一个量是热扩散率($K_{hs} = k_s/C_s$)。该值确定了温度的变化通过某一介质,如土壤,的传播速度。想象日变化中白天的热量下,土壤表面加热,迅速在地下产生了向上的温度梯度。方程(5.4)用与土壤热传导率的直接正比关系预报了向下热通量。由于温度梯度以及相应的热通量在地面以下一段距离仍然很小,因而在这一层和地面之间将产生热通量的辐合。也就是说,从 该层顶部向下的热通量大于该层底部流出的热量。于是这层的土壤温度升高,升高的幅度与土壤的热容量成反比,如方程(5.5)所示:

$$\frac{\partial T_s}{\partial t} = -\frac{1}{C_s}\frac{\partial H_s}{\partial z}. \tag{5.5}$$

在上面的例子中,贴近地面的土壤 H_s 为一个较大的负值,随着深度增加负值减小。因而其垂直导数为负,从而使温度上升。结合方程(5.4)和(5.5)得到:

$$\frac{\partial T_s}{\partial t} = \frac{1}{C_s}\frac{\partial}{\partial z}\left(k_s\frac{\partial T_s}{\partial z}\right) = \frac{k_s}{C_s}\frac{\partial^2 T_s}{\partial z^2} = K_{HS}\frac{\partial^2 T_s}{\partial z^2}, \tag{5.6}$$

推导中作假设了 k_s 不随深度变化的简化。我们可以看到温度变化率正比于扩散率和温度对深度的二次导数。图 5.3 给出了近地面土壤和大气中白天和夜间的一个理想温度分布示意图。在白天,由地下温度廓线曲率可知,方程(5.6)中的二次导数为正,温度增加。到了夜间,曲率反转,土壤冷却。注意若温度随深度线性变化(图 5.5 中一条倾斜的直线),那么各处通量相等(方程 5.4),温度不变(方程 5.5)。

图 5.2 显示土壤湿度较低时,扩散系数直接正比于土壤湿度,这是因为传导率随土壤湿度增加而升高的速度比热容量快。当土壤湿度较高时,传导率曲线比热容量曲线斜率低,扩散率开始下降。

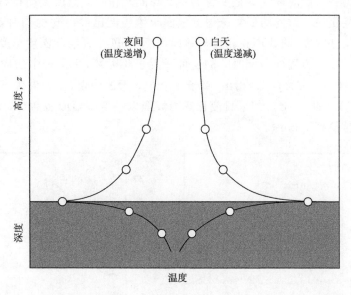

图 5.3　近地面土壤和大气的理想垂直温度廓线。取自 Oke(1987)。

也可从热导纳的概念出发,来理解地表及地下昼夜温度波动为何与土壤属性有关。热导纳描述的是两种介质间的交界面(如土壤和大气)的属性。它定义为 $\mu_s = (k_s C_s)^{1/2}$,用于衡量一个表面接受或释放热量的能力。想象用你的脚接触温度低于脚部皮肤的瓷砖地面。皮肤和瓷砖界面的温度梯度使热量从你向瓷砖传导,而你是否会觉得瓷砖表面是凉的,取决于它是否会快速升温,达到你的皮肤温度,还是仍旧保持低温。在瓷砖的例子中,传导率足够大使得它从你的身体获得的热量快速从表面传导至你脚下的瓷砖。因此,表面温度没有快速上升。而如果你正站在低传导率(例如,木头是更好的热绝缘体)的木地板上,则不一样了。类似的,如果材料是高热容量的,它的温度不会迅速上升以响应从你皮肤输入的热量。因此,高传导率和高热容量(例如较大的导纳)可以维持住温差,从而有利于界面上保持大的热量传输。当然,另一侧介质的温度响应同样重要,所以在地—气界面的例子中,也需考虑空气的导纳。

因此,当与大气接触的地面的导纳(如高传导率和/或高热容量)较高时,地表温度在白天不会像低导纳地面那样上升得那么多。这就意味着白天地表能量收支项中向大气的感热通量较小(边界层较冷)、地表发射的长波较弱。

在白天,向下传播到土壤的温度波动的振幅及时间滞后也取决于土壤的传导率和比热。温度日变化的振幅在传导率高和热容低时较大。也就是说,振幅大小正比于扩散率 $K_{hs} = k_s/C_s$,即:

$$(\Delta T_s)_z = (\Delta T)_0 e^{-z(\pi/K_{Hs}P)^{1/2}}, \tag{5.7}$$

其中 z 是地表以下深度,P 是波动周期(由于这里讨论温度日变化,所以 24 h 是主导周期),$(\Delta T_s)_0$ 是地表($z=0$)温度的振幅,而 $(\Delta T_s)_z$ 为深度 z 处的振幅。也就是说,温度日震荡的振幅随深度按指数减小。图 5.4a 给出了晴空下不同土壤深度下的理想温度日变化。图中时间滞后与深度的关系可表示为:

$$(t_2 - t_1) = \frac{(z_2 - z_1)}{2}(P/\pi K_{Hs})^{1/2}, \tag{5.8}$$

其中 t_1 和 t_2 是温度波动的最大值或最小值到达层 z_1 和 z_2 的时间。换而言之,差异表现在温度波动从一层到另一层的时间。其他变量的定义与前文相同。温度波动在高热传导率和低热容量的土壤中传播更快。时间滞后意味着近地面土壤可能已经冷却的同时,更深处的土壤还在持续加热。在某些深度,曲线所在相位与地面相反,也就是说在此深度温度达到最大值时正对应地面温度最低值。方程(5.7)和(5.8)也可适用于年循环,只是其中的周期代表季节而非昼夜的循环(图 5.4b)。方程(5.7)指出,对于一个 365 天的周期,热力波传导的深度是昼夜周期(对相同的 $(\Delta T_s)_0$)的 14 倍。如果日变化热力波能以一定振幅传播到 0.5 m,则同样振幅的年变化波动可以传播到 7 m 深。

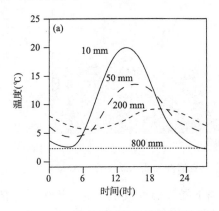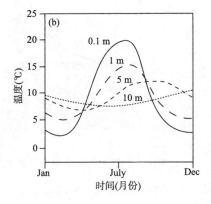

图 5.4　土壤中不同深度的理想(a)日和(b)年变化温度循环。引自 Oke(1987)

5.2.3　土壤中垂直水传输

地表和地下水位间的液态水进入土壤一般有两种方式。水可以从地下水通过毛细作用（或地下水位本身上升）向上移动。水也可以从地表进入土壤，这一过程称为渗透。渗透的效率取决于诸如降水强度、一次暴雨过程的总降水量、土壤的物理成分和之前的降水等诸多因素。由于水的渗透效率决定了径流和洪水的可能性、近地面可蒸发的水量、植物可获得的水和地下水的补给程度，因而极为重要。

水在土壤中向上和向下的传输可通过 5 种机制发生：其中三种适用于液态水，另外两种适用于水汽。对液态水来说，它受到两个力的作用。一是重力，二是土壤粒子和水之间的表面张力。一般很难见到将表面张力视为一种外力的情况，但液体表面的分子受到的分子间的作用力是不对称的，因此不像远离表面的流体内部分子一样受力平衡。考虑一块土（或大家更熟悉的，一块海绵），在湿润之后，它不会完全排干。最终，由于表面张力的存在，排水速度将接近于零。可见表面张力与重力平衡，有利于土壤（或海绵）中水的保存。

第一个机制指，压力落差的变化能使液态水垂直移动，这也使得水位发生变化。也就是说，水表面必须与其周围流体保持动态平衡，因此如果局地的水超过或不足于周遭的水时，便会通过水的流动来调节水压使之平衡。利用沙漠中一个四周环山、水文闭合的盐滩盆地，便可简单地解释这种效应。降水和山上融雪会改变其下的水位，使水压增加，导致地下水横向流动（从高压向低压）至中央盆地，直至盆地水位增高，达到平衡。在这种情况下，水位经常到达地表，在盐滩产生了季节性的湖，这些湖需要在模式中得到体现。类似的，从井里抽水，会使井中水压下降，引起周围的水流入，从而导致大范围地区水位下降。这一响应压力差而产生的运动源自重力强迫。也就是说，流体内的静压是由重力决定的。（静压与某点上的流体重量有关，而动压是流体运动的结果。）

其次，液态水可通过毛细作用在土壤中流动。这一流动由水和土壤粒子之间的表面张力效应引起。例如，水可以从地下水位通过毛细效应流到上面的干层。毛细上升层的下边界是地下水位，而上边界取决于土壤特征。一般，毛细效应有利于水从湿土向干土扩散。这些将水和土壤粒子联系在一起的表面张力由土壤本身的孔隙率和湿度决定。土壤越干，孔隙越多，表面张力效应越弱。例如，水的毛细运动能被疏松土壤层（如粗砂或碎石）或土壤干层阻塞。

接下来看第三种机制。土壤颗粒之间的液态水向下输送是受重力强迫，而土壤中的水通过渗透得到补充——雨、融雪和灌溉水从地表进入。渗透率受渗流，即地下土壤—水流动速度限制，任何多余的水都会向周围流失或在地表形成积水。这类土壤—水流动的正确模拟对地下水补给、蒸发率、径流、侵蚀和洪水发生，植物可吸收水分，盐碱化等化学变化的预报十分重要。这里的水的向下流动的速度，定义为水力传导系数，由土壤粒子和水之间的表面张力效应决定。重力使水往下流，而表面张力有利于蓄水。蓄水的效应可用土壤湿度潜势来量化，形象地说，这个量即是从土壤中提取水分所需的能量。黏土等紧致土壤相比沙子，具有更高的潜势，或者说蓄水能力。同样，干土的潜势也比湿土高：即从湿土中提取单位水分所消耗的能量比从同样多的干土中提取要少。因此，当土壤湿且多孔时，水力传导系数更大。

土壤中液态水的量通常用土壤含水量来定义，即土壤中水所占的体积百分比。土壤含水量的上限由孔隙率决定。粗质地土壤，如沙的孔隙往往比细质地土壤少，即使前者孔径更大。土壤中任意一点的含水量的时间变化可通过类似方程（5.5）的等式表示。方程（5.5）根据某层垂直方向上进入和离开的热通量的差异(表现为某点上垂直方向通量导数)来表示局地温度变化。类似的,土壤含水量的计算也要用到湿度通量的垂直导数。如果流向某点的土壤湿度通量大于离开的通量,土壤含水量增加,反之亦然。下面的方程给出了液态水(q)体积通量在垂直方向上的变化引起的单位体积土壤含水量(Θ)随时间的局地变化。需要注意的是,这一方程适用于地下水的垂直输送,因此不考虑降水、蒸发、径流等源汇项的直接作用(参见方程(5.3),适用于地表层)。然而,通过植被蒸腾作用造成的水从根区的减少由 E_t 项表示。$D_\Theta \partial \Theta / \partial z$ 项与毛细现象(即,表面张力)引起的水的流动有关,而 K_Θ 表示重力强迫引起的水的流动。这些分别是前文提到的第二和第三种机制。

$$\frac{\partial \Theta}{\partial t} = -\frac{\partial q}{\partial z} + E_t = \frac{\partial}{\partial z}\left(K_\Theta + D_\Theta \frac{\partial \Theta}{\partial z}\right) + E_t = \frac{\partial K_\Theta}{\partial z} + \frac{\partial}{\partial z}\left(D_\Theta \frac{\partial \Theta}{\partial z}\right) + E_t. \tag{5.9}$$

这里,K_Θ 是水力传导系数,D_Θ 是土壤水扩散系数。K 和 D 的下标表明它们均取决于 Θ。传导系数和扩散系数项参考了热量分子扩散和传导率方程,同前文形式相似。遗憾的是,这一命名方式并没有正确反映方程表示的物理过程。水力传导系数和土壤水扩散系数与土壤含水量的关系是高度非线性的(Chen and Dudhia 2001),许多学者用不同的数学表达式来计算。例如,Ek 和 Cuenca(1994)使用:

$$K_\Theta = K_{\Theta s}(\Theta/\Theta_s)^{2b+3},以及 \tag{5.10}$$

$$D_\Theta = -(bK_{\Theta s}\Psi_s/\Theta)(\Theta/\Theta_s)^{b+3}, \tag{5.11}$$

其中,$K_{\Theta s}$ 是饱和水力传导系数,Θ_s 是饱和单位体积土壤含水量,Ψ_s 是饱和土壤湿度潜势(为负),而 b 是一个经验系数。所有这些量都是土壤类型的函数。

上述机制适用于液态水的流动。然而,水汽还可通过对流和水汽扩散两种机制,在水位上穿过孔隙和干土垂直移动。对流需要土壤的温度,以及土壤中空气的温度,在土壤中递减的速率快于干绝热递减率以触发浮力运动。水汽扩散通量与土壤空气中水汽含量的梯度成比例,可使水汽在不需要任何尺度大于分子的空气运动下,从高浓度区向低浓度区输送。

5.2.4　液态水在植被中的传输和蒸腾作用

由于植物根系获取的浅层和深层水分并不直接参与地面蒸发,因此植被对水分收支影响很大。水分通过木质的茎传输到叶,其蒸发发生在叶的细胞间隙内,并通过气孔释放到空气中。这一过程消耗的潜热由树叶提供,不同于裸露地面发生的蒸发,潜热来自土壤。这两种情况下,损失的能量都是地面能量收支的一部分,从而影响到大气。

水通过植被蒸腾的损失率由许多因素决定,包括植被类型、密度、大气湿度、一天中的时间、季节和植被受到的热应力和水应力的程度。有关蒸腾率与土壤湿度的关系曾发生过相当的历史争议。土壤含水量的凋萎点定义为,若低于该值,植被将永久枯萎,且蒸腾作用停止。这是一个便捷的概念,但忽略了根区中水含量分布不均,且不同的植被类型对土壤干旱的耐受度完全不同的事实。田间持水量是另一个用于植被的土壤含水量尺度的阈值。当低于它代表的含水量时,内部排水便停止。也就是说,当土壤含水量低于田间持水量时,土壤将保持水分而不再向下排水。这是另一个由于便捷而非严谨而盛行的概念。有些学者使用了只要土壤含水量高于凋萎点,那么水对于植被便一致有效的假设。另一些学者则假定当土壤含水量处在凋萎点和田间持水量之间时,植被均处于应力下,此时蒸腾率取决于土壤含水量,只有当湿度大于田间持水量后才不再有应力。

5.2.5　地表和大气间热量和水汽交换

前文曾提到,地—气界面感热的垂直输送通过传导发生。输送发生在大气中很薄的一层,即黏性副层(非湍流)内,其厚度从几分子到至多几毫米。该层以上,输送通过空气中的湍涡发生。湍流对地表通量并没有贡献,因为垂直于地表的地面风速为 0,因此在地表不存在湍涡。

由于所有的地表非辐射热输送均通过传导,因此热通量可表示为与土壤中热传导(方程 5.4)形式相同的通量梯度关系(方程 5.12)。而水汽通量也可类似地,以简单的等式来表示(方程 5.13)。一般假定用于分子输送的方程形式也可适用于湍流输送,因此方程可以用湍流扩散系数代替分子扩散系数进行改写:

$$H = -C_a K_{Ha} \frac{\partial T}{\partial z}\bigg|_0 = -\rho c_p K_{Ha} \frac{\partial T}{\partial z}\bigg|_0 \tag{5.12}$$

$$LE = -C_a K_{wa} \frac{\partial q}{\partial z}\bigg|_0 = -\rho c_p K_{wa} \frac{\partial q}{\partial z}\bigg|_0. \tag{5.13}$$

其中 C_a 是大气热容量,C_p 是大气的定压比热,K_{Ha} 和 K_{wa} 分别是空气中热量和水汽的扩散系数,q 是比湿,在贴近地面的黏性副层内计算垂直导数。

应用这些方程的挑战在于,交换系数是离地表距离和静力稳定度的函数,而静力稳定度从白天到夜间可相差 3 个量级。假定通量在贴近地面的几米内几乎不随高度变化,则可垂直积分这些方程,从而求得 H 和 LE 的替代形式。结果可表示为:

$$H = \rho c_p D_H (T_g - T_a) \tag{5.14}$$

$$LE = \rho L D_W (q_{s,sat}(T_g) - q_a), \tag{5.15}$$

其中 D_H 和 D_W 为输送系数,是 K_{Ha} 和 K_{wad} 的积分函数,T_g 是地表温度,T_a 和 q_a 分别是近地面某一层上的空气温度和比湿。地表比湿 q_s 为任意正在发生蒸发过程的表面——水体、湿土或叶片气孔上,温度为 T_g 时的饱和比湿 $q_{s,sat}$。

因此,地表和大气之间的感热和潜热通量可以根据地表以及贴近地表层上的温度和湿度差异表示。通量的方向取决于差异的符号,而通量的大小取决于两层状况的差异程度。输送系数是影响湍流强度的因子的函数,这些因子包括地面粗糙度,可产生湍流的水平风垂直切变,以及可确定浮力能否提供湍流能量的大气温度垂直递减率。例如,当大气干燥(q_a 小),地面暖($q_{s,sat}$ 大)且湿,近地面风速大(产生较大切变,输送系数 D_W 也随之变大)时,蒸发率(LE)相应较高。

通过热导纳的概念,可从另一个角度形象地理解地表热通量受到的控制。早期大多数有关导纳的讨论都集中在土壤特征上,然而有研究指出交界面另一侧的大气导纳在确定热通量时同等重要。这里的大气导纳定义为 $\mu_a = (k_a C_a)^{1/2} = C_a K_{Ha}^{1/2}$,其中 K_{Ha} 是方程(5.12)中的湍流扩散系数。例如,假设地表在白天接受太阳辐射。在界面两侧的土壤和空气薄层的加热会同时在空气和土壤中产生温度梯度(见图 5.3)。没有通过长波发射和蒸发损失的能量将分成进入大气和土壤的感热通量,两者的大小与两种介质的相对导纳成正比。假如说,土壤由于热传导率较低,导致导纳极低,而边界层由于湍流发展强盛,湍流扩散系数较大,导致导纳较大。那么此时尽管 $\partial T_s/\partial z$ 很大,但进入土壤的热通量(方程 5.4)仍然很小,而由于湍涡传输系数 K_{Ha} 较大,进入大气的热通量(方程 5.12)也较大。因此,输入地表的辐射能量中更多的部分将通过感热通量传给大气而非土壤。另一种情况下,夜间地面的辐射冷却按导纳比例吸收空气和土壤的热量。由于近地面平静无风,而温度垂直廓线保持稳定,此时湍流很弱,湍流扩散系数小,大气的导纳在夜间也较小。大多数通过辐射向空间损失的热量便由土壤而非大气提供。估算大气和土壤导纳的方法在 Novak(1986)中有讨论。

5.2.6　地面及地下水的水平运动

下雨或者融雪产生的水在地面累积太快而无法完全下渗,就会在土壤低处形成水塘,最终在地表横向流失。发生这种情况时,径流在地面上形成河道,直至到达小溪或者河流为止。渗透率决定了多少水将形成径流,它取决于土壤类型,植被的密度和类型,地面有机垃圾的数量和土壤含水量。一些横向流失的水可能在另一位置渗透。由于径流由水的势能引起,因而在陡峭地形区,水在水平方向上的重新分配最显著,也最迅速。

5.3　须模拟的海洋或湖水过程

本节对水面及以下发生的,会对模式模拟大气产生影响的过程,仅做一个简要的总结。读者可以根据尺度来分辨讨论的过程与海洋还是与湖水有关。关于海洋过程,更详细的讨论可参考 Miller(2007)和 Haidvogel 和 Beckmann(1999)。第 16 章中讨论了气候模拟中需要模拟的季节性、乃至更长时间尺度的海洋和海冰过程。同陆面一样,并非所有模式需要包涵以下全部过程。5.5 节将给出不同模式模拟所需的不同等级的复杂度。

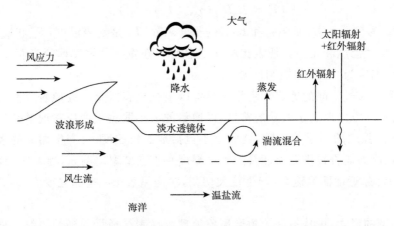

图 5.5　与海中热量和质量移动有关的物理过程示意图。

图 5.5 给出了耦合的水—气模式中,可显式或者通过参数化表达的一些过程。水面上的风引起波浪,浪高是风速和风区的函数。反过来,大气和水之间的应力又是浪高的函数。风切变引起的水面波浪和水下湍流,形成了几十到几百米厚的水的混合层。密度,作为温度和盐度的函数,在充分混合的层内相对均一。混合深度和强度除了是浪和风速的函数之外,还取决于靠近表面的水的密度层结,或者稳定度。表层水越稳定,混合越弱,混合层越浅(类似大气混合层)。表层水的稳定度取决于入射大气辐射提供的热量的垂直分布、降水引起的水面淡水通量、表面暖水和下层冷水通过湍流的混合。降水比海水盐度低,因而能保留在顶部作为淡水透镜。这提高了稳定度,使表面的低密度暖水通过湍流向下混合变得更加困难。进而导致了与

淡水透镜有关的海表温度(SST)升高。

　　水面辐射收支同陆面的不同表现在几个方面,其中最重要的一点是入射的太阳和红外辐射穿透介质,将能量分配到一定厚度的介质层,其穿透深度取决于水的浑浊度。辐射能量中最大一部分被近表面层吸收,往下光线受到衰减,强度减弱。海洋中的湍流将近水面的暖水分配至混合层内。表面水温的日变化非常重要(Kawai and Wada 2007),但不及陆地,因为水中能量的分配仅由辐射穿透和湍流混合决定。

　　风也驱动了海盆尺度的近海面环流,称为涡流。海岸线附近,与科氏力有关的埃克曼流能使水的运动偏离海岸,引起上升流,从而对水温和沿海气候产生很大影响。

5.4　陆地表层和次表层过程模拟

　　正如前面提到的,陆面模式可作为组成有限区域模式或全球模式中的一个部件,也可作为LDAS 的一部分独立使用——此时的输入场来自观测而非大气模式的输出。陆面过程模拟首先要确定计算区域各个格点上的土壤类型(如岩石,沙子,壤土)和植被类型(如灌木,针叶林,落叶林)。于是应有一个可供查找的表,给出不同土壤和植被类型下物理变量的基准值。其中包含的变量有土壤的热传导率,热容量,孔隙率,反照率等,对于那些是地表或者土壤湿度函数的变量还会进行一定调整。图 5.6 给出了陆面模式整体过程的示意图。与地表类型相关的输入变量由左上方的模块提供。右上方模块输入土壤含水量和温度等随时间变化的量的初猜值,这些值随时间和空间变化,由 LSM 预报。由于这些变量在业务上无法直接观测,因而需要通过 LDAS 对这些估计值进行调整,而这又需要用到观测的大气变量来做强迫。为了调整并获得准确的土壤温度和湿度廓线,需要 LDAS 运行数月至数年的时间。经过调整期后,

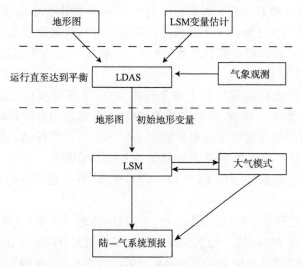

　　图 5.6　模拟陆面过程的总体示意图。左上方给出了地表特征(例如土壤和植被),右上方给出土壤湿度和温度的垂直廓线的初猜场。这些资料为受大气驱动的LDAS 提供了输入场,LDAS 对过去的数月到数年随时间向前积分,以调整至真实的、当前的三维土壤温度和湿度场。这些场可作为耦合陆—气模式系统的输入,以生成天气预报,或者直接用于水文及其他应用。

LSM 和土壤状态才能用于研究与业务预报。5.4.2 节将对 LDAS 概念作进一步讨论。图的底部是一个与大气模式耦合的 LSM,它在开始积分时使用 LDAS 的输出来确定陆面及土壤状况。一旦陆地变量廓线的调整完成,LDAS 开始向前逐小时积分,此时可以获取用于输入的观测,而输出将用于初始化业务预报中的陆地变量。

下一小节将回顾模拟陆面模式所用的方法,第二小节描述 LDAS 中 LSM 的应用。最后一小节讨论 LSM 如何与大气模式耦合来完成天气和气候预测。

5.4.1　陆面模式

我们已经回顾了影响地—气相互作用的陆面和土壤物理过程,这节将讲述这些过程在模式中如何表达。有许多不同的公式可用来表达模式中的陆面过程。例如,陆面参数化方案比较项目(the Project for Intercomparison of Land-surface Parameterization Schemes,以下简称 PILPS)包括了 23 个方案(Henderson-Sellers 等 1995,Shao 和 Henderson-Sellers 1996,Chen 等 1997)。这些文献可供在总结实施 LSM 可用的不同计算方法时,及查询模式文档时参考。较复杂的 LSM 方案包括了图 5.1 所描绘的全部过程,当进行有关季节间和气候尺度的模拟时,甚至包含了更多过程。该项目的一个结论是复杂的 LSM 并非总是优于简单方案。原因在于实际上不可能一一精确地给出局地尺度上植被—土壤—水文模式中所需的大量的物理量。

本质上,LSM 求解了方程(5.1),(5.2),(5.3),(5.6),(5.9),(5.14)和(5.15)的数值(差分)形式。方程(5.2)中确定的净辐射计算具体如下:

- 地表的直接太阳辐射通量 Q 的计算,需要使用确定日循环和季节循环期间地—日关系(入射太阳光线的高度角和方位角)的天文方程,地形的倾斜度,大气中的气体、云和颗粒物对太阳辐射造成的衰减(由辐射参数化方案计算),大气层顶太阳光谱通量。对于气候时间尺度的模拟,太阳辐射通量根据已知的太阳能量输出周期和地球轨道参数化变化而变化。

- 间接太阳辐射 q 由辐射参数化获得,使用上述有关直接太阳辐射的信息,以及和大气粒子与液体散射有关的信息。

- 反照率 α 基于查表得到的网格土壤和植被特征,土壤湿度(对反照率有一定影响)计算。严格来说,反照率取决于波长、辐射入射角和视角,但通常作近似处理,只用单一的值。

- 地表向上传播的红外辐射能量根据公式 $I\!\uparrow = \varepsilon\sigma T_g^4$ 计算得到,其中 T_g 为随时间变化的植被及土壤表面温度,ε 为发射率,σ 为 Stefan-Boltzmann 常数。

- 地表向下的红外辐射能量由 $I\!\downarrow = \varepsilon I$(入射)计算,其中地表入射长波通量由辐射参数化方案提供。

最终得到的净辐射用于方程(5.1)中。这一方程中的地—气感热(H)和潜热(LE)通量项分别以方程(5.14)和(5.15)计算。地表和最上层土壤热通量(G)用方程(5.4)计算,垂直温度导数用地表(皮层)温度(T_g)和最上层土壤温度计算。方程(5.1)中的每一项都是 T_g 的函数,T_g 通过迭代计算得到。

土壤中,温度变化通过对方程(5.6)进行时间积分来计算。地面水分收支通过对方程(5.3)积分来计算,其中降水率(P)从大气模式获得,蒸发(ET)和横向径流(R)的损失可采用不同方法计算,而向下层的排水则使用诸如方程(5.9)中的通量项计算。各层土壤含水量通过积分方程(5.9)计算。

陆面参数化的差异主要表现在以下方面：

- 陆—冰及海—冰过程模拟
- 植被冠层的表达
- 径流和地表汇流的计算（水文模式和 LSM 合并的结果）
- 网格划分（一个网格中是否包含不同的地面类型，或者其中占最高比例的地面类型是否应用于整个网格）
- 地下水的模拟
- 积雪，雪盖和雪的反照率处理
- 动态、多层植被冠层表达
- 城市冠层模拟（无，单层，多层）
- 灌溉表达（季节性及每日规划）
- 冻土处理

5.4.2　陆地资料同化系统中使用的陆面模式

使用 LDAS 有两个动机。一是在大气模式积分前初始化陆面状况（例如土壤湿度和温度）。虽然与大气模式一起运行的 LSM 也同时预报这些量，但如同大气变量一样，陆面变量也会产生预报误差。因此，使用陆面变量的预报值作为后续预报的初始值会导致和模式偏差相关的误差积累。所以需要用 LDAS 提供真实的陆面初始状况（IC）。第二个动机是为了诊断地表特征，这些特征由于太困难或者太昂贵而难以直接测量。例如，LDAS 可以用在森林地表，土壤湿度和有关植被的信息可用于估计边远地区山火的可能性。LDAS 也可用在农田地区，输出可用以诊断土壤温度和湿度廓线的局地变化，这些变化会对谷物生长产生影响。或者，它也可用在流域地区，分析得到的土壤湿度可作为山洪预报系统的输入。

一个全球 LDAS 的例子是美国 NOAA 和 NASA 发展的全球陆地资料同化系统（Global Land Data Assimilation System，以下简称 GLDAS，Rodell 等 2004）。它合并了地基和空基观测，可作为以下三种 LSM 中任意一种的输入：Mosaic（Koster 和 Suarez 1996），通用陆面模式（Dai 等 2003）和 Noah（Chen 等 1996，Koren 等 1999）。表 5.1 列出了 GLDAS 的输入和输出变量。左列的大气强迫变量基于观测估计，这些资料作为 LSM 的输入，LSM 诊断后得到右列的输出变量。GLDAS 的基本格距选项有 $0.25°,0.5°,1.0°,2.0°$ 和 $2.5°$。高分辨率、中尺度 LDAS 用于区域应用，但它们的操作和作用都与大尺度模式一样。这些模式一般以 $1 \sim 10$ km 的典型中尺度格距运行。Chen 等（2007）介绍了基于 WRF 的高分辨率陆面资料同化系统（High-Resolution Land Data Assimilation System，以下简称 HRLDAS），该系统采用了 Noah LSM 陆面模式。在第 16 章中介绍的再分析系统，也经常将陆面状况作为存档输出的一部分，但这些量不同于 LDAS 的输出，因为 LSM 的输入来自模式而非观测。

当一个 LDAS 用于模式初始化，一般会在模式中使用相同的 LSM，相同的输入资料（如土壤特征），并且对模式和 LDAS 中的 LSM 采用相同的计算网格。这避免了将 LDAS 中 LSM 的土壤湿度和温度转化成预报模式中不同基本假设、不同公式和不同网格结构的 LSM 的相应变量的难题。对于快速调整的大气变量，因转换引起的小差异很快就会趋于一致。然而对于 LDAS，若以包含误差的土壤温度和水汽廓线进行初始化，却需要数月的积分来达到平衡。

表 5.1　GLDAS 的强迫和输出场

需要的强迫场	输出场
降水	地面反照率
向下短波辐射	冠层蒸腾
向下长波辐射	各层土壤湿度
近地面气温	积雪厚度、覆盖率、水当量
近地面比湿	植被冠层存储的地表水
近地面风矢量	各层土壤温度
地面气压	平均地表温度
	地表和地下径流
	裸土,雪和冠层表面蒸发
	潜热,感热和地面热通量
	雪相变热通量
	融雪
	地表短波和长波净辐射
	降雪和降雨

来源:引自 Rodell 等(2004)

5.4.3　与大气模式耦合的陆面模式

当陆面模式与大气模式耦合时,LSM 便是整个模式系统的一个组成部分,大气和陆面的部分组合在一起,每步都进行信息交换。无论天气预报还是气候预测模式,或以有限区域的形式或以全球模式的形式,都会采用 LSM。气候预测需要给 LSM 更多的自由度,因为气候变化会引起植被类型和密度的改变。而对真实情况的模拟或预报,区域模式中的陆面变量一般使用 LDAS 初始化,这已在上一节中作了介绍。

5.5　水面表层和次表层过程模拟

大气模式对于水面上的下边界至少需给出粗糙度、温度、冰盖、盐度(会影响饱和水气压)的值。对于短期预报或模拟,给出这些量已足够。一个例外发生在模拟飓风时,因为极大的风速产生了强烈的垂直混合,从而迅速导致 SST 的负异常,而这种异常必须在模拟中得以体现。因此在模式模拟中引入海洋边界层混合以及由此带来的 SST 的变化已被证实可改进飓风强度预报(例如,Bao 等 2000)。

通常对于长于一周或者两周的预报,诸如水温和冰盖等变量需要在大气模式内部计算。这便需要用到海洋环流模式和海冰模式。尽管提供海洋环流和海浪模式的细节并非本节的目的,但仍有必要提及它们用到的方法。正如在第 16 章中描述的,对政府间气候变化专门委员会(IPCC)气候情景的模拟和从数年到数十年的初值模拟,会使用物理过程相对完整的海洋模式。对于季节间预测,有时海洋模式与大气模式是分别运行的。对于天气预报和研究,在尺度较小的海洋环境中,会使用海—气耦合的有限区域模式。例如,COAMPS 便是一个已广泛应用于发生在远海和滨海上各过程的有限区域模式(如 Pullen 等 2006)。类似的,Bao 等(2000)耦合了 MM5 中尺度大气模式,海浪模式和普林斯顿海洋模式的一个版本,以用于区域研究。

有时也需要浪高预报,而浪高模式则需要大气模式预报作为输入。由于浪高模式的输出一般不反馈给大气模式(如单向耦合),所以关于海浪模式将在第 14 章,关于特殊应用模式的一章中讨论。

在海陆边界,模式能否根据海陆分布正确分配格点尤其重要。也就是说,定义海岸线的海陆边界,必须精确。这一要求看似微不足道,但许多海岸线的复杂设置意味着有时格点或者观测点被放在海岸线错误的一侧。此时,一个陆地观测就可能错误地与一个水上格点进行比较,即便这两点非常接近,这种情况下,显而易见地,也难以得到模式结果的可信检验。

5.6　地形强迫

地形引起的大气强迫在所有尺度上——从全球到中尺度,都很重要。因此,除了教学用的模式,或者那些采用不完整的物理过程以便于在物理过程研究和数值方法中对结果进行简单解释的模式,几乎所有模式都适用于变化的地形。可用的地形高度格点资料对应的水平分辨率从几十米到几十千米。为定义模式下边界高度而确定最佳平滑度时,需要考虑两方面的因素。如果地形高度的变化在波长接近 $2—4\Delta x$ 的部分太多,那么模式解中在这个波段的能量就容易造成反射,进而需要更强的滤波以避免非线性不稳定的发展。然而,使用高分辨率模式的一个目的就是为了允许下边界小尺度强迫引起的大气特征的发展。因此,地形资料的分辨率应尽可能高,同时也要避免模式解中难以处理的短波。

任何地形高度资料集相对于实际地形都会作一定的平滑处理,使资料最大高度小于观测值,而最低高度大于观测值。也就是说,资料中的山谷浅于应有的深度,而山峰则低于应有的高度。使用这样的平滑资料集对准确表达依赖于极端地形的过程会产生一定的影响。例如,定常行星波、山对大气的拖曳,以及对流层天气尺度特征的阻塞效应,均取决于下边界障碍物的高度。事实上,已有争论认为大尺度流场响应于包络了相交山脉的山顶的轮廓,而不是山峰与山谷的平均地形高度。也就是说,不管地形资料如何平滑,也应该保存地形障碍物的高度。这一保存地形高度的地形称为包络地形。Wallace 等(1983)首先在 ECMWF 模式中试验了这一方法,因为他注意到模式解总是在山地给出持续的负高度偏差。他们通过在网格平均值上叠加一个增量来抬升地形高度,这个增量与真实的次网格地形变化成正比。试验结果表明对长期预报有所改善,但对短期预报的准确率下降了。除此之外,还有一些确定包络地形的方法。例如,Mesinger 等(1988)用网格区域内最高高度作为网格平均高度。这一方法的其他应用导致了不同的结果(如 Tibaldi 1986,Lott 和 Miller 1997,Georgelin 等 2000)。即使这一方法在概念上很有吸引力,它的实现尚需要在各种应用中进行全面评估。为了改进山对大气的拖曳作用,需要满足一些特殊的需求,Catry 等(2008)提出了一种用于法国 ARPEGE/ALADIN 模式中的替代包络地形的方法。

图 5.7 给出了一个例子,来解释水平分辨率是如何影响模式确定与大气相互作用的地形的。图中给出了美国西南地区一处复杂地形下,两种水平分辨率的地形高度在模式中的分布。其中一个水平格距为 30 km,另一个则为 3.3 km。均未采用确定包络地形的方法。在粗分辨率下,仅有几个格点反映出了地区的显著地形特征,而在该尺度下,对应这一地形产生的任何大气响应,都将被模式滤去。

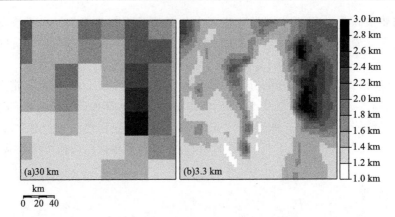

图 5.7　两种水平分辨率下的地形高度(见图右侧灰色阴影)在模式中的分布,位于美国西南部复杂地形的同一区域,其中(a)的水平格距为 30 km,(b)为 3.3 km。

5.7　城市冠层模拟

目前已有许多表征城市下垫面对大气的动力和热力作用的模拟方法。其一是采用一种计算流体力学(Computational Fluid Dynamics,以下简称 CFD)模式,该模式显式表达每一栋建筑或其他结构对大气的作用。然而,正如第 15 章将提及的,这些模式极耗计算资源。与这类精细模式相对的,一般我们需要的只是表达城市下垫面对中尺度过程总体作用的方法。最简单的方法便是利用标准的 LSM,通过设置地面特征,使 LSM 模拟近似城市内人为建造的地面状况。例如,为了表达建筑物的拖曳作用,可提高粗糙长;考虑到沥青路面、暗色屋顶和街道峡谷对短波的捕获能力,可减低反照率;沥青和混凝土的热容量和热传导率可高于标准值,以考虑建筑物墙体内的储热;为反映防水地面的特质,可降低土壤水容量;绿植所占的比重也可降低。Liu et al. (2006)使用这一方法成功模拟了美国 Oklahoma 的城市—乡村边界层差异。然而,为了表示与建筑和非自然下垫面有关的更复杂的过程,需要使用其他方法。可以实现这一目标的工具被称为城市冠层模式(Urban Canopy Models,以下简称 UCM,也可称为城市冠层参数化),它表达了建筑结构的网格平均的动力和热力效应。这类 UCM 参数化城市形态的整体效应,对单独建筑和街道峡谷的作用不作显式表达(Masson 2000,Kusaka 等 2001,Martilli 等 2002)。许多 UCM 会考虑建筑和道路的几何形状,以表征城市冠层内的辐射捕获和风切变。这类方法要求具体的三维城市土地利用资料集和大量确定城市几何外形的参数输入,且这些参数需要针对每个城市进行校准。考虑到映射成千上万个结构的三维几何外形的成本,许多城市并没有如此详细的资料集。图 5.8 给出了 UCM 所包含的众多因素中的一个:在这个例子中,建筑结构的特征导致了阴影。图中对两个不同的太阳天顶角做了说明,小的天顶角(θ_z)下,建筑物的阴影遮蔽了建筑物的一侧和部分街道,而大的天顶角下,街道另一侧的部分建筑也被阴影遮蔽。

目前多数 UCM 为单层参数化。也就是说,即使建筑的垂直效应被引入,热量,水汽和动量通量仍定义在模式的大气最底层。与之相对的,多层 UCM 允许大气模式中建筑和多层大气直接相互作用(即使建筑并未显式分辨)。对多层 UCM 的进一步讨论可参考 Kusaka 等(2001),Chin 等(2005),Kondo 等(2005),Holt 和 Pullen(2007),和 Martilli(2007)。

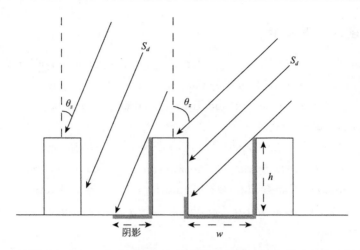

图 5.8　解释了为何 UCM 需要三维的城市地形形态来计算街道峡谷和建筑侧面的照度。类似地,为了计算街道峡谷捕获的长波辐射,也需要城市的几何形状。图中给出了直接太阳辐射(S_d)和天顶角(θ_z)。改编自 Kusaka 等(2001)。

5.8　表征地表属性的资料集

正如前文所述,地形变量分两大类。一类用来确定土壤类型,植被类型和密度,是位置的函数。许多国家和区域的资料集中收录了这些特征的观测。例如,美国地质调查局的地球资源观测系统(Earth Resources Observing System,以下简称 EROS)1 km 数据集((Loveland 等1995)中定义了植被类型。国家土壤地理(State Soil Geographic,以下简称 STATSGO)1 km数据库定义了土壤类型(Miller 和 White 1998)。EROS 资料集可基于外场观测根据需要做出修正。

第二类变量表示土壤和植被特定物理特征随时间和空间的变化,诸如土壤温度和含水量,叶面积指数或者绿植覆盖率(季节和前期降水的函数)。对于陆地上的任何模式应用,都需要确定这两类变量。前文提及的 LDAS 可用于确定土壤物理特征。例如,GLDAS 数据集提供了表 5.1 右列的变量。当耦合于大气模式中的 GLDAS 和 LSM 使用了同样的陆面参数化方案时,便不再需要进行土壤湿度转换。大量基于卫星的方法被用于确定植被的状态(如 Gutman 和 Ignatov 1998)。

对于水上,水面温度分析已有很多可用来源。例如,NCEP 第二版的全球 SST 资料集(Reynolds 等 2002)的水平分辨率为 1°×1°网格,且每日更新。另外,NCEP 的海洋模拟及分析部门的实时全球(Real-time Global,以下简称 RTG)分析(Thiebaux 等 2003)提供过去 24 小时的浮标、船舶和卫星的二维变分分析资料。其产品已用于 NCEP 北美中尺度模式(North American mesoscale model,以下简称 NAM)和 ECMWF 的全球预报模式。自 2001 年起,RTG 开始提供经纬度分辨率为 0.5°的逐日产品。2005 年开始,开始提供 1/12 度产品。NOAA 也提供了 SST 最优插值分析。这套资料是逐周的,水平分辨率为 1/3 度。产品使用外场和卫星 SST 观测,包含周冰密集度中位数。

建议进一步阅读的参考文献

Bonan,G. (2008). *Ecological Climatology*. Cambridge,UK:Cambridge University Press.

Hillel,D. (1998). *Environmental Soil Physics*. San Diego,USA:Academic Press.

Martilli,A. (2007). Current research and future challenges in urban mesoscale modelling. *Int. J. Climatol.*,**27**,1909-1918.

Oke,T. R. (1987). *Boundary Layer Climates*. London,UK:Methuen.

Stensrud,D. J. (2007). *Parameterization Schemes:Keys to Understanding Numerical Weather Prediction Models*. Cambridge,UK:Cambridge University Press.

Stull,R. B. (1988). *An Introduction to Boundary Layer Meteorology*. Dordrecht,the Netherlands:Kluwer Academic.

问题与练习

(1)为何当高土壤扩散占主导时,微气候状况变得不那么极端?

(2)Miller(1981)描述了下述情形。当冷空气团($-17℃$)移过列宁格勒地区,冻结裸土的地面热通量是 $45\ W \cdot m^{-2}$,而导纳为 $1000\ J \cdot m^{-2} \cdot K^{-1} \cdot s^{-1/2}$,但在毗邻的雪盖,导纳约为 $330\ J \cdot m^{-2} \cdot K^{-1} \cdot s^{-1/2}$,热通量仅 $15\ W \cdot m^{-2}$。结合导纳的定义和含义解释这些数据。

(3)列出城市地区陆面特征与其他地区的差异,并解释如何将这些差异引入 LSM 中,以合理表达城市陆面效应。

(4)检索使用海—气耦合有限区域模式的文献,并描述为何在天气尺度预报中表达区域性的海洋过程十分重要。

(5)针对天气、季节间或长期(数十年)气候预测,是否需要在模式中选择不同的土壤层深度,若需要,应如何选择?

(6)给出年循环温度波动向土壤下渗透的深度是日循环温度波动 14 倍的数学证明。

(7)基于物理论据,描述哪些植被过程需要被模拟,以反映植物对地表能量收支和大气的影响。

第 6 章　模式初始化

6.1　背　景

　　如第 3 章所介绍,数值模拟中求解物理系统控制方程本质上是一个初边值问题。在第 3 章和第 5 章中,已讨论过侧边界和上下边界条件。这一章将介绍如何使用观测资料来确定模式变量的初始条件,这一过程称为模式初始化①。对于初始化有两个基本的要求。首先,定义在模式格点上的因变量必须尽可能如实地代表真实大气(例如,锋面应该在正确的位置);其次,格点化的质量场变量(温度、气压)和动量场变量(速度分量)应该如模式方程所定义的那样在动力学上是一致的。质量—动量的一致性,举例来说,格点的初始条件在天气尺度上应该近似地满足静力平衡和地转平衡。若不满足,模式在经历初始震荡后就可能产生较大振幅的惯性重力波,这种非物理波动覆盖在模式的物理解上直到调整过程结束。在此惯性重力被阻尼或传播出有限区域模式的区域后,调整后的终态才占主导。模式在调整过程中的解通常不能使用,这也是一般建议不要使用模式前 12 小时预报结果的原因。在更小的中尺度和对流尺度上,理想的初值应包含非地转流,如由地表强迫的水平差异和对流导致的环流。否则,在模式积分的早期,这些非地转特征需要经过一定时间的调整才能产生。

　　历史上,初始化的方法有两类,尽管现代方法中它们之间的界限已经很模糊。一类称为静态初始化(static initialization),将观测资料插值到模式格点上(数据分析),然后采用诊断或者动力约束的方法使变量彼此之间以及与模式方程之间更加协调。与这类诊断方法不同,动态初始化(dynamic initialization)则涉及模式的预先预报(preforecast)积分,从而提供与预报方程在动力上一致的初始状态。

　　"资料同化"和"资料分析"这两个经常使用的术语均指利用观测(资料)构建初始时刻用于定义模式变量空间特征的格点化数据的过程。然而,"资料同化"一般涉及到气象模式的使用,各种方法将在本章中讨论。资料同化的目的是为业务预报提供初始条件,或构造大气状态长期的再分析资料(详细阐述见第 16 章)。

　　陆面初始化将在最后一章关于陆面资料同化系统中介绍,这里不再赘述。需要指出的是许多陆面变量,例如土壤层温度和湿度、植被状态等是随时间变化的,在初始条件中对其准确表达是初始化的一个重要组成部分。

---

　　①　该术语在使用中的意义并不完全一致。有时"初始化"这一术语用于指初始条件达到动力平衡的过程。

6.2 用于模式初始化的观测

6.2.1 模式初始化观测资料来源

气象观测分为现场和遥感观测两类,前者使用现场传感器测量变量的局地值。遥感则是以某种距离之外的传感器采用主动或被动的方式进行测量。被动方式是对自然界发出的辐射信号进行测量,主动方式则是传感系统发出辐射信号以测量大气对这些信号的响应。无线电探空仪是一种现场传感器,星载辐射计直接测量大气的辐射(发出的光谱)属于被动遥感,而雷达发射微波能量,测量其中被水凝物反射回来的部分,属于主动遥感。无论何种遥感方式,为了把获得的信息转换为有用的气象信息(模式变量值),通常都需要反演算法。对辐射计而言,反演算法是把所获取的信息转换为温度;对雷达而言,则是将回波强度转换为降水强度。不同于反演算法的使用,稍后讨论的变分方法则允许在分析过程中直接使用原始的传感信息,用于为数值天气预报模式提供初始条件。非星载的观测平台和仪器主要有如下几种:

• 无线电探空仪—测量温度、相对湿度及气压,同时通过追踪气球移位提供风速和风向,至今仍是模式初始化中用于确定天气和全球尺度大气三维结构的主要方法。无线电探空探测通常每 12 小时进行一次,分别在世界时的 00 时和 12 时,但在某些国家是每 24 小时一次。这两个标准的无线电探空时间决定了模式初始化的通常时间。

• 近地面气象观测站—测量温度、湿度、气压、风速、风向和降水。同化地面观测的一个困难是如何估计其在边界层中的影响范围(即影响模式的多少层)。这点很重要,因为如果上层大气的分析在垂直结构上没有一致性,那么垂直混合会很快消除初始场中的近地面信息。另一个挑战是,由于局地强迫的主导作用,很难在使用这些观测资料时考虑任何的动力平衡。近地面的观测可以每隔 5 分钟、15 分钟、1 小时、3 小时或 6 小时一次。对于近地面风场而言,一般取 5 到 15 分钟的平均值以消除湍流。近地面测量的高度也是不定的,测量风的标准高度是离地 10 m,温度和湿度是离地 2 m。有些观测网并不一定遵循此标准。观测的空间分布在国家或区域层面差异很大,取决于人口密度。观测的空间密度还与多个专门的中尺度观测网有关,例如为满足空气质量和高速公路养护需求所建立的观测网。浮标数据也是近地面观测的一种。

• 商用飞机—使用机载传感器测量风速、风向、温度、气压及湿度,有些还能测量湍流强度。在飞机起降时可以得到倾斜廓线,在巡航高度上提供一系列近似水平的观测。较短距离的通勤飞行可提供大量的对流层低层的垂直廓线资料。飞机报的频率是变化的,但可使用的观测资料的时间间隔,在飞机起降过程中一般为 60 秒或更短,在巡航高度上大约是 3 分钟。机载传感器也可在特定的气压和水平距离间隔上进行观测,详情见 Moninger 等人 2003 年发表的文章。

• 多普勒雷达—测量水凝物的反射率以及相对于雷达的径向速度,三维立体扫描。在模式应用上主要用于对流尺度模式的初始化。

• 多普勒激光雷达—测量相对于激光雷达的径向速度。在对流尺度上进行三维立体扫描,主要用于中 γ 尺度或更小尺度模式边界层的初始化。

• 风廓线仪—是一种指向向上,频率为 1 小时,在垂直柱上测量水平风矢量的雷达。通常，与风廓线仪搭配的是测量温度廓线的无线电声波探测系统（RASS）。

以下是基于卫星的测量仪器，其他仪器的描述可参考相关文献。

- NASA QuikSCAT SeaWinds 测量的海面风由 NOAA 国家环境卫星、数据及信息服务中心（NESDIS）发布。QuikSCAT SeaWinds 是一种测量海浪后向散射的主动微波雷达，可获得除中到大雨情况以外的风场资料。通过函数关系将所测得的后向散射与海平面 10 m 高度上近似中性—稳定的风场建立联系。分为升轨和降轨型，QuikSCAT 第三级格点化的海面风矢量资料在 0.25° * 0.25° 的全球网格上提供，数据从 2000 年开始至今。有关该数据的更多信息请参考 Bourassa 等（2003）以及 Hoffman 和 Leidner（2005）的文章。

- 温度和水汽的掩星探测通过星载接收器测量全球定位系统（GPS）卫星发射的无线电波的相位延迟得到，因为电波信号会被地球大气所掩盖。掩星探测是全球范围的，能够提供其他观测网无法获得的资料。更多信息参考 Anthes 等（2008）的文章。

- TRMM 产品（Huffman 等 2007）是基于多卫星估测（微波与红外波段反演）和雨量计分析的组合降水估测产品，分辨率 0.25° * 0.25°，50°N—50°S，从 1998 年开始至今。基于该降水分析资料导出的潜热加热率可用于模式的初始化过程。

- NASA 地球观测系统 Terra 和 Aqua 平台装载有可见光、近红外和红外波段的中分辨率成像光谱仪（MODIS）。MODIS 提供一系列气象变量信息，包括温度和湿度。Seemann 等 2003 年的文章提供了一个温度和湿度反演的例子。

- 专用传感微波成像仪（SSM/I）以及臭氧总量测绘分光仪（TOMS）提供的数据已被广泛运用到模式初始化中。有关同化 SSM/I 数据的例子可见 Okamoto 和 Derber（2006），Goerss（2009），Monobianco 等（1994）。

- 地球静止业务环境卫星（GOES）提供的红外、可见光和水汽图像可用于云迹 风的导出计算（Gray 等 1996，Nieman 等 1997，Le Marshall 等 1997）。另外，基于 GOES 降水指数（GPI）的降水估计可用于非绝热初始化。

- 第二代地球静止气象卫星上装载的旋转增强可见光及红外成像仪（SEVIRI）传感器可提供温度和湿度的信息。（Di Giuseppe 等 2009）

6.2.2　观测质量、频率及密度的变化

用于模式初始化的观测数据时空变率很大。例如，不同的观测网之间，模式变量现场观测的时间间隔（频率）差异很大。以北非为例，图 6.1 显示了近地面观测空间密度的差异，观测稀疏的区域对应于人口较少的干旱地区。除了不同观测网数据标准报告的时间间隔不同之外，数据缺失在某些地区也是经常出现的问题。数据记录中断的可能原因有：气象观测站只在白天工作、观测和通讯设备出现故障、政治动荡造成观测站的长时间关闭，以及观测与通讯网络的延迟，数据到达得太晚而赶不上初始化。以西非某一还算连续的数据为例，图 6.2 是贝宁某个冬季地面站观测的相对湿度，存在明显的数据缺失。最后，放置仪器的地点是否适宜也有很大的变化，即使对于观测点陆表属性、观测点与物理障碍物之间最小距离均设有标准，仪器位置的适合度仍具有相当大的可变性。例如，城市中一些观测点被设在房顶上，其表面的热力特性可能是极端的，风场也可能被破坏。下一节将对如何确保观测资料质量的具体方法进行介绍。

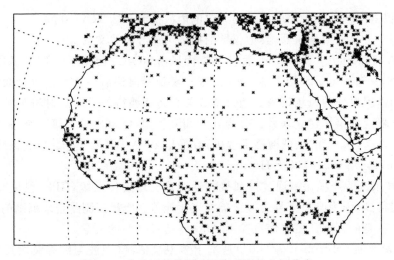

图 6.1　北非近地面相对湿度观测的空间分布

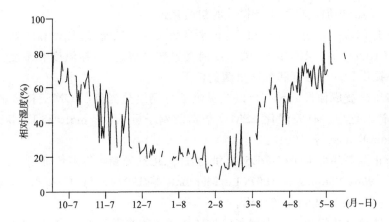

图 6.2　位于贝宁的近地面相对湿度曲线图,注意图中的冬季数据缺失现象。

6.2.3　观测质量保证及质量控制

　　气象观测中质量保证(QA)一词,是指对保证观测数据在 NWP 模式及其他应用中的可用性的一般性规定。事实上,为完成这一目标制定的正式方案通常包括仪器的技术规范、选址要求、仪器校准安排、现场检查安排以及对数据的常规数值检查(QC,质量控制过程)。Shafer 等(2000)介绍了一个中尺度观测网的完整 QA 步骤。

　　历史气象观测数据(至少 1 天前的)有多种获取渠道,部分将在 10.10 节介绍。但是一些国家的实时数据,需要付费才能获得,这给建立研究或业务的实时模式系统带来困难。无论是从历史观测资料库还是从实时观测网获取的数据,大部分已经经过了一些质量检查。但是,对模式初始化用到的观测数据进行独立的质量检查仍然十分重要,如果一个很不正确的观测信息错误地通过了 QC 检查,将会对模式在较大范围内产生负面影响,甚至可能破环整个模式的解。

　　造成观测数据错误的原因有很多。仪器本身的质量可能很好,但是时间、日期或者地理位置的标注可能是错误的,结果导致观测被用于错误的时间或者地点上。另外,电子传输过程也可能或多或少地对数据产生损害。观测数据具有系统误差和随机误差,系统误差往往与仪器校准的不精确有关。观测的另一类问题是代表性误差,将在 9.5.2 节中详细讨论。代表性误差的原因在于一个观测数据代表的是空间某一点的状态,有时是时间上的平均(例如风);而模式初始条件定义的变量代表的是某一网格区域的平均,且是在一个特定的时间点上。因此,使用某一观测确定模式格点条件时,可能会造成非常局地的特征被错误地传播到一个大的区域上。举例来说,如果将与对流流出边界相关的风和温度的观测数据插值到一个天气尺度模式的格点上,将会影响 5 至 10 个模式格点,那么数百平方千米的区域就可能会受到此中 γ 尺度天气系统的影响。

下文介绍一些简单常用的 QC 方法,更多的请参阅 Liljegren 等 2009 年的文章。

- 界限检查—将观测数据与物理界限、传感器界限以及气候界限值比较。物理界限,或称约束,对相对湿度而言,不应小于 0% 或远高于 100%。风速不应小于 0。与此相似,观测数值界限的绝对值可以用传感器的物理界限或气候界限(例如,一个测站观测到的最低温度)来定义。

- 时间一致性检查—对连续观测的变量可以定义一个变化率,并且与可能的值进行比较。对流天气过程中因为有快速变化,降水出现时可以不进行此检查。

- 空间一致性检查—有时指同伴检查(buddy check),即将观测数据与水平和垂直相邻的数据点进行比较。或者,先计算观测与周围一些观测平均的差值,然后将此差值与同一站点的历史最大差值进行比较。

本章后文将会看到,许多现代的资料同化系统是将观测与最接近的格点预报相融合。具体来说,利用模式与观测的差值对格点预报进行调整,调整后的结果用作下一个预报时刻的初始场。在某些特定位置,短期预报和观测之间经常出现的较大差异,往往更多地来自于观测误差而非模式预报误差。事实上,经过精确观测初始化后的大气柱,在短时间的预报后会平流到新的观测地点,因此判断观测资料质量一般使用长期的统计差值。例如,Hollingsworth 等(1986)介绍了 ECWMF 如何利用资料同化系统监控观测质量。无需定期的仪器检查,这种自动、经济的质量控制方法能够识别可疑的仪器进而进行校正。

6.2.4　其他观测过程

无论以分量形式还是风速、风向的形式进行风的观测,都需要将其转换成模式的风分量。这是因为模式中的 u 与格点的行平行,v 与格点的列平行,这不同于地理上与纬、经线平行的 u, v。对于每个格点垂直柱(i, j 坐标相同),数学转换会略有不同。尤其是当模式坐标为笛卡尔,格点的行为东西走向,列为南北走向时,这一点最容易被忽视。

将观测插值到模式格点上的软件是在模式水平坐标框架下进行的。观测通常是经纬度坐标,因此如果模式的 $x-y$ 是非经纬度的,那么观测就需要转换到模式的水平坐标上。

最后,观测数据的单位需转换为模式使用的单位。例如,风速在报文中经常采用海里,但是模式一般使用的是米—千克—秒制。通常湿度也需要转换。

6.2.5　元数据

元数据(也称元信息)与观测数据相伴,提供如何使用数据的必要信息。元数据的基本类型包括文件结构、数据格式(例如 NetCDF)、变量名(例如风速)、单位(例如 mks)以及观测的时间和三维空间坐标。其他可选择的有用信息还包括设备的类型、最近一次的校准时间、仪器现场以及周围环境的照片。元数据的概念也适用于模式数据,虽然相关的信息明显不同。

元数据的格式有一定规定。例如,NetCDF(网络公共数据格式)气候和预测(CF)元数据规定是一种针对观测和预报元数据有详细说明的标准,其目的是推动对 NetCDF 应用程序接口(NetCDF API)所创建文件的处理和共享。CF 规定是对"合作海洋/大气研究数据服务"规定的推广和扩展,"合作海洋/大气研究数据服务"是 NOAA 与大学的一个合作组织,其目的是分发与分享全球大气和海洋研究数据。

6.2.6　目标或适应性观测

受经济及其他条件的制约,大气观测的数量是有限的。对一些特定的天气类型,我们希望在某些观测地点得到对提高模式预报精确度有最大正贡献的观测。为满足这一需求,目标或适应性观测方法应运而生。但是,每天都部署移动观测显然是不经济的,但有诸如台风、强温带气旋等高影响天气时,可作特定的飞机观测。如果制定的飞行路线在预报对初值精度非常敏感的区域内提供观测数据,那么这一目标观测就能够对保护生命财产有所贡献。随着无人机的发展,飞机目标观测会变得越来越普遍。

以下外场观测项目的各种目标观测策略已被评价过。

- 锋面和大西洋风暴路径试验(FASTEX;Emanuel 和 Langland 1998;Bergot 1999,2001;Bishop 和 Toth 1999;Joly 等 1999;Bergot 和 Doerenbecher 2002)
- 北太平洋试验(NORPEX,Langland 等 1999,Majumdar 等 2002a)
- 大西洋 THORPEX(半球观测系统研究和可预报性试验)观测系统试验(Langland 2005)
- 年度美国国家天气局冬季风暴勘测(WSR)计划(Szunyogh 等 2000,2002;Majumdar 等 2002b)

有关适应性观测的以下符号框架可参见 Berliner 等(1999),Majumdar 等(2006)。以 n 维矢量 X_i, X_a 和 X_v 分别代表 t_i, t_a, t_v 时刻的大气状态,例如变量的格点值或谱系数等信息。初始时刻 t_i 代表做决定的时刻,即基于 X_i 信息对在 t_a 时刻(目标观测时刻,也是业务预报的分析初始时刻)的哪个地方进行何种类型的目标观测做出决定,其目的是为了使验证时刻 t_v 的预报量 X_v 的统计特征达到最优。在 $t_a - t_i$ 时间间隔内,观测平台需要到达目标位置,以确保在模式初始化的 t_a 时刻开展观测。时间间隔 $t_a - t_i$ 的选择是一种综合性的考虑,涉及观测任务的制定、飞机起飞、飞机飞行到观测地点等。数据集 X_a 是同化标准观测和目标观测后的结果,用作模式预报的初始条件。

这里给出一个实例:假设业务模式 72 小时预报结果显示纽约地区将发生由沿海气旋引起的致洪暴雨。在 t_i 时刻做出决定,要在未来 24 h 内的 t_a 时刻,在对纽约地区 48 小时降水预报有最大影响的区域实施下投式探空观测。观测最佳位置(目标区域)的选择取决于需要改进的预报变量(降水)和检验区域(纽约)。多数适应性观测策略将观测的目标区域与模式检验区域相联系。但下文要讨论的集合—离散方法是一例外。

如何确定对预报质量有最大正贡献的目标观测类型和地理位置,目前已有许多方法,这里仅介绍其中的几种,其余方法可参考 Palmer 等(1998),Bishop 等(2001),Aberson(2003)以及本章的其他参考文献。Berliner 等(1999)则集中讨论了适应性观测问题的统计框架。

• 集合方差/离散—由 Aberson(2003)提出的一种简单方法。将额外观测置于分析时刻集合预报成员离散度最大的地点,以提高热带气旋路径的预报质量。一般认为集合离散度大的区域也是风场不确定性大的区域,意味着需要更多的观测资料。然而,没有办法可以将分析时刻 t_a 的不确定性(误差)传播到预报检验时刻 t_v 的另一区域。即便如此,Aberson(2003)指出在集合离散度较大区域放置观测相比均匀放置的观测更有助于提高热带气旋的路径预报。

• 伴随法—第三章提到过基于线性化后模式的伴随算子,可产生某种敏感性场,代表初值、边值或模式参数中任意小的随机扰动对预报某特定方面的定量影响。因此,给定预报的某种具体特征(例如气旋风暴的最低气压),可以计算其对初值的敏感性,进而确定最敏感的区域,也即意味在这个区域需要额外的观测。这种分析方法将在第 10 章中与敏感性研究设计结合起来讨论。Palmer 等(1998),Pu 等(1998),Bergot 等(1999),Buizza 和 Montani(1999)以及 Bergot 和 Doerenbecher(2002)描述了利用伴随方法进行目标观测。使用前面提到的术语,向前的线性化模式从 t_i 时刻积分到 t_v 时刻,然后使用伴随模式确定 t_v 时刻模式误差对 t_a 时刻初值的敏感性。这种敏感性信息决定观测平台部署的目标区域,而观测平台需要充足的时间以在 t_a 之前到达目标区域开展观测。在 t_a 稍后,则可利用获得的有效数据进行模式初始化并作出预报。图 6.3 给出伴随方法的完整过程。该方法的关键在于必须确定一个验证区域,使该区域内的误差增长最小。但是伴随方法在某些情况下的应用是有问题的,如某一天气现象空间尺度很大或者存在着多个关注区域时。

• 集合变换卡尔曼滤波—集合变换技术(Bishop 和 Toth 1999;Szunyogh 等 1999,2000)以及后来提出的集合变换卡尔曼滤波(ETKF,Bishop 等 2001,Majumdar 等 2002a,b)都是利用集合预报的信息确定可使预报精度提高的随机观测采样区域。相比于伴随方法,ETKF 技术的优点在于不需要伴随模式、较少的计算花费、基于非线性(集合)预报,以及提供模式误差减少的定量估计(不仅仅是敏感性指标)。

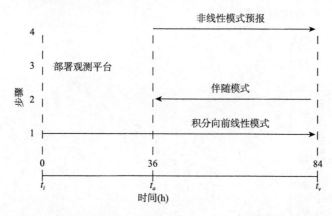

图 6.3　伴随方法确定目标观测(以提高业务预报水平)区域的流程示意图。在初始时刻 t_i,运行向前线性模式以及伴随模式(步骤 1 和 2)以确定进行特殊观测的区域和需要飞机到达该区域的时间。t_a 是特殊观测与预报初始化的时刻。最左边虚线旁的数字表示流程的步骤。

鉴于上述所有方法均涉及模式,目标观测的区域不仅依赖于方法而且依赖于模式,使用不同模式估计出来的目标观测位置可能完全不同。

需要指出的是,在实践中适应性观测方法都有某种局限性。如飞机观测,无论是飞机自身观测还是通过投放下投式探空进行观测,都只能对一个相对较小范围的大气进行测量。因此,即使目标区域的计算是精确的,逻辑上也不大可能观测足够大的区域以在模式的初值中调整锋面或者斜压波等大尺度系统的位置和振幅。而当区域内没有其他任何有效数据时,问题会更严重。相关的要点是,同化较大区域内的观测有时比同化适中数量的观测平台效果更好。因此,目标观测对预报性能的影响依赖于同化方法。例如,Bergot(2001)指出,同样同化 20 个 FASTEX气旋生成个例的目标观测资料,四维变分技术对预报技能的改进比三维变分技术更大。

　　图 6.4 是目标观测对预报性能影响的一个例子。图中的散点代表针对 5 个 FASTEX 个例,ECMWF 全球模式 30、36、42 和 48 小时预报的 500hPa、1000hPa 均方根误差(RMS)。使用和不使用目标观测分别运行模式。每个点代表验证区域的平均误差,对应于特定的验证高度、FASTEX 个例及验证时间。总体而言使用下投式探空数据时误差较小,但也有少数例外。当然,在模式的任何区域内增加观测资料一般都会减小预报误差,所以在解释目标观测的有效性时需要小心。更多内容请参阅 Montani 等(1999)关于目标观测的文章。

6.2.7　固定观测站点的最优布局

　　与以上讨论的目标观测不同,常规固定观测平台的地点选择主要考虑维护是否方便。然而,也有一些确定固定平台地点的方法,主要考虑对模式初值的改进以提高预报技巧。例如,如果一个有限区域模式主要用于对特定区域某种特定的重要天气事件(如机场周边的风切变等)的预报,可利用上述目标观测方案其中的一种通过大量历史个例确定固定观测的最佳位置。还有一种被称为场相干技术(field—coherence)(Stauffer 等 2000,Tanrikulu 等 2000),主要基于对模式模拟大气结构的统计分析。时空相干性是指一种距离尺度的度量,在此尺度上某一变量场的空间结构具有时间一致性。因此,这种一致性能够表明某站点观测作为在特定分析时刻对另外位置相同变量估计的好坏程度。这一概念意味着地理区域的场相干性越大,则描述变量场主要特征所需的站点数就越少。10.2 节讨论的观测系统模拟实验,也可用于评估不同观测空间分布的相对效益。

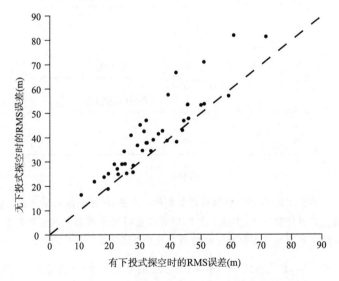

图 6.4　欧洲中心(ECMWF)全球模式使用/不使用目标观测的 500hPa 和 1000hPa 高度预报误差的散点图。图中的每个点对应五个 FASTEX 个例中某个例、验证区内四个不同预报时效、两个检验高度的均方根预报误差。引自 Montani 等(1999)。

6.3　连续与间歇同化方法

资料同化和数据分析的目的都是生成描述气象变量状态的格点数据集,这两个术语有时可互换使用。使用"资料同化"这一术语时一般涉及气象模式的使用。资料同化系统的主要目的是为业务预报生成初值或产生大气状态的长期再分析资料(详见第 16 章)。"资料同化循环"(data-assimilation cycle)通常包含数据质量控制、客观分析、模式初始化(可能的平衡化处理)以及为下一时刻产生背景场的整个过程(Daley,1991)。本节主要介绍两类资料同化系统,均涉及模式的使用。

做过手动主观分析的人都知道基于计算机的客观分析的质量是较高的。以下介绍已使用了数十年的传统手动分析观测数据的方法。

- 对总体天气型的初始猜测十分重要。可以是观测、基于前一时刻的分析、最近的预报,或者一个典型区域的气候特征(气候值)。
- 不宜独立分析某一变量。例如,对于大尺度,当绘制等风速线时,高度场分析中梯度较大的区域也是风速的大值区。
- 整体天气型提供的信息可用于观测点之间的插值。例如,当分析急流最大值时,等风速线与风的方向一致;在锋面分析位置上,所有变量的等值线应反映气团属性的转变。
- 分析过程中要使用观测的空间密度信息。在观测资料较密的地区,可如实地按观测画分析场,而在观测缺乏或者没有观测的地区,分析场应基于背景场(气候值或者前一时次的分析场)。当一组观测中有一个观测与周围观测不一致时,应在分析过程中忽略此观测或者给予其少量权重。
- 分析场的平滑处理应与数据的密度以及所分析现象的尺度相一致。

6.3.1　间歇或者顺序同化

业务同化系统大多采用间歇或顺序方案。图 6.5 给出了同化的一般流程,循环从一个初始预报开始,下一预报的初始场由观测(左上)和背景场(右上)的融合产生,背景场是前一时刻起报至现在分析时刻的模式输出,在以初始时刻为中心的一个时间窗口内(图中是 $\pm n$ 分钟),观测资料被收集并在分析中使用。前一时刻的预报结果称为初猜、先前估计或者背景场。相比直接对观测插值,分析过程中使用预报场能更好地填补远距离观测之间的空白区。另外,模式解中还包含局地地面强迫导致的环流,因此初始场中也会包括这些信息(详见 6.4 节)。如果观测和预报的融合涉及不同时刻信息的使用,则同化过程称为四维资料同化(FDDA)。之后,利用初始条件启动预报,如果是区域模式(LAM)还需要侧边界条件(LBCs)。对于全球模式,通常是每 6 小时起报一次,而区域模式则可以频繁至每小时一次。无论全球还是区域模式,下一时刻的背景场都可来自 m 时刻的模式预报场。顺序同化的作法是最优插值、三维变分、集合卡尔曼滤波等方法的基础。顺序同化涉及到的过程在图 6.5 中以矩形方框表示,图 6.6b 是对顺序同化方法的另一种图形阐述。

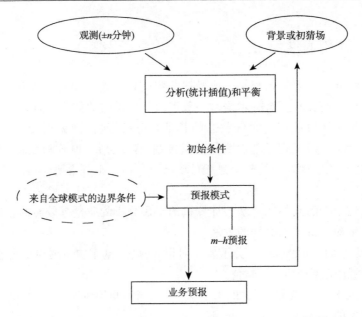

图 6.5　间歇或顺序资料同化方法流程图。详见文字说明。

6.3.2　连续同化

不同于顺序方法中将不同观测时刻的数据批量处理的方式,连续同化方法在资料的观测时间进行同化。四维变分同化是一种连续同化方法,我们将在介绍完统计最优方法之后进行讨论。本节将介绍另外一种主要的连续同化方法——牛顿松弛法(Newtonian relaxation)。牛顿松弛法(也称松弛逼近(nudging))在模式预报方程中增加非物理逼近项,强迫每一格点的模式解向观测逼近(观测或站点逼近)或者向观测分析逼近(分析逼近),逼近项与模式和观测(或分析)的差值成比例。以下方程对某预报方程中的松弛项进行了解释。f 是任一因变量,F 代表所有的物理过程项,f_{obs} 是插值到模式格点上的观测值,τ 是松弛时间尺度。松弛项的权重分为 3 个部分:决定该项相对于方程中物理项大小的因子(G),确定观测时空影响的函数(W)以及观测质量因子(ϵ)。在有限差分空间中,在特定的格点及特定的时间步上应用该方程。

$$\frac{\partial f}{\partial t} = F(f,\boldsymbol{x},t) + \frac{f_{obs} - f}{\tau(f,\boldsymbol{x},t)} = F(f,\boldsymbol{x},t) + G(f)W(\boldsymbol{x},t)\epsilon(f,\boldsymbol{x})(f_{obs} - f)$$

如果松弛时间尺度太小,模式解会向观测迅速收敛,其他变量将没有足够的时间完成动态调整。如果时间尺度太大,模式解的误差又无法被观测订正。

此方法有如下优点:计算效率高;稳定性好;允许模式连续不断地进行数据输入;模式的整个动力学是同化系统的一部分,因此分析场包含了所有局地强迫的中尺度特征;而且也不会过多地增加模式代码结构的复杂性。Stauffer 和 Seaman(1990,1994),Stauffer 等(1991),Fast(1995),Seaman(1995),Liu 等(2006,2008)利用牛顿松弛法进行的研究工作表明,在天气尺度,分析逼近可能比间歇同化方案更好。Stauffer 和 Seaman(1994),Seaman(1995)的研究还表明,在中尺度,观测逼近比分析逼近更为成功。Leslie 等(1998)发现观测逼近的效果与四维变分系统同化相同观测的结果类似(详见本章 6.11.1 节),但四维变分的计算量非常大。Bao和 Errico(1997)利用伴随模式解释了逼近项的影响及该方法的局限性。

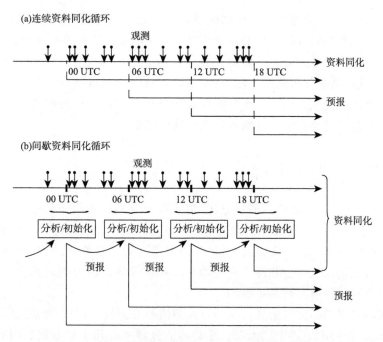

图 6.6 间歇和连续循环同化各分量示意图,详见文字说明。

图 6.6 是间歇与连续同化过程的比较示意,时间从左到右增加。对连续同化(图 6.6a),观测在每个时间步被植入模式,模式可以在任何需要的频次进行预报(例如,图中所示的每隔 6 小时)。间歇同化过程(图 6.6b)采用同样的观测数据,但是把某一段时间间隔上的观测数据组合在一起,与来自短期预报的背景场融合产生客观分析场。该格点场可能会经过平衡处理,然后作为后续预报的初始条件。图 6.6b 的同化循环过程类似于图 6.5,但强调了与连续同化方法的区别。

当中尺度模式解向天气尺度的观测分析逼近时,这种连续同化方式会产生负效果。具体来说,为了响应不同的陆面强迫,模式会激发较小尺度的特征,但是如果这些特征在分析中未被合理地表达,它们将会被松弛项阻尼掉。考虑如下情形:作为对海岸线的不同陆面热力差强迫的响应,模式发展出海风环流和沿岸锋。如果使用典型密度的二、三维观测资料,客观分析中可能缺乏对空间细节的描述,分析场代表的是大尺度特征而不包含中尺度细节。因此,将模式解向这种分析场逼近时将会破坏真解。这一问题在模式向观测资料逼近(而非格点化分析场)时也会存在,因为传播观测影响的各向同性函数无法反映线性的中尺度特征,也会破坏模式解的精细化特征。为了避免这一问题,发展了谱逼近方法,在确定修正项时对模式解进行滤波,仅将大尺度特征与分析场进行求差。谱逼近方法的概念在第 16 章讨论气候模拟时也将涉及到,因为当全球气候模拟降尺度到区域模式运行时有时会使用此方法。即对区域气候模式的解进行谱滤波,其中的大尺度场向全球模式解逼近,以避免区域模式大尺度解的漂移问题。

6.3.3 间歇与连续的混合方法

即使是连续同化方法严格来说也是间歇的,因为数据的输入是在时间步长的间隔上。因此,没有明确的术语定义也是可以理解的。例如,当两次分析之间的时间间隔减小时(图 6.6b),间歇法就接近于所谓的连续法。实际上,某些业务资料同化系统的周期(更新频率)已经是逐小时的。还有些方法将连续同化和间歇同化相结合。例如,Lorenc 等(1991)发展的分析—订正系统,在每个模式时间步长上对 6 小时间隔内的成批资料进行分析,并把分析结果植入模式解的每一步上,对靠近分析时刻的观测数据给予更多的权重。Bloom 等(1996)提出了一种基于统计插值的增量分析更新方法,每 6 小时计算一次,分析增量(分析场与背景场的差值)作为一个连续的强迫项作用于 6 小时的模式积分中。即使上述两种方法都保留了间歇方法的某些特征,但是资料是在每个时间步长上影响模式模拟的。

6.4　模式初始调整(spinup)

我们已讨论了不同种类的资料同化方法,接下来介绍模式初始调整这一概念。因为观测网络在空间密度上的不足,特别是在三维空间上,观测一般无法表征急剧的锋面梯度,无法正确描述上层风速大小或下层急流的最大值、热力强迫的边界层环流结构、地形相关的波与输送、小尺度的垂直运动以及与云和降水有关的湿度梯度等等。因为观测无法正确描述上述特征,对这些观测资料的简单分析是不够的。

然而,模式本身提供的大气信息可作为对观测的补充。例如,我们知道陆面特征量(如,地形高度,陆地—水边界)的分辨率比大气三维结构的分辨率高几个数量级。因此,在模式开始积分时,对流层低层将对来自于边界层底层的动力与热力强迫进行响应,产生动力和热力强迫的风环流、海岸线附近边界层内的温湿差异等等。模式动力将这些结构信息叠加到基于观测的初始条件中。此外,在模式积分初期,锋面变形会导致未被很好解析的梯度加大、大尺度波之间的相互非线性作用会产生较小尺度的波动、非地转流会增强,其产生的垂直运动为模式提供云、降水发展的饱和条件。这种在模式积分过程中大气实际三维特征的后初始化(post-initialization)发展,被称为模式初始调整。

虽然模式调整过程会在模式解中产生未被观测到的特征,但还是有问题的,因为它是在预报过程中进行的。因此,在预报初期(可能 12 小时)模式解无法正确表述潜在重要的大气过程。例如,模式的前半天降水可能是不真实的。因此,人们一直重视发展能产生协调初值的初始化方案,由此产生一些客观术语。如"冷启动"指使用未经调整的初值,"热启动"指使用调整后充分协调的初值,而"暖启动"则使用部分协调的初值。

在阅读本章后文的各种资料同化方案时,读者应牢记我们对合理、充分协调的初值的希求。如前面提到的间歇(顺序)同化和连续同化方法,如果观测的影响完全消除了来自模式的背景场信息,那么顺序同化可能产生不太协调的初值。历史上,所有使用模式预先预报积分的动态初始化方法,其动机都是为了得到充分协调的初始条件。

6.5　资料同化的统计框架

6.5.1　引言(以标量关系形式说明)

本节介绍作为各种资料同化方法基础的数学概念。资料同化是一种将一段时间的观测信息放入模式状态的分析方法。观测信息通过模式进行时间上的传递,模式在变量之间加入动力一致性,并且在空间上和变量之间传播观测信息。资料同化过程有三个组成部分:观测数据、大气状态的背景信息(可能基于之前的分析或是模式预报)及可能基于模式的动力约束。

以下讨论中,术语"矢量"指用于确定模式大气状态的一组元素,可以是格点值或者谱系数。例如,矢量 x 可写成 $x = (x_1, x_2, \cdots, x_n)$。如果矢量代表格点模式中的大气状态,则维数 n 就是格点数和因变量个数的乘积。

在上述例子中,状态矢量 x,是由一组确定模式大气状态的数值所构成的列矩阵。如果该矢量由分析系统得到的,那么由于分析过程的误差、测量误差及空间分辨率不足导致的代表性误差会造成该矢量与观测的不一致。真实状态矢量 x_t,代表模式格点上最可能真实的状态。由于代表性误差不可避免,该状态不同于完美状态,即大气的准确状态。格点化的背景场,是在做分析之前对 x_t 的初猜估计,以矢量 x_b 表示,分析场则用 x_a 表示。分析问题就是寻找一个修正项 δx,使得

$$x_a = x_b + \delta x$$

尽可能地靠近 x_t。

分析中用到的观测资料被收集组成观测矢量 y,在分析过程中,观测矢量要与基于模式初猜场的状态矢量进行比较。由于状态矢量的每个自由度(定义在各格点上每个变量的值)明显不同于观测(观测数量相对较少,位置相对不规则),故需利用观测算子(也被称为正向算子)$H(x)$ 进行从模式空间向观测空间的转换。简单地说,相当于状态变量从模式格点到观测点的插值,也可以是模式变量到观测变量的转换。在数据分析过程中,计算观测和状态矢量之间的差。差值

$$y - H(x_b)$$

称为观测增量(innovation);差值

$$y - H(x_a)$$

称为分析残差。

这些概念可用于对最小二乘估计的简单阐述,从而引出资料同化的一般性框架。假如 T_1 和 T_2 是对某一标量(如温度)在某点真值 T_t 的两个估计。为了对它们进行最优融合,需要有关这两个估计值的误差 ε 的统计信息。设

$$T_1 = T_t + \varepsilon_1 \tag{6.1}$$
$$T_2 = T_t + \varepsilon_2 \tag{6.2}$$

这里 ε_i 是未知量。以 $E(X)$ 表示测量 X 的期望值,或者多次测量的平均值。假设测量温度的仪器是无偏差的,则

$$E(T_1 - T_t) = E(T_2 - T_t) = 0,\text{或} \tag{6.3}$$
$$E(\varepsilon_1) = E(\varepsilon_2) = 0. \tag{6.4}$$

假设已知观测误差的方差:

$$E(\varepsilon_1^2) = \sigma_1^2 \text{ 及 } E(\varepsilon_2^2) = \sigma_2^2. \tag{6.5}$$

且假设两个观测的误差之间是不相关的:

$$E(\varepsilon_1 \varepsilon_2) = 0. \tag{6.6}$$

则方程(6.4)—(6.6)确定了两个观测的统计信息。我们的目标是将 T 的两个估计值进行最优线性组合,即得到对 T_t 最小二乘的最优估计。具体来说,设 T_a 是关于 T_t 的最优估计,则:

$$T_a = a_1 T_1 + a_2 T_2 \tag{6.7}$$
$$a_1 + a_2 = 1 \tag{6.8}$$

如果所选择的系数使 T_a 的均方根误差最小,T_a 就是对 T_t 的最优估计。从方程(6.7)和(6.8)

得到：

$$\sigma_a^2 = E[(T_a - T_t)^2] = E[(a_1(T_1 - T_t) + a_2(T_2 - T_t))^2]. \tag{6.9}$$

如果 X,Y 相互独立，利用 $E(XY) = E(X)E(Y)$ 及方程(6.1)，(6.2)，(6.3) 和(6.5)，方程 (6.9) 变为：

$$\sigma_a^2 = a_1^2 \sigma_1^2 + a_2^2 \sigma_2^2. \tag{6.10}$$

利用方程(6.8)，并且设 $a_2 = k$，方程(6.10) 变为：

$$\sigma_a^2 = (1-k)^2 \sigma_1^2 + k^2 \sigma_2^2. \tag{6.11}$$

为寻找最小分析方差 σ_a^2 所对应的 k，方程(6.11) 对 k 求导数，并置为 0，得到：

$$k = \frac{\sigma_1^2}{\sigma_1^2 + \sigma_2^2}. \tag{6.12}$$

假设 T_1, T_2 分别来自观测和背景场，方程(6.7) 变为：

$$T_a = kT_o + (1-k)T_b \tag{6.13}$$

方程(6.12) 变为：

$$k = \frac{\sigma_b^2}{\sigma_b^2 + \sigma_o^2}, \tag{6.14}$$

则：

$$T_a = \frac{\sigma_b^2}{\sigma_b^2 + \sigma_o^2} T_o + \frac{\sigma_o^2}{\sigma_b^2 + \sigma_o^2} T_b. \tag{6.15}$$

例如，如果观测质量很差，即 σ_o 很大，分析将给予 T_b 更多权重。重写方程(6.13)：

$$T_a = T_b + k(T_o - T_b). \tag{6.16}$$

将(6.14)代入(6.11)，令 $\sigma_1 = \sigma_b$，$\sigma_2 = \sigma_o$，得到：

$$\sigma_a^2 = \frac{\sigma_b^2 \sigma_o^2}{\sigma_b^2 + \sigma_o^2} = \sigma_b^2 (1-k). \tag{6.17}$$

σ_a 代表由观测和背景的不确定性得到的分析的不确定性。注意：$\sigma_a^2 \leqslant \sigma_b^2$，且 $\sigma_a^2 \leqslant \sigma_o^2$，表明分析误差比背景和观测误差都小。换句话说，即便使用了一个方差较大的信息，也能减少分析场的不确定性。方程(6.17) 可改写为：

$$\frac{1}{\sigma_a^2} = \frac{1}{\sigma_o^2} + \frac{1}{\sigma_b^2}. \tag{6.18}$$

方差的倒数称为精度（precision，方差越大，精度越低）。因此，分析精度是观测精度与背景精度之和。

　　另一种做法，不同于(6.11)中通过最小化 σ_a^2 得到 T_a 的最优估计，对于任何 T，T 与 T_b 的距离及 T 与 T_o 的距离可用以下二次关系表示：

$$J(T) = \frac{1}{2}(J_o(T) + J_b(T)) = \frac{1}{2}\left[\frac{(T - T_o)^2}{\sigma_o^2} + \frac{(T - T_b)^2}{\sigma_b^2} \right]. \tag{6.19}$$

该函数代表了变量(T)与两个信息源之间差异的平方的加权求和，权重由两个信息源的精度决定。这个函数通常被称为代价函数或惩罚函数。为寻找使代价函数最小的 T，对 J 关于 T 求导，并置为 0。事实上，可以证明所求得的极值就是最小值，对应的 T_a 就是对 T 的最优估计，与(6.15)中的结果一致。图 6.7 以图形形式说明如何结合方程(6.19)中的两个惩罚项 J_o 和 J_b，使 T 处的分析误差达到最小。

　　以上分析仅涉及两个数据的最优融合，一个观测值一个背景（或初猜）值，是简单的标量而非矢量问题。另外还假设了这些信息位于同一位置,不需要观测算子进行模式空间向观测空间的转换。当在实际模式中应用这些概念时,背景状态矢量的维数将超过 10^7（对格点模式,为格点数与变量数的乘积）,观测矢量维数超过 10^6。所幸,上述最小二乘估计方法运用于实际多维资料同化问题时,其表达形式是一样的。基于 Kalnay(2003),总结要点如下:

●方程(6.16)说明分析值是在背景场中加入乘以最优权重的观测增量(观测和初猜场之差)得到的。

●方程(6.14)定义的最优权重 k,是背景误差方差乘以总方差(背景和观测误差方差的总和)的倒数。背景误差方差越大,观测对背景场的订正越大。

●方程(6.18)表明分析精度等于观测精度与背景精度之和。

●方程(6.17)右面的部分表示分析的误差方差等于背景误差方差的(1-k)倍。

关于最小二乘方法在多维和多变量问题中的应用将在后面的章节中介绍。

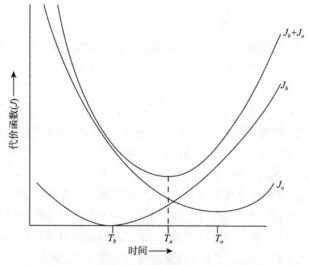

图 6.7　示意图显示如何结合方程(6.19)中的两个
惩罚项 J_o 和 J_b,使 T_a 处的分析误差达到最小。

6.5.2　多维问题的统计学概念

以下列出本节及后面章节以及其他文献中使用的矢量和矢量算子。我们使用的符号与 Ide 等(1997)所建议的符号定义一致。状态矢量 x 可定义在模式格点上(或定义为谱系数)。依赖于分析的设置,未知的分析矢量 x_a 和已知的背景场矢量 x_b 可定义为二维空间的单变量值,如 $T_b(x,y)$,或三维空间的单变量值,如 $T_b(x,y,z)$,或定义为三维空间中所有的变量,如 $x_b=(\text{Psfc}_b(x,y),T_b(x,y,z),q_b(x,y,z),u_b(x,y,z),v_b(x,y,z),\cdots)$。模式的背景场和分析场定义为以格点和变量排序的列向量,其长度 n 为变量数和格点数的乘积。

状态和观测矢量定义如下:

• x_t 模式的真实状态矢量。如 6.5.1 节中所描述,该矢量代表定义在模式格点上最可能真实的状态。因为代表性误差不可避免,所以不同于代表大气真实状态(完美观测)的完美状态矢量。维数为 n。

• x_a 模式的分析状态矢量。维数为 n。

- x_f 模式的预报状态矢量。维数为 n。
- x_b 模式的背景状态矢量。维数为 n。如果用模式的预报量定义该矢量,则 $x_b = x_f$。
- y 观测矢量。维数为 p。

误差协方差矩阵定义如下:

- **B** 为背景(或预报)误差协方差矩阵,维数是 $n \times n$。对该矩阵的合理估计非常重要,因为它的大小和形状控制分析增量的影响函数。其形状决定从观测到分析格点信息的传播;至于其大小,当背景误差大时,观测将被给予更大的权重。如果 **B** 矩阵相对精确的话,网格化的背景场向观测的调整结果会更好,观测被更有效地使用。也就是说,定义在观测点上的观测增量信息通过 **B** 矩阵转换为周围格点上变量的分析增量,以这种方式使分析误差达到最小。在标量系统中,背景误差协方差简化为方差,或离差平方的平均值,即

$$\mathbf{B} = \overline{(\varepsilon_b - \overline{\varepsilon_b})^2}.$$

在多维系统中,

$$\mathbf{B} = \overline{(\varepsilon_b - \overline{\varepsilon_b})(\varepsilon_b - \overline{\varepsilon_b})^T},$$

为对称方阵,对角线上的元素为方差。对于简单的三维系统,

$$\mathbf{B} = \begin{bmatrix} var(e_1) & cov(e_1,e_2) & cov(e_1,e_3) \\ cov(e_1,e_2) & var(e_2) & cov(e_2,e_3) \\ cov(e_1,e_3) & cov(e_2,e_3) & var(e_3) \end{bmatrix}.$$

对角线外的各项为模式中每对“变量”间的交叉协方差,这里的“变量”是指对应于每个格点上的物理变量的值。一对变量可以是在两个不同格点上相同的模式变量,或是两个不同的模式变量。变量个数,即矩阵维数,是物理变量和格点数的乘积。以下三种方法可用于估计协方差矩阵。

(1)预计算的误差协方差—某些资料同化方法采用的预计算的协方差是基于:(a)多种不同观测大气态的平均,(b)理论考虑,或(c)模式模拟。在任何情况下,统计数据一般是时空分布均一的(即不依赖于特定的气象条件或天气形势)。基于观测的协方差,理想的做法应由稠密均一,且误差不相关的探测网计算得到,。其中,观测增量 $[y - H(x_b)]$(观测减去预报)的计算考虑了 y 和 x_b 位置之间的差异。与此不同,所谓的 NMC(美国国家气象中心)方法完全基于模式的模拟,该方法将在 6.8 节三维变分(3DVAR)中做简要的讨论。图 6.8 给出了在两种不同假定情况下,相关性随 y 和 x_b 之间距离的增加而下降的例子。对非天气型态依赖的误差协方差矩阵的其他讨论可参见 Schlatter(1975),Hollingsworth 和 Lönnberg(1986),Lönnberg 和 Hollingsworth(1986),Thiebaux 等(1986),Bartello 和 Mitchell(1992),Xu 和 Wei(2001,2002),及 Xu 等(2001)。

(2)非最优、各向异性的空间权重—其中一类方法是利用地形高度信息控制观测增量在模式大气低海拔地区的传播。这里的逻辑是,协方差在山脊两侧格点之间应更小,故山脊某一侧的观测对另一侧的影响较弱。因此,分析增量的分布是各向异性的,障碍物对面的增量应该较小(基于观测的调整)。Lanzinger 和 Steinacker(1990)将这一方法用于阿尔卑斯山地区的最优插值(简称 OI,见 6.7 节)分析。Miller 与 Benjamin(1994)则利用如果两点的位温和高度相似,则两点间变量相关性较好这一事实,使观测和格点间的有效距离与两点间高度和位温的差异成正比。同样,Dévényi 和 Schlatter(1994)将 OI 的观测增量传播放在等熵面上进行。

(3)完全天气型态依赖的误差协方差—以上各方法并没有考虑到“日误差”(Kalnay 等,1997),即背景(预报)场中依赖于天气系统的误差,很大程度上会影响对观测的分析。如果忽略协方差统计中这些逐日变化,会导致很大的分析误差。6.11 节中提到高级资料同化方法可

计算出在同化过程中演变的、流依赖的背景误差协方差。例如,6.11.3 节中图 6.21 显示了这些协方差的空间变化。

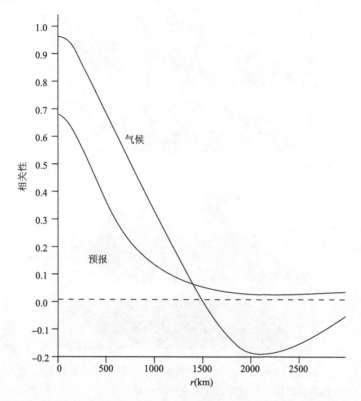

图 6.8　北美上空 500hPa 位势高度上定义观测和背景场相关的两个函数。一条曲线基于气候资料的背景场(Schlatter,1975),另一条则基于模式预报结果(Lönnberg 和 Hollingsworth 1986)。取自 Daley(1991)。

图 6.9 显示一个二维 (x,y) 系统中,利用一个典型的各向同性误差协方差与利用型态依赖误差协方差传播观测影响的差异。图中的曲面定义了格点上 u 速度分量值。背景场(u_b)在空间上是常数(平面),观测 y 产生一个正的观测增量。在图 6.9a 中,分析增量在观测点 y 周围各向同性地分布在格点上,形成一个圆锥形的观测影响。曲面下面的阴影平面是网格点上分析的等值线。在图 6.9b 中,协方差矩阵可感知在该位置上风速沿风矢量(图示)方向上拉伸的分布形态,产生一个非各向同性、具有天气态依赖的分析增量和等值线。

・ **R** 观测误差协方差矩阵($\varepsilon_o = y - H(x_t)$),维数为 $p \times p$。观测误差通常被认为是独立的,特别是当观测由不同种仪器获得时(比如,与无线电探空廓线不同的观测)。这种方差的估计一般是基于探测仪器的特性,可在实验室中进行,尽管代表性误差和观测算子 **H** 中的误差也是非常重要的。**R** 矩阵大多数是对角阵,或者近似对角。

・ **A** 分析误差($x_a - x_t$)协方差矩阵。维数为 $n \times n$。

・ **Q** 模式预报误差($x_f - x_t$)协方差矩阵。维数为 $n \times n$。

矢量算子定义如下:

・ **M** 模式动力算子。例如,$x_f(t+1) = M[x_f(t)]$ 表示利用模式将矢量 x 从时间(t)预报到时间($t + 1$)。维数 n 保持不变。

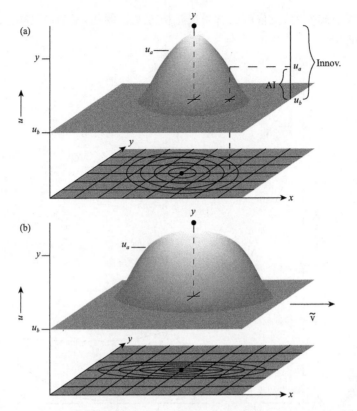

图 6.9　一个二维(x,y)系统中,利用一个典型的各向同性误差协方差(a)与利用型态依赖的误差协方差(b)传播观测影响的差异。详见文中的讨论。

- $\boldsymbol{H}$ 观测算子。也就是所谓的向前算子。维数从 n 变到 p,因为这种转换是从模式的状态空间(n)变换到观测空间(p)。可以想象为将变量从模式的格点插值到一个观测点的位置。

下面介绍给定二维或三维网格点上的背景场 $\boldsymbol{x}_b$,以及一组分布在不规则位置 r(见图 6.10)的观测 $\boldsymbol{y}$,如何确定最优分析场 $\boldsymbol{x}_a$(即一组模式变量)的一般性问题。类似于标量问题的等式(6.16),但下列关系式涉及多维问题,这里矢量和矢量算子定义为

$$\boldsymbol{x}_a = \boldsymbol{x}_b + \mathbf{K}(\boldsymbol{y} - \boldsymbol{H}[\boldsymbol{x}_b]),\text{其中} \tag{6.20}$$

$$\mathbf{K} = \mathbf{B}\mathbf{H}^T(\mathbf{H}\mathbf{B}\mathbf{H}^T + \mathbf{R})^{-1}。 \tag{6.21}$$

如前所述,变量 $\mathbf{K}$ 为分析的权重矩阵。与等式(6.16)一致,观测增量被最优权重所乘,由此决定分析增量 $\boldsymbol{x}_a - \boldsymbol{x}_b$。增益矩阵为观测空间上背景误差协方差与总误差协方差(背景和观测误差协方差的总和)逆矩阵的乘积。$\mathbf{B}\mathbf{H}^T$ 中的元素(对应于一个观测和一个网格点上的分析变量)越大,观测增量作用于该点的权重越大。由逆矩阵$(\mathbf{H}\mathbf{B}\mathbf{H}^T + \mathbf{R})^{-1}$可见,观测的不确定性越大,观测增量在该点的权重越小。矢量 $\boldsymbol{x}_a$ 是最小二乘法的最优估计。方程(6.21)中增益矩阵的推导,可参见本章最后所列的参考文献,如 Kalnay(2003)。

6.6　逐步订正法

逐步订正(SC)(Bergthorsson 和 Doos 1955,Cressman 1959),是早期一种将观测资料插值至格点的方法。因为简单有效,此方法至今仍在使用。如前所述,初猜场代表变量在格点上的一种

最优估计,该方法利用观测对周围格点的影响对初猜场进行逐步调整,由下列表达式确定:

$$x_i^{n+1} = x_i^n + \frac{\sum_{k=1}^{K_i^n} w_{ik}^n (y_k - H(x_k^n))}{\sum_{k=1}^{K_i^n} w_{ik}^n + \varepsilon^2},\qquad (6.22)$$

其中 x_i^n 是 i 格点上的第 n 次迭代估计值,y_k 是 i 格点周围的第 k 个观测,$H(x_k^n)$ 是从周围格点插值到观测点 k 的第 n 次估计值,ε^2 是对观测误差方差与初猜误差方差比率的估计。权重可以用多种方式表示,Cressman(1959)将其定义为:

$$w_{ik}^n = \frac{R_n^2 - r_{ik}^2}{R_n^2 + r_{ik}^2} \quad \text{for} \quad r_{ik}^2 \leqslant R_n^2$$
$$w_{ik}^n = 0 \quad \text{for} \quad r_{ik}^2 > R_n^2, \qquad (6.23)$$

其中 r_{ik}^2 是观测点 k 与格点 i 之间的距离平方。图 6.10 给出了定义在规则格点上的影响区域以及不规则观测点的分布。

对首次迭代,方程(6.22)中的 x_i^0 就是初猜场的值。对每个格点 i,初始影响半径 R_0 内的所有 K 个观测都被用来调整背景场。对每个观测而言,其调整的权重取决于与格点的距离,以及观测值与初猜场插值到观测点所得值之间的差异。如前所述,背景场与观测值之间差异称为观测增量,其加权后的分布是围绕观测点各向同性的。在假定每个影响区域至少有一些观测存在的条件下,影响半径逐次减小地不断重复这一过程。即,首先使用大量的观测对初猜场在大尺度范围进行调整,而后续迭代中重复使用数量减少的周围观测以考虑局地效应。

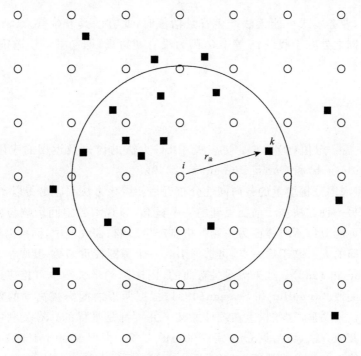

图 6.10　规则格点(空心圆)及不规则观测点(实心正方形)分布示意图。同时显示围绕格点 i 的环形影响函数,格点与观测点 k 之间的位移向量 r。

　　如果 ε^2 为 0,意味观测是完美的,也就说此过程将完全趋于观测值,最终导致牛眼型等值线,即围绕一个坏的格点值的圆形分布。若使用真实的 ε^2 值,则方程(6.22)中向观测的调整变小,背景场所占的比重增大。当 $\varepsilon^2=0$ 时,单个观测坏点带来的负作用可通过不使用很小的影响半径来降低,这样就会有更多的观测影响到该格点。图 6.11 表示一维分析中在观测的影响区域内对背景场的订正过程。

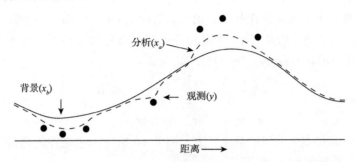

图 6.11　在观测(黑圆圈)的影响区域内通过对背景场(实线)订正产生分析场(虚线)过程的示意。观测影响半径之外,背景场和分析场是重合的。

　　该方法的另一版本出自于 Barnes(1964,1978),其优势之一是不需要独立的初猜场。事实上,其初猜场是由影响半径内观测值的加权求和来确定的:

$$x_i^0 = \sum_{k=1}^{K_i} w_{ik}^0 y_k.$$

对于小尺度系统,业务模式可能无法产生背景估值时,此方法具有优势。Barnes 的公式与方程 6.22 相似,不同之处在于假设 ε^2 等于 0,因为没有初猜场(即初猜场误差很大)。权重由下式给定:

$$w_{ik}^n = e^{-r_{ik}^2/2R_n^2},$$

这里,影响半径

$$R_{n+1}^2 = \gamma R_n^2$$

在每步迭代中按某一定值(γ)减小。更多关于 SC 方法的讨论及近期的应用,可参见 Daley (1991),Barnes(1994a,b)和 Garcia-Pintado 等(2009)。

　　很明显,站点周围分析增量的各向同性分布近似使得该方法很容易得以实施,但这种近似并不是必须的。另一种方法基于前面提到的一个概念,即观测的空间影响与盛行的天气系统有关。例如观测可能应该不对锋面另一侧的格点产生影响;在大气中,标量沿流线方向的扩散要比穿越流线方向的大。基于后一点,可选择引入一个椭圆权重函数,其纵横比与风速呈正比 (Benjamin 和 Seaman 1985)。如果流线是弯曲的,则椭圆的半长轴也可相应地弯曲。这种权重函数称为香蕉函数。Stauffer 和 Seaman(1994)根据两点之间海拔高度的差异调整低层格点上的观测权重。很明显,这些权重在统计意义下并不都是最优的。有关利用盛行天气系统得到观测权重的其他方法,可参见 Otte 等(2001)的文章。而 Bratseth(1986)就逐步订正法如何能在公式上等价于统计最优插值法(详见下一节)进行了讨论。

6.7　统计插值(最优插值)

统计插值有时指最优插值(OI)。方程(6.20)和(6.21)可以作为最优插值的基础。未知的分析场和已知的背景场可以是单一变量的二维场,也可以是模式所有变量的三维场。与上述逐步订正法相比,最优插值和三维变分(3DVAR)的优势在于分析增量的空间分布是由背景误差协方差阵所决定的,该矩阵由模式历史存档的结果或者气候值(观测)确定。而逐步订正的权重往往是各向同性的甚至在一定程度上是任意的,仅取决于格点与观测点之间的距离。最优插值法出于节约计算成本的考虑,在确定一个模式变量(定义在格点上的因变量)的分析增量时,仅考虑其周围的观测。这些观测值的选取基于经验判据,假设远距离观测对应的背景误差协方差 $\mathbf{B}\mathbf{H}^T$ 很小。

OI 方法通常被用作如图 6.6b 所示的间歇分析方案,这样 OI 就是用于每个循环开始的“分析”中。模式从分析时刻积分到下一个分析时刻,提供背景矢量 x_b,而分析窗口中全部的可用观测将被用于构造矢量 y。Thiebaux 和 Pedder(1987)以及 Hollingsworth 和 Lönnberg(1986)介绍了最优插值中 $\mathbf{B}$ 矩阵的构建,涉及短期预报与探空观测资料的差值(详见 6.5.2 节关于背景误差协方差矩阵介绍)。OI 的优势是易于实施,且在必要的假定下(如观测选择)其计算成本适中。

6.8　三维变分分析

6.5.1 节提到在对标量进行分析时,两种最优分析方法具有一致性:(1)分析误差方差的最小化方法(通过最小二乘法寻找最优权重),(2)变分方法(寻找一个分析场,使得用于确定分析场到背景场和到观测场的距离的代价函数最小)。在多维场的分析中结论也成立,如之前关于 OI 的章节中所描述的。

Lorenc(1986)的研究表明最优插值(最优增益矩阵 $\mathbf{K}$ 使得分析误差协方差矩阵最小)等价于特定的变分同化问题。后者用于 3DVAR 分析时,相当于通过最小化代价函数寻找最优分析场 x_a。代价函数定义为下面两个量之和:(1)x 和 x_b 之间的距离以背景场误差协方差的倒数加权;(2)x 与观测 y 之间的距离以观测误差协方差的倒数加权,代价函数的数学表达式为:

$$J(x) = J_b(x) + J_o(x) = 1/2(x - x_b)^T \mathbf{B}^{-1}(x - x_b) + 1/2(H(x) - y)^T \mathbf{R}^{-1}(H(x) - y),$$

$$\tag{6.24}$$

关于 x 的梯度为:

$$\nabla J(x) = \mathbf{B}^{-1}(x - x_b) - \mathbf{H}(x)^T \mathbf{R}^{-1}(y - H(x)).$$

注意方程(6.24)类似于方程(6.19)。控制变量,代价函数对其求最小的那个变量,是状态矢量 x。虽然代价函数的最小化可以通过解析方式得到(如 Kalnay 2003),但是在实践中通过多次计算上述两个方程的迭代估计,计算量要小得多。最小值可以通过最小化或下降算法得到,如共轭梯度法或者准牛顿法。一个近似的最小值一般仅需要较少次数的迭代。图 6.12 给出两个变量模式空间的最小化过程示意图,二次代价函数呈一抛物面,迭代的初始点通常取为背景值 x_b,而终点是 x_a,接近 J 的最小值的位置。迭代的每一步使估计值沿代价函数梯度下降方向向 J 的最小值靠近。

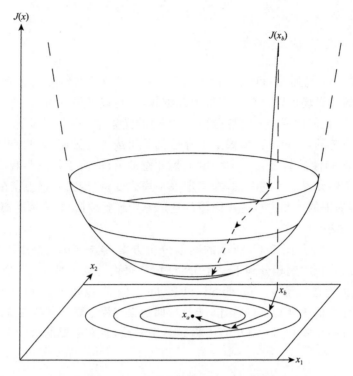

图 6.12 两个变量(x_1,x_2)模式空间的最小化过程示意图。详见正文。

尽管本质上等价,3DVAR 相比 OI 还是具有一些优势,以下列出几点,更多可参见 Kalnay (2003):

• 3DVAR 中不需要对影响区域内有限的观测进行选择,同时使用所有观测使其得到的分析场更平滑。

• 3DVAR 在确定预报或背景误差协方差 **B** 时用到的假设更少。通常使用所谓的 NMC (现在是 NCEP)方法(Parrish and Derber 1992)。与 OI 使用观测不同(Hollingsworth and Lönnberg 1986,Thiebaux and Pedder 1987),NMC 方法基于不同起报对同一时刻预报之间差值的平均(超过 50 个样本)。虽然可以使用任意滞后和超前时间,下面的例子是基于 24 和 48 小时预报。

$$\mathbf{B} \approx aE\{[\boldsymbol{x}_f(48h) - \boldsymbol{x}_f(24h)][\boldsymbol{x}_f(48h) - \boldsymbol{x}_f(24h)]^T\}.$$

尽管这是基于预报差异的协方差,仅是背景或预报误差协方差的替代品,但是研究表明,其同化结果比 OI 更好。Parrish 和 Derber(1992)及 Rabier 等(1998)指出,探空网的密度不足以正确估计出 **B** 矩阵的结构。但是,3DVAR 中的协方差一般具有各向同性和气候态特征(例如图 6.8),即协方差不是天气形势(个例、型态)依赖的,这是其主要缺陷。

• 可以在代价函数中加入其他约束,如动力平衡关系。例如 Parrish 和 Derber(1992)在方程 6.24 中增加了惩罚项使得分析增量近似满足平衡方程。而在 OI 分析中常使用非线性正态模初始化(NNMI,详见 6.10.3 节)。重要的是,3DVAR 在分析循环步骤并不需要再另外进行单独的平衡或初始化(图 6.6b)。

• 在 3DVAR 之前,卫星辐射必须经过反演变成模式变量后才能被同化。但是 3DVAR 可以直接同化卫星辐射率资料。

6.9　非绝热初始化方法

非绝热初始化,即在模式初始化过程中使用降水及其他变量的观测资料,估计潜热加热率的四维分布以及相关的湿度和辐散场。目的有两个:一是在模式初始化中使用降水观测资料,二是在初始时刻产生合理的垂直运动及湿度场。后者的动机基于以下事实:初始条件中一般不包含真实的垂直运动及湿度场,模式需经历一段初始调整期,以发展出降水尺度的环流和湿度场。

一些早期的非绝热初始化方法在预先预报的动力初始化阶段将估计的潜热加热廓线简单地植入到模式格点上。单柱潜热加热总量可由卫星、雨量计或雷达估测的降水量得到,而加热的垂直分布应与模式的参数化过程一致(Fiorino 和 Warner 1981,Danard 1985,Ninomiya 和 Kurihara 1987,Wang 和 Warner 1988,Monobianco 等 1994)。有时在预先预报期,还使用牛顿松弛法对额外的观测进行同化。图 6.13(a)是该方法的示意图,其他方法将在稍后阐述。图 6.13a 时间轴上的黑条代表在相应格点上插入潜热加热率信息。该图还包含在动态初始化阶段同时使用牛顿松弛法同化其他观测数据。与此相关的一个方法,称为潜热松弛逼近,由 Jones 和 Macpherson(1997)提出,Leuenberger 和 Rossa(2007)将其运用于中 γ 尺度降雨模拟。该方法涉及在每个时间步上,使用观测与模拟的地面降水比率对模式潜热加热进行修正。另一种方法是在静态初始化中利用非绝热 ω 方程定义垂直运动及风的辐散分量(图 6.13b,Tarbell 等 1981,Salmon 和 Warner 1986)。Turpeinen 等(1990)及 Raymond 等(1995)对这些早期研究进行了总结。

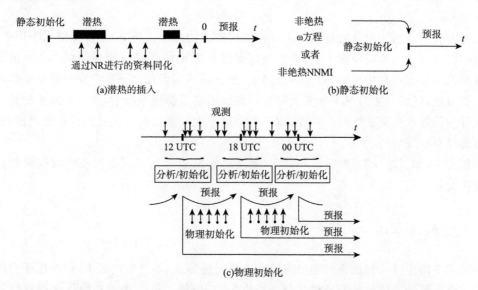

图 6.13　三种不同类型的非绝热初始化示意图:(a)在预先预报动力初始化时期,基于降水率观测的潜热(LH)廓线插入,同时伴随牛顿松弛法同化其他观测资料;(b)利用非绝热非线性正态模初始化(NNMI)或非绝热 ω 方程在静态初始化(SI)中并入降水过程;(c)物理初始化:在间歇同化周期中同化来自物理初始化(PI,详见正文)的模式变量,以提高初猜场质量。

同期的研究成果还包括 6.10.3 节介绍的非绝热 NNMI 方法（Wergen 1988）。将估计的潜热率放入静态初始化中（图 6.13b），同样也是为了提供一种初始条件，使预报早期阶段无需经历明显的降水调整过程。使用 NNMI 方法进行非绝热初始化的例子可参见以下文献：Puri (1987)，Heckley 等（1990），Turpeinen（1990），Turpeinen 等（1990），以及 Kasahara 等（1996）。

Krishnamurti 等（1991）描述的所谓物理初始化方法，也是在预先预报积分阶段使用降雨率的估计及其他观测资料，产生包含协调好的垂直运动、水平散度及湿度场的模式初始条件。该方法在细节上可能有所不同，但共同之处都是运用包含湿度变量的模式变量关系的反算法，这些关系如对流参数化、向外长波辐射（OLR）及其他类似的理论。例如，对流参数化提供对流降雨率作为格点解析变量（如垂直湿度廓线）的函数关系。反向对流参数化算法，则将观测到的降雨率转化为对格点解析变量的估计，通过牛顿松弛法将这些估计值植入到模式初始条件中，或者在预先预报积分阶段用其替换掉模式变量（图 6.13c）。按照 Treadon（1996）的概念解释，$y = f(x)$ 代表一个简单的参数化关系，x 是格点可解析变量，观测到的参数化变量。例如，y 为 OLR，x 为参数化中使用的变量（如，温度、比湿等）。这样，根据 OLR 的测量，通过反算法可得到对大尺度强迫 x 的估计。这一估计可以被同化，或者被反馈进入向前算法，迭代后改善模式变量。物理初始化主要被用于热带地区，因为那里的常规观测不足，预报更加依赖有较好的初猜场。Krishnamurti 等（1994，2007）及 Shin 和 Krishnamurti（1999）的研究表明，物理初始化使得热带降雨、全球云量、地表水文以及热带气旋等预报技巧显著提高。该方法已在佛罗里达州立大学谱模式、美国海军 NOGAPS 模式（Van Tuyl 1996），以及 NCEP 全球资料同化系统（Treadon 1996）中测试过。最新的应用见 Milan 等（2008）。物理初始化还被应用于集合预报（Chaves 等 2005，Ross 和 Krishnamurti 2005）以及有限区域模式（Li 和 Lai 2004，Nunes 和 Cocke 2004）。

上述方法不适用于中纬度地区由大尺度强迫造成的降水。例如，在锋面降水个例中，如果模式解中锋面或者气旋的位置不对，那么利用观测的降水场发展初始条件中的垂直运动及潜热率效果就不好。这种情况下，对于特定降水，缺乏正确的大尺度强迫会在积分早期导致降水消散。类似地，气团对流情况下如果大尺度环境场不是足够的不稳定，通过非绝热初始化加入到模式解中的降水将无法维持。相反，对于气团稳定度较真实的对流或热带气旋而言，该方法则更可能提高预报技巧。

其他方法，如三维、四维变分资料同化（另文讨论），也可用来同化代表模式初值中降水过程的观测资料。

6.10　初始条件中的动力平衡

本节主要阐述模式初始条件中对实际动力平衡的需求、不平衡的后果，以及保证合理平衡的方法。第一部分回顾地转调整概念与初始化的关系，第二部分阐述初始化之前积分模式一段时间如何有助于提高平衡性，第三部分简要概括为达到平衡而采用的诊断关系。

6.10.1　地转调整概念及与初始化的关系

天气及行星尺度的大气处于近似地转平衡状态。因此，如果在模式的初始条件中这些尺度上的质量场和风场之间明显不一致，在积分早期，惯性重力波会使这些场向平衡调整。当然,实际大气中大尺度质量场和风场总是处于持续不断的不平衡和调整的状态中。但是,由于初值不佳导致的惯性重力波是非物理的,振幅可能很大,造成模式解潜在的问题。这一调整过程与数值模式相关,原因在于:首先,如果影响调整的惯性重力波振幅足够大,那么它会在模式求解中掩盖大气的真实特征,直到波动被阻尼或传播出研究区域。这意味着在初始化后的 12～24 小时内,模式解是不可用的。并且,产生的波会与有限区域模式的侧边界发生棘手的相互作用问题。最后,地转调整过程可让一个区域的高质量观测弥补另一区域的低质量观测,或者,一个区域的低质量观测也会对另一区域的高质量观测产生负作用。

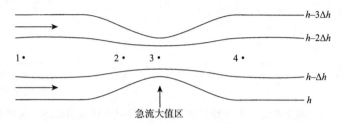

图 6.14　高度场急流大值区示意图,气流从左往右。数字代表气团的位置,关注气团向
右移动过程中风场或者质量(高度)场是否发生变化。

为了更好地理解地转调整过程,参考图 6.14 中简单的位势高度模型。位于 1 处的气团正在移动,速度与局地气压梯度保持地转平衡。在向位置 2 移动时,局地气压梯度增大,运动变为次地转。流体系统将以两种方式响应以重新达到平衡:要么气团在进入地转急流大值区时速度增加,要么气压梯度最大值向下游移动,2 处的压力梯度变小。当然,当气团继续向下游移动,远离压力梯度最大值(从地点 3 至地点 4)时系统的响应也是类似的问题。为解决这个问题,考虑质量场和风场在这种情况下是如何调整的。浅流方程(见第 2 章)包含了所有相关的动力,可以作为解释这一问题的简单模型。两个波动解是重力波和惯性波,两种机制同时作用以调和不平衡。惯性波改变风场,重力波改变质量场(浅流系统中流体深度)。波的周期,可考虑作为衡量多少调整来自质量场和动量场变化的一个指标。对惯性波而言 $T_i = 2\pi/f$,而对重力波 $T_g = L/\sqrt{gH}$,L 是重力波波长(以不平衡的水平尺度定义),H 是不平衡的深度(垂直尺度)。这两种不同形式的波同时作用调整大气至地转平衡,其中大部分的调整由周期最短的波完成。为定义两种波的调整相同时的情况,置两个周期相等。求解波长可得

$$L_R = \frac{2\pi\sqrt{gH}}{f},$$

其中长度尺度是浅流系统的 Rossby 变形半径。如果波长小于该值,以重力波的质量场调整为主;反之对于较长的波,则主要是惯性波导致的风场调整。对于深厚的(对流层)中纬度调整 L 的值约为 15000—18000 km。因此,对于行星尺度和波长很长的天气尺度而言,出现不平衡时,风场向质量场调整,也就是说,质量场不会改变太多,所以我们说它在调整中占主导地位。这与根据位势高度分析大尺度天气图的事实一致,风有时是从高度场推断出来的。对于小尺度,不平衡时风则很少改变,因为重力波能快速调整质量场。在这些小尺度上,我们说风场占主导。与此相关的一个重点是,小尺度重力波的短周期意味着调整能够快速进行,而大尺度情况下时间尺度为惯性周期(纬度 40°处约 17 个小时)。在热带(f 小),对于给定尺度的不平衡,风场的变化小于高纬度地区。对于浅层调整,例如那些被限制在边界层或对流层低层的调整,与深层调整相比,质量场占主导。

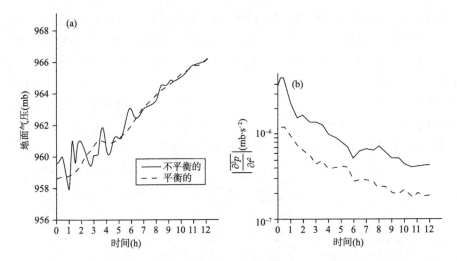

图 6.15　基于平衡或不平衡的两种初始条件,LAM 模拟得到的某格点上前 12 小时的地面气压(a)。同时给出的(b)是初始平衡程度不同的两个 LAM 模拟中地面气压的二次时间导数绝对值(作为惯性—重力波强度的度量)的计算区域平均。(b)取自 Tarbell 等(1981)。

　　如前所述,地转调整过程对模式初始化和数据同化有许多意义。首先,模式初值需要处于较为实际的平衡态,否则产生的重力波会掩盖掉气压场。例如,图 6.15a 是在平衡或不平衡的两种初始化之后,LAM 模拟的某点地面气压的演变。对于平衡性不好的初值,虽然调整产生的重力波振幅随时间衰减(由于波传播出计算区域以及被模式阻尼),但是最初 6—12 小时的海平面气压预报对于预报员来说是相对不好用的。图 6.15 还给出了初始平衡程度不同的两个 LAM 模拟中地面气压的二次时间导数绝对值(作为惯性—重力波强度的度量)的计算区域平均值。两种情况下在初始的 12 小时积分中,虽然惯性重力波强度均衰减了 5—10 倍,但是平衡好的初值在 12 小时之后仍然具有优势。Ballish 等(1992)在全球模式中也给出类似的图,平衡差的初值导致初始 12 小时内高频非物理的地表气压振荡,2 小时内超过 5hPa 的变化。然而,在其研究中为取得平衡使用了一种 NNMI(见下文 6.10.3 节)对重力波的滤除又太过有效,以致将前 24 小时模拟中真实的半日潮汐振荡也滤掉了。另一种 NNMI 方法则是把大振幅的虚假波去除,但是保留了潮汐振荡。

　　调整过程的信息可以指示哪些变量需要更好的观测。例如,热带地区的调整风场占主导地位(虽然在那些纬度大气并不是地转的),模式初始化应强调对风场观测资料的使用,气压观测的信息会在调整中丧失。类似地,在所有纬度,在风场占调整主导的尺度上,同化质量场信息被认为是冗余的。

　　调整的概念可在初值误差的背景中讨论。如果观测和分析系统完美,产生的模式初值应该是完全平衡的,不会有人为的调整。如果仅风场有误差,且风场在调整中占主导地位,那么在调整的过程中将会引发质量场误差,反之亦然。这表明初值中质量场和风场的误差在所研究的尺度上应该一致或协调。这种大尺度运动初值误差一致性的概念作为全球大气研究计划(Jastrow 和 Halem 1970)的一部分被广泛讨论。资料同化的想法就是同化的观测资料之间应具有误差一致性。误差不一致时由于动力调整产生的与误差有关的能量交换将引发问题。阐述模式变量间误差传递的简便方法是利用随机动力模式(Fleming 1971a,b)。这里,因变量的统计矩可以用模式方程显示预报。图 6.16 是一维随机动力浅流谱模式的模拟结果,可解析的最小波长为 1250 km。试验中,u 分量没有初始误差,但是在初始高度场中定义了空间均匀分布的 23 m 的标准误差。图中线条代表在均匀分布的不同 v 初值误差情况下,格点平均的流体深度二阶矩随时间的演变。当 u 或 v 均无初值误差时,h 的误差随时间减小,因为 v 分量的完美信息使得 h 向协调值调整。而对于更大的初始 v 误差,由于初始质量场与风场误差之间具有更好的一致性,$\bar{\sigma}_h$ 的净变化更小。这些结果与变量的一阶矩无关。

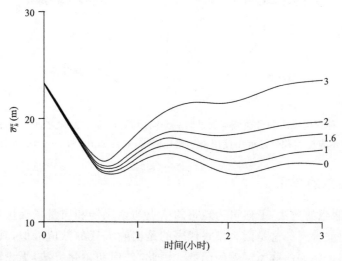

图 6.16　一维(x)随机动力浅流谱模式中流体深度误差的调整,模式最小解析波长为 1250 km。在初始高度场上定义了一个空间均匀分布的 23 m 的标准误差。各曲线代不同的 v 初始误差(m・s^{-1},曲线右侧给出其值)情况下模拟的高度场误差。

6.10.2　模式方程预先预报积分

预先预报(preforecast)积分的目的在前文介绍非地转流时提到过,与降水和其他过程有关,即在预报初始时刻之前进行调整。观测数据同样可以在这个时期被同化。此外,如果有办法消除产生的惯性重力波,那么初始的不平衡就可以在预先预报积分过程中被调和。图 6.13a 是一个预先预报积分的例子,在此过程中观测资料被同化,非地转流调整,初始不平衡被调和。另一种方法是利用阻尼差分格式,如第三章提到的模式方程向后—向前积分中的欧拉—向后格式(例如 Nitta 和 Hovermale 1969)。使用仅包含可逆过程的模式版本,如去除了降水和显示扩散项。当可逆模式向后和向前积分一个或多个时间步长时,惯性重力波由调整过程引起,被差分格式阻尼掉。在每一个前—后循环的末尾,观测较好的风场或质量场被恢复。这样做可有效迫使观测不好的场向观测较好的场调整。图 6.17 是该过程的示意图,有关这类初始化方法更多的讨论,见 Fox-Rabinovitz 和 Gross(1993),Fox-Rabinovitz(1996),以及 Kalnay(2003)。

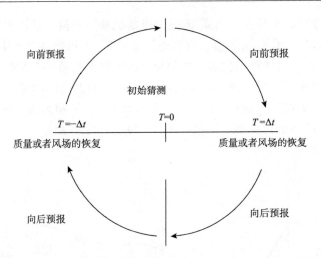

图 6.17　一种利用模式的可逆版本通过向后—向前积分,在初始化之前完成地转调整过程的
模式初始化方法示意图。积分过程中使用阻尼差分格式,取自 Nitta 和 Hovermale(1969)

6.10.3　诊断关系的使用

必须认识到,假想的方法,虽然可为理想的格点初始风场和质量场提供平衡,但是还是会在模式中产生重力波噪声。这是因为模式代表的是实际大气的数值近似,其自身特有的平衡性是数值方法和与之相关的截断误差的函数。因此,任何初始化方法,无论静态还是动态的,其方程使用的数值近似应与预报模式中的相似。否则,预报模式和初始化方法之间截断误差的不一致也会成为模式解惯性重力波噪声的一个来源。

早期的模式使用简单的大尺度平衡关系在初值中定义协调的质量场和风场,最早最原始的方法是使用地转关系。更完整的平衡通过其他诊断方程得到,例如辐散平衡方程(见 Holton 2004)与垂直速度方程(例如 Tarbell 等 1981)的组合。

诊断初值平衡的方法还有之前提到的 NNMI 法,在 Machenhauer(1977)及 Baer 和 Tribbia(1997)中均有描述。这种方法应用于分析(如使用 OI)之后。顾名思义,它要求首先确定模式的正规模态(线性模式方程的解),之后模式输入数据的高频(惯性重力波)和低频(准地转)部分被分离。高频部分被认为是没有气象意义的,被移除。该方法曾被应用于许多业务模式系统的初始化中。

Kalnay(2003)总结了标准 NNMI 的一些缺点,其中一个是有物理意义的快模态被移除。另外,热带地区非绝热过程的重要性需要非绝热的 NNMI(Wergen 1988)。Ballish 等(1992)描述了一个所谓的增量 NNMI,即将方法运用于分析增量上,而不是分析场上。这一做法在很大程度上减少了前面提到的 NNMI 的问题,还解决了其他问题。关于 NNMI 的更多信息,见 Daley(1991)。

6.11　高级资料同化方法

在 OI,3DVAR 及 SC 顺序同化方法中,使用的是分析时刻或接近分析时刻的观测资料,并且分析过程是以循环更新规定的固定时间间隔(例如,每 6、12、24 小时)重复的。模式用于将分析时刻的观测和背景信息传播到下一时刻。遗憾的是,很多类型的观测并不是在规定的间隔上获得的。这些由卫星、飞机及雷达提供的所谓非天气图定时(asynopic)观测资料非常丰富。但是,除非在标准的初始化时间附近,否则这些资料对于顺序同化方法的作用不大。当然,可以对这些资料做一些时间上的调整处理,但这并不是一个非常好的办法。此外,上述同化方法中背景误差协方差在整个模拟中保持不变,就好像预报误差是统计静止的。解决以上问题最好的办法是在模式中使用可同化任一时刻的观测,并且背景误差协方差随预报演变的资料同化方法。

6.11.1　四维变分初始化

四维变分(4DVAR)方法是 3DVAR 的一般形式,可使用分布在一定时间间隔内(t_0, t_n)的所有观测。这里的下标 0 代表同化窗口内观测的初始时刻,下标 n 代表最后一个观测的时间。控制变量是预报初始时刻的模式矢量 $x(t_0)$,以下代价函数需要最小化:

$$J\big[x(t_0)\big] = \frac{1}{2}\big[x(t_0) - x_b(t_0)\big]^T \mathbf{B}_0^{-1}\big[x(t_0) - x_b(t_0)\big] + \frac{1}{2}\sum_{i=0}^{n}\big[H(x_i) - y_i\big]\mathbf{R}_i^{-1}\big[H(x_i) - y_i\big].$$

(6.25)

求和是对观测总数 n。第 0 个观测在同化窗口的开始。注意,如果只有 t_0 时刻的观测资料,则上式等价于 3DVAR(公式(6.24))。也就是说,$t>0$ 的观测可看作是附加的惩罚项。这个最小化问题受模式状态要代表模式解的强约束,即:

$$\forall i, \quad x_i = M_{0\to i}(x),$$

$M_{0\to i}$ 是从 $t=0$ 时刻到最后观测时刻的模式预报算子。图 6.18 对 4DVAR 过程进行说明,纵坐标是模式状态矢量 x,横坐标是时间。观测资料分布于整个同化区间,4DVAR 过程的目标是估计状态矢量 x_a,其产生的模式解 M 使得代价函数最小。代价函数包含两项:(1)代表初始时刻分析场与背景场(前次预报)的差;(2)是观测增量,即模式积分与其对应时刻观测的差。也就是说,这一过程决定了一个初值,该初值产生的预报能最好地拟合同化窗口内的观测。实际应用中,如果预报模式每 6—h 更新一次,同化窗口可以从前次初始化时间延伸到当前时间。

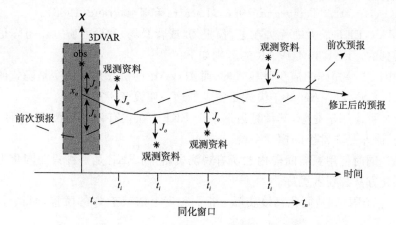

图 6.18　4DVAR 同化过程示意图。细节参见正文

为了求解最小化问题,我们必须对方程(6.25)关于控制变量求微分,求使其达最小时的 x。对 $J = J_b + J_o$,J_b 的微分与 3DVAR 中的相同。然而,对于 J_o 和 ∇J_o 的估计需要模式从 t_0

到 t_n 的积分,还需要伴随模式的积分,伴随模式是模式算子 M_i 的转置($\mathbf{M}_i^T$)。注意,$\mathbf{M}$ 是 M 的切线性形式。构建预报模式的伴随模式是个复杂的过程,而且伴随模式还需与预报模式保持同步(错误修正,模式改进)。有关数学细节及其他信息请参考 Kalnay(2003)。

6.11.2　扩展卡尔曼滤波

最小二乘法的一个具体应用被称为扩展卡尔曼滤波(EKF,Ghil 和 Malanotte-Rizzolli 1991,Bouttier 1994,Kalnay 2003,Hamill 2006)。方程(6.26a-e)阐述了该过程。与 OI 一样,EKF 以应用于连续同化的最小二乘分析法为基础,背景场是由前一次分析场起报的预报场。然而,这里的背景误差协方差矩阵是随时间变化的。背景(例如预报)和分析误差协方差矩阵分别以 $\mathbf{P}_f$ 和 $\mathbf{P}_a$ 表示。对比 OI 权重矩阵(方程 6.21)中的固定背景误差协方差 $\mathbf{B}$ 和方程(6.26c)定义的增益矩阵中的随时间变化的 $\mathbf{P}_f(t)$。

$$状态预报\quad \boldsymbol{x}_f(t+1) = \boldsymbol{M}_{t \to t+1}(\boldsymbol{x}_a(t)) \tag{6.26a}$$

$$误差协方差的预报\quad \mathbf{P}_f(t+1) = \mathbf{M}_{t \to t+1}\mathbf{P}_a(t)\mathbf{M}_{t \to t+1}^T + \mathbf{Q}(t) \tag{6.26b}$$

$$卡尔曼增益的计算\quad \mathbf{K}(t) = \mathbf{P}_f(t)\mathbf{H}^T(t)[\mathbf{H}(t)\mathbf{P}_f(t)\mathbf{H}^T(t) + \mathbf{R}(t)]^{-1} \tag{6.26c}$$

$$状态分析\quad \mathbf{x}_a(t) = \boldsymbol{x}_f(t) + \mathbf{K}(t)[\boldsymbol{y}(t) - \boldsymbol{H}(t)\boldsymbol{x}_f(t)] \tag{6.26d}$$

$$分析误差协方差\quad \mathbf{P}_a(t) = [\mathbf{I} - \mathbf{K}(t)\mathbf{H}(t)]\mathbf{P}_f(t) \tag{6.26e}$$

与方程(6.20)和(6.21)相似,方程(6.26c)和(6.26d)利用以卡尔曼增益矩阵 $\mathbf{K}(t)$ 加权的观测增量 $\boldsymbol{y}(t) - \boldsymbol{H}(t)\boldsymbol{x}_f(t)$ 对背景场 $\boldsymbol{x}_f(t)$ 进行订正。如前面提到的,$\mathbf{K}$ 的目的是对观测增量的影响进行空间分布从而对观测附近的背景场进行订正。并且,H 是正向算子,将状态变量映射到观测上。矩阵 $\mathbf{H}$ 是 H 的雅可比矩阵,$\mathbf{H} = \partial H / \partial \boldsymbol{x}$。方程(6.26e)更新背景场误差协方差,以反映同化后不确定性的降低,这里 $\mathbf{I}$ 是单位方阵。方程(6.26a)和(6.26b)将状态矢量和误差协方差矢量传递至下一个有观测的时刻。矩阵 $\boldsymbol{M}$ 是非线性模式预报算子,将初始分析矢量 $\boldsymbol{x}_a$(t)积分至下一时刻,模式预报 $\boldsymbol{x}_f(t+1)$ 则变为下一时刻的背景场。矩阵 $\mathbf{M}$ 是 M 的雅可比矩阵,$\mathbf{M} = \partial M / \partial \boldsymbol{x}$,$\mathbf{M}^T$ 是其伴随矩阵。矩阵 $\mathbf{Q}$ 是更新间隔期积累的模式误差协方差。图 6.19 是如何求解方程组(6.26)的示意图。方法中的一些假设详见 kalnay(2003)与 Hamill(2006),数学原理请参考 LeDimet 和 Talagrand(1986),Lacarra 和 Talagrand(1988)。

相比 3DVAR,EKF 最大的优势在于:预报场(或背景场)和误差协方差矩阵是通过模式本身显式预报得到的。EKF 和 4DVAR 的区别如下:

- EKF 中协方差矩阵的演变是显式的,而 4DVAR 中协方差的演变是隐式的。
- 与 EKF 不同,4DVAR 基于模式是完美的这一假设($\mathbf{Q}=0$)。
- 4DVAR 可应用于业务,其计算量远小于 EKF。在现有计算资源下,EKF 因其花费太高而无法应用,除非是非常小的模式系统。
- 4DVAR 同时使用更新间隔内的所有观测资料,而 EKF 是一种只能同化更新时刻观测资料的顺序同化方法。前者更好。

EKF 的另一个困难是:同化精度实际上很大程度上依赖于 $\mathbf{Q}$ 的质量,而估计 $\mathbf{Q}$ 是非常困难的。

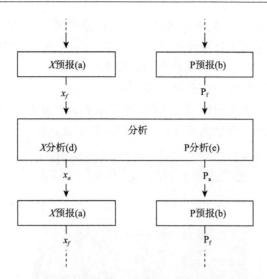

图 6.19　EKF 同化中方程(6.26)计算求解的结构示意图。图中字母与
方程组(6.26)中的定义一致。

6.11.3　集合卡尔曼滤波

　　基于集合的资料同化方法包含一组并行的短期预报和分析,从这个意义上说它是顺序的。集合卡尔曼滤波中,给定时间上分析场集合的产生需要:(1)来自一组预报集合的背景场;(2)加入了随机扰动(符合观测误差分布)的观测资料。下一时刻背景场的集合成员则由分析场每个集合成员起报的短期预报产生。分析场由之前介绍的卡尔曼滤波方法生成,但是每个背景场更新使用的观测资料略有不同,因为额外加入了误差。对每个循环,背景场的集合提供了对背景误差协方差矩阵的估计,而分析场的集合也可用于计算分析误差协方差矩阵。具体说:

$$\bar{x}_f = \frac{1}{K} \sum_{i=1}^{K} x_{f,i} \tag{6.27}$$

定义预报状态矢量的集合平均,这里 K 是集合成员数。下式则表示 x_f 样本的协方差:

$$\hat{P}_f = \frac{1}{K-1} \sum_{i=1}^{K} (x_{f,i} - \bar{x}_f)(x_{f,i} - \bar{x}_f)^T, \tag{6.28}$$

这里 $\hat{P}_f$ 是利用一个有限集合对 P_f 的估计。类似于方程(6.26d)中的分析状态:

$$x_a(t) = x_f(t) + \hat{K}(t)[y_i(t) - H(t)x_f(t)],$$

这里 $y_i = y + y'_i$ 表示已加过扰动的观测,卡尔曼增益矩阵(方程 6.26c)变为:

$$\hat{K}(t) = \hat{P}_f(t)H^T(t)[H(t)\hat{P}_f(t)H^T(t) + R(t)]^{-1}. \tag{6.29}$$

Hamill(2006)总结了 EnKF 应用时做简化和并行计算的方法,以及无须背景误差协方差的显式计算就可得到卡尔曼增益的有效办法。

　　图 6.20 展示了 EnKF 过程,从上至下代表时间的推移。分析场集合为集合预报提供了初始条件,预报时长与顺序同化方法中通常使用的时长一致—例如 6 小时。利用 $t+1$ 时刻预报场 x 的集合由方程(6.27)和(6.28)计算预报(背景)误差协方差,之后用得到的矢量计算方程(6.29)中的卡尔曼增益,再用增益矩阵计算分析增量得到对 x_a 的最优订正,最终得到预报场 x_f。集合预报之后再进行下一次卡尔曼滤波,过程持续下去。

　　EnKF 将资料同化和集合预报统一起来。使用蒙特卡洛方法,集合预报提供了观测与状态变量之间关系的样本,可用于计算预报误差协方差。样本中得到的统计信息是分析集合的基础,而分析集合可启动下一时刻的集合预报。EnKF 的优势之一在于背景误差协方差随时空变化。图 6.21 是某全球资料同化系统中某个例的协方差场。由 100 个集合成员得到的协方差分布显示,在北半球五个不同的观测地区,背景误差大小和形态各异,大值区位于俄罗斯北部和阿拉斯加南部一带,俄罗斯北部地区的分布尤为复杂。

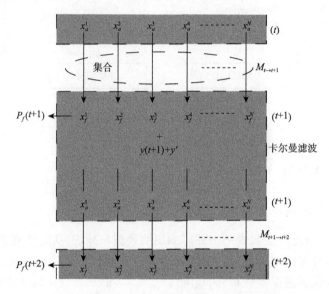

图 6.20　EnKF 同化方法示意图。详见正文。

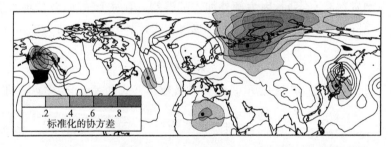

图 6.21　五个观测点(黑色圆点)附近海平面气压(实线)的背景误差协方差(灰色阴影)示例。取自 Hamill(2006),基于 Whitaker 等(2004)的试验结果。

　　4DVAR 和 EnKF 对计算资源的需求相当,但 EnKF 的优势在于不需要切线性和伴随模式。此外,除资料同化外,业务上还有集合预报,因此 EnKF 增加的计算花费并不算太多。Lorenc(2003)详细比较了这两种方法。在 Burgers 等(1998),Houtekamer 和 Mitchell(1998,1999,2001),Hamill 和 Snyder(2000),Keppenne(2000),Mitchell 和 Houtekamer(2000),Hamill 等(2001),Heemink 等(2001),Keppenne 和 Rienecker(2002),Mitchell 等(2002),Anderson(2003),Evensen(2003,2007),Lorenc(2003),Snyder 和 Zhang(2003),Houtekamer 等(2005),Hamill(2006),Zheng(2009)的文章中,可以找到关于 EnKF 更详细的信息。近期有关 EnKF 的实际应用见 Fujita 等(2007),Bonavita 等(2008),Meng 和 Zhang(2008),Torn 和

Hakim(2008),以及 Houtekamer 等(2009)。

6.12　混合资料同化方法

虽然均起源于前面提到的方法,一些混合资料同化方法的发展道路却明显不同。例如,Hamill 和 Snyder(2000)提出将 EnKF 与 3DVAR 混合,其中背景误差协方差是静态、各向同性、均质协方差(详见 6.8 节)与 EnKF 变化协方差的线性组合。

$$\mathbf{P}_f^{hybrid} = (1-\alpha)\mathbf{P}_f + \alpha\mathbf{B},$$

这里的 α 是 0.0—1.0 区间的可调参数,目的是弥补计算 $\mathbf{P}_f$ 时相对较少的集合样本的不足,同时加入 $\mathbf{B}$ 所代表的信息。Hamill 和 Snyder(2000)在 $0.1 < \alpha < 0.4$ 区间得到最好的结果

另一种混合方法将牛顿松弛法与 4DVAR 的伴随结合起来,这两种方法都可在实际的观测时刻同化非天气图定时观测资料。回想一下,伴随方程计算代价函数对控制变量的梯度。在模式初始化中应用伴随方法,如 3DVAR 和 4DVAR,控制变量为模式的初始状态。而在模式参数估计中,模式参数矢量是控制变量。Zou 等(1992),Stauffer 和 Bao(1993)利用伴随方法得到最优的分析—松弛逼近(nudging)系数,其中分析—松弛逼近系数为控制变量。

最后,Zhang 等(2009)将 4DVAR 与 EnKF 结合。在近理想的试验设置下,EnKF-4DVAR 混合系统的表现比 EnKF 和 4DVAR 方法都要好。

6.13　理想条件下的初始化

出于各种原因,基于理想(人造)初值的模式模拟是有用的。虽然会在第 10 章关于模式研究的试验设计时详细讨论,这里也有必要提及一下。理想这一术语指初值不是基于观测,而是来自大气状态的概念模型。该状态一般由代表格点上模式变量的分析函数来描述。使用人造初值的目的是可将单独的过程或现象分离出来,而使用实际资料不可避免地存在来自真实大气各种过程和尺度的复杂性。使用人造初值的用途如下:

• 指示—易于展示模式数值计算对已知解的影响。例如,正确相速度与模式相速度的比较;或者进行一些诸如地转调整过程的简单试验。

• 测试模式存在的代码错误—有些简单的现象存在解析解,因此可将模式解与解析解相比以评估模式性能。或者利用之前已经过良好测试的模式版本的结果对新的模式配置进行测试。

• 评估动力解算器—对同一个例采用不同的时空尺度进行模拟。

一些模式提供软件可供用户运行各种预先构造好的理想测试个例。例如,WRF 系统包含以下个例:钟形山过山气流、二维飑线、三维超级单体雷暴、三维斜压波、二维重力波、三维大涡模拟个例,以及二维海风。详见 Chuang 和 Sousounis(2000)中理想初值应用于 LAM 的例子。

建议进一步阅读的参考文献

Cohn,S. E. (1997). An introduction to estimation theory. *J. Meteor. Soc. Japan*,**75**,257-288.

Daley,R. (1991). *Atmospheric Data Analysis*. Cambridge,UK:Cambridge University Press.

Daley, R. (1997). Atmospheric data assimilation. *J. Meteor. Soc. Japan*, **75**, 319-329.

Evensen, G. (2007). *Data Assimilation: The Ensemble Kalman Filter*. Berlin, Germany: Springer.

Hamill, T. M. (2006). Ensemble-based atmospheric data assimilation. In *Predictability of Weather and Climate*, T. Palmer and R. Hagedorn(eds.). Cambridge, UK: Cambridge University Press.

Kalnay, E. (2003). *Atmospheric Modeling, Data Assimilation and Predictability*. Cambridge, UK: Cambridge University Press.

Lewis, J. M., A. S. Lakshmivarahan, and S. K. Dhall(2006). *Dynamic Data Assimilation: A Least Squares Approach. Cambridge*, UK: Cambridge University Press.

Talagrand, O. (1997). Assimilation of observations, an introduction. *J. Meteor. Soc. Japan*, **75**, Special Issue 1B, 191-209.

问题与练习

(1)什么过程可以阻尼由模式初始化产生的惯性重力波?

(2)除了地面气压的二阶时间导数,还有什么变量可用于诊断与初值不平衡有关的惯性重力波强度?

(3)基于松弛的连续同化系统中,请阐述需要使用谱逼近与区域范围之间的关系。

(4)质量差的一个观测资料,其负影响性如何扩散至大区域,请给出解释。

(5)请定义蒙特卡洛方法表达式的含义。

(6)请说出 SC 分析方法(6.6 节)和统计资料同化方法在概念与数学上的联系。

(7)近地面观测用于推断模式边界层和对流层低层的初始条件,请解释其中可能的方式。模式预报初期的垂直混合如何造成观测信息的丧失。

(8)推导公式(6.9)和(6.10)。

第 7 章　集合预报

7.1　背景

我们在前几章已经看到,模式误差有各种各样不可避免的来源,包括:

- 初始条件,
- 有限区域模式的侧边界条件,
- 陆面/水面条件,
- 动力框架中的数值近似,
- 物理过程参数化。

每个输入的初始资料集或模拟方法都会在模拟过程中引入误差,集合预报即针对上述不完善的资料或方法使用不同的任意选择做并行运算和模拟。定义每个模式积分的不同条件,目的是在与模拟过程相关的不确定的空间里取样,以定义这种不确定性如何映射出预报的不确定性。作为一个模式预报对上述因子敏感性的例子,图 7.1 显示了 2005 年卡特里娜飓风 5天的路径集合预报。预报基于 ECMWF 集合预报系统。路径很大程度上依赖于输入的观测和模式设置的特定误差。

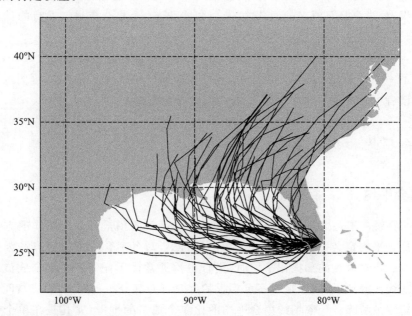

图 7.1　卡特里娜飓风的路径集合预报,起报时间 2005 年 8 月 26 日 0000 UTC,来自 ECMWF 集合预报系统。粗实线为 ECMWF 的确定性预报。取自 Leutbecher 和 Palmer(2008)。

集合预报比单一的确定性预报更为有用,原因在于:

- 通过对大量预报的统计,通常集合平均比单个集合成员的预报更准确。
- 经过适当校正,集合成员间的差异(离散度、方差)可作为集合平均预报中流依赖定量不确定性的指示。
- 变量频率分布的概率(或密度)分布函数(PDF)可提供极端事件的信息,从实用的角度看,这是非常有用的信息(如发布天气预警)。
- 定量的概率预报产品可以更有效地应用于决策支持软件系统。

相对于确定性模式系统只能给出未来大气状态单一的可能性,且预报员必须猜测它的真实性,随机预报产品的可用性显然有更大的优势。

使用集合模拟导致预报技巧的提高,这一点并不奇怪。自 20 世纪 60 年代初期以来人们已经认识到,结合不同预报员预报结果产生一组平均(group-mean)的概率预报要好于某个最熟练的预报员所做的单个概率预报(Sanders 1963)。之后的研究(Sanders 1973,Bosart 1975,Gyakum 1986)证实了这些发现。意识到这种主观预报统计合成的好处对模式预报中采用类似的方法作出贡献。

近几十年中预报员使用模式产品的方式也反映了集合预报的理念。预报员都知道,当所有模式的预报结果较为近似时,预报与实况吻合的可能性较大;相反,当不同模式的解分歧明显时,不确定性则更大。因此,在集合预报的概念还未完全建立之前,预报员已经在把各种可用的产品当作多模式集合,并且把预报的离散度与不确定性定性地联系在一起。

考虑到集合预报的生成需要模式系统的并行积分,需要做出某种妥协来保持计算过程的顺利。为了弥补多次积分的成本,一般会降低模式的水平分辨率,而不是采用简单和欠准确的物理过程参数化的办法。我们知道,对相同的积分区域模式格点间距增加一倍,计算速度将提升八倍。因此,在其他条件不变的情况下,将分辨率降低一半可在相同计算时间内完成八个集合成员的预报;分辨率降至原来的四分之一,可以允许 64 个集合成员。并行的计算速度有个问题,即集合预报系统一般需要更多的内存。

本章的主题是预报误差的来源,因为集合技术就是试图在这些误差源中取样,进而进行集合预报。在下一章讨论大气的可预报性时,我们也会谈到预报的误差来源,因为那也是基于相同的概念。读者可以参照第 8 章中有关这一主题的更多信息。

7.2　集合平均和集合离差

7.2.1　集合平均

集合预报系统的产品之一是集合成员的平均,它代表的预报可以用同样的方式解释为确定性预报。集合平均定义在初始时刻或任意预报时刻,对各集合成员的格点场因变量进行简单的数学平均。当对大量的预报作平均时,集合平均通常优于任何一个集合成员的预报。集合平均产生非线性滤波,导致预报中不可预报的(随机的)部分相互抵消,而成员间一致的部分则不会在平均中被消除。气象场的集合平均图比单个成员的平滑,尤其是在单个模式解产生大的分歧之后的较长预报时段。Palmer(1993)指出集合平均对预报效果的改善仅能持续到天气型态发生跃变,即集合成员的解出现分歧的时候。例如:图 7.2 给出的二维相空间[①]模式态的轨迹(虚线)示意图,图中空心圆代表初始以及之后两个预报时刻的集合成员,"x"代表各时次的集合平均。在此个例中,初始时刻通过扰动控制场产生了八个集合成员,从而初始状态被不同的相空间坐标定义。在中间时刻虽然集合成员之间的差异有所增大但这种误差的增长基本还是线性的。到了最终时刻,两个集合成员的轨迹完全偏离了其它六个成员,发生了型态的改变。在实际预报中,这种分岔可能对应着一部分集合成员预报迅速的旋生而另一部分则预报旋消(Mullen 和 Baumhefner 1989)。在图 7.2 的示例中,分岔发生之后的集合平均无法代表两组解中的任何一组,因此也就不太可能做出正确的预报。后文的图 7.13 将提到一个集合预报解分岔的真实个例,集合成员分为两组,对应两种不同的对流层中层槽的形势。

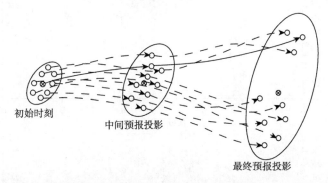

初始时刻

中间预报投影

最终预报投影

图 7.2　经初值扰动产生的八个集合成员的模拟轨迹示意图。取自 Wilks(2006)

图 7.2 还表明,初始时刻以集合平均为初始场的单个预报随时间的演变不同于集合预报平均的时间演变,原因在于大气模式是高度非线性的函数,将一组初值转换为一组预报(Wilks 2006)。对非线性函数 $f(x)$,以 x 代表变量,n 代表集合成员数,

$$\frac{1}{n}\sum_{i=1}^{n}f(x_i) \neq f\left(\frac{1}{n}\sum_{i=1}^{n}x_i\right), \tag{7.1}$$

方程(7.1)右边表示将非线性函数(预报模式)作用于集合平均,左边是集合预报的平均。换句话说,平均而言最好的预报并不是使用最优初值(集合平均)起报的预报结果。

7.2.2　集合离差,离散度或方差

由于流体的非线性相互作用及模式系统各种误差源之间的相互作用,预报误差在模式积分过程中不断增长。事实上,预报误差会一直增长下去直到预报场和大气真实状态(如客观分析场)之间完全失去相似性,如同从观测大气中随机抽取的两个场。在确定性预报中,我们无法定义未来的误差增长,因此我们利用集合的方法,通过扰动模式系统的各个方面以及对集合解的发散度进行解释来估计误差的增长。这种解的发散称为集合离差,与集合平均的不确定性有关,是集合预报的一个重要部分。图 7.3 是从 ECMWF 集合预报中任意抽取的两次对伦敦温度的集合预报,可以看出模式大气对初始场不确定性的敏感度是非常依赖于大气流场(气象形势或型态)的。很明显,其中一天的集合预报离散度远大于另一天的。

---

①　相空间的维数对应于系统的每一个独立变量,相空间坐标定义了变量的值。因此,相空间的轨迹代表系统状态随时间的变化。有时空间上相互独立的变量也可以是相空间的维度。

集合离差与集合平均的误差之间的关系有时候被称为"离散度—技巧(spread-skill)"关系。对每个有许多成员的集合预报而言,将集合平均的方差与集合平均自身的精度联系起来,可得到定量化的离散度—技巧。第9章中讨论的任何标准指标,如均方根误差(RMSE),都可被用来量化集合平均的精度。为了定量化地联系离散度和不确定性,有必要对集合预报进行校正(见7.5节)。有关集合预报离散度—误差关系的讨论,可参考 Grimit 和 Mass(2007)及其中引用的参考文献。

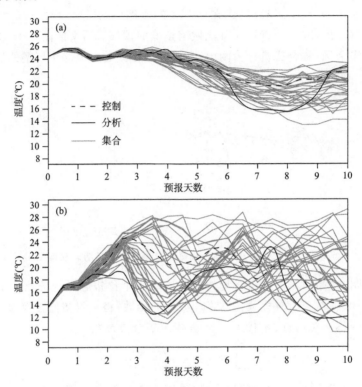

图 7.3　ECMWF 对伦敦 2 m 温度的两次集合预报,时间间隔一年。注意集合离散度的差异很大。取自 Buizza(2001)

7.3　不确定性来源及集合成员的定义

前面 7.1 节的列表总结了预报不确定性的来源,本节将对这一问题做进一步的讨论,还将讨论如何在集合系统中表达预报的不确定性。公认的说法是预报误差分为初值误差和模式误差,后者指与初值无关而由模式各方面引起的误差。

集合成员的定义方法一般有两类。其一,模式的常规设置用于控制预报的模拟,然后对这些条件(初始条件或模式参数)进行扰动产生其余的集合成员。可以认为控制预报是最准确的,因为其使用的物理过程参数化及数值方案经过最优调试,同时初始场也是最佳的。对控制预报的扰动可能会一定程度上降低预报技巧。另一类方法,集合成员使用完全不同的模式,称为多模式集合。

许多单模式集合,其中每个成员采用不同的初始条件、物理过程等,可以组合在一起形成一个多模式集合,称为多模式超级集合(Krishnamurti 等 1999,Palmer 等 2004)。

7.3.1　初值不确定性

从第 6 章我们知道,用于定义模式初值的观测资料误差源自多方面,可能的来源包括仪器标定误差、不正确的安放位置、观测代表性误差以及资料传输误差。此外,使用动力平衡方法也会引入误差。最后,初值的不确定性与模式本身的误差也无法完全分开,因为,正如我们在第 6 章中看到的,高级资料同化系统对模式应用的方式不同。例如,顺序同化系统采用上一循环的短期预报定义分析过程的背景场。因此,模式任何方面的误差都会影响初猜场的质量,进而影响初值误差,尤其在观测资料稀少的地区。提高模式水平有助于提高初值精确度。

很显然预报对初值的敏感程度是流依赖的。设想一个被半永久性反气旋(如夏季地中海气候)控制的天气形势,预报对初值相对是不敏感的,因为这种情况下形势场主要受控于与大气环流和陆面相关的大尺度行星强迫;相反,当大气接近不稳定临界状态时,初值的细小差异就会导致大气在分岔点出现完全不同的路径。

初值误差可以通过在平均态上增加与观测不确定性一致的随机扰动来生成。然而,研究发现在初值中简单地加入随机扰动会导致集合成员之间彼此太过相似。这不足为奇,从第 6 章关于地转调整的讨论我们知道在质量场和风场变量中加入相互独立的小尺度扰动,这些扰动作为惯性—重力波将很快被频散掉。相反,实际数值预报中用于产生初值不确定性的方法,其生成的扰动具有动力一致的结构。

定义集合初值不确定性的三种不同方法:

- 使用基于集合的资料同化定义初值样本,如 6.11.3 中所描述。卡尔曼滤波将(1)由集合预报产生的背景场和(2)观测及其误差结合起来。

- 繁殖向量(bred vectors)方法,抽取初始条件中动力最敏感的模态,包含以下步骤:

(1)在定义初始状态的变量中添加随机扰动。

(2)以扰动场和未扰动场作为模式初始条件进行 6—24 小时预报。

(3)两种模拟态相减,然后对格点差值场进行尺度化(scaled),使其和典型分析场误差的振幅相似。

(4)将尺度化后的扰动加在新的分析场上,扰动和未扰动场再进行一对平行模式模拟。

(5)重复扰动增长和重新尺度化(rescaling)的过程,繁殖向量是经过几轮迭代后的扰动结果。

繁殖形态每天不同,反映集合成员间发散最快的特征。有关繁殖方法的更多信息请参考文献 Ehrendorfer(1997),Toth 和 Kalnay(1993,1997),以及 Kalnay(2003)。

- 奇异向量(singular vectors,Buizza 1997,Ehrendorfer 1997,Molteni 等 1996,Ehrendorfer 和 Tribbia 1997,Kalnay 2003),也称为最优扰动法。利用切线性和伴随模式,并定义当前主导天气形势中最快增长的天气型。对这些型态进行线性组合,根据期望的分析不确定性对振幅做尺度化,最后将调整后的扰动加到控制分析场上生成集合成员。

7.3.2　有限区域模式集合预报的侧边界条件不确定性

对有限区域模式(LAMs)而言,模式解强烈地依赖于侧边界条件(LBCs),尤其是预报时效较长时,侧边界条件误差对模式误差的贡献很大。在预报设置中,LAMs 中与 LBCs 有关的误差依赖于大尺度模式的预报误差和两种格点耦合算法引入的误差。如果大尺度模式是集合预报系统,则每个集合成员可为 LAM 集合成员提供侧边界。如果大尺度模式不是集合预报系统,则需要通过从大尺度模式估计典型误差这种方式,对区域模式的侧边界进行扰动。因此,误差的时、空尺度及误差振幅需要被估计,用于生成 LAM 集合成员。

7.3.3　表面边界条件不确定性

预报中陆面属性的计算误差来自于初值误差及模式误差。

· 随时间变化的陆面变量初值由第 5 章提到的陆面资料同化系统(LDAS)定义,而 LDAS 的计算误差又来自于作为 LADS 基础的陆面模式(LSM)的误差以及对基底层中(substrate)不随时间变化的物理属性的误差估计,如热导率、干基底层的热容量、叶面指数等。因此,和大气模式类似,陆面初值误差也与模式误差息息相关。

· 模式误差与陆面模式有关。如第 5 章提及,陆面模式是与大气模式并行运行的。与大气模式类似,陆面模式误差来自差分方程的数值近似,以及物理过程的参数化。

上述误差来源可以通过定义下列不确定性来表达:参数化过程的不确定性,对随时间变化的基底层物理属性(水汽和温度廓线)的初值估算的不确定性,对不随时间变化的基底层物理属性(孔隙率、比热和干基底层热导率)估算的不确定性。许多研究评估了由陆面多方面不确定性引起的大气结构的不确定性,请参考文献 Pielke(2001),Sutton 等(2006)及 Hacker(2010)。

7.3.4　数值算法的误差

在第 3 章中我们看到,时、空导数的数值近似会引入误差,它们和物理过程参数化一起,造成模式误差。虽然这些动力框架的误差在初始时刻主要在模式截断附近的小尺度上,但是通过非线性相互作用它们会在模式积分的几天中影响中纬度大尺度的高、低压系统。通常在集合预报中考虑动力框架不确定性的方法是对不同成员使用完全不同的模式,由此构造的集合称为多模式集合。因为可使用的模式有限,这种集合的成员数可能仅有 10 个。最近有研究使用随机动能后向散射法在集合中加入模式误差,以此代表不能解析的次网格尺度过程向网格尺度传播的能量。(Shutts 2005,Berner 等 2009)。

7.3.5　物理过程参数化误差

与前面表述与动力框架相关的误差一样,物理过程参数化误差也可以用多模式集合表达。此外,一些模式允许用户针对每一种参数化过程从列表中挑选参数化方案。虽然一些参数化方案的组合彼此之间不协调,但在单个动力框架下通过变换参数化方案可以产生相当多的集合成员。而且,如第 4 章中所见,也可以通过改变某个参数化方案中的不确定性参数构造成员。或者,Buizza 等(1999)将参数化中因变量的时间倾向(time tendency)乘以 0.5~1.5 之间均匀分布的随机数,以此来模拟物理过程参数化带来的随机误差。这一方法增大了集合离散度,提高了概率预报技巧。更多随机参数化的例子可参见 Teixeira 和 Reynolds(2008)。最后,有许多研究对考虑初始场不确定性的集合方法和考虑模式物理过程不确定性的集合方法进行过比较(例如,Stensrud 等 2000,Clark 等 2008a)。

7.3.6　多模式集合

使用已经在各大中心业务运行的天气或气候模式进行多模式集合预报是有吸引力的。这种情况下,构造多模式集合的常见困难变成仅是需把各模式的结果转换到一个共用网格上进行定量处理。或者,预报员也可以直接查看各模式产品,然后定性地综合分析各种信息。

对于后一种方法,在前面的章节中提到过,几十年以来,预报员已将多模式之间的预报一致性程度与产品的不确定性联系起来。Fritsch 等(2000),Woodcock 和 Engel(2005)及其他研究讨论了集成预报的概念,包括对主观预报及各种业务模式预报的综合集成。

多模式集合被特别推广应用于季节预报(Feddersen 等 1999,Rajagopalan 等 2002,Stefanova 和 Krishnamurti 2002,Barnston 等 2003,Palmer 等 2004,Robertson 等 2004,Doblas-Reyes 等 2005,Feddersen 和 Andersen 2005,Hagedorn 等 2005,Hewitt 2005,Stephenson 等 2005,Krishnamurti 等 2006b)及更长时间尺度的气候预测(Meehl 等 2007 的第 10.5.4 节,本书的第 16.1.6 节)。

对多模式集合预报,最简单的方法是对各单个成员进行等权平均。当然,也有一些更复杂的结合模式解的方法,如 Clemen(1989),Robertson 等(2004),及 Stephenson 等(2005)。

7.4 集合预报的解释和检验

对集合平均和单个集合成员可使用与确定性预报同样的方法进行评估,而概率预报则需要采用其他办法。本节总结了其中的一些方法,更多的信息可参考 Wilks(2006)及 McCollor 和 Stull(2008a)的附录部分。

7.4.1 集合-平均预报

集合平均的评估可使用第 9 章中介绍的针对非概率预报的任一常规的精度和技巧标准。精度测量包括大家熟悉的偏差(bias),均方根误差(RMSE)和平均绝对误差(MAE)。而技巧评分则是比较某预报方法相对于参考预报的预报精度(方程(9.3))。若预报精度不高于参考预报,则预报技巧为零。这种方法可用于集合预报,因为可将确定性预报作为参考预报。Lu 等(2007)使用技巧评分方法比较了时间滞后集合预报(7.6 节)的平均绝对误差与对应的确定性预报的预报技巧。

气象上使用的泰勒图(Taylor,2001)以图表形式总结观测和预报吻合程度的统计特征。由于很容易把多个预报的统计属性画在一张图上,泰勒图可用于展示集合平均及每个集合成员的预报性能。图 7.4 是一张泰勒图,图中距原点的半径距离正比于预报变量的标准差,方位角代表与参考场(校验场)的相关性。图中标注的是多个与预报场有关的点及一个与分析场有关的点(空心圆),后者的相关系数为 1.0 因为是和其自身的相关。

Delle Monache 等(2006a)的个例中,集合预报模式系统包含耦合的大气和空气质量模式,标注的预报变量是臭氧浓度。图中的数字代表具体集合成员,空心正方形代表集合平均,以图表形式通过上述两个统计量定量描述臭氧预报场和校验场的关系。Taylor(2001)指出,因为与标准差和相关系数两个统计量(图中坐标)存在数学上的相关,中心化的 RMSE(CRMSE,即去除偏差之后的 RMSE)也可以被画在图中(虚线)。CRMSE 代表预报和分析两点之间的距离,距离越近表示集合成员的预报越精确。本例中,图中所画是臭氧浓度集合平均的 CRMSE。集合平均的 CRMSE 比任一集合成员的 CRMSE 都要低。需要注意的是,集合预报的偏差需要另外单独表示,因为泰勒图显示的是 CRMSE,而不是 RMSE。

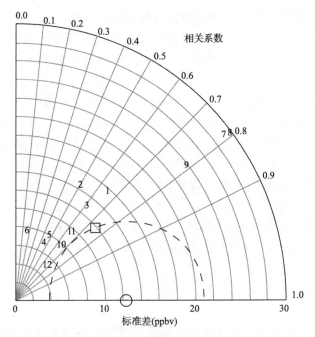

图 7.4　泰勒图,展示了一个气象—空气质量耦合模式集合预报成员的统计性能。预报变量是臭氧浓度,空心圆代表分析值,空心正方形为集合平均,各集合成员以数字表示。取自 Delle Monache 等(2006a)

7.4.2　概率预报

下面介绍评估集合预报统计特性的传统方法。

可信度图表

可信度是二分事件(在格点或是某一区域发生或者不发生)集合预报的重要属性,根据可信度图可以很容易地看出概率预报的质量。这种离散事件包括:温度低于冰点,或 3 小时降水量超过某临界值等。考虑一组关于一段时期内事件 E 的集合预报,对每一个预报,事件 E 的发生概率为 $p(0.0 < p < 1.0)$。集合预报子集的预报发生概率为 p_f,观测到的发生频率为 p_o,对于完美的预报系统而言,$p_f = p_o$。图 7.5 给出了可信度图(也称为属性图或者校准函数)的特征形式。图 7.5a 及 7.5b 显示无条件偏差,即所有情况下集合都高估或低估了概率,也就是说对于所有预报而言,偏差的正负号是相同的。图 7.5c 展示所有情况下概率都被合理地预报的情形。图 7.5d 和 e 显示模式对事件概率预测的条件偏差。前者中,模式低估了低概率事件又高估了高概率事件,这里我们说模式预报的分辨率较差(统计意义上),在整个预报范围内得到的概率基本相似。相反,在图 7.5e 中,分辨率很好,因为预报能够辨析众多不同概率的事件,虽然条件偏差也还存在。更多的讨论请参见 Wilks(2006)。

图 7.6 是对一个实际可信度图表的说明,关于季节预测的集合,其中的事件是热带地区 2 月至 4 月期间 2 m 温度超过平均(above-average)。左图(a)是基于单一模式的集合,集合成员通过在大气或海洋初始条件上叠加扰动构造而成。利用其他的一些单一模式集合进行了季节模拟,可信度图显示这些集合具有相似的条件偏差。但是,如果把这些单一模式集中起来形成一个多模式的超级集合,可信赖度会显著提高,见右图(b)。这种集合模式是欧洲季节到年际预报多模

式集合系统发展（DEMETER）的一部分，利用欧洲 7 个机构的模式。更多的信息请见第 16 章。

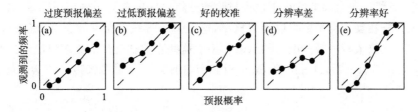

图 7.5   各种情况下的可信度图（也称为属性图或校准函数），显示预测概率偏差的不同形式。横坐标是一个集合系统基于大量例子的预报概率，纵坐标是与之对应的基于观测的条件概率。详见正文本。取自 Wilks(2006)

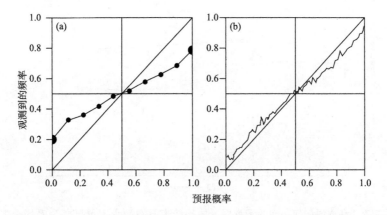

图 7.6   可信度图，其中的事件是热带地区 2 月至 4 月期间 2 m 温度超过平均。左图(a)是基于单一模式的集合，集合成员通过在大气或者海洋初始条件上叠加扰动构造而成。还利用其他的单模式做了一些季节模拟，可信度图均显示了类似的条件偏差。但是，如果把这些单模式集中起来形成一个多模式的超级集合，可信度会显著提高(b)。取自 Palmer 等(2006)。

分级直方图

分级直方图，也称检验分级直方图或者 Talagrand 图，用以展示观测与相互独立的集合成员的预报之间的关系。也就是说，定义了概率预报的偏差。对于特定的变量及观测位置，对该位置上的这一变量进行集合预报，对集合成员的预报进行分级排序。然后以 n 个排序的预报值定义 $n+1$ 个间隔。图 7.7 是具有 4 个集合成员和 5 个间隔，关于预报变量 P 的示意图。对于该位置及时刻 $t_{forecast}$ 而言，观测到的 $P(X_{obs})$ 的值比任一预报的 P_s 都低，因此观测位于间隔 I_1 中。如果对于这一时刻的其他所有观测和预报遵循类似的过程，我们可以计算出这五个间隔或者五个等级中每个间隔里的观测总数，从而绘制出频率的直方图。非均匀的直方图分布揭示集合中的系统误差。图 7.8 通过直方图描述了集合的四个问题。在这个假设的 8 成员集合中，分级直方图有 9 个等级或间隔。图 7.8a 和 7.8b 中，众多观测落在集合预报分布的边缘附近，或者整个位于分布之外，分别对应过度预报偏差或过低预报偏差。例如，在图 7.8a 描述的情况中，最常见的即为所有集合成员的预报值均大于观测值。图 7.8c 展示的是一个令人满意的、均匀分级的分布，其中观测落在集合成员分布内任一等级的可能性相同。在图 7.8d 中，很多观察落在集合成员预报的等级边缘附近或者之外。因为直方图是对称的，所以并没有偏差。这种情况下,集合的离散度太小,换句话说是分散度不足。这种情况很常见,集合无法完全包围观测。换句话说,集合离散度小于预报与验证分析之间的差异。这与图 7.8e 描述的集合过度发散的情况正好相反。纵坐标可以画成概率,这里每一等级的概率定义为该等级内验证发生的总次数(频率)除以预报—观测配对的总数。关于这些直方图类型的更多讨论请参见 Anderson(1996),Talagrand 等(1997),Hamill 和 Colucci(1997,1998),Hamill(2001)以及 Wilks(2006)。

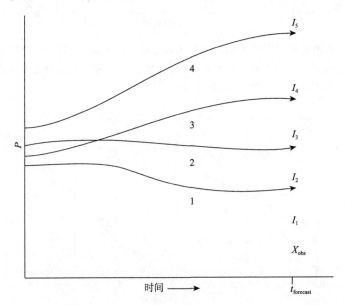

图 7.7 直方图如何构造的示意图。轨迹线表示观测点上预报变量 P 四个集合成员随时间的演变。预报时刻 P 的值定义了间隔(I),以与观测值 $P(X_{obs})$ 进行比较。每个观测的 P 被分配到分级的一个间隔中(即使间隔的 P 值是观测点的函数),落入每个分级的观测总数画在直方图中。

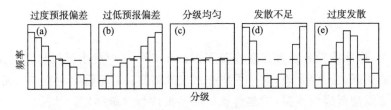

图 7.8 描述集合成员与观测不同关系的 5 类分级直方图,水平虚线定义的是完美的分级均匀的分布(引自 Wilks,2006)

相对作用特征(ROC)曲线

ROC 曲线图,用以评估二分类预测量的概率预报,横坐标为空报率(F),纵坐标为命中率(H),F 与 H 的定义参见 9.2.2 节。这种预报可以是日降水是否超过 1 cm,或者最高气温是否超过 30℃。Wilks(2006)描述了如何从集合系统中将概率预报转换为 2×2 的列联表,从而计算 F 与 H。一对对 $F-H$ 组成图中的点,将这些点和点(0.0,0.0)及点(1.0,1.0)画成一条曲线。好的预报 F 低 H 高,因此 $F-H$ 点位于左上方。曲线下方的面积最大值为 1,对应完美的预报。对角线代表无预报技巧,对应面积是 0.5。ROC 面积 0.75 或更高被认为是较好的预报。图 7.9 是 ROC 曲线的一个例子。

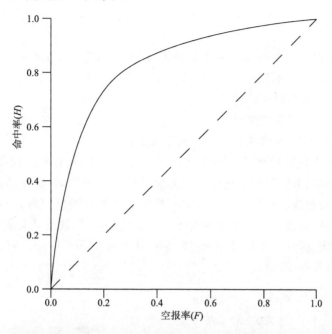

图 7.9　相对作用特征(ROC)曲线图的例子。图中实线代表一个好的预报,虚线为随
机预报。ROC 曲线下方的面积(1.0 的分数)反映预报的综合表现。

Brier 评分与 Brier 技巧评分

Brier 技巧评分(简称 BSS,Jollife 和 Stephenson 2003,Wilks 2006)是基于 Brier 评分(简称 BS)提出的,用于评估概率预报的准确性。BS 定义为:

$$BS = \frac{1}{n} \sum_{j=1}^{n} (p_j - o_j)^2,$$

计算 n 对预报—事件的预报概率(p_j)与观测结果(o_j)的平均平方差,其中如果事件未发生 o 为 0,发生则 o 为 1。这一表达式与 9.2.1 节中对用于非概率预报的均方根误差表达式类似。BS 的范围为 0 到 1,值越低表示预报越好。

BSS 定义为:

$$BSS = \frac{BS - BS_{ref}}{BS_{perf} - BS_{ref}} = 1 - \frac{BS}{BS_{ref}} \tag{7.2}$$

这里 $BS_{perf} = 0$. 对于完美预报,BSS 为 1;相对于参考预报无技巧时,则为 0 或负值。

分级概率技巧评分

分级概率评分(Rank Probability Score,RPS)描述任意事件种类数的分类概率预报质量。BS 可被看作是具有两个预报种类的 RPS 特例。分级概率技巧评分(Rank Probability Skill Score,RPSS)的定义与 7.2 相似,其中 RPS_{ref} 基于气候概率。关于 RPS 的数学定义可参考 Wilks(2006) 的文章,RPSS 与 BSS 的比较可参考 Weigel 等(2007)。使用 RPSS 的例子见下节。

7.5　集合校正

对天气、气候集合预报的校正是一个后处理过程,将偏差(bias)从一阶矩(集合平均)及可能的更高阶矩中去除。目的是:

- 提高集合平均的精确度,
- 提高对极端事件概率的估计水平,
- 使集合离散度能定量代表集合平均的不确定性。

图 7.10 给出校正过程对 PDF 影响的示意图。经过校正,集合平均和离散度均得到调整。

和其他在模式输出系统误差订正中应用的统计订正方法类似,业务预报的校正需要一组高质量的观测和集合预报的历史信息。历史归档的业务集合预报资料并不适用于校正,因为业务模式不断更新,因此此校正也需要跟着变化。理想的做法是,使用最新版本的集合预报系统对过去的天气重新进行预报,得到某一历史时期的再预报后用于校正。有关集合再预报的更多信息可参考 Hamill 等(2004)。

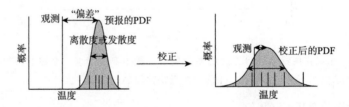

图 7.10　校正过程对 PDF 的调整示意(NCAR 的 Thomas Hopson 提供)

集合校正的方法有多种。Hamill 和 Colucci(1997,1998)利用检验分级直方图解释和修正集合预报。需要注意的是,要尽可能地针对某种特定条件进行校正,这样才能做好校正。例如,校正依赖于天气型、预报时效、地理区域、季节等。而且,有时针对不同的集合离散度还要分别进行校正,例如以集合成员的标准差进行量化,即将集合预报按标准差进行分组,对每个组分别做分级直方图和校正。

Eckel 和 Walters(1998)使用中期预报模式(MRF)集合预报长时期历史资料集的一部分作为训练资料(training data)对 MRF 模式进行校正,然后对训练期之外的预报进行检验。使用 RPSS 方法检验校正和不校正的结果,使用气候值作为参考预报以此评估对 MRF—集合定量降水预报(QPF)校正的效果。图 7.11 显示经过校正和未校正的两周预报的 RPSS,其中一个是 Hamill 和 Colucci(1997,1998)提出的"加权分级(weighted ranks)"校正方法,而另一个是不校正的"民主投票(democratic voting)"法,根据降水超过某一阈值的情况,每个集合成员得到相同的投票。不校正方法中,超过阈值的集合数除以集合总数就是概率。基于气候的预报其技巧评分为零,因此正分表示预报好于气候预报而负分表示比气候预报还差。本例中,对预报的校正使得可预报性延长了 1 天。其他许多校正的例子可参考 Bremnes(2004),Doblas-Reyes 等(2005),Raftery 等(2005),Roulston(2005)及 Weigel 等(2009)。Weigel 等(2009)讨论了对单模式集合预报进行校正是否优于多模式集合预报的问题。

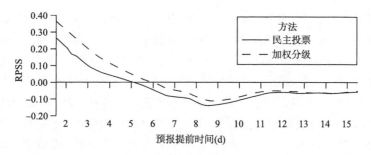

图 7.11　各预报时效的 RPSS。对集合概率的定义基于两种方法,一种是不进行校正的"民主投票"法,另一种是 Hamill 和 Colucci(1997,1998)的"加权分级"法。取自 Eckel 和 Walters(1998)

7.6　时间滞后集合

因为当代的预报系统通常每隔 1—12 小时进行循环预报,因此对同一时刻存在多次预报。图 7.12 给出了这一概念的示意图。图中上半部分的滞后集合中,每 6 小时启动一次确定性预报,这些预报可为虚线所代表的未来时刻组合构成一组集合预报。此时,集合成员间只是初始条件不同,不同之处在于 6 小时初始化间隔中初值的变化。下半部分是传统的集合预报方法,集合成员初始在相同的时刻,通过不同初始条件或模式设置构造集合。时间滞后集合方法不需要额外增加计算量,因为不同时次的预报本来就存在,而传统的集合方法是对同一起报时次进行多次预报。

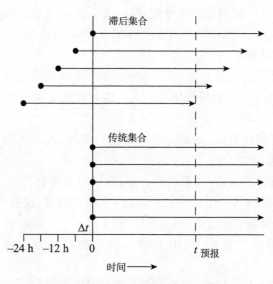

图 7.12　时间滞后集合预报与传统集合预报比较示意图。详见正文

时间滞后集合最早是由 Hoffman 和 Kalnay(1983)及 Dalcher 等(1988)提出和验证。Lu(2007)利用 1 小时快速循环更新 RUC 模式试验了甚短期(Very-short-range,1—3 h)时间滞后集合预报。使用两种方法计算集合平均,一种对集合成员进行等权平均,另一种则对不同时间滞后的预报取不同的权重。结果表明,两种方法均好于确定性预报,但不等权平均的方法更优。Yuan 等(2009)对 1 小时循环的 WRF 和 MM5 多模式时间滞后集合预报进行了检验。因

为循环频率很高,同一时刻有多组预报,因此可构造大量集合成员。集合平均的 QPF 预报技巧高于同样分辨率(12 km)的 NAM 模式的确定性预报,其他方面的预报技巧提高比 QPF 的提高差一些。Yuan 等(2008)将基于 3 km 分辨率的 WRF、MM5 和 RAMS 多模式时间滞后集合应用于水文预报。结果表明,这样的时间滞后集合预报系统可为水资源管理提供有价值的 QPF 集合平均及概率预报。更长期的全球预报方面,Buizza(2008)将 ECMWF 传统的低分辨率(T399L62)51 个集合成员与高分辨率(T799L91)时间滞后的 6 个集合成员进行了 7 个月资料的比较。循环频率是 12 小时,时间滞后的跨度最大 60 小时。就概率产品而言,51 个成员的集合预报优于滞后集合,但加权滞后集合的集合平均在 4 天的预报时长内具有类似的预报技巧。最后,Delle Monache 等(2006a)在空气质量预报中应用 18 个成员的滞后集合,得到令人鼓舞的结果。更多有关滞后集合的讨论可参考 Mittermaier(2007)。

预报的不确定性和时间滞后集合成员离散度之间的关系是预报员几十年来使用业务模式的基础。当连续不同起报时次对同一预报时刻的预报结果一致时,预报员对模式结果有信心;相反,当不同起报时次的预报不一致,预报不确定性增大时,预报员对模式产品的信心降低。

7.7 有限区域短期集合预报

有限区域模式(LAMs)中尺度集合预报在研究和业务中越来越流行。如前面 7.3.2 节中提到的,侧边界的存在会带来误差,必须在构造集合成员时加以考虑。因为有限区域集合预报系统较全球集合系统而言一般用于短期预报,因此这一过程通常被称作短期集合预报(Short-Range Ensemble Forecasting,SREF)。Eckel 和 Mass(2005)总结了与全球模式中、长期集合预报相比 SREF 面临的挑战:

• 近地面变量是重要的预报变量,存在精细结构,但其可预报性低且误差会在短预报时效内达到饱和,因此限制了集合预报的使用。误差饱和意味着预报已没有预报技巧,即它与验证场完全不相关(见图 8.1 相关讨论)。

• 对模式误差的了解还很少,很难定量对其进行描述,这对近地面变量的短期集合预报有很大影响(Stensrud 等 2000)。

• 产生初值最优扰动的方法(如繁殖法)均起源于中期集合预报,中期集合预报中集合成员间的发散主要是由于误差的非线性增长。而对 SREFs 而言,误差增长在初期是线性的,因此如何产生初值最优扰动还不清楚(Gilmour 等 2001)。

• 即使对侧边界进行了扰动,使用 LAMs 仍可能导致集合的发散度不足,见 Nutter (2003)。

• 为捕获小尺度的变化,可能需要非常高的模式分辨率。

有限区域中尺度集合预报的更多例子请见 Marsigli 等(2005)和 Holt 等(2009)。

7.8 集合产品的图形显示

概率预报信息的显示应该有益于模式研发人员和终端用户。虽然这两类使用者对图形产品的要求不尽相同,但共同点都是需要更多的加工而不是对模式变量的直接显示。以下回顾一些常用的显示产品。

7.8.1　面条图

对集合成员离散度进行说明时的最大挑战之一是如何以一种更容易理解的方式图形化综合显示集合的大量信息。一种方法是使用多张小图,每张显示一个成员的某一变量(见 Fritsch 等 2000,Legg 等 2002,Palmer 2002,Buizza 2008)。然而,这种"邮票图"太小,当细节很重要时很难加以解释。另一种方法是挑选一个气象意义重要但图形显示简单的变量场,将所有成员都画在一张图上。图 7.13 给出了这种方法的一个例子:在一张图上显示 500 hPa 高度场单等值线(5520 m)。虽然不能完全显现整个高度场,但等值线的形状和位置揭示了天气流型随时间的演变;更为重要的是,这个例子清楚地给出了 17 个集合成员间的差异。在 12 小时时长(a),一些成员在加拿大中部预报出一个槽,而在其他地区成员间比较一致。因此,除了槽区之外,预报的可信度较高。到 36 小时(b),一些成员中的高空槽继续发展,导致槽区的不确定性加大。虽然分析场(粗实线)证实实况确有深槽的存在,但 36 小时预报的控制试验(点线)却没有任何槽的迹象。84 小时预报(c),所有成员对东太平洋上槽的位置和强度预报一致,但对大陆和西大西洋上空的槽分歧较大,因此有理由质疑预报的精度。

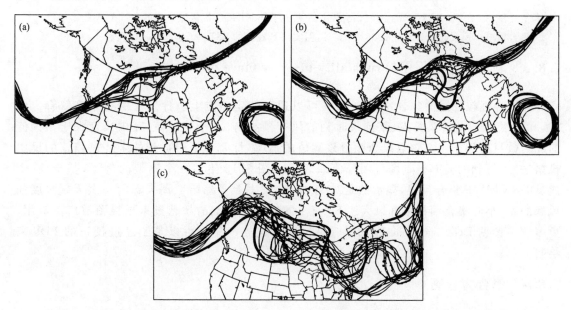

图 7.13　NCEP 集合预报北美地区 500 hPa 高度场 5520 m 等值线的面条图

a)12 小时预报;b)36 小时预报;c)84 小时预报。细实线代表 17 个集合成员的预报,图 b 和 c 中粗实线是相应的分析场,点线为控制预报。取自 Toth 等(1997)。

7.8.2　气象要素曲线图(Metograms)或箱式图

某变量在单点(或区域平均)上的集合预报可以通过将各成员预报的时间曲线画在一张图上表示出来。集合平均和离散度随时间的变化一目了然。预报的终端用户(不是预报员)一般都有其特别关心的变量(如降水率)和特定的区域(如某个城市或流域),所以这类图形比大范围的更复杂的地图更合理。图 7.14 是一个例子,显示 ECMWF 海气耦合模式给出的东太平洋 NINO 3 区 SST 距平的 6 个月集合预报,集合成员间随着预报时效增加而逐渐发散。前面提到的图 7.3 是另一个例子,显示的是英国伦敦的近地面温度。

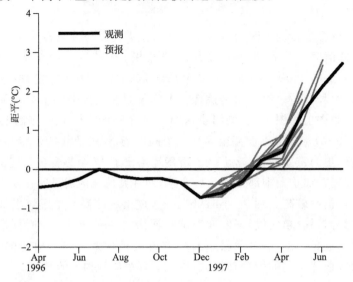

图 7.14　基于 ECMWF 海气耦合模式的东太平洋 NINO 3 区区域平均的 SST 距平的 6 个月集合预报。预报起始时间是 1996 年 12 月,粗实线是观测的 SST. 取自 Palmer(2002)

7.8.3　超越概率预报图(Probability-of-exceedance plots)

经过合理校正过的集合预报的 PDF 可以通过特定格点上事件发生的概率来解释。例如,30 个集合成员对某格点、某预报时刻的风速预报有 30 个估计值,其中风速大于某阈值的成员数目可用于定义该点风速超过该阈值的概率(即 7.6 节中提到的未经过校正的民主投票法)。得到的概率格点场可用等值线表示。图 7.15 给出一个典型的例子,基于 50 个成员的 ECMWF 集合预报,显示的是对 1999 年 12 月严重影响欧洲大部的一次天气尺度强风暴的 42 小时集合预报中阵风大于 50 m/s 的概率。类似的超越概率预报图被广泛应用,更多例子参见 Delle Monache 等(2006c)。当然,这类产品也可以基于经过校正的 PDF 来绘制。

7.8.4　集合方差图

一些度量可反映区域平均或单点的集合离散度。例如方差随预报时效的函数可以代表集合离散度随时间的变化。图 7.16 给出这类图的一个例子,描述 19 个成员物理集合及 19 个成员初值集合预报的 850 hPa 比湿的方差随预报时效的变化,集合成员来自 MM5 对同一个长生命史的中尺度强对流系统的预报。

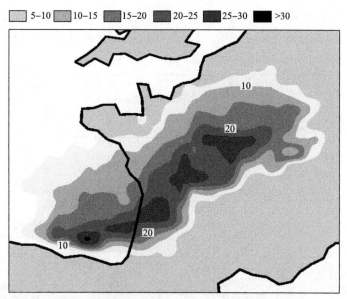

图 7.15　1999 年 12 月严重影响欧洲大部的一次天气尺度强风暴的 42 小时集合预报中阵风大于 50 m/s 的概率图(百分率),基于 50 个成员的 ECMWF 集合预报。取自 Palmer(2002)。

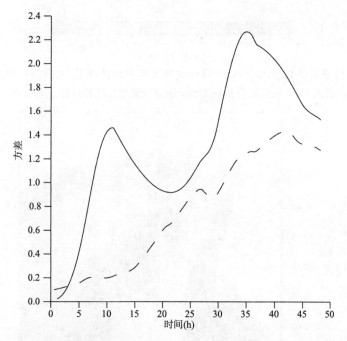

图 7.16　850 hPa 比湿的方差随预报时效的变化,基于 MM5 对一次长生命史的中尺度强对流系统的集合预报。实线是 19 个成员的物理集合,虚线是 19 个成员的初值集合。取自 Stensrud 等(2000)。

7.8.5　耦合专业模式的集合显示

利用大气模式输出作为驱动的专业模式将在第 14 章中讨论。这里我们给出使用大气模式集合预报作为模式输入的二级模式的产品显示方式。例如,格点的集合预报可作为计算气体或气溶胶传输的空气质量模式或烟羽扩散模式的输入。图 7.17 是利用二阶闭合积分的

PUFF(SCIPUFF)烟羽模式(Sykes 等 1993)和区域 MM5 模式 12 个成员集合预报提供的格点气象产品计算的气体烟羽的剂量邮票图,可看出剂量对气象场的集合预报输入非常敏感。图 7.18 是在图 7.17 基础上制作的超越概率图。

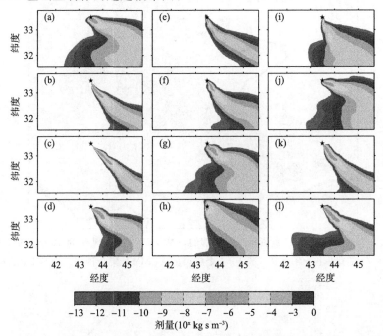

图 7.17　气体烟羽的剂量邮票图,气体烟羽的传输和扩散通过 SCIPUFF 烟羽模式(Sykes 等 1993)和区域 MM5 模式 12 个成员集合预报提供的格点气象产品计算得到。来自 Warner 等(2002)。

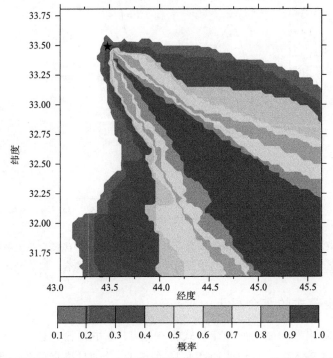

图 7.18　气体烟羽剂量超过一定阈值的概率图,基于图 7.17 的烟羽集合预报。图中左上方的五角星表示排放源。来自 Warner 等(2002)

大气模式预报也被用于日常的用电量需求预估(如第二天的用电量)。近地面温度、云量等是电量需求模式的输入量,预报的用电需求是预报时效的函数,被绘制出来。当应用大气集合模式时,就能绘制随机电能需求产品,这些产品可以曲线图中的线条或者图 7.19 中的"electricity-gram"形式画出来。图中给出的是对英格兰和威尔士日平均用电需要预报的全部可能的范围和中间 50% 的范围。

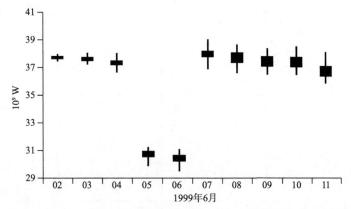

图 7.19 "electricity-gram"的例子,展示英格兰和威尔士电能需求 15 天预报的不确定性。ECMWF 的集合预报为能量需求模式提供输入。所有的预报电能需求值都位于垂直细线上,而中间 50% 的预报值落在箱体之中。由牛津大学的 James W. Taylor 提供

7.9 集合预报的经济效益

实施集合预报的动机之一是相比确定性预报概率信息对于决策制作来说更有价值。这种价值可以从对社会、环境、或经济的影响程度来定义,而经济方面的效益更容易被定量地描述。然而,前面提到的预报技巧和对离散的度量并不能直接提供有关预报价值的信息。实际上,预报价值取决于对天气的敏感度以及用户的决策制作过程。

评估预报价值有不同的体系,其中最常用的是花费—损失(cost-loss)模式。给定某一天气事件发生或不发生的不确定性预报,决策者可以选择是否实施防护措施。这是一个最简单的决策问题,因为行动只有两种(防护或不防护),结果也只有两种(事件发生或不发生)。有经济后果的潜在事件包括:损害农作物的冰点以下温度,超过某阈值造成洪灾的日降水量,影响高速公路或航空飞行的暴雪,以及大风等。防护决策将产生花费(C),无论天气事件是否发生;而不防护的决策当事件发生时将导致损失(L)。图 7.20 总结了不同情况下花费—损失的结果。

对这种二分天气事件如果有足够好的概率预报,决策就可能收到更好的经济效益。假设经校正的集合预报预测事件发生的概率是 p,那么防护或不防护的决策将本着代价最小的原则制作。如果采取防护,则事件发生概率为 1.0 时的代价为 C;如果未进行防护措施,则以概率为权重的代价是 pL。因此,当

$$1.0C < pL,$$

$$或 \frac{C}{L} < p.$$

时,防护相对风险来说代价最小。也即使说,当预报的事件发生概率大于花费与损失的比率时

采取防护是最优的决策,反之当概率小于花费与损失的比率时不防护的决定代价最小。因为防护花费和损失强烈依赖于特定的情况,防护的阈值是变化的。上述结论仅当 $C<L$ 时成立,否则的话任何防护行动都是不合算的。

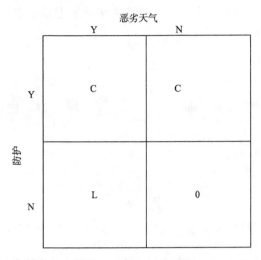

图 7.20   恶劣天气发生和防护决策 4 种组合的花费(C)和损失(L)。防护决策将产生花费(C),无论天气事件是否发生;当决定不防护而事件发生时将导致损失(L)。当事件没有发生也未进行防护的经济影响为 0。

可以采用类似天气预报中技巧评分的方法定义预报的经济价值(V),这里 E 表示期望的代价,

$$V = \frac{E_{forecast} - E_{climate}}{E_{perfect} - E_{climate}}.$$

$E_{climate}$ 是一个默认值,代表总是防护或是从不防护时的最小代价。总是防护时,为恒定值 C;从不防护时损失为 $\bar{o}L$,这里 $\bar{o}$ 是事件发生的气候概率。当预报完全正确时,防护行动仅在事件发生的情况下才会采取,因此 $E_{perfect}=\bar{o}C$。Wilks(2006)、McCollor 和 Stull(2008b)中有关于这一价值评分计算的完整介绍。

花费—损失决策模式经常被用于评估集合预报对一些需要决策的特定应用的经济效益。这些特定应用包括水利水库运行(McCollor 和 Stull 2008a,b),中期洪水预报(Roulin 2007),能源部门温度预报(Stensrud 和 Yussouf 2003),降水预报(Mullen 和 Buizza 2002,Yuan 等2005),灾害天气预报(Legg 和 Mylne 2004),空气质量预报(Pagowski 和 Grell 2006)。更多关于集合预报经济效益的信息可参考 Richardson(2000,2001)。

建议进一步阅读的参考文献

Kalnay, E. (2003). *Atmospheric Modeling, Data Assimilation and Predictability*. Cambridge, UK: Cambridge University Press.

Leutbecher, M., and T. N. Palmer (2007). Ensemble forecasting. *J. Computational Phys.*, **227**, 3515-3539, doi: 10. 1016/j. jcp. 2007. 02. 014.

Palmer, T. N. (2002). The economic value of ensemble forecasts as a tool for risk assessment: From days to decades. *Quart. J. Roy. Meteor. Soc.*, **128**, 747-774.

Palmer, T. N., G. J. Shutts, R. Hagedorn, *et al.* (2005). Representing model uncertainty in weather and climate prediction. *Annu. Rev. Earth Planet. Sci.*, **33**, 163-193, doi: 10. 1146/annurev. earth. 33. 092203. 122552.

Wilks, D. S. (2006). *Statistical Methods in the Atmospheric Sciences*. San Diego, USA: Academic Press.

问题与练习

(1)选取一个非线性函数,验证方程(7.1)不等式的正确性。

(2)从第 9 章可知,就传统的检验统计量(例如 RMSE,MAE)来说平滑后的预报效果更好,而集合平均比单个集合成员的结果要来得平滑。是否可以认为集合平均的平滑效果对其预报性能较优有一定贡献?

(3)进入一个业务集合预报网站,观察集合离散度每天的变化,包括同一个预报的变化,以及一个预报到另一预报的变化。

(4)当集合预报系统与专业模式耦合时(如 7.8.5 中的介绍),阐述如何根据耦合模式的预报变量而不是气象变量进行系统校正?

第8章　可预报性

8.1　背景

大气的可预报性定义:运行初始条件有微小差别的两个模式,两组解不断发散直至它们的客观差异(如 RMS)达到任意选取的两个大气态之间的差异所需要的时间。在实际预报中,这种通过无技巧定义的可预报性可以就是一种预报时效,超过这个时效之后模式预报与实况的相似度还不如持续性预报或气候预报。本书的其他章节讨论了模式预报过程中制约可预报性的各个方面,从资料同化系统到数值方法再到物理过程参数化及其量化标准。本章将回顾可预报性的一般理论概念及实践中对预报技巧的限制。

8.2　模式误差和初值误差

从前一章可知,限制可预报性的误差源自模式和初始条件。更多信息可参考 7.3 节,尤其是与模式有关的各种误差来源。但是,通常所说的可预报性是基于系统对模式初值无限小扰动的响应而言的,是流体系统的内在特性,与模式无关。事实上,在这一讨论前提下通常假设模式是完美的。与此相反,在实际应用中,可预报性一般指从某一特定业务模式系统中可获得的有用预报的平均预报时效,此时与模式过程相关的所有不确定性来源都可导致误差的增长。例如,新的观测资料、资料同化系统、参数化过程对某个变量的可预报性的影响都会被评估。

Lorenz(1963a,b)描述了两个简单的模式试验,为此后讨论内在可预报性奠定了基础。利用一个"等同孪生子(identical-twin)"试验(见 10.2 节),Lorenz 对同一模式进行积分,两次积分的初值仅在小数点后几位上有细微差别。他发现在几周的模拟时间之后,两个试验的解完全不同了。一些模式人员在各种长时间序列的模拟中因为计算机编译器或编译选项的改变,无意间也进行了等同孪生子的试验。不同的编译器在算数运算中精度不同,导致舍入误差。即使模式系统设置完全相同(初始条件和物理过程),由编译器引入的细微差别也会不断放大,造成与 Lorenz 观测到的类型相同的可预报性制约。无论来源是什么,针对大气(或模式大气)中这种很小扰动的增长,Lorenz 指出,就像是蝴蝶翅膀的煽动,可能在足够长的时间后影响大尺度天气。

图 8.1 给出了一个更当代的等同孪生子试验,显示微小初值扰动误差的增长。这里,控制试验使用的是同样的 GCM 模式,扰动试验只是初值略微的差别,初值扰动的方法如下:

$$\delta A = 0.001 rA,$$

A 是模式变量,r 是$-1\sim1$ 之间的随机数。对每个格点上的温度、水平风场、比湿、地表气压都分别进行扰动。将某变量区域平均的控制试验和扰动试验的差异定义为误差,误差的平方根即为误差方差,图中画出了 u—分量误差方差随积分时间变化的函数。误差在 10—15 天内缓慢增长,在接下来的 20 天里近乎线性地快速增长,然后达到饱和,这时两个模拟的大气场之间是不相关的。

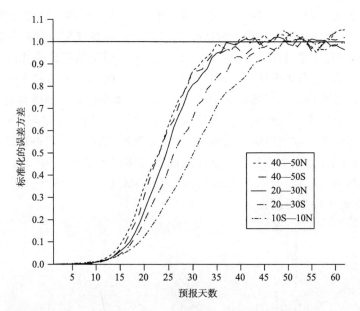

图 8.1　不同纬度带 850 hPa 纬向风平均误差方差。根据不同曲线的饱和值(最大值)对方差进行了标准化处理。误差来自大气 GCM 等同孪生子试验中控制试验和扰动试验的差异。取自 Straus 和 Paolino(2009)。

　　模式误差和初值误差对总预报误差及可预报性的相对贡献,人们还没有很好的认识,也很难单独对其定量化描述。一种方法是通过比较预报与观测(或观测分析)定义总误差的增长,通过计算两个初值有细微差别的预报的差异定义初值误差的增长。图 8.2 给出了 ECMWF 集合预报系统的一个例子,上面的曲线代表总误差,下面的曲线代表初始时刻相差 12 小时的初值误差的增长。本例中,初值误差占了总误差的大部分。

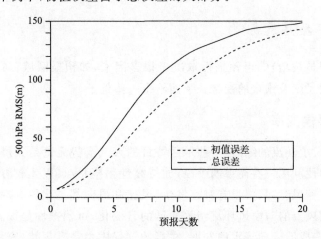

图 8.2　ECMWF 全球模式中仅与初值误差有关(虚线)和与模式、初值均有关(实线)的 500 hPa 误差增长。总误差通过比较预报与观测得到,初值误差来自两个平行预报(使用相同模式但初始时刻相差 12 小时)差异的增长。摘自 Leutbecher 和 Palmer(2008)。

8.3　陆面强迫对可预报性的影响

　　太阳对地表和大气的强迫存在日变化和季节变化,导致了一些与此循环紧密联系的过程。因此,在模式中正确定义了这一强迫就可产生以季节变化和日变化为主要特征的大气环流和结构,而不一定非要有很好的模式初值观测。由热力强迫导致的有日变化的天气现象包括低空急流、海风、山谷风、城市热岛环流及各种湿对流过程。图 8.3 显示在一个南北走向山脊的近山坡处观测到的近地面纬向风场的 3 个日变化周期。如果模式能够解析地形并且合理地表征日变化的热、冷循环,那么这种重复出现的风(局地的主要特征)就是可预报的,尤其是在天气尺度特性较弱的时期。在季节时间尺度上,主要有季风、哈得来环流的移动及相应的降水和信风、副热带高压系统(其随太阳的季节摆动造成后文将讨论的地中海气候)。模式中对太阳强迫进行正确的刻画,同时利用一个好的陆面模式(LSM)将太阳能转化为正确的大气边界层低层的感热,将有助于提高可预报性。

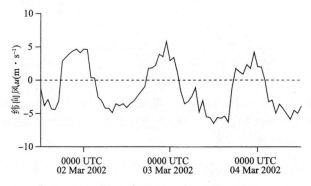

图 8.3　南北走向山脊近山坡处观测到的 10 m 纬
向风 u 的三个日变化周期,3 天平均的纬向风已从时间
序列中去除。摘自 Rife 等(2004)。

8.4　可预报性差异的原因

　　模式(以及预报员技巧)的可预报性取决于很多因素,如预报区域、局地气候、季节、天气态、天气现象的时间尺度及预报的变量。下面给出一些例子。

8.4.1　区域和气候变率

　　由于大气行星尺度环流的缘故,一些地区每日的天气形势无论是大尺度的还是中尺度的变化都很小,因此即便利用一些简单的手段(如持续性预报)也可以比较容易地做出预报。例如,当赤道地区盛行信风时,只要没有对流发生,风速和风向都是比较有规律的。在靠近海岸线的地方,叠加在信风上的与海风环流相关的风的日变化,可预报性是很高的。并且,由海风环流锋面入侵内陆造成的云和降水的发展,在当地气候中也是有规律、容易预报的。最后,一些地方的气候几乎完全受行星尺度环流支配,每日的天气近乎相同。例如,非洲东北部有一大片区域只有不到 2% 的时间是有云的天气。

8.4.2 季节变率

一些地区季节性地受到副热带高压中心的影响,有半年的时间处于哈得来环流下沉气流控制中。在这些月份里,日复一日地基本无云,没有降水和扰动。对这样的天气,简单的每日持续性方法就可以得到很好的预报结果。在其余月份里,随着副热带高压中心和风暴轴位置的变动,区域可能转为受天气尺度风暴影响,预报变得困难起来。这种暖季无云、冷季多气旋的季节性变化天气主要出现在地中海和北非的西部沿海地区。

8.4.3 对天气型态的依赖

可预报性还随天气型态发生变化,在更长的时间尺度上,变化的原因有时是可以理解的有时则不能。存在更长时间尺度的倾向表明可预报性的变化并不是随机的,而是和低频变化或涛动有关。当然,集合预报的好处之一是为我们提供了天—天或型态—型态基础上的可预报性。简单地说,在相对长时间尺度的天气态跃变中这种可预报性可以以一种有组织的方式发生显著变化。如图 8.4,给出了北半球大约 3 个月时期内 108 个 15 天全球预报和观测分析之间的距平相关(这种检验方法的相关信息参见第 9 章),可清楚地看到可预报性在数周至一个月时间尺度上的变化。图 7.3 显示的两个相距一年的集合预报在集合发散度上有很大的不同,也是可预报性对天气态的依赖性或是在较短时间尺度上变化的一个例子。许多研究都论证了可预报性和各种天气流型及低频变率的关系。例如,Tracton(1990)指出大气的可预报性与中纬度阻塞事件[1]存在很强的关联。阻塞的建立导致可预报性迅速降低,而它的崩溃则意味着可预报性的恢复。一般来说,当大气接近不稳定的临界值时,无论是斜压不稳定还是对流不稳定,可预报性都是较低的,因为此时那些未被观测的或是在模式中未被很好地解析的小扰动将会导致系统相空间的轨迹发生根本的改变。

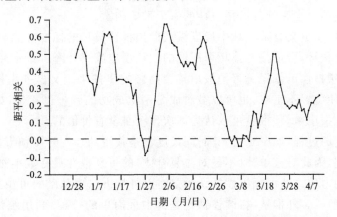

图 8.4 北半球,大约 3 个月时期内 108 个 15 天全球预报和观测分析之间的距平相关。取自 Tracton(1990) 和 Tracton 等(1989)。

---

[1] 阻塞是指中纬度迁移气旋和反气旋自西向东的移动受到阻碍的情形,通常伴随对流层上部高纬的反气旋性环流和低纬的气旋性环流。阻塞可被看作是正常盛行于西风气流中的槽和脊振幅极端偏大的型式。这种异常环流常呈静止状态,甚至缓慢向西移动,可持续数周。

8.4.4　对时间尺度的依赖现象

　　如第 9 章所述,将模式的可预报性放在三个时间尺度的天气态背景下考虑:周期大于一天的(超日的),周期约为一天的,以及周期小于一天的(次日的)。周期大于一天的天气特征一般与天气尺度或行星尺度过程相联系,因此可以被全球或区域模式合理预报。日时间尺度的运动当然与热循环有关。风场的日变化信号对应垂直动量混合,山谷风环流,海岸环流等。假使模式能够合理描述陆面过程和边界层过程,那么与这些时间尺度相关的特征就是可预报的。次日时间尺度的运动包括中尺度特征或环流,但不是热循环强迫引起,而是由地形强迫(可能在上游很远处)或者非线性相互作用造成。鉴于探空网资料的稀疏性,这些中尺度的三维特征不能很好地或者根本不能被观测网所捕捉,因此在模式初始条件中也无法体现。除非由非日变化的强迫局地生成,否则的话无论模式的分辨率和物理过程如何,这些中尺度都是不可预报的。Dool 和 Saha(1990)讨论了在更长周期变化上大气的可预报性对时间尺度的依赖性。

8.5　有限区域中尺度模式中可预报性的特殊考虑

　　有限区域模式(LAMs)影响可预报性的一个方面是因为模式侧边界(LBCs)的存在。在3.5 节中我们介绍了来自上游侧边界的信息在积分过程中将扫过模式格点,而初始条件中模式格点上的信息会通过侧边界流出。这意味着对较长的预报时效而言,除非是全球模式,否则模式的可预报性更多地取决于侧边界条件的误差而不是初始条件的误差。考虑一下有多少重要的中尺度现象是仅在大尺度特征产生传递环境时才发生,就不难理解 LBCs 对中尺度LAMs 可预报性的重要性。主要的例子有锋面飑线、中尺度对流复合体、海岸锋、冻雨。陆—气相互作用对中尺度 LAMs 的解也有重要作用(见第 5 章)。如前面 8.3 节所述,LAM 对物理过程的正确描述能力是影响其可预报性的一个重要因素。

　　实际应用中,用于定义有限区域中尺度模式可预报性技巧的标准可能与天气、全球尺度模式不同。对大尺度预报,可预报性技巧可用波的位相误差或累计降水量定义;而对有限区域中尺度模式预报,可预报性可依据是否预报出某个高影响事件来定义。如果模式预报了极端天气事件的发生,即使位置不正确,也可以被看成是一次成功的预报。相反,如果对一次大的降水事件模式没有预报出来,预报员可以认为本次预报是没有价值的。

　　一些更小尺度的过程,如湿对流,其时间尺度也是很短的。有时可预报性的极限就是一个物理过程的生命期,因此对流单体(不是对流复合体)的可预报性只有数小时。

　　基于中尺度动力模式的可预报性被认为是对以外推方法为基础的可预报性在一定程度上的补充,如图 8.5 所示。外推法(持续性预报是其中最简单的一种)利用统计或是其他方法对现阶段最优估计的大气的时间演变进行推算。因为缺乏对大气动力的描述,非线性会造成预报精度的迅速下降,因此外推法的可预报性很短。另一方面,中尺度动力模式在预报初期需要一定的使局地热对流调整加强(spin up)的时间,而且在初始化之后也要经历一个动力调整期,因此初期的 6—12 小时的预报可能会有问题。由于观测网较粗,两种预报方法使用的初始场都是不完美的。虽然曲线的细节依赖于具体的模式、资料同化及天气形势,但还是可能存在一个时段,在此期间内外推法的可预报性大于动力模式。

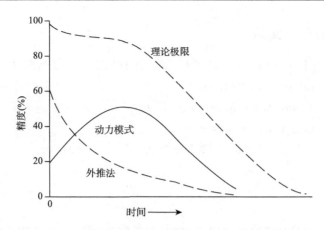

图 8.5　动力模式和外推法的预报精度相对于理论可预报性极限的示意图。

8.6　可预报性及模式改进

　　为了在业务预报和研究中提高模式的可预报性,新的资料同化方法、数值方案及物理过程参数化方案都在不断发展。但是有时候,某些被认为可以提高模式预报性能的方法在实施后对产品准确率并没有明显的改善作用,本节将对此给出一些意见。举例来说,问题之一可能是使用的新参数化方案非常复杂,与旧方案相比,包含更多的物理过程间的相互作用。但是对这种更复杂参数化所要求的输入我们又知之甚少,因此复杂的方法并不一定产生更好的效果。例如,十至二十年前使用一种新的多层 LSMs 后,与单基底层薄板模式相比预报精度并没有提高;又如,考虑更多粒子类型的云微物理参数化方案,如果对各类型的对流参数化做得不好,其效果并不一定比简单方案来得更好。

　　另一个因素则与评价模式变化对可预报性影响的检验方法有关。在第 9 章中我们将看到,标准的检验方法如 RMSE 和 MEA 对平滑的模式解评分较高(图 9.4)。如果模式的改进提高了对小尺度天气的预报能力,那么可预报性看上去可能反而会降低。这种误解可以通过以下途径来缓解:降低模式水平分辨率、改进数值方案的平滑属性以保留更精细尺度的特征、使用更高分辨率的地形资料以产生更细致的边界层结构。

　　最后,有关薄弱环的概念。模式系统包含很多相互作用的成分,其中一个环节的薄弱就会妨碍其他环节的改进对模式预报的改善。这方面有很多例子,例如如果资料同化方案不能正确使用观测资料的话,那么新的观测系统就不会提高可预报性。

8.7　后处理对可预报性的影响

　　第 13 章将要介绍的模式输出后处理过程应该被看作是模式系统的一部分,至少是业务应用的一部分。后处理包含很多方面,其中的一个方面是利用一些方法降低预报产品的系统性误差,这将导致更好的预报结果,提升整个系统的可预报性。

建议进一步阅读的参考文献

Holloway,G. ,and B. J. West(eds.)(1983). *Predictability of Fluid Motions*. New York, USA:American Institute of Physics.

Kalnay,E. (2003). *Atmospheric Modeling , Data Assimilation and Predictability*. Cambridge,UK:Cambridge University Press.

Leutbecher,M. , and T. N. Palmer (2007). Ensemble forecasting. *J. Comp. Phys.* , **227**, 3515-3539.

问题与练习

(1)阅读 10.2 节的观测系统模拟试验(OSSEs),解释如何利用这种类型的试验评估模式误差和初值误差的相对贡献。

(2)参考 8.6 节中与模式变化影响可预报性有关的薄弱环概念,就预计模式改变对预报有正效果但实际并没有发生的情况给出更多的例子。

(3)LAMs 预报的哪些中尺度过程的可预报性限制至少有一天?

(4)参考图 8.5,讨论哪些模式系统、天气态及尺度因子会影响图中曲线的形状以及它们之间的相互关系。

(5)云的可预报性非常低,思考其中的原因。

第9章 检验方法

9.1 背景

9.1.1 什么是检验？

预报检验包括对预报质量的评估。目前有许多方法来做预报检验。在所有的方法中，这些过程意味着将模式预报变量与这些变量的实际观测进行对比。有时使用验证（validation）一词而不是检验（verification），但实际上意思是一样的。就是说，词根"valid"可能意味着预报可以是有效的，也可以是无效的，然而，很明显，存在一个用于度量预报质量的连续标尺。因此，在许多情况下更倾向于使用"检验"一词，在本章中也采用"检验"一词。在第七章中已经对大多数应用于集合预报的特殊检验度量进行了讨论。关于模式检验方面有大量的文献，学生和科研人员应该阅读本章总结部分列出的文献以外的文献以确保其理解统计概念更深一层的意思和确保所使用的检验指标是最适合其检验需求的。

9.1.2 检验模式模拟和预报的原因

评估模式预报或模拟质量的动机有多个：

• 大多数模式在不断发展中，做模拟的人能够知道日常系统更改、升级、错误更正是否改进模式预报或模拟质量的唯一途径是客观、定量地计算误差统计。

• 对于物理过程研究，模式被用作是实际大气的替代，必须客观上使用观测来对模式解进行验证，如果在有观测的地方模式解和观测吻合得很好，那么在没有观测的地方模式的可信度就高一些。这是大多数物理过程研究所必须的一个环节。

• 当设置模式用于科学研究或业务预报时，必须对物理过程参数化、垂直和水平分辨率、侧边界条件（LBC）的设置等的选择作出决定。可以用客观检验统计结果来确定最佳模式设置方案。

• 通过使用一段时间的模式产品，预报员可以知道不同季节和不同气象条件下模式的相对表现。这个过程可以通过计算与天气型态相关的和与季节相关的检验统计来使该过程变得容易。

• 使用模式预报作为输入的客观决策支持系统可以从输入气象数据的期望的精度信息中受益。

• 将多个模式的模式准确度和技巧评分作对比以便更好地理解各模式的长处和不足的多模式对比计划（Model-intercomparison projects）是以客观模式检验为基础的。

9.1.3　与预报性能有关的一些术语

定义一些我们将要使用的术语是非常有用的。对于以下定义的更多的讨论参见 Wilks (2006)和其他此类问题的相关文献。

- 准确度(Accuracy)：衡量预报量和与之对应的观测之间平均态的一个变量。准确度的标量值以单个数字形式存在，表示预报的总体质量水平。
- 偏差(Bias)：度量预报变量的平均值与观测平均值之间对应关系的一个变量。
- 技巧(Skill)：预报相对于参考预报的准确度。
- 参考预报(Reference forecast)：基于非模式的数据，这个很容易获得，可解释为是一种简单的、具有最小技巧的预报。关于参考预报的详细介绍参见本章9.3部分。

9.2　常用模式检验指标

9.2.1　连续变量的准确度度量

这些度量方法应用到连续变量上，这些变量可以给出一个物理上真实范围内的任意值。例如，如果温度本身是预报量，它代表了一个连续变量。但是，如果根据明天的温度是否会超过某个阈值预报变量是一个二进制的"是或否"，它就是一个离散变量(在9.2.2中会详细讨论)。

MAE 是配对的预报和观测变量之间绝对值的算术平均。它是预报误差的平均大小，定义为：

$$MAE = \frac{1}{n} \sum_{k=1}^{n} |x_k - o_k|$$

其中(x_k, o_k)是 n 个配对的预报和观测组合中第 k 个组合。为了使 MAE 为 0，每一个预报和观测组合之间的差值必须为 0。连续变量的另一个标量准确度度量是均方误差(Mean-square Error, MSE)，它是预报和观测组合之间差值的平方的平均值，定义为：

$$MSE = \frac{1}{n} \sum_{k=1}^{n} (x_k - o_k)^2$$

由于是误差的平方，因此 MSE 对大误差的敏感性比 MAE 更大。有时使用 MSE 的平方根，即 $RMSE = \sqrt{MSE}$。该变量与预报和观测的物理维数是一样的。上述指标代表了系统性误差和随机误差两部分。

此外，通常使用的观测和预报之间相关性的度量是距平相关(Anomaly Correlation, AC)。正如名字所隐含着的意思，该指标是用来定义观测与预报之差类型(如距平, anomalies)与气候平均之间相似度。AC 可以基于时间序列或空间场来进行计算，它是用于评估预报与观测形态(相位和振幅)的相似程度。详细内容参见 Wilks *et al.*(2006)。

偏差与平均误差(Mean Error, ME)是一样的，即

$$ME = Bias = \frac{1}{n} \sum_{k=1}^{n} (x_k - o_k) = \bar{x} - \bar{o}$$

这也是众所周知的系统误差。假定 $\bar{o}$ 简单地定义为变量的气候值(至少是用于检验的有限时

间段内），$\bar{x}$ 是该变量的模式气候值，那么偏差就代表了该变量模式值与实际气候值之间的对比。

9.2.2　离散变量的准确度度量

这种度量应用于当检验问题定义在"有/无"或"是/否"的情况下。例如，考虑在某个具体地点降水预报的累计雨量是否会超过某个设定的阈值的问题。在那点的观测定义了其降水量是否真的超过阈值，是一个"有/无"的情形，预报同样也是一个"有/无"的形式。这个问题可以用一个 2×2 的列表来表示，如图 9.1a 所示。在 n 个配对的预报—观测组合中，a 代表观测有降水、预报也有降水的次数（称为命中），b 是观测没有降水、而预报有降水的次数（称为空报），c 表示观测有降水、而预报没有降水的次数（称为漏报），d 是观测没有降水、预报也没有降水的次数（称为 correct negative）。图 9.1b 显示观测和预报条件（如 24 h 累计降水高于某个阈值）的区域分布。每一个区域定义了列表中的一项。

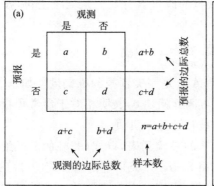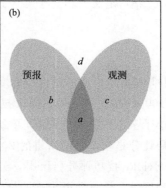

图 9.1　一个离散变量可能的四种预报结果列联表（a）。同时给出
某个变量（如累计降水）超过给定阈值观测和预报区域示意图。

很多预报准确度度量都是基于上述列表。正确率定义为：

$$PC = \frac{a+d}{n} \tag{9.1}$$

正确率表示准确预报降水发生或不发生预报的百分比。对于某些情况这个评分的一个不足之处在于不论对于正确的正预报或负预报来讲其评分是一样的。如果预报变量是开罗夏季是晴天，那么不管少有的模糊云的预报有多困难，正确的晴天预报都赋予同样的预报评分。对预报准确率度量的另一个指标是 TS 评分（Threat score）。TS 评分对于事件发生概率通常小于不发生概率的 yes-or-no 类型的预报是非常有用的。TS 评分也被称为关键成功指数（Critical Success Index），定义为：

$$TS = CSI = \frac{a}{a+b+c} \tag{9.2}$$

偏差是预报平均和观测平均的对比，定义为：

$$B = \frac{a+b}{a+c}$$

空报比定义为

$$FAR = \frac{b}{a+b}$$

空报比是对事件实际上发生的预报而没有预报准确的百分比,它与空报率不同,空报率定义为

$$F = \frac{b}{b+d}$$

空报率是错误预警次数与事件实际不发生次数的比率。命中率(hit rate),也称为检出概率,定义为:

$$H = POD = \frac{a}{a+c}$$

它表示的是事件发生被正确预报的百分比。

9.2.3　技巧评分

在前面提到过,技巧定义为相对于参考预报一种预报方法的准确度。技巧通常称为技巧评分(Skill Score,SS),定义为相对于参考预报的改进百分比。从数学上讲,技巧评分可以定义为:

$$SS_{ref} = \frac{A - A_{ref}}{A_{perf} - A_{ref}} \times 100\% \tag{9.3}$$

其中,A 是预报准确度,A_{ref} 参考预报准确度,A_{perf} 是完美预报的准确度。如果 $A = A_{perf}$,那么技巧评分就是 100%;如果 $A = A_{ref}$,那么技巧评分就是 0,表明相对于参考预报没有改进。如果预报准确度小于参考预报的准确度,那么技巧评分为负值。

有一些技巧评分是基于之前所讲的 2×2 的检验列表,以式(9.3)的形式给出的。其中最常用的一个是 Heidke 技巧评分(Heidke Skill Score,HSS),它是基于式(9.1)正确率的准确度度量。参考准确度 A_{ref} 是一个正确度的度量值,由统计上与观测独立的随机预报得到。HSS 的表达式为:

$$HSS = \frac{2(ad - bc)}{(a+c)(c+d) + (a+b)(b+d)}$$

其中的推导可参考 Wilks(2006)或其他文献。类似地,TS 评分(式(9.2))可作为基本准确度的度量,随机预报的 TS 作为参考值。这称为 Gilbert 技巧评分(Gilbert Skill Score,GSS)或者 ETS 评分(Equitable Threat Score),由 Wilks(2006)推导得出:

$$GSS = ETS = \frac{a - a_{ref}}{a - a_{ref} + b + c}$$

其中

$$a_{ref} = \frac{(a+b)(a+c)}{n}$$

也可以基于式(9.3)使用 MAE,MSE 或 RMSE 计算连续变量的技巧评分。通常把气候态和持续性预报作为参考预报。以 MSE 为例,这些参考预报的准确度为:

$$MSE_{Clim} = \frac{1}{n} \sum_{k=1}^{n} (\bar{o} - o_k)^2$$

$$和\ MSE_{Pers} = \frac{1}{n} \sum_{k=1}^{n} (o_{k-1} - o_k)^2$$

其中,o_k 是观测,$\bar{o}$ 是观测变量的气候平均值,o_{k-1} 是观测变量的前一个值。对 MAE 应用同样

的计算方法。对于任意一个指标或参考预报,基于式(9.3)的技巧评分可以写为:

$$SS = \frac{MSE - MSE_{ref}}{0 - MSE_{ref}} = 1 - \frac{MSE}{MSE_{ref}}$$

更多的评分技巧,包括其优点和缺点,详细内容可以参考 Wilks(2006)和 Gilleland 等(2009)。

9.3　参考预报及其应用

　　参考预报定义为最小准确度或准确度为零—即在准确度尺度上的零点。这是可以不用通过运行模式得到的预报准确度。典型的参考预报包括(1)一个持续性的预报,假定当前状况优于整个预报时段的预报;(2)一个日变化持续性预报,假定前一天的日变化可以被重复;(3)一个基于预报变量季节气候平均值的预报;(4)随机预报的使用。前三种方法是不言自明的。对于随机预报,Efron 和 Tibshirani(1993)的引导技术可以作为该方法的一个范例。该方法中,研究时段内可获得的观测被重复地、随机地重新取样(和替代)来产生多个同样样本大小的样本组合(几百个到几千个)作为通常检验中所使用的观测资料。有许多由研究时段内观测的气候分布特征所限制的随机预报。注意,在观测整体中随机取样具有去除资料日变化信号的作用。在每一个检验时刻,将每一个随机预报与观测进行对比,每一个时刻的平均检验评分用于定义误差。

　　随机的无技巧的预报或其他参考预报的准确度,及将在 9.5.2 中详细叙述的与仪器误差和代表性误差有关的最大(或无误差模式)准确度,有效地给出一个实际模式预报准确度范围。图 9.2 给出一个 4 个模式地面风速 12 小时预报检验的示例,无误差模式完美预报和无技巧预报的准确度作为上下边界范围如图所示。所有模式的风速 MAEs 约 2 m·s^{-1},在 1.5 m·s^{-1}的上下界曲线之间。对 Eta,GFS 和 RUC-2 模式的检验统计在由 MM5 LAM 中尺度模式区域扩展的区域上进行计算。

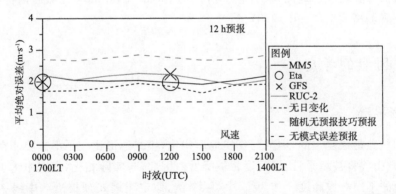

　　图 9.2　2002 年 2 月 3 日至 2002 年 4 月 30 日期间 MM5、Eta、GFS 和 RUC-2 模式的离地面 10 m 高度风速 12 小时预报 MAE。来自于 MM5 和 RUC-2 模式的预报结果每 3h 初始化一次。同时给出来自于无日变化、随机"无预报技巧"和无模式误差情形下的 MAE 统计结果。

9.4　真值数据集：观测资料与基于观测的分析资料

可以使用观测资料或观测资料的再分析数据对模式解进行检验。对于后一种方法，业务上的分析数据可用于预报的近实时检验，或者再分析数据可以用于以往预报的检验。业务分析数据是如何生成的见第 6 章内容，第 16 章对再分析数据作了介绍。使用分析数据做检验在常规观测资料时间上或空间上稀疏的情况下是有优越性的。在这种情况下，分析过程中卫星资料的变分同化可以对分析进行约束和在一定程度上弥补常规观测资料缺乏的不足。使用分析数据作检验的一个问题是由于它是由模式产生的，因此一个模式用另外一个模式的产品作检验。这对于那些由模式生成了该变量的分析值而通常模式又没有同化该变量的任何观测的变量（如降水）的检验，问题尤其突出。即分析的降水完全是由模式产生的。另外一个问题是大多数情况下只能获得全球尺度的业务分析数据或再分析数据，因此如果对高分辨率的中尺度模式预报作检验，尺度上明显不匹配。中尺度模式解的精细结构不能在分析数据中体现，准确度的度量将会引入尺度差异误差。因此，中尺度模式检验将会受它本身的目的（即提供中尺度信息）所限。使用分析数据作检验，预报可以插值到分析格点上，反之亦然。由于格点间的距离较小，通常采用简单的双线形内插方法。

在观测资料稠密区域，不管是常规资料还是遥感观测，将模式预报或模式模拟结果插值到观测点并在观测点上做统计计算是比较明智的做法。站点观测包括探空、近地面自动站、机载探测、雨量计和雪量计。可以直接与模式输出结果作对比的遥感探测资料有风廓线（多普勒雷达垂直方向估计值）、多普勒雷达和激光雷达径向风、卫星云迹风、卫星水汽导风和卫星估计降水。将模式格点值插值到观测站点可以通过简单的线性插值实现。近地面风场观测通常是在高于地面 10 m 处，尽管这个高度可以变化，对应地，地面温度和湿度观测通常在离地面 2 m 处。当模式最低计算层高于地面观测高度时，使用 Monin-Obukhov 近似理论将风、温度和湿度预报外插到观测高度上（Stull 1988）。

9.5　特殊因素的考虑

9.5.1　地形平滑

模式解的检验是很复杂的，因为与真实地形相比，模式地形比较平滑。除非在模式中使用管状地形，否则山谷将被填平，山脊高度将被降低。因此，与实际相比，模式中基于地面的观测有高于海平面的不同海拔高度。作为一个实际个例，假定用模式预报近海岸线一个山脊上离地 80 米高度的风机的风速（图 9.3）。同时假定在此高度上有风速表的观测用于作模式检验。实际的山脊高度是离海平面 100 m，但是模式地形的平滑使得在模式中山脊离海平面高度仅离海平面 20 m。这样产生一个问题：应该用哪一个模式风场与离海平面高度 180 m 处观测的风作对比？根据观测距离海平面的距离，应该使用离海平面高度 180 m 处的模式风（模式第一层）。但是，如果高于局地地表的距离更具有物理上相关的话，应该使用离海平面高度 100 m 处的模式风（模式第二层）。需要指出的是，这个问题不仅局限于风的预报，对温度和湿度预报也存在同样的问题。在这个个例中，该问题对于水面上大尺度风场的预报尤为重要。因此，有时存在这样一个问题：是否观测应用到一个正确的垂直位置（离海平面高度）或是否应用到模式地表以上的正确高度上？很难回答这个问题，但是进行模拟的人需要注意到这样似是而非的问题，因为这样的选择无疑会影响检验统计结果。

上述个例可以看作是孤立的，但是在复杂地形条件下，具有显著的随高度气候性变化的变量的预报通常存在系统性误差。例如，在由于地形平滑使得模式的地表海拔高度比实际地表海拔高度低的山区，模式预报相对于观测会有暖偏差。类似地，当地形被平滑后，在较高海拔高度的风速预报将被低估。

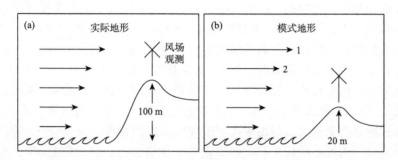

图 9.3　基于实际地形高度（a）和模式中经过平滑的地形高度（b）的近海岸线地形剖面示意图。可获得 80 m 高铁塔风观测数据，存在的问题是应将观测与模式 ASL 高度的模式风（第 2 层）作对比还是将观测与自然 ASL 高度的模式风（第 1 层）作对比。

9.5.2　用于检验的观测的不完美性

众所周知，模式产生的误差和观测产生的误差都会对检验过程中诊断的总误差有影响。用于检验的观测包含与仪器本身准确度有关的误差和标定误差。此外，有一个常常不被提起的、影响检验统计结果的、模式解和观测之间差异引起的误差，不管模式误差和仪器误差减小到何种程度，该误差都不可避免，这就是代表性误差。

代表性误差来源于模式和观测空间和时间尺度的不匹配。常规地基观测仪器测量一个点的瞬时值或时间平均值，然而，模式预报量代表模式网格区域的空间平均。另外，数学计算和显式耗散平滑了网格点信息，因此，事实上模式预报量代表的是更大区域的空间平均（见图 3.36）。代表性误差可以通过下面的理想个例来解释。假定在 1 km² 的区域上近地面风场是已知的，在该区域中心用已知的风的信息构造一个无误差的风的观测。接着，计算 1 km² 的空间平均值，该平均值代表由无误差模式预报的对应格点平均值。不管模式平均还是观测的确以自己的方式表征了风场，这二者之间的差别显然不为零。这个差别就被称为代表性误差，其量级取决于许多因素，包括盛行的天气类型、小尺度大气结构的振幅和取样地区的地理范围（或模式网格大小）。

估计代表性误差是值得考虑的，因为给定预报系统的性能和用于检验的观测的特性，代表性误差对实际要达到的最大模式准确度（具体定义见前文）有影响。示踪方法是使用一个非常高分辨率的模式来定义较大网格区域内的变化。例如，Rife 等（2004）使用由 Clark 和 Farley（1984）以及 Clark 和 Hall（1991，1996）所描述的模式来估计复杂地形上 MM5 中尺度模式风场模拟检验的代表性误差。采用 Clark-Hall 模式运行了一个实际个例，其模拟区域为科罗拉多州近 Pinewood Springs 的复杂地形上。该模式嵌套网格的最小格点分辨率为 50 m，模式区域覆盖近 36 km² 的区域范围。为了估计代表性误差，在 MM5 模式 1.33 km 网格上使用

Clark-Hall 模式输出结果计算风速和风向的空间平均。对于每个 MM5 模式网格有 676 个 Clark-Hall 模式格点。接下来,在 MM5 网格的中心确定风速和风向在该点的值。重复此过程直到整个 Clark-Hall 模式区域都被没有重复地取样。计算每个独立样本(36 个独立配对值)的风速和风向的格点平均值和单点值之间的平均差异,由此产生代表性误差估计。

　　基于以上分析,复杂地形上在该 MM5 模式分辨率下和混合边界层条件下,离地 10 m 处风速和风向的代表性误差分别是 1.15 m·s^{-1} 和 14.6°。这个估计是保守的,因为 50 m 网格距的 Clark-Hall 模式低估了近地面风场真实的空间变化大小。通常常规的杯状和叶片式风速计的风速和风向测量分别精确到 ±0.3 m·s^{-1} 和 ±3°。这实际上由完美模式产生了一个可实现的的风速和风向预报的最小误差,分别为 1.45 m·s^{-1} 和 17.6°(假定误差是可累加的)。

　　代表性误差的存在不仅仅是复杂地形的影响。例如,在远离自然干扰或人为干扰情况下的观测的测量肯定是不受干扰影响的。然而,地表特性的模式网格平均值,如粗糙度长度,是基于网格点区域地表的平均特征定义的。由于网格区域内通常有障碍物,因此相应地定义平均粗糙度长度。因此,与模式风不一样,观测到的风经历了一个不同的粗糙度,这个代表性问题导致了与模式准确度完全无关的观测风和模式模拟风的差异。Strassberg 等(2008)计算表明这种影响可导致风的检验中较小的但是很重要的虚假误差。对此问题,参见本章结尾就相似的地表代表性问题如何导致近地面温度和湿度检验产生误差的分析。

　　当然,以上关于代表性的分析结果仅应用于具体的预报模式配置,具体的被取样的气象场空间结构和观测系统误差特性。对于其他情形,需要进行独立的分析。不管怎样,这个例子证明了这些因子对检验过程的重要性。注意,代表性误差和仪器误差的总和可视为预报准确度的上限,即完美模式的准确度。

9.5.3　与风场检验有关的特殊问题

　　对于风场的检验,有几个特殊的问题需要注意。其中一个问题是,与这里讨论的其他变量不一样,风是矢量。因此我们比较观测和模式预报的风可以选择:(1)对 u,v 分量独立统计,(2)对风速和风向独立统计,(3)风矢量差的统计。在中纬度天气尺度上,或者对高空风的检验,如果 u,v 分量与纬和经向平行,那么独立的 u,v 分量的检验具有物理意义。即 u,v 分量代表平均风的方向和平均风的扰动。风速和风向是直观的指标,因为它们是风矢量的几何属性,并且这两类误差很容易可视。另外,观测和预报的风矢量差异是表征误差的一种途径。

　　如果用风速和风向作检验,必须考虑低层风速与快速变化的风向有关的事实,因为湍流将对观测起主要作用。假设我们希望检验平均风向(没有湍流),这在检验中通常是不包含这一项的,如与小于某个阈值的风速(如 0.5 m·s^{-1})有关的风向。根据风向尺度是周期的特性计算风向误差,这是在比较模式模拟和观测的风向差异时需要记住的。

　　第 3 章给出这样一个观点:定义在地图投影上的笛卡尔坐标系模式有根据模式网格点行列定义的风的 u,v 分量。即 u 分量与行平行,v 分量与列平行。因此,在一个特定的经纬度各点上模式定义的风分量与在同一点上观测的风分量是不一样的。当然,观测的风分量与局地经纬线是平行的。因此,正如模式初始化过程,模式和观测的风分量需要重定位。对于这种情况,如果在观测点上进行检验统计计算,那么模式风分量需要转换成传统的地转风分量。

9.5.4　标准的准确度指标对水平分辨率的响应

　　尽管对模式准确度的主观评估表明水平分辨率对模式预报技巧改进有正贡献,但是有时采用传统的对预报技巧的主观度量方法的评估结果表明增加模式水平分辨率对模式预报技巧改进很小。例如,Mass 等(2002)介绍了一个实时中尺度预报系统的总体表现,使用客观方法对预报技巧的评估结果表明当模式水平分辨率由 36 km 缩小到 12 km 时模式预报技巧得到明显改进。相反,当模式格点分辨率由 12 km 缩小到 4 km 时客观技巧评分改进很小。然而,对于观测和预报结构的主观比较,粗分辨率的预报结果通常比高分辨率的预报结果差。类似地,Davis 等(1999)表明,对于传统的技巧评分,例如偏差、MAE 和 RMSE,模拟区域位于美国西部山区的业务运行的高分辨率(1.1 km 网格分辨率)中尺度模式仅在地表温度预报上略好于网格距为 80 km 的粗分辨率 Eta 模式预报结果,两个模式对 10 m 风的预报误差的量级不相上下。然而,只有中尺度模式可以准确描述观测到的由局地地形和地表特征变化引起的局地强迫环流的某些重要特征。另外一个关于佛罗里达中东部区域的模拟,将水平格距为 1.25 km 的中尺度模式的客观评分与水平分辨率为 32 km 的 Eta 模式的客观评分作对比(Case 等2002)。在粗分辨率的 Eta 模式的大部分区域上高分辨率模式仅对其有略微的客观改进。然而,较为细致的主观分析表明中尺度模式在预报佛罗里达海陆风方面表现较好,海陆风的预报主要取决于风暴发生的温度、时间和所在位置。

一些标准检验指标的一个较为熟知的特征是它们对平滑解有贡献。即,如果高分辨率模式的输出被逐渐平滑掉,那么由模式输出计算的准确度指标可能逐渐表现出更多的技巧。因此,使用较高的水平分辨率,或者使用较小截断误差的计算方法,可以导致较差的模式检验结果。尽管这些模式的特性可以产生模式解中较为真实的、具有代表性的、精细尺度的结构。图9.4 给出一般情况下模式预报的位相误差和振幅误差。实线表示与纸面垂直的观测的急流风速,虚线表示高水平分辨率模式的预报,急流的振幅预报较好,但是最大峰值的落区有偏差;点划线和点线分别表示较粗分辨率的模式预报,由于分辨率较低,因此模式解较平滑。对于那些振幅预报准确的模式解的风速的预报和观测的均方根误差较大。

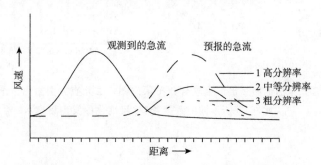

图 9.4 平滑的预报可以比在结构特征上带有较大振幅的预报产生较好的检验结果的一个例证。详细内容参见文中所述。

另外一种查看小尺度空间结构对标准检验指标影响的方法是对 MSE 的定义进行分解。Murphy(1988)证明

$$MSE = (\bar{x} - \bar{o})^2 + \sigma_x^2 + \sigma_o^2 - 2\sigma_x\sigma_o r_{xo}$$
$$(1) \qquad (2) \quad (3) \qquad (4)$$

第(1)项是平均误差或者偏差,第(2)项是预报方差,第(3)项是观测方差,第(4)项包含观测与预报之间的相关系数 r_{xo}。其他项也是一样,具有较大方差的高分辨率预报或检验场(观测)将导致较大的 MSEs。

9.6　基于概率分布函数的检验

　　由于天气要素(温度、降水)的极端事件通常是模式预报的很重要的情形,因此使用检验方法对于提供模式准确度随不同预报要素变化情况的具体信息是很有用的。一个简单的方法是基于一个长的预报序列简单地画出一个点预报和观测变量的频率分布。这样可以提供模式预报的预报变量的气候极值相对于真实气候极值的吻合度。真实的气候极值是很重要的,但是对于这些气候极值的预报准确度如何并没有定量地检验。为了做到后者,可以画出变量的观测与预报值的联合分布。例如,图 9.5a 包含了一个双变量柱状图,显示观测温度与预报温度的分布情况。对于不同的预报,类似的信息可以用图 9.5b 简单表示。此外,显示观测和预报值的散点图可以用于揭示不同区域的误差分布。不管信息如何显示,都可以用于更好地理解概率分布函数中对极值的预报如何。因此,可以根据需要对模式系统进行改进,预报员可以对模式对极端天气的预报,对模式优缺点有更好的认知。

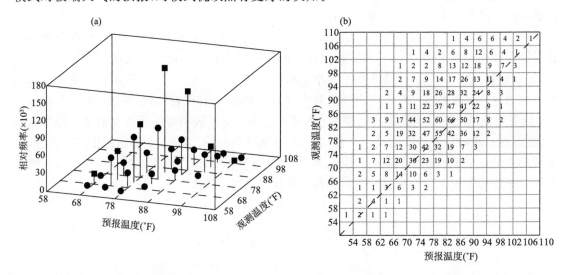

　　图 9.5　观测的和预报的地面 2 m 温度联合分布示意图。二元直方图给出一个站点夏季温度的观测和 24 h 模式预报结果(a)。此外,基于不同的数据资料(尺度化的发生频率),b 给出另一种表现形式。a 引自 Murphy 等(1989)。

9.7　基于天气型态、特定时刻与季节的检验

　　模式检验统计可以根据一天的不同时刻、季节、预报时长和天气型态进行统计。所得出的与具体形势有关的模式表现的统计结果对于揭示模式不足之处是很有用的。例如,按季节统计降水预报技巧可以提供模式计算对流降水和稳定降水的信息;根据一天不同时刻对近地面变量进行统计计算可以区分不同时刻边界层参数化误差,显而易见边界层参数化方案的误差在白天、夜间和昼夜交替的时段是不一样的。图 9.6 给出一个根据季节和时间进行中尺度模式检验的例子。图 9.6a 是统计的所有季节、每 3 小时做一次初始化的离地 2 m 高度温度 24 小时预报的 RMSE。预报地点为美国的西南部。不管预报在何时被初始化,在早晨的晚些时

候和下午的早些时候 RMSE 是最小的,在下午的晚些时候和傍晚 RMSE 迅速增大。这在识别需要改进的边界层参数化方案方面是很有力的证据。在第二个例子中(图 9.6b),10—12 小时温度预报的 RMSE 在不同季节和一天的不同时间段是不一样的。在冬天误差有一个很明显的增大的趋势。由于预报的中心区域在阿拉斯加,因此在冷季 RMSE 没有日变化。但是,暖季的预报误差在夜间有一个明显的最大值。

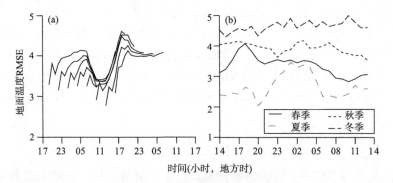

图 9.6　根据季节和一天当中的时次进行中尺度模式检验的举例。(a)是美国西南部地区 24 小时时间段内、每隔 3 小时初始化一次的地面 2 m 温度预报的 RMSE;(b)是阿拉斯加地区分季节和一天中不同时段统计的第 10—12 h 时段内的地面 2 m 温度预报的 RMSE

对于不同天气型态的检验统计计算也可以揭示模式的优缺点。这一过程包括使用一些方法来区分大量模式预报结果中显示的不同天气型态。在全球尺度上,这些型态可能是全球循环中的极端事件,例如 ENSO。在这种情况下,可能会将在 EL Nino 相态期间的预报技巧评分与在 La Nina 相态期间的预报技巧评分作对比。在区域尺度上,聚类分析方法(Wilks 2006)或自组织映射方法(Cassano 等 2006;Seefeldt 和 Cassano 2008)可被用于将天气型式(patterns)聚集成不同的天气型态(regimes),对每个天气型态的预报误差统计可以分别进行计算。或者,在开始对预报误差统计分别进行计算之前,可以采用其他一些手动的或主观的方法来识别天气型态。作为此概念的一个例子,图 9.7 是基于中尺度模式(MM5)对希腊的夏季预报,分别针对两种大尺度天气型态计算得到的雅典附近的离地 2 m 温度偏差。这个季节盛行两种类型的风。偏北地中海季风盛行时,风吹过半岛并且抑制海风的发展。季风较弱时,来自北方和南方的海风占主导,吹过半岛中心区域。虽然两种天气型态的日平均温度偏差没有明显差异,但是海风主导型偏差的日变化振幅是季风主导型的 2 倍多,表明可能某些陆气相互作用的模拟存在显著的模式误差。

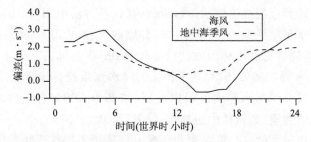

图 9.7　基于 3 个月的中尺度模式夏季模拟结果分别计算的希腊雅典地区两种大尺度天气型态的 2 m 温度偏差。一种天气型包含强的偏北地中海季风,另一种天气型是弱地中海季风强迫期间海风占主导地位的情形。由 Andrea Hahmann,Risø 提供。

9.8　基于特征、事件、目标的检验

　　在天气预报中许多有用的信息通常都与变化或事件有关,例如与锋面过境有关的温度或风速的突然变化。因此,模式预报检验对于了解模式对于这些事件的预报效果如何显得尤其有意义。在文献中常交换地使用目标、特征、事件这些术语。

　　该方法的一个应用是 Rife 和 Davis(2005)所描述的风事件。图 9.8 给出逐小时风观测的时间序列。在此研究中,一个事件被定义为在给定的站点和给定的时间,风速的 2 小时变化超过其一年平均值的 1 倍标准差的风速变化。使用两个检验指标。第一个,在观测的时间序列中定义一系列事件,其中 $o_t - o_{t-2\Delta t}$ 被定义为观测中的事件,$\Delta t = 1$ h。对每一个观测事件,计算下列值:

$$\frac{\sigma_o}{\sigma_x}\left(\frac{x_t - x_{t-2\Delta t}}{o_t - o_{t-2\Delta t}}\right)$$

其中,$x_t - x_{t-2\Delta t}$ 是观测事件在一定时间段和地点的模式解的变化。单独的观测和预报事件的量级通过使用每个地点的 2 个时间序列的代表性方差被归一化。在每个地点计算比率,对于完美预报该比率的值为 +1。在第二种方法中,也是基于一个变量的观测值和预报值的时间序列,每隔 12 小时定义一次预报和观测的特征。得到的二进制数据,即在每一个时间段内所存在的一个或多个特征,可以被用于填写图 9.3a 中的分类列表,计算许多基于离散变量的准确度指标。

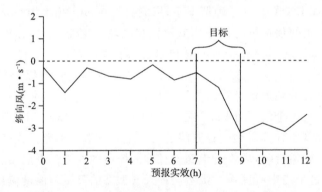

图 9.8　根据纬向风速定义的目标和事件示例。引自 Rife 和 Davis(2005).

　　众所周知,对流降水的检验存在许多问题,它更多地使用基于特征的检验方法。其他方法有时并不能准确地表述预报的准确度或预报价值,在这些方法中,分析和预报中降水重叠区域的降水被用于计算降水预报评分。(见 9.2.2 部分以前内容,Wilks 2006)。因此,发展了另外一个基于特征的、能够提供更好指标的方法(Nachamkin 等 2005,Ebert 和 McBride 2000,Davis 等 2006a,b)。Davis 等(2006a,b)对基于特征的降水预报检验步骤做出一个总结。总的来讲,通用的方法包括(1)使用降水量阈值识别观测(如基于雷达的分析降水)和预报降水场特征;(2)描述特征的几何性质(如特征中的数量、位置、形状、方向、大小、平均降水强度);(3)比较观测和预报特征的相对贡献;(4)将观测和预报中可能相关的特征联系起来。图 9.9 证明这种方法对降水预报检验的好处。图 9.9 显示的是降水区域的观测和预报降水不同范例。预报(a)—(d)基本检验统计结果是一样的,由于观测和预报的降水区域没有重叠(图 9.1b 中"a"区

域为 0),因此 POD=0,FAR=1,CSI=0。然而,预报准确度或预报价值有明显差别。基于这些指标预报(e)有一些技巧评分,但是可能不是这 5 个当中最好的。然而,基于特征的检验方法可以比较特征之间的距离、方向和区域,该方法可以对降水预报检验提供较好的评估方法。

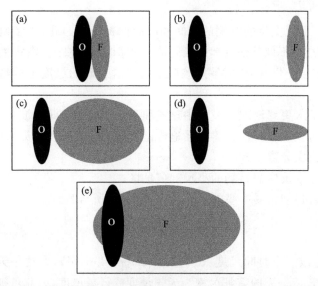

图 9.9　不同预报和观测组合示意图。引自 Davis 等(2006a).

图 9.10 给出一个使用基于特征的检验方法比较几个模式对于美国西南部复杂地形区域夏季降水预报的技巧评分的一个个例。需要特别指出的是,在这里将采用 Davis 等(2006a,b)提出的方法来比较 MM5,NAM 和 RUC 模式短期降水预报的准确度。模式的水平分辨率为:MM5 模式为 15 km,NAM 模式为 12 km,RUC 模式为 13 km。使用融合 WSR-88D 雷达资料和雨量计资料的 NCEP Stage-IV 降水分析资料(Fulton 等 1998,Liu 和 Mitchell 2005)与降水预报作对比。使用降水量阈值定义分析场和预报场的降水特征。无论是否代表周围区域的最大或最小值,任一闭合的等雨量线定义一个特征。对 2005 年 8 月的整月预报作检验,该时段在美国西南部属于北美汛期。假定每天有 8 次预报,整个月的预报超过 200 次,而大多数都伴有降水。

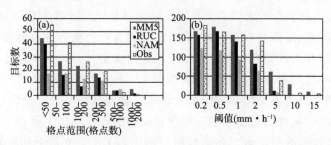

图 9.10　三个模式和基于雷达和雨量计观测资料的观测在每种特征大小范围(格点数)(a)和不同降水阈值(b)观测的和预报的降水特征(基于等雨量线)数对比。细节见正文。由 NCAR Liu Yubao 提供

在这里,比较仅局限于预报和观测降水目标数(1)有不同的区域覆盖(大小)和(2)由不同降水阈值定义。图 9.10a 显示的是观测和预报降水阈值为 2 mm/h 的大小分布。这个度量反映了模式捕捉零散降水和连续降水类型中降水发生的能力。图 9.10b 比较每一个降水率阈值

的观测的和预报的特征数目。对于这两种度量方法,不同模式有明显差别。

9.9 基于大气特征尺度的检验

模式解应该大致保留变量的观测的空间和时间谱特征。因此,许多研究将大气的谱能量和模式解做对比。当然,不像其他检验标准,为了更好地检验模式,模式模拟的特征与观测在相态上不一定完全吻合。但是,模式解应该简单地包含正确的尺度上的特征。这种类型的检验可以:

- 帮助做模拟的人更好地理解模式中显式和隐式空间和时间滤波;
- 提供有关是否模式中较低边界层强迫传递了对流层低层和边界层中移动的正确尺度;
- 定义模式的真实分辨率;
- 显示资料同化系统中初始场的小尺度信息量;
- 定义并不包含在初始场中模式运动尺度 spin-up 所需时间。

9.9.1 时间谱

通常将时间谱分成三个时间尺度:长于一天(super-diurnal),大约一天,和短于一天(sub-diurnal)。时间尺度长于一天的特征可视为天气尺度或行星尺度,因此可被具有典型水平分辨率的全球或区域模式所表征。约为一天的时间尺度当然与某些热量循环有关,例如,风场的日变化信号可能与稳定度有关的动量混合、山谷风环流、海陆风环流有关,等等。假定模式合理地表征了地表和边界层过程,那么具有这些时间尺度的特征应该检验结果很好。时间尺度短于一天的运动包括中尺度特征或不是由热量循环日变化强迫的环流。他们可以是地形或其他地表强迫,可能是较远的上游气流,或者源自非线性相互作用。比较这三个时间尺度上每一个观测的和模式模拟的谱能量是检验模式模拟这些特征能力的一个途径。

图 9.11a 给出由模式表现的观测的时间谱与地理位置的依赖关系。显示的是 Solvenia 的3 个测站观测的纬向风时间序列的谱能量。山上(M)海拔高的测站处于天气尺度气流中,其海拔高度比其他两个测站高,因此在较长的时间尺度上其能量比其他两个测站高。沿海(C)测站在大约一日的时间尺度上有能量最大值(12h 和 24h 峰值),这是热力强迫的海陆环流的结果。山谷(V)测站,由于地形遮挡了天气尺度特征以及较弱的日变化强迫,显示出小于一天时间尺度上最平的波谱、最低的能量、和总能量的最大部分。能够合理地表征不同过程的模式应该能重复该谱特征和大致具有在每一个谱段相同的能量百分比。这样这类检验以一种有趣的方式揭示出模式的长处和不足。图 9.11b 表明 125 km 水平分辨率的 ERA-40 再分析资料(关于该分析资料的更多内容见第 16 章)中纬向风的能量谱和 10 km 分辨率的 ALADIN 模式结果与沿海测站观测的风谱的对比结果。再分析场和模式都低估了所有小于一天时间尺度的谱能量,高估了天气尺度的谱能量。相对较粗分辨率的 ERA-40 再分析资料漏掉了大多数日变化的特征,但是 ALADIN 模式在大致的幅度内捕捉到了其近似特征。

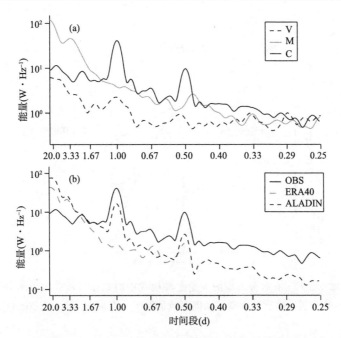

图 9.11　(a)观测到的三个站点的纬向风速谱能量时间序列：高山站(M)，山谷站(V)，
和海边站(C)；(b)海边站的观测波谱，以及 ERA40 再分析(125-km 格距)和 ALADIN 模式
(10-km 格距)的波谱。引自 Žagar 等(2006)

9.9.2　空间谱

上述模式时间谱的检验类型在有频繁观测的地面测站是可行的和方便的。然而，并没有
足够好的稠密观测用来比较观测的和基于模式的空间谱。因此，可将模式解与外场试验观测
和理论解进行对比，例如动能谱的形状。伴随模式时间谱的检验，空间检验也证实了模式对大
气动力结构的模拟能力。

关于不同空间尺度动能谱的特征的更多信息参见 Skamarock(2004)。总之，全球尺度模
式应该能够再现大尺度，k^{-3} 谱斜率。在中尺度和云尺度模式解中，斜率应该是 $k^{-5/3}$。模式谱
可用来检验显式或隐式耗散机制的负面影响(Laursen 和 Eliasen 1989)。当模式解扩展到全
球尺度和中尺度，正如高分辨率全球模式的例子，在动能谱中斜率转换存在的检验是模式与大
气动力结构保持一致的一个测试(Koshyk 和 Hamilton，2001)。此外，已经使用动能谱分析来
检验模式对表征尺度接近 $2\Delta x$ 分辨率局限的能力(Bryan 等 2003，Lean 和 Clark 2003，Skama-
rock 2004)。后一检验类型定义了模式的有效分辨率。图 9.12 显示针对该目的的动能谱检
验的概念。倾斜直线是预期的谱能量，其中斜率依赖于波数范围(k)。由于模式中显式和/或
隐式耗散，有一些波长大于 $2\Delta x$ 的限制，在这些地方模式谱显示为动能低于预期值。这被定
义为有效分辨率，由于模式耗散使其动能与实际不符。谱的高波数部分的具体形状依赖于模
式。此概念的实际模式谱的证明见 Skamarock(2004)。

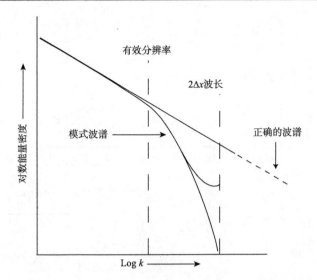

图 9.12　显示了有效分辨率的理论上和模式中的动能谱示意图。图中给出 2 个
示例说明在模式谱的高波数末端有动能衰减的情况。引自 Skamarock(2004)。

9.9.3　方差

将同一地点观测资料的观测的空间方差与对应的基于模式输出的方差作对比是估计模拟的空间结构是否真实的另外一个途径。图 9.13 显示了复杂地形区域观测的、12 h 模式预报、地面 10 m 风的空间方差。图上给出粗分辨率全球模式(GFS)和两个种尺度模式(MM5)的方差。在每一个个例中,在计算方差前首先将模式预报的风场插值到观测站点。分析表明高分辨率模式易于模拟出观测的方差。

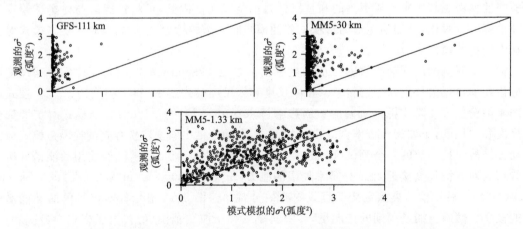

图 9.13　2002 年 2 月 3 日至 2002 年 4 月 30 日期间观测与 GFS 模式(111-km 格距)12 h 预报及 MM5 模式(30-km 和 1.33-km 格距)预报的地面 10 m 风向变化对比。每一个点对应一个观测时间。引自 Rife 等 (2004)。

9.10 基于模式回报的检验

第 10 章定义回报为使用与当前业务上相同的固定模式版本所生成的追溯预报。根据长时间序列的回报计算得到的检验统计,其提供的关于模式偏差和对模式其他不足的描述,比基于当前短时期业务预报得到的统计更有意义。此外,使用当前的模式版本重新运行模式意味着检验统计结果是针对当前模式的,如果检验统计是根据存档的基于多个模式版本的业务预报计算的,那么检验统计结果就不是针对当前模式的。关于该话题的讨论见 Hamill 等(2004,2006),Hamill 和 Whitaker(2006)以及 Glahn(2008).

9.11 基于预报经济价值的检验

在第 7 章中讨论了对集合概率预报价值的评估,但该过程的重要性体现在模式检验上,这一概念值得再重复一遍。发展和使用预报模式是因为期望模式提供的产品有价值。这种与数值产品相关的价值可以根据公司和政府节省的钱、挽救的生命、和为公众提供的便利来定义。因此,假定这些是使用模式的最终目的,那么在这种以价值为中心的概念下检验模式是合情合理的。即,这些价值可以作为证明的指标,例如,不同模式的相对指标。然而,定量地衡量预报的金钱价值通常是非常具有挑战性的。此外,致力于提高模式性能的模式检验必须基于以物理预报变量表示的准确度。不管怎样,对于任何业务模式应用,至少对于做模拟的人在定量考虑如何定义预报价值方面是有指导意义的。关于这个话题有大量的文献供参考,Wilks(2006)及 McCollor 和 Stull(2008b)介绍了关于预报价值评估背后的数学基础方面的信息。

9.12 合理检验指标的选择

有许多指标可以用来评估模式预报和模拟的准确度和技巧,对于一个具体的情形,通常很难决定哪一个指标是最好的,读者应该参考本章最后给出的参考文献更好地理解不同指标中的细微差异。关于所关注的最适合的变量也有许多选择。这两种情况下,答案都取决于模式结果的最终使用。

至于相关变量,如果模式输出最重要的用处是向洪水预报系统提供输入值,很显然逐小时降水率是最重要的,着重较高降水率阈值的检验。对降水正确的分水岭预报很重要,据此可在特征检验方法中根据地貌选择可接受的错位标准。如果模式用于向空气质量模式提供输入值,那么低层风场和边界层厚度的误差对边界层通风的误差有贡献。此外,地表逆温的厚度和强度是预报的重要方面。理想情况下,如果大气模式用于向专业模式提供输入值,例如上述洪水和空气质量预报的例子,检验应该在针对终端变量进行——例如臭氧含量、河水流量等。

9.13 模式检验软件工具包

通过利用工具箱的优点可以使模式检验变得容易。一些是基于模式的,一些不是。例如,WRF 模式有模式评估包(Model Evaluation Toolkit MET,由 NCAR 支持)。"R Project for

Statistical Computing"提供免费的可以被用于模式检验的统计计算和画图的软件环境。可以在线获取的工具包有该软件本身、手册、比较应用效果的用户大会的消息的发布、经常提问的问题、新闻等等。无论是否在使用模式,获得这些检验的支持服务都是很有必要的。

9.14　用于模式检验的观测资料

当然,模式初始化和模式检验都需要观测。然而,在世界各地观测的可获取性是不一样的。章节 6.2 总结了能够提供陆地观测站的观测平台以及能够使用反演算法生成模式变量或降水率的遥感观测资料。全球资料由世界上的业务和研究中心存储,例如 NCEP、ECMWF、UKMO(United Kingdom Meteorological Office)、NASA、ESA(European Space Agency)和 NCAR。通常资料可以在线免费获取。例如,先进的资料处理资料(Advanced Data Processing data sets)可以从 NCAR 计算信息系统试验室的资料支持部分获取。该资料是由 NCEP 业务收集的全球逐小时地面和逐 6 小时天气资料。地面资料包括大多数 SYNOP 和 METAR 地面报告,一些船舶观测也包含在内,高层资料主要是探空观测。

由于降水是一个模式检验中通常给予特别关注的变量,因此,一些特殊的相关资料值得一提。当然,雨量计资料是有用的,但是雨量计资料只能在陆地上才能获取。资料的空间分辨率也很不均匀,通常在降水量较大的地方位置存在偏差,大多数的海拔高度偏低而不是偏高。其他资料是基于卫星资料和雨量计资料的融合。例如,热带测雨任务卫星(Tropical Rainfall Measurement Mission TRMM)产品(产品 3B43;Huffman 等 2007)在 0.25°×0.25°格点上将多个卫星的降水估计(在光谱微波和红外波段的反演值)和基于雨量计观测的分析融合在一起,该资料覆盖范围为从 50°N 至 50°S,资料起始时间为从 1998 年至今。对于模式气候检验,全球降水气候中心(Global Precipitation Climatology Centre GPCC;Beck 等 2005)资料提供从 1901 年至今 0.5°×0.5°格点分辨率的基于雨量计观测的逐月降水资料,但是仅在陆地上有资料。另外,一些国家天气服务中心提供基于天气雷达的分析产品。例如,利用 WSR-88D 雷达降水估计,经过已有雨量计观测的订正,构建了 US NCEP 4 km 水平分辨率的 Stage-IV 多传感器降水分析(Lin 和 Mitchell 2005,Fulton 等 1998)。

除了国家资料网,还有许多区域中尺度资料网,这些中尺度资料网的资料通常在中心库中可实时免费获得。美国 Oklahoma(Brock 等 1995)和 MesoWest(Horel 等 2002)中尺度观测网就是很好的例子。

建议进一步阅读的参考文献

Gilleland,E. ,D. Ahijevych,B. G. Brown,B. Casati,and E. E. Ebert(2009). Intercomparison of spatial forecast verification metrics. *Wea. Forecasting*,**24**:1416-1430

Jolliffee,I. T. ,and D. B. Stephenson(2003). *Forecast verification:A Practitioner's Guide in Atmospheric Science*. Chichester,UK;Wiley and Sons Ltd.

Wilks,D. S. (2006). *Statistical Methods in the Atmospheric Sciences*. San Diego,USA:Academic Press.

问题与练习

(1)除了地形对低层风场的影响,解释代表性误差的来源。例如,局地和网格点平均的地表特性的差异是如何导致温度和湿度场的虚假误差的?

(2)模式解的空间和时间谱是依赖于哪些因子? 是什么决定了模式解的这些性质与真实大气吻合得很好?

(3)在图 9.11 中为什么沿海测站的 12 h 和 24 h 都有峰值?

(4)在图 9.9 中对于降水的观测—预报配对,你如何主观地对预报准确度做出评价? 解释你的理由。

(5)所谓的代表性误差是否真的是误差?

(6)描述用于预报检验的不同气象特征或事件。

(7)使用上述一般的参考文献,总结对于不同目的哪种准确度和技巧指标是最合适的。

第 10 章　模式研究中的试验设计

本章的目的是为模式研究提供一些常用方法的例子。其他章节针对不同的主题也有关于试验设计的讨论,例如第 16 章多次提及有关气候变化模式研究的试验方法。这里的总结还很不全面,因为很显然试验方法与研究任务紧密相关,而研究任务是多种多样的。但不管怎么说,这里总结的方法应用很广泛,对其优势和局限性,我们应该了解。

10.1　物理过程分析的个例研究

模式模拟,一般是短时期的,经常被用于研究某一气象现象的某些方面。有时候,模拟的目的是通过必要的物理过程参数化和初始条件更好地了解某一过程的可预报性,如 10.7 节中对预报技巧的研究。更多时候,模拟是为了利用模式更好地了解一个物理过程的动力学或运动学机理。初始时刻,模式从以观测为基础的初值开始积分,接下来是要确定模式模拟和实际观测之间有较好的一致性。通常如果模式模拟在观测点上的检验有好的模拟技巧,我们就可以认为在时空上填补了观测间隙的模拟是合理的。利用模式填充观测间隙的好处是得到的场具有动力一致性,另一个优势是相比观测场的空间随机分布,模拟后的场在规则格点上,便于资料分析。此外,模式中细网格尺度的局地表面强迫能够得到一些观测中没有的信息,非线性波的相互作用也能引入一些比观测更小的尺度。

第 16 章介绍了向公众发布的全球或区域再分析资料可用于做个例研究。这些资料是由模式产生的,因此具有上面提到的所有优势,而且资料是现成可用于分析的,不需要再进行检验。然而,虽然这些资料来自于主要预报中心的可信赖的模式,但是模式的分辨率有时并不足以正确表达一些过程,因此通常还需要运行某个 LAM 模式以得到一套更细网格尺度的资料。LAM 一般使用大尺度的再分析资料作为模式侧边界条件,在预报技巧的研究中,也可以使用业务模式的预报。除了分辨率的优势,使用 LAM 做个例研究还可以针对研究的现象和区域选择特定的物理过程参数化方案。

以下是对物理过程个例研究中一些要素和任务顺序的总结。在运行模式之前一定要对观测资料先做充分的分析,这一点非常重要。观测分析有助于了解大气运动的时空尺度和可能发生的过程,这一信息对于正确设置模式试验至关重要。

- 明确定义个例研究的科学目的。
- 基于对再分析资料或业务分析资料、个例的个人观测或是外场观测资料的调查,选择一个研究的候选个例。
- 对拟定研究时期的观测进行资料收集、质量控制和分析。分析大气的垂直和水平结构,综合分析要研究的过程,这些可能需要数月的时间。避免在综合分析还没做完之前就开始运行模式。在时机成熟之前急于运行模式是一个常见错误。

- 确定你对模式的期望:在观测分析的基础上模式还能提高多少?
- 对模拟研究进行试验设计。例如,是否做敏感性实验? 如何分析模拟结果? 剖面分析、轨迹分析还是计算能量收支?
- 基于对所要研究的大气过程的垂直和水平尺度的判断,选择正确的模式水平和垂直格距。应基于模式的有效分辨率(图 3.36),而不是简单的格点增量。评价模式解对使用不同水平和垂直分辨率的敏感性。
- 基于文献综述,对适合该区域最佳的物理过程参数化、水平和垂直分辨率以及将要模拟的过程进行评估。评价模式解对使用其他物理过程参数化的敏感性。
- 定义最优的模式初值、LBCs(使用 LAM 时)及陆面条件的来源。
- 如果使用 LAM,运行模拟试验以评价模式解对区域大小的敏感性。
- 进行控制实验,用于之后的检验。
- 比较模式解与观测值。如果有明显误差,对模式配置(分辨率、参数化)进行相应的调整。
- 基于模式与观测比较一致的事实,可将模式的格点输出作为物理过程分析中实际大气的代理。第 11 章回顾了一些可能对模式输出分析有用的方法。

以上清楚地表明,在进行物理过程个例研究时,研究者在考虑使用模式之前就有大量的工作要做。事实上以作者的经验,模式用得越早研究花费的时间就越长。

很自然我们会想到进行连续的资料同化,例如使用牛顿松弛法(relaxation)为个例研究产生格点资料。毕竟,与只在初始时刻同化观测的模式模拟过程相比,这种连续同化的方法可以更好地积分观测和模式动力。然而,松弛法(relaxation),或者松弛逼近(nudging)中使用的量并不是物理变量,由此产生的模式资料不能完全代表有限差分方程的热力和动力平衡。当然,如果平衡问题相对于模式解和观测不那么重要的话,观测资料还是可以通过这种方式进行同化的。但是不管怎么说,首先开展不涉及资料同化的模拟试验是明智之举,这样观测资料就可作为独立的样本检验模式方程对天气过程的再现能力。

使用个例研究分析某极端天气事件,或者手头有一段短期的外场观测资料时,可以仅针对其中的个例进行分析。即便是单个例,深入的分析也需要花费大量的时间。但是有时为了某些目的,也会进行一系列的个例研究,用以评估过程在不同个例之间的变化情况,或是为了得到更加有说服力的结论。在这种情况下,应当重点关注每个个例的一两个方面使分析更加具有针对性,而不是像分析单个例那样深入全面。

10.2　观测系统模拟试验

观测系统模拟试验(OSSE)用于评估未来将要发展、实施的观测系统或观测策略对业务数值预报的潜在作用。使用 OSSE 的初衷是因为发展和实施一观测系统通常极其昂贵,因此在实施之前首先应该定量评估新的观测对业务模式预报的作用。OSSE 的开展伴随模式模拟的全过程,从对大气的观测开始,一直到对预报的检验为止。图 10.1 显示了 OSSE 过程的各要素。从左上方所谓的自然运行(nature run)开始,由模式产生实际大气最可能的代理大气。然后基于现有的观测系统和提议的新观测系统对代理大气进行扰动产生模拟观测。之后利用业务同化系统对模拟的现有观测进行同化,接着同化过程再重做一次,这次同化的是模拟的现有观测加模拟的新观测。利用业务级模式对这两套初始条件分别进行预报,然后两种预报结果都和自然运行进行比较,以评价新的观测对预报的效果。OSSEs 可以仅利用全球模式进行,也可以用全球模式嵌套的有限区域模式来做。下面我们将给出具体的每个步骤。

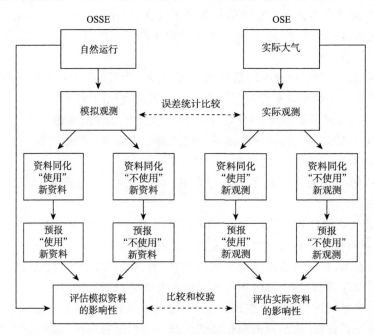

图 10.1　OSSE(左)及对 OSSE 过程的校正和检验(右,观测系统试验-OSE)示意图

　　如前所述,除了评估新的潜在观测系统,OSSEs 还可用于评价新的观测策略。例如,在某个已有的观测类型中增加更多的观测,或者将现有观测地点进行搬迁,这些对模式预报的影响性都可以通过 OSSEs 来评价。

10.2.1　自然运行

　　因为有时间和计算资源的保障,对历史时期的模拟可以使用最高的模式分辨率和最好的物理过程。因此与业务预报(必须遵循业务时间尺度,运行得更快)相比,自然运行的结果能更好地代表真实大气,因为更高的分辨率将导致(1)求导近似时更小的截断误差,(2)对一些过程具有显示模拟能力而不是对其进行参数化,(3)提供更好的地形强迫。自然运行的结果具有原始的格点分辨率和很高的时间频率,通常被称作"真实"(truth)、"历史"(history)或是"参考"(reference)大气。

　　自然运行的目的之一是其与业务模式预报的差异能够代表实际大气和业务预报的差异。如果自然运行和预报使用的模式相同,则代理大气和模式预报的偏差也相同。因此,与模式预报相比,即使自然运行的分辨率更高、物理过程更好,但是如果二者动力框架相同还是会导致共同的偏差。自然运行和模式预报使用完全相同模式的试验称作"同卵双生子试验"(identical-twin experiment)。当使用不同模式,但模式间的差异并不等同于预报和实际大气的差异时,称作"异卵双生子试验"(fraternal-twin experiment)。鉴于自然运行的模拟被用于对模式预报结果的检验,二者之间相同的偏差会导致检验的预报效果比实际的要好。另一种方法是自然运行和模式预报使用完全不同的模式,即动力框架也不同,这对 OSSE 试验来说是一种合

理的办法。但是,即便如此,不同模式解之间的相似度还是比模式和真实大气之间的相似度
更大。

10.2.2　模拟观测

模拟观测有两种基本方法。最简单的是将自然运行的格点值插值到观测点上,然后加上
与已知的观测系统误差相一致的误差。然而,更完善的办法是使用所谓的"仪器向前模式"
(instrument-forward model)尽可能地明确表达传感器与其周围环境之间的相互关联,从而制
造出非模式变量的观测。来自自然运行的大气作为仪器向前模式的输入,输出就是对传感器
的模拟。例如,对卫星传感器的模仿使用自然运行的变量作为传感器模式的输入,模拟出传感
器的光学和电学函数。传感器的输出,例如辐射率,就可以被同化系统所同化。

值得提醒的是真实大气是雷诺平均方程的产物,因此模式解无法代表实际大气中的湍流。
当今一个研究领域就是发展在 OSSEs 中表达湍流对模拟观测影响的方法。

10.2.3　资料同化

如果我们想通过 OSSE 评估一颗未来要发射的卫星上某全新传感器的影响性,可能要在
获得新资料前的 5—10 年就要开始实施 OSSE。但是将来的业务同化系统和模式不可避免地
与现在实施 OSSE 时的不同。因为观测对预报的影响性在很大程度上依赖于同化系统和模
式,因此由当前 OSSE 评估得到的新观测的影响性并不能反映将来的影响性。这一问题虽然
还没有什么好的处理方法,我们至少应该认识到这是评估过程的一个误差来源。另一个问题
是,类似于在业务同化中使用了实际观测的误差特性一样,做 OSSE 时与仪器向前模式有关的
误差也需要加入到同化系统中。

10.2.4　预报

鉴于上面资料同化中提到的原因,OSSE 中使用的模式应该尽可能地和将来有新观测时
的业务模式一致,因为预报模式的特性会影响观测的影响性。记住在整个模式过程中,有很多
因素会影响最终的预报误差,包括初值条件、动力框架、物理过程参数化以及下、上、侧边界条
件的质量。任何一个因素出现大的误差就会限制预报技巧无论其他方面如何复杂完美。举例
来说,如果模式的分辨率很粗或是物理过程参数化的误差很大,高精度、高分辨率的新传感器
的优势就无法实现。因此,一个新观测系统的价值会受到模式性能的限制。如果 OSSE 时使
用的预报模式比将来有新观测时的预报模式差,就可能造成对新观测资料正的影响性的低估。

10.2.5　评估观测的影响性

这里对预报技巧的测量可以用传统的方法,也可以用对某些特殊预报的特定方法。例如,
若 OSSE 的目的是评估某种新的卫星资料对天气尺度 72 小时预报的效果,使用如距平相关这
类传统的测量方法就比较合适;但是,如果 OSSE 的目的是评估多普勒雷达不同扫描方式在湿
对流初始化中的作用,那么第 9 章中介绍的用于降水预报检验的方法则更为适合。

10.2.6　OSSE 的校准

图 10.1 的右图给出了利用实际观测对 OSSE 过程表达每个成分能力的一种检验方式,这

一过程被称作观测系统试验,或者观测敏感性试验(OSE),其目的是评估已有的观测网对预报技巧的影响性。这里,不再需要自然运行,因为实际的观测资料可用于模式的初始化。对要评估的观测进行同化(或不同化)后的模式预报,然后将预报阶段的预报变量和实际观测进行比较,以评价观测对预报技巧的贡献。接下来,对这一个例再进行 OSSE 试验,包含自然运行,观测是模拟出来的。同样地,对模拟观测进行同化(或不同化)后的预报,将两种预报结果与自然运行的结果进行比较以此定义观测类型的影响性。如果 OSSE 和 OSE 得到的影响性相似,那么对于利用 OSSE 评价假定新观测系统的合理性我们就比较有信心了。如果二者有差异,OSSE 的评价结果也可以通过校准变得更为合理。将实际观测已知的误差特征与模拟观测的误差特征进行比较,也是评估 OSSE 过程的一种方式。

10.2.7　OSSE 举例

表 10.1 列举了利用 OSSEs 评价未来观测系统对预报影响性的例子。注意这里列举的只是数百种 OSSEs 试验中一小部分,表中给出了评价的观测系统和相应的参考文献。

表 10.1　OSSEs 应用举例,大致按年代排序

试验目的	观测系统,变量	参考文献
定义对流情况下热量和水汽收支计算精度对探空资料时空密度的敏感性	探空	Kuo 和 Anthes(1984)
定义精确的运动轨迹计算所需的探空资料时空频率	探空	Kuo 等(1985)
估测新的地面观测系统对中尺度天气预报的影响性	廓线网,风和温度	Kuo 等(1987) Kuo 和 Guo(1989)
评估潜在的新卫星观测系统对全球资料同化系统的影响性	卫星多普勒激光雷达风场、微波温度和湿度	Hoffman 等(1990) Zagar 等(2008)
评估潜在的新卫星观测系统对分析和预报的影响性	微波探测仪;降水,水汽,温度	Nehrkorn 等(1993)
估测潜在的新卫星观测系统对可预报性的影响性	GPS 折射率	Kuo 等(1998) Ha 等(2003)
评价卫星风场资料对预报的影响性	卫星散射计风	Atlas 等(2001)
评价更高密度观测网对预报的影响性	现场观测和卫星辐射率	Liu 和 Rabier(2003)
利用 ECMWF T511 大气环流模式生成 13 个月的自然运行	NA	Reale 等(2007)
评估潜在的超压力气球资料对区域天气分析和预报的影响性	气球载气压、温度、湿度和风	Monobianco 等(2008)

10.3　观测系统试验

前面介绍的 OSE 过程主要用于对 OSSE 的检验。然而,OSE 也可以用于定量评价已有观测资料对模式预报的贡献,这样做的目的可能由于预算削减的缘故需要去掉个别观测资料,也可能是去掉某些观测类型全部的观测。图 10.1 右列给出了 OSE 的示意图,对要评估的资料进行同化(或不同化)的一对同化和预报试验。与 OSSE 一样,评估结论要基于对不同季节的分析,试验时期要尽可能地长。外场试验获得的特殊观测也可以通过 OSE 方法来评价其对预报技巧的影响性。

10.4　BB-LB 试验

大兄小弟(Big-Brother-Little-Brother,BB-LB)试验通常被用于评价动力降尺度试验中侧边界对模式结的影响。首先,构造高分辨率、大格点区域的参考模拟场,称为 BB 模拟,然后将模拟场进行空间滤波,以保留大气环流的典型尺度。以滤波后的大格点场作为初始(ICs)和侧边界(LBCs),对大格点区域内的小格点进行同模式的模拟,称为 LB 模拟。在 spin-up 时间之后 BB 和 LB 的差异完全归因于动力降尺度过程中嵌套的影响(如,小格点的尺寸大小,侧边界更新的频率,边界的融合技术),图 10.2 给出这一过程的示意。

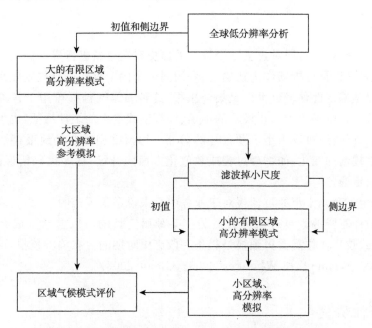

图 10.2　BB-LB 试验示意图,可用于对区域气候模式动力降尺度中 LBCs 过程的测试。取自 Denis 等(2002)。

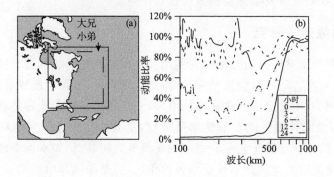

图 10.3　BB-LB 试验中的模式格点(a)、LB 模拟中不同预报时效的 LB 和 BB 低层动能比率。取自 Denis 等(2002)。

这类试验的例子在 Denis 等(2002),Castro 等(2005),Dimitrijevic 和 Laprise(2005),Antic 等(2006),Herceg 等(2006),Diaconescu 等(2007),Koltzow 等(2008)中均可以找到。虽

然它们大都是关于气候降尺度的,但此方法也适用于其他研究目的。例如,图 10.3 是 Denis 等(2002)的 BB-LB 试验,显示 LB 模拟开始后不同空间尺度所需的 spin-up 时间。(a)图是 BB 和 LB 计算格点的区域,(b)图则是 LB 模拟中不同预报时效的 LB 和 BB 低层动能(KE)比率。初始时刻(0 hour)的比率表明在 BB 模拟中使用了低通滤波。事实上,初始时刻 LB 格点上尺度小于 500 公里的 KE 几乎为零,这部分波谱 KE 的增长至少部分来自于模式大气对北美东海岸阿帕拉契亚山脉的响应。KE 的快速调整主要发生在 6—12 小时,24 小时之后 LB 的 KE 已与 BB 的非常相似。对一个新的模式应用来说,BB-LB 试验可以确定模式 spin-up 需要的时间,分析模拟或预报的用户就可以注意避开使用这段时间的结果。

10.5　再预报

第 16 章会介绍再分析,即对过去一个较长的历史时期重新进行资料同化。再预报与再分析类似,不同的是其以再分析场作为初始场,利用同一个固定模式进行规则频次(如每天)的预报。再预报可以是确定性预报也可以是集合预报,这种回顾性预报可用于各种研究目的。可以计算模式预报偏差以了解和修正模式的不足、计算模式输出的统计特征,也可以用来调试统计降尺度预报的方法,还可以用于可预报性的研究。再预报相对业务预报存档资料的优势在于业务模式有常规性的变化,如物理过程或数值化方面的升级、程序代码错误的纠正等,而再分析的模式是固定的。

然而,要产生一套几十年的再预报对于业务中心来说是很困难的,因为实时的业务预报几乎占用了所有的计算资源。也许研究人员为了某种研究目的可以自己生成有限数量的再预报,但是评估模式技巧往往需要再预报是很长一段历史时期的。有关再预报,可参考文献 Hamill 等(2004,2006),Hamill 和 Whitaker(2006),Glahn(2008)。

10.6　敏感性研究

模式研究的一个常见目的是为了弄清楚模式模拟对初值、侧边界或底边界、物理过程参数化的敏感性。下面我们对研究敏感性的方法进行了总结。

10.6.1　简单的敏感性研究

一种简单、常用的敏感性分析方法是先使用一个模式的控制版本进行模拟,然后改变模式的某些过程再模拟一次。对两次模拟结果进行对比、求差异,可评价模式对所改变过程的敏感程度。举例来说,图 10.4 给出了两次模拟的差异,一次模拟中有大盐湖和犹他湖(控制试验),而另一个试验中两个湖被周围的自然地形所取代,试验的目的是研究湖对区域风场的影响。这种敏感性分析方法的不足在于它只能回答一些简单的问题,例如本例中湖畔有山脉,湖风受到地形的影响,因此图中的差异并不仅是湖风的作用,而是湖风和山地相互作用的结果。但是即便如此,如果分析的目的是为了回答一个实际的问题,就本例而言,湖完全干涸对低层风有怎样的影响,这样的试验设计还是可行的。

表 10.2 列举了几个模式敏感性研究的例子。除了物理过程的敏感性研究,还有关于其他模式设置,如分辨率、物理过程参数化、LBCs 等。这些研究的目的都是为了提高我们对一些

物理过程的认识，它们可能已经使用到了下一节提到的因子分离法。第 16 章的最后一节讨论了敏感性研究的其他方法，用以评价地形变化对区域、全球的影响。

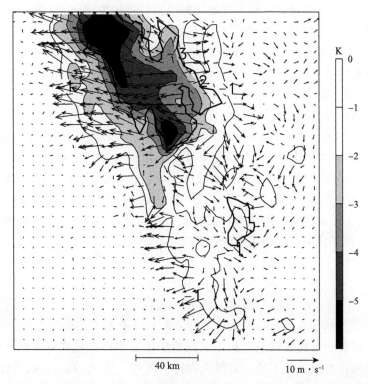

图 10.4　1998 年 7 月 4 日 19 时 10 米 AGL 风（矢量）及 2 m 位温（阴影）的模拟差异（控制试验减去无湖试验）。位温阴影的色标间隔是 1 度，风矢量每隔一个格点画图，粗实线标示大盐湖和犹他湖的位置。取自 Rife 等（2002）。

表 10.2　简单敏感性试验研究举例，包含评价天气尺度和中尺度过程对各种因子
（地表条件、地表通量、潜热、静力稳定、分辨率、LBCs 等）的敏感性

评价过程	影响因子	参考文献
美国东南部冰暴	大西洋 SSTs	Ramos da Silva 等（2006）
大西洋爆发性海上气旋生成	海洋感热、潜热通量，感热释放、初值、水平分辨率	Anthes 等（1983）
理想条件下的海上气旋生成	海洋感热、潜热通量，感热释放、静力稳定、斜压不稳定	Nuss 和 Anthes（1987）
对流初生	同化的资料量、侧边界位置、资料分析过程	Liu 和 Xue（2008）
南半球副热带气候	海冰	Menendez 等（1999）
海岛对流	风速风向、地表通量、低层水汽	Crook（2001）

10.6.2　因子分离法

此方法与前面介绍的敏感性分析方法类似，不同的是，需要更多次地运行模式，以涵盖各种因子的所有不同组合。通过模式结果的数学处理，可以分离出每一个因子对某个输出变量（如降水）的贡献。这种做法的例子可参考 Stein 和 Alpert（1993），试验的目的是评估东地中海地区地表热通量和不规则地形对大尺度动力降水的相对贡献。白天地表热通量使边界层变

暖,在地表高度起伏的地区建立起水平气压梯度,生成在高海拔处上升的直接热力环流。这种环流可产生降水,但是我们没有办法仅通过两次模拟试验将热通量和地形的效应分离开来。例如,将包含所有因子的控制试验和不含地形的模拟试验结果相比,由热力环流导致的高海拔地区降水消失了,但是这种降水差异代表的不只是地形的贡献,因为热通量也是必须的。同样,从控制试验中去除热通量的模拟也会造成类似的降水差异,这种差异也和地形、热通量都有关系。因子分离法通过运行四个试验来解决这一问题:含所有因子的控制试验、去除地形试验、去除地表热通量试验、地形和地表热通量全部剔除试验。根据这四个试验,可以将热通量和地形对降水的作用分离。

运用 Stein 和 Alpert(1993)的标记法,令 f 表示来自模式模拟的某个变量场。在上面的研究中,对降水有贡献的三个因子分别是:大尺度动力(d)、地表感热通量(f)及地形(o)。下标代表因子,如 f_{dfo} 表示包含所有三个因子的试验产生的降水。f_{df},f_{do},f_d 的定义类似,表示一个或两个局地强迫因子没有被包含。现在,令 $\hat{f}$ 代表因子分离后的变量场,下标表示被分离出来的过程。如 $\hat{f}_{df}$ 是由于大尺度动力和热通量造成的降水,即去除了地形因子。依据 Stein 和 Alpert(1993),因子分离场由如下方程计算:

$$\hat{f}_d = f_d, \tag{10.1}$$

$$\hat{f}_f = f_{df} - f_d, \tag{10.2}$$

$$\hat{f}_o = f_{do} - f_d, \tag{10.3}$$

$$\hat{f}_{fo} = f_{dfo} - (f_{do} + f_{df}) + f_d. \tag{10.4}$$

最后一个公式表示由地表热通量和不规则地形相互作用造成的降水场。Stein 和 Alpert(1993)对上述方程任意数目因子的一般形式进行了阐述。注意,如果在敏感性分析时因子对模式的影响效果是合并的,那么这些因子是可以混合在一起的。此外,也并不一定需要对所有因子的每一种组合都进行模拟。虽然因子分离法在因子的分离和组合方面有明显优势,但它也有如下的缺点:

• 很费时。要将 n 个因子完全分离需要 $2n$ 次模拟试验。

• 一般不太可能事先就识别出一个对模式解的某个方面有贡献的最重要的物理因子。那些未被识别的因子可能也很重要,在去除其他因子的模拟中它们的影响就可能显现出来。

• 对模拟变量而言,了解因子间相互作用的定量影响,并不能使人们了解其中的物理过程。这一问题在因子数增大时变得更为严重。

表 10.3　因子分离法应用举例

影响性评估针对 的过程或变量	地理区域	因子	因子数	参考文献
MCS 降水预报技巧	北美高平原	物理参数化,初值	8	Jankov 等(2005,2007)
背风坡气旋海平面气压	地中海西部	地形、上层位涡(PV)异常、表面感热通量	3	Horvath 等(2006)
降雪	北美	不同的大湖	3	Mann 等(2002)
极端对流降水	西班牙	地形和潜热	2	Romero 等(2000)
中气旋涡度	地中海东部	地形、海表通量(潜热和感热)	2	Alpert 等(1999)

续表

影响性评估针对的过程或变量	地理区域	因子	因子数	参考文献
冷季强降水	地中海西部	地形和表面潜热通量	2	Romero 等(1998)
准热带气旋海平面气压和降水	地中海西部	地形、表面感热和潜热通量、潜热释放、PV 异常	5(未全部分离)	Homar 等(2003)
海风	美国加州蒙特雷海湾	海岸线、沿岸山脉、内陆山脉	3	Darby 等(2002)
背风坡气旋海平面气压	阿尔卑斯山	侧边界位置、初值、地形	3	Alpert 等(1996)
气旋位势高度、对流不稳定、风	南非沿海	地形、表面感热通量	2	Singleton 和 Reason(2007)
副热带气旋降水	美国康涅狄格州和纽约长岛	地形、沿海差异性摩擦	2	Colle 和 Yuter(2007)

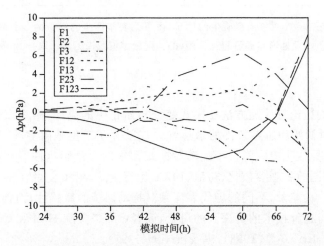

图 10.5　三个因子对地中海地区一个深气旋中心气压演变的贡献。因子包括：Atlas
山脉的地形(因子 1)、表面感热通量(因子 2)、上层 PV 异常(因子 3)。初始 24 小时的模
拟未显示。图示定义了线条所对应的因子和因子间的相互作用。取自 Horvath 等(2006)

　　表 10.3 列举了在敏感性研究中使用因子分离法的一些例子,列出敏感性要测试的变量、
地理区域、因子类型、因子数及参考文献。图 10.5 取自表中 Horvath 等(2006)的研究,展示了
分析因子分离试验结果的一种方法。这里被评估的因子是 Atlas 山脉的地形(因子 1)、表面感
热通量(因子 2)、上层 PV 异常(因子 3),评估他们对地中海地区一个深气旋中心气压的影响。
图中曲线 F1、F2、F3 由类似于 10.2 的方程计算得到,这样三个因子对气压的单独影响被分离
出来。图例中接下来的三条曲线是因子两两组合后的协同贡献(方程 10.4),最后一条线是三
个因子的相互作用。另一种分析因子分离试验结果的方法,是比较每个试验模拟变量的平面
图,或者可以画由方程(10.1)—(10.4)算出来的分离场。图 10.6 是另一个地中海东部天气尺
度旋生的例子,给出 Stein 和 Alpert(1993)中由于大尺度动力(a)、地形(b)、表面通量(c)及地

形和通量相互作用(d)产生的 36 小时总降水量。这些结果看起来是合理的,大尺度动力产生的降水沿风暴轴,区域相对较大且光滑,地形降水尺度小、靠近山,表面通量主要作用在地中海东部的水域和紧邻的下风处,通量和地形协同作用下的降水则发生在地中海东部靠近地形强迫的区域。

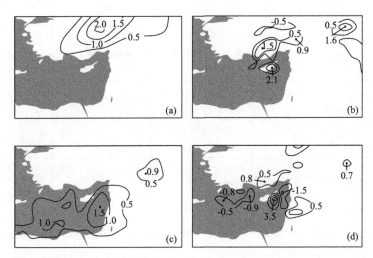

图 10.6　地中海东部一个天气尺度旋生的例子,由下列要素产生的模拟的 36h 降水:大尺度动力过程(a)、地形(b)、表面通量(c)及地形和通量相互作用(d)。雨量零值线未标出。取自 Stein 和 Alpert(1993)

10.6.3　伴随法

前面第 6 章我们讨论过伴随方法在模式变分初始化中的应用,第 3 章也提到了利用伴随法研究 LAM 预报对初始和边界条件的敏感性。伴随算子产生敏感性场,这些场代表了模式初、边值或物理过程参数化中的随机小扰动对模式预报的定量影响性。在前面两节敏感性的研究中,我们针对不同的物理参数化、初值、LBCs 运行模式,模拟变量在不同运行结果中的差异就是对敏感性的一种测量,不同的场代表变量对扰动因子的敏感性;而伴随方法提供了对敏感性的直接测量。对这种技术的更深入的讨论,读者可参考文献 Hall 和 Cacuci(1983),Errico 和 Vukicevic(1992),Errico 等(1993),以及 Errico(1997)。

10.7　预报技巧研究

对业务模式天气预报技巧的评估研究很常见,通常在一种回溯性的业务环境设置中进行。研究的目的可能是为了在新的地域中对模式进行测试,或者在模式更新之后用以评价这种更新对模式预报技巧的影响。这种基于业务系统的研究与基于科研模式的个例研究有很大不同。具体地说,因为是业务模式,分辨率和物理过程的选择必须满足业务产品准时输出的需求;而且,与基于物理过程的模式研究不同,LAMs 的 LBCs 只能来自全球业务模式的预报资料库而不是再分析资料,也就是说 LBCs 存在误差。评估时可以使用个例,或者利用长时间序列的循环预报得到更有意义的结果。

在业务预报系统中经常被评估的部分是资料同化系统、动力框架、LAMs 的 LBCs、物理过程参数化、陆面过程。新资料的影响性通常利用 OSE 或者 OSSE 方法在仿真业务模式的测试中进行评价。

　　在业务设置中评价预报是否成功的标准应该是那些对终端用户最有用的变量。举例来说,在暖季对流降水是一个重要变量,因为它的预报在农业中应用广泛,因此在模式检验中应包含对流降水这一变量。

　　各业务预报中心在进行预报技巧研究时使用的是业务系统的离线(非业务)版本。这样的研究成百上千,很难进行全面的总结,这里仅给出一些例子。Powers 等(2003)对一个用于支撑航空、海运及陆地活动的,南极洲区域的新业务模式的初始测试进行了描述,Liu 等(2008b)总结了用于北美五个地区的区域业务模式的表现。

10.8　使用人造初始条件的模拟

　　在模式研究中使用实际气象条件会不可避免地增加复杂性,当众多过程发生相互作用时往往很难对结果进行解释,解决这一问题的办法是使用人造或理想的初始条件。例如,利用简单的理想大尺度环流条件进行模式模拟可以在沿岸环流、城市热岛环流、山谷风环流的研究中得到很多的信息。初始的大尺度环流风场可以被设置成水平方向均一的或者是平静的,且和质量场保持地转或梯度风平衡关系。与各种因素混杂的实际资料模拟相比,这种叠加在平滑大尺度环流之上、由热力强迫产生的环流对其模拟结果的解释会更容易。或者,我们想研究模式对罗斯贝波的模拟能力,初值条件中的大尺度波动可以使用解析值,叠加在一个渠道模式的纬向环流上。这种方法被应用到很多过程的模拟中,如热带气旋(Frank 和 Ritchie 1999,Riemer 等 2008)、林冠层边界层气流(Inclan 等 1996)、条件对称不稳定(Persson 和 Warner 1995)、中尺度气旋(Klein 和 Heinemann 2011)。

10.9　使用降维和简化物理过程的模式

　　与前面提到的使用人造初始条件的目的一样,使用降维和简化物理过程的模式也是为了简化模拟,以得到更清晰、易解释的模拟结果。此外,对模式进行简化也可以减少模拟所需的计算时间。

10.9.1　降维的模式

　　这些模式包括:第 2 章提到的单层模式、浅水模式($x-y$)、截面模式($x-z$ 或 $y-z$),柱面模式(z)。因计算程序简单且一般不含湿过程、辐射或湍流等过程,浅水模式非常有用,通常被用于动力框架的评估。二维、垂直截面模式通常包含一个相当完整的物理过程(尽二维模式的最大可能),但水平方向减少一维可使计算量减少两个数量级,因此可以使用更高的垂直和水平分辨率,也可以对更多的计算量大的数值过程和参数化过程进行评估。单柱模式对测试边界层通量及增长、辐射、湿对流等这些在模式中一维表达的过程非常方便。

　　一些 LAM 系统允许用户选择将模式折叠成截面模式。如果系统没有提供这一选项,用户也可以在模式的一个方向上大幅削减格点数以达到同样的目的。例如,在区域边缘定义侧边界条件只需要一行或者一列的格点时,可以在折叠的方向,指定三维中的一维,即计算的一行或一列,边界值用内部的值来代替(零阶外插)。

10.9.2　简化物理过程的模式

显然,这些物理过程不完整的模式,需在不影响实验目的的情况下正确使用。常见的一类是浅水模式,它不含湿过程、辐射或湍流参数化,因为其主要是被用于研究方程的数值解及简单的动力过程。当然,它也是一种降维模式,通常没有垂直方向的变化。

前面提到的单柱模式,在必要时也可以是物理过程简化的模式。例如,利用单柱模式研究沙尘辐射对垂直温度廓线的影响,会关闭除辐射外的其他所有物理过程;同样,在边界层的研究中,仅保留与陆面和垂直热、水分、动量通量有关的物理过程。

在业务天气预报和气候系统模拟中,经常会看到模式系统并不包含某些物理过程的例子。如,周尺度以下的天气预报不包含海气耦合过程;气候尺度上,包含各种复杂性的模型谱可用于解答特定的问题(Randall 等 2007);除了一些非常简单的气候模式,还有一类中等复杂程度的地球系统模式(EMICs)。与全物理的大气海洋环流系统(AOGCMs)相比,这类模式采用了一定程度上简化的物理过程。因为简单和计算速度快,EMICs 可以处理气候过程以及那些对AOGCMs 来说时间演变太长的相互作用。使用简化的 EMICs 还可以允许开展大成员数的集合预报。

10.10　气象观测资料源

除非使用理想的初始条件或者利用分析场作模式检验,对模式初始化和检验来说,无论是研究还是业务,观测资料都是必不可少的。通过如下一些渠道可获得免费的观测资料:美国NCAR 利用大容量存储系统保存业务上的观测数据,但是迟到的观测数据以及因传输耽搁的数据不会被加到资料集中,而从美国 NOAA 国家气候资料中心(NCDC)则可获得完整的资料。事实上,NCDC 拥有世界上最大的气候资料库。卫星资料可以从 ESA 和 NASA 获得。此外,很多区域中尺度网将实时资料主要是近地面资料放到服务器上。然而,无论资料来自哪里,确保其经过充分的质量控制,这还是使用者自己的事。再分析资料以及模式预报资料也可以从 NCAR、NASA、NOAA 及 ECMWF 获得。要了解如何从这些机构获取资料最好的方法就是浏览它们的网站。

建议进一步阅读的参考文献

观测系统模拟试验

Atlas,R. (1997). Atmospheric observations and experiments to assess their usefulness in data assimilation. *J. Meteor. Soc. Japan*,**75**,111-130.

Atlas,R. ,R. N. Hoffman,S. M. Leidner,*et al*.(2001). The effects of marine winds from scatterometer data on weather analysis and forecasting. *Bull. Amer. Meteor. Soc.*,**82**,1965-1990.

大兄小弟试验

Denis,B. ,R. Laprise,D. Caya,and J. Côté(2002). Downscaling ability of one-way nested regional climate models:the Big-Brother experiment. *Climate Dyn.*,**18**,627-646.

再预报

Hamill,T. M. ,J. S. Whitaker,and S. L. Mullen(2006). Reforecasts:An important data set for improving weather predictions. *Bull. Amer. Meteor. Soc.* ,**87**,33-46.

因子分离法

Stein,U. ,and P. Alpert(1993). Factor separation in numerical simulations. *J. Atmos. Sci.* , **50**,2107-2115.

伴随法

Errico,R. M. , and T. Vukicevic(1992). Sensitivity analysis using an adjoint of the PSU-NCAR mesoscale model. *Mon. Wea. Rev.* ,**120**,1644-1660.

问题与练习

(1)一种新类型的观测资料对模式预报技巧的影响性取决于模式特性和资料同化系统,请解释原因。

(2)在 OSSE 试验中,如果对仪器的特性描述正确,且在同化过程中应用恰当,那么仪器对预报的影响性应该是正的至少是中性的;如果出现负影响性则表示 OSSE 系统出了问题。解释为什么这一说法是正确的。

(3)本章提供了一个如何应用 BB-LB 试验估测模拟大气对局地强迫响应的 spin-up 时间的例子。给出其他的估测方法,指出不同方法的优缺点。

(4)为什么降维模式往往也是物理过程简化的模式?

(5)第 1 节讨论了利用个例研究作物理过程分析。一般来说,分析的个例只有几天。思考一下在实践中如何分析更长时段的模拟,以得到更可靠的分析结论。

第 11 章　模式输出的分析技术

11.1　背景

本章描述的方法用于：(1)模式输出和观测的图形显示、释用；(2)有助于过程分析的模式输出衍生变量的计算；(3)模式输出的数学处理，这样的处理能揭示从因变量自身无法显现的性质和形态。模式输出与观测的比较是一种过程的分析，第9章模式检验专门涉及这一主题。此外，后处理算法的应用，如消除系统误差，是对模式输出的一种特殊的数学处理，这个主题将在第13章中讨论。

11.2　显示和解释模式输出和观测资料的图形方法

本节中的许多内容在气象分析课程中也有，但因为许多数值预报方向的学生都没有上过气象分析课程，因此本节将提供这部分内容。更深入的内容可以在 Saucier(1995)和 Bluestein(1992a,b)的课本中找到。

显示模式输出以及将其与观测对比有许多有创见的方法，这里不可能一一详述。但会给出一些例子，也鼓励学生去查阅文献，从而熟悉典型的技术(见本章问题 1 和 3)。这个主题比较重要，因为如果想要成功地发表研究成果，无论研究成果是否基于模式，都需要用一种简单易懂的方式进行显示。

11.2.1　欧拉分析框架

在欧拉框架中，因变量的值由固定的空间格点确定。所有用于显示模式输出的标准软件包都包括变量的欧拉平面图(准水平)或地图绘制选项，其中分析在一定的参考面如气压面上进行，并且适用于以格林威治时间、当地时间或预报时效为单位的一个特定时间。地面附近的状态图可用于高于地面以上的一定距离。对边界层以上的大气而言，与地表通量相关的非绝热加热可以忽略，在这样的大气中进行等熵面的气象条件分析可以对过程进行揭示性解释，因为在缺少非绝热效应的条件下，气流会保留在分析表面。需要指出的是尽管模式本身采用了不同的垂直坐标，但模式输出可以在等熵面上绘制并释用。

另一种欧拉绘图法是使用垂直剖面图。这里选择了一个特定的垂直平面，在这个垂直平面上绘制模式输出变量或观测分析。剖面的方向在选择时要尽可能理想，以最佳地揭示关注的特定过程或现象。例如，图 11.1 显示的是模式模拟的哥伦比亚安第斯山脉的一个东西向垂直剖面。在特定行业应用中，如为飞行员提供天气信息时，天气预报图可以在不规则飞行路线的垂直面上制作。

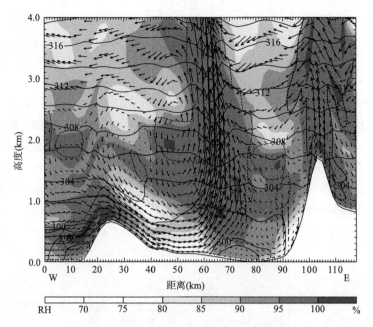

图 11.1　基于 LAM 模式模拟的哥伦比亚西海岸 1400LT 对流层低层东西向剖面。可以在下边界看到安第斯山脉。模式水平网格距为 2 公里。阴影为相对湿度（见图下部图例），虚线为云边界，箭头为截面的风分量（纬向和垂直）。位温用不规则等值线标注，300℃以上间隔为 2℃，300℃以下间隔为 0.5℃。该模拟揭示出一个水跃现象，即冷性海洋气团的前沿超越了低矮的沿海山脉并向东流入位于安第斯山脉西科迪勒拉山脚的阿特腊托山谷。

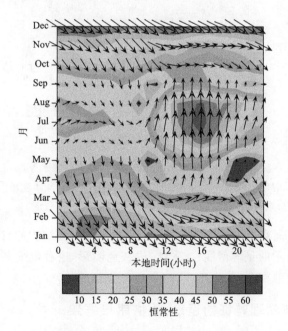

图 11.2　美国纽约约翰·肯尼迪机场的风，显示为以天和年的函数。灰色阴影表示风的恒常性，即一段时间内合成风矢量的值与平均风速的比值。对于此近海岸观测站，夏季午后海风很强并且保持不变。由 NCAR 的 Ming Ge 提供。

　　许多其他的欧拉分析方法也可以显示一点或点线上的预报变量的时间演变。如图 11.2
所示，可以看出某一地点某一气象变量的日变化和季节变化。这张图中绘制的是纽约约翰·
肯尼迪机场的风（矢量）。矢量表示春夏季午后强劲的海风。灰色阴影表示风的恒常性，即合
成风矢量的值与平均风速的比值。

　　其他两种绘图方法为哈莫图（Hovmöller diagram）和时间高度剖面图。哈莫图是一种常
用的绘制气象数据（模式输出或观测资料）的方法，这种方法能够突出波或特征的运动。图中
横坐标为经度或纬度，纵坐标为时间或日期。图中的彩色或阴影表示了随波的位置变化的一
些变量的值。如果横坐标为经度，那么按照经度—时间坐标绘出的值是纬度带变量的平均值。
如图 11.3 是一张哈莫图，图中 GFS 模式模拟的西非 5—15°N 平均降水率通过经度和时间函
数来表示。降水形态的倾斜表明降水特征是自东向西移动的，在某个经度上较强降水发生的
周期为 4 至 5 天。

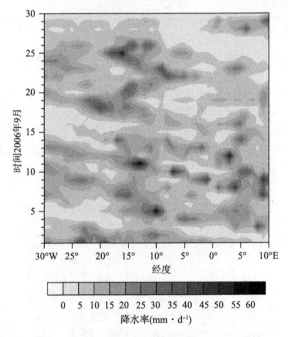

图 11.3　由一系列 24 小时 NCEP GFS 模式预报得出的降水率（mm·d⁻¹）哈莫图。
横坐标贯穿西非，时间间隔为一个月。图中的值应用于 5—15°N 纬度带。降水形态的倾
斜表明降水特征自东向西移动。由 NASA GISS 的 Eric Noble 供图。

　　图 4.12a 是一个时间高度剖面图的例子，显示边界层垂直结构的日变化。另一种更加典
型的时间高度剖面图显示的是等值线、或彩色、或灰色阴影，这种剖面图确定了水平线一点上
某变量垂直廓线随时间的变化。

11.2.2　追踪气块或物理特征的运动：拉格朗日框架

轨迹分析

　　轨迹是指气块运动的路径，通常被称为气块轨迹。轨迹图适用于气块发生变化的时间段。
有两种常见的方法可以计算决定轨迹的气块运动，这两种方法的区别在于垂直速度的计算方

式。运动轨迹最为常见,在这种轨迹中速度的三个分量均由一个模式提供,这三个分量用来确定气块的三维运动。下式中的 v 代表的是速度向量,而 x 代表的是位置向量。

$$v = \frac{\mathrm{d}x}{\mathrm{d}t}$$

该式在时间上进行积分,其中每个坐标方向的位移都可以独立计算。因此,在东西向上为:

$$\int_{t_1}^{t_2} u\mathrm{d}t = \int_{t_1}^{t_2} \frac{\mathrm{d}x}{\mathrm{d}t}\mathrm{d}t.$$

使用时间步长 Δt,进行数值求解,对于小 Δt:

$$x_2 = x_1 + \left(\frac{u(x(t_1),t_1) + u(x(t_2),t_2)}{2}\right)\Delta t \approx x_1 + u(x(t_1),t_1)\Delta t$$

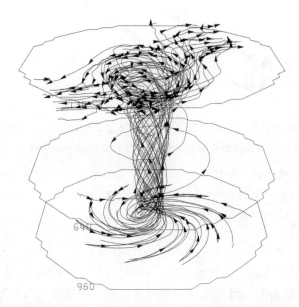

图 11.4　使用模式模拟的飓风环流风计算的运动轨迹。较低的圆形平面位于
960 hPa,中间的圆形平面位于 640 hPa,上部的圆形平面位于 130 hPa。每 9 小时会在
每条轨迹的路径上显示箭头。取自 Anthes 和 Trout(1971)

　　因此,使用由模式预报或模拟得出的三个风分量的高频输出,可以逐步计算出气块的路径。如果要揭示流体运动的形态,通常要选择多个不同的起始点。例如,图 11.4 显示了在飓风环流中使用模式模拟风计算出的大量轨迹。这些轨迹源于低层辐合区,在飓风的眼壁处上升,在高层辐散,从而提供了普通矢量图或其他欧拉图所无法表示的环流视觉效果。计算气块运动轨迹的另一方法是:假设气块停留在恒定位温面,这时的轨迹被称为等熵轨迹。在这种情况下,垂直速度由运动的水平分量和平面的斜率来隐性定义。与运动轨迹相同,模式定义的风可以用来计算气块的水平位移。有时需要计算出到达某一特定地点的气块的源地,这时可以把数学过程反过来,从而计算出反向轨迹。图 11.5 给出轨迹分析如何将模式模拟流体运动的复杂空间形态视觉化的另一个例子。在对流层中的简单流型上有一个网格,伴随一个近似对称的高空槽。如网格所示,轨迹用来定义流体中不同区域的路径,网格的变形已经被绘制出。

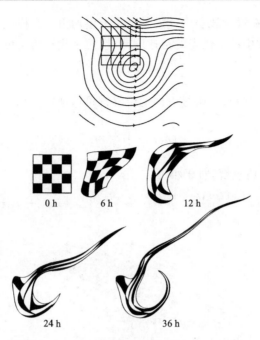

图 11.5　指定模拟时次大气正压模型中 500 hPa 高度大气层变形。上图可以看到最初的流线形态,之后是追踪轨迹演变得到的覆盖形态。资料来源于 Welander(1955)

物理特征同样可以被跟踪,其中一个例子是图 7.1 中显示的飓风中心的轨迹。进行这样的分析只需要自动确定某一特性的位置,对于飓风而言,这是显而易见的,但对于温带气旋或对流系统来说可能会更困难一些。

流线分析

流线是指在某特定时间描绘的与风矢量平行线。因为流线不会跟随气团在时间和空间上移动,所以流线不同于轨迹图。但与使用矢量或其他只确定格点风向的符号相比,使用流线可以更简明地观察风向的形态。需要注意的是,流线不同于流函数线,流函数线描述的是风的旋转部分。在视觉上这两者可能非常相似,但流函数线的间距在量上与风速相关,而流线的间距是随意的,可由分析者或分析软件来确定以达到最容易目视解读的目的。图 11.6 显示的是基于中尺度模式模拟的美国西部地区高于地面约 15 m 高度的流线图。由于该区域地形复杂,因此形态结构也很复杂。图中的速度也用阴影带表示。

等时线分析

等时线(即适用于某一特定时间的线)是指根据模式输出或观测从而确定大气中的几何上较简单特性的位置的线。我们非常熟悉的一个例子就是天气尺度中纬度锋面。但是在等时线分析中锋面的位置会在多个时间点显示,以便显示其形状和位置的变化。可以以同样方式进行分析的其他特性包括与对流相关的阵风锋面(Gust front)或出流边界(outflow boundary)、海风锋(sea-breeze front)、干线(dry lines,又称露点锋)、混合层抬升边界(EML)以及盾形降水区(precipitation shield)的前缘等等。这样的特性要求其地理位置易于确定,这样在图中的多个时间点绘出这种特性时就不会过于复杂而无法解读。图 11.7 为锋面位置的等时线图。

图 11.6 基于中尺度模式模拟的美国西部地区高于地面约 15 m 高度的流线图。由于该地区地形复杂,因此形态结构也很复杂。风速用阴影表示,白色阴影部分表示风速低于 5 m·s^{-1},灰色阴影部分的间隔为 5 m·s^{-1}。资料来源于 Yubao Liu,NCAR。

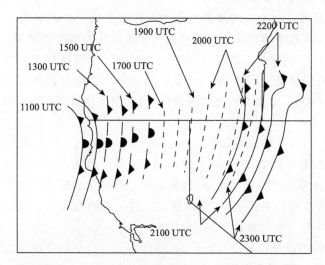

图 11.7 美国西北部一系列锋面位置的等时线。虚线表示闭合锋正在削弱,而没有锋面符号的虚线代表槽的位置。取自 Steenburgh 等(2009)。

11.2.3 各种特殊图表

许多特殊的数据图表可以帮助模式开发人员对模式输出进行释用。在介绍预报检验时已经介绍了很多这样的图表,但仍有一些值得进一步介绍。例如,很多热力图可以用来表示基于模式输出和观测的变量的垂直分布,如 skew T-log P 图。根据这些图表可以得出许多重要的大气特性,如静力稳定度和与之相关的变量(如 CAPE,CIN)以及边界层结构等。另一种较为特殊的显示方法是泰勒图(Taylor diagram),如图 7.4 所示。

11.3　分析模式变量场结构的数学方法

对以下模式输出分析方法的数学基础不作讨论,而是强调基本概念和应用以及附加信息的来源。

11.3.1　按型式分析(pattern analysis)对大气结构分类

无论按照模式输出、观测分析或观测本身,都有多种技术对大气结构进行分类。分类时要在一个大量数据集(例如由模式预报或分析组成)中自动识别重复出现的天气型式,并将该数据集中的变量场与其中一种型式联系起来。对于分析者来说,在这个过程中要对大量天气图(如海平面气压)进行手动或定性的分析,并按照不同的标准分开存储,如按照槽和脊的位置、波型振幅以及平均压力梯度强度等。

该分析过程有多种应用,如:

• 根据模式得出的再分析资料定义某个地区的气候——对于每一个变量而言,气候包含代表不同主要型式及其发生频率的格点场。需要注意的是对极端型式及其频率的编目与对普通型式及其频率的编目同样重要。

• 检验模式对型态(regime)过渡的处理——对比出现于观测分析中的天气型式序列与模式预报中的序列。两者间的差异可提供对模式未能反映的型态的解释。

• 传统的模式检验统计方法能针对不同的主要天气型态进行独立的计算。从而解释模式的不同部分对误差的贡献。例如,图 9.7 表示的是对希腊雅典两种最常见的暖季天气型态进行计算得到的模式偏差,即由北而来的强地中海流,以及伴有盛行海风环流的较弱的大尺度气流。

这些自动型式分类技术的缺点如下:

• 型式分类时没有任何动力约束,所以在同一分类中可能有不同的基本过程。

• 型式代表了许多独立分析的合成,因此这些分析在运动学或动力学上可能没有内在的一致性。所以有时会从档案中挑选一个"典型日",这一天的型式与合成非常接近。对这种挑选日的分析是具有内在一致性的。

• 由于没有提前限定分组数,所以分析人员在不知道自然群集的情况下做出的是主观选择。这可能需要试算,也可能产生误差。

型式分析的最常见的两种方法是自组织映射图(SOMs)和聚类分析。Wilks(2006)简单介绍了聚类分析的气象应用,Marzban 和 Sandgathe(2006,2008)举例说明了与模式检验相关的应用。Kohonen(2000)介绍了 SOMs 的通用方法,Seefeldt 和 Cassano(2008)给出了该方法在分析天气和气候输出的模式模拟方面的许多应用个例。

图 11.8 是对少数几类进行 SOMs 分析的一个例子。基于模式生成的一年时间的 00UTC 700 hPa 风场再分析资料,主观选择了六种型式用于分析。这些型式的风速和/或风向不同,每类的出现频率从 10.1% 至 26.1% 不等(出现频率指所分析的各类资料的百分比)。由于分类的数量是任意选择的,所以在进行进一步分析时可更加自由地重复此过程,以确定原先各类中是否存在明显的变化。

11. 3. 2　在模式或观测数据中寻找耦合型态

另一组不同的方法目的在于从模式或观测数据中寻找耦合型式。Bretherton 等(1992)和 Wilks(2006)描述并比较了三种最常用的方法:主成分分析(Principal Component Analysis,简称 PCA),典型相关分析(Canonical Correlation Analysis,简称 CCA),以及奇异值分解(Singular Value Decomposition,简称 SVD)。Hannachi 等(2007)和 Tippett 等(2008)的文章也对这些方法做了比较。

主成分分析

主成分分析也称经验正交函数(Empirical Orthogonal Function,简称 EOF)分析,这一数学计算的目的是将一个包含大量相关变量的数据集转化成一个包含较少不相关变量集的数据集,转化后的不相关变量称为主成分。新变量是原有变量的线性组合,第一主成分是包含最大方差的线性组合,第二主成分是包含第二大方差的线性组合,以此类推。通过主成分分析中两个或多个变量的结合可揭示不同物理量场之间的联系。

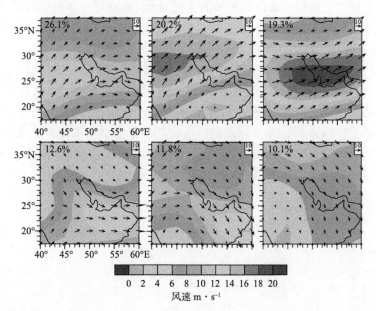

图 11.8　基于模式生成的中东地区一年 0000 UTC 700 hPa 风场分析资料的 SOMs 分析方法应用示例。各类分析所占比例如图。Ming Ge,NCAR 提供。

在大气科学领域已经有很多 PCA 的应用。例如,Teng 等(2007)使用一种 PCA 表明了 AOGCM 模式支持三种不同的环流型态,持续期为 7 天,观测分析也有非常相似的型态和持续期。这些型态的变换解释了温室效应的影响。Smith 等(2008)利用 PCA 方法对气候模式模拟和观测的日循环进行比较分析。

Kutzbach(1967)较早对主成分分析法在大气科学领域的应用进行了描述。Preisendorfer(1988)对 PCA 进行了深入研究,致力于在地球物理领域的应用。Jolliffe(2002)对 PCA 的应用则更具普遍性。

典型相关分析

典型相关分析应用于两套多元数据集，可以识别两套数据集之间的耦合变化。两套数据集可以是同一时间段，也可存在时间滞后。在存在时间差的情况下，滞后的变量场之间的联系可用于统计天气预报。事实上，这也是 CCA 首次应用于气象，在大部分后续的探索中，预报时间尺度都是季际的。比如 Barnett 和 Preisendorfer(1987)将太平洋季平均海面温度异常与下一个季节美国地表气温异常联系在了一起。更多例子参见 Bretherton 等(1992)和 Wilks (2006)。

奇异值分解

奇异值分解与典型相关分析相似之处在于，两者均将在两个相互关联的变量场中的变量组合隔离开。应用举例参见 Bretherton 等(1992)。

11.3.3 谱分析

在图 3.36 中我们看到模式输出的频谱能通过计算、解释可用于确定模式的有效分辨率。9.9.2 节中讨论了如何在空间频谱上验证模式解。这里将阐明同一种谱分解可以用来以创造性的方式释用模式输出。有许多不同波段供模式研发人员使用谱分析方法进行隔离，但常见的是与日变化强迫(diurnal forcing)相关的波段。例如，图 11.9 显示在此日变化波段的谱功率变化(每个点是一个地点)。在一个山谷的 28 处地点的每个点对 10 m 离地高度风进行观测，对该观测的时间序列来说，谱分析将谱能量分为三个波段：时间段大于 24 小时，时间段为 24 小时和时间段小于 24 小时。每个站点的日变化功率都是根据该站点上风的 u 分量平均日变化幅度绘制的。这一谱分解让我们了解到，站与站之间的日功率存在很大的不同，最大的日功率分布在那些热强迫循环最强的靠近峡谷或山坡的地方。

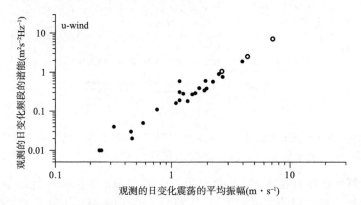

图 11.9   在一个山谷的 28 处地点的每个点对 10 m 离地高度风进行观测所得到的日变化频段的谱能。每个站点的日变化功率都是根据该站点上风的 u 分量平均昼夜变化幅度绘制的。靠近山谷的地方有开环。改编自 Rife 等(2004)

一个最近提出的，与频谱分析相关的方法称作小波分析。如果有长时间序列的模式模拟变量或观测变量，使用傅里叶变换可以将序列转化为频率空间。但是，时间序列往往并不稳定，因为频率随时间而改变。为了找到频率变化的特征，确定短期频率谱的方法为短期傅里叶变换。但是，小波分析更为合适，而且能够同时提供时间和频率信息，这样就能提供信号的时间—频率信息。Torrence 和 Compo(1998)提供了小波分析在大气科学中的实用指南,Wilks (2006)提供了其他参考信息。

11.4　导出量的计算

模式因变量已经被用于计算许多有助于理解大气过程的导出变量。比如,基于模式输出的风,可以计算涡度和散度,或者,可以计算锋生项。通过地转和非地转风矢量,可以揭示有趣的环流。更多例子参见之前提到的关于气象分析的参考文献。

11.5　能量学分析

第三章中在确保模式中没有能量的误差源或汇的情况下讨论了模式的能量分析。但基于模式模拟、预报或再分析的格点输出进行的能量项及转化的计算,也能揭示物理过程和模式间的差异。能量可以分为动能、内能和势能三种分量,并分为与平均流相关及叠加在平均流之上的涡动分量。势能可以分为可用分量和不可用分量;可用分量可以转化为动能,而不可用分量与系统的平衡基本态有关,不能进行转化。

不同能量分量的与时间相关的方程都由作为模式基础的相同的基本方程推导得到。然后,通过使用能量方程右侧因变量的模型值得到各种能量分量的变化率。

两种计算和演示能量转化项的通用方法包括使用格点平均值和局地瞬时公式。后一种方法称为"局地能量"法(Orlanski 和 Katzfey 1991),这种方法的一个例子是将涡流动能倾向在格点上表示,并显示提供的能量。

多种研究中都涉及能量学分析。下面列出一些研究的相关参考资料:

- 中纬度气旋生成(Midlatitude cyclogenesis)-Orlanskin 和 Katzfey(1995),Lackmann 等(1999),Lapeyre 和 Held(2004),Moore 和 Montgomery(2004,2005)
- IPCC AOGCM 模式模拟的风暴路径—— Lainé 等(2009)
- 气候模式中的大气季节内振荡(MJO——Mu 和 Zhang(2006)
- 对热力强迫的静力及地转调整——Fanelli 和 Bannon(2005)

建议进一步阅读的参考文献

Bluestein, H. 1992. *Synoptic-dynamic Meteorology in Midlatitudes*. *Vol*. 1: *Principles of Dynamics and Kinematics*. New York, USA: Oxford University Press.

Bluestein, H. 1992. *Synoptic-dynamic Meteorology in Midlatitudes*. *Vol*. 2: *Observations and Theory of Weather Systems*. New York, USA: Oxford University Press.

Saucier, W. J. 1955. *Principles of Meteorological Analysis*. Chicago, USA: University of Chicago Press.

问题与练习

(1)调研多种期刊文章,列出并描述用于显示模式输出的各种不同类型的制图法,并与观测结果进行对比。

　　(2)使用在第三章问题中采用的浅流模式,计算在重力波传播经过时流体表面的气块轨迹。

　　(3)浏览国内外开展业务预报和研究的模式中心的网站,描述这些网站用于显示模式产品的绘图法。

　　(4)为业务预报人员设计的分析方法和为研究人员设计的分析方法之间应有哪些根本区别?

　　(5)使用你自己创建的假设风场型式,用拉格朗日和欧拉方法阐述风场特征。

第 12 章　业务数值预报

12.1　背景

　　业务数值天气预报模式的应用通常用于回答物理过程方面的问题以及用于满足与空气质量评价、使用 OSSEs 的新观测系统潜在性能的评估、新计算方法和物理过程参数化的测试等有关的实际需求。尽管这样，对于业务模拟来讲仍有一些特殊的问题。本章将对这些问题进行阐述。

　　也许有人会说学习数值天气预报的学生没有必要知道业务方面的这类相关知识，因为只有拥有有经验的员工和大型、快速计算机的大的国家计算中心才能参与业务预报。然而，咨询公司、大学和区域政府机构使用区域业务模式来满足其特殊需求呈现出快速增长的趋势。因此，学生应该熟悉与模式业务应用有关的一些概念。

　　图 12.1 给出一个非常简单的业务模式系统的不同组成部分示意图。需要记住的是在国家天气服务中运行的模式系统有大型的设备，此处总结的模式系统与世界上许多中等规模的、专业化的、业务模式系统是非常一致的。在前面的章节中已经对这些系统组成部分的某些部分作了讨论，例如与模式初始化有关的部分。首先，系统必须与业务观测资料网有实时的连接（图最上面的方框），这其中通常包括对许多不同资料提供方的单独访问。输入资料类型包括目前的地表状况、从测站和遥感传感器获得的气象观测、从业务中心获得的格点分析和预报。接收到观测资料之后，必须对其进行质量控制（见第六章）。如果观测（如卫星辐射率）不是以标准的模式变量形式存在，需要通过一些资料同化过程应用反演算法来获得这些变量。在本图中，分析和资料同化过程分开列出；然而，正如我们所看到的，这二者通常是接近于耦合的（见第六章）。

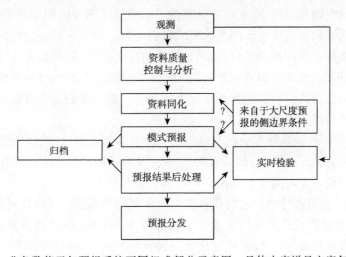

图 12.1　业务数值天气预报系统不同组成部分示意图。具体内容详见文字叙述部分。

如果使用 LAM,那么必须用全球模式预报(或大区域的 LAM 的预报)为预报模式、有可能是资料同化系统提供 LBCs。资料服务中必须有一个全球模式的格点预报场,除非全球模式以与 LAM 同样的设置运行。很显然,全球模式预报必须在 LAM 积分前完成。

对于每一次模式预报,同化的观测、格点化初始场和预报产品通常写在存储设备上来存档。存档方便于重新运行预报结果,也使得做模式的人可以做一些试验对模式表现不好的原因作出评价和订正。在实时预报中预报员也在独立的计算平台上对结果进行检验。预报员有时可以获得实时检验统计结果,因此他们可以从最近的模式循环预报中对预报的客观准确度做出评价。

后处理步骤将在第 13 章和第 14 章讨论,其中包括模式系统误差的统计订正。此外,特殊的后处理程序(其他模式,在其他情况下)可以用于根据预报变量推导非预报变量,例如海洋波高、河流流量、空气污染和沙尘含量。

预报可以以图形(或类似的形式)和数据的形式发布。预报员可以用基于网页的界面来查看模式输出,或者可以将格点模式输出下载到安装有特殊画图软件的工作站。当将大气模式预报产品被用作上述提到的特殊后处理模式的输入,用户可以从资料服务器中对数字化、格点化的预报产品做出评价。最后,有时对于指定的地理位置需要产生特殊的模式产品,如主要的城市。许多网站提供显示预报产品的软件供公众使用。其中一个网站是 UCAR(University Corporation for Atmospheric Research)的网站。

需要值得一提的是业务数值天气预报和气候预测之间的关系的演变。在第 16 章关于气候模拟中将会看到,正在发展季节尺度、年际时间尺度上耦合了海—气(和其他部分)的模式。这些预报目前是在按照像天气预报这样的规则的循环上产生的,当循环频率增加,气候预测和业务数值天气预报之间的区别将变得更加模糊(见 Toth 等 2007)。例如,NOAA 的气候预报系统(Climate Forecast System,CFS),目前运行大约 9 个月,系统以天为循环每 12 小时输出一次。

12.2　模式可信度

对于模式科研方面的应用,模式以非常高的可信度完成积分的能力并不是最关心的问题,因为使用模式的人有机会使用更正问题的模式重新运行结果——可能通过质量控制程序去除了不好的观测或者减小时间步长来订正 CFL 条件的溢出。然而,当在业务设置中出现致命的错误时,后果更加严重,尤其是如果问题发生在基于模式的、顺序的、每一个模式初始场基于前一次预报的资料同化系统。在极端天气情况下的预报不能正常获取将可以导致人员伤亡。预报循环的中断可能是以下原因,还有其他一些原因。

- 由于与大范围气象条件有关的非常强的风的存在使 CFL 标准的溢出。使用非常小的时间步长可以避免此情况的发生,但是这并不一定对为了确保 0.1% 的业务预报不出错而在 99.9% 的预报中使用较短时间步长而浪费的计算资源敏感。
- 模式依赖于初始条件时间上的获取能力。资料同化系统出现问题可以导致循环丢失。
- 有限区域预报模式从前一时次的区域覆盖面更大的模式(如业务全球模式)运行结果中获取其侧边界条件(LBCs)。如果该模式本身没有按时完成运行,或者在大模式数据传输过程中出现错误,那么 LAM 预报就不能运行。

• 运行模式计算所使用的硬件可以导致灾难性的错误,使得运行模式的整个系统不可用,或者没有足够的处理器可用致使预报无法生成。

• 当业务运行 LAMs 时,对于某些气象条件和网格点,LBCs 可以产生足够多的噪声使预报终止。当 LAM 格点业务重定位来着重于研究高分辨下指定大范围气象特征时,该问题尤为突出。

• 模式程序有很多组成部分,特别是与物理参数化相关的部分,当面对不同寻常的气象输入数据组合时可导致无法正常运行。很明显,选择业务上使用的参数化方案的一个要求是参数化方案在输入参数的大范围内的稳定性。

12.3　业务有限区域模式的考虑

上述讨论强调了与针对业务模式 LAMs、与 LBCs 噪声产生和定义 LBCs 的大尺度资料的获取情况有关的几个可能的可信度问题。还有一些问题与业务 LAM 的效率有关。其中一个问题是提供 LBCs 的大尺度预报必须在 LAM 预报开始之前完成。因此,在初始条件定义之后,在 LAM 预报的开始时间上肯定有至少几小时的延迟。

另一个与预报产品时效有关的问题发生在常见的业务 LAM 使用嵌套格点系统的时候。如果格点不是双向交互的,例如,信息仅是从粗网格传递到细网格,当细网格预报仍然在生成的时候,先运行好的粗网格预报可以先被发布。这种预报产品的输出方式将模式结果交到预报员手里的速度比使用双向交互格点嵌套要快。这一好处是否值得牺牲双向交互格点的可能优势需视情况而定。

12.4　计算速度

对于业务预报,模式(模拟)时间比实际墙钟时间快得多,显然很重要。这是采用允许大规模并行计算的模式程序的动机之一,也是为何要花大精力发展模式方程求解的高效算法以及可使用较长时间步长的原因。下列因素影响模式生成给定时段预报所需的墙钟时间。

• 在分析或资料同化开始之前,系统需要等待足够长的时间以获取观测资料。不同业务系统有不同的观测资料获取截止时间,在这之后,开始资料处理,后面接收到的资料不会被使用。截止时间一般为 60—90 分钟。

• 对于 LAMs,预报必须等待从大尺度模式来的 LBCs 生成才能开始预报,大尺度模式必须先于 LAM 预报开始前完成积分。

• 给定具体计算资源,时间步长定义了模式积分的速度。时间步长依赖于计算稳定性考虑和可接受的时间截断误差。如果 CFL 比率是常数,很显然,格距是时间步长的一个很强的控制量,是格点上最快波的速度。

• 计算网格的格点数是一个很强的约束。如果每个格点的计算量不随格点数变化,那么这是一个线形关系。将这个因子与满足 CFL 条件所需的要求结合起来,假定网格点的覆盖范围相同,那么这种结合导致通常所说的法则:格距减小一半计算量增加 8 倍。

• 业务模式的运行平台从台式机到有上千个处理器的大型并行系统。此外,处理器的速度和数量对于模式预报速度的影响、计算效率依赖于处理器数量和整个模式速度尺度。

- 一些用于特殊应用的大气模式并不包含所有的物理过程。例如,对于强对流短期预报来讲,许多过程,像长波和短波辐射,就不一定包含在内。

- 有时模式输出一旦生成就可以提供给预报员。例如,当模式依然还在运行的时候,预报产品可以每 12 小时(预报时间)一次。因此,预报员不必等所有的积分完成以后才开始获取预报的前几个时次的信息。

- 当决定模式的计算结构时,有时在执行速度(和准确度)及程序的"友好性"(friendliness)之间需要做出权衡。即:快速数值方法(如隐式差分)可使预报快速完成,但是程序有时写起来很累赘。想要做一个业务和大学科研都能用的通用模式对研究生和有经验的模式研发者都适用,这是个问题。如何做出折中将影响预报速度。

- 大量的资料输入—输出负荷使得模式执行速度降低

12.5　后处理

有以下几种常用的后处理方法

- 系统误差订正——在科研中当模式被用于研究物理过程的时候,格点输出对于控制方程的一致性是很重要的。然而,对于业务预报,最迫切的是对预报员有一个好的指导。因此,对原始模式输出应用统计订正算法是非常适当的,例如去除系统误差,尽管这会扰乱格点输出的动力兼容性。详细内容见第 13 章。

- 使用简单的统计算法或基于物理的算法计算其他变量——如上所说,后处理也包括使用与预报有关变量作为统计算法的输入来计算那些不能被模式很好地预报或者完全没有被预报的那些量。后者有历史累计量,如冻雨、雾、湍流强度和能见度。

- 使用与大气模式耦合的第二个模式模拟复杂过程——这些模式在第 14 章将会被讨论,包括空气质量模式、预报沙尘离地高度和沙尘在大气中传输的模式、预报野火的模式、预报农业发展与人类传染病的模式,等等。

12.6　实时检验

第 9 章介绍了模式检验的基本概念。实时检验与科研应用中的检验是完全不同的,因为在实时检验中只要用于检验的观测资料一到,实时检验立刻进行。所生成的统计结果告知预报员最近模式表现中与时间、运行完成时间、地点等有关的模式误差。一个挑战是总结并将误差统计结果以直观的、可以让在业务中受时间限制的预报员很快地能理解的方式表现出来。

12.7　模式升级与研发的管理

许多使用业务模式系统的机构也做科研,其目的在于仔细检验预报结果及提高模式在机构特定任务下的模式预报水平。与该目标有关的计算需求有两方面。第一,所提出的模式改进必须通过业务系统的测试,让两个相互独立的模式系统同时运行是最有效的做法。其中一个是业务模式系统,另外一个系统除了模式系统改进的部分,其他部分与模式系统完全相同。在控制试验中,可以比较一个较长预报时间序列中有与没有模式改变的模式表现。这种实时系统测试很明显需要另外一台至少与主平台能力相当的计算平台。此外,当这两个系统并行运行时,可以比较已有系统和改进系统的表现,科研人员能够在发展今后的系统升级过程中做个例研究和其他测试。这需要一个中型以上的第三个计算平台,或者第二个计算平台上另外的处理器。一个重要的信息是不建议在业务系统的空闲时间做科研试验,因为这样偶发性系统崩溃的风险会很大。

12.8　预报过程中模式和预报员的相对作用

几十年以前,当模式还没有像现在这样成熟时,预报员的经验对于向公众提供的对预报产品的生成和准确解释是非常重要的。在这些年里,模式对"人—机混合"的贡献逐渐增大。最后,有时模式产品不需要专家的解释直接转换成图像和计算机语言预报产品发布给公众。这导致一个有关预报员在当今和今后如何对最终产品产生最大价值的不断讨论。作为这种讨论方向的证明,关于模式和预报员的相对作用有下列观点。

• "常规"天气的预报应该自动化使得预报员将他们的精力集中在高影响天气上(Sills 2009)

• 在业务预报中应基于改进的预报员的经验和更多科学预报方法的使用着重于使用科学知识(Roebber 等 2004)。

• 预报员应该处于"天气预报的心脏",在高影响天气预报中扮演重要角色。

• 产品生成应该自动化,预报员主要将精力放在分析大范围气象场上。

• 通过使用保留变量间动力一致性的软件系统手工订正模式格点输出结果,预报员可以对预报质量有很重要的贡献(Carroll 和 Hewson 2005)。

• 高分辨率模式的使用提供给预报员更加复杂的产品。因此需要一些工具使预报员更容易地解释和分析模式输出结果(Roebber 等 2004)。

• 随着预报员角色的演变,应该从包含决策制定的认知心理学的其他学科的产生中受益(Doswell 2004)。

更多内容参见 Sills(2009)相关文献

建议进一步阅读的参考文献

读者应该看看运行业务模式系统的一些机构的网站,熟悉模式、机构的任务和所提供的天气预报产品。

问题与练习

(1)编译一系列由机构使用的而不是国家天气服务使用的业务模式系统。

(2)为什么发展 LAM 系统来预报有限区域天气? 它们与国家天气服务有竞争吗? 它们互补吗?

(3)推测当模式准确度不断改进后预报员的角色。

第13章　模式输出的统计后处理

13.1　背景

对业务 NWP 模式型输出进行统计后处理，或者说校正是非常常见的，因为这样能够带来技术指标上的改进。并且这种改进往往相当于对模式系统本身进行多年改进取得的效果。例如与提高模式分辨率这样的传统技术改进方法相比，通过统计后处理只要花费较少的日常成本就能取得较大的技术进步，，。

历史上，统计后处理方法用于诊断低分辨度的早期 NWP 模式无法直接预报的变量。与大尺度条件相关的标准模式因变量在统计上与其他预报不佳或无法预报的天气变量有关，比如冻雨、雾和云层。但是，许多新一代的高分辨率模型可以显式预报这些变量，所以统计订正方法主要用于减少系统误差。

统计后处理方法有很多种分类方式。可以按使用的统计技术进行分类，也可以按被用来确定统计关系的预报数据类型进行分类。而且，统计后处理方法还可以分为静态和动态方法。对于静态方法而言，开发统计算法目的在于通过对同一版本的模式上较长时间的训练来减少系统性误差，但其前提是在相当长的时期内不会改变应用中的算法。由于与统计关系相关的计算成本较高，而升级就要重新计算统计关系，所以模式无法经常升级。即使是发现了重大的代码错误，在建立新的统计关系之前都无法更正。相比之下，使用动态方法，可以定期重新计算校正方程。

统计后处理方法不适用于模式的研究应用。对物理过程研究而言，重要的一点是，模式输出必须与动力方程一致，因此不宜采用人工调整输出。在为特殊个例优化模型的此类研究中，降低系统误差是比较简单的（比如，通过测试不同物理过程的参数化、模型分辨率等）。因此，与业务数值预报模式相比，不太需要进行统计调整。并且，研究的目的一般是改进模式以减少系统误差。

有些模式专门提供特征量的信息，数值预报模式预报变量有时被用作这种专用模式的输入。比如，空气质量模式包括多种气体和气溶胶粒子的连续性方程，能计算这些污染物的传播和扩散，展示其化学变化。使用添加的专门模块可以被视为是 NWP 模式输出后处理的一种，但是由于其高度专业化，所以将在第 14 章中单独讨论。

以下章节回顾了一些模式输出统计订正的不同方法。另一种模型后处理采用"天气发生器（*weather generators*）"，这将在章节 13.3 中进行总结。在有关气候模型的第 16 章也将讨论天气发生器，天气发生器的模型输出在空间和时间变化上通常比现实情况更平缓，其统计结构也更实际。这种后处理对于一些模式应用来说非常重要，比如，如果某一地区降雨强度短时间尺度的变化与估计雨水径流和渗透比例高度相关，那么后处理对洪水预报就非常重要。在最后一部分,将简单讨论一些模型输出的降尺度是如何代表一种统计后处理的,模型输出的降尺度过程可以使用地形等局地强迫来定义大尺度调节。

13.2　系统误差的去除

　　以下部分回顾了多种减少系统误差的统计学订正 NWP 模式预报的方法。静态方法要求使用长期的模式回报来界定基于过去模式输出和过去观测关系的统计修正。这些统计关系不会频繁更新。相比之下,动态方法可以修正基于较短训练期的预报。两种情况下的目的都是用过去的误差估计来降低当前预报的误差。

　　请注意这些方法只能降低系统误差。由各种原因导致的随机误差仍然存在,无法在统计上完全去除。这些原因包括,特征传播中数值引起的相位误差,模型分辨率不足引起的小尺度传播特征平滑等。但系统误差可以代表总误差的一个重要部分,尤其是在近地面情况下,通过使用后处理方法降低系统误差是非常有用的。例如,在图 13.1 中,基于区域中尺度模式的美国西南部模拟,显示了近地温度(2 m AGL)和风速(10 m AGL)的系统和随机预报误差。在一些观测站点系统温度误差明显更大,可能是因为局地强迫在模式中未能较好地体现。

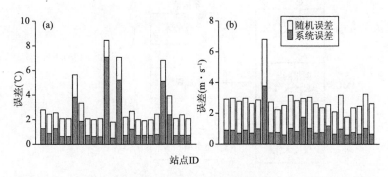

　　图 13.1　基于区域中尺度模式的美国西南部模拟的近地温度(2 m AGL)和风速(10 m AGL)的系统和随机预报误差。每一个条形对应一个不同的观测地点。根据 Hacker 和 Rife(2007)选编。

13.2.1　完全预报方法

　　最早期的统计后处理被称为完全预报(PP,perfect-prognosis)方法(Klein 等 . 1959)。在这种方法中,由模式预报的观测值(预报因子)在统计上与预报量的观测相关,而这个预报量可能是模式预报的,也可能不是。这种回归关系继而被应用到 NWP 模式预报中,以得出预报量的预报。由于统计关系不是使用模式预报生成的,所以它们并不能订正模式误差,而只是在统计上将可预报变量转换为不可预报或难以预报的变量。事实上,通常认为完全预报是完美的。因为,正如上文所说,现在的模式可以显式地预报许多以前只能使用 PP 方法通过统计推断的量,PP 这种方法现在在业务上少有使用。PP 方法的一个好处在于它不依赖所应用的模式,因此在模式修改后不需要重新计算统计关系。图 13.2 用图解法对比了 PP 法和模式输出统计法(MOS),模式输出统计法将在下一节描述。

13.2.2 模式输出统计

模型输出统计(MOS)的计算要在统计上将某一变量之前的预报和相应的观测结果联系起来,以量化每个观测点的系统预报误差(偏差)。这种偏差是许多因素造成的,包括物理过程参数化的缺陷,以及特定分辨率的模式无法表现小尺度的过程。之后每个观测点的偏差都会再被用于修正该观测点未来的预报。有许多 MOS 类的方法,这些方法在时间长度(使用前一段时间的预报来界定误差时所涉及的时间长度)上有所不同。以上提到的静态方法是典型的历史的方法,可以被用来计算多年历史周期的统计关系。使用这种较长的训练周期能得到稳定的统计数据,但需要大量的计算机资源,而更新会使统计数据失效(数据需要重算),所以这种模型不能频繁地根据改进进行更新。因此,现在已经开发出了训练周期较短的 MOS 类方法。短训练周期的一个优势是系统误差取决于天气状况,从而基于近期模式性能的调整可以改进结果。但必须在短训练周期和长训练周期间达到平衡:(1)短训练周期容易丢失训练需要的数据,也容易出现带有不具代表性的误差的极端天气事件;(2)长训练周期可以产生稳定的统计数据,但在计算上成本太高,不太实用。下面几节将讨论几种基于 MOS 的降低系统误差的方法。

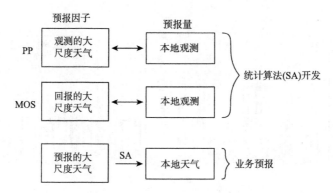

图 13.2 PP 和 MOS 方法的示意图,这种方法能在统计上将能被模式较好地预报的变量或特征(预报因子,左列)与不能被模式较好地预报的变量或特征(预报量,右栏)联系起来。PP 方法可以用观测或分析的历史档案确定统计关系;而 MOS 方法可以进行历史案例的模型回报。关于 MOS 的几节讨论了使用不同长度训练周期的方法。

传统的 MOS

此方法需要从相同的模式预报得到一段至少为期两年的统计资料,关于该方法的总结见 Glahn 和 Lowry(1972)。由于 MOS 需要为每个预报超前时效、观测点和变量单独计算基于预报—观测配对的统计数据,所以涉及大量方程。尽管现在已经出现了使用基于 MOS 法的较短训练期的明显趋势,但 Hamill 等(2004,2006)的结果显示,对于具有挑战性的情况,如长超前时效预报、罕见事件预报、或具有明显偏差的地表变量的预报来讲,长训练期更为有效。Clark 和 Hay(2004)阐述了传统的 MOS 对于改进水文应用预报的巨大潜在作用。

Jacks 等(1990)对 NCEP 的 MOS 系统进行了总结,该系统预报因子包括以下的预报:温度、温度平流、厚度、降水量、可降水量、相对湿度、垂直速度、水平风分量、风速、相对涡度、涡度平流、稳定性和水汽辐合。这些预报因子往往定义在不同模式层上。结果系统对计算有很高的要求,要使用成千上万的统计方程。值得一提的是,在 1980 年代后期,MSC 使用 PP 产品取代了其业务 MOS 系统,其后在整个 1990 年代使用的都是 PP 产品。Brunet 等(1988)讨论了 PP 和 MOS 方法的相对统计特征。

图 13.3 举例说明了应用传统的 MOS 方法的优势,图中显示的是 10 m AGL 风的中尺度 LAM 模拟。在 2002 年冬季奥运会期间,MM5 模式被用于周围地形非常复杂的盐湖城地区的业务预报。这个 MOS 方程是通过使用对 18 个山脉和山谷的三个冬季的预报和观测得到的。尽管为了评估更高水平分辨率的作用采用了一个 4 km 的嵌套网格,但这个模型中用于生成统计数据和业务预报的网格距是 12 km。4 km 格点没有反馈到 12 km 格点上,所以不会影响 MOS 校正。但该模式的版本在 MOS 方程的编写过程中确实经历了改变。在 12 km 和 4 km 模式的直接模式输出(DMO)和 12 km 模式的 MOS 基础上,该图显示了 0000 UTC 和 1200 UTC 预报循环的风速 MAE。由于大部分地形变化仍然是次网格尺度的,所以基于 DMO 四条曲线的更高水平分辨率没有带来显著的改进,但 MOS 的使用将平均 MAE 从 $3.5 \text{ m} \cdot \text{s}^{-1}$ 降低到约 $1 \text{ m} \cdot \text{s}^{-1}$。

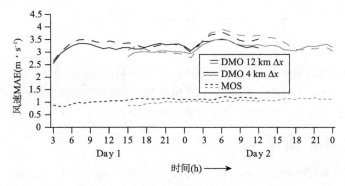

图 13.3　复杂地形上 18 个观测点的风速 MAE,基于使用 12 km 和 4 km 水平格距的 MM5 LAM 模拟的 DMO,以及基于 12 km 格距模式版本的 MOS 模拟。该图显示了 1200 UTC(灰色)和 0000 UTC(黑色)两个周期 36 个小时的统计数据。内容摘自 Hart 等(2004)。

可更新 MOS

可更新 MOS(UMOS,Wilson 和 Vallée 2002,2003)允许在对 NMP 模式作出改动后迅速对统计预报方程进行频繁的自动更新。这是通过使用用户控制权重完成的。这样,在对一个模式进行修改后,可以对新旧模式预报的统计特性进行业务统计关系上的加权与综合。也就是说,在 UMOS 中随着时间的积累,新模式的统计特性会逐渐获得越来越大的权重,而不是在独立于业务系统的情况下使用新模型的固定版本进行长期训练得到的新的算法。在这个系统的 MSC UMOS 实施中,如果新模式积累了 30 个案例,就会开始结合使用新旧两种系统,如果新模式积累了 300—350 个案例,那么旧系统的影响就会被忽略。图 13.4 将 UMOS 的三种不同层次的应用(UMO,UMB,完整的 UMOS)的误差与加拿大 250 个站点一个冬季的 PP 方法和统计上未订正的 DMO 得到的误差进行了对比。UMO 统计方程不包含新模式的数据,在新模式中使用了旧的统计方程,所以这种方法忽略了模式变化带来的影响。UMB 使用了一些新模型的数据,但是在时间上都与测试周期不相近。DMO 有一个取决于预报预见期的,在 -0.5℃和 -1.3℃之间负偏差。由于 PP 法并不订正模式偏差,所以 PP 法的曲线也有一个类似的平均偏差。虽然 UMO 的订正是基于旧版本模式的统计数据,但仍然有明显的偏差修正。将所有预报时效的误差平均后,完整的 UMOS 法的偏差最小。更多关于该方法的介绍详见 Wilson 和 Vallée(2002,2003)。

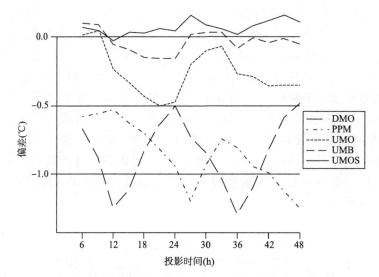

图 13.4　基于与可更新 MOS(UMOS,UMO,UMB)及完全预报法(PPM)相关的三种统计修正法计算的加拿大约 250 个站点的冬季温度预报偏差及与未经订正的直接模式输出(Direct Model Output,DMO)相关的偏差。内容摘自 Wilson 和 Vallée(2003)。

极短更新周期的动态 MOS

采用的是 CMC GEM 模式(Côté 等 1998a,b),McCollor 和 Stull(2008c)回顾并评价了不同训练周期的 MOS 的实施情况。四种经过测试的偏差计算方法总结如下:

- 季节平均误差——对于冷季预报,平均预报误差计算要包含上一冷季在内的六个月的平均预报误差。同样,修正暖季的预报时可以使用上一暖季的误差。
- 均一权重的移动平均——使用先前 n 天未加权的平均偏误差来计算平均预报误差。
- 线性加权的移动平均——同上,但使用线性加权平均值,时间最近的误差权重更大。
- 非线性加权的移动平均——同上,但使用非线性加权平均。

加权的目的当然是给最近的预报误差更大的权重,以反映系统的变化,同时使用一个显著的长平均周期以提高统计的稳定性。对 1 至 24 天平均(时间)窗口的降低预报误差的能力进行了评估。图 13.5 显示了在线性加权平均方法中预报的最高温度的 MOS 调整误差。每条曲线对应一个 8 天预报的特定预报时效,并显示出该预报时效的误差。该误差是偏差计算中不同平均期长度的函数。对于所有的预报时效而言,如果增加平均期的天数,那么在较短平均时间内,相应增加的预报改进最大。如果使用较长的平均(时间)窗口,那么较长的预见期受益最大。如果使用大于 5 天的平均窗,那么 1 到 2 天预报时效的受益不大;但 8 天的预报能从延长到 15 至 20 天的平均窗中获益。其他研究中使用的误差权重窗为 7 天(Stensrud 和 Skindlov 1996,Stensrud 和 Yussouf 2003),12 天(Stensrud 和 Yussouf 2005),14 天(Eckel 和 Mass 2005,Jones 等 2007),21 天(Mao 等 1999)以及 15 到 30 天(Woodcock 和 Engel 2005)。

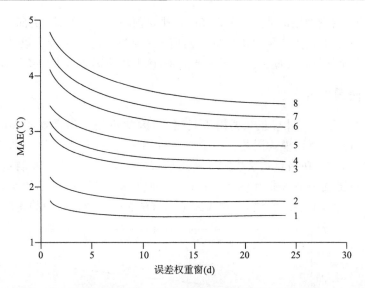

图 13.5　不同 MOS 误差权重窗（横坐标）的日最高温度（纵坐标）预报误差（MAE）。每条曲线对应一个预报时效（天）。在计算预报使用的偏差修正时，取之前 n 天（窗口长度）误差的均值，使用线性加权，使时间最近的误差权重更大。内容摘自 McCollor 和 Stull（2008c）。

13.2.3　卡尔曼滤波法

卡尔曼滤波（KF）是另一种自动后处理方法，该方法用过去的观测和预报估计未来预报的模式偏差。Delle Monache 等（2006b）综述了这一方法的数学依据。方程（6.16）描述了在资料同化中如何利用卡尔曼滤波进行最小二乘估算，与方程（6.16）相似，下面的公式与误差估算问题相关：

$$B_{t+\Delta t} = B_t + \beta_t(y_t - B_t)$$

B 是某预报变量的偏差估计。$B_{t+\Delta t}$ 是在预报时效 Δt 时对变量偏差的估计，B_t 是上一预报结束时的偏差估计，y_t 是上一循环结束时观测到的预报误差（包括系统误差和随机误差），β 是卡尔曼增益（Kalman gain）。例如，预报持续 24 小时（Δt），我们想要估计在 $B_{t+\Delta t}$ 时刻的预报偏差 B，以便能够对其进行修正。对于当前的有效预报，之前已经估计其偏差为 B_t，这被作为使用的初猜场（背景场）。由于 t 时的有效预报已经完成，所以能够计算出总偏差 y_t。用总误差 y_t 减去之前估算的偏差，再乘以加权系数 β_t，这样就得到了公式的第二项。因此，未来偏差为该偏差的最近估计，是通过调整该偏差估计与观测到的总误差之间不同权重得到的。对卡尔曼增益的讨论见 Delle Monache 等（2006b）及附录 A。

Delle Monache 等（2008）说明了与 KF 程序在臭氧浓度 24 小时多模式集合预报集合成员中应用相关的减小误差问题（图 13.6）。图例中的前八个名称每一个都对应集合构架中特定的光化学模式和气象学模式的组合。坐标轴上的位置分别对应与臭氧浓度模式预报的系统误差（横坐标）和随机误差（纵坐标）相关的均方根误差（RMSE）。坐标原点到任何坐标的距离表示总均方根误差（RMSE）。每个向量尾部的坐标表示 DMO 的 RMSE 值。向量头部的坐标表示 KF 订正预报的 RMSE。向量的方向和长度表示使用 KF 订正造成的系统误差和随机误差的变化量。"E"指预报的集合平均，其中向量尾部定义 DMO 的集合平均的均方根误差 RMSEs，向量头部定义对集合平均进行 KF 订正后的均方根误差 RMSEs。此处的集合平均在滤波前得到的。"EK"向量的尾部适用于 KF 订正后独立预报的集合平均,头部是二次使用 KF 订正后的结果,这里的滤波在求均值之前完成。使用 KF 对集合的每个成员以及集合平均进行订正后得到的系统误差都显著降低了。需要注意的是,该方法不需要很大的统计数据库来训练。

13.2.4　格点偏差修正

基于标准 MOS 法的统计修正只适用于观测点,因此不是任何需要预报的位置都可以用一种通用的方法直接推断出模式误差。对于许多应用来说,提供系统误差的空间分布信息的能力是十分重要的,比如在格点水文模式中使用预报降水,或者是为了控制蒸发和感热通量,在每个格点上预报温度和地表相互作用。Hacker 和 Rife(2007)说明了如何利用误差协方差矩阵的计算来确定网格上的系统误差,并描述了此方法在业务 LAM 中的使用。

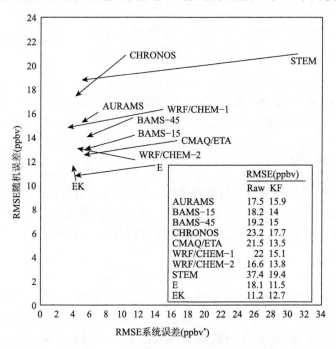

图 13.6　集合各成员采用 DMO 和 KF 修正后的臭氧浓度预报均方根误差(RMSE)。图例中的前八个名称每一个都对应集合构架中特定的光化学模式和气象学模式的组合。"E"和"EK"表示使用不同顺序的滤波和求均值(见文本)。坐标轴上的位置与臭氧浓度模式预报的系统误差(横坐标)和随机误差(纵坐标)相关的均方根误差(RMSE)一致。每个向量的尾部表示 DMO 的 RMSE值,向量头部表示 KF 修正预报的 RMSE。向量的方向和长度表示利用 KF 修正造成的系统误差和随机误差的变化量。取自 Delle Monache 等(2008)。

13.3　天气发生器

尽管模式的时间步长可能相对较短(约几分钟),但大多数与一些现象相关的短时间尺度的变化不能在模式求解中表达出来。例如,随着雨带或其他处在生命周期不同阶段的较小对

----

① 　1 ppbv＝10^{-9}

流特征经过一地,该地自然中的降水率可能有很高的变率。多数业务模式都体现不了这种时间尺度的变化。对于 AOGCM 网格来说尤为如此,因为在较大的区域会使用均值,所以 AOGCM 网格变量的时间序列要比单个点上的时间序列更平滑。遗憾的是,因为降水率决定径流和入渗的雨水分区,所以许多水文应用都需要高频降水率。另一个 NWP 模型不能体现的高频变率是阵风,这个参数常用于沙尘起沙和输送模式及海浪模式中。为了满足 NWP 模式和气候模式对这种高频信息的要求,可以使用随机天气发生器生成天气的高分辨率时间序列。这些方法实际上是对模式产生的时间序列进行后处理,增加真实的更高频率的变率。

对于 NWP 模式模拟而言,天气发生器可以为降水率增加高频的空间变化和时间变化。对于一个月才有一次输出的气候预报,发生器可以模拟湿期和干期的时间分布,有降水和无降水的典型天数等。可以调节发生器,使其适用于当前和近期的天气类型。在气候变化研究,特别是降水率研究中,有关随机天气发生器应用的更多信息可以参见以下资料:Katz(1996),Semenov 和 Barrow(1997),Goddard 等(2001),Huth 等(2001),Palutikof 等(2002),Busuioc 和 von Storch(2003),Katz 等(2003),Wilby 等(2003),Elshamy 等(2006),Wilks(2006),和 Kilsby 等(2007)。

同理,NWP 模式或气候模式也不能体现高频风速的变化(有时称为阵风性或湍流)。但是对于预报海洋波高、沙尘模式中尘沙距离地表的高度以及对航空器的威胁而言,高频风速变化是十分重要的。第 14 章将具体专门讲述如何结合模式和 NWP 模式,使用天气发生器预报阵风和湍流。

13.4　降尺度法

将天气和气候的大尺度分析和预报降尺度后,小尺度特性就是基于输入中的大气大尺度结构来估算的,这个概念在第 3 章和第 16 章进行讨论,其中有关使用嵌套网格的部分在第 3 章,有关基于大尺度分析和预测确定区域气候部分在第 16 章。16.3.1 节讲述从季际到百年尺度的气候模拟的统计降尺度,气候模拟的统计降尺度与上文描述的基于 MOS 的统计方法有许多相似之处。

建议进一步阅读的参考文献

Hamill,T. M. ,J. S. Whitaker and S. L. Mullen 2006. Reforecasts:An important data set for improving weather predictions. *Bull. Amer. Meteor. Soc.* ,**87**,33-46.

McCollor,D and R. Stull. 2008c. Hydrometeorological accuracy enhancement via postprocessing of numerical weather forecasts in complex terrain. *Wea. Forecasting*,**23**,131-144.

Wilks,D. S. 2006. *Statistical Methods in the Atmospheric Sciences*. San Diego,USA:Academic Press.

问题与练习

(1)文中列出了 NWP 模型预报系统误差和随机误差的一些来源,想想有没有其他来源。区分两种误差来源,如果必要的话解释一下为什么该误差是随机的或系统的。

(2)参考图 13.1,为什么相比于温度,风在随机误差中百分比更高?

(3)参考图 13.1,请描述在什么情况下,有些站点的误差会明显大于其他位置?

(4)为什么近地层的模式误差更需要统计订正?

第14章　耦合的专业应用模式

14.1　背景

有时,我们仅需要数值天气预报模式和气候模式的标准因变量进行决策分析。但是,我们也经常遇到气象变量影响其他物理过程的情况。这时就需要对这些物理过程也进行模拟,才能完成与天气有关的决策。我们在下文中将发现,这样的情况其实非常多见。这些和大气模式耦合的模式通常被称为专业应用模式或次级模式,实例可包括以下模式:

- 空气质量模式
- 传染性疾病模式
- 浪高模式
- 农业模式
- 河流流量或洪水模式
- 声波与电磁波传播模式
- 林火活动和预测模式
- 电力需求模式
- 沙尘扬升与输送模式
- 海洋环流模式
- 海洋漂移模式
- 航空风险模式(包括湍流,结冰,能见度)

次级模式有时嵌入大气模式的代码中,作为耦合系统同时运行,有时则作为两个不同的模式顺序运行。在第一种情况中,次级过程的模式代码被嵌入大气模式,并与其同时运行,次级物理过程可与大气模拟相互作用。而第二种情况中,数据呈单向流动,大气变量被用于次级物理过程,但次级过程对大气没有反馈作用。实际情况中,一些次级物理过程对大气具有显著的反馈作用,这些过程的预测对大气模式和次级模式之间的双向数据交换也就有较强的需求。例如在沙尘模式中,沙尘会影响大气的辐射平衡;林火模式中,林火会能改变大气环流;大气化学模式中,化学反应中的气体和颗粒物会影响辐射平衡;浪高模式中,海浪能够影响蒸发率和粗糙长度。这些耦合模式已被应用在不同时间尺度的预测中,包括每天的天气预报、季节预报以及年代际的气候预测。

上述提到的耦合是指大气模式和应用模式两种模式之间的耦合,另一些情况下,也会出现耦合涉及多个模式的情况。例如,假设某种疾病病原体被释放在大气中,这个过程即会涉及多种模式:

- 大气模式—用以确定输送风的方向和风速,边界层湍流和湿度等。

- 烟羽模式—用以计算气溶胶的输送和扩散,在地面的剂量(浓度的时间积分)或人体暴露量。
- 疾病模式—用以模拟病毒在人畜等有机体内或者有机群体之间的传播。
- 治疗模式—基于感染时间、感染有机体大小等诸多因素,确立最优治疗方案。该模式很可能是基于已有药物代谢动力学(药物在有机体内如何代谢)模式和药效学(药物如何作用于有机体)模式的运行结果,形成一个简单的医疗方案。

次级与第三级(或更高等)过程和变量可通过基于物理的方程式来确定,例如空气质量模式中的化学反应和海洋环流模式中的海流。而在较为简单的情况下,次级模式仅依据统计或经验的算法关系来建立大气状态与其他变量之间的关联。例如,最简单的关联方法通常被叫做翻译算法,因为这种算法直接将大气状态"翻译"为某些其他变量的状态。因此,从最简单到最复杂,这样就形成了一整套的耦合模式:

- 第一类:决策支持系统(DSSs, Decision-Support Systems)—利用气象或其他输入数据,使用简单或复杂的系统完成决策过程。即使这些系统本身并非模式,它仍能对模式的输出数据进行后处理,对大量数据进行释用,并以智能、可重复的方式做出决策。如下文所述,这些决策支持系统可用来阐释大气模式或耦合模式的输出数据。
- 第二类:翻译算法(Translation algorithms)—利用简单的物理方程或统计关系,将大气模式预测的变量做为输入数据来确定一些辅助性的,有时非气象的变量。例如基于大气模式输出数据,利用某些算法计算大气能见度和无线电波折射率。
- 第三类:单向耦合模式(One-way coupled models)—上述的翻译算法不包含信息反馈,因此也可视作单向耦合。但由于翻译算法一般都相当简单,因此我们通常把翻译算法和那些具有大量程序模块、不含反馈的传统模式系统区分对待,后者归类为单向耦合模式。例如疾病传染模式,没有反馈过程的沙尘扬升和输送模式以及某些洪水模式都可看做是单向耦合模式。
- 第四类:双向耦合模式(Two-ways coupled models)—这类模式通常将大量的代码以子程序等形式嵌入大气模式,例如海浪模式或海洋环流模式。
- 第五类:专业大气模式(Specialized atmospheric models)—有时大气模式与一些专业应用模式紧密地结合在一起,使整个模式系统变得高度专业化。例如,一些大气化学模式将大气模式和化学模式完全融合在一起,产生一个集成的专业模式系统(如 WRFChem 模式)。

因为耦合的次级模式通常用来提供信息,以供实际决策使用,所以次级模式的输出数据时常用于正式决策支持系统的输入数据。这类决策支持系统能够把次级模式或大气模式提供的信息转化为是否要采取某种行动的决策,例如保护农作物免受冰冻灾害、在高速公路或飞机上应用防结冰剂、为公众接种疫苗以抵抗某种流行性疾病或疏散受洪水威胁的城镇等。决策支持系统还可能包括对替代措施的相对效益分析。图 14.1 总结了这一系列软件模块流程。

图 14.1　用以为依赖天气状况的行动提供决策基础的软件模块流程

图 14.2 所示的是对耦合模式系统进行检验的各种方法。首先,针对某些特定的地理区域和大气变量,单独对大气模式的准确性进行检验是一种合理的方式。这在图 14.2 中被称为第一类检验。此类检验利用历史实例,将模式回报的结果与气象观测或再分析资料相比较。第

二类检验同样应用历史实例,但会进一步运用完整的耦合模式(大气模式及终端用户模式即次级模式)来预测次级过程的变量,并将此预测结果与采用观测或再分析气象资料驱动的次级模式结果做比较。这个方法旨在检验耦合系统,但是次级过程的变量没有观测数据与之做比较,因而次级模式的准确性不能得到有效评估。第三类检验方法同样运用耦合模式来完成历史个例回报,同时,次级变量的预测结果会与观测进行比较。

　　本章的着重点在于如何运用耦合模式系统或算法来解决实际的问题,因此我们不会对耦合模式本身做详细的讨论。相关阅读可在在参考文献中获取。

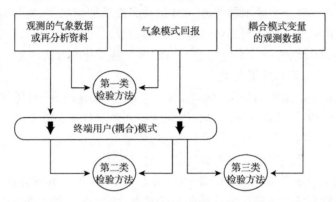

图 14.2　耦合模式系统的三类检验方法。详见正文。图片取自 Morse 等(2005)

14.2　浪高

　　鉴于实际生活和模式模拟的各种需求,我们需要模拟海洋和其他各类水体中由风所驱动的浪的特征。这些需求包括:

　　• 浪高会影响海上娱乐和商业活动的安全,因此必须对其进行预测。在极端情况下,理想的结果是我们能够预报出狂涛、巨浪的发生概率。

　　• 沿海地区的海浪活动通常被用来发电,因此海浪预报与电力预报有关联性。

　　• 大气模式的云微物理过程一般基于参数化方法进行计算。海浪中飞沫的蒸发能够向大气中释放气溶胶,进而影响云微物理过程。

　　• 在海洋能量平衡计算中需要考虑到水面的反照率,而水面的反照率随着海浪活动而变化。

　　• 海水的蒸发速率是浪花数量的函数,而蒸发过程能够影响大气温度。

　　• 海洋表面的粗糙度是海浪特征的函数,海表粗糙度会影响大气模式的表层过程。

　　• 海浪活动与海洋上层海水的垂直混合特征有关,而这些特征能够影响作为大气模式下边界条件的海水温度。

　　上述海浪对大气的影响作用能够直接在大气模式中得到参数化表征,同时,预报的大气变量也能够用作某一单独模式的输入场来诊断海浪的特征。浮标观测资料可用来检验海浪高度预报以及海浪模式预报的近表面风场。事实上,风场预报的准确率对海浪高度的预报是至关重要的。例如,图 14.3 显示了 ECMWF 在 13 年间海浪预报准确率的改进以及相关的近表面风场预报的改进。Janssen(2008)计算得出海浪高度预报准确率(如图所示)的提高中有 25%

来自海浪模式本身的改进,其余的都要归功于更加准确的风场预报。海浪高度的均方根误差在 48 小时和 168 小时预报之间大致是线性增长的,之后误差开始趋于饱和。关于海浪模式检验的进一步讨论,可以参考 Bidlot 等(2002)的文章,他们利用浮标观测资料与多个业务中心的海浪预报做了比较。

　　值得注意的是,海浪高度是阵风以及基于 Reynolds 平均模式方程预报的平均风速的函数。以前提到的天气发生器的概念,能够根据海气温度差来推测阵风的大小,进而可将阵风等级应用在海浪模式中(Abdalla 和 Cavaleri 2002)。

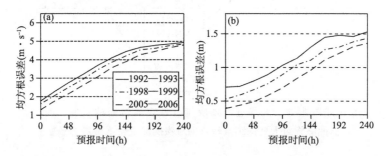

　　图 14.3　基于 ECMWF 全球大气和海浪模式预报的风速(a)和浪高(b)的准确率。以上是对模式 13 年发展过程中 3 年的数据进行统计的。海浪模式使用的是大气模式预报的风场。对风速和浪高的检验都采用了 10 月到 3 月的浮标观测资料。图片取自 Janssen(2008)

14.3　流行性疾病

　　正如图 14.4 总结的,大气能够通过一些不同的机制来影响人类和农业流行性疾病的传播。

　　• 病原体的健康状况—病毒有机体的健康状况可能与温度、相对湿度、紫外线辐射强度和降水量等大气变量有关。

　　• 疾病的传染媒介—疾病可以通过跳蚤、蚊子或啮齿类动物等传染媒介进行传播,而传染媒介的数量和健康程度依赖于温度、相对湿度、植被绿化率和土壤湿度等条件。

　　• 动物行为—动物行为与大气状况有关(例如,对于人类,其待在室内与其他人近距离接近的时间与大气状况有关),而这样的动物行为能够影响疾病的传播。

　　• 风的传输—风能够传播病毒有机体,使新的人群暴露在病毒的威胁下。

　　• 洪水—洪水通过影响淡水的供应、迫使人口迁移、产生适合疾病传染媒介生存的环境,从而增加疾病的发生率。

　　通过了解疾病发生率(如疾病暴发)与天气或气候条件之间的统计或物理关系,能够将对大气的预报转化为对疾病的传播或发生率的预报。7 到 10 天的中期预报使得有时间对疫苗和医疗人员进行分配,并送达最需要的地点。而季节预报,例如厄尔尼诺循环(ENSO)预报,能够为疾病的早期预警系统提供超前的信息,可用来指导疫苗的生产,并将未来的需求提前通告给援助机构(Thomson 等 2006)。但是,由于大气状况和疾病之间的联系夹杂着复杂的物理、生物以及社会的因素,因而基于相关性的预报有时是在对基本机制没有很好理解的情况下做出的。考虑到与疾病相关的大气状况和疾病本身两者发生的时间存在一定的时间差,因此可以用滞后相关方法来为疾病的预报建立统计关系。

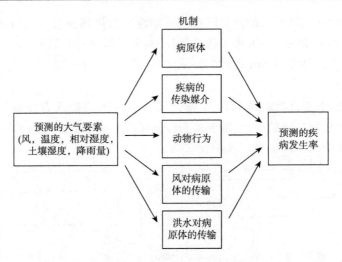

图 14.4　大气过程影响流行性疾病传播的机制。因
此,能够将对大气的预报转化为对疾病的发生或传播的预报

14.3.1　人类流行性疾病

下列主要的流行性疾病都与大气条件(天气或气候)有一定的关系。相关联的气象和其他因素包括温度、相对湿度、风速风向、降水量、海表面温度和植被覆盖密度和健康等。

- 西尼罗河病毒
- 登革热
- 登革出血热
- 谷热(球孢子菌病)
- 裂谷热
- 疟疾
- 脑(脊)膜炎
- 霍乱
- 伤寒病
- 钩端螺旋体病
- 甲型肝炎

对于人类传染性疾病而言,天气或气候状况与传播病原体的人类活动之间存在着强烈的潜在联系。例如,干旱能引起人口的迁移;大风、灰霾、多雨或严寒等气象条件都能够使人类在室内聚集,通过接触传染疾病。因此疾病传播预报模式需要包含社会/行为的因素以及物理和生物过程。

Fuller 等(2009)介绍了一个在天气因素和人类疾病之间建立相关关系的成功例子,他们基于滞后的厄尔尼诺相关的 SST 指数和 MODIS 卫星植被指数,应用简单回归模型,成功地解释了 2003 年至 2007 年之间哥斯达黎加登革热和登革出血热周发病率的 83% 的方差。另一个例子是对疟疾的回报,该研究采用了参与 DEMETER 项目(Palmer 等 2004)的 7 个欧洲机构的大气模式模拟结果,这些大气模式的输出结果被用在一个疟疾传播模拟模式中(Malaria Transmission Simulation Model,简称 MTSM)(Hoshen 和 Morse 2004)。采用图 14.2 中描述的第二类方法来对此 DEMETER-MTSM 系统进行检验,欧洲中心的格点再分析资料(ERA-

40)作为大气模式检验数据。结果表明,该模式系统对疟疾预报来说,提前一个月的季节预报和提前 4 到 6 个月的发病高峰季节预报都是有技巧的。此外,Thomson 等(2000)和 Thomson 和 Connor(2001)对利用季节性大气预报来预测疟疾的爆发有进一步的讨论。Kuhn 等(2005)和 NRC(2001)则讨论了利用天气和气候预报来预测人类流行性疾病的总体潜在能力。

非洲撒哈拉地区脑膜炎疾病的问题可以作为另外一个如何运用大气模式的再分析资料和预报结果来对传染性疾病的应对做出决策的例子。虽然我们对脑膜炎发病和天气状况之间联系机制不甚清楚,但是数据表明相对湿度低的冬季有易于脑膜炎的爆发,此时哈麦丹风(harmattan wind)由撒哈拉地区带来干燥、有沙尘的气流。而随着几内亚季风降水的开始,相对湿度增加,脑膜炎的发病率也随之出现下降。因而,预报相对湿度季节性增加的空间分布情况对于合理地分配疫苗是至关重要的。在这里,我们首先定义一个有些任意性的标准,即将每个格点上首次发生连续 5 天相对湿度至少在 40% 作为脑膜炎易感性停止的阈值。可以看出,那些阈值出现时间具有较大年际变化的地区将会从预报中受益较多,而如果阈值出现的时间与气候态平均基本一致,则可直接采用气候态数据。图 14.5 是一张绘制了此阈值初现时间的标准偏差的地图,数据基于 NCEP-NCAR 的 1949 至 2009 年的再分析数据集(NCEP-NCAR Reanalysis Project archive,简称 NNRP,章节 16.2,Kalnay 等 1996)。可以由图看出,此阈值初现时间的标准偏差在撒哈拉中部的大片区域超出 1 个月,表明在这些区域开展预报将会有助于控制脑膜炎传播。

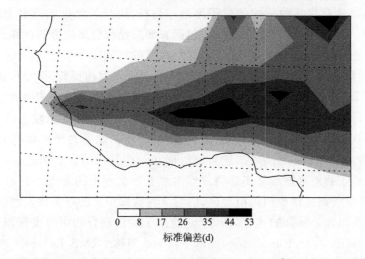

标准偏差(d)

图 14.5　撒哈拉地区首次发生连续 5 天相对湿度至少在 40% 的日期的标准偏差,基于 50 年的 NNRP 再分析数据。此图由 NCAR 的 Thomas Hopson 提供

14.3.2　农业病害

许多农业病害也跟大气状况密切相关,因此需采用数值天气预报或分析结果作为农业病害概率或传播模式的输入数据。例如,美国农业部利用 NAPPFAST(Magarey 等 2007)和 ipmPIPE(Isard 等 2006)预报系统来对病虫害、真菌病和霉病等各种病害进行诊断和预报。同时通过一些交互式的网页系统的开发建立,可制作大量依赖于天气状况的农作物和病虫害分布图和其他的图解产品,来帮助农民在合理的时间和地区采取有针对性的措施(例如使用杀虫剂等)以降低经济开支。另外,一些植物和牲畜的疾病是通过由风携带的气溶胶(例如孢子、细菌、病毒)传播的,因此可以用烟羽模式(见 14.5.1 节),并基于数值天气模式的分析或预报场

作为输入数据来跟踪病原体的移动。一些有害昆虫从它们生命周期初始会随风传播到其他地区从而影响当地农作物,同样的,烟羽模式也能对这些过程进行预测。针对农业的特定需要,世界范围内已发展了许多不同的利用大气模式产品的系统来满足这类需求。

14.4 河流流量和洪水

业务的河流流量[①]模式、洪水模式以及骤发性洪水模式经常利用雷达和雨量计的降水估计作为输入数据。但是,河流特定地点洪水预测的提前时间就限于雨水(也可能是融化的雪水)流经水道的时间。这样,就可能没有充足的时间来将预报信息用于警报、疏散水道附近群众,或在下游的水坝泄洪。一种解决的办法是利用大气模式的降水量预报为河流流量/洪水预报模式提供输入数据,这样能够留出更多的提前响应时间。

各种河流流量模式、洪水模式以及骤发性洪水模式可具有很不同的复杂程度,而且对地表水循环过程的描述在大气模式中和在单独河流流量模式中的划分比例有着显著的差别。目前许多数值天气预报模式在它们的陆面模式中对水循环过程只有简单的描述:即在每个格点内,它们将一些水划分为径流量(runoff),但是没有模拟出通过地面通道在格点之间流动的水量,因此这种模式不可能明确地预报流量,需要用耦合的径流/流量模式来解决这一问题。显然在耦合的大气和河流流量模式中描述的过程须是一致的,而且可综合表征整个陆面水文系统。此外,也有一些大气模式可以模拟整个过程,包括表面路径和河流流量的计算。

骤发性洪水是指水量从基本流量发展到洪水程度的时间少于 6 个小时的事件,最常见于复杂地形地区,通常是由对流性降水事件引起的。此类洪水因为预警时间短,通常会造成巨大的人员伤亡。不幸的是,由于各种原因,在复杂地形地区雷达对降水量的估计通常是不可靠或不存在的。而且,雨量计在山区分布稀少,对降水量的估计也只能代表较小的区域。因此,如果需在山区能够获得对骤发性洪水可用的预报,则必须依赖能够表征对流的大气模式的降水量预报,并且这种大气模式能够准确描述当地地形和一些其他的自然强迫。在研究领域的一些成功模拟案例给了我们可能最终实现骤发性洪水业务化预报的希望。例如,Nair 等(1997)对 1972 年发生在美国南达科他州黑山地区,由对流性雷暴引发的严重骤发性洪水做了成功的模拟。同样是在美国地形复杂的地区,图 14.6 给出了利用耦合的中尺度区域模式(MM5)和河流流量模式(Precipitation-Runoff Modeling System,简称 PRMS,Leavesley 等 1983)对对流天气引发的骤发性洪水事件中河流流量的模拟结果(Yates 等 2000;Chen 等 2001)。这些模拟是评估一次邻近的林火事件对洪水严重性影响研究的一部分。图中给出了利用 PRMS 模式计算的河流流量,在计算中采用了雷达估计和模式模拟的降水量以及 MM5 和 PRMS 模式针对过火地区和非过火(自然植被覆盖)地区定义的不同陆面参数。图中还给出了不考虑流经河道、仅由模式模拟的雨水量中划分出部分作为径流,再简单计算总和得出的流量。此外图中也标出了基于水道高潮线所估计得出的流量。由图可以看出,采用雷达估计的降水量,PRMS准确地计算出了流量(过火后的,如图中实线所示),而采用 MM5 模拟的降水,PRMS 对峰值流量低估了 3 倍(点状线所示)。但是由于溪流的基本流量仅为每秒几立方米,所以 MM5 模式仍然预报出了这一显著事件。如果直接用 MM5 预测的洪峰流量,预测洪峰出现的时间早

---

① 流量是指河流或河道内流动水的体积,单位通常定义为立方米每秒。

于观测到的时间,这是由于模式忽略了雨水流经至检验地点所需的时间。而且由于没有考虑陆面水流的渗透过程,MM5 预测的洪峰流量要比 PRMS 预测的大。这样,直接用 MM5 对洪峰流量的较为准确的预测很可能是由错误的原因造成的。

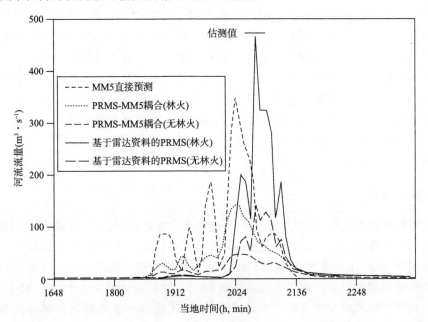

图 14.6　利用耦合的中尺度区域模式(MM5)和河流流量模式(PRMS)对对流天气引发的骤发性洪水事件河流流量的模拟结果。图中给出了利用 PRMS 模式计算的河流流量,在计算中采用了雷达估计和模式模拟的降水量以及 MM5 和 PRMS 模式针对过火地区和非过火自然植被地区所定义的不同陆面参数。图中也给出了仅将模式中划分为径流的雨水量总和起来、而没有计算流经河道的流量。图片摘自 Yates 等(2000),具体内容在上文中有详尽的描述。

作为这类耦合系统应用于更大空间范围(美国大陆)和更长时间尺度(提前 8 天)的例子,Clark 和 Hay(2004)基于 PRMS 与 NCEP MRF 的耦合模式,对四个流域的河流流量预报做了评估。MRF 的降水预报在许多地区有相当大的误差,因此利用 MOS 方法(详见第 13 章)对其温度和降水预报做了订正。利用 MOS 方法对系统误差进行订正仅改善了以融雪为主的流域的流量预报,这是由于 MOS 方法只能改善温度预报而不能改善降水预报。

显然,大气—河流流量耦合模式对河流流量的预报技巧不会比降水预报更好。而且随着大气模拟系统各方面的改进,相对于其他因变量,降水的预报技巧的提高是最慢的。业务模式确定性地预报对流尺度的降水事件(例如准确的预报对流单体的位置),几乎没有预报技巧可言。因此,对于通常造成骤发性洪水的对流性降水事件,即使中尺度模式能够例行地预报出大致的地区和对流降水的严重性,对于中小河流的流域来说,利用预报作为疏散居民依据的希望仍是很小的。

河流流量模式经常与全球或区域气候模式一起使用来耦合陆地和海洋的水文循环系统。此外,评估未来气候情景下水文系统的改变也需要利用河流流量模式(例如 Bell 等 2007;Bronstert 等 2007;Charles 等 2007;Fowler 等 2007)。

14.5　气体与颗粒的传输、扩散和化学变化

有几类模式经常在业务和研究上用来追踪大气中颗粒物与气体的传输、湍流扩散和化学转化过程,以下各节分别对这类模式进行了总结。需要指出的是,各个不同类型的模式在目的、数值方法以及描述的过程方面,可能有大量重合的地方。沙尘升扬和传输模式用来模拟或预测矿物质沙尘从地面向上的升扬以及其导致的沙尘暴。火山灰模式也用来追踪尘埃,但它专门用于模拟由火山喷发而被喷射至对流层和平流层中的物质。空气质量模式是模拟气体或颗粒物的专业化或通用模式,因为环境或人类健康的原因,通常要控制这些气体或颗粒物的浓度,它们的来源可能是多种多样的,而且分布于很大的区域(例如整个城市)。烟羽模式通常是针对单个或几个污染源。

14.5.1　烟羽模式

烟羽是指释放进大气中,从源地能够水平地和垂直地扩散,包含颗粒物或气体的具有一定体积的气团。烟羽模式通常属于第 3 类模式,不含对大气模式的反馈,而大气模式向其提供随时间变化的风、气体的热力属性、湿度、降水、也有可能提供湍流强度。这些气象变量都能够以不同的方式影响烟羽的行为。烟羽模式基于欧拉方法或拉格朗日方法构造。对于欧拉方法,气体或颗粒的污染物被释放进三维的空间网格内,模式能够计算污染物在平均风和湍流的作用下从源地到下风向空间网格的传输过程。相反地,拉格朗日方法是从源地开始追踪污染物烟团或颗粒的行为,而污染物的大小、浓度和位置也受大气过程的控制。因而,欧拉方法是着眼于空间格点的,拉格朗日方法是着眼于运动的烟团。不管运用什么方法,烟羽模式本质上是对释放气体或颗粒物的连续方程的求解。

烟羽模式有各种各样的实际应用,包括预测:

* 林火浓烟的影响;
* 向大气中释放的有害的化学、生物和放射性物质的运动,这些物质可能是意外释放(由于工业或运输事故),也可能是故意释放(恐怖袭击);
* 与人类或农业传染性疾病有关的昆虫或自然产生的病原体在空中的传播活动。

如果以大气模式产生的预测结果作为烟羽模式的输入场,烟羽的发展过程也属于预测;如果将以模式资料为基础的再分析资料作为烟羽模式的输入场,那么模拟的烟羽活动可以视为对一次真实或虚构的历史事件的重现。烟羽模拟涉及以下几个步骤。首先,必须对大气变量通过模式进行预测或者资料同化系统进行诊断。第二,需要估计被追踪的污染物质释放量(瞬间或连续释放)和污染源的位置(移动的或静止的)。然后,利用欧拉或拉格朗日方法,对烟羽模式方程进行积分,计算出烟羽在下风向的平流和扩散。

14.5.2　空气质量模式

空气质量模式通常描述的是(1)多种污染物的来源和种类,(2)污染物之间、以及污染物与自然产生的气体和颗粒之间的化学反应,(3)传输和扩散过程,(4)污染物与云、降水和辐射的相互作用。这种模式通常被用来科学研究、规划管理和法规分析。空气质量模式用于科学研究的目的是加深我们对大气中污染物物理和化学过程的理解。空气质量模式可以由许多方式

应用于规划管理,例如,利用空气质量模式评估一个拟建的新污染源对空气质量的影响,研究的结果可以作为是否允许该污染源运行的基础。空气质量模式应用于法规分析,是用来确立产生污染物的地区与受污染物影响的地区之间的来源与受体的关系。空气质量模式可以归为第 3,4 或 5 类模式。下面我们将举例并简要地讨论每一种空气质量模式的应用。关于空气质量模式的总结和参考文献,请参阅 Russell 和 Dennis(2000)、Carmichael 等(2008)以及 Jacobson(1999)。

科学研究应用

因为我们希望模式能够完整地描述各种物理化学过程之间的相互作用,在科学研究上使用的空气质量模式通常属于第 4,5 类模式,。第 5 类模式的一个例子是 WRFChem LAM 系统(Grell 等 2005),该模式将化学过程融入 WRF 大气模式的框架内。如果采用某种城市冠层参数化方案,那么该模式适合研究城市区域的大气、物理和化学过程。例如,Jiang 等(2008)利用 WRFChem 模式评估了与温室气体排放和城市扩张有关的气候变化对美国休斯敦市 2050 年地面臭氧浓度的影响。又如,Zhang 等(2009)将该模式应用于墨西哥城的 MILAGRO 现场观测实验,并采用专门的化学物种观测对模拟的浓度进行了检验。

全球大气交换综合研究模式(简称 MIRAGE,Easter 等 2004)用来研究人为源的气溶胶对全球环境的影响,它可视作全球空气质量系统的例子。MIRAGE 系统包含了公共气候模式版本 2(CCM2)以及与之耦合的化学传输模式。Zhang(2008)总结了大气与化学耦合模式的历史、现状与展望,其中也包括了对 MIRAGE 和 WRFChem 模式的讨论。此外,用于科学研究的第 3 类耦合模式还有公共多尺度空气质量模式(CMAQ)。

业务应用

空气质量模式也可用来提供业务化的次日空气质量预报服务,例如臭氧浓度预报,目的是为了告知公众尽量避免暴露。此类模式在全世界范围内都有使用,用以解决当地具体的空气质量问题。例如美国国家空气质量预报功能(NAQFC),采用了 NCEP Eta 气象模式与 CMAQ 模式系统(Byun 和 Schere 2006)进行耦合。另外还有应用于欧洲(San Jose 等 2006)以 MM5 和 CMAQ 为基础的模式系统,以及用于悉尼和墨尔本地区(Cope 等 2004)的澳大利亚空气质量预报系统。

法规分析

法规研究有多种形式,可视为针对某种具体的实用目的而展开调查研究(而不是为了加深对某种过程的认知)。例如,如果一个特定的地理区域由于某些化学物种或气溶胶而具有较差的空气质量,可能没有达到政府制定的最低标准,空气质量模式能够帮助评估污染物是否从外部源地被输送至该地区,或者当地各种针对空气污染的应对措施会怎样改善空气质量。上述的 CMAQ 模式经常被用于此类研究,大气模式或再分析资料为 CMAQ 模式提供气象输入场。

14.5.3　扬沙和传输模式

无论在科学研究和业务预报应用中,模拟沙尘被大风升扬至大气中的过程都至关重要。这是因为沙尘能够强烈地影响大气短波和长波辐射,而且影响云的微物理过程进而影响降水,因此应该在天气和气候模式中对沙尘的效应进行表征。一个体现沙尘效应重要性的例子是,撒哈拉地区的气溶胶能够影响大西洋热带气旋和飓风的发展(Karyampudi 和 Pierce,2002)。此外,大气中的沙尘会造成各种各样的环境影响,包括对气候变化的贡献;改变当地的天气状况;在海洋中产生化学和生物的变化从而导致有毒海藻的爆发和珊瑚礁的死亡;远距离的传输细菌和病原体;影响土壤的形成、空气质量、表面水和地下水的质量、农作物的生长和生存,在耦合模式系统中表征这些影响是很重要的。而沙尘的社会影响包括对空中、陆地以及铁路交通的破坏;对无线电通讯服务的干扰;静电产生的影响;财产损失;以及对人类和动物健康的影响。

沙尘模式必须表征的物理过程包括沙尘从地表面的升扬过程,这个过程需要对近地面风速进行准确的估计,其中包括对阵风的参数化。对沙尘来源正确的计算还依赖于陆面模式对土壤湿度的预报,和对保护地表免受强风影响的植被大小和密度的正确估计。此外,气象模式必须能够很好的模拟上层的风,以正确估计水平输送的距离和方向。最后,需要对气溶胶粒径分布进行很好的估算,才能准确地计算沉降速度和表面沉降。

世界范围内有许多投入科研和业务预报的沙尘模式。例如,属于第 4,5 类的模式包括(1)美国海军气溶胶分析和预测系统(US Navy Aerosol Analysis and Prediction System,简称NAAPS),它是一个全球的业务化气溶胶模式,将海军业务全球大气预报系统(Navy Operational Global Atmospheric Prediction System,简称 NOGAPS)的气象模式与沙尘传输模式(Westphal 等,2009)进行耦合;(2)与 NAAPS 相似、但属于区域模式的海气耦合中尺度预报系统(Coupled Ocean-Atmosphere Mesoscale Prediction System,COAMPS),也具备沙尘模拟的能力(Liu 等,2007)。而属于第 3 类的沙尘模式包括公共大气气溶胶与辐射模式(Community Aerosol and Radiation Model for Atmospheres,简称 CARMA,Toon 等 1988,Barnum 等,2004,Su 和 Toon,2009)和沙尘模拟模块(DuMo,Darmenova 和 Sokolik,2007)。最后,巴塞罗那超级计算中心也运行属于第 3 类的沙尘区域大气模式(Dust REgional Atmospheric Model,简称 DREAM,Nickovic 等 2001),该模式用 NCEP Eta 的气象数据作为输入场。

14.5.4　火山灰模式

现代火山灰模式是基于大气模式和专业传输与扩散模式耦合而建立的。此类模式的使用是针对疏散人群的需要,因为火山灰会立刻对下风向人群的健康产生不利的影响。而且,火山灰能够严重地破坏飞行器的引擎,因此商业航空公司的航班必须重新安排航线以避免灰尘烟羽的影响。历史上大部分火山灰模式的应用是由确保飞机飞行安全的需要所促成的。此类耦合模拟系统业务化应用的最早例子之一是利用 NCEP(后来是 NMC)区域和全球模式为火山灰预报传输与扩散模式(Volcanic Ash Forecast Transport And Dispersion,简称 VAFTAD)提供输入场(Heffter and Stunder,1993)。其业务产品包括飞机飞行三个高度的灰尘相对浓度。加拿大气象中心(CMC)也使用业务化火山灰烟羽追踪系统,其中最简单的是三维轨迹模式(详见 11.2.2 节),CMC 全球资料同化和预报系统为其提供输入场。CMC 的第二类火山灰模式是加拿大应急响应模式(CANadian Emergency Response Model,简称 CANERM)中,该模式是三维的欧拉模式,用来计算污染物(火山灰,放射性烟羽等)在大气中长距离的输送(Pudykiewicz,1988),同样采用业务化的 CMC 全球模拟系统为其提供气象输入场。而近年来的火山灰耦合模式更关注于预测火山灰对地表的影响和沉积。例如,RAMS 大气模式和混合颗粒与浓度传输模式(HYbrid Particle and Concentration Transport,简称 HYPACT)耦合,用以模拟新西兰 Ruapehu 火山于 1995 年至 1996 年喷发的火山灰扩散情况(Turner 和Hurst,2001)。最近,Byrne 等(2007)利用观测的尼加拉瓜 Cerro Negro 火山喷发的火山灰沉积数据,对耦合了颗粒轨迹和沉降模式的 MM5 大气模式的模拟结果进行了检验。

14.6　交通安全与效率

14.6.1　航空运输

机场地勤工作、航空管制对飞行航线的选择，以及飞行员实时的决策都要受到天气状况的影响，在大多数情况下决策支持系统（DSS）将天气观测和预报转化为决策。下列的例子主要关注于天气对飞行安全的影响和耦合模式的讨论。

大气湍流

大气湍流能够在各种不同的气象条件下影响航空安全，例如对流和风切变。用来诊断湍流发生概率的模式主要是利用数值天气预报和飞行员的对于湍流的报告作为模式的输入场。调度员和飞行员使用模式输出场来避免湍流的威胁，如在网页上有很多可视化产品以显示在不同飞行高度上的湍流潜势。参见 Sharman 等（2006）对此类湍流诊断模式的介绍。该模式属于第 3 类耦合模式。

飞行中的冰冻

飞行积冰是引起飞行事故的一个重要原因，主要是飞行穿过液态过冷水造成的。一个用于预报飞行积冰可能性的业务系统的例子是 CIP（Current Icing Product）算法（Bernstein 等，2005），该算法将快速更新循环模式（RUC）对短临天气的预报和分析，与实时的卫星、雷达、陆地、闪电以及飞行员的观测相结合，用以生成是否存在过冷水滴和冰冻潜势的逐小时、三维诊断。该算法首先估计云和降水所占大气的体积。然后，模糊逻辑方法利用温度、相对湿度、垂直速度、冰冻的飞行报告以及对过冷液态水的模拟场来估计冰冻的存在。而未来冰冻产品系统（Future Icing Product，简称 FIP）则基于预报时间更长的 RUC 产品提供冰冻预报。预报产品在网页显示，包括冰冻咨询、冰冻严重性的分布图以及飞行路线工具提供的既定航线的飞行状况。此算法属于第 3 类耦合。

云顶和能见度

预测云顶和能见度主要基于两个原因。首先，以进港和离港的最小间隔时间为标准的机场承载量通常是能见度的函数。第二，仅具有"目视飞行规则"执照的非商业的飞行员必须避免在云中和低能见度的情况下飞行。为了从模式模拟的大气变量中获得云顶和能见度，Stoelinga 和 Warner（1999）基于模式水凝物特征和消光率之间的经验和理论的关系发展了一个转换算法。此算法属于第 2 类耦合。

14.6.2　陆面运输

与影响空中交通一样，天气也通过很多方式影响高速公路和铁路交通。因此数值天气预报的预报产品作为算法和决策支持系统的输入场，用来

- 在冬季暴风雪来临之前对除雪设备进行部署和安排；
- 在飓风来临前对公众进行疏散；
- 预计哪些地区的铁路和高速公路将受强降水影响而被淹没；
- 决定用以融化高速公路上冰雪的化学用品的种类和数量；

- 在飓风或冬季中纬度暴风雪等自然灾害到来之前,对电力和通讯工人进行部署和安排。

能见度对路面和空中运输都会造成灾害。基于气溶胶和雾的消光作用,目前一些模式已有足够的能力来预报能见度。例如,Clark 等(2008b)和 Haywood 等(2008)介绍了 UKMO 统一模式(Unified Model)的业务版本预报能见度的能力。该模式属于第 4 类模式系统。

14.7　电磁波与声波的传播

电磁能量主要通过大气温度和湿度的垂直梯度而发生折射。这是一个实际问题,原因是在雷达的各种应用中,知道电磁波在空间中何处开始发生反射是很重要的。这就需要使用传输模式来认知折射过程。作为电磁波传播模式的一个例子,高级折射效应预报系统(Advanced Refractive Effects Prediction System,简称 AREPS)基于大气模式提供的大气变量对折射过程进行模拟。AREPS 有一整套完整的软件模块,可广泛地应用于海洋和陆地上的电磁波传播过程。

声波在大气中的传播对气象要素的垂直分布和地球表面的特征非常敏感,因此利用数值天气预报模式的结果作为输入场,可对不同距离和不同方位角的声波进行预测。对此类耦合模拟系统的实际应用包括制定与军事实验或商业挖掘活动有关的爆炸的合适时机,以将对周边建筑和人员的影响降到最低。另外,此类模拟系统也能用于减轻飞机引擎的噪音对飞机场周围城区的影响。图 14.7 所示的是一个耦合了中尺度天气预报模式的声波传播模式的预报结果。该声波传播模式为噪音评估预测系统(Noise Assessment Prediction System,NAPS),模式的物理基础和参考文献请见 Sharman 等(2008)。

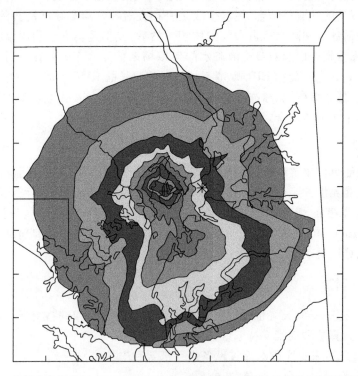

图 14.7　美国东海岸地区由一次爆炸引起的声波强度的预报。采用 MM5 区域模式的预报场作为噪音评估预测系统(NAPS)的输入场。外部阴影区的声音强度为 100~105 dB,最内部阴影区的强度为 140~145 dB。图片摘自 Sharman 等(2008)。

14.8　林火概率与林火活动

特定区域的林火发生的概率取决于许多因素,其中最重要的是自然燃料(生长或死亡的植被)的水分含量。燃料的水分含量是前期温度、相对湿度、风速和降雨量的函数。为了补充现场观测和遥感对水分含量的估计,可使用专门的、高分辨率的陆面资料同化系统(见 5.4.2 节)来提供燃料水分的连续格点分布场。或者,将大气模式的预报结果作为输入变量,例如,Fiorucci 等(2007)利用 LAM 模式(Doms 和 Schättler 1999)预报的大气变量作为意大利动态林火危险评估业务系统的输入场。美国和加拿大类似的林火危险评估系统利用的则是观测的气象场。对林火威胁的评估结果可被用于决策支持系统,用来优化消防设施的位置,使其在火灾时能快速使用。

对林火的行为活动(如火线周长的增长率和蔓延方向)直接进行模拟或提供定性的指导意见的模式可以涵盖不同的空间尺度、复杂性以及应用类型。下面总结了用以进行业务和科学研究的耦合模式系统。

• 利用标准的中尺度天气预报模式来预测风速风向、温度、相对湿度和降水,所有的这些变量都强烈地影响已发生的或潜在的火灾发展。对这些变量的准确预测对于林火管理者来说是至关重要的,他们必须(1)决定灭火的对策,以最安全和最有效的方式部署消防人员;(2)决定是否采用薪炭进行人为的有控制的燃烧。此类模式的水平分辨率通常是中-γ或中-β尺度,属于第 1 类耦合系统。

• 利用高分辨率的数值天气预报模式或者更高分辨率的计算流体力学模式(CFD,详见第 15 章)为林火模式提供气象输入场,但是不考虑林火对大气的反馈作用,也就是林火对湿度、温度和风的影响(Fujioka 2002)。此类系统属于第 3 类耦合系统。

• 数值天气预报模式或计算流体力学模式与林火模式相互作用,即考虑林火对大气状态的反馈作用(Coen 2005)。这类系统属于第 4 或第 5 类耦合系统。

14.9　能源工业

有许多能源工业部门使用大气预报场驱动的专业模式。例如,当供应流域预期有强降水发生时,水力发电部门需要利用他们的决策模型来决定排放多少水量(见 14.4)。再如,拥有核设备的能源公司需要利用空气质量模式和烟羽模式来评估意外泄漏核物质对公众健康的潜在影响(见 14.5)。下列各节给出的是能源工业部门使用耦合模式的一些例子。

14.9.1　电力需求模式

因为电力供应商能够通过预测电力需求得益,所以他们利用模式从多种气象要素和非气象要素入手来估计这一需求。相关的气象要素包括云量、风速、温度和湿度。Taylor 和 Buizza (2003)利用大气模式集合预报产品提前 10 天给出电力需求的概率预报。电力需求模式也利用气候预测结果作为输入场,以提供长期的电力需求趋势(如 Miller 等 2008)。这类模式一般属于第 2 或第 3 类耦合系统。

14.9.2　风能预报

由于可利用的风能是风力发电厂地面 80—100 米高度上风速的函数,因此对风能的预测需要对此高度的风速进行预报。利用基于风力发电机的数量、种类以及效率等因素的算法,可以将预报的风速转化为电力产能。这一般也属于第 2 或第 3 类耦合系统。

为了平衡各种不同能源(如天然气、煤炭、核电和风力)之间的负荷,需要预报风能的产量。特别困扰能源公司的问题是不能准确预报风速急变事件,在这些事件中,由于锋面过境、低空急流高度切变、地形强迫的背风波或者对流引起的密度流过境的影响,风速急剧地增大或减小。对于模式来说,这些过程的正确预报都是一种挑战。

随着风能在总体或至少区域的能源供应中所占的比例越来越大,风能耦合模式的预报必须越来越准确,才能避免以下几种情况:(1)风速意外的减小而导致的限电;(2)风速的意外增大而引起矿物燃料的浪费和温室气体不必要的排放。由于上述许多过程的中尺度特征,而且风力发电场一般位于复杂地形或滨海地区,风能的预报极具挑战性。

14.9.3　风能资源评估

对于风能资源的评估或预估需要使用近地面气候的短期至长期的再分析资料(见 16.2)。采用风场和空气密度场的统计结果作为产能算法或模式的输入场,风力发电场的规划者能够决定在哪里安装风力发电机最为经济。当今气候图显示最适合风力发电的地区是沿海地区的水面、高海拔地区以及低空急流盛行的地区。同时,由于受地形强迫,低空风速随空间变化很大,所以尤其需要区域的高分辨率再分析资料,但制作长时间的资料需要耗费很大的计算资源。此外,需要指出的是决定风力发电场建设地点需要使用风速的概率密度函数,因为很重要的一点是建设点的风不能是过度间歇性的。图 14.8 所示的是基于 MM5 模式,40 km 格点全球再分析资料绘制的北美地区风速的气候态图。该图给出了 1997 年 7 月 0600 UTC 距地面 120 米的风速气候态,由于图中显示了南部平原地区暖季夜间低空急流的重要性,所以此图与

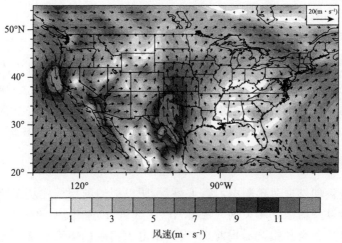

图 14.8　基于 MM5,40 km 格距的 21 年全球再分析资料绘制的 1997 年 7 月 0600 UTC 距地面 120 m 的风速气候态。每隔 6 个风矢量,进行了绘图。因为显示了南部平原地区暖季夜间低空急流的重要性,该月份和时间与风力资源的评估密切相关。该图片由 NCAR 的 Daran Rife 提供。

风力资源的评估尤为密切相关。参见 Landberg 等(2003)和 Peterson 等(1998a,b)对风力资源评估所做的回顾与总结,以及 16.3 节中基于粗分辨率的分析资料,采用动力和统计的降尺度方法来表征更小尺度运动的讨论。

14.10　农　业

大气模式在农业上有许多的应用

• 种植和收割—通常需要干燥的天气条件,天气预报至少提前 12～72 小时才能完成必要的种植和收割计划。将适宜的土壤模式与大气预报模式耦合,可以对土壤适合农业机械的通行能力做出判断。

• 杀虫剂的使用—病虫害综合防治系统需要化学杀虫剂在合适的温度和相对湿度下,在降水前几个小时使用。而且在低风速条件下才能更准确地使用杀虫剂。

• 除草剂的使用—除草剂的使用应避免随风飘散至其他地区而对其植被造成意外的损害。

• 肥料的使用—化学或自然肥料都不应在即将降雨的时候使用,因为肥料会随水流入水道而被浪费,而且含氮物和其他化学物质还会进而污染水道。

• 昆虫的移动—昆虫能够从繁殖地随风移至农业区从而对农作物造成损害,天气形势的预报可以对这种风险做出评估。

• 农作物的选择—对于灌溉用水不足的农业地区,可以根据作物生长期的天气状况来选择种植何种农作物。例如,如果预测干旱的天气将随 ENSO 循环某一特定位相出现,那么应据此选择合适的农作物。

• 动植物疾病的发展和传播—14.3.2 中已有讨论。

• 农作物产量估计—这是数值天气预报的集合预报系统在农业上尤其重要的应用(Cantelaube 和 Terres,2005,Challinor 等,2005,Marletto 等,2005)。

Mera 等(2006)总结了两个成熟的农作物产量模拟系统,研究了气候变化导致的辐射、温度和降水的改变对农作物尤其是大豆和玉米的影响。这两个模式是 CROPGRO(大豆)和 CERES-Maize(玉米),都是农业技术转化决策支持系统(Decision Support System for Agrotechnology Transfer,简称 DSSAT)的一部分。这两个模式都是可预报的确定性模式,能够基于天气、土壤和农作物管理条件,模拟农作物生长过程中的物理、化学和生物过程。

14.11　军事应用

军事对耦合模式的许多需求与上述的讨论类似,例如,预报与飞行安全和效率密切相关的变量,计算有害物质在大气中的传输和扩散。但是,此外还有一些种类的耦合模式专门用于满足军事活动的需要。现举例如下:

• 土壤的通行能力—重型车辆难以在过湿或过于松散的土壤上行进。特殊的陆面模式,称为土壤通行能力模式,利用对影响垫层湿度的气象变量(降水、温度、风速和湿度)的分析和预测结果,来估计垫层对不同类型车辆的承载能力。

• 制导和非制导导弹轨迹—风、湍流和空气密度都能够影响导弹的飞行轨迹。利用轨迹模式计算观测和模拟的气象条件对导弹飞行轨迹的空气动力学影响。

　　• 光电能见度—武器的引导系统有时基于光学原理,因此可对现存和拟建的系统,基于大气模式结果作为输入,就大气湍流和气溶胶对特征识别的影响做出评估。

　　这些应用的详细讨论请参考 Sharman 等(2008)。

建议进一步阅读的参考文献

Kuhn,K,D. Campbell-Lendrum,A. Haines,and J. Cox(2005). Using climate to predict infectious disease epidemics. Geneva,Switzerland;World Health Organization.

NRC(2001). *Under the Weather：Climate,Ecosystems,and Infectious Disease*. Washington, DC,USA;National Research Council,National Academy Press.

Palmer,T. N. (2002). The economic value of ensemble forecasts as a tool for risk assessment;From days to decades. *Quart. J. Roy. Meteor. Soc.* ,**128**,747-774.

Sharman,R. ,Y. Liu,R. -S. Sheu,*et al*. (2008). The operational mesogamma-scale analysis and forecast system of the U. S. Army Test and Evaluation Command. Part 3;Coupling of special applications models with the meteorological model. *J. Appl. Meteor. Climatol.* ,**47**,1105-1122.

问题与练习

　　(1)在数值天气预报中大气过程的可预报性是个重要的研究课题。大气模式与次级模式之间耦合可能会出现这种情况,即次级模式解的误差对于大气模式解的误差具有非线性的敏感性,对这种可能性进行思考。并举例说明一个耦合模式的应用,该应用对大气模式的预报精度具有高度的敏感性。

　　(2)通过文献搜索和阅读,了解大气信息(观测资料、再分析资料、预报场)是如何应用在疾病的监控、早期预警和响应系统中的,并对其进行总结。

　　(3)本章没有讨论耦合的大气和决策模式在商业和工业中的许多应用。思考这类耦合模拟系统的应用。

第 15 章　计算流体力学模式

15.1　背景

计算流体力学(Computational Fluid Dynamics,简称 CFD)模拟的表述来自于工程学领域,通常是指用于模拟细小尺度运动的方法。这个表述容易令人产生混淆,因为天气气候模拟同样也是利用计算方法求解流体动力学方程的。CFD 模拟的表述用在大气科学领域时,通常指的是对次中$-\gamma$尺度、小尺度或湍流尺度运动的模拟。

因为又涉及到模式数值解所表征的运动尺度概念,对第 3 章的相关讨论进行一个回顾是合适的。尽管 Skamarock(2004)(如图 3.36)与其他学者认为模式中与有限差分方案和显式扩散方案相关的空间滤波能够产生完全不同于 $2\Delta x$ 的有效分辨率,但仍倾向于将 $2\Delta x$ 长度尺度作为模式分辨率的极限。模式不能表征的运动通常被称为次滤波尺度(subfilter-scale,简称SFS)。

15.2　CFD 模式的种类

与大尺度模式一样,尽管有无数方法可用来求解方程,但 CFD 模式一般分为三类:

• 以 Reynolds 平均的 Navier-Stokes 方程(RANS)(见第二章)为基础的 CFD 模式,此类模式通过平均运算将湍流对平均流的作用转移至可参数化的 Reynolds 应力上,方程中的独立变量代表运动的非湍流部分。RANS 类的 CFD 模式能表征复杂地形和建筑物等障碍物周围流体的小尺度运动,但模式解代表的是支配此类运动的湍流涡旋的平均效应。因此只要由侧边界条件所决定的大尺度条件不变,模式解就保持稳定。Coirier 等(2005)介绍了一个 RANS CFD 模式的例子。

• 大涡模拟(Large-Eddy Simulation,简称 LES)模式没有进行平均运算来消除湍流,能显式地模拟较大尺度的含能涡旋(energy-containing eddies)。利用 SFS 的参数化(也称为模式)来表征最小尺度湍流对可分辨尺度运动的作用。

• 直接数值模拟(Direct Numerical Simulation,简称 DNS)模式能够描述所有相关尺度的湍流运动,因此不需要参数化来表征未分辨尺度运动的作用。这是目前为止最耗费计算资源的 CFD 模拟,对复杂过程的使用有限。

LES 类型的模式是大气科学的科学研究和现实应用中使用最为广泛的 CFD 模式。LES 模式应用的一个例子是全球能量和水循环试验(GEWEX)大气边界层研究(GABLS),作为该研究的一部分,对 11 个 LES 模式对稳定边界层的模拟结果进行了比较研究。参见 Holtslag(2006)对 GABLS 的描述和 Beare 等(2006)对 LES 模式的总结。

15.3　中尺度模式与 LES 模式的尺度区别

使用 Wyngaard(2004)的定义,△ 表示与运动方程解有关的空间滤波的尺度,l 表示含能湍流的尺度。图 15.1 是湍流能量谱、LES 模式和中尺度(或大尺度)模式的空间滤波长度尺度的示意图。当模式的空间滤波尺度位于图右侧、长波区域("MESO"区域)时,湍流能量明显位于不可分辨的次滤波尺度(SFS,$\Delta \gg l$)。对于中尺度和大尺度模式来说,需要对湍流进行参数化,而不是直接数值求解。但是对于 LES 模式,需要分辨含能湍流的运动,因此空间滤波的尺度相对于湍流尺度应足够的小($\Delta \ll l$)。LES 的空间滤波尺度应位于图左侧的短波区域。Wyngaard(2004)观点是不清楚在含湍流能的波谱部分(未知领域)该如何应用空间滤波尺度的模式。

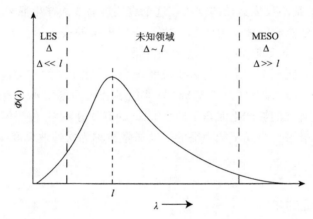

图 15.1　湍流能量谱,以及 LES 模式和中尺度(MESO)模式空间滤波的长度尺度示意图。l 为含能湍流的尺度,Φ 为湍流能量,λ 为波长。详见正文。图片摘自 Wyngaard(2004)。

15.4　CFD 模式与中尺度模式的耦合

因为 CFD 模式仅覆盖有限区域,因此必须从观测、观测分析场或格点分辨率更大的中尺度模式获得侧边界条件。CFD 模式的侧边界条件可以不随时间变化,或随大尺度流场的演变而变化。初始条件通常定义为相对平滑、甚至水平均一的变量场。局地强迫,如地形或建筑物等,则可使得小尺度运动得以发展。例如,当 CFD 被用来模拟城市地区的建筑物对风的影响时,初始条件仅是远离屋顶的风,但在模拟过程中,建筑物强迫能够在街道峡谷处产生风管效应和建筑物周边的涡旋。

在某些情况下,传统的中尺度模式和 LES 模式具有相同的动力框架,内部格点应用 LES 闭合方案,外部格点使用标准的中尺度模式闭合方案。在这种情况下,中尺度与 LES 尺度之间通常是双向的相互作用过程。相反,当用不同的模式模拟两个尺度时,通常是单向耦合。值得注意的是,如果相邻格点分辨率为标准比例 3~5,当 LES 尺度和具有一系列嵌套网格的中尺度模式使用相同的模式动力框架时,会出现上节所描述的尺度分离问题。

关于 LES 模式侧边界条件的一个突出问题是,入流边界通常由将湍流作用进行了参数化的气流决定。在进入网格时不存在湍流结构,因为气体流经如此小的计算网格所逗留的时间很短,在气体由出流边界流出之前,不允许湍流有足够的时间发展。这与 3.5 节的讨论原则上是相似的,在上风边界与所关注的网格区域之间需要设立缓冲区。这就使得,随着气流进入网格中心区域,小尺度过程得以发展。不幸的是,即使 LES 模式计算网格的尺度要远远小于中尺度模式,但两者具有相同的平流时间尺度。以一个格点间距为 5 m,计算区域的长度尺度为 1 km 的 LES 模式为例。如果入流风速为 5 m·s^{-1},空气在 100 s 之内就能到达计算网格的中心,湍流很可能没有足够的时间发展。这就使得 LES 模式解不够准确。解决这个问题的一个方法是试图在入流空气中确定湍流结构,但这极具挑战性。

　　LES 模式与大尺度模式之间的耦合涉及到 LES 模式解对侧边界条件误差的敏感性问题。例如,中尺度模式风向的误差不会对天气预报产生显著的负面影响。但是,对于 CFD 模式的某些特殊应用来说,初始条件和侧边界条件的误差在 CFD 模式尺度上会产生严重的误差。例如,图 15.2 所示的是美国俄克拉荷马城南部从街道释放入大气的有害物质烟羽浓度的模拟结果。大尺度风场用作 RANS CFD(Coirier 等 2005)模式的输入场,街道峡谷之间的气流作为传输和扩散模式的输入场。当大尺度风场是南—西南向时,烟羽会覆盖城区的东部(a)。但当大尺度风场向南改变 22.5°,烟羽的影响从城区的东半部转移至西半部(b)。街道峡谷的存在使得烟羽的低层流向对大尺度风向的微小改变有巨大的响应。需要注意的是,这种风向的差别与中尺度模式对低层风预报的期望误差是一致的。

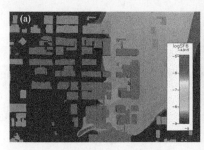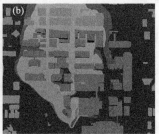

　　图 15.2　大尺度风场用做 RANS CFD(Coirier 等 2005)模式的输入场,街道峡谷(矩形建筑之间的黑色区域)之间的气流作为传输和扩散模式的输入场。当大尺度风场是南—西南向时,烟羽(不规则的灰色形状)会覆盖城区的东部(a)。当大尺度风场向南改变 22.5°,烟羽的影响从城区的东半部转移至西半部(b)。图片由 Kratos/Digital Fusion 公司的 William Coirier 提供。

15.5　CFD 模式的应用示例

　　与数值天气预报模式的应用一样,CFD 模式的应用可分为两类,即科学发现(知识的积累)和实际问题解决。CFD 模式的实际应用理所应当地集中在工程学领域,例如作为飞机设计的一部分,用来模拟流经飞机的气流。以下是 CFD 模式应用于小尺度大气科学领域的例子:

　　· 用于旨在更好地理解湍流过程的研究,改善湍流对通量作用的参数化,如夜间稳定边界层的湍流过程,或白天树冠覆盖面的湍流过程。

　　· 用于设计工程师关于高层建筑对风的承载力的研究,以确保建筑更加安全。

　　· 风力涡轮机必须位于有效风能最大和发电机湍流负荷最小的地区。对于风力发电场总体选址的决策,通常依赖于中尺度模式的分析。但是对具体的复杂地区的单个风力涡轮机的最优选址需要借助于 CFD 模式。

　　• 需要对特定种类飞机起飞所产生的尾流进行研究，以确定飞机顺序起飞过程中所必须保持的安全距离。

　　• 需要用来研究由运输或工业事故所释放的有毒气体或气溶胶在城市边界层内的传输过程。

　　此外还有许多诸如此类的例子。

15.6　CFD 模式的算法近似

　　由于格点间隔很小，运行 CFD 模式非常耗费计算资源。因此，当模式结果需要快速满足某种业务需求时，需要对 CFD 模式的解进行算法近似。例如，如果需要预测城市建筑物之间街道高度的风场，以业务中尺度模式的风场作为屋顶的风的输入，LES 或 RANS CFD 模式的计算量太大无法在有限的时间内提供建筑物尺度的解。一个解决的方法是，对于不同的风向、稳定性和水平风垂直切变，利用 LES 模式的解和风洞试验来确定绕过各种形状障碍物的气流形态。分类的气流形态可用来发展算法，以确定在各种大尺度条件下建筑物所感受到的供风流量。以此规则为基础的模式系统的一个例子是快速城市与工业复合模式（QUIC）（Pardyjak 等 2004），它有一个供风通量模块（QUIC-URB）和一个用来追踪建筑物之间空气污染物的 QUIC-PLUME 模块。

建议进一步阅读的参考文献

Mason, P. J., and A. R. Brown(1999). On subgrid models and filter operations in large eddy simulations. *J. Atmos. Sci.*, **56**, 2101-2114.

Moin, P., and K. Mahesh(1998). Direct numerical simulation: A tool in turbulence research. *Annu. Rev. Fluid. Mech.*, **30**, 539-578.

Sagaut, P. (2006). *Large Eddy Simulation for Incompressible Flows*. Berlin, Germany: Springer-Verlag.

Stevens, B., and D. H. Lenschow(2001). Observations, experiments, and large eddy simulation. *Bull. Amer. Meteor. Soc.*, **82**, 283-294.

Wyngaard, J. C. (2004). Toward numerical modeling in the "terra incognita". *J. Atmos. Sci.*, **61**, 1816-1826.

问题与练习

　　(1)介绍 LES 模式其他的用途。

　　(2)相对于模拟中性或不稳定边界层，说明使用 LES 模式模拟稳定边界层的困难与挑战。并用文献证明您的观点。

　　(3)1～10 km 格距对于参数化对流来讲尺度太小，在模式中对对流进行解析该尺度又很大。这与 Wyngaard(2004)介绍的湍流模拟尺度问题有何相似性？

　　(4)如果未来 CFD 模式在业务上运行得足够快，讨论它是否会在预测城市天气(也就是街道峡谷间具体的天气状况)中扮演一定的角色。

第 16 章　气候模拟和降尺度

　　本章所谓的气候模拟包括(1)假设气体和气溶胶排放(包括人为和自然的)的一个特定轨迹,利用大气海洋环流模式(AOGCMs)来模拟物理系统对辐射强迫情景的响应,从而进行气候预测,(2)季节和年际时间尺度上的初值模拟,(3)基于模式对当今气候进行分析,以及(4)气候系统模式试验,用以对地貌状况的人为改变(如持续的城市化或农业的扩张)进行响应评估。因此,气候模拟指的是利用模式来确定地球物理系统在季节和世纪时间尺度上的状态。正如我们将看到的,模拟过程的细节与时间尺度有关。气候模拟通常不包括月尺度的预报(如 Vitart 2004),月尺度预报介于中期预报与季节预报之间。如果将 AOGCM 的预报场或全球再分析资料用作区域(中尺度)模式的输入场,或者利用统计方法将一个区域的大尺度气候与小尺度气候相联系,这个过程叫做气候降尺度。

　　本书之前关于天气模拟的讨论在气候模拟中也有直接的应用。气候终究只是成千上万的单个天气事件的总体表现。因此,模式数值算法的误差、物理过程参数化的缺陷以及对陆面—海洋—大气相互作用过程不正确的表征,都可能像影响天气预报一样,严重地影响气候预测。事实上,某些模式误差对于一天至几周的预报来说是可以接受的,但会严重影响几十年和几个世纪的模式积分:如质量缓慢增加或减少、对辐射过程错误的表征造成温度有非物理的漂移。相反,有些在天气预报中产生严重后果的误差,比如波动的位相误差,对气候预测则影响较小。

　　本章首先对全球气候模拟进行综述,包括气候模式与天气预报模式的区别、如何对当今或过去气候的模拟进行技巧检验、季节性预报以及更长时间的辐射强迫预报在方法上的区别、对模式应用的总结以及集合方法的使用。之后的章节总结了如何利用全球模式产生当今气候的再分析资料。接着将介绍气候降尺度方法,降尺度方法是基于经常陈述的事实"所有的气候都是局地性的"而提出的。也就是说,人类对气候变化的响应是局地的,而且依赖于当地的经济、农业和社会因素。因此,需要借助有限区域模式(LAMs)或统计方法使用 AOGCM 的预报场或全球再分析资料作为输入场,提供更细尺度上的信息。最后的章节将介绍利用模式来评估地貌状况的人为改变对气候的影响。

16.1　全球气候预测

　　前面章节介绍的模拟全球大气的数值方法和物理过程的参数化方法,在天气和气候预测上都有应用。但是,全球气候模式必须表征水圈(包括海洋环流)、冰雪圈(陆地冰川与海冰)、岩石圈(陆面)和生物圈中的许多其他物理过程,以及它们之间的相互作用。对于两周之内的大部分的天气预报而言,海表面温度;植被的健康程度、空间范围和种类;永久冻土层、冰川、海冰的范围;大气的化学成分等在模式积分过程中可以假设为不变。但是对于时间跨度从几年到几十年、再到几个世纪的气候模拟来说,情况则是不同的。由于这些物理子系统是影响气候的复杂过程的一部分,而且有时是非线性相互作用的,因此需要与耦合模式最大可能地相互作用。这就是它们有时被称为气候系统模式而非简单的气候模式的原因。

16.1.1　全球气候变化研究的试验设计

在模式用来预测未来气候之前,必须首先确保模式具有合理地重现当今或过去气候的能力。这种重现能力自然并不能完全保证准确的气候预测,因为某些模式物理过程是经过调整来适合在当今气候状况下使用的,而在另一种气候状况下,可能是不准确的。尽管如此,在我们利用 AOGCMs、LAMs 或对 AOGCM 模拟进行降尺度的统计方法来对未来气候进行研究时,负责任的试验方法是首先将模拟系统用于当今或过去气候的模拟,从而对模式的表现进行评估。16.1.3 将讨论模式的检验过程。

由于长时间尺度的自然物理过程(与深海环流、陆面过程和冰的过程有关)的存在,气候系统具有内部变化性,这也是导致年平均天气状况具有年际变化和年代际的变化原因之一。例如,在稍后章节中出现的图 16.3 上,用深黑线所示的是观测的 20 世纪全球平均地面温度的变化。图中,在温度升高的长期趋势下包含了从几年的到几十年的许多尺度的变化。已有的研究表明,长期趋势有可能来自人类活动,而年代际和较短时间的振荡则代表内部变率。如果模拟目标是为了量化人类活动的影响—例如联合国政府间气候变化专门委员会(Intergovernmental Panel on Climate Change,简称 IPCC)为此做出了努力—那就应该在模拟中以某种方式将与内部变率相关的改变滤去,以避免将自然变率误认为是人类活动的影响。这点在基于 AOGCM 的降尺度模拟,即对当今和未来的气候仅进行短时间(被称作时间片段)模拟中尤其重要。在这种情况下,对当前和未来降尺度气候模拟结果之间的差异将依赖于内部变率在特定时间片段中的位相。

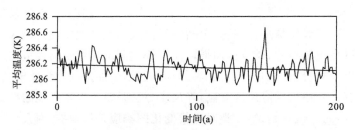

图 16.1　美国 GFDL AOGCM 控制试验模拟的年平均表
面气温的时间序列。图片取自 AchutaRao 等(2004)

针对不同目的,应该选择不同的气候变化模拟方法。为了评估人类活动释放的光学活性气体和气溶胶的辐射强迫对气候的影响,通常首先以当今、定常辐射作为强迫,利用 AOGCM 对现代气候进行数百年的控制或参考试验。为了使深海环流有充分的时间发展,这些模拟有时需要成千上万年的调整时间。图 16.1 所示的就是这样一个控制试验所获得的全球表面气温,其中当今气候期的多年变率(内部变率)是由缓慢的海气相互作用造成的。进而,在气溶胶和光学活性气体未来排放的特定情景下,从控制试验的任一时间点开始,对未来气候进行预测。IPCC 模拟试验的不同情景介绍参见 Nakicenovic(2000)。因为气候变化的长期趋势叠加在内部变率之上,所以模拟变量的变化依赖于模拟开始时间的内部变率的位相和振幅,选择不同的开始时间则会产生不同的内部变率形态。因此,从不同的开始时刻进行集合模拟,然后将结果平均,这样能够消除内部变率的一些影响。集合模拟中的每一次模拟可使用同一个模式,然而,也可以通过利用各种不同的模式实现来滤去内部变率,比如 IPCC 中应用到的模式组(IPCC 2007)。从下面给出的图 16.3 可看出这种平滑过程,图中单个模拟(浅灰色线)的时间方差远大于集合平均(深灰色线)的时间方差。

耦合的 AOGCMs 还可用来预测季节尺度到多年尺度气候系统内部变化和人为的变化。例如,20 世纪后几十年撒哈拉地区的干旱至少有部分可能是由气候系统的内部自然变率造成的。因此,气候预测必须准确地确定许多内部过程所处的位相和振幅。比如,ENSO、太平洋年代际振荡(Pacific decadal oscillation)、北大西洋涛动(North Atlantic oscillation)和大西洋海盆经向翻转环流(meridional overturning circulation)的变化。为了准确表征内部振荡过程,必须利用初始条件来确定整个物理系统的状态。显然,准确描述深海海水的状态是个巨大的挑战。16.1.4 节对气候的初值预测进行了总结。

与天气预报一样,多模式集合能够改进气候的可预报性。特别是,将模拟结果进行集合能够消除模式解中不可预报的部分,因此集合平均的效果要优于单个成员。但是,与可选择具有大致相同预报能力成员的集合天气预报不同,这对于气候的多模式集合模拟来说是不可能的,因为气候集合的成员来自于世界各地各个组织的不同模式。采用多模式集合模拟的方法是 IPCC 气候变化评估工作的核心(IPCC 2007)。参见 16.1.6 节对气候模拟集合方法的讨论。

另一类模式试验则用来确定模式系统内部反馈过程的强度,这些内部反馈过程能够放大或抑制其对辐射强迫的响应。对这一敏感性进行度量的量包括平衡气候敏感度(equilibrium climate sensitivity),它指的是模式大气中二氧化碳浓度达到 2 倍时所导致的表面温度变化,单位为摄氏度。另一个衡量反馈强度的量是瞬变气候响应(transient climate response),定义为二氧化碳浓度每年增加 1% 直到加倍所导致的表面气温的变化。二氧化碳加倍点达到后,应给予系统充分的时间以达到平衡。不同模式对未来气候预测存在差异,其中的部分原因就是由于反馈强度有所不同。参见 Meehl 等(2007)的表格 10.2 和 Randall 等(2007)8.6 节对气候敏感性概念的深入讨论。

为了评估未来地貌状况的人为改变对全球(区域)气候的影响,需要在加入地貌改变和没有加入这些改变的情景下,分别长时间地运行模式。因为未来大规模的森林砍伐、草地转变为农作物用地、城市扩张、农作物灌溉的扩张和收缩、以及湖水导流所造成的湖泊缩小或消失都对气候具有潜在的影响,所以此类研究是至关重要的。基于所要评估的气候响应的尺度,可采用全球模式或能够表征中尺度过程的 LAM 开展这方面的研究。

16.1.2　专业模式的需求

气候模式与本书其他章节描述的传统天气预报模式有很多不同之处。以下章节将介绍这些不同之处。

陆面和冰雪模拟

天气预报模式的陆面过程部分在第 5 章已经进行了讨论。但是,在这里还需要考虑一些影响更长的气候时间尺度的陆面冰川过程。本讨论中的冰冻圈过程既包括陆地冰川也包括海冰过程。读者应参考 Randall 等(2007)的 8.2.3 和 8.2.4 章节的内容和本章表格 16.1 中陆面和海冰栏中的内容来获取进一步的信息。表格中的一些术语详细说明如下。对于海冰动力学,"冰隙"(leads)是指在模式中表征冰盖破裂处敞开的狭窄水面,在这些区域有非常大的热量和水汽通量。"流变性"(rheology)指的是模式是否表征了冰盖的缓慢流动。没有任何一个模式对冰盖融化(如格陵兰与南极大陆)的动力学进行了表征,这就是为什么海平面上升的预测具有很大的不确定性。在陆面过程栏中,"冠层"(canopy)指的是对植被作用的表征,"径流"(routing)是指雨水或冰雪融水是否流入河道河床内,"分层"(layers)是指多层土壤模式的应用,"水桶"(bucket)指描述土壤水文过程的一种简单方法。两个广泛应用于气候研究的公共发展的陆面过程模式是公共陆面模式(Community Land Model)(Oleson 等 2008)和通用陆面模式(Common Land Model)(Dai 等 2003)。

新一代气候模式的一个重要进展是包括了能够表征陆地碳源与碳汇的陆地—生物圈模式,模式描述的过程包括土壤碳循环和植被过程。例如,植被动力学模式可模拟植被对二氧化碳浓度以及影响植被健康的气候变量(如降水,温度)的响应。此外,还有对陆面漫流的高分辨率模拟、植物根茎动力学模拟、多层积雪模式的应用以及对海冰运动和厚度的预测。但是,与气候模式其他方面的改进一样,还不清楚这些对陆面和冰雪圈过程的新的表征在截然不同的气候情景下是否能够表现良好。

需要指出的一点是:要采用能够准确表征陆地—生物—冰雪—大气之间反馈过程的陆面模式。例如,模拟的土壤湿度会影响植被动力学模式,而植被的生长状况又决定了它在碳循环中可产生的定量影响。基于季节性天气预报,Pielke 等(1999a)利用大气环流模式(AGCM),计算了初始土壤湿度条件变得不再重要时所需历经的时间,从而阐述了陆气相互作用的重要性。他们的结论是模式对初始土壤湿度的记忆能够维持 200～300 天。针对与干旱及气候变化相关的陆地状况的改变(如陆面覆盖的种类、叶面指数、土壤湿度),他们也对准确模拟这些过程的重要性进行了讨论,并列举了很好的参考读物。同时,有大量的例子表明需要在气候模拟中予以考虑人类活动对地貌状况改变,这种改变会对气候产生长距离的影响。

海洋环流模拟

海洋与大气通过热通量、水汽通量和动量通量而相互作用。对于天气预报来说,表征海洋一般只需要设定的海表面温度和盐度(影响饱和水汽压)以及依赖于风速的粗糙度长度。也就是说,除了在极大风速的影响下(如台风),海洋与大气之间的反馈作用在天气预报时效内足够小,因此大部分的天气预报模式不需要耦合海洋模式。但是对于长于数周的时间尺度而言,海洋特征可能发生显著的变化,因此需要采用动态的海洋环流模式。同时,由于海洋与大气之间的双向作用过程,海洋模式需要随大气模式同时运转,不过通常两者具有不同的水平分辨率。更多的全球气候模式中海洋部分的讨论,可以参考 Randall 等(2007)的 8.2.2 章节和本文表16.1 中海洋模拟的资料。

物理过程参数化

气候模式所面临的物理过程参数化的挑战与全球天气预报模式并没有大的差异。但例外的情况是在数周的预报中,对某种过程进行表征的细小误差可能是可以接受的,但是在更长的时间尺度内,积累的误差在气候模拟中会使结果产生不可接受的漂移。这个问题在一定程度上可通过(在参数化方案中)调整模式参数以优化模拟结果来解决,正如以下将要描述的海气通量订正方法。但是这个方法并没有直观的吸引力,因为将模式调整到当今的气候状态并不能确保其对未来的气候同样会产生正面的影响。而且,调整某个特定的参数并不能保证优化的模式结果是基于合理的原因而得到的。可以部分解决这个问题的方法是使用能够显式地描述某些物理过程（比如对流）的更高分辨率的全球模式。也可利用更高分辨率的区域模式进行降尺度，这样做可能会更好地表征局地过程，但无法提高源 AOGCM 对全球气候的模拟效果。最后，因为全球气候模式的水平分辨率通常比全球天气预报模式要低，模式的表现有时是具有尺度依赖性的，因而参数化方案可能会适合某种特定的应用。

动力框架的守恒特征

第三章讨论了关于模式质量与能量等特性的守恒的一般性问题。相比于几天到数周时间尺度的天气预报，这些守恒条件对于长时间的气候尺度的模拟显然是至关重要的。也就是说，缓慢的误差积累可能无碍于短时间的模式积分，但对于长时间的模式积分则是不可接受的。例如，Boville(2000)提出对于气候模式，能量必须守恒至每平方米十分之一瓦的量级。又如 3.4.5 节所述，Williamson(2007)指出必须解决的一个能量守恒问题是混淆产生的小尺度能量积累。参见 Thuburn(2008)对气候和天气预报模式动力框架守恒问题的一般性讨论。

初始条件

对于 IPCC 情景的气候变化模拟，或针对未来地貌状况改变的模拟，利用当今气候态的天气实况来初始化模式就可以了。但是，前面所提到的希望表征内部气候变率的位相和振幅的季节至年代际时间尺度的预测属于初值问题。所以必须用初值来确定大气、海洋、生物圈、冰雪圈以及岩石圈的状态。

在包含气候或外部强迫进行强烈扰动的试验中，区分传递性(transitive)和非传递性(intransitive)气候系统(Lorenz 1968)的差异是非常有帮助的。传递性气候系统是指仅允许有一套长期的气候统计，也就是说，给定一套特定的大气外强迫参数，比如地形、太阳辐射、地球旋转率等，只存在一个稳定的长期气候态。相反，非传递性系统不只有一个可能的稳定气候态，盛行的气候态由系统当前的状态所决定。另一种特殊的系统类型叫做近似非传递性(almost-intransitive)系统，是指气候系统在一段有限的时间内维持在一种状态下，然后在不改变任何外部强迫的条件下，系统又变迁至另一种同样可以接受的状态。从动力学的角度，也就是说气候状态具有足够的"惯性"来进行一段时间的自我维持。这种气候系统与观测状况是一致的，比如，区域持续的干旱期可能会突然过渡到正常降水或者雨量充沛时期。因此，对于非传递性和近似非传递性气候系统来说，确定当前气候系统态的初始条件可以决定未来的气候态。

通量订正

海—气界面上热通量、水汽通量和动量通量微小的模拟误差都可导致气候模式的结果漂移至非真实的气候状态。为了解决一些模式中的这个问题，可对方程的通量项采用人工订正。这种方法显然会带来担忧，因为它是非物理的，不能对那些由于物理过程引起的误差进行订正。在 90 年代前两次的气候模式比较计划中，超过一半的模式进行了通量订正(Reichler 和 Kim 2008)，而在第三次和最近一次的比较计划中，只有少于四分之一的模式进行了通量订正（参见本章表 16.1 中的通量调整栏）。

16.1.3　对过去或当今气候的全球气候变化模式检验

如上所述，对全球气候模式模拟未来气候的能力建立信心的唯一办法是评估全球模式对过去气候或当今气候状况的模拟能力。利用当今气候做评估的优点是有大量的气象观测数据可作为参考。但是,相对于未来潜在的气候变化,当今气候的变率是相对较小的,因此不足以充分地检验模式模拟气候变化的能力。因此,也有些工作试图通过模拟气候变率很大的古气候时期以对模式进行检验。这种方法明显的缺点是外部强迫和主要的气候变量本身具有很大的不确定性,需要用各种替代变量对主要的气候变量进行估计。此外,模拟古气候时期长时间的气候变化对于传统的、具有完整物理过程的模式来说在计算需求上是不现实的。

模式的检验过程应既包括对单个天气事件,也包含对天气事件的长期统计特征(也就是气候)的模拟能力的检验。也就是说,模拟的天气事件(例如中纬度风暴的路径、强度和频率;热带东风波的特征;海岸和山区附近低空急流的特征)的具体特征和天气事件总体的气候统计特征都应该与实际观测的天气及气候特征相比较。如果评估模式时没有考虑到构成气候的天气事件,就有可能导致一种危险,即由于错误的原因而得到正确的统计结果;将该模式用于未来气候预测时,也会导致错误的结果。

因为气候模式是极其复杂的,所以每个模块通常需要单独地开发和测试。例如,在不使用物理过程参数化的情况下,对数值方法的特征进行分离、评估将是更为有效的。而对物理过程参数化模块的测试,则可通过个例研究,利用特殊的野外观测资料进行检验。只有在对气候模式的每一个组成部分进行了尽可能细致的测试后,才能对模式模拟整个气候系统的能力进行评估。

已有一系列的指标被用于气候模式的检验中,其中包括变量的全球平均值、基于多个变量的综合全球指数、变量的空间分布、时间尺度可长达几十年的区域气候的时间变化(内部气候系统变率)、模拟当今气候某些显著特征(比如 ENSO)的能力以及在各种时间尺度上模拟变量的区域极值的能力。关于这方面请参考 Randall 等(2007)的 8.3 节。

全球平均气候统计特征的检验

检验气候模式面临的挑战之一是选取哪些变量能够最好地表征气候特征以及用来度量模拟的总体误差。因为有许多变量与大气圈、水圈、冰雪圈、岩石圈以及生物圈的状态相关联,所以变量的选择并不容易。有些研究简单地选取了全球平均表面气温作为度量(如 Min 和 Hense 2006)。其他一些研究采用了基于广泛气候变量的合成误差指数作为误差度量(Murphy 等 2004,Reichler 和 Kim 2008)。另外一些则采用传统的误差统计方法,Boer 和 Lambert(2001)和 Taylor(2001)以图解的形式对其进行了总结。模式检验过程的另一个复杂之处在于,因为观测数据已经被用于调整模式的物理过程参数化过程,当今气候状态的观测数据不能独立地作为对模式精度的衡量。但是对于检验,除了使用观测数据,我们别无选择。通过使用较少参数化的高分辨率气候模式,这个问题能多少得到一些缓解。

Reichler 和 Kim(2008)介绍了一个对当今气候进行全面模式检验的例子。在这个研究中,利用基于多变量的模式表现指数,对多个模式(参见表 16.1)进行了比较,模式模拟采用了三个不同时期的气候模式比较项目(Climate Model Intercomparison Projects,简称 CMIP),包括:90 年代中期组织的 CMIP1(Meehl 等 2000);CMIP2(Covey 等 2003,Meehl 等 2005);以及基于 IPCC 第四次评估报告(AR4,Meehl 等 2007,Randall 等 2007)、采用了最新气候模式的 CMIP3(PCMDI 2007)。为了计算多变量的模式表现指数,他们采用了观测资料和全球的格点分析资料来得出 1979—1999 年年平均的气候态。基于此资料可以计算出模拟所得的许多不同气候变量平均态的误差。模式的表现指数（performance index），可以通过计算归一化的误差方差，e^2，来确定。计算步骤为先对每个格点上模拟值与观测的气候值之差做平方，然后除以每个格点观测值的年方差，最后做全球平均。这可以写成：

$$e^2_{vm} = \sum_n w_n (\bar{s}_{vmn} - \bar{o}_{vn})^2 / \sigma^2_{vn},$$

其中 $\bar{s}_{vmn}$ 是模式 m 在格点 n 模拟变量 v 的年平均气候态，$\bar{o}_{vn}$ 是所对应的观测的气候态；w_n 为做面积和质量平均的权重；σ^2_{vn} 是基于观测的年方差。这里所面临的一个困难是，在对不同维的变量进行误差融合时，如何取适当的权重。这里采用的方法是，用一个参考模式集合的平均误差对 e^2 进行归一化。表现指数（I）具体的计算方法为：

$$I^2_{vm} = e^2_{vm} / \overline{e^2_{vm}}^m,$$

其中上横线代表对所有模式的某个变量气候态的取平均。计算表现评分指数的最后一步是将所有的变量进行平均：

$$I^2_m = \overline{I^2_{vm}}^v.$$

图 16.2 显示了每一代 CMIP 试验中每一个模式的表现指数 I^2_m（实垂直线）。虚垂直线所示的是每一代 CMIP 试验的平均表现指数。而采用观测资料的模式分析场为基础的 NCEP-NCAR 再分析资料（Kalnay 等 1996），相应的表现指数为 0.4。黑圈代表多模式集合平均的表现指数。从此图可以看出：同一代的不同模式对当今气候的模拟能力有很大的不同。而且，每一代模式相较于上一代模式的模拟能力都有稳定的改善，CMIP3 中最好的模式模拟的气候状况接近基于大气再分析资料所得出的结果。每一代模式模拟能力的改善至少部分原因是由于物理过程参数化的改进，以及由计算条件提高所带来的更高的垂直和水平分辨率。

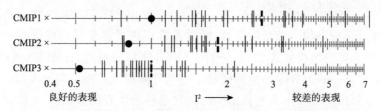

图 16.2　每个模式（实垂直线）和每代模式（CMIP1，CMIP2 和 CMIP3）的表现指数 I^2_m。虚垂直线表示每一代模式的平均表现指数，标尺左端的×表示基于 NCEP-NCAR 再分析资料所得到的表现指数，黑实圈代表每一代的多模式集合平均的表现指数。左边较低的指数值表示模式的表现较好。图片取自 Reichler 和 Kim（2008）。

　　另一个例子是 Randall 等（2007）（第 8.3.5 节）给出了 IPCC 第三次评估报告和第四次评估报告（IPCC AR4）所用的每个模式的相对表现能力。与单一的表现指数不同，这里对于不同的变量分别给出了统计结果，例如降水量、海平面气压和表面气温。结论是：（1）对于第三次和第四次评估报告，总体来看，采用通量调整的模式比没有通量调整的模式误差来得更小，但是具有最小误差的模式均是没有使用通量调整的模式；（2）最近一组模式的平均误差小于早先的一组模式，尽管最近一组中除了两个模式以外其余模式都没有使用通量调整。

　　图 16.3 所示的是由 CMIP3 试验模拟的历史温度的变化。图中具体给出的是 1900 年到 21世纪早期观测的全球平均近地面温度（黑线），集合试验中每一个模式的模拟结果（浅灰线），以及多模式的集合平均（深灰线）。图 16.3a 所示的是利用自然及人为强迫的模拟结果，图 16.3b 是仅采用自然强迫的模拟结果。图 16.3a 中模式模拟的温度集合平均接近于观测的趋势。

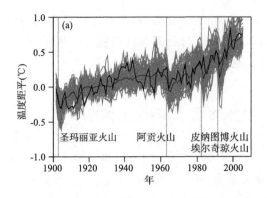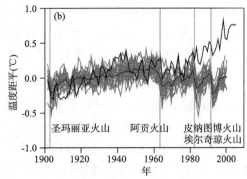

图 16.3　观测的全球平均的近地面温度（黑线），以及基于表 16.1 列出的一些模式所模拟的温度（浅灰线），包括使用自然及人为强迫的模拟结果（a），和仅用自然强迫的模拟结果（b）。温度由相对于 1900—1950 年观测平均值的距平来表示。多模式的集合平均由相对平滑的深灰线表示。垂直线标出了主要火山活动发生的时间。图片取自 Hegerl 等（2007），参见原文可获取更多内容。

　　可以根据集合中不同模式对于观测历史气候的相对模拟能力来推断哪些模式在未来的气候预测中将表现最好。例如，Shukla 等（2006）在模式对 20 世纪表面温度的模拟能力与对未来气候温度的模拟能力之间建立了相关关系；模拟 21 世纪气候时温度时，对 20 世纪气候模拟误差最小的模式预测了较大的温度升幅。Meehl 等（2007）则描述了在利用集合模拟做预测时，使用以观测为基础的度量来对参与集合模式的可靠性进行权重，但困难是如何定义一个度量或一组度量来合理地表征模式的整体表现。

对特定过程和区域特征的检验

　　上述检验涉及全球平均统计量的计算，此类检验促进了多变量合成误差指数的使用。相反的，本节介绍的全球气候模式评估，是针对于（1）具体物理过程，比如 ENSO 循环，（2）全球误差的空间分布形态，和（3）有限的地理区域。一些气候模式不能真实地模拟当今大气的特定的观测特征，这也是历史上对未来气候的预测没有足够的信心的原因。

　　作为模式模拟空间分布形态的例子，图 16.4 所示的是基于观测和 CMIP3 气候模式模拟的年平均降水的空间分布。观测气候态来自 1980 年至 1999 年 NOAA 气候预测中心（Climate Prediction Center，简称 CPC）的汇总降水分析资料（Xie 和 Arkin 1997）。模式气候态来自于同时期多模式的平均。观测与模拟的分布形态非常相似，但有些区域也存在明显的数量上的差异。例如，对美洲大陆西部副热带的降水短缺状况，模拟的分布区域偏小、强度偏弱；而对东海岸中纬度的降水最大区域，也模拟得偏小和偏弱。图 16.5 更加量化地表征了模式对区域降水的模拟能力，其显示的是参与 CMIP2 比较计划的模式对美国西南部区域平均降水年循环的模拟情况。虽然抓住了总体的循环特征，但对于特定月份的降水量，不同模式仍然有很大的差异。AchutaRao 等（2004）对其他变量和地区也提到了相似的图片。

　　有许多个例专注于研究气候模式对当今气候某些特定过程的模拟能力。例如，降水是一个主要气候变量，在热带地区日变化是其变化的主要特征。但是，许多模式很难模拟出傍晚的降水最大值，而模拟最大值往往发生在中午之前（Yang 和 Slingo 2006，Dai 2006）。此外，ENSO 循环也在气候模式检验中得到了特别的关注。例如，针对 ENSO 的模拟能力，AchutaRao 和 Sperber（2006）比较了发展于 20 世纪 90 年代后期 CMIP2 的 AOGCMs 和 IPCC AR4 使用

的更为近期模式,结果显示 AR4 模式在许多方面表现更好。但是 AR4 中较少的模式使用了
通量订正,这或许阻碍了效果的进一步提高。此外,Randall 等(2007)总结了气候模式对热带
大气季节内振荡(Madden-Julian oscillation)、准两年振荡(quasi-biennial oscillation)、ENSO
以及季风的季节内至年际变化的模拟能力的进展。论文同时也总结了模式对当今气候极端事
件的模拟能力,包括极端温度、极端降水事件和热带气旋。

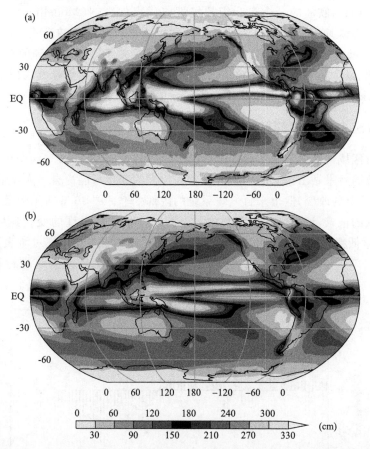

图 16.4　1980—1999 年的年平均降水(cm),分别基于(a)观测的分析数据和(b)模式模拟结果。模拟结果是基
于 CMIP3 的多模式平均,而分析场是仪器观测、卫星观测和模式输出资料的融合。图片取自 Randall 等(2007)。

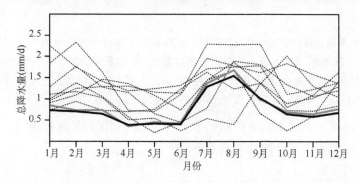

图 16.5　美国西南部的月平均总降水量。分别基于 CMIP2 比较计划的模式(细虚线),Xie
和 Arkin(1996,1997)的降水分析场(宽灰色线)和 NOAA CPC 的合成降水分析资料(宽黑线)。
区域范围为纬度 30.0—37.5°N 和经度 105—115°W。图片取自 AchutaRao 等(2004)。

相对于平均值,人们往往以同等或更大的兴趣来关注新的气候状况下模式变量的极值。例如,伴随热浪发生的更多极端高温事件能对人类生命造成更大危害,极端风速事件能够影响风力发电和高层建筑的工程设计,暴雨会导致影响公共安全的洪水和山洪,更长时间持续的干旱会影响水资源和农业,更强烈的飓风能增加沿岸人员的伤亡和对建筑的破坏。因此,在全球和区域气候变化的研究中,尤其强调的是对当今气候极端事件模拟的检验以及对未来气候极端事件的预测。例如,欧洲的一个名为模拟极端气候事件影响(Modeling the Impact of Climate Extremes,简称 MICE)的项目既使用了气候模式也包含了影响模式(Hanson 等 2007)。此外,Meehl 和 Tebaldi(2004)利用 AOGCM 预测的集合得出北美和欧洲的热浪在 21 世纪后半叶会更加剧烈、发生频率更高、持续时间更长的结论。关于利用集合方法预测极端事件的更多例子参见 Alexander 和 Arblaster(2009)及 Fowler 和 Ekström(2009)。

16.1.4　季节至多年尺度的初值预报

我们需要对区域气候季节至年代际尺度的变化进行预测,从而对气候变化导致的经济的、人道的以及环境的后果做出相应的准备。该时间尺度的变化可能源自于人类活动排放的温室气体强迫、地貌状况的改变,但也来自气候系统的内部变率。图 16.6 所示的是最近 83 年萨赫勒地区平均降水的记录,该记录具有明显的几年尺度至几十年尺度的变化,参见 Barnston 和 Livezey(1987)对低频大气环流形的总结。大气内部变率可能来自大气对海表面温度、土壤湿度、冰雪和海冰的响应,因此为了预测内部变率,必须对完整的物理系统进行初始化。Kanamitsu 等(2002b)提出对于一个成功的动力季节性预报系统来说,至少有四个主要的需求:

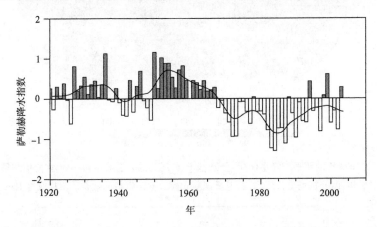

图 16.6　萨赫勒地区(10°N—20°N,18°W—20°E)1920—2003 年雨季(4 月至 10 月)的降水时间序列,此图显示了较大的、几年至几十年时间尺度的变化。负指数表示低于整个期间的平均值,正指数表示高于平均值。这些变化(包含内部气候变率)正是季节至年代际预测想要获得的。黑色曲线表示年代际时间尺度的变化。图片取自 Trenberth 等(2007)。

- 以物理上协调的方式来耦合的精确的大气、海洋、陆面以及海冰模式;
- 大气、海洋、陆面以及海冰的初始条件;
- 集合预报的方法;
- 订正系统误差的方法。

因此,模拟系统除了包括大气,也需要表征系统中变化缓慢的部分——海洋、陆面以及冰雪。

确定预测的初始条件尤其困难,因为很难对这些缓慢变化的系统进行三维的精确观测。因此,必须依赖于资料同化系统,利用模式本身提供的信息来补充观测资料的信息。而且,和模拟长期的温室气体排放情景相似,采用集合方法在这里也至关重要。但是模拟的这些情景,本质上是具有一些观测质量不佳变量的初值问题,因此除了采用多模式集合方法,还必须对初始条件的不确定性进行取样。最后,消除模式偏差的方法是,将季节预报场减去模式气候态产生一个距平场,再加上观测的气候态。这等同于利用模式气候态与观测气候态之差来修正预报结果,能显著提高模式的预报能力。订正系统误差的一个不利因素是误差为预报领先时间和月份/季节的函数,因而最好是通过对以前的个例进行大量的预报(后报或回报)来计算系统误差。不幸的是,每次只要对模式进行修改,就必须重新计算系统误差。这个问题与第 13 章描述的模式输出后处理的问题类似,即利用 MOS 方法对天气预报进行修正,阻碍了对预报模式进行频繁的改进和代码修正。

有一些特别项目旨在改进季节预报。例如,利用欧洲 7 家机构模式的 DEMETER 项目。该项目利用回报方法对集合预报的季节可预报性进行评估,既有单模式集合,也包含了综合单模式集合结果产生的多模式超级集合产品。Palmer 等(2004)和 Hagedorn 等(2005)对该项目进行了总结,而 Doblas-Reyes 等(2005)讨论了对集合的订正和成员的组合。可以理解的是,对于这一时间尺度的预测,大量的研究都集中在对 ENSO 循环预报的发展和检验上(比如 Gualdi 等 2005,Keenlyside 等 2005)。

也有一些基于动力和统计模型相结合的季节气候预测方法。例如,O'lenic 等(2008)描述了 NCEP 气候预测中心(CPC)利用这类系统提供提前 1 月到 12 个月的预报。同时,也有一些研究旨在将季节和多年尺度的初值预报方法扩展到年代际时间尺度的预报(如 Smith 等 2007,Keenlyside 等 2008)。

16.1.5　现存全球模式的总结

用于预测人为强迫的气候变化的全球模式

表 16.1 列出了参与 IPCC AR4(Randall 等 2007)的世界各个不同研究中心的 AOGCMs。大部分模式起始于 20 世纪 90 年代后期或 21 世纪的前五年。大气模式水平格距约为 1(T106)到 5 度(经纬度),垂直层数从 12 层到 56 层。和对应的大气模式相比较,海洋模式通常具有类似的或更高的水平分辨率,而且垂直层数从 16 层到 47 层。表中的大部分模式都能够表征海冰的流动性和冰隙。仅有几个模式使用了通量订正。最后,关于陆面过程,大部分模式使用了多层土壤模式,对陆面水在河道中的径流以及植被覆盖都有所表征。表 16.1 主要强调的是对辐射强迫气候变化的模拟所做出的巨大努力。

用于季节至多年尺度初值预报的全球模式

季节预报系统有时使用与中期预报类似的大气环流模式(AGCMs),但是其中的 SST 是由独立运行的海洋模式提供的。对于更长时间尺度的预测,需使用完全耦合的 AOGCMs。许多国家中心按照规定的预报周期来提供业务化的季节预报产品,这些预报几乎都采用了集合方法。表 16.2 列出了一些用于季节至年尺度业务预报的模式。

更长时间尺度(年代际)的初值预报是单次执行的,而不是按照某个正规周期执行的。即使模式产品被用于发展适应性策略,但相比较于业务化,将这种模拟定义为研究计划则更为合理。

表16.1　参加IPCC第四次评估报告的大气海洋环流模式的特征

模式名称、年代	发起机构、国家	大气层顶、分辨率、参考文献	海洋模式分辨率、垂直坐标、上边界条件、参考文献	海冰模式动力学、是否考虑冰隙、参考文献	耦合通量订正、参考文献	陆面模式、土壤、植被、径流、参考文献
1. BCC-CM1 2005	北京气候中心，中国	顶层为25 hPa T63(1.9°×1.9°)L16 CSMD 2005; Xu等2005	1.9°×1.9°L30 深度坐标，自由表面 Jin等1999	无流动海冰和冰隙 Xu等2005	热量通量，动量通量 Yu和Zhang 2000;CSMD 2005	多层土壤，冠层，径流 CSMD 2005
2. BCCR-BCM2.0 2005	皮叶克尼斯气候研究中心，挪威	顶层为10 hPa T63(1.9°×1.9°)L31 Déqué等1994	0.5°~1.5°×1.5°L35 密度坐标，自由表面 Bleck 1992	流动海冰，冰隙 Hibler 1979; Harder 1996	无通量订正 Furevik等2003	多层土壤，冠层，径流 Mahfouf等1995; Douville等1995; Oki和Sud 1998
3. CCSM3 2005	国家大气研究中心，美国	顶层为2.2 hPa T85(1.4°×1.4°)L26. Collins等2004	0.3°~1°×1°L40 深度坐标，自由表面 Smith和Gent 2002	流动海冰，冰隙 Briegleb等2004	无通量订正 Collins等2006a	多层土壤，冠层，径流 Oleson等2004; Branstetter 2001
4. CGCM3.1 (T47)2005	加拿大气候模拟与分析中心	顶层为1 hPa T47(2.8°×2.8°)L31 McFarlane等1992	1.9°×1.9°L29 深度坐标，刚盖 Pacanowski等1993	流动海冰，冰隙 Hibler 1979; Flato和Hibler 1992	热量通量，淡水通量	多层土壤，冠层，径流 Verseghy等1993
5. CGCM3.1 (T63)2005	加拿大气候模拟与分析中心	顶层为1 hPa T63(1.9°×1.9°)L31 McFarlane等1992	0.9°×1.4°L29 深度坐标，刚盖 Flato和Boer 2001; Kim等2002	流动海冰，冰隙 Hibler 1979; Flato和Hibler 1992	热量通量，淡水通量	多层土壤，冠层，径流 Verseghy等1993
6. CNRM-CM3 2004	法国气象局/国家气象研究中心，法国	顶层为0.05 hPa T63(1.9°×1.9°)L45 Déqué等1994	0.5°~2°×2°L31 深度坐标，刚盖 Madec等1998	流动海冰，冰隙 Hunke和Dukowicz 1997; Salas-Mélia 2002	无通量订正 Terray 1998	多层土壤，冠层，径流 Mahfouf等1995; Douville等1995; Oki和Sud 1998

续表

模式名称,年代	发起机构,国家	大气层顶,分辨率,参考文献	海洋模式分辨率,垂直坐标,上边界条件,参考文献	海冰模式动力学,是否考虑冰腺,参考文献	耦合通量订正,参考文献	陆面模式,土壤,植被,径流,参考文献
7. CSIRO-MK3.0 2001	联邦科学与工业研究组织,澳大利亚	顶层为4.5 hPa T63(1.9°×1.9°)L18 Gordon 等 2002	0.8°×1.9°L31 深度坐标,刚盖 Gordon 等 2002	流动海冰,冰腺 O'Farrell 1998	无通量订正 Gordon 等 2002	多层土壤,冠层 Gordon 等 2002
8. CHAMS/MPI-OM 2005	马普气象研究所,德国	顶层为10 hPa T63(1.9°×1.9°)L31 Roeckner 等 2003	1.5°×1.5°L40 深度坐标,自由表面 Marsland 等 2003	流动海冰,冰腺 Hibler 1979; Semtner 1976	无通量订正 Jungclaus 等 2006	水桶,冠层,径流 Hagemann 2002; Hagemann 和 Dümenil-Gates 2001
9. ECHO-G 1999	波恩大学气象研究所,韩国气象局气象数据组和模式数据组,德国/韩国	顶层为10 hPa T30(3.9°×3.9°)L19 Roeckner 等 1996	0.5°~2.8°×2.8°L20 深度坐标,自由表面 Wolff 等 1997	流动海冰,冰腺 Wolff 等 1997	热量通量,淡水通量 Min 等 2005	水桶,冠层,径流 Roeckner 等 1996; Dümenil 和 Todini 1992
10. FGOALS-g1.0 2004	大气科学和地球流体力学数值模拟国家重点实验室/大气物理研究所,中国	顶层为2.2 hPa T42(2.8°×2.8°) Wang 等 2004	1.0°×1.0°L16 eta 坐标,自由表面 Jin 等 1999; Liu 等 2004	流动海冰,冰腺 Briegleb 等 2004	无通量订正 Yu 等 2002,2004	多层土壤,冠层,径流 Bonan 等 2002
11. GFDL-CM2.0 2005	美国商业部/国家海洋和大气管理局/地球流体动力学实验室,美国	顶层为3 hPa 2.0°×2.5°L24 GFDL GAMDT 2004	0.3°~1.0°×1.0° 深度坐标,自由表面 Gnanadesikan 等 2006	流动海冰,冰腺 Winton 2000; Delworth 等 2006	无通量订正 Delworth 等 2006	水桶,冠层,径流 Milly 和 Shmakin 2002; GFDL GAMDT 2004
12. GFDL-CM2.1 2005		顶层为3 hPa 2.0°×2.5°L24 GFDL GAMDT 2004 用半拉格朗日输送	0.3°~1.0°×1.0° 深度坐标,自由表面 Gnanadesikan 等 2006	流动海冰,冰腺 Winton 2000; Delworth 等 2006	无通量订正 Delworth 等 2006	水桶,冠层,径流 Milly 和 Shmakin 2002; GFDL GAMDT 2004

续表

模式名称,年代	发起机构,国家	大气层顶,分辨率,参考文献	海洋模式分辨率,垂直坐标,上边界条件,参考文献	海冰模式动力学,是否考虑冰脊,参考文献	耦合通量订正,参考文献	陆面模式,土壤,植被,径流,参考文献
13. GISS-AOM 2004	国家航空和航天局(NASA)/戈达德空间科学研究所(GISS),美国	顶层为 10 hPa 3×4°L12 Russell 等 1995	3×4°L16 质量/面积坐标,自由表面 Russell 等 1995	流动海冰,冰脊 Flato 和 Hibler 1992	无通量订正	多层土壤,冠层,径流 Abramopoulos 等 1988; Miller 等 1994
14. GISS-EH 2004		顶层为 0.1 hPa 4×5°L20 Schmidt 等 2006	2×2°L16 密度坐标,自由表面 Bleck 2002	流动海冰,冰脊 Liu 等 2003; Schmidt 等 2004	无通量订正 Schmidt 2006	多层土壤,冠层,径流 Friend 和 Kiang 2005
15. GISS-ER 2004	NASA/GISS,美国	顶层为 0.1 hPa 4×5°L20 Schmidt 等 2006	4×5°L13 质量/面积坐标,自由表面 Russell 等 1995	流动海冰,冰脊 Liu 等 2003; Schmidt 等 2004	无通量订正 Schmidt 2006	多层土壤,冠层,径流 Friend 和 Kiang 2005
16. INM-CM3.0 2004	计算数学研究所,俄罗斯	顶层为 10 hPa 4×5°L21 Galin 等 2003	2×2.5°L33 sigma 坐标,刚盖 Diansky 等 2002	无流动海冰和冰脊 Diansky 等 2002	区域淡水通量 Diansky 和 Volodin 2002; Volodin 和 Diansky 2004	多层土壤,冠层,无径流 Volodin 和 Lykosoff 1998
17. IPSL-CM4 2005	拉普拉斯研究所,法国	顶层为 4 hPa 2.5×3.75°L19 Hourdin 等 2006	2×2°L31 深度坐标,自由表面 Madec 等 1998	流动海冰,冰脊 Fichefet 和 Morales-Maqueda 1997; Goosse 和 Fichefet 1999	无通量订正 Marti 等 2005	多层土壤,冠层,径流 Krinner 等 2005
18. MIROC3.2 (hires) 2004	气候系统研究中心(东京大学),国立环境研究中心,日本	顶层为 40 km T106(1.1×1.1°)L56 K-1 项目开发者 2004	0.2×0.3°L47 sigma 坐标/深度坐标,自由表面 K-1 项目开发者 2004	流动海冰,冰脊 K-1 项目开发者 2004	无通量订正 K-1 项目开发者 2004	多层土壤,冠层,径流 K-1 项目开发者 2004; Oki 和 Sud 1998
19. MIROC3.2 (medres) 2004		顶层为 30 km T42(2.8×2.8°)L20 K-1 项目开发者 2004	0.5~1.4×1.4°L43 sigma 坐标/深度坐标,自由表面 K-1 项目开发者 2004	流动海冰,冰脊 K-1 项目开发者 2004	无通量订正 K-1 项目开发者 2004	多层土壤,冠层,径流 K-1 项目开发者 2004; Oki 和 Sud 1998
20. MRI-CGCM2.3.2 2003	气象研究所,日本	顶层为 0.4 hPa T42(2.8×2.8°)L30 Shibata 等 1999	0.5~2.0×2.5°L23 深度坐标,刚盖 Yukimoto 等 2001	自由漂移,冰脊 Mellor 和 Kantha 1989	热量通量,淡水通量,动量通量(12°S—12°N) Yukimoto 等 2001	多层土壤,冠层,径流 Sellers 等 1986; Sato 等 1989

续表

模式名称,年代	发起机构,国家	大气层顶,分辨率,参考文献	海洋模式分辨率,垂直坐标,上边界条件,参考文献	海冰模式动力学,是否考虑冰隙,参考文献	耦合通量订正,参考文献	陆面模式,土壤,植被,径流,参考文献
21. PCM 1998	国家大气研究中心,美国	顶层为2.2 hPa T42(2.8°×2.8°)L26 Kiehl等1998	0.5°～0.7°×1.1°L40 深度坐标,自由表面 Maltrud等1998	流动海冰,冰隙 Hunke和Dukowicz 1997,2003; Zhang等1999	无通量订正 Washington等2000	多层土壤,冠层,无径流 Bonan 1998
22. UKMO-HadCM3 1997	哈德莱气候预测与研	顶层为5 hPa 2.5°×3.75°L19 Pope等2000	1.25°×1.25°L20 深度坐标,刚盖 Gordon等2000	自由漂移,冰隙 Cattle和Crossley 1995	无通量订正 Gordon等2000	多层土壤,冠层,径流 Cox等1999
23. UKMO-HadGEM1 2004	究中心/英国气象局,英国	顶层为39.2 km 1.3°×1.9°L38 Martin等2004	1.0°×1.0°L40 深度坐标,自由表面 Roberts 2004	流动海冰,冰隙 Hunke和Dukowicz 1997; Semtner 1976; Lipscomb 2001	无通量订正 Johns等2006	多层土壤,冠层,径流 Oki和Sud 1998

注:第一列表示IPCC模式名称和第一次发表模式结果的时间。第二列是发起机构和国家。第三列是模式上边界的气压,以谱截断或经纬度格距表示的水平分辨率和垂直层数。下一列是海洋模式的水平格距,计算层数和上边界条件。第五列是关于海冰动力学方面的信息。第六列是否对海气相互作用使用了通量订正。最后一列是陆面模式的特征(土壤,植被,水体)。更多信息可见所列的参考文献。

表 16.2　一些用于季节至年尺度初值预报的全球业务模式。表中未列出结合了动力和统计模式的预报系统

模式(开发机构)	制作预报的机构	预报时长	参考文献
CFS	NCEP	9 个月	Saha 等 2006
ECHAM(MPI)	IRI	6＋多个月	Barnston 等 2003
CCSM(NCAR)			
MRF(NCEP)			
NSIPP(NASA)			
COLA			
ECPC(Scripps)			
System-Ⅲ	ECMWF	3 个月 1 年	Anderson 等 2003 George 和 Sutton 2006
GloSea	UK Met Office	3 个月	Gordon 等 2000 Graham 等 2005

16.1.6　集合气候模拟

第 7 章已讨论了天气预报中的集合方法。相似的技术也能用于 AOGCMs 对季节、年际、年代际以及世纪时间尺度的预测。Meehl 等(2007)10.5.4 节对此做了很好的总结。与集合天气预报相反,利用 AOGCMs 针对人为强迫的气候变化和季节预报所做的预测,需要对更多的不确定性来源进行取样。对于初值模拟,必须对海洋和系统其他模块的不确定的初始状态进行取样。对于 IPCC 的模拟,未来的气溶胶和温室气体的排放是未知的,可以通过假设不同的情景对不确定性进行取样。而且,集合形式可以分为两种。其一是,基于同一个模式,对不确定性较大的内部参数和总体物理过程参数化做不同的选择,实施多个试验进行集合。另一种是利用不同模拟中心的 AOGCMs 进行多模式的集合,比如上述的 CMIP 试验或 IPCC 的集合。

在确定气候对不同强迫情景响应的试验中,某个变量的当前状态与未来状态之间的变化是初始时刻和结束时刻共同影响的结果。因为试验的目的是评估强迫对气候的影响,通常从当今气候不同的初始时刻进行集合模拟,再对模拟结果进行平均,以使得内部变率的影响最小化。

由于集合成员中不同 AOGCMs 的误差是相互独立的,所以可预计的是集合平均的效果要优于单个的集合成员。Palmer 等(2004),Hagedorn 等(2005)和 Krishnamurti 等(2006b)就此给出了季节预报的例子。对于更长时间的辐射强迫的情景,Lambert 和 Boer(2001),Taylor 等(2004)和 Reichler 和 Kim(2008)也给出了集合平均相对于单个成员的优越性(如图 16.2)。事实上,IPCC 关于全球变暖的结论也正是基于 CMIP3 多模式的集合平均。

和集合天气预报一样,同样需要对集合气候预测进行校正(Doblas-Reyes 等 2005)。因为多个国家的气候模式具有截然不同的特征,不可能假设所有模式对于每一个地理位置的每一个变量都具有相同的预报能力。因此,如果对各模式结果进行相同权重的组合,所得的并不是最优的结果。正如前面提到的,对于那些对历史气候资料具有很好检验效果的模式,在参与未来气候进行预测时,应给予更多的权重(比如,Krishnamurti 等 1999,Shukla 等 2000,2006,Goddard 等 2001,Rajagopalan 等 2002,Robertson 等 2004,Yun 等 2005)。Clemen(1989)总结了对多模式气候预测进行最优集合的不同方法。

　　Fedderson 和 Andersen(2005)的论文,是众多体现集合气候预测优点的例子之一。他们采用统计降尺度的多模式集合与降尺度的单模式这两种方法,就两个月(季节)的预报能力相比较。这些比较是针对欧洲、北美西北部、美国大陆地区、澳大利亚和斯堪的纳维亚地区过去40年降尺度的季节回报。模拟为 DEMETER 研究计划的一部分,由法国气象局、ECMWF 和英国气象局负责实施(Palmer 等 2004)。基于模式预测的集合平均(16.3.1 节提到的 MOS 方法)和上述地理区域的观测资料,构造了以线性回归为基础的降尺度算法。利用交叉验证方法(cross-validation approach,Michaelsen 1987),不使用当年资料,建立了用于每个预报年的统计关系。利用集合平均而获得的回归方程也被用于单个集合成员的降尺度工作。表 16.3 所示的是在选定的季节和地理区域对单个模式和多模式集合所做的两个月预报的距平相关检验。可看到,预报能力随地理区域、季节和模式而变化。没有哪一单个模式的表现一直优于另外一个。而集合预报的能力通常接近于最优模式,正的得分表示预报能力高于气候态预报能力。而从图 16.7 中夏季(7 月、8 月、9 月)欧洲 2 m 温度距平相关的时间序列来看,模式预报能力在年与年之间变化很大。在集合预报没有预报能力(距平相关为负或零)的年份中,其中两个成员的预报一般是失败的。大多数年份集合预报的距平相关系数为正。

表 16.3　在选定的季节和地理区域中,单个模式和多模式集合的距平相关的比较

模式	降水		2 m 温度	
	欧洲	斯堪的纳维亚地区	欧洲	斯堪的纳维亚地区
	1、2、3 月	1、2、3 月	7、8、9 月	4、5、6 月
法国气象局	0.07	0.11	0.16	0.33
欧洲中心	0.30	0.09	0.35	0.14
英国气象局	0.03	0.28	0.25	0.15
集合预报	0.22	0.27	0.35	0.28

资料来源:Fedderson 和 Andersen(2005)

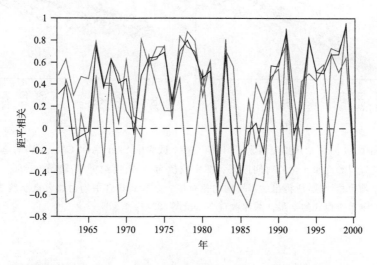

图 16.7　欧洲夏季(7 月、8 月、9 月)2 m 温度两个月降尺度预报的距平相关(年平均值)。分别来自 3 个模式(细线)和集合平均(粗线)。图片取自 Fedderson 和 Andersen(2005)。

另一个欧洲集合气候预报的工作是 ENSEMBLES 计划(Hewitt 2005)。该计划包括几个 AOGCMs 和区域模式开发、检验和应用,用以提供从季节到年代际时间尺度的集合预报。除了为欧洲提供概率预报,该计划还将模式结果与农业、健康、能源、水资源和食品安全等各个部门的需求建立了联系。

16.1.7 全球气候变化预测示例

AOGCMs 已被用来进行季节、年际、年代际和世纪时间尺度的预测。尽管本书中我们所关注的是方法而不是具体的结果,但我们仍给出几个辐射强迫试验模拟气候变化的例子。图 16.8 给出的是 IPCC AR4 试验中 21 个 AOGCMs 预测的 21 世纪全球表面平均气温和降水变化。各个模式的预测呈现显著的发散,其中降水的发散尤为显著,但是所有模式在趋势上仍大致相同。针对适应气候变化的实际问题,更直接的应用是对全球模式的输出结果在区域上的释用。对 IPCC 集合模拟的结果进行区域性分析的工作,已经被应用于多个领域,如水资源、空气质量等。例如,图 16.9 所示的是基于 IPCC AR4 18 个全球气候模式的集合平均预测的中东地区 2005 年至 2050 年的降水变化。结果显示,沿温带气旋的路径,地中海北部和东部未来有变干旱的趋势。到本世纪末,降水将减少 100 mm,而温度升高 4℃(未给出图)。值得注意的是,这种区域性的分析不是基于降尺度的方法,而是简单的对全球模式输出资料进行局部的分析。关于 AOGCM 气候预测区域性分析的其他例子,参见 Gibelin 和 Déqué(2003),Déqué 等(2005),Cook 和 Vizy(2006),d'Orgeval 等(2006),Garcia-Morales 和 Dubus(2007)以及 Hanson 等(2007)。

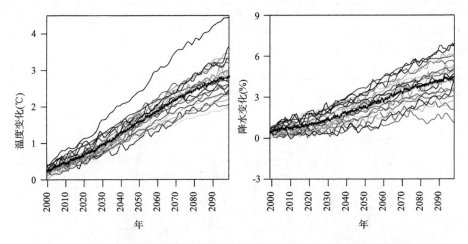

图 16.8　在 A1B 排放情景下,IPCC AR4 试验中 21 个 AOGCMs 预测的全球表面平均气温和降水变化的时间序列。图中数值为与 20 世纪模拟试验的 1980—1999 年的平均值相比较,所得出的年平均的相对值。多模式集合平均由黑色点状线表示,细线表示单个模式的结果。图片取自 Meehl 等(2007)。

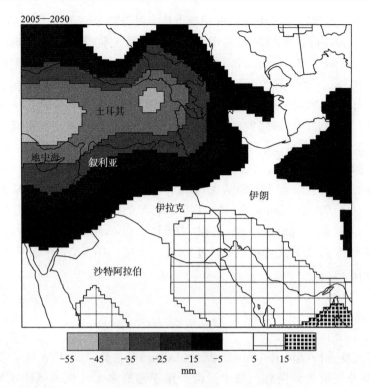

图 16.9　基于 IPCC AR4 18 个全球模式的集合平均预测的中东地区 2005 年至 2050 年的降水变化(mm)。图片取自 Evans(2008)。

16.2　当今全球气候的再分析

　　全球资料同化系统通常利用一个模式周期性地吸收观测资料,以产生与模式动力过程及观测信息相一致的模式依赖变量的格点资料。分析得到的结果有时被叫做模式同化资料集(Model-Assimilated Data Sets,简称 MADS)。这样的资料同化系统被用做当今和近期气候的大气变量场的长期分析,被研究和气候监控机构采用,也被用作业务化 GCM 预报的初始条件。其中第一个用途(重建历史条件),涉及采用一个冻结版本的同化系统来建立多年代际的分析场。这些格点数据通常被称为再分析资料。

　　即使在整个再分析期间使用相同的同化模拟程序,以避免由于模式改变而导致分析气候的漂移,但显然,在此期间被吸收资料的种类和数量的变化是不可避免的。整个期间内,观测位置改变、由于政治和经济的原因所导致整个国家或地区资料的周期性缺失以及观测平台(例如卫星)发生改变。由此,不可避免地造成这一过程缺乏均一性,可能导致再分析资料精度的改变和用其来解释气候时的困难。所以,当引进重要的新观测平台时,需要分别对具有新数据的和没有新数据的同化系统进行短时间的平行测试,以利于评估新数据对所分析气候的影响。

　　不同的分析变量对于模式和同化观测资料具有不同的相对依赖性。例如,表面通量和降水通常不进行同化,因此再分析资料中它们的数值可能完全是模式结果。相反,对风场、质量场变量、热力学变量采用了同化,因而对这些变量的分析结果代表了观测和模式动力约束的共同作用。

不同的全球再分析系统都采用类似的同化方法。NCEP-NCAR 再分析项目(NNRP)的再分析资料(称作 R-1,Kalnay 等 1996),利用 NCEP 全球资料同化系统(Global Data-Assimilation System,Kanamitsu 1989,Kanamitsu 等 1991),对 1957 年至 1996 年 40 年间的数据,采用 6 小时间隔的同化方法。利用前 6 小时的预报作为初猜场(first guess),每 6 个小时进行一次客观分析。模式与分析资料的水平格距为 210 km,垂直 28 层。随后建立一个更新的再分析资料,该资料采用了与 NNRP 相同的数据输入和网格,同时还包含对一些模式和资料误差的订正(NCEP-DOE 再分析资料,或 R-2;Kanamitsu 等 2002a)。此外,近期由 ECMWF 提供的 ERA-40 是一套全球再分析资料,它也属于第二代再分析资料产品(Uppala 等 2005),同化模式也采用 6 小时的循环同化,水平间距为大约 125 km,垂直 60 层。其他全球再分析资料有日本 25 年再分析项目(JRA-25,Onogi 等 2007)和 NASA 的再分析(Modern Era Retrospective-analysis for Research and Applications,简称 MERRA)(Bosilovich 等 2006)。MERRA 再分析资料分辨率是经度为 2/3 度,纬度 1/2 度,垂直 72 层。JRA-25 再分析资料水平格距为 120 km,垂直 40 层。

16.3　气候降尺度

未来气候降尺度分析(future-climate downscaling)是指将 AOGCM 对未来气候的预测作为输入场,产生更小尺度气候信息的技术。由于用于预测未来气候的 AOGCMs 格距通常达到几百千米,模式的输出数据与实际需要是不相符的,例如,对于水文模式通常需要流域尺度的信息,因此降尺度方法的使用成为一种必要。可以基于对过去或当今气候进行模拟,来确定 AOGCMs 和降尺度方法的精度,但是未来气候降尺度研究的最终目的是提供高水平分辨率的未来气候信息。降尺度方法能够用于季节或更长时间尺度的初值预测,或者辐射强迫的 IPCC 类型的模拟。

同时我们还需要关于当今气候的高水平分辨率的格点信息。例如,对风能的评估和在空气质量研究中确定污染源与受体的关系,都能够从体现当今气候特征的高分辨率中尺度资料中得益。为了满足这个需要,当前气候降尺度(current-climate downscaling)方法采用到上节所介绍的以全球模式为基础的资料同化系统产生的全球格点数据。

对当前和未来的气候,有两种基本方法可用来进行降尺度分析。一种是根据格点解析尺度的全球数据,利用统计—经验关系来确定高分辨率次网格尺度的变化。另一种是利用全球资料或者拉伸网格的 AGCM,为有限区域模式(LAMs)提供侧边界强迫。前者通常称作统计降尺度(*statistical downscaling*),后者称为动力降尺度(*dynamical downscaling*)。表 16.4 总结了两种方法的优缺点。

关于气候降尺度的讨论也出现在本书的其他章节中。例如,在关于模式输出后处理的第 13 章中,讨论了用于天气预报的统计降尺度方法。而关于利用全球分析资料或全球预报模式的输出场作为 LAMs 侧边界条件的话题,在介绍数值方法的第 3 章中也进行了讨论。

无论是以统计或动力为基础的降尺度,都是对全球资料进行后处理的局地诊断分析。也就是说,通过统计或动力方法对诸如地形等局地强迫对大尺度气候的调整进行诊断,但局地强迫通常不会对全球尺度气候发生反馈而影响其他地区的气候。例外是在某些特定地区具有更高水平分辨率的可变分辨率全球气候模式(Laprise 2008)。即使在使用这种模式的情况下,如果仅仅对一个地区进行高分辨率模拟,也不能在气候模拟中对两个遥远地区之间的遥相关关系进行合适地表征。例如,如果我们模拟亚马逊流域未来的气候,我们会倾向于只对这一地区进行高分辨率的模拟。但是,最近有证据显示源自撒哈拉沙漠中面积相对较小的博德莱洼地的沙尘为亚马逊流域的植被提供了大部分营养物质(Koren 等 2006)。因此,如果对非洲这一地区没有采用足够高的分辨率就无法很好地模拟出地形所产生的大风。这样,当利用表征了土壤营养物对植被影响的模式对未来气候进行模拟时,将可能错误地得出亚马逊地区植被减少的结论。不幸的是,就像上面所提到的,我们对当今气候的敏感性没有充分地认识,更别提对于未来气候具有潜在重要影响的遥相关关系了。

表 16.4　对当前和未来气候进行统计降尺度和动力降尺度的优缺点总结

	统计降尺度	动力降尺度
优点	• 计算效率高、复杂度低 • 可用来推算 RCMs 所没有的变量(如河流流量) • 易于在不同地区之间移植 • 基于标准和公认的统计方法 • 可直接加入观测资料 • 基于大尺度输入场,可对某一点提供气候变量	• 响应具有物理协调性 • 可输出格点数据以供物理过程的分析 • 能够更好地模拟极端事件和方差
缺点	• 需要长时间的、可靠的历史观测数据进行校验 • 成功依赖于预报因子的选择 • 预报因子与预报量之间的关系可能是非定常的 • 不包括气候系统的反馈 • 方差往往被低估,可能无法较好地表征极端事件 • GCM 的偏差可导致降尺度的误差,除非对其进行修正 • 区域大小、地区和季节可影响预报能力	• 耗费大量的计算资源 • 对边界条件的位置具有敏感性 • 通常不考虑对大尺度过程的反馈 • 大尺度场的偏差可造成其误差 • 区域大小、地区和季节可影响预报能力

16.1.3 节介绍了在对当今和未来气候进行分析时,需要全球气候模式提供因变量的概率密度函数(PDFs)中的极值。因为大气的极端事件通常与小尺度特征相关,例如对流活动、强锋面、地形导致的下坡风等,所以以粗分辨率全球模式为基础的分析资料或预报场通常会低估极端事件,导致当今气候分析或未来气候预测出现过度的平滑特征。因此,有很多关于采用降尺度过程捕捉极端事件的研究。例如,极端事件统计和区域动力降尺度研究项目(STAtistical and Regional dynamical Downscaling of EXtremes,简称 STARDEX)用来比较统计和动力方法在估计欧洲未来气候极端事件方面的能力。关于 STARDEX 和极端事件降尺度的更多信息,请参见 Fowler 等(2007)。图 16.10 通过比较观测的、NNRP 全球再分析场(Kalnay 等 1996)以及 HadRM3 RCM 模拟的欧洲某个地区 30 年间每年最大的日降水量,显示了区域气候模式(Regional Climate Model,简称 RCM)降尺度可以如何更好地表征极端事件。其中 NNRP 再分析资料是基于模式的,格距为 210 km。而 RCM 的格距为 40 km,侧边界条件由分辨率是 RCM 1/4 的 AOGCM 所提供。相比基于 GCM 的 NNRP 再分析资料,RCM 所产生的极端降水量的平均量显然与观测更加相符。

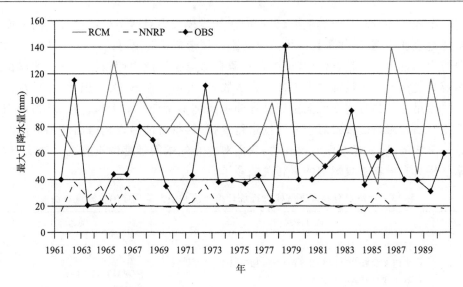

图 16.10 希腊 Larissa 地区 30 年间每年最大的日降水量。分别来自于 NNRP 全球模式再分析场（NNRP）、采用 HadRM3 RCM 的降尺度模拟（RCM）和雨量观测数据（OBS）。图片取自 Hanson 等（2007）

下面的章节将通过不同的方式的分类方法来介绍气候降尺度。首先，16.3.1 节和 16.3.2 节将分别介绍和对比统计降尺度和动力降尺度方法。然后，16.3.3 节和 16.3.4 节分别利用这些方法对未来气候和当今气候进行降尺度分析。最后将总结如何利用降尺度方法解决各种依赖于气候的实际问题。

16.3.1　统计的气候降尺度方法

空间统计降尺度

空间统计降尺度是基于大尺度天气或气候特征（预报因子），利用线性或非线性统计/经验关系来估计小尺度的局地过程（预报量，比如降水率、温度或河流流量）。大尺度天气或气候特征（预报因子）来自（1）全球再分析资料，（2）AOGCMs 的季节或年际预报，或（3）基于 AOGCMs 的更长时间气候强迫的模拟。不管是采用再分析资料还是 AOGCM 的输出资料作为（当今气候或未来气候的降尺度的）预报因子，基本的目的是在不使用高分辨率模式的前提下，即可推断出细小尺度过程的信息。降尺度包括两个步骤，第一，采用当今气候的局地和大尺度的资料，建立所关注的局地气候变量与大尺度预报因子之间的统计关系。如果无法获得一个地区的局地观测数据，则需要在某个范围内的大尺度强迫情景下针对目录化的局地响应来运行 LAM。第二，利用统计关系确定局地系统对大尺度特征（如 AOGCM 对未来气候的模拟）的响应，这种统计降尺度过程可以理解为局地系统对大尺度强迫响应的参数化，或者是确立大尺度与小尺度之间的类推关系。

在物理关系占主导的情况下，预报因子的选择显然要依赖于预报量。对于这种选择有两种要求：（1）必须可以从预报因子准确地诊断出预报量；（2）基于动力模式预报或者再分析资料定义的预报因子本身必须精确。第三个要求是在气候变化中预报因子与预报量之间的关系必须保持不变，但是否满足这个要求可能是更加存疑的。对于小尺度降水量的诊断，需要大尺度动力模式的预报因子,如降水量、海平面气压、相对湿度、位势高度、风向、涡度以及散度(Wilby 和 Wigley 2000)。此外,应在足够大的地理区域内定义预报因子,以包括相关的大尺度过程。例如,Feddersen(2003)在针对斯堪的纳维亚地区的季节降水的降尺度预报中,为了表征北大西洋涛动(NAO),包括了北大西洋的大部分地区。

降尺度所用的统计关系通常是基于观测的或分析的预报因子和预报量计算得来的。这与第 13 章所介绍的天气预报模式统计后处理的完全预报法(perfect prognosis)是类似的,即利用观测资料来定义算法,从而将模式输出数据转化为不能从模式中直接获得的信息(比如变量)。但是,因为大尺度动力模式都是具有偏差的,所以模式产生的预报因子也会将误差引入降尺度变量。对于降尺度季节预报,另外一种定义预报因子—预报量之间关系的方案是利用计算 MOS 的方法(Wilks 2006,见第 13 章)。这里,用于建立后处理关系的预报量来自于模式预报,对模式输出的后处理订正模式系统误差。在统计降尺度的气候预测中,如果统计降尺度的关系依赖于模式场,则模式的系统误差会被自动考虑在内。不幸的是,和使用任何基于MOS 的方法一样,都需要长时间序列的历史气候的再预报或回报以建立统计关系。而且,随着模式的升级必须要重新建立统计关系,因为升级后模式的系统误差也发生了改变。关于在季节预报的统计降尺度中使用该方法确定预报量的例子,请参见 Feddersen 等(1999)、Feddersen(2003)和 Feddersen 和 Andersen(2005)。

关于统计气候降尺度的一个明显的问题是此方法受限于经验关系的时间平稳性假设。也就是说,适用于当今气候资料的算法可能在未来气候是不适用的。不幸的是,一些文献有力地证明了气候经验关系的不稳定性(Ramage 1983,Slonosky 等 2001,Charles 等 2004)。与此相反,Hewitson 和 Crane(2006)认为这种不稳定性可能相对较小。当然,在物理过程参数化中将参数调整到适应当今气候的状态也是需要关注的问题。

还有很多不同的数学方法能够在大尺度的预报因子和局地的预报量之间建立统计关系。线性方法主要基于回归模型,而非线性方法基于天气分型方案和天气发生器。关于不同方法的进一步的讨论请参见 Zorita 和 von Storch(1999),Hanssen-Bauer 等(2005)和 Fowler 等(2007)。

回归模型

该方法能够直接地量化预报因子与预报量之间的关系,属于线性方法。一个简单例子是Zorita 和 von Storch(1999)基于熟知的斯堪的纳维亚地区表面温度与 NAO 之间相关关系,建立了 NAO 指数(亚速尔群岛与冰岛之间的海平面气压差)的距平与斯堪的纳维亚地区一个测站的温度距平之间的线性回归方程。这样,如果给定未来气候中 NAO 指数的变化,就能从回归方程中得知斯堪的纳维亚地区温度的变化。如下列数学构造所示,回归方法技术的复杂性可以远高于上述例子。在这些方法中都隐含着局地变量为正态分布的假设,参见 Zorita 和 von Storch(1999)和其他的参考文献关于该假设的讨论。

- 一元或多元回归(Hanssen-Bauer 等 2003,Hay 和 Clark 2003,Johansson 和 Chen 2003,Matulla 等 2003,Huth 2004,Hessami 等 2008,Huth 等 2008,Tolika 等 2008);
- 奇异值分解(Huth 1999,2002;von Storch 和 Zwiers 1999;Widmann 等 2003;Paul 等 2008);
- 典型相关分析(Wigley 等 1990;von Storch 等 1993;Busuioc 等 2001,2006,2008;Chen

和 Chen 2003；Huth 2004；Xoplaky 等 2004）；

- 经验正交函数（Zorita 和 von Storch 1999，Benestad 2001，Wilby 2001）以及
- 主成分分析（Cubash 等 1996，Kidson 和 Thompson 1998，Hanssen-Bauer 等 2003）。

天气分型方案

天气分型的方法是基于某个变量（如海平面气压或位势高度）将一个地区的大尺度天气分为不同的主导天气类型、形态或类别。然后根据历史观测资料，针对每一个类型来定义局地的天气（预报量，比如降水）。与前面提到的以大尺度变量格点值作为预报因子的回归方法不同，这里将天气类型作为预报因子。当今或未来的降尺度气候都是由预报因子（即天气类型）的发生频率来确定的。该方法假设相同的天气类型在未来气候也存在，而且每一个天气类型新的发生频率代表了气候的变化。进行天气分型可通过：自组织映射、聚类分析或经验正交函数等方法。或者，所谓的相似或天气分类方案都是以大尺度天气和局地天气的长期观测资料为基础，先将 GCM 的输出场与有记录期间的大尺度观测进行比较，接着定义出 GCM 输出场与观测相符度最好的历史案例，随后将同期观测到的局地天气与此案例进行对应。下面给出了这些方法的一些例子：

- 天气分类/相似（Zorita 和 von Storch 1999，Palutikof 等 2002，Díez 等 2005，Timbal 和 Jones 2008），以及
- 自组织映射，聚类分析，神经网络（Heimann 2001，Trigo 和 Palutikov 2001，Cavazos 等 2002，Hewitson 和 Crane 2002，Gutiérrez 等 2005，Moriondo 和 Bindi 2006，Huth 等 2008，Tolika 等 2008）。

可以针对不同时间尺度的大尺度资料来建立降尺度关系。例如，全球尺度的月或季节的异常能够通过降尺度来给出小尺度的相应异常。或者也可以对大尺度的日资料进行降尺度。Buishand 等（2004）讨论了降水统计降尺度的时间聚合类型。关于不同统计降尺度方法以及它们的局限和比较，请参见 Wilby 等（1998），Haylock 等（2006）和 Busuioc 等（2008）。

时间统计降尺度

气候预测空间降尺度的目的之一是在决策需要的空间尺度上产生有用的气候信息。类似的对于这些决策，能够在足够精细的时间结构上提供信息也是至关重要的。例如，如果需要对于水资源和农业影响进行宽泛评估，只要针对未来温度或降水距平，给出月或季节平均的时间序列就可满足需要了，但是对于农作物产量模型，则需要每天的时间序列信息，而在某些情况下甚至需要更细时间尺度的信息，例如评估山洪的威胁。这里至少存在两个问题。第一是空间降尺度可能仅提供月或季节尺度上的异常。第二，因为在大区域内进行了平均，AOGCM 大格点箱的变量的时间序列比单个点的时间序列平滑。为了解决上述问题，可以利用所谓的随机天气发生器（stochastic weather generators）产生人造的高分辨率时间序列。例如，对于降水，发生器可以模拟干湿期的时间分布，有降水和无降水的代表性天数，以及降水强度。还可以对发生器进行调整而应用于当今和最近的特定天气类型。关于随机天气发生器在气候变化研究中的应用，请参见 Katz（1996），Semenov 和 Barrow（1997），Goddard 等（2001），Huth 等（2001），Palutikof 等（2002），Busuioc 和 von Storch（2003），Katz 等（2003），Wilby 等（2003），Elshamy 等（2006），Wilks（2006）和 Kilsby 等（2007）。

16.3.2　动力气候降尺度方法

动力降尺度、或者以动力模式为基础在特定区域和时间产生高分辨率的气候条件,可以通过一些不同的方法完成(CCSP 2008)。以下的每一个方法都可以用来对当今或未来气候进行降尺度分析。

- 利用 AOGCM 的输出场或全球分析场作为侧边界条件,在所关注的地理区域利用有限区域模式(RCMs)进行长时间模拟(Jones 等 1995,1997;Ji 和 Vernekar 1997;McGregor 1997;Gochis 等 2002,2003;Frei 等 2003;Hay 和 Clark 2003;Roads 等 2003a;Boo 等 2004;Liang 等 2004;Castro 等 2005;Diez 等 2005;Kang 等 2005;Misra 2005;Paeth 等 2005;Sotillo 等 2005;Sun 等 2005;Afiesimama 等 2006;Antic 等 2006;De Sales 和 Xue 2006;Druyan 等 2006;Feser 2006;Liang 等 2006;Moriondo 和 Bindi 2006;Woth 等 2006;Christensen 等 2007;Xue 等 2007;Jiang 等 2008;Lo 等 2008;Rockel 等 2008;Salathé 等 2008)。

- 利用全球拉伸网格的 AGCMs(在第 3 章中进行了讨论),在所关注的地理区域上使用更高的水平分辨率,在气候尺度上进行模拟(Déqué 和 Piedelievre 1995,Lorant 和 Royer 2001,Gibelin 和 Déqué 2003,Déqué 等 2005,Fox-Rabinovitz 等 2006,Boé 等 2007)。

- 利用均一的高分辨率 AGCMs 进行气候模拟(Brankovi 和 Gregory 2001,May 和 Roeckner 2001,Duffy 等 2003,Coppola 和 Giorgi 2005,Yoshimura 和 Kanamitsu 2008)。

- 在粗格点的 AOGCMs 中使用非常高分辨率的地形强迫(Ghan 等 2006,Ghan 和 Shippert 2006)。

与通常具有几百千米格距的 AOGCMs 不同,用于动力降尺度模式的格距通常只有几十千米或者更小。正如用于天气预报的高分辨率 LAM 一样,高分辨率气候预测的优势是由于:(1)更好地表征细小尺度的局地强迫,比如地形或其他地貌状况的变化,(2)能够直接模拟一些过程而不用对它们进行参数化,(3)可表征更加完整的波谱之间的非线性相互作用,以及(4)模式的垂直与水平分辨率之间具有更强的兼容性。

利用上述方法进行未来气候降尺度时,降尺度模式通常没有海洋、冰雪以及植被动力学,因此地表特征必须由(1)先前运行的粗分辨率 AOGCM 的模拟结果或(2)给定海洋和地表条件的全球分析场。这些方法的共同之处是降尺度模式都需要运行几十年的时间片段,例如从1961 年到 1990 可作为参照气候,2070 年到 2100 年作为变化的气候。

即使全球、多模式集合气候预测方法被证明是非常有效的,但是许多模式的 AOGCM 输出场没有按照足够的时间频率进行存储以提供 RCM 所需的侧边界条件,这样就限制了多模式集合降尺度的实施。动力降尺度方法的另一个缺点是大气模式中的一些高分辨率特征不能与海洋动力学相互作用,导致降尺度模式中的大尺度大气特征与 AOGCM 的大尺度特征存在偏差,从而使海气相互作用受到负面的影响。

以下各个章节将介绍动力降尺度的各种不同方法。

与 AOGCMs 或全球分析场嵌套的有限区域模式

利用 RCMs 进行降尺度的一个优点是,模式通常与那些已经得到很好的发展和测试的中尺度天气预报模式很相似。可以简单地调整有限区域模式(LAM)的分辨率,使其在计算资源允许的条件下积分几十年到几个世纪。而且,大家亲睐于利用 RCMs 对未来气候进行降尺度分析,原因是用作侧边界条件的全球模式输出场可以很容易地从 IPCC 对过去、现在以及未来气候的模拟中获得。美国劳伦斯利弗莫尔国家实验室(Lawrence Livermore National Laboratory)的气候模式诊断与比较计划(Program for Climate Model Diagnosis and Intercomparison,简称 PCMDI)就存储了这些数据。而且,对于当今气候的降尺度,高质量的全球再分析资料也是对公众开放的,而且很容易获得(Kalnay 等 1996,Kanamitsu 等 2002a,Upalla 等 2005)。欧洲的有一个名为欧洲气候变化风险及影响的区域情景和不确定性预测(Prediction of Regional scenarios and Uncertainties for Defining EuropeaN Climate change risks and Effects,简称 PRUDENCE)的动力降尺度研究项目,对采用了各种 RCMs 的当今和未来的气候模拟开展了检验评估,Christensen 等(2007)总结了一系列介绍该项目研究结果的文献。文中讨论的内容还包括(1)区域气候变化对水资源、农业、生态系统、能源以及运输影响的专项模拟;(2)极端天气事件的模拟;以及(3)高分辨率气候预测结果的政策含义。此外,还有其他几个相关的项目利用 RCM 在全球各地模拟了区域气候变化,如美国的 PIRCS(Takle 等 1999),亚洲的 RMIP(Fu 等 2005),北极的 ARCMIP(Curry 和 Lynch 2002,Rinke 等 2005),以及太平洋地区的研究(Stowasser 等 2007)。

在气候降尺度中,侧边界条件对有限区域模式结果的影响与前面章节介绍的有所不同。第 3 章提到,在理想的情况下,侧边界要距离天气预测所关注的区域足够远,才能确保预报期间边界条件的负面影响不损害模式结果。但是对于气候降尺度,有限区域模式需要运行多年,因此以上的条件是不可行的。事实上,有大量文献讨论了气候降尺度对侧边界的位置、RCM 的区域大小以及侧边界条件的数据质量具有强烈的敏感性(Dickinson 等 1989,Jones 等 1995,Laprise 等 2000,Denis 等 2002,Rojas 和 Seth 2003,Seth 和 Rojas 2003,Dimitrijevic 和 Laprise 2005,Vannitsem 和 Chomé 2005,Diaconescu 等 2007)。10.4 节中介绍了一种估计侧边界条件对 RCM 模拟影响的方法。Denis 等(2002)介绍了所谓的大兄小弟(Big-Brother-Little-Brother)试验。试验中一个采用了大区域的 RCM(即大兄,Big-Brother)来建立某一地区的参照气候,而且滤去短波使得 RCM 的气候与 GCM 具有相似的尺度。然后将此滤波的参照气候作为侧边界条件,基于相同 RCM(相同分辨率)但缩小范围来进行模拟(即小弟,Little-Brother)。Big-brother 与 Little-Brother 积分的气候统计差异可归因于侧边界条件的作用。Dimitrijevic 和 Laprise(2005),Antic 等(2006),和 Køltzow 等(2008)利用相似的方法评估了侧边界条件对 RCMs 降尺度的影响。该方法其他方面的应用请参考 Laprise 等(2008)和 Laprise(2008)。

因为 RCM 旨在模拟全球天气形态强迫下的大气小尺度响应,所以我们希望区域模式的大尺度解与全球资料没有显著的差别。不幸的是,如果模式间仅仅通过区域模式的侧边界进行通信,那么区域模式的大尺度解可能漂离大尺度强迫场(如,Jones 等 1995)。在当今和未来气候的降尺度中为了减小这个问题,可以使用所谓的谱张弛逼近方法(spectral nudging)(Waldron 等 1996;von Storch 等 2000;Miguez-Macho 等 2004;Castro 等 2005;Kanamaru 和 Kanamitsu 2007a,2008;Yoshimura 和 Kanamitsu 2008;Alexandru 等 2009)。如第 6 章中所介绍的,该方法的大部分应用是基于牛顿松弛或张弛逼近的资料同化方法,利用在预报方程中的加入人为项,将模式解逼近于观测场或格点数据。但是利用谱张弛逼近方法,仅能使区域模式解的大尺度部分逼近全球资料集,而小尺度部分不受影响。

对于当今或未来气候的降尺度,如果存在足够的计算资源,使用来自 AOGCMs 或全球再分析资料的侧边界条件,可以对区域模式进行几十年的积分。但是为了使模拟更为可行,通常在选择几个的时段内进行降尺度。例如,如果需要对一个地区的某一季节进行当今气候的降尺度,则可以仅在 NNRP 再分析资料 40 年记录的每一年中所对应的三个月内进行积分。而对于未来气候进行降尺度来说,选择合理的时间段则更为困难。这是由于用以降尺度的 AOGCM IPCC 情景试验的输出场本身存在内部的气候变化,因此可能导致区域气候的变化依赖于时间段的选择。例如,如果一个内部变化的循环周期在某一时间内处于极值,那么在这个时间段内进行降尺度所得的气候就无法代表时间平均的气候状态。为了避免这类情况的发生,可以使用较长的时间段或者先对 AOGCM 内部循环进行评估而后避免选择极值。使用短时间段的另外一个显著的缺点是 RCM 没有充足的时间来发展自己的区域气候。尽管对地形和海岸线的小尺度响应可以得以发展,但是 Pielke 等(1999a)指出模式需要积分几乎一年的时间才能使本身的土壤湿度达到平衡(例如对细小尺度降水的响应)。

为了显示 RCM 降尺度的高分辨率的优势,图 16.11 给出了某一时段的南美西海岸沿海地区的平均温度和风,左图基于格距为 250 km 的 NCAR 通用气候系统模式版本 3(NCAR Community Climate System Model 3,简称 CCSM3)AOGCM 的模拟,而右图基于格距 10 km 的 WRF 模拟。WRF RCM 利用 CCSM 的模拟作为侧边界条件。从 CCSM 的平均温度场中,看不出安第斯山脉山脊的影响,但可从 WRF 结果中可以清晰地看出这一作用。

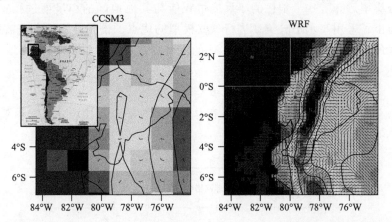

图 16.11　格距为 250 km 的 NCAR CCSM3 和格距 10 km WRF RCM 模拟结果的差异。WRF RCM 利用 CCSM 的模拟作为侧边界条件。所示的是在相同时间和地区模拟的平均温度和风。深灰色代表较低的温度。左上角地图中的插入的方框标出了位于秘鲁的模拟区域。图片由 NCAR 的 Andrew Monaghan 提供。

全球可变分辨率(拉伸网格)的 AGCMs

这种可变分辨率 GCM 在需要降尺度解的地理区域具有更高的、或有时均一的水平分辨率(比如,Déqué 和 Piedelievre 1995;Déqué 等 1998;Fox-Rabinovitz 等 2001,2002,2005,2006;Gibelin 和 Déqué 2003)。细网格是构成 AGCM 整体的一部分,格距由粗分辨率区域逐渐地过渡到细分辨率区域。因此与 RCMs 不同,使用拉伸网格时不存在传统侧边界条件的问题,而且波动从低分辨率向高分辨率地区传播过程中的潜在误差也较小。相对于 AOGCMs 单向嵌套的 RCMs,拉伸网格 GCMs 声称的其他优点包括,(1)粗网格与细网格的参数化和数值方案是一致的(确保了模式解具有更好的空间一致性),(2)区域网格所表征的过程能够反馈至全球尺度,这样就不需要 RCMs 使用的单向、依赖性的嵌套方式。但是,关于上述的观点(1)也存在着一些争议,即认为对于不同水平分辨率的区域应该使用不同的参数化方案(比如对流)。Fox-Rabinovitz 等(2006)介绍了一个 GCM 拉伸网格模式比较项目(Stretched-Grid Model Intercomparison Project,简称 SGMIP)。

这些模式已在季节至年代际的时间尺度上运行,用于对当今区域气候相关的物理过程进行研究。例如,Fox-Rabinovitz 等(2001)利用拉伸网格 GCM 研究了与 1988 年美国夏季干旱和 1993 年美国夏季洪水相关的异常区域气候。Barstad 等(2008)利用谱张弛逼近方法将拉伸网格的 GCM 逼近 ERA-40 分析场,产生的降尺度资料相较 ERA-40 分析场有了很大的改善;例如,降水的偏差从 50% 降至 11%。而对于未来气候降尺度,Gibelin 和 Déqué(2003)利用来自较粗分辨率耦合 AOGCM 的海表面温度预报场,使用拉伸网格 AGCM 模拟了在某个 IPCC 情景下地中海地区未来的气候。

均一高水平分辨率的 AGCMs

在 AOGCM 模拟的时间段内,这类 AGCMs 在全球范围采用水平分辨率较高且均一的格距来表征细小尺度的过程。这种模式一个明显的缺点是需要消耗大量的计算资源,因此仅能用于适中的时间段。其优点包括,不存在依赖性嵌套的 RCMs 所具有的侧边界条件问题,而且均一的高分辨率意味着一个地区的小尺度过程能与其他地区的小尺度过程发生相互作用。许多文献也指出了采用高水平分辨率进行气候模拟的优点。谱张弛逼近方法被用来保证高分辨率模拟的大尺度特征与粗分辨率 AOGCM 的大尺度特征相一致,同时允许地形或其他地表状况的细小尺度强迫发展区域气候特征(von Storch 等 2000,Yoshimura 和 Kanamitsu 2008)。图 16.12 总结了使用与 AOGCMs 或全球分析场嵌套的 RCMs、全球可变分辨率(拉伸网格)AGCMs 以及均一高分辨率 AGCMs 在计算成本和侧边界作用方面的相对优缺点。

图 16.12　高分辨率气候模拟的三种方法在侧边界条件的影响和计算成本方面的比较。图片改编自 CSIRO 的 Jack Katzfey。

粗网格 AOGCM 中甚高分辨率的地形强迫

该方法利用一套甚高分辨率的海拔资料集,针对一组海拔等级,确定模式每个格点的各等级的面积占比和平均海拔高度。在模拟中利用此地形信息以确定气流通过地形时的垂直位移,此处需要考虑弗劳德数(Froude)效应。基于区域面积权重,将每一个海拔等级的加热率和加湿率应用于网格平均的守恒方程。Leung 和 Ghan(1995,1998)在区域气候模式中对该方法进行了开发和检验,Ghan 等(2002)将该方法用于美国西部的全球模式(利用 NCAR CCSM)降尺度模拟中,Ghan 等(2006)在全球多种其他地理区域对该方法进行了测试。

16.3.3 未来气候的降尺度

目前人们已经利用动力和统计的方法对世界每一个地区进行了未来气候的降尺度模拟。正如之前提到的,可对基于初值的季节和多年预测进行降尺度,同样可以对辐射强迫的气候变化模拟进行降尺度。前两个章节的很多例子都与未来气候降尺度有关,可以提供这方面的进一步信息。

正如采用过去或当今气候的观测值来对预测未来气候的全球模式进行检验一样,也应该使用相似的过程对统计或动力降尺度进行检验。也就是说,应该采用代表某个地区当今或过去气候的观测值,对降尺度方法的技巧进行检验。正如前面所提到的,对于统计方法的检验,用于构造算法的观测值不应用于检验。图 16.13 所示的是针对当今气候的回报模拟,对一个统计降尺度进行检验的例子。观测显示从 2 月到 4 月西班牙北部具有强的平均降水,最大区位于大西洋沿岸(a)。ECMWF 和英国气象局的全球模式模拟结果的集合平均则没有显示出区域的细节(b)。而一个基于天气相似型的统计降尺度模拟则合理地重现了北部的强降水和西部的降水最大区。

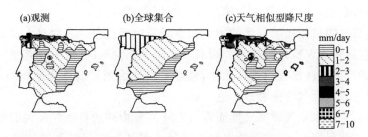

图 16.13 当今气候背景下,2 月到 4 月西班牙区域降水的比较。数据分别来自于观测(a),ECMWF 和英国气象局全球模式模拟的集合平均(b),基于天气相似型的统计降尺度(c)。图片取自 Palmer 等(2004)

下面列出了关于未来气候降尺度研究的例子,以供参考。包括确定未来区域气候的研究和利用当今气候对未来气候降尺度方法的评估。其中一组来自 Iversen(2008)的文献,总结了针对北欧的全球变暖下的区域气候变化(Regional Climate Development under Global Warming,简称 RegClim)项目。其他的例子请参见 Fowler 等(2007)。

- 亚洲—Boo 等(2004),Rupa Kumar 等(2006),Chu 等(2008),Ghosh 和 Mujumdar(2008),Paul 等(2008),Zhu 等(2008)
- 欧洲—Déqué 和 Piedelievre(1995),Jones 等(1995,1997),Zorita 和 von Storch(1999),Gibelin 和 Déqué(2003),Haylock 等(2006),Boé 等(2007),Bronstert 等(2007),Ådlandsvik(2008),Beldring 等(2008),Busuioc 等(2008),Debernard 和 Røed(2008),Haugen 和 Iversen(2008),Hundecha 和 Bárdossy(2008),Huth 等(2008),Tolika 等(2008)
- 北美—Wilby 等(1998),Leung 等(2004),Duffy 等(2006),Liang 等(2006),Gachon 和 Dibike(2007),Salathé 等(2008)
- 南美—Druyan 等(2002)
- 澳大利亚—Timbal 和 Jones(2008)
- 非洲—Lynn 等(2005)

16.3.4　当今气候的降尺度

作为当今气候降尺度的历史背景,值得指出的是大气模式被用来填补观测值在空间和时间上的空白已经有几十年了。例如,在全球尺度上,利用全球模式资料同化系统生成了长期的再分析资料,这些模式同化资料集(MADS)可用于分析趋势、研究物理过程和识别错误的观测数据。而在较小的尺度上,以全球 MADS 作为侧边界条件,中尺度模式被用来开展个例研究的短时间模拟;模式在观测点位的优良的模拟能力,被用作信任模式在那些观测上为空白的(空间和时间上)模拟的理由。在这两种情况下,利用模式填补观测空白的优点是模式物理场具有动力一致性,而且数据都位于规则格点上。此外,模式可对观测资料没有表征的局地强迫做出响应。最近,更强大的计算机运算能力使得利用降尺度方法产生长时间的中尺度分析场成为可能,这样产生的格点数据有多种多样的用途。例如,中尺度分析场可用来确定风速的统计分布结果从而对风能进行评估。边界层的气候态可用于传输、扩散或空气质量模式用以确定来源和受体的关系。此外,针对化学或核能发电设施在大气中释放有害物质的危险,这类的边界层气候态也能用于进行人群的统计风险评估。最后,利用长期的大气重构资料进行自动化解释来定义物理过程,比仅由几个个例来定义要可靠得多。

中尺度再分析资料可用于填补小的和大的空间及时间空白。在拥有大量无线电探空资料的地区,空间空白区可能仅有几百千米。而对于世界的其他地区,由于没有观测或数据没有存档,造成大面积的广阔地区没有数据。此外,全球海洋地区当然属于大面积空白区,因此必须依赖模式和卫星资料对大气特征和过程进行估计。

对于上节所讨论的未来气候降尺度而言,RCM 的解由侧边界条件和表面强迫所决定。但是对于当今气候的降尺度而言,观测数据可用来辅助模式确定区域气候的解。可以通过周期性重启动模式以间歇性地同化观测资料,或者也可以通过牛顿松弛(Newtonian relaxation)等方法来连续地同化观测资料。例如,Hahmann 等(2010)介绍了在一个基于 WRF 的 RCM 中使用牛顿松弛方法(Stauffer 和 Seaman 1994),进行当今气候降尺度中的研究。而 Nunes 和 Roads(2007a,b)则给出了在区域降尺度中,同化降水资料的优点。如果 RCM 按照规则的时间间隔启动并每次从新的初始条件开始积分(例如为了同化观测资料或与大尺度分析场保持一致性),模式本身的内部区域气候有可能一直无法达到完全的平衡。即便 RCM 的解包含热力或地形强迫的小尺度特征,这显然是相对于粗分辨率分析场的优势,但重新启动也会阻碍模式发展自身的土壤湿度平衡以及陆气反馈过程。

当 MADS 用于特定的目的时,需要根据该应用的特点,对分析场的真实性进行有针对性的检验。例如,对于风能评估,模式必须能够合理地重现发电机高度上的风速的概率密度函数(PDF)。这是因为当风速超过一个阈值时,发电设备容易受到损坏,所以尤其需要模式模拟出大风速的 PDF。类似地,在空气质量或其他物质传输和扩散模式的应用中,必须对边界层高度、静力稳定度和边界层中的平均风速进行准确的模拟。

MADS 的具体应用也决定了对数据的释用方式。也就是说,如何将再分析资料转换成有用的、直观的、易于理解的气候学信息,这通常超出简单、常规的气候统计计算。进一步的处理可能需将资料数据,根据日和季节分成不同的天气类型。也可能需要对某个特定的地区,根据风场或降水分布,定义一个七月的"典型日",而这种产品显然不是气候平均值。而且对于许多应用来说,需要某个变量完整的 PDF;例如降水强度的 PDF 对于水文应用来说是必需的。

　　图 16.14 所示的是一个利用 RCM(MM5)进行当今气候降尺度的例子。在这个例子中,模式对高于地面 60 m 风的气候态的模拟能力对于风力发电有影响。图中描述了地中海东海岸一个测站 1998—2007 年一月份观测的风速分布频率,也给出了基于 ECMWF 再分析资料以及对 NNRP 再分析资料进行降尺度的 MM5 模拟的风速分布频率。结果明显地显示,增加模式分辨率并非总能改善 PDFs:图中 RCM 能更好地表现谱的低速部分,而全球再分析资料能更好地体现高速部分。

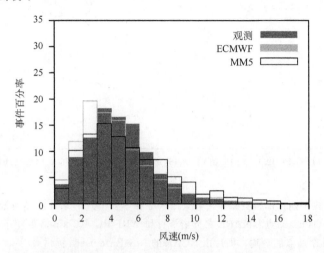

图 16.14　地中海东海岸一个站点 1998—2007 年一月份的地面 60 m 风速的频率分布。数据分别来自于观测(深灰色),MM5 RCM 的降尺度模拟(黑色线)和 ECMWF 全球模式(浅灰线)。图片取自 Hahmann 等(2010)

　　图 16.15 所示的是另一个利用 RCM(WRF 模式)进行当今气候降尺度的例子。这里,WRF 的侧边界条件由北美区域再分析资料提供(North American Regional Reanalysis,简称NARR,Mesinger 等 2006),对位于科罗拉多州西部的落基山脉某个地区进行 6 个月的模拟,该地区也是科罗拉多河的源头。WRF 格距为 2 km,NARR 为 32 km。图中所示的是 NARR和 WRF RCM 模拟的 120 个积雪观测站(SNOwTELemetry-SNOTEL)平均的冬春季累计降水量(液体当量)。将 NARR 和 WRF 模拟的降水值双线性地插值到 SNOTEL 站点。可以看出在本例中,相较粗分辨率的再分析资料,RCM 的模拟显然效果更好。我们期望这种基于RCM 的降尺度对于未来气候的降尺度也有同样较好的效果。

　　和产生的 NNRP、NCEP-DOE、MERRA 和 ERA-40 全球再分析资料一样,一些当今气候的动力降尺度工作已提供了可公开获取的格点数据。例如,利用 NCEPEta 模式(Janjić 1994)的资料同化系统(EDAS),产生了北美和附近海洋地区的区域再分析资料(NARR)。与全球分析系统不同,用来构造 NARR 的 EDAS 系统同化了高质量降水观测资料。因而,更加准确地描述了陆面状况以及陆气相互作用,这使得分析场更加适合水文研究。NARR 的水平格距为 32 km,垂直 45 层,侧边界条件由 NCEP-DOE(R-2)全球再分析资料提供。该再分析资料涵盖了 25 年(1979—2003 年),在 2003 年以后则利用一个区域气候资料同化系统继续产生近实时的再分析资料。另一个针对北美、长期的当今气候降尺度模拟涵盖了 1950—2002 年,利用的是 RAMS 模式(Castro 等 2007a,b)。而加利福尼亚地区有一个 57 年的区域再分析资料,格距为 10 km,可用于各种气候研究(Kanamitsu 和 Kanamaru 2007,Kanamaru 和 Kanamitsu 2007b)。此外,其他地区,比如欧洲和北极,也建立公开的区域再分析资料。

　　除了上面提到的,以下列出了其他一些利用当今气候降尺度方法,对区域气候或重要物理过程进行研究的例子:

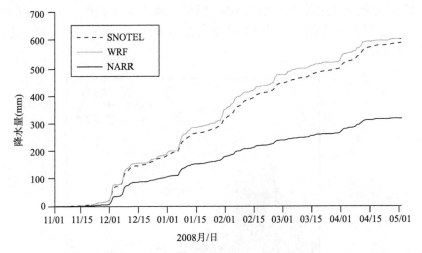

　　图 16.15　科罗拉多州西部科罗拉多河源头地区冬春季 6 个月的累计液体当量降水。数据分别来自于观测(120 个 SNOTEL 站点),NARR 再分析资料和 WRF RCM(2 km 格距)的降尺度模拟。观测值和分析值都基于 120 个站点的平均。图片由 NCAR 的 Roy Rasmussen 提供。

- 亚洲—Ji 和 Vernekar(1997),Fox-Rabinovitz 等(2002),Kang 等(2005)
- 欧洲—Heimann(2001),Frei 等(2003),Fil 和 Dubus(2005),Sotillo 等(2005),Žagar 等(2006),Boé 等(2007)
- 北美—Stensrud 等(1995),Fox-Rabinovitz 等(2001,2002,2005),Gochis 等(2002, 2003),Hay 和 Clark(2003),Widmann 等(2003),Liang 等(2004),Duffy 等(2006),Xue 等(2007)
- 南美— Fox-Rabinovitz 等(2002),Roads 等(2003b),Rojas 和 Seth(2003),Seth 和 Rojas(2003),Misra(2005),Sun 等(2005),Rauscher 等(2007)
- 澳大利亚—Fox-Rabinovitz 等(2002),Mehrotra 等(2004)
- 非洲—Fox-Rabinovitz 等(2002),Song 等(2004),Paeth 等(2005),Afiesimama 等(2006),Druyan 等(2006,2007),Anyah 和 Semazzi(2007)

16.3.5　气候降尺度解决实际问题的例子

　　正如前面提到的,通常必须在局地和区域层面上对气候影响进行预测、理解和应对,这就驱动了许多针对当今和未来气候的降尺度工作。表 16.5 提供了一些通过大量降尺度研究来解决实际问题的例子。该表不包括用于以下领域的降尺度研究:(1)降尺度方法的评估和比较,(2)长期的中尺度物理过程研究,以及(3)为了获得对未来气候降尺度的信心而进行的当今气候降尺度方案的检验。Fowler 和 Wilby(2007)介绍了一系列用于水文影响研究的降尺度技术文献。

表 16.5 降尺度研究所解决实际问题的例子。下列为(1)应用实例；
(2)降尺度基于动力(D)还是统计的(S)；(3)降尺度是否用于对未来气候(而非当今)的模拟，
模拟是针对气候变化强迫(GG,温室气体)或基于初始条件(IC)；(4)相关的地理区域；(5)参考文献

应用实例	动力或统计	温室气体强迫或全球预报初值或当今气候	地理区域	参考文献
水资源、干旱、洪水	S	IC	英国	Wilby 等 2004,2006
	S 和 D	GG	英国	Haylock 等 2006,Bell 等 2007
	D	GG	欧洲	Hanson 等 2007,Blenkinsop 和 Fowler 2007
	S 和 D	GG	德国	Bronstert 等 2007
	S	GG	澳大利亚	Charles 等 2007,Timbal 和 Jones 2008
	S 和 D	IC	西班牙	Diez 等 2005
	S	GG	希腊	Tolika 等 2008
	D	当今气候	北美	Brochu 和 Laprise 2007
	D	GG	北美	Salathé Jr. 等 2007,2008
	S	GG	东亚	Paul 等 2008
空气质量	D	GG	美国休斯敦	Jiang 等 2008
风能	S 和 D	GG	欧洲	Pryor 等 2005a,b;2006
	S	当今气候	欧洲	Heimann 2001,Landberg 等 2003
浪、风暴潮	D	GG	北海	Woth 等 2006,Debernard 和 Røed 2008
一般天气	D	GG	美国	Liang 等 2006,Salathé Jr. 等 2008,Leung 等 2004,Duffy 等 2006
农作物生长、农业	S 和 D	GG	意大利	Moriondo 和 Bindi 2006,Marletto 等 2005
放射性废物处置	D	当今气候	美国	Dickinson 等 1989
林业	D	GG	欧洲	Hanson 等 2007
能源应用	D	GG	欧洲	Hanson 等 2007
旅游业	D	GG	地中海	Hanson 等 2007
保险业	D	GG	欧洲	Hanson 等 2007
温度极值	D	当今气候	加拿大	Gachon 和 Dibike 2007
	S	IC	西班牙	Frías 等 2005
飓风	D	GG	大西洋	Knutson 等 2008

16.4 模拟人为地貌变化的气候影响

大气模式是评估历史或未来地貌状况改变对气候影响的好工具。具体来讲，可先基于改变之前的地貌状况进行一个试验模拟，再基于改变之后的地貌状况进行第二个试验模拟，最后记录两个试验在天气与气候方面的差别。有时采用短时间的模拟来关注对天气的影响，由此可推算对气候的影响。或者，可进行长时间的成对模拟，以对气候统计结果进行更加直接的计算。如果试验是针对历史时期进行，目的通常是为了更好地理解可能造成近期区域气候变化的陆气相互作用过程。或者，可以在通过"假设"试验，对地貌状况未来可能的改变进行估计，也就是说，如果发生特定的人为改变，如持续的城市化、草原向耕地的转变、灌溉方法的改变或者沙漠化，会对区域气候产生什么样的影响。这类研究通常利用 GCM 或耦合的 GCM-RCM 就当今

大尺度气候进行模拟,有时在预期的人为活动对地貌的改变之外,还包括了气候强迫的影响。

据估计人类改变了1/3到1/2的地球陆地面积,因此地貌状况的改变不仅明显对局地气候产生了影响,其总体的效应也可能影响全球尺度的环流。例如,Pielke(2005)指出地貌状况改变天气的效应可能与温室气体对气候状态的改变同等重要,同时他进一步指出在IPCC模拟中没有得到充分地考虑人为的地貌状况改变。

16.4.1　模拟具体的人为地貌变化对局地和区域气候的影响

下列各节介绍几种已对其气候影响进行了模拟的不同类型的地貌状况人为改变。

城市化与郊区化

即使城市地区仅覆盖了地球陆地面积的0.2%,但是它们对局地和区域气候会产生显著的影响。因此,必须准确地表征城市地貌(Jin和Shepherd 2005),而且RCMs的陆面模块必须包括它们的物理特性。城市的热岛效应是一个众所周知的城市化对局地气候的影响,热力效应能达到5~10℃。例如,Jiang等(2008)对美国休斯敦市,同时研究了未来城市化对地貌状况的改变和温室强迫的影响。该研究利用耦合的CCSM与WRF-Chem模式分别在当今时间段和在A1B排放情景下的未来时间段(2051—2053)进行积分。并基于期望中城市增长所带来的地貌状况改变,来给定了未来气候模拟中的WRF RCM的陆面状况。因为模拟的目的是预测对地表臭氧浓度的影响,所以采用了WRF-Chem模式。另外的例子是,Pielke等(1999b)和Marshall等(2004)进行了多月的RCM模拟,显示了上世纪佛罗里达半岛的发展对区域气候显著的影响。

森林砍伐和农业扩张

此类地貌状况的改变所涉及的地区面积极大,而且已有许多的数值模拟研究评估了其对区域气候的影响。例如,Strack等(2008)利用RCM和美国东部的陆面覆盖数据对1650年、1850年、1920年、1992年的区域气候进行估计,时间跨度涵盖了自从欧洲殖民运动开始的森林砍伐和农业扩张。从1650年开始,模式模拟显示日最高和最低温度上升了0.3~0.4℃,大部分的变化发生在1920年之前。Adegoke等(2006)发现美国高平原(US High Plains)的地貌状况改变引起了类似的重要气候效应。例如,云的发展在农业用地上要比在森林地区提早将近两个小时。即使在想象中我们可能认为沙漠气候不会受人类活动影响,但Beltrán-Przekural等(2008)的研究表明由过去150年间的过度放牧导致的奇瓦瓦沙漠(Chihuahuan Desert)草原向灌木丛的转变,对区域气候产生了显著的影响。在对热带地貌状况改变的研究中,Lawton等(2001)的研究指出了哥斯达黎加地区的森林砍伐对附近山区生态系统的影响。对于非洲,Semazzi和Song(2001)则评估了砍伐热带雨林对气候的潜在影响。

农业灌溉

随着农业活动扩展到半干旱地区,大面积的地区受到灌溉,使得土壤湿度大大超过了其自然值。模式显示这对区域气候有显著的影响。Segal等(1989)利用一个LAM和观测资料研究了科罗拉多东部地区灌溉对大气的效应,发现灌溉具有显著影响。Yeh等(1984)利用一个简单的全球模式显示了大面积灌溉对区域气候尤其对降水有重要影响。Chang和Wetzel(1991)利用一个LAM显示了在北美大平原(Great Plains)东部,土壤湿度和植被的空间变化会影响暴风雨前对流环境的演变。Beljaars 等(1996)的研究则表明美国中西部1993年7月极端降水的模式预报与前一天左右的土壤湿度异常有着密切的关系。Paegle 等(1996)发现通过对低空急流的作用,模拟的降水与同时期的局地蒸发量密切相关。Chen 和 Avissar(1994)发现地貌状况的不连续性(如灌溉区与非灌溉区的边界区域)能够增强浅对流降水。Chase 等(1999)和 Chen 等(2001)的研究表明科罗拉多东北部的半干旱草原向旱作农田和灌溉农田的转变会影响局地的大气状况和其西部山区的降水。

16.4.2 地貌状况的人为改变对全球气候影响的模拟

因为人类活动已经对地表状况造成大面积的改变,所以有理由认为累积的效应足够巨大以致影响全球的天气和气候。Feddema 等(2005)描述了一个基于 AOGCM 的试验,用以评估这种大尺度的影响。通过在 IPCC A2 和 B1 情景模拟试验中加入全球土地覆盖变化的作用,他们显示地貌状况的改变会影响区域气候的诸多方面,乃至影响全球的环流形势。例如,在模拟至2100年的 A2 情景试验中,亚马逊地区农业的扩张影响了 Hadley 环流、季风环流和 ITCZ 的位置,这些变化会继而影响温带的气候。在利用 AGCM 进行的模拟中,Chase 等(2000)表明热带地区地貌状况的变化能够改变北半球高纬度地区冬季的气候,包括使西风急流北抬。Pielke(2002b)则认为人类活动对地貌状况改变在 IPCC 评估中被忽视了。

建议进一步阅读的参考文献

AOGCM 模拟

AchutaRao,K.,C. Covey,C. Doutriaux,*et al*.(2004). *An Appraisal of Coupled Climate Model Simulations*. Lawrence Livermore National Laboratory report UCRL-TR-202550, 16 August 2004.

Giorgi,F.(2005). Climate change prediction. *Climate Change*,**73**,239-265,doi:10.1007/s10584-005-6857-4.

Hurrell,J.,G. A. Meehl,D. Bader,*et al*.(2009). A unified modeling approach to climate system prediction. *Bull. Amer. Meteor. Soc.*,**90**,1819-1832.

IPCC,2007:Climate Change 2007:*The Physical Science Basis. Contribution of Working Group I to the Fourth Assessment Report of the Intergovernmental Panel on Climate Change*,S. Solomon,D. Qin,M. Manning,*et al*.(eds.). Cambridge,UK:Cambridge University Press.

McGuffie,K. and A. Henderson-Sellers(2001). Forty years of numerical climate modeling. *Int. J. Climatol.*,**21**,1067-1109.

季节至年际尺度的模拟

Goddard,L.,S. J. Mason,S. E. Zebiak,*et al*.(2001). Current approaches to seasonal-to-inter-annual climate predictions. *Int. J. Climatol.*,**21**,1111-1152.

Shukla,J.,J. Anderson,D. Baumhefner,*et al*.(2000). Dynamical seasonal prediction. *Bull. Amer. Meteor. Soc.*,**81**,2593-2606.

气候降尺度

Feser,F.(2006). Enhanced detectability of added value in limited-area model results separated into different spatial scales. *Mon. Wea. Rev.*, **134**, 2180-2190.

Fowler, H. J., S. Blenkinsop, and C. Tebaldi (2007). Linking climate change modelling to impacts studies: Recent advances in downscaling techniques for hydrological modelling. *Int. J. Climatol.*, **27**, 1547-1568.

Hanssen-Bauer, I., E. J. F. rland, J. E. Haugen, and O. E. Tveito (2003). Temperature and precipitation scenarios for Norway: comparison of results from dynamical and empirical downscaling. *Climate Res.*, **25**, 15-27.

Hewitson, B. C., and R. G. Crane (1996). Climate downscaling: Techniques and application. *Climate Res.*, **7**, 85-95.

Laprise, R. (2008). Regional climate modelling. *J. Comput. Phys.*, **227**, 3641-3666.

Laprise, R., R. de Elía, D. Caya, *et al.* (2008). Challenging some tenets of regional climate modeling. *Meteorol. Atmos. Phys.*, **100**, 3-22.

Wilby, R. L., and T. M. L. Wigley (1997). Downscaling general circulation model output: a review of methods and limitations. *Prog. Phys. Geog.*, **21**, 530-548.

模拟人为地貌变化的气候影响

Feddema, J. J., K. W. Oleson, G. B. Bonan, *et al.* (2005). The importance of land-cover change in simulating future climates. *Science*, **310**, 1674-1678.

Pielke, R. A., Sr. (2005). Land use and climate change. *Science*, **310**, 1625-1626.

Pielke, R. A., Sr., J. Adegoke, A. Beltrán-Przekurat, *et al.* (2007). An overview of regional land-use and land-cover impacts on rainfall. *Tellus*, **59B**, 587-601.

Pielke, R. A., G. Marland, R. A. Betts, *et al.* (2002). The influence of land-use change and landscape dynamics on the climate system: relevance to climate-change policy beyond the radiative effect of greenhouse gases. *Phil. Trans. R. Soc. Lond.*, **360**, 1705-1719.

问题与练习

(1)基于老师介绍的网页,学习如何获取 IPCC 模式输出场,并利用该数据简要地展示特定区域的气候变化。

(2)在解释当今或未来气候降尺度的输出场时,通常需要定义一个"典型日"而不是简单的平均值或变量的 PDFs。对可能的方法进行说明。

(3)针对用来研究人为地貌变化对区域气候影响的模式,总结模式中需表征的陆面—大气—生物反馈过程。

(4)对气候模式的模式分量测试进行举例说明。

(5)总结促进气候系统内部变化的各种不同循环的种类和时间尺度。

(6)基于你对物理过程的理解,针对不同的预报量,建议一些合理的预报因子。

(7)描述气候模式应用中,哪些模式变量的 PDFs 尤为重要的类型。

(8)在模拟辐射强迫的气候变化时,气候系统在数年到数十年时间尺度上的内部变率,会对结果有所影响。而当解释季节性气候预测时,是否需要理解和考虑时间尺度更短的变率?

(9)为什么与特定动力框架有关的 Rossby 波相速度误差会对气候预测产生影响?

附录 简单浅水方程代码结构和试验的建议

　　许多数值天气预报的课程涉及到学生对一维或二维浅水模式的编程,以及使用这些模式来说明不同数值方法对模式解的影响(第 3 章中介绍)。这使得学生能够熟悉模式的结构,获得代码纠错经验,而且能实施试验以证实课本中讨论的概念。

　　本附录介绍了一个进行浅水方程(2.3.3 节进行了介绍)编码的总体框架,以及一些试验,它们可作为数值预报试验课程中的一部分。因为模拟代码的细节由具体的编程语言所决定,这里只给出模式设计的提纲。最好的方式是从一维模式开始。图 A.1 是以平流方程为例,求解该系统过程的示意图。横坐标是空间维数,纵坐标是时间。除非设为定常的平均速度,否则当然需要预报方程对 u 进行预报。

　　模式的组成部分或子程序组织如下。

　　• 设置参数—定义确立模式结构的物理常量和变量,包括重力加速度常数(g)、科氏参数(f)、格距(Δx)、时间步长(Δt)、模拟时长(timemax)、以格点数表征的计算数组维($idim$)、输出频率等。其他的变量可能也需要这儿定义,其依赖与所使用方程的具体形式。

　　• 初始化—定义模式变量的初值;$u(1\rightarrow idim)$,$v(1\rightarrow idim)$ 和 $h(1\rightarrow idim)$。

　　• 倾向计算—例如,对于网格点 $i = 2\rightarrow idim-1$,

$$UTEND_i^\tau = u_i^\tau \frac{u_{i+1}^\tau - u_{i-1}^\tau}{2\Delta x} + fv_i^\tau - g\frac{h_{i+1}^\tau - h_{i-1}^\tau}{2\Delta x}$$

　　• 外插—例如,对于网格点 $i = 2\rightarrow idim-1$,

$$u_i^{\tau+1} = u_i^{\tau-1} + 2\Delta t UTEND_i^\tau \tag{A.1}$$

　　• 确定侧边界条件—当 i 等于 1 和 $idim$ 时设置为常数或周期性边界条件等。

　　• 输出绘图—对变量进行绘图。

　　• 数据存储—存储用于分析和重新启动。遇到硬件或软件问题使模式中断,模式需要重启,重启动文件包含了需要无间隙地启动模式的所有信息。如果没有重启文件,模拟就需要从头开始,这样很浪费计算资源。但对于简单的试验,该文件通常是不必要的。

　　图 A.2 给出了这些程序在模式积分中的标准流程。

　　如果不使用临时数组,外插可能是有问题的。也就是说,方程(A.1)中格点数(i)可用作变量数组的索引(index),但时间步数(τ)不能用作数组的索引。这是因为不需要每一步都对变量值进行存储,这样会需要大量的存数空间。因此临时数组需要用如下的方式。对于每一时间步,对网格点 $i = 2\rightarrow idim-1$,求解

$$ua_i = ub_i + 2\Delta t UTEND_i^\tau$$

其中 ua 代表 u 的"前值",ub 代表"后值"。对于每个内部格点计算 ua_i 之后,做下列交换:

$$u_i \rightarrow ub_i \text{ 和}$$

$$ua_i \rightarrow u_i$$

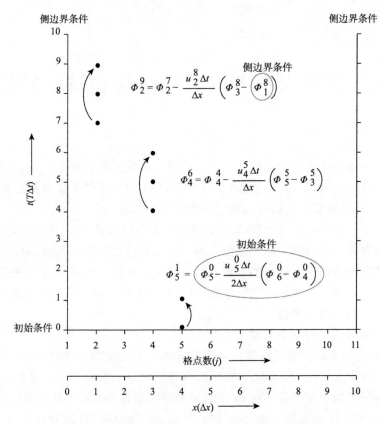

图 A.1　基于变量 Φ 的平流方程，求解一维浅水方程的方法示意图。变量上标为格点数（横坐标），下标为时间步数（纵坐标）。

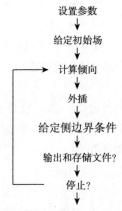

图 A.2　执行简单模式模块的标准顺序（流程图）。

对每一时间步重复该过程。

对于初始试验，建议使用下面的配置。

- 格点总数（*idim*）为 100。

- 格距 $\triangle x = 10$ km。

- 侧边界条件是周期的。参见图 3.49 可知信息是如何交换的。网格一端的边界值由另一端倒数的点进行定义。在一端离开网格时在另一端进入网格,本质上计算区域是对本身进行环绕。

- 选择中纬度的值作为科氏参数。
- 将时间步长定义为 CFL 判据的 80%。

最后,下表列举了可用浅水模式进行的试验。注意对模式的检查过程贯穿于所有的试验。

- 线性平流试验:初始试验包括高度场扰动的平流。使用三点时间和空间差分,不使用显式扩散。不考虑方程中的其他项,使用常数 u。也就是,没有关于 u 的预报方程。使用不同的扰动形态,如高斯函数、方波和三角形波。一阶不连续的波形具有更多的短波能量,因此数值频散更加明显。
- CFL 违背试验:选择一个违反线性稳定性判据的时间步长,例如使用 Courant 数为 1.1。将每一步的模式解打印出来观察不稳定性。
- Courant 数对模式解的作用:使用 h 的线性平流方程,在稳定值的范围内改变时间步长来观察不同的 Courant 数是如何影响模式解的。检验 Courant 数的范围从 0.1 到 0.99。
- 扩散项检验:在 h 的线性平流方程中加入二阶扩散项,对于不同的稳定扩散系数,研究扩散项对模式解的影响。使用高阶扩散项重复该试验。
- 重力波试验:利用三个预报方程的完整形式模拟重力波。将初始的风分量设为 0,在网格中央将初始高度场设为平滑的扰动(最大值),叠加在平均值之上。模式解所显示的是重力波在两个方向上对质量的输送。使用平均高度不同的流体重复该试验。
- 水平分辨率试验:对于相同的初始条件(扰动波长和振幅),研究水平分辨率对模式解的影响。从能很好分辨波动的格距开始,在随后的试验中逐渐增加格距。
- 地转调整试验:在初始条件中建立 h 扰动(如高斯)和风的 v 分量之间的地转平衡关系。运行模式确定该平衡是否正确。然后利用 h 的扰动场,但 v 的初始值为 0,运行模式 48 小时,观察地转调整过程。利用初始与 h 扰动场处于地转平衡的 v,但是不包含 h 的扰动,进行类似的试验,再运行 48 小时来观察地转调整过程。分别对天气尺度扰动和中尺度扰动进行试验,观察调整过程的差异。
- 高级试验:建立浅水方程的谱方法版本,与格点模式的解进行比较。

表 A.1 对这些试验进行了总结。

表 A.1 推荐的一维浅水模式试验

试验	初始条件	方程组	说明
1. 线性平流试验			
1a 波形	高斯波	h 的线性平流方程,二阶时间空间差分	Courant 数 = 0.8
1b 波形	方波	同上	同上
1c 波形	三角波	同上	同上
1d CFL 违背试验	高斯波	同上	Courant 数 = 1.1
1e Courant 数的影响	高斯波	同上	Courant 数由 0.1 至 0.99 变化
1f 水平分辨率试验	高斯波	同上	改变 Δx 使得 $L = 4\Delta x$ 至 $L = 20\Delta x$
1g 高阶差分方案	高斯波	线性平流,高阶空间差分以及多步时间积分方案	

试验	初始条件	方程组	说明
2. 扩散试验			
2a 稳定扩散	高斯波	同上＋二阶扩散	使用稳定的 K 值,对 $2\Delta x$ 的波进行衰减
2b 稳定扩散	高斯波	同上＋四阶扩散	
2c 稳定扩散	高斯波	同上＋六阶扩散	
2d 不稳定扩散	高斯波	同上＋六阶扩散	使用稍不稳定的 Δt
3. 重力波试验			
3a 标准深度	高斯扰动的 h 场, $u=v=0, H=8$ km	具有扩散的完整差分方案	
3b 减小的深度	同上, $H=2$ km	同上	
4. 地转调整试验			
平衡的初始条件	高斯扰动的 h 场, $u=0, v=v_g$	具有扩散的完整差分方案	
不平衡的初始条件	高斯扰动的 h 场, $u=v=0$	具有扩散的完整差分方案	对天气尺度扰动和中尺度扰动进行试验
不平衡的初始条件	$h=u=0, v=v_g$ (对应高斯扰动的 h 场)	具有扩散的完整差分方案	同上

参考文献

Abdalla, S., and L. Cavaleri (2002). Effect of wind variability and variable air density on wave modeling. *J. Geophys. Res.*, **107**(C7), 3080, doi:10.1029/2000JC000639.

Aberson, S. D. (2003). Targeted observations to improve operational tropical cyclone track forecast guidance. *Mon. Wea. Rev.*, **131**, 1613–1628.

Abramopoulos, F., C. Rosenzweig, and B. Choudhury (1988). Improved ground hydrology calculations for global climate models (GCMs): Soil water movement and evapotranspiration. *J. Climate*, **1**, 921–941.

AchutaRao, K., and K. R. Sperber (2006). ENSO simulation in coupled ocean-atmosphere models: Are the current models better? *Climate Dyn.*, **27**, 1–15.

AchutaRao, K., C. Covey, C. Doutriaux, *et al.* (2004). *An Appraisal of Coupled Climate Model Simulations*. Lawrence Livermore National Laboratory report UCRL-TR-202550, 16 August 2004.

Adcroft, A., C. Hill, and J. Marshall (1997). Representation of topography by shaved cells in a height coordinate ocean model. *Mon. Wea. Rev.*, **125,** 2293–2315.

Adcroft, A., J.-M. Campin, C. Hill, and J. Marshall (2004). Implementation of an atmosphere-ocean general circulation model on the expanded spherical cube. *Mon. Wea. Rev.*, **132**, 2845–2863.

Adegoke, J. O., R. A. Pielke Sr, and A. M. Carleton (2006). Observational and modeling studies of the impacts of agriculture-related land use change on planetary boundary layer processes in the central U.S. *Agric. Forest Meteor.*, **142**, 201–215.

Ådlandsvik, B. (2008). Marine downscaling of a future climate scenario for the North Sea. *Tellus*, **60A**, 451–458.

Afiesimama, E. A., J. S. Pal, B. J. Abiodun, W. J. Gutowski Jr, and A. Adedoyin (2006). Simulation of West African monsoon using the RegCM3. Part I: Model validation and interannual variability. *Theor. Appl. Climatol.*, **86**, 23–37.

Albrecht, B. A. (1989). Aerosols, cloud microphysics, and fractional cloudiness. *Science*, **245**, 1227–1230.

Albrecht, B. A., A. K. Betts, W. H. Schubert, and S. K. Cox (1979). A model for the thermodynamic structure of the trade-wind boundary layer: I. Theoretical formulation and sensitivity tests. *J. Atmos. Sci.*, **36**, 73–89.

Alexander, L. V., and J. M. Arblaster (2009). Assessing trends in observed and modelled climate extremes over Australia in relation to future projections. *Int. J. Climatol.*, **29**, 417–435.

Alexandru, A., R. de Elia, R. Laprise, L. Separovic, and S. Biner (2009). Sensitivity study of regional climate model simulations to large-scale nudging parameters. *Mon. Wea. Rev.*, **137**, 1666–1686.

Alpert, P., S. O. Krichak, T. N. Krishnamurti, U. Stein, and M. Tsidulko (1996). The relative roles of lateral boundaries, initial conditions, and topography in mesoscale simulations of lee cyclogenesis. *J. Appl. Meteor.*, **35**, 1091–1099.

Alpert, P., M. Tsidulko, and D. Itzigsohn (1999). A shallow, short-lived meso-β cyclone over the Gulf of Antalya, eastern Mediterranean. *Tellus*, **51A**, 249–262.

Anderson, D., T. Stockdale, M. Balmaseda, *et al.* (2003). *Comparison of the ECMWF Seasonal Forecast Systems 1 and 2, Including the Relative Performance for the 1997/8 El Niño.* Technical Memo. 404, European Centre for Medium-Range Weather Forecasts, Reading, UK.

Anderson, J. L. (1996). A method for producing and evaluating probabilistic forecasts from ensemble model integrations. *J. Climate*, **9**, 1518–1530.

Anderson, J. L. (2003). A local least squares framework for ensemble filtering. *Mon. Wea. Rev.*, **131**, 634–642.

Anthes, R. A. (1970). Numerical experiments with a two-dimensional horizontal variable grid. *Mon. Wea. Rev.*, **98**, 810–822.

Anthes, R. A. (1974). Data assimilation and initialization of hurricane prediction models. *J. Atmos. Sci.*, **31**, 702–719.

Anthes, R. A. (1977). A cumulus parameterization scheme utilizing a one-dimensional cloud model. *Mon. Wea. Rev.*, **105**, 270–286.

Anthes, R. A., and J. W. Trout (1971). Three dimensional particle trajectories in a model hurricane. *Weatherwise*, **24**, 174–178.

Anthes, R. A., and T. T. Warner (1978). Development of hydrodynamic models suitable for air pollution and other mesometeorological studies. *Mon. Wea. Rev.*, **106**, 1045–1078.

Anthes, R. A., Y.-H. Kuo, and J. R. Gyakum (1983). Numerical simulations of a case of explosive marine cyclogenesis. *Mon. Wea. Rev.*, **111**, 1174–1188.

Anthes, R. A., Y. H. Kuo, D. P. Baumhefner, R. M. Errico, and T. W. Bettge (1985). Predictability of mesoscale motions. *Adv. in Geophys.*, Vol. 28, Academic Press, 159–202.

Anthes, R. A., E.-Y. Hsie, and Y.-H. Kuo (1987). *Description of the Penn State/NCAR Mesoscale Model Version 4 (MM4).* NCAR Tech. Note NCAR/TN-282+STR.

Anthes, R. A., P. A. Bernhardt, Y. Chen, *et al.* (2008). The COSMIC/FORMOSAT-3 mission: Early results. *Bull. Amer. Meteor. Soc.*, **89**, 313–333.

Antic, S., R. Laprise, B. Denis, and R. de Elía (2006). Testing the downscaling ability of a one-way nested regional climate model in regions of complex topography. *Climate Dyn.*, **26**, 305–325.

Anyah, R. O., and F. H. M. Semazzi (2007). Variability of East African rainfall based on multiyear Regcm3 simulations. *Int. J. Climatol.*, **27**, 357–371.

Arakawa, A. (1993). Closure assumptions in the cumulus parameterization problem. In *The Representation of Cumulus Convection in Numerical Models of the Atmosphere,* eds. K. A. Emanuel and D. J. Raymond. Meteorological Monograph, No. 46, Boston, USA: American Meteorological Society, pp. 1–15.

Arakawa, A., and V. R. Lamb (1977). Computational design of the basic dynamical processes of the UCLA general circulation model. *Methods Comput. Phys.*, **17**, 173–265.

Arakawa, A., and W. H. Schubert (1974). Interaction of a cumulus cloud ensemble with the large-scale environment. Part I. *J. Atmos. Sci.*, **31**, 674–701.

Asselin, R. (1972). Integration of a semi-implicit model with time dependent boundary conditions. *Atmosphere*, **10**, 44–55.

Atlas, R., R. N. Hoffman, S. M. Leidner, *et al.* (2001). The effects of marine winds from scatterometer data on weather analysis and forecasting. *Bull. Amer. Meteor. Soc.*, **82**, 1965–1990.

Bacon, D. P., N. N. Ahmad, Z. Boybeyi, *et al.* (2000). A dynamically adaptive weather and dispersion model: The Operational Multiscale Environmental Model with Grid Adaptivity (OMEGA). *Mon. Wea. Rev.*, **128**, 2044–2076.

Baer, F., and J. J. Tribbia (1977). On complete filtering of gravity modes through nonlinear initialization. *Mon. Wea. Rev.*, **105**, 1536–1539.

Bagnold, R. A. (1954). *The Physics of Blown Sand and Desert Dunes*. London, UK: Methuen.

Ballish, B., X. Cao, E. Kalnay, and M. Kanamitsu (1992). Incremental nonlinear normal-mode initialization. *Mon. Wea. Rev.*, **120**, 1723–1734.

Bao, J.-W., and R. M. Errico (1997). An adjoint examination of a nudging method for data assimilation. *Mon. Wea. Rev.*, **125**, 1355–1373.

Bao, J.-W., J. M. Wilczak, J.-K. Choi, and L. A. Kantha (2000). Numerical simulation of air–sea interaction under high wind conditions using a coupled model: A study of hurricane development. *Mon. Wea. Rev.*, **128**, 2190–2210.

Barnes, S. (1964). A technique for maximizing details in numerical map analysis. *J. Appl. Meteor.*, **3**, 396–409.

Barnes, S. (1978). Oklahoma thunderstorms on 29–30 April 1970, Part I: Morphology of a tornadic storm. *Mon. Wea. Rev.*, **108**, 673–684.

Barnes, S. (1994a). Applications of the Barnes objective analysis scheme. Part I: Effects of undersampling, wave position, and station randomness. *J. Atmos. Oceanic Technol.*, **11**, 1433–1448.

Barnes, S. (1994b). Applications of the Barnes objective analysis scheme. Part II: Improving derivative estimates. *J. Atmos. Oceanic Technol.*, **11**, 1449–1458.

Barnett, T. P., and R. Preisendorfer (1987). Origins and levels of monthly and seasonal forecast skill for United States surface air temperatures determined by canonical correlation analysis. *Mon. Wea. Rev.*, **115**, 1825–1850.

Barnston, A. G., and R. E. Livezey (1987). Classification, seasonality and persistence of low-frequency atmospheric circulation patterns. *Mon. Wea. Rev.*, **115**, 1083–1126.

Barnston, A. G., S. J. Mason, L. Goddard, D. G. Dewitt, and S. E. Zebiak (2003). Multi-model ensembling in seasonal climate forecasting at IRI. *Bull. Amer. Meteor. Soc.*, **84**, 1783–1796.

Barnum, B. H., N. S. Winstead, J. Wesely, *et al.* (2004). Forecasting dust storms using the CARMA-dust model and MM5 weather data. *Environ. Model. Software*, **19**, 129–140.

Barstad, I., A. Sorteberg, F. Flatøy, and M. Déqué (2009). Precipitation, temperature and wind in Norway: dynamical downscaling of ERA40. *Climate Dyn.*, **33**, 769–776, doi: 10.1007/s00382-008-0476-5.

Bartello, P., and H. L. Mitchell (1992). A continuous three-dimensional model of short-range error covariances. *Tellus*, **44A**, 217–235.

Baumgardner, J. R., and P. O. Frederickson (1985). Icosahedral discretization of the two-sphere. *SIAM J. Numer. Anal.*, **22**, 1107–1115.

Baumhefner, D. P., and D. J. Perkey (1982). Evaluation of lateral boundary errors in a limited-domain model. *Tellus*, **34**, 409–428.

Beare, R. J., M. K. MacVean, A. A. M. Holtslag, *et al.* (2006). An intercomparison of large-eddy simulations of the stable boundary layer. *Bound.-Layer Meteor.*, **118**, 247–272.

Beck, C., J. Grieser, and B. Rudolf (2005). A new monthly precipitation climatology for the global land areas for the period 1951 to 2000. *Klimastatusbericht*, Deutscher Wetterdienst (DWD), 181–190.

Belair, S., D.-L. Zhang, and J. Mailhot (1994). Numerical prediction of the 10–11 June 1985 squall line with the Canadian Regional Finite-Element model. *Wea. Forecasting*, **9**, 157–172.

Béland, M., and C. Beaudoin (1985). A global spectral model with a finite-element formulation for the vertical discretization: Adiabatic formulation. *Mon. Wea. Rev.*, **113**, 1910–1919.

Béland, M., J. Côté, and A. Staniforth (1983). The accuracy of a finite-element vertical discretization scheme for primitive equation models: Comparison with a finite-difference scheme. *Mon. Wea. Rev.*, **111**, 2298–2318.

Beldring, S., T. Engen-Skaugen, E. J. Førland, and L. A. Roald (2008). Climate change impacts on hydrologic processes in Norway based on two methods for transferring regional climate model results to meteorological station sites. *Tellus*, **60A**, 439–450.

Beljaars, A. C. M., P. Viterbo, and M. J. Miller (1996). The anomalous rainfall over the United States during July 1993: Sensitivity to land surface parameterization and soil moisture anomalies. *Mon. Wea. Rev.*, **124**, 362–383.

Bell, V. A., A. L. Kay, R. G. Jones, and R. J. Moore (2007). Use of a grid-based hydrological model and regional climate model outputs to assess changing flood risk. *Int. J. Climatol.*, **27**, 1657–1671.

Beltrán-Przekurat, A., R. A. Pielke Sr, D. P. C. Peters, K. A. Snyder, and A. Rango (2008). Modeling the effects of historical vegetation change on near-surface atmosphere in the northern Chihuahuan Desert. *J. Arid Environ.*, **72**, 1897–1910.

Benestad, R. E. (2001). A comparison between two empirical downscaling strategies. *Int. J. Climatol.*, **21**, 1645–1668.

Benjamin, S. G. (1983). Some effects of surface heating and topography on the regional severe-storm environment. Ph.D. Thesis, Department of Meteorology, The Pennsylvania State University, PA, USA.

Benjamin, S. G. (1989). An isentropic meso-alpha scale analysis system and its sensitivity to aircraft and surface observations. *Mon. Wea. Rev.*, **117**, 1586–1603.

Benjamin, S. G., and N. L. Seaman (1985). A simple scheme for objective analyses in curved flow. *Mon. Wea. Rev.*, **113**, 1184–1198.

Benjamin, S. G., D. Dévényi, S. S. Weygandt, *et al.* (2004a). An hourly assimilation–forecast cycle: The RUC. *Mon. Wea. Rev.*, **132**, 495–518.

Benjamin, S. G., G. A. Grell, J. M. Brown, and T. G. Smirnova (2004b). Mesoscale weather prediction with the RUC hybrid isentropic-terrain-following coordinate model. *Mon. Wea. Rev.*, **132**, 473–494.

Benoit, R., J. Côté, and J. Mailhot (1989). Inclusion of a TKE boundary layer parameterization in the Canadian regional finite element model. *Mon. Wea. Rev.*, **117**, 1726–1750.

Berger, M., and J. Oliger (1984). Adaptive mesh refinement for hyperbolic partial differential equations. *J. Comput. Phys.*, **53**, 484–512.

Bergot, T. (1999). Adaptive observations during FASTEX: A systematic survey of upstream flights. *Quart. J. Roy. Meteor. Soc.*, **125**, 3271–3298.

Bergot, T. (2001). Influence of the assimilation scheme on the efficiency of adaptive observations. *Quart. J. Roy. Meteor. Soc.*, **127**, 635–660.

Bergot, T., and A. Doerenbecher (2002). A study on the optimization of the deployment of targeted observations using adjoint-based methods. *Quart. J. Roy. Meteor. Soc.*, **128**, 1689–1712.

Bergthorsson, P., and B. Doos (1955). Numerical weather map analysis. *Tellus*, **7**, 329–340.

Berliner, L. M., Z.-Q. Lu, and C. Snyder (1999). Statistical design for adaptive weather observations. *J. Atmos. Sci.*, **56**, 2536–2552.

Berner, J., G. J. Shutts, M. Leutbecher, and T. N. Palmer (2009). A spectral stochastic kinetic energy backscatter scheme and its impact on flow-dependent predictability in the ECMWF ensemble prediction system. *J. Atmos. Sci.*, **66**, 603–626.

Bernstein, A. B. (1966). Examination of certain terms appearing in Reynolds' equations under unsteady conditions and their implications for micrometeorology. *Quart. J. Roy. Meteor. Soc.*, **92**, 533–544.

Bernstein, B. C., F. McDonough, M. K. Politovich, *et al.* (2005). Current icing potential: Algorithm description and comparison with aircraft observations. *J. Appl. Meteor.*, **44**, 969–986.

Betts, A. K. (1986). A new convective adjustment scheme. Part I: Observational and theoretical basis. *Quart. J. Roy. Meteor. Soc.*, **112**, 677–692.

Betts, A. K., and M. J. Miller (1986). A new convective adjustment scheme. Part II: Single column tests using GATE wave, BOMEX, ATEX, and Arctic air-mass data sets. *Quart. J. Roy. Meteor. Soc.*, **112**, 693–709.

Betts, A. K., and M. J. Miller (1993). The Betts-Miller scheme. In *The Representation of Cumulus Convection in Numerical Models of the Atmosphere*, eds. K. A. Emanuel and D. J. Raymond. Meteorological Monograph, No. 46, Boston, USA: American Meteorological Society, pp. 107–121.

Bidlot, J. R., D. J. Holmes, P. A. Wittmann, R. Lalbeharry, and H. S. Chen (2002). Intercomparison of the performance of operational ocean wave forecasting systems with buoy data. *Wea. Forecasting*, **17**, 287–310.

Bishop, C. H., and Z. Toth (1999). Ensemble transformation and adaptive observations. *J. Atmos. Sci.*, **56**, 1748–1765.

Bishop, C. H., B. J. Etherton, and S. J. Majumdar (2001). Adaptive sampling with the ensemble transform Kalman filter. Part I: Theoretical aspects. *Mon. Wea. Rev.*, **129**, 420–436.

Black, T. L. (1994). The new NMC mesoscale Eta model: Description and forecast examples. *Wea. Forecasting*, **9**, 265–278.

Black, T. L., D. G. Deaven, and G. J. DiMego (1993). *The Step-mountain Eta Coordinate Model: 80 km "Early" Version and Objective Verifications*. Technical Procedures

Bulletin 412. NOAA/NWS. [Available from National Weather Service, Office of Meteorology, 1325 East–West Highway, Silver Spring, MD 20910.]

Blackadar, A. K. (1978). Modeling pollutant transfer during daytime convection. *Preprints, Fourth Symposium on Atmospheric Turbulence, Diffusion, and Air Quality*, Reno, American Meteorological Society, pp. 443–447.

Bleck, R. (2002). An oceanic general circulation model framed in hybrid isopycnic-Cartesian coordinates. *Ocean Modelling*, **4**, 55–88.

Bleck, R., and M. A. Shapiro (1976). Simulation and numerical weather prediction framed in isentropic coordinates. In *Weather Forecasting and Weather Forecasts: Models, Systems, and Users*. Vol. 1, NCAR Colloquium, National Center for Atmospheric Research, 154–168.

Bleck, R., C. Rooth, D. Hu, and L. T. Smith (1992). Salinity-driven thermocline transients in a wind- and thermohaline-forced isopycnic coordinate model of the North Atlantic. *J. Phys. Oceanogr.*, **22**, 1486–1505.

Blenkinsop, S., and H. J. Fowler (2007). Changes in European drought characteristics projected by the PRUDENCE regional climate models. *Int. J. Climatol.*, **27**, 1595–1610.

Bloom, S. C., L. L. Takacs, A. M. da Silva, and D. Ledvina (1996). Data assimilation using incremental analysis updates. *Mon. Wea. Rev.*, **124**, 1256–1271.

Bluestein, H. (1992a). *Synoptic-dynamic Meteorology in Midlatitudes. Vol. 1: Principles of Dynamics and Kinematics*. New York, USA: Oxford University Press.

Bluestein, H. (1992b). *Synoptic-dynamic Meteorology in Midlatitudes. Vol. 2: Observations and Theory of Weather Systems*. New York, USA: Oxford University Press.

Boé, J, L. Terra, F. Habets, and E. Martin (2007). Statistical and dynamical downscaling of the Seine basin climate for hydro-meteorological studies. *Int. J. Climatol.*, **27**, 1643–1655.

Boer, G. J., and S. J. Lambert (2001). Second order space-time climate difference statistics. *Climate Dyn.*, **17**, 213–218.

Bonan, G. B. (1998). The land surface climatology of the NCAR land surface model (LSM 1.0) coupled to the NCAR Community Climate Model (CCM3). *J. Climate*, **11**, 1307–1326.

Bonan, G. B., K. W. Oleson, M. Vertenstein, and S. Levis (2002). The land surface climatology of the Community Land Model coupled to the NCAR Community Climate Model. *J. Climate*, **15**, 3123–3149.

Bonavita, M., L. Torrisi, and F. Marcucci (2008). The ensemble Kalman filter in an operational regional NWP system: Preliminary results with real observations. *Quart. J. Roy. Meteor. Soc.*, **134**, 1733–1744.

Boo, K.-O., W.-T. Kwon, J.-H. Oh, and H.-J. Baek (2004). Response of global warming on regional climate change over Korea: An experiment with the MM5 model. *Geophys. Res. Lett.*, **31**, L21206, doi:10.1029/2004GL021171.

Bosart, L. F. (1975). SUNYA experimental results in forecasting daily temperature and precipitation. *Mon. Wea. Rev.*, **103**, 1013–1020.

Bosilovich, M. G., S. D. Schubert, M. Rienecker, *et al.* (2006). NASA's Modern Era Retrospective-analysis for Research and Applications. *U.S. CLIVAR Variations*, **4**, 5–8.

Bourassa, M. A., D. M. Legler, J. J. O'Brien, and S. R. Smith (2003). SeaWinds validation with research vessels. *J. Geophys. Res.*, **108**, 3019, doi:10.1029/2001JC001028.

Bourke, W. (1974). A multi-level spectral model. I. Formulation and hemispheric integrations. *Mon. Wea. Rev.*, **102**, 687–701.

Boussinesq, J. (1903). *Théorie Analytique de la Chaleur, Vol. II*. Paris, France: Gauthier-Villars.

Bouttier, F. (1994). A dynamical estimation of forecast error covariances in an assimilation system. *Mon. Wea. Rev.*, **122**, 2376–2390.

Boville, B. A. (2000). Toward a complete model of the climate system. In *Numerical Modeling of the Global Atmosphere in the Climate System,* eds. P. Mote and A. O'Neill. Dordrecht, the Netherlands: Kluwer Academic Publishers, pp. 419–442.

Boyd, J. P. (2005). Limited-area Fourier spectral models and data analysis schemes: Windows, Fourier extension, Davies relaxation, and all that. *Mon. Wea. Rev.*, **133**, 2030–2042.

Braham, R. R., Jr, and P. Squires (1974). Cloud physics: 1974. *Bull. Amer. Meteor. Soc.*, **55**, 543–586.

Branković, Č., and D. Gregory (2001). Impact of horizontal resolution on seasonal integrations. *Climate Dyn.*, **18**, 123–143.

Branstetter, M. L. (2001). Development of a parallel river transport algorithm and application to climate studies. Ph.D. Dissertation, University of Texas, Austin, USA.

Bratseth, A. M. (1986). Statistical interpolation by means of successive corrections. *Tellus*, **38A**, 439–447.

Bremnes, J. B. (2004). Probabilistic forecasts of precipitation in terms of quantiles using NWP model output. *Mon. Wea. Rev.*, **132**, 338–347.

Bretherton, C. S., C. Smith, and J. M. Wallace (1992). An intercomparison of methods for finding coupled patterns in climate data. *J. Climate*, **5**, 541–560.

Bretherton, C. S., J. R. McCaa, and H. Grenier (2004). A new parameterization for shallow cumulus convection and its application to marine subtropical cloud-topped boundary layers. Part I: Description and 1D results. *Mon. Wea. Rev.*, **132**, 864–882.

Briegleb, B. P., C. M. Bitz, E. C. Hunke, *et al.* (2004). *Scientific Description of the Sea Ice Component in the Community Climate System Model, Version Three*. Technical Note TN-463STR, NTIS #PB2004-106574, National Center for Atmospheric Research, Boulder, CO.

Brochu, R., and R. Laprise (2007). Surface water and energy budgets over the Mississippi and Columbia River Basins as simulated by two generations of the Canadian regional climate model. *Atmos.-Ocean*, **45**, 19–35.

Brock, F. V., K. C. Crawford, R. L. Elliott, *et al.* (1995). The Oklahoma Mesonet: a technical overview. *J. Atmos. Oceanic Technol.*, **12**, 5–19.

Bronstert, A., V. Kolokotronis, D. Schwandt, and H. Straub (2007). Comparison and evaluation of regional climate scenarios for hydrological impact analysis: General scheme and application example. *Int. J. Climatol.*, **27**, 1579–1594.

Brown, J. M. (1979). Mesoscale unsaturated downdrafts driven by rainfall evaporation: A numerical study. *J. Atmos. Sci.*, **36**, 313–338.

Browning, G., H.-O. Kreiss, and J. Oliger (1973). Mesh refinement. *Math. Comp.*, **27**, 29–39.

Browning, G. L., J. J. Hack, and P. N. Swarztrauber (1989). A comparison of three numerical methods for solving differential equations on the sphere. *Mon. Wea. Rev.*, **117**, 1058–1075.

Brunet, N., R. Verret, and N. Yacowar (1988). An objective comparison of model output statistics and perfect prog systems in producing numerical weather element forecasts. *Wea. Forecasting*, **3**, 273–283.

Bryan, G. H., J. C. Wyngaard, and J. M. Fritsch (2003). Resolution requirements for the simulation of deep moist convection. *Mon. Wea. Rev.*, **131**, 2394–2416.

Buishand, T. A, M. V. Shabalova, and T. Brandsma (2004). On the choice of the temporal aggregation level for statistical downscaling of precipitation. *J. Climate*, **17**, 1816–1827.

Buizza, R. (1997). Potential forecast skill of ensemble prediction and spread and skill distributions of the ECMWF Ensemble Prediction System. *Mon. Wea. Rev.*, **125**, 99–119.

Buizza, R. (2001). Chaos and weather prediction – A review of recent advances in numerical weather prediction: Ensemble forecasting and adaptive observation targeting. *Il Nuovo Cimento*, **24C**, 273–301.

Buizza, R. (2008). Comparison of a 51-member low-resolution (T_L399L62) ensemble with a 6-member high-resolution (T_L799L91) lagged-forecast ensemble. *Mon. Wea. Rev.*, **136**, 3343–3362.

Buizza, R., and A. Montani (1999). Targeting observations using singular vectors. *J. Atmos. Sci.*, **56**, 2965–2985.

Buizza, R., M. Miller, and T. N. Palmer (1999). Stochastic representation of model uncertainties in the ECMWF Ensemble Prediction System. *Quart. J. Roy. Meteor. Soc.*, **125**, 2887–2908.

Burgers, G., P. J. van Leeuwen, and G. Evensen (1998). Analysis scheme in the ensemble Kalman filter. *Mon. Wea. Rev.*, **126**, 1719–1724.

Burridge, D. M., J. Steppeler, and J. Strufing (1986). *Finite Element Schemes for the Vertical Discretization of the ECMWF Forecast Model Using Linear Elements*. ECMWF Technical Report 54.

Busuioc, A., and H. von Storch (2003). Conditional stochastic model for generating daily precipitation time series. *Climate Res.*, **24**, 181–195.

Busuioc, A., D. Chen, and C. Hellström (2001). Performance of statistical downscaling models in GCM validation and regional climate change estimates: Application for Swedish precipitation. *Int. J. Climatol.*, **21**, 557–578.

Busuioc, A., F. Giorgi, X. Bi, and M. Ionita (2006). Comparison of regional climate model and statistical downscaling simulations of different winter precipitation change scenarios over Romania. *Theor. Appl. Climatol.*, **86**, 101–123.

Busuioc, A., R. Tomozeiu, and C. Cacciamani (2008). Statistical downscaling model based on canonical correlation analysis for winter extreme precipitation events in the Emilia-Romagna region. *Int. J. Climatol.*, **28**, 449–464.

Byrne, M. A., A. G. Laing, and C. Connor (2007). Predicting tephra dispersion with a mesoscale atmospheric model and a particle fall model: Application to Cerro Negro volcano. *J. Appl. Meteor. Climatol.*, **46**, 121–135.

Byun, D., and K. L. Schere (2006). Review of the governing equations, computational algorithms, and other components of the Models-3 Community Multiscale Air Quality modeling system. *Appl. Mech. Rev.*, **59**, 51–77.

Cantelaube, P., and J.-M. Terres (2005). Seasonal weather forecasts for crop yield modeling in Europe. *Tellus*, **57A**, 476–487.

Carlson, T. N., and F. E. Boland (1978). Analysis of urban-rural canopy using a surface heat flux/temperature model. *J. Appl. Meteor.*, **17**, 998–1013.

Carmichael, G. R., A. Sandu, T. Chai, *et al.* (2008). Predicting air quality: Improvements through advanced methods to integrate models and measurements. *J. Comput. Phys.*, **227**, 3540–3571.

Carroll, E. B., and T. D. Hewson (2005). NWP grid editing at the Met Office. *Wea. Forecasting*, **20**, 1021–1033.

Case, J. L., J. Manobianco, A. V. Dianic, *et al.* (2002). Verification of high-resolution RAMS forecasts over east-central Florida during the 1999 and 2000 summer months. *Wea. Forecasting*, **17**, 1133–1151.

Cassano, J. J., P. Uotila, and A. Lynch (2006). Changes in synoptic weather patterns in the polar regions in the twentieth and twenty-first centuries, Part 1: Arctic. *Int. J. Climatol.*, **26**, 1027–1049.

Castro, C. L., R. A. Pielke Sr, and G. Leoncini (2005). Dynamical downscaling: An assessment of value retained and added using the Regional Atmospheric Modeling System (RAMS). *J. Geophys. Res.*, **110**, D05108, doi:10.1029/2004JD004721.

Castro, C. L., R. A. Pielke Sr, and J. O. Adegoke (2007a). Investigation of the summer climate of the contiguous United States and Mexico using the regional atmospheric modeling system (RAMS). Part I: Model climatology (1950-2002). *J. Climate*, **20**, 3844–3865.

Castro, C. L., R. A. Pielke Sr, J. O. Adegoke, S. D. Schubert, and P. J. Pegion (2007b). Investigation of the summer climate of the contiguous United States and Mexico using the regional atmospheric modeling system (RAMS). Part II: Model climate variability. *J. Climate*, **20**, 3866–3887.

Catry, B., J.-F. Geleyn, F. Bouyssel, *et al.* (2008). A new sub-grid scale lift formulation in a mountain drag parameterisation scheme. *Meteorol. Zeitschrift*, **17**, 193–208.

Cattle, H., and J. Crossley (1995). Modelling Arctic climate change. *Phil. Trans. R. Soc. Lond. Ser. A*, **352**, 201–213.

Cavazos, T., A. C. Comrie, and D. M. Liverman (2002). Intraseasonal variability associated with wet monsoons in southeast Arizona. *J. Climate*, **15**, 2477–2490.

Caya, D., and R. Laprise (1999). A semi-implicit, semi-Lagrangian regional climate model: The Canadian RCM. *Mon. Wea. Rev.*, **127**, 341–362.

CCSP (2008). *Climate Models: An Assessment of Strengths and Limitations.* A Report by the U.S. Climate Change Science Program and the Subcommittee on Global Change Research. Authors D. C. Bader, C. Covey, W. J. Gutowski Jr, *et al.* Department of Energy, Office of Biological and Environmental Research, Washington, DC, USA.

Challinor, A. J., J. M. Slingo, T. R. Wheeler, and F. J. Doblas-Reyes (2005). Probabilistic simulations of crop yield over western India using the DEMETER seasonal hindcast ensembles. *Tellus*, **57A**, 498–512.

Chang, J. -T., and P. J. Wetzel (1991). Effects of spatial variations of soil moisture and vegetation on the evolution of a prestorm environment: A numerical case study. *Mon. Wea. Rev.*, **119**, 1368–1390.

Charles, S. P., B. C. Bates, I. N. Smith, and J. P. Hughes (2004). Statistical downscaling of daily precipitation from observed and modeled atmospheric fields. *Hydrological Processes*, **18**, 1373–1394.

Charles, S. P., M. A. Bari, A. Kitsios, and B. C. Bates (2007). Effect of GCM bias on downscaled precipitation and runoff projections for the Serpentine catchment, Western Australia. *Int. J. Climatol.*, **27**, 1673–1690.

Chase, T. N., R. A. Pielke Sr, T. G. F. Kittell, J. S. Baron, and T. J. Stohlgren (1999). Potential impacts on Colorado Rocky Mountain weather due to land use changes on the adjacent Great Plains. *J. Geophys. Res.*, **104**, 16673–16690.

Chase, T. N., R. A. Pielke Sr, T. G. F. Kittel, R. R. Nemani, and S. W. Running (2000). Simulated impacts of historical land-cover changes on global climate in northern winter. *Climate Dyn.*, **16**, 93–105.

Chaves, R. R., R. S. Ross, and T. N. Krishnamurti (2005). Weather and seasonal climate prediction for South America using a multi-model superensemble. *Int. J. Climatol.*, **25**, 1881–1914.

Chen, D. L., and Y. M. Chen (2003). Association between winter temperature in China and upper air circulation over East Asia revealed by canonical correlation analysis. *Global Planet. Change*, **37**, 315–325.

Chen, F., and R. Avissar (1994). The impact of shallow convective moist processes on mesoscale heat fluxes. *J. Appl. Meteor.*, **33**, 1382–1401.

Chen, F., and J. Dudhia (2001). Coupling an advanced land surface-hydrology model with the Penn State - NCAR MM5 modeling system. Part I: Model implementation and sensitivity. *Mon. Wea. Rev.*, **129**, 569–585.

Chen, F., K. Mitchell, J. Schaake, *et al.* (1996). Modeling of land surface evaporation by four schemes and comparison with FIFE observations. *J. Geophys. Res.*, **101**, 7251–7266.

Chen, F., T. T. Warner, and K. Manning (2001). Sensitivity of orographic moist convection to landscape variability: A study of the Buffalo Creek, Colorado, flash flood case of 1996. *J. Atmos. Sci.*, **58**, 3204–3223.

Chen, F., K. W. Manning, M. A. LeMone, *et al.* (2007). Description and evaluation of the characteristics of the NCAR High-Resolution Land Data Assimilation System during IHOP-02. *J. Appl. Meteor. Climatol.*, **46**, 694–713.

Chen, T. H., A. Henderson-Sellers, P. C. D. Milly, *et al.* (1997). Cabauw experimental results from the project for intercomparison of land-surface parameterization schemes. *J. Climate*, **10**, 1194–1215.

Cheong, H.-B. (2000). Application of double Fourier series to the shallow-water equations on a sphere. *J. Comput. Phys.*, **165**, 261–287.

Cheong, H.-B. (2006). A dynamical core with double Fourier series: Comparison with the spherical harmonics method. *Mon. Wea. Rev.*, **134**, 1299–1315.

Chin, H.-N. S., M. Leach, G. A. Sugiyama, *et al.* (2005). Evaluation of an urban canopy parameterization in a mesoscale model using VTMX and URBAN 2000 data. *Mon. Wea. Rev.*, **133**, 2043–2068.

Christensen, J. H., T. R. Carter, M. Rummukainen, and G. Amanatidis (2007). Evaluating the performance and utility of regional climate models: the PRUDENCE project. *Climatic Change*, **81**, 1–6.

Chu, J.-L., H. Kang, C.-Y. Tam, C.-K. Park, and C.-T. Chen (2008). Seasonal forecast for local precipitation over northern Taiwan using statistical downscaling. *J. Geophys. Res.*, **113**, D12118, doi:10.1029/2007JD009424.

Chuang, H. Y., and P. J. Sousounis (2000). A technique for generating idealized initial and boundary conditions for the PSU–NCAR model MM5. *Mon. Wea. Rev.*, **128**, 2875–2884.

Clark, M. P., and L. E. Hay (2004). Use of medium-range numerical weather prediction model output to produce forecasts of streamflow. *J. Hydrometeor.*, **5**, 15–32.

Clark, T. L., and R. D. Farley (1984). Severe downslope windstorm calculations in two and three spatial dimensions using anelastic interactive grid nesting: A possible mechanism for gustiness. *J. Atmos. Sci.*, **41**, 329–350.

Clark, T. L., and W. D. Hall (1991). Multi-domain simulations of the time dependent Navier Stokes equations: Benchmark error analysis of some nesting procedures. *J. Comp. Phys.*, **92**, 456–481.

Clark, T. L., and W. D. Hall (1996). The design of smooth, conservative vertical grids for interactive grid nesting with stretching. *J. Appl. Meteor.*, **35**, 1040–1046.

Clark, A. J., W. A. Gallus Jr, and T.-C. Chen (2008a). Contributions of mixed physics versus perturbed initial/lateral boundary conditions to ensemble-based precipitation forecast skill. *Mon. Wea. Rev.*, **136**, 2140–2156.

Clark, P. A., S. A. Harcourt, B. MacPherson, *et al.* (2008b). Prediction of visibility and aerosol within the operational Met Office Unified Model. I: Model formulation and variational assimilation. *Quart. J. Roy. Meteor. Soc.*, **134**, 1801–1816.

Clemen, R. T. (1989). Combining forecasts: a review and annotated bibliography. *Int. J. Forecasting*, **5**, 559–583.

Cocke, S. (1998). Case study of Erin using the FSU nested regional spectral model. *Mon. Wea. Rev.*, **126**, 1337–1346.

Cocke, S., T. E. LaRow, and D. W. Shin (2007). Seasonal rainfall predictions over the southeast United States using the Florida State University nested regional spectral model. *J. Geophys. Res.*, **112**, D04106, doi:10:1029/2006JD007535.

Coen, J. L. (2005). Simulation of the Big Elk fire using coupled atmosphere-fire modeling. *Int. J. Wildland Fire*, **14**, 49–59.

Coirier, W. J., D. M. Fricker, M. Furmaczyk, and S. Kim (2005). A computational fluid dynamics approach for urban area transport and dispersion modeling. *Environ. Fluid Mech.*, **15**, 443–479.

Colle, B. A., and S. E. Yuter (2007). The impact of coastal boundaries and small hills on the precipitation distribution across southern Connecticut and Long Island, New York. *Mon. Wea. Rev.*, **135**, 933–954.

Collins, W. D., P. J. Rasch, B. A. Boville, *et al.* (2004). *Description of the Community Atmosphere Model (CAM 3.0)*. Technical Note TN-464+STR, National Center for Atmospheric Research, Boulder, CO, USA.

Collins, W. D., C. M. Bitz, M. L. Blackmon, *et al.* (2006a). The Community Climate System Model: CCSM3. *J. Climate*, **19**, 2122–2143.

Collins, W. D., P. J. Rasch, B. A. Boville, *et al.* (2006b). The formulation and atmospheric simulation of the Community Atmospheric Model Version 3 (CAM3). *J. Climate*, **19**, 2144–2161.

Cook, K. H., and E. K. Vizy (2006). Coupled model simulations of the West African monsoon system: Twentieth and twenty-first century simulations. *J. Climate*, **19**, 3681–3703.

Cope, M. E., G. D. Hess, S. Lee, *et al.* (2004). The Australian air quality forecasting system. Part I: Project description and early outcomes. *J. Appl. Meteor.*, **43**, 649–662.

Coppola, E., and F. Giorgi (2005). Climate change in tropical regions from high-resolution time-slice AGCM experiments. *Quart. J. Roy. Meteor. Soc.*, **131**, 3123–3145.

Côté, J., M. Roch, A. Staniforth, and L. Fillion (1993). A variable-resolution semi-Lagrangian finite-element global model of the shallow-water equations. *Mon. Wea. Rev.*, **121**, 231–243.

Côté, J., S. Gravel, A. Méthot, *et al.* (1998a). The operational CMC-MRB global environmental multiscale (GEM) model. Part I: Design considerations and formulation. *Mon. Wea. Rev.*, **126**, 1373–1395.

Côté, J., J.-G. Desmarais, S. Gravel, *et al.* (1998b). The operational CMC-MRB global environmental multiscale (GEM) model. Part II: Results. *Mon. Wea. Rev.*, **126**, 1397–1418.

Cotton, W. R., and R. A. Anthes (1989). *Storm and Cloud Dynamics*. London, UK: Academic Press.

Courant, R., K. Friedrichs, and H. Lewy (1928). Über die partiellen Differenzengleichungen der mathematischen Physik. *Mathematische Annalen*, **100**, 32–74.

Covey, C., K. M. AchutaRao, U. Cubasch, *et al.* (2003). An overview of results from the Coupled Model Intercomparison Project (CMIP). *Global Planet. Change*, **37**, 103–133.

Cox, P. M., R. A. Betts, C. B. Bunton, *et al.* (1999). The impact of new land surface physics on the GCM simulation of climate and climate sensitivity. *Climate Dyn.*, **15**, 183–203.

Cressman, G. P. (1959). An operational objective analysis system. *Mon. Wea. Rev.*, **87**, 367–374.

Crook, N. A. (2001). Understanding Hector: The dynamics of island thunderstorms. *Mon. Wea. Rev.*, **129**, 1550–1563.

CSMD (Climate System Modeling Division) (2005). An introduction to the first operational climate model at the National Climate Center. *Advances in Climate System Modeling*, 1, National Climate Center, China Meteorological Administration (in English and Chinese).

Cubasch, U., H. von Storch, J. Waszkewitz, and E. Zorita (1996). Estimates of climate change in southern Europe using different downscaling techniques. *Climate Res.*, **7**, 129–149.

Cullen, M. J. P. (1979). The finite-element method. In *Numerical Methods Used in Atmospheric Models, Volume II*, ed. A. Kasahara, Global Atmospheric Research Programme, GARP Publication Series No. 17. Geneva: World Meteorological Organization, pp. 300–337.

Curry, J. A., and A. H. Lynch (2002). Comparing Arctic regional climate models. *EOS, Trans. Amer. Geophys. Union*, **83**, 87.

Dai, A. (2006). Precipitation characteristics in eighteen coupled climate models. *J. Climate*, **19**, 4605–4630.

Dai, Y., X. Zeng, R. E. Dickinson, *et al.* (2003). The Common Land Model. *Bull. Amer. Meteor. Soc.*, **84**, 1013–1023.

Dalcher, A., E. Kalnay, and R. N. Hoffman (1988). Medium range lagged average forecasts. *Mon. Wea. Rev.*, **116**, 402–416.

Daley, R. (1991). *Atmospheric Data Analysis*. Cambridge, UK: Cambridge University Press.

Danard, M. (1985). On the use of satellite estimates of precipitation in initial analyses for numerical weather prediction. *Atmos.-Ocean*, **23**, 23–42.

Darby, L. S., R. M. Banta, and R. A. Pielke Sr (2002). Comparison between mesoscale model terrain sensitivity studies and Doppler lidar measurements of the sea breeze at Monterey Bay. *Mon. Wea. Rev.*, **130**, 2813–2838.

Darmenova, K., and I. Sokolik (2007). Assessing uncertainties in dust emission in the Aral Sea region caused by meteorological fields predicted with a mesoscale model. *Global Planet. Change*, **56**, 297–310.

Davies, H. C. (1976). A lateral boundary formulation for multilevel prediction models. *Quart. J. Roy. Meteor. Soc.*, **102**, 405–418.

Davies, H. C. (1983). Limitations of some common lateral boundary schemes used in regional NWP models. *Mon. Wea. Rev.*, **111**, 1002–1012.

Davies, H. C., and R. E. Turner (1977). Updating prediction models by dynamical relaxation: An examination of the technique. *Quart. J. Roy. Meteor. Soc.*, **103**, 225–245.

Davis, C., T. Warner, E. Astling, and J. Bowers (1999). Development and application of an operational, relocatable, mesogamma-scale weather analysis and forecasting system. *Tellus*, **51A**, 710–727.

Davis, C., B. Brown, and R. Bullock (2006a). Object-based verification of precipitation forecasts, Part I: Methodology and application to mesoscale rain areas. *Mon. Wea. Rev.*, **134**, 1772–1784.

Davis, C., B. Brown, and R. Bullock (2006b). Object-based verification of precipitation forecasts, Part II: Application to convective rain systems. *Mon. Wea. Rev.*, **134**, 1785–1795.

Debernard, J. B., and L. P. Røed (2008). Future wind, wave and storm surge climate in the Northern Sea: a revisit. *Tellus*, **60A**, 427–438.

Delle Monache, L., X. Deng, Y. Zhou, and R. Stull (2006a). Ozone ensemble forecasts: 1. A new ensemble design. *J. Geophys. Res.*, **111**, D05307, doi: 10.1029/2005JD006310.

Delle Monache, L., T. Nipen, X. Deng, and Y. Zhou (2006b). Ozone ensemble forecasts: 2. A Kalman filter predictor bias correction. *J. Geophys. Res.*, **111**, D05308, doi: 10.1029/2005JD006311.

Delle Monache, L., J. P. Hacker, Y. Zhou, X. Deng, and R. B. Stull (2006c). Probabilistic aspects of meteorological and ozone regional ensemble forecasts. *J. Geophys. Res.*, **111**, D24307, doi:10.1029/2005JD006917.

Delle Monache, L., J. Wilczak, S. McKeen, *et al.* (2008). A Kalman-filter bias correction method applied to deterministic, ensemble averaged and probabilistic forecasts of surface ozone. *Tellus*, **60B**, 238–249.

Delworth, T. L., A. J. Broccoli, A. Rosati, et al. (2006). GFDL's CM2 global coupled climate models – Part I: Formulation and simulation characteristics. *J. Climate*, **19**, 643–674.

Deng, A., N. L. Seaman, and J. S. Kain (2003). A shallow convection parameterization for mesoscale models. Part I: Submodel description and preliminary applications. *J. Atmos. Sci.*, **60**, 34–56.

Denis, B., R. Laprise, D. Caya, and J. Côté (2002). Downscaling ability of one-way nested regional climate models: the Big-Brother experiment. *Climate Dyn.*, **18**, 627–646.

Déqué, M., and J. P. Piedelievre (1995). High resolution climate simulations over Europe. *Climate Dyn.*, **11**, 321–339.

Déqué, M., C. Dreveton, A. Braun, and D. Cariolle (1994). The ARPEGE/IFS atmosphere model: A contribution to the French community climate modeling. *Climate Dyn.*, **10**, 249–266.

Déqué, M., P. Marquet, and R. Jones (1998). Simulation of climate change over Europe using a global variable resolution general circulation model. *Climate Dyn.*, **14**, 173–189.

Déqué, M., R. G. Jones, M. Wild, et al. (2005). Global high resolution versus limited area model climate change projections over Europe: quantifying confidence level from PRUDENCE results. *Climate Dyn.*, **25**, 653–670.

De Sales, F., and Y. Xue (2006). Investigation of seasonal prediction of the South American regional climate using the nested modeling system. *J. Geophys. Res.*, **111**, D20107, doi:10.1029/2005JD006989.

Dévényi, D., and T. Schlatter (1994). Statistical properties of three-hour prediction "errors" derived from the Mesoscale Analysis and Prediction System. *Mon. Wea. Rev.*, **122**, 1263–1280.

Diaconescu, E. P., R. Laprise, and L. Sushama (2007). The impact of lateral boundary data errors on the simulated climate of a nested regional climate model. *Climate Dyn.*, **28**, 333–350.

Diansky, N. A., and E. M. Volodin (2002). Simulation of the present-day climate with a coupled atmosphere-ocean general circulation model. *Izv. Atmos. Ocean. Phys.*, **38**, 732–747 (English translation).

Diansky, N. A., A. V. Bagno, and V. B. Zalesny (2002). Sigma model of global ocean circulation and its sensitivity to variations in wind stress. *Izv. Atmos. Ocean. Phys.*, **38**, 477–494 (English translation).

Dickinson, R. E., R. M. Errico, F. Giorgi, and G. T. Bates (1989). A regional climate model for the western United States. *Climatic Change*, **15**, 383–422.

Dietachmayer, G. S., and K. K. Droegemeier (1992). Application of continuous dynamic grid adaption techniques to meteorological modeling. I. Basic formulation and accuracy. *Mon. Wea. Rev.*, **120**, 1675–1706.

Díez, E., C. Primo, J. A. García-Moya, J. M. Gutiérrez, and B. Orfila (2005). Statistical and dynamical downscaling of precipitation over Spain from DEMETER seasonal forecasts. *Tellus*, **57A**, 409–423.

Di Giuseppe, F., M. Elementi, D. Cesari, and T. Paccagnella (2009). The potential of variational retrieval of temperature and humidity profiles from Meteosat Second Generation observations. *Quart. J. Roy. Meteor. Soc.*, **135**, 225–237.

Dimitrijevic, M., and R. Laprise (2005). Validation of the nesting technique in a regional climate model and sensitivity tests to the resolution of the lateral boundary conditions during summer. *Climate Dyn.*, **25**, 555–580.

Doblas-Reyes, F. J., R. Hagedorn, and T. N. Palmer (2005). The rationale behind the success of multi-model ensembles in seasonal forecasting: II. Calibration and combination. *Tellus*, **57A**, 234–252.

Doms, G., and U. Schättler (1999). *The Nonhydrostatic Limited-area Model LM (Lokal Modell) of DWD. Part 1. Scientific Documentation.* Deutcher Wetterdienst (DWD), Offenbach, Germany.

d'Orgeval, T., J. Polcher, and L. Li (2006). Uncertainties in modeling future hydrologic change over West Africa. *Climate Dyn.*, **26**, 93–108.

Doswell, C. A., III (2004). Weather forecasting by humans: Heuristics and decision making. *Wea. Forecasting*, **19**, 1115–1126.

Douville, H., J.-F. Royer, and J.-F. Mahfouf (1995). A new snow parameterization for the Meteo-France climate model. *Climate Dyn.*, **12**, 21–35.

Driese, K. L., and W. A. Reiners (1997). Aerodynamic roughness parameters for semi-arid natural shrub communities of Wyoming, USA. *Agric. Forest Meteor.*, **88**, 1–14.

Druyan, L. M., M. Fulakeza, and P. Lonergan (2002). Dynamic downscaling of seasonal climate predictions over Brazil. *J. Climate*, **15**, 3411–3426.

Druyan, L. M., M. Fulakeza, and P. Lonergan (2006). Mesoscale analyses of West African summer climate: focus on wave disturbances. *Climate Dyn.*, **27**, 459–481.

Druyan, L. M., M. Fulakeza, and P. Lonergan (2007). Spatial variability of regional model simulated June-September mean precipitation over West Africa. *Geophys. Res. Lett.*, **34**, L18709, doi:10.1029/2007GL031270.

Dudhia, J. (1989). Numerical study of convection observed during the winter monsoon experiment using a mesoscale two-dimensional model. *J. Atmos. Sci.*, **46**, 3077–3107.

Dudhia, J. (1993). A nonhydrostatic version of the Penn State - NCAR mesoscale model: Validation tests and simulation of an Atlantic cyclone and cold front. *Mon. Wea. Rev.*, **121**, 1493–1513.

Dudhia, J., and J. F. Bresch (2002). A global version of the PSU-NCAR mesoscale model. *Mon. Wea. Rev.*, **130**, 2980–3007.

Duffy, P. B., B. Govindasamy, J. P. Iorio, *et al.* (2003). High-resolution simulations of global climate, part 1: Present climate. *Climate Dyn.*, **21**, 371–390.

Duffy, P. B., R. W. Arritt, J. Coquard, *et al.* (2006). Simulations of present and future climates in the western United States with four nested regional climate models. *J. Climate*, **19**, 873–895.

Dümenil, L., and E. Todini (1992). A rainfall-runoff scheme for use in the Hamburg climate model. In *Advances in Theoretical Hydrology: A Tribute to James Dooge*, ed. J. P. O'Kane, European Geophysical Society Series on Hydrological Sciences, Vol. 1, Amsterdam, the Netherlands: Elsevier Press, pp. 129–157.

Durran, D. R. (1989). Improving the anelastic approximation. *J. Atmos. Sci.*, **46**, 1453–1461.

Durran, D. R. (1991). The third-order Adams-Bashforth method: An attractive alternative to leapfrog time differencing. *Mon. Wea. Rev.*, **119**, 702–720.

Durran, D. R. (1999). *Numerical Methods for Wave Equations in Geophysical Fluid Dynamics*. New York, USA: Springer.

Durran, D. R., and J. B. Klemp (1983). A compressible model for the simulation of moist mountain waves. *Mon. Wea. Rev.*, **111**, 2341–2361.

Dutton, J. A. (1976). *The Ceaseless Wind*. New York, USA: McGraw-Hill.

Easter, R. C., S. J. Ghan, Y. Zhang, *et al.* (2004). MIRAGE: Model description and evaluation of aerosols and trace gases. *J. Geophys. Res.*, **109**, D20210, doi:10.1029/2004JD004571.

Ebert, E., and J. L. McBride (2000). Verification of precipitation in weather systems: Determination of systematic errors. *J. Hydrology*, **239**, 179–202.

Eckel, F. A., and C. F. Mass (2005). Aspects of effective mesoscale, short-range ensemble forecasting. *Wea. Forecasting*, **20**, 328–350.

Eckel, F. A., and M. K. Walters (1998). Calibrated probabilistic quantitative precipitation forecasts based on the MRF ensemble. *Wea. Forecasting*, **13**, 1132–1147.

Efron, B., and R. J. Tibshirani (1993). *An Introduction to the Bootstrap*. Dordrecht, the Netherlands: Chapman and Hall.

Ehrendorfer, M. (1997). Predicting the uncertainty of numerical weather forecasts: a review. *Meteorol. Zeitschrift*, **6**, 147–183.

Ehrendorfer, M., and J. J. Tribbia (1997). Optimal prediction of forecast error covariances through singular vectors. *J. Atmos. Sci.*, **54**, 286–313.

Ek, M., and R. H. Cuenca (1994). Variation in soil parameters: Implications for modeling surface fluxes and atmospheric boundary-layer development. *Bound.-Layer Meteor.*, **70**, 369–383.

Eliasen, E., B. Machenhauer, and E. Rasmussen (1970). *On a Numerical Method for Integration of the Hydrodynamic Equations with a Spectral Representation of the Horizontal Fields*. Report No. 2, Institute for Teoretisk Meteorologi, University of Copenhagen.

Elshamy, M. E., H. S. Wheater, N. Gedney, and C. Huntingford (2006). Evaluation of the rainfall component of a weather generator for climate impact studies. *J. Hydrology (Amsterdam)*, **326**, 1–24.

Emanuel, K. A., and R. Langland (1998). FASTEX adaptive observations workshop. *Bull. Amer. Meteor. Soc.*, **79**, 1915–1919.

Errico, R. M. (1997). What is an adjoint model? *Bull. Amer. Metor. Soc.*, **78**, 2577–2591.

Errico, R. M., and D. Baumhefner (1987). Predictability experiments using a high-resolution limited-area model. *Mon. Wea. Rev.*, **115**, 488–504.

Errico, R. M., and T. Vukicevic (1992). Sensitivity analysis using an adjoint of the PSU–NCAR mesoscale model. *Mon. Wea. Rev.*, **120**, 1644–1660.

Errico, R. M., T. Vukicevic, and K. Raeder (1993). Comparison of initial and lateral boundary condition sensitivity for a limited-area model. *Tellus*, **45A**, 539–557.

Evans, J. P. (2008). 21st century climate change in the Middle East. *Climatic Change*, **92**, 417–432, doi:10.1007/s10584-008-9438-5.

Evensen, G. (2003). The ensemble Kalman filter: theoretical formulation and practical implementation. *Ocean Dyn.*, **53**, 343–367.

Evensen, G. (2007). *Data Assimilation: The Ensemble Kalman Filter*. Berlin, Germany: Springer.

Fanelli, P. F., and P. R. Bannon (2005). Nonlinear atmospheric adjustment to thermal forcing. *J. Atmos. Sci.*, **62**, 4253–4272.

Fast, J. D. (1995). Mesoscale modeling and four-dimensional data assimilation in areas of highly complex terrain. *J. Appl. Meteor.*, **34**, 2762–2782.

Feddema, J. J., K. W. Oleson, G. B. Bonan, *et al.* (2005). The importance of land-cover change in simulating future climates. *Science*, **310**, 1674–1678.

Feddersen, H. (2003). Predictability of seasonal precipitation in the Nordic region. *Tellus*, **55A**, 385–400.

Feddersen, H., and U. Andersen (2005). A method for statistical downscaling of seasonal ensemble predictions. *Tellus*, **57A**, 398–408.

Feddersen, H., A. Navarra, and M. N. Ward (1999). Reduction of model systematic error by statistical correction for dynamical seasonal predictions. *J. Climate*, **14**, 1974–1989.

Feser, F. (2006). Enhanced detectability of added value in limited-area model results separated into different spatial scales. *Mon. Wea. Rev.*, **134**, 2180–2190.

Fichefet, T., and M. A. Morales-Maqueda (1997). Sensitivity of a global sea ice model to the treatment of ice thermodynamics and dynamics. *J. Geophys. Res.*, **102**, 12609–12646.

Fil, C., and L. Dubus (2005). Winter climate regimes over the North Atlantic and European region in ERA40 reanalysis and DEMETER seasonal hindcasts. *Tellus*, **57A**, 290–307.

Fiorino, M. F., and T. T. Warner (1981). Incorporating surface winds and rainfall rates into the initialization of a mesoscale hurricane model. *Mon. Wea. Rev.*, **109**, 1914–1929.

Fiorucci, P., F. Gaetani, A. Lanorte, and R. Lasaponara (2007). Dynamic fire danger mapping from satellite imagery and meteorological forecast data. *Earth Interactions*, **11**, 1–17.

Flato, G. M., and G. J. Boer (2001). Warming asymmetry in climate change simulations. *Geophys. Res. Lett.*, **28**, 195–198.

Flato, G. M., and W. D. Hibler (1992). Modeling pack ice as a cavitating fluid. *J. Phys. Oceanogr.*, **22**, 626–651.

Fleagle, R., and J. Businger (1963). *An Introduction to Atmospheric Physics*. New York, USA: Academic Press.

Fleming, R. J. (1971a). On stochastic-dynamic prediction. Part I, The energetics of uncertainty and the question of closure. *Mon. Wea. Rev.*, **99**, 851–872.

Fleming, R. J. (1971b). On stochastic-dynamic prediction. Part II, Predictability and utility. *Mon. Wea. Rev.*, **99**, 927–938.

Fletcher, N. H. (1962). *The Physics of Rain Clouds*. Cambridge, UK: Cambridge University Press.

Fowler, H. J., and M. Ekström (2009). Multi-model ensemble estimates of climate change impacts on UK seasonal precipitation extremes. *Int. J. Climatol.*, **29**, 385–416.

Fowler, H. J., and R. L. Wilby (2007). Beyond the downscaling comparison study (Editorial). *Int. J. Climatol.*, **27**, 1543–1545.

Fowler, H. J., S. Blenkinsop, and C. Tebaldi (2007). Linking climate change modelling to impacts studies: Recent advances in downscaling techniques for hydrological modelling. *Int. J. Climatol.*, **27**, 1547–1568.

Fox-Rabinovitz, M. S. (1996). Diabatic dynamic initialization with an iterative time integration scheme as a filter. *Mon. Wea. Rev.*, **124**, 1544–1557.

Fox-Rabinovitz, M. S., and B. D. Gross (1993). Diabatic dynamic initialization. *Mon. Wea. Rev.*, **121**, 549–564.

Fox-Rabinovitz, M. S., G. L. Stenchikov, M. J. Suarez, and L. L. Takacs (1997). A finite-difference GCM dynamical core with a variable-resolution stretched grid. *Mon. Wea. Rev.*, **125**, 2943–2968.

Fox-Rabinovitz, M. S., G. L. Stenchikov, M. J. Suarez, L. L. Takacs, and R. C. Govindaraju (2000). A uniform- and variable-resolution stretched-grid GCM dynamical core with realistic orography. *Mon. Wea. Rev.*, **128**, 1883–1898.

Fox-Rabinovitz, M. S., L. L. Takacs, R. C. Govindaraju, and M. J. Suarez (2001). A variable-resolution stretched-grid general circulation model: Regional climate simulations. *Mon. Wea. Rev.*, **129**, 453–469.

Fox-Rabinovitz, M. S., L. L. Takacs, and R. C. Govindaraju (2002). A variable-resolution stretched-grid general circulation model and data-assimilation system with multiple areas of interest: Studying the anomalous regional climate events of 1998. *J. Geophys. Res.*, **107** (D24), 4768, doi:10.1029/2002JD002177.

Fox-Rabinovitz, M. S., E. H. Berbery, L. L. Takacs, and R. C. Govindaraju (2005). A multiyear ensemble simulation of the U.S. climate with a stretched-grid GCM. *Mon. Wea. Rev.*, **133**, 2505–2525.

Fox-Rabinovitz, M. S., J. Côté, B. Dugas, M. Déqué, and J. L. McGregor (2006). Variable-resolution general circulation models: Stretched-grid model intercomparison project (SGMIP). *J. Geophys. Res.*, **111**, D16104, doi:10.1029/2005JD006520.

Frank, W. M. (1983). Review: The cumulus parameterization problem. *Mon. Wea. Rev.*, **111**, 1859–1871.

Frank, W. M., and C. Cohen (1987). Simulation of tropical convective systems. *J. Atmos. Sci.*, **44**, 3787–3799.

Frank, W. M., and E. A. Ritchie (1999). Effects of environmental flow upon tropical cyclone structure. *Mon. Wea. Rev.*, **127**, 2044–2061.

Frehlich, R., and R. Sharman (2008). The use of structure functions and spectra from numerical model output to determine effective model resolution. *Mon. Wea. Rev.*, **136**, 1537–1553.

Frei, C., J. H. Christensen, M. Déqué, *et al.* (2003). Daily precipitation statistics in regional climate models: Evaluation and intercomparison for the European Alps. *J. Geophys. Res.*, **108**(D3), 4124, doi:10.1029/2002JD002287.

Frías, M. D., J. Fernández, J. Sáenz, and C. Rodríguez-Puebla (2005). Operational predictability of monthly average maximum temperature over the Iberian Peninsula using DEMETER simulations and downscaling. *Tellus*, **57A**, 448–463.

Friend, A. D., and N. Y. Kiang (2005). Land surface model development for the GISS GCM: Effects of improved canopy physiology on simulated climate. *J. Climate*, **18**, 2883–2902.

Fritsch, J. M., and C. F. Chappell (1980). Numerical prediction of convectively driven mesoscale pressure systems. Part I: Convective parameterization. *J. Atmos. Sci.*, **37**, 1722–1733.

Fritsch, J. M., J. Hilliker, J. Ross, and R. L. Vislocky (2000). Model consensus. *Wea. Forecasting*, **15**, 571–582.

Fu, C., S. Wang, Z. Xiong, *et al.* (2005). Regional climate model intercomparison project for Asia. *Bull. Amer. Meteor. Soc.*, **86**, 257–266.

Fujioka, F. M. (2002). A new method for the analysis of fire spread modeling errors. *Int. J. Wildland Fire*, **11**, 193–203.

Fujita, T., D. J. Stensrud, and D. C. Dowell (2007). Surface data assimilation using an ensemble Kalman filter approach with initial condition and model physics uncertainties. *Mon. Wea. Rev.*, **135**, 1846–1868.

Fuller, D. O., A. Troyo, and J. C. Beier (2009). El Niño Southern Oscillation and vegetation dynamics as predictors of dengue fever cases in Costa Rica. *Environ. Res. Lett.*, **4**, 014011, doi: 10.1088/1748-9326/4/1/014011.

Fulton, R. A., J. P. Breidenbach, D.-J. Seo, and D. A. Miller (1998). The WSR-88D rainfall algorithm. *Wea. Forecasting*, **13**, 377–395.

Furevik, T., M. Bentsen, H. Drange, *et al.* (2003). Description and evaluation of the Bergen climate model: ARPEGE coupled with MICOM. *Climate Dyn.*, **21**, 27–51.

Gachon, P., and Y. Dibike (2007). Temperature change signals in northern Canada: convergence of statistical downscaling results using two driving GCMs. *Int. J. Climatol.*, **27**, 1623–1641.

Gal-Chen, T., and R. C. J. Somerville (1975). On the use of a coordinate transformation for the solution of the Navier-Stokes equations. *J. Comput. Phys.*, **17**, 209–228.

Galin, V. Ya., E. M. Volodin, and S. P. Smyshliaev (2003). Atmospheric general circulation model of INM RAS with ozone dynamics. *Russ. Meteorol. Hydrol.*, **5**, 13–22.

Gall, R. L., R. T. Williams, and T. L. Clark (1988). Gravity waves generated during frontogenesis. *J. Atmos. Sci.*, **45**, 2204–2219.

García-Morales, M. B., and L. Dubus (2007). Forecasting precipitation for hydroelectric power management: how to exploit GCM's seasonal ensemble forecasts. *Int. J. Climatol.*, **27**, 1691–1705.

García-Pintado, J., G. G. Barberá, M. Erena, and V. M. Castillo (2009). Rainfall estimation by rain gauge-radar combination: A concurrent multiplicative-additive approach. *Water Resour. Res.*, **45**, W01415, doi:10.1029/2008WR007011.

George, S. E., and R. T. Sutton (2006). Predictability and skill of boreal winter forecasts made with the ECMWF Seasonal Forecast System II. *Quart. J. Roy. Meteor. Soc.*, **132**, 2031–2053.

Georgelin, M., P. Bougeault, T. Black, *et al.* (2000). The second COMPARE exercise: A model intercomparison using a case of a typical mesoscale orographic flow, the PYREX IOP3. *Quart. J. Roy. Meteor. Soc.*, **126**, 991–1029.

GFDL GAMDT (The GFDL Global Atmospheric Model Development Team) (2004). The new GFDL global atmosphere and land model AM2-LM2: Evaluation with prescribed SST simulations. *J. Climate*, **17**, 4641–4673.

Ghan, S. J., and T. Shippert (2006). Physically based global downscaling: Climate change projections for a full century. *J. Climate*, **19**, 1589–1604.

Ghan, S. J., X. Bian, A. G. Hunt, and A. Coleman (2002). The thermodynamic influence of subgrid orography in a global climate model. *Climate Dyn.*, **20**, 31–44, doi:10.1007/s00382-002-0257-5.

Ghan, S. J., T. Shippert, and J. Fox (2006). Physically based global downscaling: Regional evaluation. *J. Climate*, **19**, 429–445.

Ghil, M., and P. Malanotte-Rizzoli (1991). Data assimilation in meteorology and oceanography. *Adv. Geophys.*, **33**, 141–266.

Ghosh, S., and P. P. Mujundar (2008). Statistical downscaling of GCM simulations to streamflow using relevance vector machine. *Adv. Water Resour.*, **31**, 132–146.

Gibelin, A. L., and M. Déqué (2003). Anthropogenic climate change over the Mediterranean region simulated by a global variable resolution model. *Climate Dyn.*, **20**, 327–339.

Gilleland, E., D. Ahijevych, B. G. Brown, B. Casati, and E. E. Ebert (2009). Intercomparison of spatial forecast verification metrics. *Wea. Forecasting,* **24**, 1416–1430.

Gilmour, I., L. A. Smith, and R. Buizza (2001). Linear regime duration: Is 24 hours a long time in synoptic weather forecasting? *J. Atmos. Sci.*, **58**, 3525–3539.

Glahn, B. (2008). Comments – Reforecasts: An important data set for improving weather predictions. *Bull. Amer. Meteor. Soc.*, **89**, 1373–1378.

Glahn, H., and R. Lowry (1972). The use of model output statistics (MOS) in objective weather forecasting. *J. Appl. Meteor.*, **11**, 1203–1211.

Gnanadesikan, A., K. W. Dixon, S. M. Griffies, *et al.* (2006). GFDL's CM2 global coupled climate models – Part 2: The baseline ocean simulation. *J. Climate*, **19**, 675–697.

Gochis, D. J., W. J. Shuttleworth, and Z.-L. Yang (2002). Sensitivity of the modeled North American monsoon regional climate to convective parameterization. *Mon. Wea. Rev.*, **130**, 1282–1298.

Gochis, D. J., W. J. Shuttleworth, and Z.-L. Yang (2003). Hydrological response of the modeled North American monsoon to convective parameterization. *Mon. Wea. Rev.*, **130**, 235–250.

Goddard, L., S. J. Mason, S. E. Zebiak, *et al.* (2001). Current approaches to seasonal-to-interannual climate predictions. *Int. J. Climatol.*, **21**, 1111–1152.

Goerss, J. S. (2009). Impact of satellite observations on the tropical cyclone track forecasts of the Navy Operational Global Atmospheric Prediction System. *Mon. Wea. Rev.*, **137**, 41–50.

Goosse, H., and T. Fichefet (1999). Importance of ice-ocean interactions for the global ocean circulation: A model study. *J. Geophys. Res.*, **104**, 23337–23355.

Gordon, C., C. Cooper, C. A. Senior, *et al.* (2000). The simulation of SST, sea ice extents and ocean heat transports in a version of the Hadley Centre coupled model without flux adjustments. *Climate Dyn.*, **16**, 147–168.

Gordon, H. B., L. D. Rotstayn, J. L. McGregor, *et al.* (2002). *The CSIRO Mk3 Climate System Model*. CSIRO Atmospheric Research Technical Paper No. 60, Commonwealth Scientific and Industrial Research Organisation, Aspendale, Victoria, Australia.

Graham, R. J., M. Gordon, P. J. Mclean, *et al.* (2005). A performance comparison of coupled and uncoupled versions of the Met Office seasonal prediction general circulation model. *Tellus*, **57A**, 320–339.

Gray, D., J. Daniels, S. Nieman, S. Lord, and G. Dimego (1996). NESDIS and NWS Assessment of GOES 8/9 Operational satellite motion vectors. *Proceedings 3rd International Winds Workshop*, Ascona, Switzerland. EUMETSAT Pub. EUM P18, pp.175–183.

Gregory, D., and P. R. Rowntree (1990). A mass flux convection scheme with representation of cloud ensemble characteristics and stability-dependent closure. *Mon. Wea. Rev.*, **118**, 1483–1506.

Grell, G. A. (1993). Prognostic evaluation of assumptions used by cumulus parameterizations. *Mon. Wea. Rev.*, **121**, 764–787.

Grell, G. A., and D. Dévényi (2002). A generalized approach to parameterizing convection combining ensemble and data assimilation techniques. *Geophys. Res. Lett.*, **29**, 1693, doi:10.1029/2002GL015311.

Grell, G. A., J. Dudhia, and D. R. Stauffer (1994). *A Description of the Fifth Generation Penn State/NCAR Mesoscale Model* (MM5). NCAR Technical Note NCAR/TN-398+STR. [Available from NCAR, P.O. Box 3000, Boulder, CO 80307- 3000.]

Grell, G. A., S. E. Peckham, R. Smitz, *et al.* (2005). Fully coupled "online" chemistry within the WRF model. *Atmos. Environ.*, **39**, 6957–6975.

Grimit, E. P., and C. F. Mass (2007). Measuring the ensemble spread-error relationship with a probabilistic approach: Stochastic ensemble results. *Mon. Wea. Rev.*, **135**, 203–221.

Grimmer, M., and D. B. Shaw (1967). Energy-preserving integrations of the primitive equations on the sphere. *Quart. J. Roy. Meteor. Soc.*, **93**, 337–349.

Gualdi, S., A. Alessandri, and A. Navarra (2005). Impact of atmospheric horizontal resolution on El Niño Southern Oscillation forecasts. *Tellus*, **57A**, 357–374.

Gustafsson, N. (1990). Sensitivity of limited area model data assimilation to lateral boundary condition fields. *Tellus*, **42A**, 109–115.

Gutiérrez, J. M., R. Cano, A. S. Cofiño, and C. Sordo (2005). Analysis and downscaling multi-model seasonal forecasts in Peru using self-organizing maps. *Tellus*, **57A**, 435–447.

Gutman, G., and A. Ignatov (1998). The derivation of green vegetation fraction from NOAA/AVHRR data for use in numerical weather prediction models. *Int. J. Remote Sens.*, **19**, 1533–1543.

Gyakum, J. R. (1986). Experiments in temperature and precipitation forecasting. *Wea. Forecasting*, **1**, 77–88.

Ha, S.-Y., Y.-H. Kuo, Y.-R. Guo, and G.-H. Lim (2003). Variational assimilation of slant-path wet delay measurements from a hypothetical ground-based GPS network. Part I: Comparison with precipitable water assimilation. *Mon. Wea. Rev.*, **131**, 2635–2655.

Hacker, J. (2010). Spatial and temporal scales of boundary-layer wind predictability in response to small-amplitude land-surface uncertainty. *J. Atmos. Sci.*, **67**, 217–233.

Hacker, J. P., and D. L. Rife (2007). A practical approach to sequential estimation of systematic error on near-surface mesoscale grids. *Wea. Forecasting*, **22**, 1257–1273.

Hagedorn, R., F. J. Doblas-Reyes, and T. N. Palmer (2005). The rationale behind the success of multi-model ensembles in seasonal forecasting – I. Basic concept. *Tellus*, **57A**, 219–233.

Hagemann, S. (2002). *An Improved Land Surface Parameter Data set for Global and Regional Climate Models*. Max Planck Institute for Meteorology Report 162, MPI for Meteorology, Hamburg, Germany.

Hagemann, S., and L. Dümenil-Gates (2001). Validation of the hydrological cycle of ECMWF and NCEP reanalyses using the MPI hydrological discharge model. *J. Geophys. Res.*, **106**, 1503–1510.

Hahmann, A. N., D. Rostkier-Edelstein, T. T. Warner, *et al.* (2010). A dynamical downscaling system for the generation of mesoscale climatographies. *J. Appl. Meteor. Climatol.*, in press.

Haidvogel, D. B., and A. Beckmann (1999). *Numerical Ocean Modeling.* London, UK: Imperial College Press.

Hall, M. C. G., and D. G. Cacuci (1983). Physical interpretation of adjoint functions for sensitivity analysis of atmospheric models. *J. Atmos. Sci.*, **40**, 2537–2546.

Haltiner, G. J., and R. T. Williams (1980). *Numerical Prediction and Dynamic Meteorology.* New York, USA: John Wiley and Sons.

Hamill, T. M. (2001). Interpretation of rank histograms for verifying ensemble forecasts. *Mon. Wea. Rev.*, **129**, 550–560.

Hamill, T. M. (2006). Ensemble-based atmospheric data assimilation. In *Predictability of Weather and Climate*, eds. T. Palmer and R. Hagedorn. Cambridge, UK: Cambridge University Press, pp. 123–156.

Hamill, T. M., and S. J. Colucci (1997). Verification of Eta-RSM short-range ensemble forecasts. *Mon. Wea. Rev.*, **125**, 1312–1327.

Hamill, T. M., and S. J. Colucci (1998). Evaluation of Eta-RSM ensemble probabilistic precipitation forecasts. *Mon. Wea. Rev.*, **126**, 711–724.

Hamill, T. M., and C. Snyder (2000). A hybrid ensemble Kalman filter / 3d variational analysis scheme. *Mon. Wea. Rev.*, **128**, 2905–2919.

Hamill, T. M., and J. S. Whitaker (2006). Probabilistic quantitative precipitation forecasts based on reforecast analogs: Theory and application. *Mon. Wea. Rev.*, **134**, 3209–3229.

Hamill, T. M., J. S. Whitaker, and C. Snyder (2001). Distance-dependent filtering of background-error covariance estimates in an ensemble Kalman filter. *Mon. Wea. Rev.*, **129**, 2776–2790.

Hamill, T. M., J. S. Whitaker, and X. Wei (2004). Ensemble reforecasting: Improving medium-range forecast skill using retrospective forecasts. *Mon. Wea. Rev.*, **132**, 1434–1447.

Hamill, T. M., J. S. Whitaker, and S. L. Mullen (2006). Reforecasts: An important data set for improving weather predictions. *Bull. Amer. Meteor. Soc.*, **87**, 33–46.

Han, J., and H.-L. Pan (2006). Sensitivity of hurricane intensity to convective momentum transport parameterization. *Mon. Wea. Rev.*, **134**, 664–674.

Han, J., and J. Roads (2004). U.S. climate sensitivity simulated with the NCEP regional spectral model. *Climatic Change*, **62**, 115–154.

Hannachi, A., I. T. Jolliffe, and D. B. Stephenson (2007). Empirical orthogonal functions and related techniques in atmospheric science: A review. *Int. J. Climatol.*, **27**, 1119–1152.

Hanson, C. E., J. P. Palutikof, M. T. J. Livermore, *et al.* (2007). Modelling the impact of climate extremes: an overview of the MICE project. *Climate Change*, **81**, 163–177.

Hanssen-Bauer, I., E. J. Førland, J. E. Haugen, and O. E. Tveito (2003). Temperature and precipitation scenarios for Norway: comparison of results from dynamical and empirical downscaling. *Climate Res.*, **25**, 15–27.

Hanssen-Bauer, I., C. Achberger, R. E. Benestad, D. Chen, and E. J. Førland (2005). Statistical downscaling of climate scenarios over Scandinavia. *Climate Res.*, **29**, 255–268.

Harder, M. (1996). *Dynamik, Rauhigkeit und Alter des Meereises in der Arktis.* Ph.D. Dissertation, Alfred-Wegener-Institut für Polar und Meeresforschung, Bremerhaven, Germany.

Harper, K. C. (2008). *Weather by the Numbers: The Genesis of Modern Meteorology.* Cambridge, MA, USA: MIT Press.

Harrison, E. J., and R. L. Elsberry (1972). A method for incorporating nested grids in the solution of systems of geophysical equations. *J. Atmos. Sci.*, **29**, 1235–1245.

Hart, K. A., W. J. Steenburgh, D. J. Onton, and A. J. Siffert (2004). An evaluation of mesoscale-model-based Model Output Statistics (MOS) during the 2002 Olympic and Paralympic Winter Games. *Wea. Forecasting*, **19**, 200–218.

Hartmann, D. L. (1988). On the comparison of finite-element to finite-difference methods for the representation of vertical structure in model atmospheres. *Mon. Wea. Rev.*, **116**, 269–273.

Haugen, J. E., and T. Iversen (2008). Response in extremes of daily precipitation and wind from a downscaled multi-model ensemble of anthropogenic global climate change scenarios. *Tellus*, **60A**, 411–426.

Hay, L. E., and M. P. Clark (2003). Use of statistically and dynamically downscaled atmospheric model output for hydrologic simulations in three mountainous basins in the western United States. *J. Hydrol.*, **282**, 56–75.

Haylock, M. R., G. C. Cawley, C. Harpham, R. L. Wilby, and C. M. Goodess (2006). Downscaling heavy precipitation over the United Kingdom: A comparison of dynamical and statistical methods and their future scenarios. *Int. J. Climatol.*, **26**, 1397–1415.

Haywood, J., M. Bush, S. Abel, *et al.* (2008). Prediction of visibility and aerosol within the operational Met Office Unified Model. II: Validation of model performance using operational data. *Quart. J. Roy. Meteor. Soc.*, **134**, 1817–1832.

Heckley, W. A., G. Kelly, and M. Tiedtke (1990). On the use of satellite-derived heating rates for data-assimilation within the tropics. *Mon. Wea. Rev.*, **118**, 1743–1757.

Heemink, A. W., M. Verlaan, and A. J. Segers (2001). Variance-reduced ensemble Kalman filtering. *Mon. Wea. Rev.*, **129**, 1718–1728.

Heffter, J. L., and B. J. B. Stunder (1993). Volcanic Ash Forecast Transport and Dispersion (VAFTAD) Model. *Wea. Forecasting*, **8**, 533–541.

Hegerl, G. C., F. W. Zwiers, P. Braconnot, *et al.* (2007). Understanding and Attributing Climate Change. In *Climate Change 2007: The Physical Science Basis. Contribution of Working Group I to the Fourth Assessment Report of the Intergovernmental Panel on Climate Change*, eds. S. Solomon, D. Qin, M. Manning, *et al.* Cambridge, UK and New York, USA: Cambridge University Press.

Heimann, D. (2001). A model-based wind climatology of the eastern Adriatic coast. *Meteorol. Zeitschrift*, **10**, 5–16.

Heintzenberg, J., and R. J. Charlson (eds.) (2007). *Clouds in the Perturbed Climate System: Their Relationship to Energy Balance, Atmospheric Dynamics, and Precipitation.* Cambridge, USA: MIT Press.

Henderson, S. T. (1977). *Daylight and its Spectrum.* Bristol, UK: Adam Hilger.

Henderson-Sellers, A., A. J. Pitman, P. K. Love, P. Irannejad, and T. H. Chen (1995). The Project for Intercomparison of Land-surface Parameterization Schemes (PILPS): Phases 2 and 3. *Bull. Amer. Meteor. Soc.*, **76**, 489–503.

Herceg, D., A. H. Sobel, L. Sun, and S. E. Zebiak (2006). The Big Brother Experiment and seasonal predictability in the NCEP regional spectral model. *Climate Dyn.*, **27**, 69–82.

Hessami, M., P. Gachon, T. B. M. J. Ouarda, and A. St-Hilaire (2008). Automated regression-based statistical downscaling tool. *Environ. Modeling and Software*, **23**, 813–834.

Hewitson, B. C., and R. G. Crane (2002). Self-organizing maps: application to synoptic climatology. *Climate Res.*, **22**, 13–26.

Hewitson, B. C., and R. G. Crane (2006). Consensus between GCM climate change projections with empirical downscaling: precipitation downscaling over South Africa. *Int. J. Climatol.*, **26**, 1315–1337.

Hewitt, C. D. (2005). The ENSEMBLES Project: Providing ensemble-based predictions of climate changes and their impacts. *EGGS Newsletter*, **13**, 22–25.

Hibler, W. D. (1979). A dynamic thermodynamic sea ice model. *J. Phys. Oceanogr.*, **9**, 817–846.

Hodur, R. M. (1997). The Naval Research Laboratory's Coupled Ocean/Atmosphere Mesoscale Prediction System (COAMPS). *Mon. Wea. Rev.*, **125**, 1414–1430.

Hoffman, R. N., and E. Kalnay (1983). Lagged average forecasting, an alternative to Monte Carlo forecasting. *Tellus*, **35A**, 100–118.

Hoffman, R. N., and S. M. Leidner (2005). An introduction to the near-real-time Quik-SCAT data. *Wea. Forecasting*, **20**, 476–493.

Hoffman, R. N., C. Grassotti, R. G. Isaacs, J.-F. Louis, and T. Nehrkorn (1990). Assessment of the impact of simulated satellite lidar wind and retrieved 183 GHz water vapor observations on a global data assimilation system. *Mon. Wea. Rev.*, **118**, 2513–2542.

Hollingsworth, A., and P. Lönnberg (1986). The statistical structure of short-range forecast errors as determined from radiosonde data, Part I: The wind field. *Tellus*, **38A**, 111–136.

Hollingsworth, A., D. B. Shaw, P. Lönnberg, *et al.* (1986). Monitoring of observation and analysis quality by a data-assimilation system. *Mon. Wea. Rev.*, **114**, 861–879.

Holt, T., and J. Pullen (2007). Urban canopy modeling of the New York City metropolitan area: A comparison and validation of single- and multilayer parameterizations. *Mon. Wea. Rev.*, **135**, 1906–1930.

Holt, T., J. Pullen, and C. H. Bishop (2009). Urban and ocean ensembles for improved meteorological and dispersion modelling of the coastal zone. *Tellus*, **61A**, 232–249.

Holton, J. R. (2004). *An Introduction to Dynamic Meteorology.* Oxford, UK: Elsevier, Academic Press.

Holtslag, B. (2006). GEWEX Atmospheric Boundary-Layer Study (GABLS) on stable boundary layers. *Bound.-Layer Meteor.*, **118**, 243–246.

Homar, V., R. Romero, D. J. Stensrud, C. Ramis, and S. Alonso (2003). Numerical diagnosis of a small, quasi-tropical cyclone over the western Mediterranean: Dynamical vs. boundary factors. *Quart. J. Roy. Meteor. Soc.*, **129**, 1469–1490.

Horel, J., M. Splitt, L. Dunn, *et al.* (2002). MesoWest: Cooperative mesonets in the western United States. *Bull. Amer. Meteor. Soc.*, **83**, 211–226.

Hortal, M., and A. J. Simmons (1991). Use of reduced Gaussian grids in spectral models. *Mon. Wea. Rev.*, **119**, 1057–1074.

Horvath, K., L. Fita, R. Romero, and B. Ivancan-Picek (2006). A numerical study of the first phase of a deep Mediterranean cyclone: Cyclogenesis in the lee of the Atlas Mountains. *Meteorol. Zeitschrift*, **15**, 133–146.

Hoshen, M. B., and A. P. Morse (2004). A weather-driven model of malaria transmission. *Malaria J.*, **3**, 32, doi:10.1186/1475-2875-3-32.

Hourdin, F., I. Musat, S. Bony, *et al.* (2006). The LMDZ4 general circulation model: Climate performance and sensitivity to parameterized physics with emphasis on tropical convection. *Climate Dyn.*, **27**, 787–813.

Houtekamer, P. L., and H. L. Mitchell (1998). Data assimilation using an ensemble Kalman filter technique. *Mon. Wea. Rev.*, **126**, 796–811.

Houtekamer, P. L., and H. L. Mitchell (1999). Reply to comment on "Data assimilation using an ensemble Kalman filter technique". *Mon. Wea. Rev.*, **127**, 1378–1379.

Houtekamer, P. L., and H. L. Mitchell (2001). A sequential ensemble Kalman filter for atmospheric data assimilation. *Mon. Wea. Rev.*, **129**, 123–137.

Houtekamer, P. L., H. L. Mitchell, G. Pellerin, *et al.* (2005). Atmospheric data assimilation with the ensemble Kalman filter: results with real observations. *Mon. Wea. Rev.*, **133**, 604–620.

Houtekamer, P. L., H. L. Mitchell, and X. Deng (2009). Model error representation in an operational ensemble Kalman filter. *Mon. Wea. Rev.*, **137**, 2126–2143.

Houze, R. A., Jr (1993). *Cloud Dynamics*. London, UK: Academic Press.

Huffman, G. J., R. F. Adler, D. T. Bolvin, *et al.* (2007). The TRMM multi-satellite precipitation analysis: Quasi-global, multi-year, combined-sensor precipitation estimates at fine scale. *J. Hydrometeor.*, **8**, 38–55.

Hundecha, Y., and A. Bárdossy (2008). Statistical downscaling of extremes of daily precipitation and temperature and construction of their future scenarios. *Int. J. Climatol.*, **28**, 589–610.

Hunke, E. C., and J. K. Dukowicz (1997). An elastic-viscous-plastic model for sea ice dynamics. *J. Phys. Oceanogr.*, **27**, 1849–1867.

Hunke, E. C., and J. K. Dukowicz (2003). *The Sea Ice Momentum Equation in the Free Drift Regime*. Technical Report LA-UR-03-2219, Los Alamos National Laboratory, Los Alamos, USA.

Huth, R. (1999). Statistical downscaling in central Europe: evaluation of methods and potential predictors. *Climate Res.*, **13**, 91–101.

Huth, R. (2002). Statistical downscaling of daily temperature in Central Europe. *J. Climate*, **15**, 1731–1741.

Huth, R. (2004). Sensitivity of local daily temperature change estimates to the selection of downscaling models and predictors. *J. Climate*, **17**, 640–652.

Huth, R., J. Kysely, and M. Dubrovsky (2001). Time structure of observed GCM-simulated downscaled and stochastically generated daily temperature series. *J. Climate*, **14**, 4047–4061.

Huth, R., S. Kliegrová, and L. Metelka (2008). Non-linearity in statistical downscaling: Does it bring an improvement for daily temperature in Europe? *Int. J. Climatol.*, **28**, 465–477.

Ide, K., P. Courtier, M. Ghil, and A. C. Lorenc (1997). Unified notation for data assimilation: Operational, sequential, and variational. *J. Meteor. Soc. Japan*, **75**, 181–189.

Inclán, M. G., R. Forkel, R. Dlugi, and R. B. Stull (1996). Application of transilient turbulent theory to study the interactions between the atmospheric boundary layer and forest canopies. *Bound.-Layer Meteor.*, **79**, 315–344.

IPCC (2007). *Climate Change 2007: The Physical Science Basis. Contribution of Working Group I to the Fourth Assessment Report of the Intergovernmental Panel on Climate Change*, eds. S. Solomon, D. Qin, M. Manning, *et al*. Cambridge, UK and New York, USA: Cambridge University Press.

Isard, S. A., J. M. Russo, and E. D. DeWolf (2006). The establishment of a National Pest Information Platform for extension and education. *Plant Health Progress*, doi.1094/PHP-2006-0915-01-RV.

Israeli, M., and S. A. Orzag (1981). Approximation of radiation boundary conditions. *J. Comp. Phys.*, **41**, 115–135.

Iversen, T. (2008). Preface to special issue on RegClim. *Tellus*, **60A**, 395–397.

Jacks, E., J. B. Bower, V. J. Dagostaro, *et al*. (1990). New NGM-based MOS guidance for maximum/minimum temperature, probability of precipitation, cloud amount, and surface wind. *Wea. Forecasting*, **5**, 128–138.

Jacobson, M. Z. (1999). *Fundamentals of Atmospheric Modeling*. Cambridge, UK: Cambridge University Press.

Janjić, Z. I. (1994). The step-mountain Eta coordinate model: Further developments of the convection, viscous sublayer, and turbulence closure schemes. *Mon. Wea. Rev.*, **122**, 927–945.

Janjić, Z. I. (2000). Comments on "Development and evaluation of a convection scheme for use in climate models". *J. Atmos. Sci.*, **57**, 3686.

Jankov, I., W. A. Galus Jr, M. Segal, B. Shaw, and S. E. Koch (2005). The impact of different WRF model physical parameterizations and their interactions on warm season MCS rainfall. *Wea. Forecasting*, **20**, 1048–1060.

Jankov, I., W. A. Galus Jr, M. Segal, and S. E. Koch (2007). Influence of initial conditions on the WRF-ARW model QPF response to physical parameterization changes. *Wea. Forecasting*, **22**, 501–519.

Janssen, P. A. E. M. (2008). Progress in ocean wave forecasting. *J. Comp. Phys.*, **227**, 3572–3594.

Jastrow, R., and M. Halem (1970). Simulation studies related to GARP. *Bull. Amer. Meteor. Soc.*, **51**, 490–513.

Ji, Y., and A. D. Vernekar (1997). Simulation of the Asian summer monsoons of 1987 and 1988 with a regional model nested in a global GCM. *J. Climate*, **10**, 1965–1979.

Jiang, X., C. Wiedinmyer, F. Chen, Z.-L. Yang, and J. C.-F. Lo (2008). Predicted impacts of climate and land-use change on surface ozone in the Houston, Texas area. *J. Geophys. Res.*, **113**, D20312, doi:10.1029/2008JD009820.

Jin, M., and J. M. Shepherd (2005). Inclusion of urban landscape in a climate model: How can satellite data help? *Bull. Amer. Meteor. Soc.*, **86**, 681–689.

Jin, X. Z., X. H. Zhang, and T. J. Zhou (1999). Fundamental framework and experiments of the third generation of the IAP/LASG World Ocean General Circulation Model. *Adv. Atmos. Sci.*, **16**, 197–215.

Johansson, B., and D. Chen (2003). The influence of wind and topography on precipitation distribution in Sweden: statistical analysis and modelling. *Int. J. Climatol.*, **23**, 1523–1535.

Johns, T. C., C. F. Durman, H. T. Banks, *et al.* (2006). The new Hadley Centre climate model HadGEM1: Evaluation of coupled simulations. *J. Climate*, **19**, 1327–1353.

Jolliffe, I. T. (2002). *Principal Component Analysis*. Berlin, Germany: Springer.

Jolliffe, I. T., and D. B. Stephenson (2003). *Forecast Verification: A Practitioner's Guide in Atmospheric Science*. Chichester, UK: Wiley and Sons Ltd.

Joly, A., K. A. Browning, P. Bessemoulin, *et al.* (1999). Overview of the field phase of the Fronts and Atlantic Storm-Track EXperiment (FASTEX) project. *Quart. J. Roy. Meteor. Soc.*, **125**, 3131–3163.

Jones, C. D., and B. Macpherson (1997). A latent heat nudging scheme for the assimilation of precipitation data into an operational mesoscale model. *Meteor. Applic.*, **4**, 269–277.

Jones, M. S., B. A. Colle, and J. S. Tongue (2007). Evaluation of a mesoscale short-range ensemble forecast system over the northeast United States. *Wea. Forecasting*, **22**, 36–55.

Jones, R. G., J. M. Murphy, and M. Noguer (1995). Simulation of climate change over Europe using a nested regional-climate model. I: Assessment of control climate, including sensitivity to location of lateral boundaries. *Quart. J. Roy. Meteor. Soc.*, **121**, 1413–1449.

Jones, R. G., J. M. Murphy, M. Noguer, and A. B. Keen (1997). Simulation of climate change over Europe using a nested regional-climate model. II: Comparison of driving and regional model responses to a doubling of carbon dioxide. *Quart. J. Roy. Meteor. Soc.*, **123**, 265–292.

Juang, H.-M. H. (2000). The NCEP mesoscale spectral model: A revised version of the nonhydrostatic regional spectral model. *Mon. Wea. Rev.*, **128**, 2329–2362.

Juang, H.-M. H., and S.-Y. Hong (2001). Sensitivity of the NCEP regional spectral model to domain size and nesting strategy. *Mon. Wea. Rev.*, **129**, 2904–2922.

Juang, H.-M. H., and M. Kanamitsu (1994). The NMC nested regional spectral model. *Mon. Wea. Rev.*, **122**, 3–26.

Juang, H.-M. H., S.-Y. Hong, and M. Kanamitsu (1997). The NMC nested regional spectral model. An update. *Bull. Amer. Meteor. Soc.*, **78**, 2125–2143.

Jung, T., T. N. Palmer, and G. J. Shutts (2005). Influence of a stochastic parameterization on the frequency of occurrence of North Pacific weather regimes in the ECMWF model. *Geophys. Res. Lett.*, **32**, L23811, doi:10.1029/2005GL024248.

Jungclaus, J. H., N. Keenlyside, M. Botzet, *et al.* (2006). Ocean circulation and tropical variability in the AOGCM ECHAM5/MPI-OM. *J. Climate*, **19**, 3952–3972.

K-1 Developers (2004). *K-1 Coupled Model (MIROC) Description*. K-1 Technical Report 1. eds. H. Hasumi, and S. Emori. Center for Climate System Research, University of Tokyo, Tokyo, Japan.

Kain, J. S. (2004). The Kain-Fritsch convective parameterization: An update. *J. Appl. Meteor.*, **43**, 170–181.

Kain, J. S., and J. M. Fritsch (1992). The role of the convective "trigger function" in numerical forecasts of mesoscale convective systems. *Meteor. Atmos. Phys.*, **49**, 93–106.

Kain, J. S., and J. M. Fritsch (1993). Convective parameterization for mesoscale models: The Kain-Fritsch scheme. In *The Representation of Cumulus Convection in Numerical Models*. Meteorological Monograph, No. 46, American Meteorological Society, Boston, USA, pp. 165–170.

Kalnay de Rivas, E. (1972). On the use of nonuniform grids in finite difference equations. *J. Comput. Phys.*, **10**, 202–210.

Kalnay, E. (2003). *Atmospheric Modeling, Data Assimilation and Predictability*. Cambridge, UK: Cambridge University Press.

Kalnay, E., M. Kanamitsu, R. Kistler, *et al.* (1996). The NCEP/NCAR 40-year reanalysis project. *Bull. Amer. Meteor. Soc.*, **77**, 437–472.

Kalnay, E., D. L. T. Anderson, A. F. Bennett, *et al.* (1997). Data assimilation in the ocean and atmosphere: What should be next. *J. Meteor. Soc. Japan*, **75**, 489–496.

Kanamaru, H., and M. Kanamitsu (2007a). Scale-selective bias correction in a downscaling of global analysis using a regional model. *Mon. Wea. Rev.*, **135**, 334–350.

Kanamaru, H., and M. Kanamitsu (2007b). Fifty-seven-year California Reanalysis downscaling at 10 km (CaRD10). Part II: Comparison with North American Regional Reanalysis. *J. Climate*, **20**, 5572–5592.

Kanamaru, H., and M. Kanamitsu (2008). Dynamical downscaling of global analysis and simulation over the Northern Hemisphere. *Mon. Wea. Rev.*, **136**, 2796–2803.

Kanamitsu, M. (1989). Description of the NMC global data assimilation and forecast system. *Wea. Forecasting*, **4**, 335–342.

Kanamitsu, M., and H. Kanamaru (2007). Fifty-seven-year California Reanalysis downscaling at 10 km (CaRD10). Part I: System detail and validation with observations. *J. Climate*, **20**, 5553–5571.

Kanamitsu, M., J. C. Alpert, K. A. Campana, *et al.* (1991). Recent changes implemented into the global forecast system at NMC. *Wea. Forecasting*, **6**, 425–435.

Kanamitsu, M., W. Ebisuzaki, J. Woollen, *et al.* (2002a). NCEP-DOE AMIP-II reanalysis (R-2). *Bull. Amer. Meteor. Soc.*, **83**, 1631–1643.

Kanamitsu, M., A. Kumar, H.-M. H. Juang, *et al.* (2002b). NCEP dynamical seasonal forecast system 2000. *Bull. Amer. Meteor. Soc.*, **83**, 1019–1037.

Kang, H.-S., D.-H. Cha, and D.-K. Lee (2005). Evaluation of the mesoscale model/land surface model (MM5/LSM) coupled model for East Asian summer monsoon simulations. *J. Geophys. Res.*, **110**, D10105, doi:10.1029/2004JD005266.

Kar, S. K., and R. P. Turco (1995). Formulation of a lateral sponge layer for limited-area shallow water models and an extension for the vertically stratified case. *Mon. Wea. Rev.*, **123**, 1542–1559.

Karyampudi, V. M., and H. F. Pierce (2002). Synoptic-scale influence of the Saharan air layer on tropical cyclogenesis over the Eastern Atlantic. *Mon. Wea. Rev.*, **130**, 3100–3128.

Kasahara, A. (1974). Various vertical coordinate systems used for numerical weather prediction. *Mon. Wea. Rev.*, **102**, 509–522.

Kasahara, A., J.-I. Tsutsui, and H. Hirakuchi (1996). Inversion methods of three cumulus parameterizations for diabatic initialization of a tropical cyclone model. *Mon. Wea. Rev.*, **124**, 2304–2321.

Katz, R. W. (1996). Use of conditional stochastic models to generate climate change scenarios. *Climatic Change*, **32**, 237–255.

Katz, R. W., M. B. Parlange, and C. Tebaldi (2003). Stochastic modelling of the effects of large-scale circulation on daily weather in the southeastern US. *Climatic Change*, **60**, 189–216.

Kaufman, Y. J., and T. Nakajima (1993). Effect of Amazon smoke on cloud microphysics and albedo: Analysis from satellite imagery. *J. Appl. Meteor.*, **32**, 729–744.

Kawai, Y., and A. Wada (2007). Diurnal sea surface temperature variation and its impact on the atmosphere and ocean: A review. *J. Oceanog.*, **63**, 721–744.

Keenlyside, N., M. Latif, M. Botzet, J. Jungclaus, and U. Schulzweida (2005). A coupled method for initializing El Niño Southern Oscillation forecasts using sea surface temperature. *Tellus*, **57A**, 340–356.

Keenlyside, N. S., M. Latif, J. Jungclaus, L. Kornblueh, and E. Roeckner (2008). Advancing decadal-scale climate prediction in the North Atlantic sector. *Nature*, **453**, 84–88, doi:10.1038/nature06921.

Keppenne, C. L. (2000). Data assimilation into a primitive equation model with a parallel ensemble Kalman filter. *Mon. Wea. Rev.*, **128**, 1971–1981.

Keppenne, C. L., and M. M. Rienecker (2002). Initial testing of a massively parallel ensemble Kalman filter with the Poseidon isopycnal ocean general circulation model. *Mon. Wea. Rev.*, **130**, 2951–2965.

Kesel, P. G., and F. J. Winninghoff (1972). The Fleet Numerical Weather Central operational primitive equation model. *Mon. Wea. Rev.*, **100**, 360–373.

Kessler, E., III (1969). *On the Distribution and Continuity of Water Substance in Atmospheric Circulations*. Meteorological Monograph No. 32, American Meteorological Society, Boston, USA.

Kidson, J. W., and C. S. Thompson (1998). A comparison of statistical and model-based downscaling techniques for estimating local-climate variations. *J. Climate*, **11**, 735–753.

Kiehl, J. T., and K. E. Trenberth (1997). Earth's annual global mean energy budget. *Bull. Amer. Meteor. Soc.*, **78**, 197–208.

Kiehl, J. T., J. J. Hack, G. B. Bonan, *et al.* (1998). The National Center for Atmospheric Research Community Climate Model: CCM3. *J. Climate*, **11**, 1131–1149.

Kilsby, C. G., P. D. Jones, A. Burton, *et al.* (2007). A daily weather generator for use in climate change studies. *Environ. Model. Software*, **22**, 1705–1719.

Kim, S.-J., G. M. Flato, G. J. Boer, and N. A. McFarlane (2002). A coupled climate model simulation of the Last Glacial Maximum, Part 1: Transient multi-decadal response. *Climate Dyn.*, **19**, 515–537.

Kinnmark, I. (1985). *The Shallow Water Wave Equations: Formulation, Analysis and Application*. Lecture Notes in Engineering, Vol. 15. Berlin, Germany: Springer-Verlag.

Klein, T., and G. Heinemann (2001). On the forcing mechanisms of mesocyclones in the eastern Weddell Sea region, Antarctica: process studies using a mesoscale numerical model. *Meteorol. Zeitschrift*, **10**, 113–122.

Klein, W. H., B. M. Lewis, and I. Enger (1959). Objective prediction of five-day mean temperatures during winter. *J. Atmos. Sci.*, **16**, 672–682.

Klemp, J. B., and D. R. Durran (1983). An upper boundary condition permitting internal gravity-wave radiation in numerical mesoscale models. *Mon. Wea. Rev.*, **111**, 430–444.

Klemp, J. B., and D. K. Lilly (1978). Numerical simulation of hydrostatic mountain waves. *J. Atmos. Sci.*, **35**, 78–107.

Klemp, J. B., and R. Wilhelmson (1978). The simulation of three-dimensional convective-storm dynamics. *J. Atmos. Sci.*, **35**, 1070–1096.

Klemp, J. B., W. C. Skamarock, and J. Dudhia (2007). Conservative split-explicit time integration methods for the compressible nonhydrostatic equations. *Mon. Wea. Rev.*, **135**, 2897–2913.

Knievel, J. C., G. H. Bryan, and J. P. Hacker (2007). Explicit numerical diffusion in the WRF model. *Mon. Wea. Rev.,* **135**, 3808–3824.

Knutson, T. R., J. J. Sirutis, S. T. Garner, G. A. Vecchi, and I. M. Held (2008). Simulated reduction in Atlantic hurricane frequency under twenty-first-century warming conditions. *Nature Geoscience*, **1**, 359–364.

Kohonen, T. (2000). *Self-Organizing Maps*. New York, USA: Springer.

Køltzow, M., T. Iversen, and J. E. Haugen (2008). Extended Big-Brother experiments: the role of lateral boundary data quality and size of integration domain in regional climate modelling. *Tellus*, **60A**, 398–410.

Kondo, H., Y. Genchi, Y. Kikegawa, *et al.* (2005). Development of a multi-layer urban canopy model for the analysis of energy consumption in a big city: Structure of the urban canopy model and its basic performance. *Bound.-Layer Meteor.*, **116**, 395–421.

Koren, I., Y. J. Kaufman, R. Washington, *et al.* (2006). The Bodélé depression: a single spot in the Sahara that provides most of the mineral dust for the Amazon forest. *Environ. Res. Lett.*, **1**, doi:10.1088/1748-9326/1/1/014005.

Koren, V., J. Schaake, K. Mitchell, *et al.* (1999). A parameterization of snowpack and frozen ground intended for NCEP weather and climate models. *J. Geophys. Res.*, **104**, 19569–19585.

Koshyk, J. N., and K. Hamilton (2001). The horizontal kinetic energy spectrum and spectral budget simulated by a high-resolution troposphere-stratosphere-mesosphere GCM. *J. Atmos. Sci.,* **58,** 329–348.

Koster, R. D., and M. J. Suarez (1996). *Energy and Water Balance Calculations in the Mosaic LSM*. NASA Tech. Memo. 104606, Vol. 9.

Kreitzberg, C. W., and D. Perkey (1976). Release of potential instability. Part I: A sequential plume model within a hydrostatic primitive equation model. *J. Atmos. Sci.*, **33**, 456–475.

Krinner, G., N. Viovy, N. de Noblet-Ducoudré, *et al.* (2005). A dynamic global vegetation model for studies of the coupled atmosphere-biosphere system. *Global Biogeochem. Cycles*, **19**, GB1015, doi:10.1029/2003GB002199.

Krishnamurti, T. N., J. Xue, H. S. Bedi, K. Ingles, and D. Oosterhof (1991). Physical initialization for numerical weather prediction in the tropics. *Tellus*, **43AB**, 53–81.

Krishnamurti, T. N., G. Rohaly, and H. S. Bedi (1994). On the improvement of precipitation forecast skill from physical initialization. *Tellus*, **46A**, 598–614.

Krishnamurti, T. N., C. M. Kishtawal, T. E. LaRow, et al. (1999). Improved weather and seasonal climate forecasts from multimodel superensemble. *Science*, **285**, 1548–1550.

Krishnamurti, T. N., H. S. Bedi, V. M Hardiker, and L. Ramaswamy (2006a). *An Introduction to Global Spectral Modeling*. New York, USA: Springer.

Krishnamurti, T. N., A. Chakraborty, R. Krishnamurti, W. K. Dewar, and C. A. Clayson (2006b). Seasonal prediction of sea surface temperature anomalies using a suite of 13 coupled atmosphere-ocean models. *J. Climate*, **19**, 6069–6088.

Krishnamurti, T. N., S. Pattnaik, and D. V. Bhaskar Rao (2007). Mesoscale moisture initialization for monsoon and hurricane forecasts. *Mon. Wea. Rev.*, **135**, 2716–2736.

Kuhn, K., D. Campbell-Lendrum, A. Haines, and J. Cox (2005). *Using Climate to Predict Infectious Disease Epidemics*. Geneva: World Health Organization.

Kuo, H.-L. (1965). On the formation and intensification of tropical cyclones through latent heat release by cumulus convection. *J. Atmos. Sci.*, **22**, 40–63.

Kuo, H.-L. (1974). Further studies of the parameterization of the influence of cumulus convection on large-scale flow. *J. Atmos. Sci.*, **31**, 1232–1240.

Kuo, Y.-H., and R. A. Anthes (1984). Accuracy of diagnostic heat and moisture budgets using SESAME-79 field data as revealed by observing system simulation experiments. *Mon. Wea. Rev.*, **112**, 1465–1481.

Kuo, Y.-H., and Y.-R. Guo (1989). Dynamic initialization using observations from a hypothetical network of profilers. *Mon. Wea. Rev.*, **117**, 1975–1998.

Kuo, Y.-H., M. Skumanich, P. L. Haagenson, and J. S. Chang (1985). The accuracy of trajectory models as revealed by the observing system simulation experiments. *Mon. Wea. Rev.*, **113**, 1852–1867.

Kuo, Y.-H., E. G. Donall, and M. A. Shapiro (1987). Feasibility of short-range numerical weather prediction using observations from a network of profilers. *Mon. Wea. Rev.*, **115**, 2402–2427.

Kuo, Y.-H., X. Zou, and W. Huang (1998). The impact of global positioning system data on the prediction of an extratropical cyclone: An observing system simulation experiment. *Dyn. Atmos. Oceans*, **27**, 439–470.

Kusaka, H., H. Kondo, Y. Kikegawa, and F. Kimura (2001). A simple single-layer urban canopy model for atmospheric models: Comparisons with multi-layer and slab models. *Bound.-Layer Meteor.*, **101**, 329–358.

Kutzbach, J. (1967). Empirical eigenvectors of sea-level pressure, surface temperature, and precipitation complexes over North America. *J. Appl. Meteor.*, **6**, 791–802.

Lacarra, J. F., and O. Talagrand (1988). Short-range evolution of small perturbations in a barotropic model. *Tellus*, **40A**, 81–95.

Lackmann, G. M., D. Keyser, and L. F. Bosart (1999). Energetics of an intensifying jet streak during the Experiment on Rapidly Intensifying Cyclones over the Atlantic (ERICA). *Mon. Wea. Rev.*, **127**, 2777–2795.

Laîné, A., M. Kageyama, D. Salas-Mélia, et al. (2009). An energetic study of wintertime Northern Hemisphere storm tracks under $4 \times CO_2$ conditions in two ocean-atmosphere coupled models. *J. Climate*, **22**, 819–839.

Lakhtakia, M. N., and T. T. Warner (1987). A real-data numerical study of the development of the precipitation along the edge of an elevated mixed layer. *Mon. Wea. Rev.*, **115**, 156–168.

Lambert, S. J., and G. J. Boer (2001). CMIP1 evaluation and intercomparison of coupled climate models. *Climate Dyn.*, **17**, 83–116.

Landberg, L., L. Myllerup, O. Rathmann, *et al.* (2003). Wind-resource estimation: An overview. *Wind Energy*, **6**, 261–271.

Langland, R. H. (2005). Observation impact during the North Atlantic TReC-2003. *Mon. Wea. Rev.*, **133**, 2297–2309.

Langland, R. H., Z. Toth, R. Gelaro, *et al.* (1999). The North Pacific Experiment (NOR-PEX-98). Targeted observations for improved North American weather forecasts. *Bull. Amer. Meteor. Soc.*, **80**, 1363–1384.

Lanzinger, A., and R. Steinacker (1990). A fine mesh analysis scheme designed for mountainous terrain. *Meteor. Atmos. Phys.*, **43**, 213–219.

Lapeyre, G., and I. M. Held (2004). The role of moisture in the dynamics and energetics of turbulent baroclinic eddies. *J. Atmos. Sci.,* **61**, 1693–1710.

Laprise, R. (1992). The resolution of global spectral models. *Bull. Amer. Meteor. Soc.*, **73**, 1453–1454.

Laprise, R. (2008). Regional climate modelling. *J. Comput. Phys.*, **227**, 3641–3666.

Laprise, R., M. R. Varma, B. Denis, D. Caya, and I. Zawadzki (2000). Predictability of a nested limited-area model. *Mon. Wea. Rev.*, **128**, 4149–4154.

Laprise, R., R. de Elía, D. Caya, *et al.* (2008). Challenging some tenets of regional climate modeling. *Meteor. Atmos. Phys.*, **100**, 3–22.

Laursen, L., and E. Eliasen (1989). On the effects of the damping mechanisms in an atmospheric general circulation model. *Tellus*, **41A**, 385–400.

Lavoie, R. L. (1972). A mesoscale numerical model of lake-effect storms. *J. Atmos. Sci.*, **29**, 1025–1040.

Lawton, R. O., U. S. Nair, R. A. Pielke Sr, and R. M. Welch (2001). Climatic impacts of tropical lowland deforestation on nearby montane cloud forests. *Science*, **294**, 584–587.

Lax, P. D., and B. Wendroff (1960). Systems of conservation laws. *Comm. Pure Appl. Math.*, **13**, 217–237.

Lean, H. W., and P. A. Clark (2003). The effects of changing resolution on mesoscale modelling of line convection and slantwise circulations in FASTEX IOP 16. *Quart. J. Roy. Meteor. Soc.*, **129**, 2255–2278.

Leavesley, G. H., R. W. Lichty, B. M. Troutman, and L. G. Saindon (1983). *Precipitation-runoff Modeling System: User's Manual*. U.S. Geological Survey Water Investment Rep. 83–4238.

LeDimet, F.-X., and O. Talagrand (1986). Variational algorithms for analysis and initialization of meteorological observations: theoretical aspects. *Tellus*, **38A**, 97–110.

Legg, T. P., and K. R. Mylne (2004). Early warnings of severe weather from ensemble forecast information. *Wea. Forecasting*, **19**, 891–906; Corrigendum, **22**, 216–219.

Legg, T. P., K. R. Mylne, and C. Woodcock (2002). Use of medium-range ensembles at the Met Office I: PREVIN – a system for the production of probabilistic forecast information from the ECMWF EPS. *Meteor. Applic.*, **9**, 255–271.

Le Marshall, J. F., L. M. Leslie, and C. Spinoso (1997). The generation and assimilation of cloud-drift winds in numerical weather prediction. *J. Meteor. Soc. Japan*, **75**, Special Issue 1B, 383–393.

Leslie, L. M., J. F. LeMarshall, R. P. Morrison, *et al.* (1998). Improved hurricane track forecasting from the continuous assimilation of high quality satellite wind data. *Mon. Wea. Rev.*, **126**, 1248–1257.

Leuenberger, D., and A. Rossa (2007). Revisiting the latent heat nudging scheme for the rainfall assimilation of a simulated convective storm. *Meteor. Atmos. Phys.*, **98**, 195–215.

Leung, L. R., and S. J. Ghan (1995). A subgrid parameterization of orographic precipitation. *Theor. Appl. Climatol.*, **52**, 95–118.

Leung, L. R., and S. J. Ghan (1998). Parameterizing subgrid orographic precipitation and surface cover in climate models. *Mon. Wea. Rev.*, **126**, 3271–3291.

Leung, L. R., Y. Qian, X. Bian, *et al.* (2004). Mid-century ensemble regional climate change scenarios for the western United States. *Climate Change*, **62**, 75–113.

Leutbecher, M., and T. N. Palmer (2008). Ensemble forecasting. *J. Comput. Phys.*, **227**, 3515–3539.

Levin, Z., and W. R. Cotton (eds.) (2009). *Air Pollution Impact on Precipitation*. Berlin, Germany: Springer.

Li, P. W., and E. S. T. Lai (2004). Short-range quantitative precipitation forecasting in Hong Kong. *J. Hydrol.*, **288**, 189–209.

Liang, X.-Z., L. Li, K. E. Kunkel, M. Ting, and J. X. L. Wang (2004). Regional climate model simulation of U.S. precipitation during 1982-2002. Part I: Annual cycle. *J. Climate*, **17**, 3510–3529.

Liang, X.-Z., J. Pan, J. Zhu, *et al.* (2006). Regional climate model downscaling of the U.S. summer climate and future change. *J. Geophys. Res.*, **111**, D10108, doi:10.1029/2005JD006685.

Liljegren, J. C., S. Tschopp, K. Rogers, *et al.* (2009). Quality control of meteorological data for the Chemical Stockpile Emergency Preparedness Program. *J. Atmos. and Oceanic Technol.*, **26**, 1510–1526.

Lin, J. W.-B., and J. D. Neelin (2000). Influence of a stochastic moist convective parameterization on tropical climate variability. *Geophys. Res. Lett.*, **27**, 3691–3694.

Lin, Y., and K. Mitchell (2005). The NCEP Stage II/IV hourly precipitation analyses: Development and applications. Preprints, *19th Conference on Hydrology*, San Diego, CA, American Meteorological Society, Paper 1.2.

Lin, Y.-L., R. D. Farley, and H. D. Orville (1983). Bulk parameterization of the snow field in a cloud model. *J. Climate Appl. Meteor.*, **22**, 1065–1092.

Lindzen, R. S., and M. Fox-Rabinovitz (1989). Consistent vertical and horizontal resolution. *Mon. Wea. Rev.*, **117**, 2575–2583.

Liou, K.-N. (1980). *An Introduction to Atmospheric Radiation*. London, UK: Academic Press.

Lipps, F., and R. Hemler (1982). A scale analysis of deep moist convection and some related numerical calculations. *J. Atmos. Sci.*, **29**, 2192–2210.

Lipscomb, W. H. (2001). Remapping the thickness distribution in sea ice models. *J. Geophys. Res.*, **106**, 13989–14000.

List, R. J. (1966). *Smithsonian Meteorological Tables*. Washington, DC, USA: Smithsonian Institution Press.

Liu, H., and M. Xue (2008). Prediction of convective initiation and storm evolution on 12 June 2002 during IHOP 2002. Part I: Control simulation and sensitivity experiments. *Mon. Wea. Rev.*, **136**, 2261–2282.

Liu, H., X. Zhang, W. Li, Y. Yu, and R. Yu (2004). An eddy-permitting oceanic general circulation model and its preliminary evaluations. *Adv. Atmos. Sci.*, **21**, 675–690.

Liu, J., G. A. Schmidt, D. Martinson, *et al.* (2003). Sensitivity of sea ice to physical parameterizations in the GISS global climate model. *J. Geophys. Res.*, **108**, 3053, doi:10.1029/2001JC001167.

Liu, M., D. L. Westphal, A. L. Walker, *et al.* (2007). COAMPS real-time dust storm fore-casting during Operation Iraqi Freedom. *Wea. Forecasting*, **22**, 192–206.

Liu, Y., F. Chen, T. Warner, and J. Basara (2006). Verification of a mesoscale data-assimilation and forecasting system for the Oklahoma City area during the Joint Urban 2003 Field Project. *J. Appl. Meteor. Climatol.*, **45**, 912–929.

Liu, Y., T. T. Warner, J. F. Bowers, *et al.* (2008a). The operational mesogamma-scale analysis and forecast system of the U.S. Army Test and Evaluation Command. Part 1: Overview of the modeling system, the forecast products, and how the products are used. *J. Appl. Meteor. Climatol.*, **47**, 1077–1092.

Liu, Y., T. T. Warner, E. G. Astling, *et al.* (2008b). The operational mesogamma-scale analysis and forecast system of the U.S. Army Test and Evaluation Command. Part 2: Verification of model analyses and forecasts. *J. Appl. Meteor. Climatol.*, **47**, 1093–1104.

Liu, Z.-Q., and F. Rabier (2003). The potential of high-density observations for numerical weather prediction: A study with simulated observations. *Quart. J. Roy. Meteor. Soc.*, **129**, 3013–3035.

Lo, J. C.-F., Z.-L. Yang, and R. A. Pielke Sr (2008). Assessment of three dynamical climate downscaling methods using the Weather Research and Forecasting (WRF) model. *J. Geophys. Res.*, **113**, D09112, doi:10.1029/2007JD009216.

Lönnberg, P., and A. Hollingsworth (1986). The statistical structure of short-range forecast errors as determined from radiosonde data, Part II: The covariance of height and wind errors. *Tellus*, **38A**, 137–161.

Lorant, V., and J. F. Royer (2001). Sensitivity of equatorial convection to horizontal resolution in aqua-planet simulations with variable resolution. *Mon. Wea. Rev.*, **129**, 2730–2745.

Lorenc, A. (1986). Analysis methods for numerical weather prediction. *Quart. J. Roy. Meteor. Soc.*, **112**, 1177–1194.

Lorenc, A. C. (2003). The potential of the ensemble Kalman filter for NWP: A comparison with 4D-Var. *Quart. J. Roy. Meteor. Soc.*, **129**, 3183–3203.

Lorenc, A. C., R. S. Bell, and B. Macpherson (1991). The Meteorological Office analysis correction data assimilation scheme. *Quart. J. Roy. Meteor. Soc.*, **117**, 59–89.

Lorenz, E. N. (1963a). Deterministic nonperiodic flow. *J. Atmos. Sci.*, **20**, 130–141.

Lorenz, E. N. (1963b). The predictability of hydrodynamic flow. *Trans. NY Acad. Sci.*, *Series II*, **25**, 409–432.

Lorenz, E. N. (1968). Climate determinism. In *Causes of Climatic Change*, ed. J. M. Mitchell. Meteorological Monograph No. 8, Boston, USA: American Meteorological Society, 1–3.

Lott, F., and M. J. Miller (1997). A new subgrid-scale orographic drag parameterization: Its formulation and testing. *Quart. J. Roy. Meteor. Soc.*, **123**, 101–127.

Loveland, T. R., J. W. Merchant, J. F. Brown, *et al.* (1995). Seasonal land-cover regions of the United States. *Ann. Assoc. Amer. Geogr.*, **85**, 339–355.

Lu, C., H. Yuan, B. E. Schwartz, and S. G. Benjamin (2007). Short-range numerical weather prediction using time-lagged ensembles. *Wea. Forecasting*, **22**, 580–595.

Lynch, P. (2007). The origins of computer weather prediction and climate modeling. *J. Comp. Phys.*, **227**, 3431–3444.

Lynn, B. H., L. Druyan, C. Hogrefe, *et al.* (2005). Sensitivity of present and future surface temperature to precipitation characteristics. *Climate Res.*, **28**, 53–65.

Machenhauer, B. (1977). On the dynamics of gravity oscillations in a shallow water model, with applications to normal mode initialization. *Contrib. Atmos. Phys.*, **50**, 253–271.

Machenhauer, B. (1979). The spectral method. In *Numerical Methods Used in Atmospheric Models, Volume II,* ed. A. Kasahara. Global Atmospheric Research Programme, GARP Publication Series No. 17. Geneva: World Meteorological Organization. pp 121–275.

Machenhauer, B., E. Kaas, and P. H. Lauritzen (2008). Finite volume methods in meteorology. In *Computational Methods for the Atmosphere and Oceans*, eds. R. Tenan and J. Tribia. Amsterdam, the Netherlands: Elsevier.

Madec, G., P. Delecluse, M. Imbard, and C. Lévy (1998). *OPA Version 8.1 Ocean General Circulation Model Reference Manual*. Notes du Pôle de Modélisation No. 11, Institut Pierre-Simon Laplace, Paris, France.

Magarey, R. D, G. A. Fowler, D. M. Borchert, *et al.* (2007). NAPPFAST: An internet system for the weather-based mapping of plant pathogens. *Plant Disease*, **91**, 336–345.

Mahfouf, J.-F., A. O. Manzi, J. Noilhan, H. Giordani, and M. DéQué (1995). The land surface scheme ISBA within the Meteo-France climate model ARPEGE. Part 1: Implementation and preliminary results. *J. Climate*, **8**, 2039–2057.

Majewski, D., D. Liermann, P. Prohl, *et al.* (2002). The operational global icosahedral-hexagonal gridpoint model GME: Description and high-resolution tests. *Mon. Wea. Rev.*, **130**, 319–338.

Majumdar, S. J., C. H. Bishop, R. Buizza, and R. Gelaro (2002a). A comparison of ensemble transform Kalman filter targeting guidance with ECMWF and NRL total energy singular vector guidance. *Quart. J. Roy. Meteor. Soc.*, **128**, 2527–2549.

Majumdar, S. J., C. H. Bishop, B. J. Etherton, and Z. Toth (2002b). Adaptive sampling with the ensemble transform Kalman filter. Part II: Field program implementation. *Mon. Wea. Rev.*, **130**, 1356–1369.

Majumdar, S. J., S. D. Aberson, C. H. Bishop, *et al.* (2006). A comparison of adaptive observing guidance for Atlantic tropical cyclones. *Mon. Wea. Rev.*, **134**, 2354–2372.

Maltrud, M. E., R. D. Smith, A. J. Semtner, and R. C. Malone (1998). Global eddy-resolving ocean simulations driven by 1985–1995 atmospheric winds. *J. Geophys. Res.*, **103**, 30825–30853.

Mann, G. E., R. B. Wagenmaker, and P. J. Sousounis (2002). The influence of multiple lake interactions upon lake-effect storms. *Mon. Wea. Rev.*, **130**, 1510–1530.

Mao, Q., R. T. McNider, S. F. Mueller, and H. H. Juang (1999). An optimal model output calibration algorithm suitable for objective temperature forecasting. *Wea. Forecasting*, **14**, 190–202.

Mapes, B. E. (1997). Equilibrium vs. activation control of large-scale variations of tropical deep convection. In *The Physics and Parameterization of Moist Atmospheric Convection*, ed. R. K. Smith. Dordrecht, the Netherlands: Kluwer Academic Publishers. pp. 321–358.

Marchuk, G. I. (1965). *A New Approach to the Numerical Solution of Differential Equations of Atmospheric Processes*. World Meteorological Organization Technical Note No. 66, Geneva, pp. 286–294.

Marchuk, G. I. (1974). *Numerical Methods in Weather Prediction*. New York, USA: Academic Press.

Marletto, V., F. Zinoni, L. Criscuolo, *et al.* (2005). Evaluation of downscaled DEMETER multi-model ensemble seasonal hindcasts in a northern Italy location by means of a model of wheat growth and soil water balance. *Tellus*, **57A**, 488–497.

Marshall, C. H., R. A. Peilke Sr, L. T. Steyaert, and D. A. Willard (2004). The impact of anthropogenic land-cover change on the Florida Peninsula sea breezes and warm season sensible weather. *Mon. Wea. Rev.*, **132**, 28–52.

Marsigli, C., F. Boccanera, A. Montani, and T. Paccagnella (2005). The COSMO-LEPS mesoscale ensemble system: validation of the methodology and verification. *Nonlinear Processes Geophys.*, **12**, 527–536.

Marsland, S. J., H. Haak, J. H. Jungclaus, M. Latif, and F. Röske (2003). The Max-Planck-Institute global ocean/sea ice model with orthogonal curvilinear coordinates. *Ocean Modelling*, **5**, 91–127.

Marti, O., P. Braconnot, J. Bellier, *et al.* (2005). *The New IPSL Climate System Model: IPSL-CM4*. Note du Pôle de Modélisation No. 26, Institut Pierre Simon Laplace des Sciences de l'Environnement Global, Paris, France.

Martilli, A. (2007). Current research and future challenges in urban mesoscale modelling. *Int. J. Climatol.*, **27**, 1909–1918.

Martilli, A., A. Clappier, and M. W. Rotach (2002). An urban surface exchange parameterization for mesoscale models. *Bound.-Layer Meteor.*, **104**, 261–304.

Martin, G. M., C. Dearden, C. Greeves, *et al.* (2004). *Evaluation of the Atmospheric Performance of HadGAM/GEM1*. Hadley Centre Technical Note No. 54, Hadley Centre for Climate Prediction and Research/Met Office, Exeter, UK.

Marzban, C., and S. Sandgathe (2006). Cluster analysis for verification of precipitation fields. *Wea. Forecasting*, **21**, 824–838.

Marzban, C., and S. Sandgathe (2008). Cluster analysis for object-oriented verification of fields: A variation. *Mon. Wea. Rev.*, **136**, 1013–1025.

Mass, C. F., D. Ovens, K. Westrick, and B. A. Colle (2002). Does increasing horizontal resolution produce more skillful forecasts? *Bull. Amer. Meteor. Soc.*, **83**, 407–430.

Masson, V. (2000). A physically based scheme for the urban energy budget in atmospheric models. *Bound.-Layer Meteor.*, **94**, 357–397.

Matsuno, T. (1966). Numerical integrations of the primitive equations by a simulated backward difference method. *J. Meteor. Soc. Japan,* **44**, 76–84.

Matulla, C., H. Scheifinger, A. Menzel, and E. Koch (2003). Exploring two methods for statistical downscaling of Central European phenological time series. *Int. J. Biometeor.,* **48**, 56–64.

May, W., and E. Roeckner (2001). A time-slice experiment with the ECHAM4 AGCM at high resolution: The impact of horizontal resolution on annual mean climate change. *Climate Dyn.,* **17**, 407–420.

McCollor, D., and R. Stull (2008a). Hydrometeorological short-range ensemble forecasts in complex terrain. Part I: Meteorological evaluation. *Wea. Forecasting,* **23**, 533–556.

McCollor, D., and R. Stull (2008b). Hydrometeorological short-range ensemble forecasts in complex terrain. Part II: Economic evaluation. *Wea. Forecasting,* **23**, 557–574.

McCollor, D., and R. Stull (2008c). Hydrometeorological accuracy enhancement via post-processing of numerical weather forecasts in complex terrain. *Wea. Forecasting,* **23**, 131–144.

McFarlane, N. A., G. J. Boer, J.-P. Blanchet, and M. Lazare (1992). The Canadian Climate Centre second-generation general circulation model and its equilibrium climate. *J. Climate,* **5**, 1013–1044.

McGregor, J. L. (1996). Semi-Lagrangian advection on conformal-cubic grids. *Mon. Wea. Rev.,* **124**, 1311–1322.

McGregor, J. L. (1997). Regional climate modelling. *Meteorol. Atmos. Phys.,* **63**, 105–117.

McGregor, J. L., and M. R. Dix (2001). The CSIRO conformal-cubic atmospheric GCM. *Proc. IUTAM Symposium on Advances in Mathematical Modeling of Atmospheric and Ocean Dynamics,* Limerick, Ireland. Dordrecht, the Netherlands: Kluwer Academic Publishers, pp. 197–202.

McWilliams, J. C. (2006). *Fundamentals of Geophysical Fluid Dynamics.* Cambridge, UK: Cambridge University Press.

Meehl, G. A., and C. Tebaldi (2004). More intense, more frequent, and longer lasting heat waves in the 21st century. *Science,* **305**, 994–997.

Meehl, G. A., G. J. Boer, C. Covey, M. Latif, and R. J. Stouffer (2000). The Coupled Model Intercomparison Project (CMIP). *Bull. Amer. Meteor. Soc.,* **81**, 313–318.

Meehl, G. A., C. Covey, B. McAvaney, M. Latif, and R. J. Stouffer (2005). Overview of the coupled model intercomparison project. *Bull. Amer. Meteor. Soc.,* **86**, 89–93.

Meehl, G. A., T. F. Stocker, W. D. Collins, *et al.* (2007). Global Climate Projections. In *Climate Change 2007: The Physical Science Basis. Contribution of Working Group I to the Fourth Assessment Report of the Intergovernmental Panel on Climate Change,* eds. S. Solomon, D. Qin, M. Manning, *et al.,* Cambridge, UK and New York, USA: Cambridge University Press.

Mehrotra, R., A. Sharma, and I. Cordery (2004). Comparison of two approaches for down-scaling synoptic atmospheric patterns to multisite precipitation occurrence. *J. Geophys. Res.,* **109**, D14107, doi:10.1029/2004JD004823.

Mellor, G. L., and L. Kantha (1989). An ice-ocean coupled model. *J. Geophys. Res.,* **94**, 10937–10954.

Menendez, C. G., V. Serafini, and H. Le Treut (1999). The storm tracks and the energy cycle of the Southern Hemisphere: sensitivity to sea-ice boundary conditions. *Ann. Geophys. Atmos. Hydros. Space Sci.*, **17**, 1478–1492.

Meng, Z., and F. Zhang (2008). Tests of an ensemble Kalman filter for mesoscale and regional-scale data assimilation. Part IV: Comparison with 3DVAR in a month-long experiment. *Mon. Wea. Rev.*, **136**, 3671–3682.

Mera, R. J., D. Niyogi, G. S. Buol, G. G. Wilkerson, and F. H. M. Semazzi (2006). Potential individual versus simultaneous climate change effects on soybean (C3) and maize (C4) crops: An agrotechnology model based study. *Global Planet. Change*, **54**, 163–182.

Mesinger, F., Z. I. Janjić, S. Ničković, D. Gavrilov, and D. G. Deaven (1988). The step-mountain coordinate: model description and performance for cases of Alpine lee cyclogenesis and for a case of an Appalachian redevelopment. *Mon. Wea. Rev.*, **116**, 1491–1520.

Mesinger, F., G. DiMego, E. Kalnay, *et al.* (2006). North American Regional Reanalysis. *Bull. Amer. Meteor. Soc.*, **87**, 343–360.

Michaelsen, J. (1987). Cross-validation in statistical climate forecast models. *J. Climate Appl. Meteor.*, **26**, 1589–1600.

Miguez-Macho, G., G. L. Stenchikov, and A. Robock (2004). Spectral nudging to eliminate the effects of domain position and geometry in regional climate simulations. *J. Geophys. Res.*, **109**, D13104, doi:10.1029/2003JD004495.

Milan, M., V. Venema, D. Schüttemeyer, and C. Simmer (2008). Assimilation of radar and satellite data in mesoscale models: A physical initialization scheme. *Meteorol. Zeitschrift*, **17**, 887–902.

Miller, D. A., and R. A. White (1998). A conterminous United States multilayer soil characteristics data set for regional climate and hydrology modeling. *Earth Interactions*, **2**, 1–26.

Miller, D. H. (1981). *Energy at the Surface of the Earth: An Introduction to the Energetics of Ecosystems*. New York, USA: Academic Press.

Miller, J. R., G. L. Russell, and G. Caliri (1994). Continental-scale river flow in climate models. *J. Climate*, **7**, 914–928.

Miller, N. L., K. Hayhoe, J. Jin, and M. Auffhammer (2008). Climate, extreme heat, and electricity demand in California. *J. Appl. Meteor. Climatol.*, **47**, 1834–1844.

Miller, P. A., and S. G. Benjamin (1992). A system for the hourly assimilation of surface observations in mountainous and flat terrain. *Mon. Wea. Rev.*, **120**, 2342–2359.

Miller, R. N. (2007). *Numerical Modeling of Ocean Circulation*. Cambridge, UK: Cambridge University Press.

Milly, P. C. D., and A. B. Shmakin (2002). Global modeling of land water and energy balances, Part I: The Land Dynamics (LaD) model. *J. Hydrometeor.*, **3**, 283–299.

Min, S.-K., and A. Hense (2006). A Bayesian approach to climate model evaluation and multi-model averaging with an application to global mean surface temperatures from IPCC AR4 coupled climate models. *Geophys. Res. Lett.*, **33**, L08708, doi:10.1029/2006GL025779.

Min, S.-K., S. Legutke, A. Hense, and W.-T. Kwon (2005). Climatology and internal variability in a 1000-year control simulation with the coupled climate model

ECHO-G–I. Near-surface temperature, precipitation and mean sea level pressure. *Tellus*, **57A**, 605–621.

Misra, V. (2005). Simulation of the intraseasonal variance of the South American summer monsoon. *Mon. Wea. Rev.*, **133**, 663–676.

Mitchell, H. L., and P. L. Houtekamer (2000). An adaptive ensemble Kalman filter. *Mon. Wea. Rev.*, **128**, 416–433.

Mitchell, H. L., P. L. Houtekamer, and G. Pellerin (2002). Ensemble size, balance, and model-error representation in an ensemble Kalman filter. *Mon. Wea. Rev.*, **130**, 2791–2808.

Mitchell, J. F. B. (1989). The "greenhouse" effect and climate change. *Rev. Geophys.*, **27**, 115–139.

Mittermaier, M. P. (2007). Improving short-range high-resolution model precipitation forecast skill using time lagged ensembles. *Quart. J. Roy. Meteor. Soc.*, **133**, 1487–1500.

Miyakoda, K., and A. Rosati (1977). One way nested grid models: The interface conditions and the numerical accuracy. *Mon. Wea. Rev.*, **105**, 1092–1107.

Mohanty, U. C., R. K. Paliwal, A. Tyagi, and A. John (1990). Evaluation of a limited area model for short range prediction over Indian region: Sensitivity studies. *Mausam,* **41**, 251–256.

Molinari, J., and T. Corsetti (1985). Incorporation of cloud-scale and mesoscale downdrafts into a cumulus parameterization: Results of one- and three-dimensional integrations. *Mon. Wea. Rev.*, **113**, 485–501.

Molteni, F., R. Buizza, T. N. Palmer, and T. Petroliagis (1996). The new ECMWF Ensemble Prediction System: methodology and validation. *Quart. J. Roy. Meteor. Soc.*, **122**, 73–119.

Moninger, W. R., R. D. Mamrosh, and P. M Pauley (2003). Automated meteorological reports from commercial aircraft. *Bull. Amer. Meteor. Soc.*, **84**, 203–216.

Monobianco, J., S. Koch, V. M. Karyampudi, and A. J. Negri (1994). The impact of assimilating satellite-derived precipitation rates on numerical simulations of the ERICA IOP 4 cyclone. *Mon. Wea. Rev.*, **122**, 341–365.

Monobianco, J., J. G. Dreher, R. J. Evans, J. L. Case, and M. L. Adams (2008). The impact of simulated super pressure balloon data on regional weather analyses and forecasts. *Meteor. Atmos. Phys.*, **101**, 21–41.

Montani, A., A. J. Thorpe, R. Buizza, and P. Undén (1999). Forecast skill of the ECMWF model using targeted observations during FASTEX. *Quart. J. Roy. Meteor. Soc.*, **125**, 3219–3240.

Monteith, J. L., and M. H. Unsworth (1990). *Principles of Environmental Physics*. London, UK: Edward Arnold.

Moore, R. W., and M. T. Montgomery (2004). Reexamining the dynamics of short-scale, diabatic Rossby waves and their role in midlatitude moist cyclogenesis. *J. Atmos. Sci.*, **61**, 754–768.

Moore, R. W., and M. T. Montgomery (2005). Analysis of an idealized, three-dimensional diabatic Rossby vortex: A coherent structure of the moist baroclinic atmosphere. *J. Atmos. Sci.*, **62**, 2703–2725.

Moriondo, M., and M. Bindi (2006). Comparisons of temperatures simulated by GCMs, RCMs and statistical downscaling: potential application in studies of future crop development. *Climate Res.*, **30**, 149–160.

Morse, A. P., F. J. Doblas-Reyes, M. B. Hoshen, R. Hagedorn, and T. N. Palmer (2005). A forecast quality assessment of an end-to-end probabilistic multi-model seasonal forecast system using a malaria model. *Tellus*, **57A**, 464–475.

Mu, M., and G. J. Zhang (2006). Energetics of Madden-Julian oscillations in the National Center for Atmospheric Research Community Atmosphere Model version 3 (NCAR CAM3). *J. Geophys. Res.*, **111**, D24112, doi:10.1029/2005JD007003.

Mullen, S. L., and D. P. Baumhefner (1989). The impact of initial condition uncertainty on numerical simulations of large-scale explosive cyclogenesis. *Mon. Wea. Rev.*, **117**, 2800–2821.

Mullen, S. L., and R. Buizza (2002). The impact of horizontal resolution and ensemble size on probabilistic forecasts of precipitation by the ECMWF Ensemble Prediction System. *Wea. Forecasting*, **17**, 173–191.

Murphy, A. H. (1988). Skill scores based on the mean square error and their relationships to the correlation coefficient. *Mon. Wea. Rev.*, **116**, 2417–2424.

Murphy, A. H., B. G. Brown, and Y.-S. Chen (1989). Diagnostic verification of temperature forecasts. *Wea. Forecasting*, **4**, 485–501.

Murphy, J. M., D. M. H. Sexton, D. N. Barnett, *et al.* (2004). Quantification of modelling uncertainties in a large ensemble of climate simulations. *Nature*, **430**, 768–772.

Nachamkin, J. E., S. Chen, and J. Schmidt (2005). Evaluation of heavy precipitation forecasts using composite-based methods: A distributions-oriented approach. *Mon. Wea. Rev.*, **133**, 2163–2177.

Nadiga, B. T., L. G. Margolin, and P. K. Smolarkiewicz (1996). Different approximations of shallow fluid flow over an obstacle. *Phys. Fluids*, **8**, 2066–2077.

Nair, U. S., H. R. Mark, and R. A. Pielke Sr (1997). Numerical simulation of the 9–10 June 1972 Black Hills storm using CSU RAMS. *Mon. Wea. Rev.,* **125**, 1753–1766.

Nakicenovic, N. (ed.) (2000). *Special Report on Emissions Scenarios*. Cambridge, UK: Cambridge University Press.

Nehrkorn, T., R. N. Hoffman, J.-F. Louis, R. G. Isaacs, and J.-L. Moncet (1993). Analysis and forecast improvements from simulated satellite water vapor profiles and rainfall using a global data assimilation system. *Mon. Wea. Rev.*, **121**, 2727–2739.

Nickovic, S. (1994). On the use of hexagonal grids for simulation of atmospheric processes. *Beitr. Phys. Atmos.*, **67**, 103–107.

Nickovic, S., G. Kallos, A. Papadopoulos, and O. Kakaliagou (2001). A model for prediction of desert dust cycle in the atmosphere. *J. Geophys. Res.*, **106**, 18113–18129.

Nieman, S. J., W. P. Menzel, C. M. Hayden, D. Gray, S. Wanzong, C. Velden, and J. Daniels (1997). Fully automated cloud-drift winds in NESDIS operations. *Bull. Amer. Meteor. Soc.*, **78**, 1121–1133.

Ninomiya, K., and K. Kurihara (1987). Forecast experiment of a long-lived mesoscale convective system in Baiu frontalzone. *J. Meteor. Soc. Japan*, **65**, 885–899.

Nitta, T., and J. B. Hovermale (1969). A technique of objective analysis and initialization for the primitive forecast equations. *Mon. Wea. Rev.*, **97**, 652–658.

Novak, M. D. (1986). Theoretical values of daily atmospheric and soil thermal admittances. *Bound. Layer Meteor.*, **34**, 17–34.

NRC (2001). *Under the Weather: Climate, Ecosystems, and Infectious Disease*. National Research Council, Washington, DC, USA: National Academy Press.

Nunes, A. M. B., and S. Cocke (2004). Implementing a physical initialization procedure in a regional spectral model: impact on the short-range rainfall forecasting over South America. *Tellus*, **56A**, 125–140.

Nunes, A. M. B., and J. O. Roads (2007a). Dynamical influences of precipitation assimilation on regional downscaling. *Geophys. Res. Lett.*, **34**, L16817, doi:10.1029/2007GL030247.

Nunes, A. M. B., and J. O. Roads (2007b). Influence of precipitation assimilation on a regional climate model's surface water and energy budgets. *J. Hydrometeor.*, **8**, 642–664.

Nuss, W. A., and R. A. Anthes (1987). A numerical investigation of low-level processes in rapid cyclogenesis. *Mon. Wea. Rev.*, **115**, 2728–2743.

Nutter, P. A. (2003). Effects of nesting frequency and lateral boundary perturbations on the dispersion of limited-area ensemble forecasts. Ph.D. Dissertation, University of Oklahoma, Norman, USA.

O'Farrell, S. P. (1998). Investigation of the dynamic sea ice component of a coupled atmosphere sea-ice general circulation model. *J. Geophys. Res.*, **103**, 15751–15782.

Ogura, Y., and N. Phillips (1962). Scale analysis for deep and shallow convection in the atmosphere. *J. Atmos. Sci.*, **19**, 173–179.

Okamoto, K., and J. C. Derber (2006). Assimilation of SSM/I radiances in the NCEP Global Data Assimilation System. *Mon. Wea. Rev.*, **134**, 2612–2631.

Oke, T. R. (1987). *Boundary Layer Climates*. London, UK: Methuen.

Oki, T., and Y. C. Sud (1998). Design of total runoff integrating pathways (TRIP): A global river channel network. *Earth Interactions*, **2**, 1–37.

O'lenic, E. A., D. A. Unger, M. S. Halpert, and K. S. Pelman (2008). Developments in operational long-range climate prediction at CPC. *Wea. Forecasting*, **23**, 496–515.

Oleson, K. W., G. Bonan, S. Levis, *et al.* (2004). *Technical Description of the Community Land Model (CLM)*. NCAR Technical Note NCAR/TN-461+STR, National Center for Atmospheric Research, Boulder, CO, USA.

Oleson, K. W., G.-Y. Niu, Z.-L. Yang, *et al.* (2008). Improvements to the Community Land Model and their impact on the hydrologic cycle. *J. Geophys. Res.*, **113**, G01021, doi:10.1029/2007JG000563.

Oliger, J., and A. Sundstrom (1978). Theoretical and practical aspects of some initial boundary value problems in fluid dynamics. *S.I.A.M. J. Appl. Math.*, **35**, 419–446.

Onogi, K., J. Tsutsui, H. Koide, *et al.* (2007). The JRA-25 Reanalysis. *J. Meteor. Soc. Japan*, **85**, 369–432.

Ooyama, K. V. (1982). Conceptual evolution of the theory and modeling of the tropical cyclone. *J. Meteor. Soc. Japan*, **60**, 369–379.

Orlanski, I., and J. Katzfey (1991). The life cycle of a cyclone wave in the Southern Hemisphere. Part I: Eddy energy budget. *J. Atmos. Sci.*, **48**, 1972–1998.

Orlanski, I., and J. Katzfey (1995). Stages in the energetics of baroclinic systems. *Tellus*, **47A**, 605–628.

Orzag, S. A. (1970). Transform method for the calculation of vector-coupled sums: Application to the spectral form of the vorticity equation. *J. Atmos. Sci.*, **27**, 890–895.

Otte, T. L., N. L. Seaman, and D. R. Stauffer (2001). A heuristic study on the importance of anisotropic error distributions in data assimilation. *Mon. Wea. Rev.*, **129**, 766–783.

Pacanowski, R. C., K. Dixon, and A. Rosati (1993). *The GFDL Modular Ocean Model Users Guide, Version 1.0.* GFDL Ocean Group Technical Report No. 2, Geophysical Fluid Dynamics Laboratory, Princeton, NJ, USA.

Paegle, J., J. Nogues-Paegle, and K. C. Mo (1996). Dependence of simulated precipitation on surface evaporation during the 1993 United States summer floods. *Mon. Wea. Rev.*, **124**, 345–361.

Paeth, H., K. Born, R. Podzun, and D. Jacob (2005). Regional dynamical downscaling over West Africa: Model evaluation and comparison of wet and dry years. *Meteorol. Zeitschrift*, **14**, 349–367.

Pagowski, M., and G. A. Grell (2006). Ensemble-based ozone forecasts: Skill and economic value. *J. Geophys. Res.*, **111**, D23S30, doi: 10.1029/2006JD007124.

Palmer, T. N. (1993). Extended-range atmospheric prediction and the Lorenz model. *Bull. Amer. Meteor. Soc.*, **74**, 49–65.

Palmer, T. N. (2001). A nonlinear dynamical perspective on model error: A proposal for non-local stochastic-dynamic parameterization in weather and climate prediction models. *Quart. J. Roy. Meteor. Soc.*, **127**, 279–304.

Palmer, T. N. (2002). The economic value of ensemble forecasts as a tool for risk assessment: From days to decades. *Quart. J. Roy. Meteor. Soc.*, **128**, 747–774.

Palmer, T. N., R. Gelaro, J. Barkmeijer, and R. Buizza (1998). Singular vectors, metrics, and adaptive observations. *J. Atmos. Sci.*, **55**, 633–653.

Palmer, T. N., A. Alessandri, U. Andersen, *et al.* (2004). Development of a European multimodel ensemble system for seasonal to interannual prediction (DEMETER). *Bull. Amer. Meteor. Soc.*, **85**, 853–872.

Palmer, T. N., G. J. Shutts, R. Hagedorn, *et al.* (2005). Representing model uncertainty in weather and climate prediction. *Annu. Rev. Earth Planet. Sci.*, **33**, 163–193.

Palutikof, J. P., C. M. Goodess, S. J. Watkins, and T. Holt (2002). Generating rainfall and temperature scenarios at multiple sites: examples from the Mediterranean. *J. Climate*, **15**, 3529–3548.

Pardyjak, E. R., M. J. Brown, and N. L. Bagal (2004). Improved velocity deficit parameterizations for a fast response urban wind model. Preprints, *Symposium on Planning, Nowcasting, and Forecasting in the Urban Zone*, Seattle, WA, American Meteorological Society.

Parrish, D. F., and J. D. Derber (1992). The National Meteorological Center spectral statistical interpolation analysis system. *Mon. Wea. Rev.*, **120**, 1747–1763.

Paul, S., C. M. Liu, J. M. Chen, and S. H. Lin (2008). Development of a statistical downscaling model for projecting monthly rainfall over East Asia from a general circulation model output. *J. Geophys. Res.*, **113**, D15117, doi:10.1029/2007JD009472.

PCMDI (2007). IPCC Model Output. [Available online at http://www-pcmdi.llnl.gov/ipcc/about_ipcc.php]

Pecnick, M. J., and D. Keyser (1989). The effect of spatial resolution on the simulation of upper-tropospheric frontogenesis using a sigma-coordinate primitive-equation model. *Meteor. Atmos. Phys.*, **40**, 137–149.

Pedlosky, J. (1987). *Geophysical Fluid Dynamics*. Berlin, Germany: Springer.

Perkey, D. J., and C. W. Kreitzberg (1976). A time-dependent lateral boundary scheme for limited area primitive equation models. *Mon. Wea. Rev.*, **104**, 744–755.

Perkey, D. J., and R. A. Maddox (1985). A numerical investigation of a mesoscale convective system. *Mon. Wea. Rev.*, **113**, 553–566.

Persson, A. (2005). Early operational numerical weather prediction outside the USA: an historical introduction. Part 1: Internationalism and engineering NWP in Sweden, 1952–69. *Meteorol. Appl.*, **12**, 135–159.

Persson, P. O. G., and T. T. Warner (1991). Model generation of spurious gravity waves due to the inconsistency of the vertical and horizontal resolution. *Mon. Wea. Rev.*, **119**, 917–935.

Persson, P. O. G., and T. T. Warner (1995). The nonlinear evolution of idealized, unforced, conditional symmetric instability: A numerical study. *J. Atmos. Sci.*, **52**, 3449–3474.

Petersen, E. L., N. G. Mortensen, L. Landberg, J. Højstrup, and H. P. Frank (1998a). Wind power meteorology. Part I: Climate and turbulence. *Wind Energy*, **1**, 2–22.

Petersen, E. L., N. G. Mortensen, L. Landberg, J. Højstrup, and H. P. Frank (1998b). Wind power meteorology. Part II: Siting and models. *Wind Energy*, **1**, 55–72.

Phillips, N. A. (1957a). A map-projection system suitable for large-scale numerical weather prediction. *J. Meteor. Soc. Japan*, **35**, 262–267.

Phillips, N. A. (1957b). A coordinate system having some special advantages for numerical forecasting. *J. Meteor.*, **14**, 184–185.

Phillips, N. A. (1962). Numerical integration of the hydrostatic system of equations with a modified version of the Eliassen finite-difference grid. *Proc. International Symposium on Numerical Weather Prediction*, Tokyo, Meteorological Society of Japan, 109–120.

Phillips, N., and J. Shukla (1973). On the strategy of combining coarse and fine grid meshes in numerical weather prediction. *J. Appl. Meteor.*, **12**, 763–770.

Pielke, R. A. (1991). A recommended specific definition of "resolution". *Bull. Amer. Meteor. Soc.*, **72**, 1914.

Pielke, R. A. (2001). Influence of the spatial distribution of vegetation and soils on the prediction of cumulus convective rainfall. *Rev. Geophys.*, **39**, 151–177.

Pielke, R. A. (2002a). *Mesoscale Meteorological Modeling*. London, UK: Academic Press.

Pielke, R. A., Sr (2002b). Overlooked issues in the U.S. National climate and IPCC assessments. *Climate Change*, **52**, 1–11.

Pielke, R., Sr (2005). Land use and climate change. *Science*, **310**, 1625–1626.

Pielke, R. A., Sr, G. E. Liston, J. L. Eastman, and L. Lu (1999a). Seasonal weather prediction as an initial value problem. *J. Geophys. Res.*, **104**, 19463–19479.

Pielke, R. A., Sr, R. L. Walko, L. T. Steyaert, *et al.* (1999b). The influence of anthropogenic landscape changes on weather in South Florida. *Mon. Wea. Rev.*, **127**, 1663–1673.

Plant, R. S., and G. C. Craig (2008). A stochastic parameterization for deep convection based on equilibrium statistics. *J. Atmos. Sci.*, **65**, 87–105.

Pope, V. D., M. L. Gallani, P. R. Rowntree, and R. A. Stratton (2000). The impact of new physical parametrizations in the Hadley Centre climate model: HadAM3. *Climate Dyn.*, **16**, 123–146.

Powers, J. G., A. J. Monaghan, A. M. Cayette, *et al.* (2003). Real-time mesoscale modeling over Antarctica. *Bull. Amer. Meteor. Soc.*, **84**, 1533–1545.

Preisendorfer, R. W. (1988). In *Principal Component Analysis in Meteorology and Oceanography,* ed. C. Mobley. Amsterdam, the Netherlands: Elsevier Press.

Priestley, C. H. B. (1959). *Turbulent Transfer in the Lower Atmosphere.* Chicago, USA: University of Chicago Press.

Pruppacher, H. R., and J. D. Klett (2000). *Microphysics of Clouds and Precipitation.* Dordrecht, the Netherlands: Kluwer Academic Publishers.

Pryor, S. C., R. J. Barthelmie, and E. Kjellström (2005a). Potential climate change impact on wind energy resources in northern Europe: analyses using a regional climate model. *Climate Dyn.*, **25**, 815–835.

Pryor, S. C., J. T. Schoof, and R. J. Barthelmie (2005b). Climate change impacts on wind speeds and wind energy density in northern Europe: empirical downscaling of multiple AOGCMs. *Climate Res.*, **29**, 183–198.

Pryor, S. C., J. T. Schoof, and R. J. Barthelmie (2006). Winds of change?: Projections of near-surface winds under climate change scenarios. *Geophys. Res. Lett.*, **33**, L11702, doi:10.1029/2006GL026000.

Pu, Z. X., S. Lord, and E. Kalnay (1998). Forecast sensitivity with dropwindsonde data and targeted observations. *Tellus*, **50A**, 391–410.

Pudykiewicz, J. (1988). Numerical simulation of the transport of radioactive cloud from the Chernobyl nuclear accident. *Tellus,* **40B**, 241–259.

Pullen, J., J. D. Doyle, and R. P. Signell (2006). Two-way air-sea coupling: A study of the Adriatic. *Mon. Wea. Rev.*, **134**, 1465–1483.

Puri, K. (1987). Some experiments on the use of tropical diabatic heating information for initial state specification. *Mon. Wea. Rev.*, **115**, 1394–1406.

Purser, R. J. (2007). Accuracy considerations of time-splitting methods for models using two-time-level schemes. *Mon. Wea. Rev.*, **135**, 1158–1164.

Purser, R. J., and M. Rančić (1997). Conformal octagon: An attractive framework for global models offering quasi-uniform regional enhancement of resolution. *Meteor. Atmos. Phys.*, **62**, 33–48.

Purser, R. J., and M. Rančić (1998). Smooth quasi-homogeneous gridding of the sphere. *Quart. J. Roy. Meteor. Soc.*, **124**, 637–647.

Rabier, F., A. McNally, E. Andersson, *et al.* (1998). The ECMWF implementation of three-dimensional variational assimilation (3D-Var). II: Structure function. *Quart. J. Roy. Meteor. Soc.*, **124**, 1809–1830.

Raftery, A. E., T. Gneiting, F. Balabdaoui, and M. Polakowski (2005). Using Bayesian model averaging to calibrate forecast ensembles. *Mon. Wea. Rev.*, **133**, 1155–1174.

Rajagopalan, B., U. Lall, and S. E. Zebiak (2002). Categorical climate forecasts through regularization and optimal combination of multiple GCM ensembles. *Mon. Wea. Rev.*, **130**, 1792–1811.

Ramage, C. S. (1983). Teleconnections and the siege of time. *J. Climatol.*, **3**, 223–231.

Ramos da Silva, R., G. Bohrer, D. Werth, M. J. Otte, and R. Avissar (2006). Sensitivity of ice storms in the southeastern United States to Atlantic SST: Insights from a case study of the December 2002 storm. *Mon. Wea. Rev.*, **134**, 1454–1464.

Rančić, M., R. J. Purser, and F. Mesinger (1996). A global shallow-water model using an expanded spherical cube: Gnomonic versus conformal coordinates. *Quart. J. Roy. Meteor. Soc.*, **122**, 959–982.

Randall, D. A., T. D. Ringler, R. P. Heikes, P. Jones, and J. Baumgardner (2002). Climate modeling with spherical geodesic grids. *Computing Sci. Eng.*, **4**, 32–41.

Randall, D. A., R. A. Wood, S. Bony, *et al.* (2007). Climate models and their evaluation. In *Climate Change 2007: The Physical Science Basis. Contribution of Working Group I to the Fourth Assessment Report of the Intergovernmental Panel on Climate Change*, eds. S. Solomon, D. Qin, M. Manning, *et al.* Cambridge, UK and New York, USA: Cambridge University Press.

Rauscher, S. A., A. Seth, B. Liebmann, J.-H. Qian, and S. J. Camargo (2007). Regional climate model-simulated timing and character of seasonal rains in South America. *Mon. Wea. Rev.*, **135**, 2642–2657.

Raymond, T. M., and S. N. Pandis (2002). Cloud activation of single-component organic aerosol particles. *J. Geophys. Res.*, **107**, 4787, doi:10.1029/2002JD002159.

Raymond, W. H. (1988). High-order low-pass implicit tangent filters for use in finite area calculations. *Mon. Wea. Rev.*, **116**, 2132–2141.

Raymond, W. H., and A. Garder (1976). Selective damping in a Galerkin method for solving wave problems with variable grids. *Mon. Wea. Rev.*, **104**, 1583–1590.

Raymond, W. H., and A. Garder (1988). A spatial filter for use in finite area calculations. *Mon. Wea. Rev.*, **116**, 209–222.

Raymond, W. H., W. S. Olson, and G. Callan (1995). Diabatic forcing and initialization with assimilation of cloud water and rainwater in a forecast model. *Mon. Wea. Rev.*, **123**, 366–382.

Reale, O., J. Terry, M. Masutani, *et al.* (2007). Preliminary evaluation of the European Centre for Medium-Range Weather Forecasts' (ECMWF) Nature Run over the tropical Atlantic and African monsoon region. *Geophys. Res. Lett.*, **34**, L22810, doi:10.1029/2007GL031640.

Reichler, T., and J. Kim (2008). How well do coupled models simulate today's climate? *Bull. Amer. Meteor. Soc.*, **89**, 303–311.

Reisner, J., R. M. Rasmussen, and R. T. Bruintjes (1998). Explicit forecasting of super-cooled liquid water in winter storms using the MM5 mesoscale model. *Quart. J. Roy. Meteor. Soc.*, **124**, 1071–1107.

Reynolds. O. (1895). On the dynamical theory of incompressible fluids and the determination of the criterion. *Phil. Trans. R. Soc., A*, **186**, 123–164.

Reynolds, R. W., N. A. Rayner, T. M. Smith, D. C. Stokes, and W. Wang (2002). An improved in situ and satellite SST analysis for climate. *J. Climate*, **11**, 3320–3323.

Richardson, D. S. (2000). Skill and relative economic value of the ECMWF ensemble prediction system. *Quart. J. Roy. Meteor. Soc.*, **126**, 649–667.

Richardson, D. S. (2001). Measures of skill and value of ensemble prediction systems, their relationship and the effect of ensemble size. *Quart. J. Roy. Meteor. Soc.*, **127**, 2473–2489.

Richardson, L. F. (1922). *Weather Prediction by Numerical Process*. Cambridge, UK: Cambridge University Press.

Riemer, M., S. C. Jones, and C. A. Davis (2008). The impact of extratropical transition on the downstream flow: An idealized modeling study with a straight jet. *Quart. J. Roy. Meteor. Soc.*, **134**, 69–91.

Rife, D. L., and C. A. Davis (2005). Verification of temporal variations in mesoscale numerical wind forecasts. *Mon. Wea. Rev.*, **133**, 3368–3381.

Rife, D. L., T. T. Warner, F. Chen, and E. A. Astling (2002). Mechanisms for diurnal boundary-layer circulations in the Great Basin Desert. *Mon. Wea. Rev.*, **130**, 921–938.

Rife, D. L., C. A. Davis, Y. Liu, and T. T. Warner (2004). Predictability of low-level winds by mesoscale meteorological models. *Mon. Wea. Rev.*, **132**, 2553–2569.

Ringler, T. D., and D. A. Randall (2002). A potential enstrophy and energy conserving numerical scheme for solution of the shallow-water equations on a geodesic grid. *Mon. Wea. Rev.*, **130**, 1397–1410.

Ringler, T. D., R. P. Heikes, and D. A. Randall (2000). Modeling the atmospheric general circulation using a spherical geodesic grid: A new class of dynamical cores. *Mon. Wea. Rev.*, **128**, 2471–2490.

Rinke, A., K. Dethloff, J. J. Cassano, *et al.* (2005). Evaluation of an ensemble of Arctic regional climate models: spatiotemporal fields during the SHEBA year. *Climate Dyn.*, **26**, 459–472.

Roads, J. (2000). The second annual regional spectral model workshop. *Bull. Amer. Meteor. Soc.*, **81**, 2979–2981.

Roads, J. (2004). Experimental weekly to seasonal U.S. forecasts with the regional spectral model. *Bull. Amer. Meteor. Soc.*, **85**, 1887–1902.

Roads, J., S.-C. Chen, and M. Kanamitsu (2003a). U.S. regional climate simulations and seasonal forecasts. *J. Geophys. Res.*, **108**(D16), 8606, doi:10.1029JD002232.

Roads, J., S. Chen, S. Cocke, *et al.* (2003b). International Research Institute/Applied Research Centers (IRI/ARCs) regional model intercomparison over South America. *J. Geophys. Res.*, **108**(D14), doi:10.1029/2002JD003201.

Robert, A. (1979). The semi-implicit method. In *Numerical Methods Used in Atmospheric Models, Vol. II*, ed. A. Kasahara. Global Atmospheric Research Programme, GARP Publication Series No. 17. Geneva: World Meteorological Organization, 417–436.

Robert, A. (1981). A stable numerical integration scheme for the primitive meteorological equations. *Atmos.-Ocean*, **19**, 35–46.

Robert, A. (1982). A semi-Lagrangian and semi-implicit numerical integration scheme for the primitive meteorological equations. *J. Meteor. Soc. Japan*, **60**, 319–324.

Roberts, M. J. (2004). *The Ocean Component of HadGEM1*. GMR Report Annex IV.D.3, Exeter, UK: Met Office.

Robertson, A. W., U. Lall, S. E. Zebiak, and L. Goddard (2004). Improved combination of multiple atmospheric GCM ensembles for seasonal prediction. *Mon. Wea. Rev.*, **132**, 2732–2744.

Rockel, B., C. L. Castro, R. A. Pielke Sr, H. von Storch, and G. Leoncini (2008). Dynamical downscaling: Assessment of model system dependent retained and added variability for two different regional climate models. *J. Geophys. Res.*, **113**, D21107, doi:10.1029/2007JD009461.

Rodell, M., P. R. Houser, U. Jambor, *et al.* (2004). The global land data assimilation system. *Bull. Amer. Meteor. Soc.*, **85**, 381–394.

Roebber, P. J., D. M. Schultz, B. A. Colle, and D. J. Stensrud (2004). Toward improved prediction: High-resolution and ensemble modeling systems in operations. *Wea. Forecasting*, **19**, 936–949.

Roeckner, E., K. Arpe, L. Bengtsson, *et al.* (1996). *The Atmospheric General Circulation Model ECHAM4: Model Description and Simulation of Present-Day Climate.* MPI Report No. 218, Max-Planck-Institut für Meteorologie, Hamburg, Germany.

Roeckner, E., G. Bäuml, L. Bonaventura, *et al.* (2003). *The Atmospheric General Circulation Model ECHAM5. Part I: Model Description.* MPI Report No. 349, Max-Planck-Institute fur Meteorologie, Hamburg, Germany.

Rogers, R. R. (1976). *A Short Course in Cloud Physics*, 2nd edn. Oxford, UK: Pergamon Press.

Rogers, R. R., and M. K. Yau (1989). *A Short Course in Cloud Physics,* 3rd edn. Oxford, UK: Butterworth-Heinemann.

Rojas, M., and A. Seth (2003). Simulation and sensitivity in a nested modeling system for South America. Part II: GCM boundary forcing. *J. Climate*, **16**, 2454–2471.

Romero, R., C. Ramis, S. Alonso, C. A. Doswell III, and D. J. Stensrud (1998). Mesoscale model simulations of three heavy precipitation events in the western Mediterranean region. *Mon. Wea. Rev.*, **126**, 1859–1881.

Romero, R., C. A. Doswell III, and C. Ramis (2000). Mesoscale numerical study of two cases of long-lived quasi-stationary convective systems over eastern Spain. *Mon. Wea. Rev.*, **128**, 3731–3751.

Ronchi, C., R. Iaconno, and P. S. Paolucci (1996). The 'cubed sphere': A new method for the solution of partial differential equations in spherical geometry. *J. Comput. Phys.* **124**, 93–114.

Rosenfeld, D., U. Lohmann, G. B. Raga, *et al.* (2008). Flood or drought: How do aerosols affect precipitation? *Science*, **321**, 1309–1313.

Ross, R. S., and T. N. Krishnamurti (2005). Reduction of forecast error for global numerical weather prediction by the Florida State University (FSU) superensemble. *Meteor. Atmos. Phys.*, **88**, 215–235.

Roulin, E. (2007). Skill and relative economic value of medium-range hydrological ensemble predictions. *Hydrol. Earth Syst. Sci.*, **11**, 725–737.

Roulston, M. S. (2005). A comparison of predictors of the error of weather forecasts. *Nonlinear Proc. Geophys.*, **12**, 1021–1032.

Rupa Kumar, K., A. K. Sahai, K. Krishna Kumar, *et al.* (2006). High-resolution climate change scenarios for India for the 21st century. *Current Science*, **90**, 334–345.

Russell, A., and R. Dennis (2000). NARSTO critical review of photochemical models and modeling. *Atmos. Environ.*, **34**, 2283–2324.

Russell, G. L., J. R. Miller, and D. Rind (1995). A coupled atmosphere-ocean model for transient climate change studies. *Atmos.-Ocean*, **33**, 683–730.

Sadourny, R. (1972). Conservative finite-difference approximations of the primitive equations on quasi-uniform spherical grids. *Mon. Wea. Rev.*, **100**, 136–144.

Sadourny, R., A. Arakawa, and Y. Mintz (1968). Integration of the nondivergent barotropic vorticity equation with an icosahedral-hexagonal grid for the sphere. *Mon. Wea. Rev.,* **96**, 351–356.

Saha, S., S. Nadiga, C. Thiaw, *et al.* (2006). The NCEP climate forecast system. *J. Climate,* **19**, 3483–3517.

Salas-Mélia, D. (2002). A global coupled sea ice-ocean model. *Ocean Modelling,* **4**, 137–172.

Salathé, E. P., Jr, P. W. Mote, and M. W. Wiley (2007). Review of scenario selection and downscaling methods for the assessment of climate change impacts on hydrology in the United States Pacific Northwest. *Int. J. Climatol.,* **27**, 1611–1621.

Salathé, E. P., Jr, R. Steed, C. F. Mass, and P. H. Zahn (2008). A high-resolution climate model for the U.S. Pacific Northwest: Mesoscale feedbacks and local responses to climate change. *J. Climate,* **21**, 5708–5726.

Salmon, E. M., and T. T. Warner (1986). Short-term numerical precipitation forecasts initialized using a diagnosed divergent wind component. *Mon. Wea. Rev.,* **114**, 2122–2132.

San José, R., J. L. Pérez, and R. M. González (2006). Air quality real-time operational forecasting system for Europe: an application of the MM5-CMAQ-EMIMO modelling system. *Air Pollution XIV,* **1**, 75–84.

Sanders, F. (1963). On subjective probability forecasting. *J. Appl. Meteor.,* **2**, 191–201.

Sanders, F. (1973). Skill in forecasting daily temperature and precipitation: some experimental results. *Bull. Amer. Meteor. Soc.,* **54**, 1171–1179.

Sato, N., P. J. Sellers, D. A. Randall, *et al.* (1989). Effects of implementing the simple biosphere model in a general circulation model. *J. Atmos. Sci.,* **46**, 2757–2782.

Satoh, M., T. Matsuno, H. Tomita, H. Miura, T. Nasuno, and S. Iga (2008). Nonhydrostatic icosahedral atmospheric model (NICAM) for global cloud-resolving simulations. *J. Comput. Phys.,* **227**, 3486–3514.

Saucier, W. J. (1955). *Principles of Meteorological Analysis.* New York, USA: Dover Publications.

Savijärvi, H. (1990). Fast radiation parameterization schemes for mesoscale and short-range forecast models. *J. Appl. Meteor.,* **29**, 437–447.

Schlatter, T. W. (1975). Some experiments with a multivariate statistical objective analysis scheme. *Mon. Wea. Rev.,* **103**, 246–257.

Schmidt, G. A., C. M. Bitz, U. Mikolajewicz, and L. B. Tremblay (2004). Ice-ocean boundary conditions for coupled models. *Ocean Modelling,* **7**, 59–74.

Schmidt, G. A., R. Ruedy, J. E. Hansen, *et al.* (2006). Present day atmospheric simulations using GISS ModelE: Comparison to in-situ, satellite and reanalysis data. *J. Climate,* **19**, 153–192.

Seaman, N. L., D. R. Stauffer, and A. M. Lario-Gibbs (1995). A multiscale four-dimensional data assimilation system applied in the San Joaquin valley during SARMAP. Part I: Modeling design and basic performance characteristics. *J. Appl. Meteor.,* **34**, 1739–1761.

Seefeldt, M. W., and J. J. Cassano (2008). An analysis of low-level jets in the greater Ross Ice Shelf region based on numerical simulations. *Mon. Wea. Rev.,* **136**, 4188–4205.

Seemann, S. W., J. Li, W. P. Menzel, and L. E. Gumley (2003). Operational retrieval of atmospheric temperature, moisture, and ozone from MODIS infrared radiances. *J. Appl. Meteor.*, **42**, 1072–1091.

Segal, M., W. E. Schreiber, G. Kallos, *et al.* (1989). The impact of crop areas in northeast Colorado on midsummer mesoscale thermal circulations. *Mon. Wea. Rev.*, **117**, 809–825.

Sellers, P. J., Y. Mintz, Y. C. Sud, and A. Dalcher (1986). A simple biosphere model (SiB) for use within general circulation models. *J. Atmos. Sci.*, **43**, 505–531.

Semazzi, F. H. M., and Y. Song (2001). A GCM study of climate change induced by deforestation in Africa. *Climate Res.*, **17**, 169–182.

Semenov, M. A., and E. M. Barrow (1997). Use of a stochastic weather generator in the development of climate change scenarios. *Climatic Change*, **35**, 397–414.

Semtner, A. J. (1976). A model for the thermodynamic growth of sea ice in numerical investigations of climate. *J. Phys. Oceanogr.*, **6**, 379–389.

Seth, A., and M. Rojas (2003). Simulation and sensitivity in a nested modeling system for South America. Part I: Reanalyses boundary forcing. *J. Climate,* **16**, 2437–2453.

Shafer, M. A., C. A. Fiebrich, D. S. Arndt, S. E. Fredrickson, and T. W. Hughes (2000). Quality assurance procedures in the Oklahoma mesonetwork. *J. Atmos. Oceanic Technol.*, **17**, 474–494.

Shao, Y., and A. Henderson-Sellers (1996). Modeling soil moisture: A Project for Intercomparison of Land Surface Parameterization Schemes Phase 2(b). *J. Geophys. Res.*, **101**, 7227–7250.

Shapiro, M. A., and J. T. Hastings (1973). Objective cross section analysis by Hermite polynomial interpolation on isentropic surfaces. *J. Appl. Meteor.*, **12**, 753–762.

Shapiro, M. A., and J. J. O'Brien (1970). Boundary conditions for fine-mesh limited-area forecasts. *J. Appl. Meteor.*, **9**, 345–349.

Shapiro, R. (1970). Smoothing, filtering and boundary effects. *Rev. Geophys. Space Phys.*, **8**, 359–387.

Shapiro, R. (1975). Linear filtering. *Math. Comp.*, **29**, 1094–1097.

Sharman, R. D., and M. G. Wurtele (1983). Ship waves and lee waves. *J. Atmos. Sci.*, **40**, 396–427.

Sharman, R., C. Tebaldi, G. Wiener, and J. Wolff (2006). An integrated approach to mid- and upper-level turbulence forecasting. *Wea. Forecasting*, **21**, 268–287.

Sharman, R., Y. Liu, R.-S. Sheu, *et al.* (2008). The operational mesogamma-scale analysis and forecast system of the U.S. Army Test and Evaluation Command. Part 3: Coupling of special applications models with the meteorological model. *J. Appl. Meteor. Climatol.*, **47**, 1105–1122.

Shibata, K., H. Yoshimura, M. Ohizumi, M. Hosaka, and M. Sugi (1999). A simulation of troposphere, stratosphere and mesosphere with an MRI/JMA98 GCM. *Papers Meteor. Geophys.*, **50**, 15–53.

Shin, D. W., and T. N. Krishnamurti (1999). Improving precipitation forecasts over the global tropical belt. *Meteor. Atmos. Phys.*, **70**, 1–14.

Shukla, J., J. Anderson, D. Baumhefner, *et al.* (2000). Dynamical seasonal prediction. *Bull. Amer. Meteor. Soc.*, **81**, 2593–2606.

Shukla, J., T. DelSole, M. Fennessy, J. Kinter, and D. Paolino (2006). Climate model fidelity and projections of climate change. *Geophys. Res. Lett.*, **33**, L07702, doi:10.1029/2005GL025579.

Shuman, F. (1989). History of numerical weather prediction at the National Meteorological Center. *Wea. Forecasting*, **4**, 286–296.

Shutts, G. J. (2005). A kinetic energy backscatter algorithm for use in ensemble prediction systems. *Quart. J. Roy. Meteor. Soc.*, **131**, 3079–3102.

Sills, D. M. L. (2009). On the MSC forecasters forums and the future role of the human forecaster. *Bull. Amer. Meteor. Soc.*, **90**, 619–627.

Singleton, A. T., and C. J. C. Reason (2007). A numerical model study of an intense cutoff low pressure system over South Africa. *Mon. Wea. Rev.*, **135**, 1128–1150.

Skamarock, W. C. (2004). Evaluating mesoscale NWP models using kinetic energy spectra. *Mon. Wea. Rev.*, **132**, 3019–3032.

Skamarock, W. C., and J. B. Klemp (1992). The stability of time-split numerical methods for the hydrostatic and nonhydrostatic elastic equations. *Mon. Wea. Rev.*, **120**, 2109–2127.

Skamarock, W. C., and J. B. Klemp (1993). Adaptive grid refinement for two-dimensional and three-dimensional nonhydrostatic atmospheric flow. *Mon. Wea. Rev.*, **121**, 788–804.

Skamarock, W. C., and J. B. Klemp (2008). A time-split nonhydrostatic atmospheric model for weather research and forecasting applications. *J. Comput. Phys.*, **227**, 3465–3485.

Skamarock, W. C., J. B. Klemp, J. Dudhia, *et al.* (2008). *A Description of the Advanced Research WRF Version 3*. NCAR/TN-475+STR. [Available from NCAR, P.O. Box 3000, Boulder, CO 80307- 3000.]

Slingo, J. M. (1980). A cloud parameterization scheme derived from GATE data for use with a numerical-model. *Quart, J. Roy. Meteor. Soc.*, **106**, 747–770.

Slingo, J. M. (1987). The development and verification of a cloud prediction scheme for the ECMWF model. *Quart. J. Roy. Meteor. Soc.*, **113**, 899–927.

Slonosky, V. C., P. D. Jones, and T. D. Davies (2001). Atmospheric circulation and surface temperature in Europe from the 18th century to 1995. *Int. J. Climatol.*, **21**, 63–75.

Smagorinsky, J. (1983). The beginnings of numerical weather prediction and general circulation modeling: Early recollections. In *Theory of Climate*, ed. B. Saltzman. Advances in Geophysics, Vol. 25, pp. 3–37.

Smith, D. M., S. Cusack, A. W. Colman, *et al.* (2007). Improved surface temperature prediction for the coming decade from a global climate model. *Science*, **317**, doi: 10.1126/science.1139540.

Smith, G. L., P. E. Mlynczak, D. A. Rutan, and T. Wong (2008). Comparison of the diurnal cycle of outgoing longwave radiation from a climate model with results from ERBE. *J. Appl. Meteor. Climatol.*, **47**, 3188–3201.

Smith, R. D., and P. R. Gent (2002). *Reference Manual for the Parallel Ocean Program (POP), Ocean Component of the Community Climate System Model (CCSM2.0 and 3.0)*. Technical Report LA-UR-02-2484, Los Alamos National Laboratory, Los Alamos, USA.

Snyder, C., and F. Zhang (2003). Assimilation of simulated Doppler radar observations with an ensemble Kalman filter. *Mon. Wea. Rev.*, **131**, 1663–1677.

Snyder, C., W. C. Skamarock, and R. Rotunno (1993). Frontal dynamics near and following frontal collapse. *J. Atmos. Sci.*, **50**, 3194–3211.

Song, Y., F. H. M. Semazzi, L. Xie, and L. J. Ogallo (2004). A coupled regional climate model for the Lake Victoria basin of East Africa. *Int. J. Climatol.*, **24**, 57–75.

Sotillo, M. G., A. W. Ratsimandresy, J. C. Carretero, *et al.* (2005). A high-resolution 44-year atmospheric hindcast for the Mediterranean Basin: contribution to the regional improvement of global reanalysis. *Climate Dyn.*, **25**, 219–236.

Srivastava, R. K., D. S. McRae, and M. T. Odman (2000). An adaptive grid algorithm for air-quality modeling. *J. Comput. Phys.*, **165**, 437–472.

Staniforth, A. (1984). The application of the finite-element method to meteorological simulations: A review. *Int. J. Numer. Methods Fluids*, **4**, 1–12.

Staniforth, A., and J. Côté (1991). Semi-Lagrangian integration schemes for atmospheric models: A review. *Mon. Wea. Rev.*, **119**, 2206–2223.

Staniforth, A. N., and R. W. Daley (1977). A finite element formulation for the discretization of sigma-coordinate primitive equation models. *Mon. Wea. Rev.*, **105**, 1108–1118.

Staniforth, A. N., and R. W. Daley (1979). A baroclinic finite-element model for regional forecasting with the primitive equations. *Mon. Wea. Rev.*, **107**, 107–121.

Staniforth, A. N., and J. Mailhot (1988). An operational model for regional weather forecasting. *Comput. Math. Applic.*, **16**, 1–22.

Staniforth, A. N., and H. L. Mitchell (1978). A variable-resolution finite-element technique for regional forecasting with the primitive equations. *Mon. Wea. Rev.*, **106,** 439–447.

Stauffer, D. R., and J.-W. Bao (1993). Optimal determination of nudging coefficients using the adjoint equations. *Tellus*, **45A**, 358–369.

Stauffer, D. R., and N. L. Seaman (1990). Use of four-dimensional data assimilation in a limited-area mesoscale model. Part I: Experiments with synoptic-scale data. *Mon. Wea. Rev.*, **118**, 1250–1277.

Stauffer, D. R., and N. L. Seaman (1994). Multiscale four-dimensional data assimilation. *J. Appl. Meteor.*, **33**, 416–434.

Stauffer, D. R., N. L. Seaman, and F. S. Binkowski (1991). Use of four-dimensional data assimilation in a limited-area mesoscale model. Part II: Effects of data assimilation within the planetary boundary layer. *Mon. Wea. Rev.*, **119**, 734–754.

Stauffer, D. R., N. L. Seaman, G. K. Hunter, *et al.* (2000). A field-coherence technique for meteorological field-program design for air quality studies. Part I: Description and interpretation. *J. Appl. Meteor.*, **39**, 297–316.

Steenburgh, W. J., C. R. Neuman, and G. L. West (2009). Discrete frontal propagation over the Sierra-Cascade Mountains and Intermountain West. *Mon. Wea. Rev.*, **137**, 2000–2020.

Stefanova, L., and T. N. Krishnamurti (2002). Interpretation of seasonal climate forecast using Brier skill score, the Florida State University superensemble, and the AMIP-I data set. *J. Climate*, **15**, 537–544.

Stein, U., and P. Alpert (1993). Factor separation in numerical simulations. *J. Atmos. Sci.*, **50**, 2107–2115.

Stensrud, D. J. (2007). *Parameterization Schemes: Keys to Understanding Numerical Weather Prediction Models*. Cambridge, UK: Cambridge University Press.

Stensrud, D. J., and J. M. Fritsch (1994). Mesoscale convective systems in weakly forced large-scale environments. Part III: Numerical simulations and implications for operational forecasting. *Mon. Wea. Rev.*, **122**, 2084–2104.

Stensrud, D. J., and J. A. Skindlov (1996). Gridpoint predictions of high temperature from a mesoscale model. *Wea. Forecasting*, **11**, 103–110.

Stensrud, D. J., and N. Yussouf (2003). Short-range ensemble predictions of 2-m temperature and dewpoint temperature over New England. *Mon. Wea. Rev.*, **131**, 2510–2524.

Stensrud, D. J., and N. Yussouf (2005). Bias-corrected short-range ensemble forecasts of near surface variables. *Meteorol. Appl.*, **12**, 217–230.

Stensrud, D. J., R. L. Gall, S. L. Mullen, and K. W. Howard (1995). Model climatology of the Mexican monsoon. *J. Climate*, **8**, 1775–1794.

Stensrud, D. J., J.-W. Bao, and T. T. Warner (2000). Using initial condition and model physics perturbations in short-range ensemble simulations of mesoscale convective systems. *Mon. Wea. Rev.*, **128**, 2077–2107.

Stephens, G. L. (1984). The parameterization of radiation for numerical weather prediction and climate models. *Mon. Wea. Rev.*, **112**, 826–867.

Stephenson, D. B., C. A. S. Coelho, F. J. Doblas-Reyes, and M. Balmaseda (2005). Forecast assimilation: a unified framework for the combination of multi-model weather and climate predictions. *Tellus*, **57A**, 253–264.

Steppeler, J. (1987). Quadratic Galerkin finite-element schemes for the vertical discretization of sigma-coordinate primitive-equation models. *Mon. Wea. Rev.*, **115**, 1575–1588.

Steppeler, J., H.-W. Bitzer, M. Minotte, and L. Bonaventura (2002). Nonhydrostatic atmospheric modeling using a z-coordinate representation. *Mon. Wea. Rev.*, **130**, 2143–2149.

Stoelinga, M. T., and T. T. Warner (1999). Nonhydrostatic, mesobeta-scale model simulations of cloud ceiling and visibility for an East Coast winter precipitation event. *J. Appl. Meteor.*, **38**, 385–404.

Stoker, J. J., and E. Isaacson (1975). Final Report 1, Courant Institute of Mathematical Sciences, IMM 407, New York University, USA.

Stowasser, M., Y. Wang, and K. Hamilton (2007). Tropical cyclone changes in the Western North Pacific in a global warming scenario. *J. Climate*, **20**, 2378–2396.

Strack, J. E., R. A. Pielke Sr, L. T. Steyaert, and R. G. Knox (2008). Sensitivity of June near-surface temperatures in the eastern United States to historical land cover changes since European settlement. *Water Resour. Res.*, **44**, W11401, doi:10.1029/2007WR006546.

Straka, J. M. (2009). *Cloud and Precipitation Microphysics: Principles and Parameterization*. Cambridge, UK: Cambridge University Press.

Strassberg, D., M. LeMone, T. Warner, and J. Alfieri (2008). Comparison of observed 10-m wind speeds to those based on Monin-Obukhov similarity theory using IHOP 2002 aircraft and surface data. *Mon. Wea. Rev.*, **136**, 964–972.

Straus, D. M., and D. Paolino (2009). Intermediate time error growth and predictability: tropics versus mid-latitudes. *Tellus*, **61A**, 579–586.

Stull, R. B. (1988). *An Introduction to Boundary Layer Meteorology.* Dordrecht, the Netherlands: Kluwer Academic Publishers.

Stull, R. B. (1991). Static stability: An update. *Bull. Amer. Meteor. Soc.*, **72**, 1521–1529.

Stull, R. B. (1993). Review of nonlocal mixing in turbulent atmospheres: Transilient turbulence theory. *Bound.-Layer Meteor.* **62**, 21–96.

Su, L., and O. B. Toon (2009). Numerical simulation of Asian dust storms using a coupled climate-aerosol microphysical model. *J. Geophys. Res.*, **114**, D14202, doi:10.1029/2008JD010956.

Suarez, M. J., and L. L. Takacs (1995). *Documentation of the Aries/GEOS Dynamical Core Version 2.* NASA Technical Memo. 104606, Vol. 5. [Available from NASA, Goddard Space Flight Center, Greenbelt, MD 20771.]

Sun, L., D. F. Moncunill, H. Li, A. D. Moura, and F. de A. de S. Filho (2005). Climate downscaling over Nordeste, Brazil using the NCEP RSM97. *J. Climate*, **18**, 551–567.

Sundqvist, H. (1979). Vertical coordinates and related discretization. In *Numerical Methods Used in Atmospheric Models, Vol. II*, ed. A. Kasahara. Global Atmospheric Research Programme, GARP Publication Series No. 17. Geneva: World Meteorological Organization, pp. 3–50.

Sundqvist, H., E. Berge, and J. E. Kristjansson (1989). Condensation and cloud parameterization studies with a mesoscale numerical weather prediction model. *Mon. Wea. Rev.*, **117**, 1641–1657.

Sutton, C., T. M. Hamill, and T. T. Warner (2006). Will perturbing soil moisture improve warm-season ensemble forecasts? A proof of concept. *Mon. Wea. Rev.*, **134**, 3172–3187.

Swarztrauber, P. N. (1996). Spectral transform methods for solving the shallow-water equations on the sphere. *Mon. Wea. Rev.*, **124**, 730–744.

Sykes, R. I., S. F. Parker, D. S. Henn, and W. S. Lewellen (1993). Numerical simulation of ANATEX tracer data using a turbulent closure model for long-range dispersion. *J. Appl. Meteor.*, **32**, 929–947.

Szunyogh, I., Z. Toth, K. A. Emanuel, *et al.* (1999). Ensemble-based targeting experiments during FASTEX: The effect of dropsonde data from the Lear jet. *Quart. J. Roy. Meteor. Soc.*, **125**, 3189–3218.

Szunyogh, I., Z. Toth, R. E. Morss, *et al.* (2000). The effect of targeted dropsonde observations during the 1999 Winter Storm Reconnaissance Program. *Mon. Wea. Rev.*, **128**, 3520–3537.

Szunyogh, I., Z. Toth, A. Zimin, S. J. Majumdar, and A. Persson (2002). On the propagation of the effect of targeted observations: The 2000 Winter Storm Reconnaissance Program. *Mon. Wea. Rev.*, **130**, 1144–1165.

Takacs, L. L., and M. J. Suarez (1996). *Dynamical Aspects of Climate Simulations Using the GEOS GCM.* NASA Technical Memo. 104606, Vol. 10. [Available from NASA, Goddard Space Flight Center, Greenbelt, MD 20771.]

Takle, E. S., W. J. Gutowski Jr, R. W. Arritt, *et al.* (1999). Project to intercompare regional climate simulations (PIRCS): description and initial results. *J. Geophys. Res.*, **104**, 443–462.

Talagrand, O., R. Vautard, and B. Strauss (1997). Evaluation of probabilistic prediction systems. *Proceedings, ECMWF Workshop on Predictability*. ECMWF, 1–25.

Tanguay, M., A. Simard, and A. Staniforth (1989). Three-dimensional semi-Lagrangian scheme for the Canadian regional finite-element forecast model. *Mon. Wea. Rev.*, **117**, 1861–1871.

Tanrikulu, S., D. R. Stauffer, N. L. Seaman, and A. J. Ranzieri (2000). A field-coherence technique for meteorological field-program design for air quality studies. Part II: Evaluation in the San Joaquin Valley. *J. Appl. Meteor.*, **39**, 317–334.

Tarbell, T. C., T. T. Warner, and R. A. Anthes (1981). The initialization of the divergent component of the horizontal wind in mesoscale numerical weather prediction models and its effect on initial precipitation rates. *Mon. Wea. Rev.*, **109**, 77–95.

Tatsumi, Y. (1986). A spectral limited-area model with time-dependent lateral boundary conditions and its application to a multi-level primitive-equation model. *J. Meteor. Soc. Japan*, **64**, 637–663.

Taylor, J. P., and A. S. Ackerman (1999). A case study of pronounced perturbations to cloud properties and boundary-layer dynamics due to aerosol emissions. *Quart. J. Roy. Meteor. Soc.*, **125**, 2543–2661.

Taylor, J. W., and R. Buizza (2003). Using weather ensemble predictions in electricity demand forecasting. *Intl. J. Forecasting*, **19**, 57–70.

Taylor, K. E. (2001). Summarizing multiple aspects of model performance in a single diagram. *J. Geophys. Res.*, **106** (D7), 7183–7192.

Taylor, K. E., P. J. Gleckler, and C. Doutriaux (2004). Tracking changes in the performance of AMIP models. *Proc. AMIP2 Workshop*, Toulouse, France, Meteo-France, pp. 5–8.

Teixeira., J., and C. A. Reynolds (2008). Stochastic nature of physical parameterizations in ensemble prediction: A stochastic convection approach. *Mon. Wea. Rev.*, **136**, 483–496.

Teng, Q., J. C. Fyfe, and A. H. Monahan (2007). Northern Hemisphere circulation regimes: observed, simulated and predicted. *Climate Dyn.*, **28**, 867–879.

Terray, L., S. Valcke, and A. Piacentini (1998). *OASIS 2.2 Guide and Reference Manual*. Technical Report TR/CMGC/98-05, Centre Européen de Recherche et de Formation Avancée en Calcul Scientifique, Toulouse, France.

Thiebaux, H. J., and M. A. Pedder (1987). *Spatial Objective Analysis*. London, UK: Academic Press.

Thiebaux, H. J., H. L. Mitchell, and D. W. Shantz (1986). Horizontal structure of hemispheric forecast error correlations for geopotential and temperature. *Mon. Wea. Rev.*, **114**, 1048–1066.

Thiebaux, J., E. Rogers, W. Wang, and B. Katz (2003). A new high-resolution blended global sea surface temperature analysis. *Bull. Amer. Meteor. Soc.*, **84**, 645–656.

Thompson, P. D. (1961). *Numerical Weather Analysis and Prediction*. New York, USA: Macmillan.

Thompson, P. D. (1983). History of numerical weather prediction in the United States. *Bull. Amer. Meteor. Soc.*, **64**, 755–769.

Thomson, M. C., and S. J. Connor (2001). The development of malaria early warning systems for Africa. *Trends in Parasitology*, **17**, 9438–9445.

Thomson, M. C., T. N. Palmer, A. P. Morse, M. Cresswell, and S. J. Connor (2000). Forecasting disease risk with seasonal climate predictions. *Lancet*, **355**, 1559–1560.

Thomson M. C., A. M. Molesworth, M. H. Djingarey, *et al.* (2006). Potential of environmental models to predict meningitis epidemics in Africa. *Trop. Med. Intl. Health*, **11**, 1–9.

Thuburn, J. (2008). Some conservation issues for the dynamical cores of NWP and climate models. *J. Comput. Phys.*, **227**, 3715–3730.

Tibaldi, S. (1986). Envelope orography and the maintenance of quasi-stationary waves in the ECMWF model. *Adv. Geophys.*, **29**, 339–374.

Tiedtke, M. (1989). A comprehensive mass flux scheme for cumulus parameterization in large-scale models. *Mon. Wea. Rev.*, **117**, 1779–1800.

Timbal, B., and D. A. Jones (2008). Future projections of winter rainfall in southeast Australia using a statistical downscaling technique. *Climate Change*, **86**, 165–187.

Tippett, M. K., T. DelSole, S. J. Mason, and A. G. Barnston (2008). Regression-based methods for finding coupled patterns. *J. Climate*, **21**, 4384–4398.

Tolika, K., C. Anagnostopoulou, P. Maheras, and M. Vafiadis (2008). Simulation of future changes in extreme rainfall and temperature conditions over the Greek area: A comparison of two statistical downscaling approaches. *Global Planet. Change*, **63**, 132–151.

Tomita, H., and M. Satoh (2004). A new dynamical framework of nonhydrostatic global model using the icosahedral grid. *Fluid Dyn. Res.*, **34**, 357–400.

Tompkins, A. M. (2002). A prognostic parameterization for the subgrid-scale variability of water vapor and clouds in large-scale models and its use to diagnose cloud cover. *J. Atmos. Sci.*, **59**, 1917–1942.

Tompkins, A. M. (2005). *The Parameterization of Cloud Cover*. ECMWF Technical Memorandum.

Tompkins, A. M., and M. Janisková (2004). A cloud scheme for data assimilation: Description and initial tests. *Quart. J. Roy. Meteor. Soc.*, **130**, 2495–2518.

Toon, O. B., R. P. Turco, D. Westphal, R. Malone, and M. S. Liu (1988). A multidimensional model for aerosols: Description of computational analogs. *J. Atmos. Sci.*, **45**, 2124–2143.

Torn, R. D., and G. J. Hakim (2008). Performance characteristics of a pseudo-operational ensemble Kalman filter. *Mon. Wea. Rev.*, **136**, 3947–3963.

Torrence, C., and G. P. Compo (1998). A practical guide to wavelet analysis. *Bull. Amer. Meteor. Soc.*, **79**, 61–78.

Toth, Z., and E. Kalnay (1993). Ensemble forecasting at NMC: The generation of perturbations. *Bull. Amer. Meteor. Soc.*, **74**, 2317–2330.

Toth, Z., and E. Kalnay (1997). Ensemble forecasting at NCEP and the breeding method. *Mon. Wea. Rev.*, **125**, 3297–3319.

Toth, Z., E. Kalnay, S. M. Tracton, R. Wobus, and J. Irwin (1997). A synoptic evaluation of the NCEP ensemble. *Wea. Forecasting*, **12**, 140–153.

Toth, Z., M. Peña, and A. Vintzileos (2007). Bridging the gap between weather and climate forecasting. *Bull. Amer. Meteor. Soc.*, **88**, 1427–1429.

Tracton, M. S. (1990). Predictability and its relationship to scale interaction processes in blocking. *Mon. Wea. Rev.*, **118**, 1666–1695.

Tracton, M. S., K. Mo, W. Chen, *et al.* (1989). Dynamical extended range forecasting (DERF) at the National Meteorological Center. *Mon. Wea. Rev.*, **117**, 1606–1637.

Treadon, R. E. (1996). Physical initialization in the NMC Global Data Assimilation System. *Meteor. Atmos. Phys.*, **60**, 57–86.

Treadon, R. E., and R. A. Petersen (1993). Domain size sensitivity experiments using the NMC Eta model. Preprints, *Proceedings 13th Conference on Weather Analysis and Forecasting*, Vienna, VA, USA, American Meteorological Society, pp. 176–177.

Tremback, C. J. (1990). Numerical simulation of a mesoscale convective complex: Model development and numerical results. Ph.D. Dissertation, Colorado State University, Fort Collins, CO, USA.

Trenberth, K. E., P. D. Jones, P. Ambenje, *et al.* (2007). Observations: Surface and atmospheric climate change. In *Climate Change 2007: The Physical Science Basis. Contribution of Working Group I to the Fourth Assessment Report of the Intergovernmental Panel on Climate Change*, eds. S. Solomon, D. Qin, M. Manning, *et al.* Cambridge, UK and New York, USA: Cambridge University Press.

Trigo, R., and J. Palutikof (2001). Precipitation scenarios over Iberia. A comparison between direct GCM output and different downscaling techniques. *J. Climate*, **14**, 4422–4446.

Turner, R., and T. Hurst (2001). Factors influencing volcanic ash dispersal from the 1995 and 1996 eruptions of Mount Ruapehu, New Zealand. *J. Appl. Meteor.*, **40**, 56–135.

Turpeinen, O. M. (1990). Diabatic initialization of the Canadian Regional Finite-Element (RFE) Model using satellite data. Part II: Sensitivity to humidity enhancement, latent-heating profile and rain rates. *Mon. Wea. Rev.*, **118**, 1396–1407.

Turpeinen, O. M., L. Garand, R. Benoit, and M. Roch (1990). Diabatic initialization of the Canadian Regional Finite-Element (RFE) Model using satellite data. Part I: Methodology and application to a winter storm. *Mon. Wea. Rev.*, **118**, 1381–1395.

Unsworth, M. H., and J. L. Monteith (1975). Long-wave radiation at the ground. I. Angular distribution of incoming radiation. *Quart. J. Roy. Meteor. Soc.*, **101**, 13–24.

Uppala, S. M., P. W. Kållberg, A. J. Simmons, *et al.* (2005). The ERA-40 re-analysis. *Quart. J. Roy. Meteor. Soc.*, **131**, 2961–3012.

Valent, R. A., P. H. Downey, and J. L. Donnelly (1977). *Description and Operational Aspects of the NCAR Segmented Limited Area Model (LAMSEG)*, NCAR Report #0501-77/08. [Available from NCAR, P.O. Box 3000, Boulder, CO 80307-3000.]

van den Dool, H. M., and S. Saha (1990). Frequency dependence in forecast skill. *Mon. Wea. Rev.*, **118**, 128–137.

Van Tuyl, A. H. (1996). Physical initialization with the Arakawa-Schubert scheme in the Navy's operational global forecast model. *Meteor. Atmos. Phys.*, **60**, 47–55.

Vannitsem, S., and F. Chomé (2005). One-way nested regional climate simulations and domain size. *J. Climate*, **18**, 229–233.

Verseghy, D. L., N. A. McFarlane, and M. Lazare (1993). A Canadian land surface scheme for GCMs: II. Vegetation model and coupled runs. *Int. J. Climatol.*, **13**, 347–370.

Vitart, F. (2004). Monthly forecasting at ECMWF. *Mon. Wea. Rev.*, **132**, 2761–2779.

Volodin, E. M., and N. A. Diansky (2004). El-Niño reproduction in a coupled general circulation model of atmosphere and ocean. *Russ. Meteor. Hydrol.*, **12**, 5–14.

Volodin, E. M., and V. N. Lykossov (1998). Parameterization of heat and moisture processes in the soil-vegetation system: 1. Formulation and simulations based on local observational data. *Izv. Atmos. Ocean Phys.*, **34**, 453–465.

von Storch, H., and F. Zwiers (1999). *Statistical Analysis in Climate Research*. Cambridge, UK: Cambridge University Press.

von Storch, H., E. Zorita, and U. Cubasch (1993). Downscaling of global climate change estimates to regional scale: An application to Iberian rainfall in wintertime. *J. Climate*, **6**, 1161–1171.

von Storch, H., H. Langenberg, and F. Feser (2000). A spectral nudging technique for dynamical downscaling purposes. *Mon. Wea. Rev.*, **128**, 3664–3673.

Vukicevic, T., and R. M. Errico (1990). The influence of artificial and physical factors upon predictability estimates using a complex limited-area model. *Mon. Wea. Rev.*, **118**, 1460–1482.

Vukicevic, T., and J. Paegle (1989). The influence of one-way interacting boundary conditions upon predictability of flow in bounded numerical models. *Mon. Wea. Rev.*, **117**, 340–350.

Waldron, K. M., J. Paegle, and J. D. Horel (1996). Sensitivity of a spectrally filtered and nudged limited area model to outer model options. *Mon. Wea. Rev.*, **124**, 529–547.

Walko, R., and R. Avissar (2008a). The Ocean-Land-Atmosphere Model (OLAM). Part I: Shallow water tests. *Mon. Wea. Rev.*, **136**, 4033–4044.

Walko, R., and R. Avissar (2008b). The Ocean-Land-Atmosphere Model (OLAM). Part II: Formulation and tests of the nonhydrostatic dynamic core. *Mon. Wea. Rev.*, **136**, 4045–4062.

Walko, R., W. R. Cotton, M. P. Meyers, and J. Y. Harrington (1995a). New RAMS cloud microphysics parameterization. Part I: The single-moment scheme. *Atmos. Res.*, **38**, 29–62.

Walko, R. L., C. J. Tremback, R. A. Pielke, and W. R. Cotton (1995b). An interactive nesting algorithm for stretched grids and variable nesting ratios. *J. Appl. Meteor.*, **34**, 994–999.

Wallace, J. M., S. Tibaldi, and A. J. Simmons (1983). Reduction of systematic forecast errors in the ECMWF model through the introduction of an envelope orography. *Quart. J. Roy. Meteor. Soc.*, **109**, 683–717.

Wang, B., H. Wan, Z. Ji, *et al.* (2004). Design of a new dynamical core for global atmospheric models based on some efficient numerical methods. *Science in China, Ser. A*, **47**, Suppl., 4–21.

Wang, W., and N. L. Seaman (1997). A comparison study of convective parameterization schemes in a mesoscale model. *Mon. Wea. Rev.*, **125**, 252–278.

Wang, W., and T. T. Warner (1988). Use of four-dimensional data assimilation by Newtonian relaxation and latent-heat forcing to improve a mesoscale-model precipitation forecast: A case study. *Mon. Wea. Rev.*, **116**, 2593–2613.

Warner, T. T., and H. M. Hsu (2000). Nested-model simulation of moist convection: The impact of coarse-grid parameterized convection on fine-grid resolved convection. *Mon. Wea. Rev.*, **128**, 2211–2231.

Warner, T. T., R. A. Anthes, and A. L. McNab (1978). Numerical simulations with a three-dimensional mesoscale model. *Mon. Wea. Rev.*, **106**, 1079–1099.

Warner, T. T., L. E. Key, and A. M. Lario (1989). Sensitivity of mesoscale model forecast skill to some initial data characteristics: Data density, data position, analysis procedure and measurement error. *Mon. Wea. Rev.*, **117**, 1281–1310.

Warner, T. T., R. A. Petersen, and R. E. Treadon (1997). A tutorial on lateral boundary conditions as a basic and potentially serious limitation to regional numerical weather prediction. *Bull. Amer. Meteor. Soc.*, **78**, 2599–2617.

Warner, T. T., R.–S. Sheu, J. Bowers, *et al.* (2002). Ensemble simulations with coupled atmospheric dynamic and dispersion models: Illustrating uncertainties in dosage simulations. *J. Appl. Meteor.*, **41**, 488–504.

Warner, T. T., B. E. Mapes, and M. Xu (2003). Diurnal patterns of rainfall in northwestern South America. Part II: Model simulations. *Mon. Wea. Rev.*, **131**, 813–829.

Washington, W. M., and A. Kasahara (1970). A January simulation experiment with the two layer version of the NCAR global circulation model. *Mon. Wea. Rev.*, **98**, 559–580.

Washington, W. M., J. W. Weatherly, G. A. Meehl, *et al.* (2000). Parallel Climate Model (PCM) control and transient simulations. *Climate Dyn.*, **16**, 755–774.

Weigel, A. P., M. A. Liniger, and C. Appenzeller (2007). The discrete Brier and ranked probability skill scores. *Mon. Wea. Rev.*, **135**, 118–124.

Weigel, A. P., M. A. Liniger, and C. Appenzeller (2009). Seasonal ensemble forecasts: Are recalibrated single models better than multimodels? *Mon. Wea. Rev.*, **137**, 1460–1479.

Weisman, M. L., W. C. Skamarock, and J. B. Klemp (1997). The resolution dependence of explicitly modeled convective systems. *Mon. Wea. Rev.*, **125**, 527–548.

Welander, P. (1955). Studies on the general development of motion in a two-dimensional, ideal fluid. *Tellus*, **7**, 141–156.

Weller, H., H. G. Weller, and A. Fournier (2009). Voronoi, Delaunay, and block-structured mesh refinement for solution of the shallow-water equations on the sphere. *Mon. Wea. Rev.*, **137**, 4208–4224.

Wergen, W. (1988). The diabatic ECMWF normal mode initialization scheme. *Beitr. Phys. Atmos.*, **61**, 274–302.

Westphal, D. L., C. A. Curtis, M. Liu, and A. L. Walker (2009). Operational aerosol and dust storm forecasting. *IOP Conf. Ser.: Earth Environ. Sci.* **7**, 012007, doi:10.1088/1755-1307/7/1/012007

Whitaker, J. S., G. P. Compo, X. Wei, and T. M. Hamill (2004). Reanalysis without radiosondes using ensemble data assimilation. *Mon. Wea. Rev.*, **132**, 1190–1200.

Wicker, L. J., and W. C. Skamarock (1998). A time-splitting scheme for the elastic equations incorporating second-order Runge-Kutta time differencing. *Mon. Wea. Rev.*, **126**, 1992–1999.

Wicker, L. J., and W. C. Skamarock (2002). Time splitting methods for elastic models using forward time schemes. *Mon. Wea. Rev.*, **130**, 2088–2097.

Widmann, M., C. S. Bretherton, and E. P. Salathé Jr (2003). Statistical precipitation downscaling over the Northwestern United States using numerically simulated precipitation as a predictor. *J. Climate*, **16**, 799–816.

Wigley, T. M. L., P. D. Jones, K. R. Briffa, and G. Smith (1990). Obtaining subgrid-scale information from coarse-resolution general circulation model output. *J. Geophys. Res.*, **95**, 1943–1953.

Wilby, R. L. (2001). Downscaling summer rainfall in the UK from North Atlantic ocean temperatures. *Hydrol. Earth Syst. Sci.*, **5**, 245–257.

Wilby, R. L., and T. M. L. Wigley (2000). Precipitation predictors for downscaling: observed and general circulation model relationships. *Int. J. Climatol.*, **20**, 641–661.

Wilby, R. L., T. M. L. Wigley, D. Conway, *et al.* (1998). Statistical downscaling of general circulation model output: A comparison of methods. *Water Resour. Res.*, **34**, 2995–3008.

Wilby, R. L., O. J. Tomlinson, and C. W. Dawson (2003). Multi-site simulation of precipitation by conditional resampling. *Climate Res.*, **23**, 183–194.

Wilby, R. L., C. S. Wedgbrow, and H. R. Fox (2004). Seasonal predictability of the summer hydrometeorology of the River Thames, UK. *J. Hydrol.*, **295**, 1–16.

Wilby, R. L., P. G. Whitehead, A. J. Wade, *et al.* (2006). Integrated modelling of climate change impacts on water resources and quality in a lowland catchment: River Kennet, UK. *J. Hydrol.*, **330**, 204–220.

Wilks, D. S. (2006). *Statistical Methods in the Atmospheric Sciences*. San Diego, USA: Academic Press.

Williamson, D. L. (1968). Integration of the barotropic vorticity equation on a spherical geodesic grid. *Tellus*, **20**, 642–653.

Williamson, D. L. (2007). The evolution of dynamical cores for global atmospheric models. *J. Meteor. Soc. Japan*, **85B**, 241–269.

Williamson, D., and J. Rosinski (2000). Accuracy of reduced-grid calculations. *Quart. J. Roy. Meteor. Soc.*, **126**, 1619–1640.

Williamson, D. L., J. B. Drake, J. J. Hack, R. Jakob, and P. N. Swarztrauber (1992). A standard test set for numerical approximations to the shallow water equations in spherical geometry. *J. Comput. Phys.*, **102**, 211–224.

Wilson, L. J., and M. Vallée (2002). The Canadian Updatable Model Output Statistics (UMOS) system: Design and development tests. *Wea. Forecasting*, **17**, 206–222.

Wilson, L. J., and M. Vallée (2003). The Canadian Updatable Model Output Statistics (UMOS) system: Validation against Perfect Prog. *Wea. Forecasting*, **18**, 288–302.

Winton, M. (2000). A reformulated three-layer sea ice model. *J. Atmos. Ocean. Technol.*, **17**, 525–531.

Wolff, J.-O., E. Maier-Reimer, and S. Lebutke (1997). *The Hamburg Ocean Primitive Equation Model*. DKRZ Technical Report No. 13, Deutsches KlimaRechenZentrum, Hamburg, Germany.

Woodcock, F., and C. Engel (2005). Operational consensus forecasts. *Wea. Forecasting*, **20**, 101–111.

Woth, K., R. Weisse, and H. von Storch (2006). Climate change and North Sea storm surge extremes: an ensemble study of storm surge extremes expected in a changed climate projected by four different regional climate models. *Ocean Dyn.*, **56**, 3–15.

Wu, X., and X. Li (2008). A review of cloud-resolving model studies of convective processes. *Adv. Atmos. Sci.*, **25**, 202–212.

Wyman, B. L. (1996). A step-mountain coordinate general circulation model: Description and validation of medium-range forecasts. *Mon. Wea. Rev.*, **124**, 102–121.

Wyngaard, J. C. (2004). Toward numerical modeling in the "terra incognita". *J. Atmos. Sci.*, **61**, 1816–1826.

Xie, P., and P. A. Arkin (1996). Analysis of global monthly precipitation using gauge observations, satellite estimates, and numerical model predictions. *J. Climate*, **9**, 840–858.

Xie, P., and P. A. Arkin (1997). Global precipitation: A 17-year monthly analysis based on gauge observation, satellite estimates, and numerical model outputs. *Bull. Amer. Meteor. Soc.*, **78**, 2539–2558.

Xoplaky, E., J. F. Gonzales-Rouco, J. Luterbacher, and M. Wanner (2004). Wet season Mediterranean precipitation variability: Influence of large-scale dynamics and trends. *Climate Dyn.*, **23**, 63–78.

Xu, K.-M., and D. A. Randall (1996). A semiempirical cloudiness parameterization for use in climate models. *J. Atmos. Sci.*, **53**, 3084–3102.

Xu, Q., and L. Wei (2001). Estimation of three-dimensional error covariances. Part II: Analysis of wind innovation vectors. *Mon. Wea. Rev.*, **129**, 2939–2954.

Xu, Q., and L. Wei (2002). Estimation of three-dimensional error covariances. Part III: Height-wind forecast error correlation and related geostrophy. *Mon. Wea. Rev.*, **130**, 1052–1062.

Xu, Q., L. Wei, A. Van Tuyl, and E. H. Barker (2001). Estimation of three-dimensional error covariances. Part I: Analysis of height innovation vectors. *Mon. Wea. Rev.*, **129**, 2126–2135.

Xu, Y., Y. Luo, Z. C. Zhao, *et al.* (2005). Detection of climate change in the 20th century by the NCC T63. *Acta Meteorol. Sin.*, Special Report on Climate Change, **4**, 1–15.

Xue, M. (2000). High-order monotonic numerical diffusion and smoothing. *Mon. Wea. Rev.*, **128**, 2853–2864.

Xue, M., K. K. Droegemeier, and V. Wong (2000). The Advanced Regional Prediction System (ARPS): a multiscale nonhydrostatic atmospheric simulation and prediction tool. Part 1. Model dynamics and verification. *Meteor. Atmos. Phys.*, **75**, 161–193.

Xue, Y., R. Vasic, Z. Janjic, F. Mesinger, and K. E. Mitchell (2007). Assessment of dynamic downscaling of the continental U.S. regional climate using the Eta/SSib regional climate model. *J. Climate*, **20**, 4172–4193.

Yakimiw, E., and A. Robert (1990). Validation experiments for a nested grid-point regional forecast model. *Atmos.-Ocean*, **28**, 466–472.

Yang, G. Y., and J. Slingo (2001). The diurnal cycle in the tropics. *Mon. Wea. Rev.*, **129**, 784–801.

Yates, D. N., T. T. Warner, and G. H. Leavesley (2000). Prediction of a flash flood in complex terrain: Part 2. A comparison of flood discharge simulations using rainfall input from radar, a dynamic model, and an automated algorithmic system. *J. Appl. Meteor.*, **39**, 815–825.

Yeh, K.-S., J. Côté, S. Gravel, *et al.* (2002). The CMC-MRB global environmental multiscale (GEM) model. Part III. *Mon. Wea. Rev.*, **130**, 339–356.

Yeh, T.-C., R. T. Wetherald, and S. Manabe (1984). The effect of soil moisture on the short-term climate and hydrology change: A numerical experiment. *Mon. Wea. Rev.*, **112**, 474–490.

Yoshimura, K., and M. Kanamitsu (2008). Dynamical global downscaling of global rean-alyses. *Mon. Wea. Rev.*, **136**, 2983–2998.

Yu, Y., and X. Zhang (2000). Coupled schemes of flux adjustments of the air and sea. In *Investigations on the Model System of the Short-Term Climate Predictions*, eds. Y. Ding, *et al.* Beijing, China: China Meteorological Press, pp. 201–207 (in Chinese).

Yu, Y., R. Yu, X. Zhang, and H. Liu (2002). A flexible global coupled climate model. *Adv. Atmos. Sci.*, **19**, 169–190.

Yu, Y., Z. Zhang, and Y. Guo (2004). Global coupled ocean-atmosphere general circulation models in LASG/IAP. *Adv. Atmos. Sci.*, **21**, 444–455.

Yuan, H., S. Mullen, X. Gao, *et al.* (2005). Verification of probabilistic quantitative precip-itation forecasts over the southwest United States during winter 2002/03 by the RSM ensemble system. *Mon. Wea. Rev.*, **133**, 279–294.

Yuan, H., J. A. McGinley, P. J. Schultz, C. J. Anderson, and C. Lu (2008). Short-range pre-cipitation forecasts from time-lagged multimodel ensembles during HMT-West-2006 Campaign. *J. Hydrometeor.*, **9**, 477–491.

Yuan, H., C. Lu, J. A. McGinley, *et al.* (2009). Evaluation of short-range quantitative precipitation forecasts from a time-lagged multimodel ensemble. *Wea. Forecasting*, **24**, 18–38.

Yukimoto, S., A. Noda, A. Kitoh, *et al.* (2001). The new Meteorological Research Institute global ocean-atmosphere coupled GCM (MRI-CGCM2): Model climate and variability. *Papers Meteor. Geophys.*, **51**, 47–88.

Yun, W. T., L. Stefanova, A. K. Mitra, *et al.* (2005). A multi-model superensemble algorithm for seasonal climate prediction using DEMETER forecasts. *Tellus*, **57A**, 280–289.

Žagar, N., M. Žagar, J. Cedilnik, G. Gregorič, and J. Rakovec (2006). Validation of mesos-cale low-level winds obtained by dynamical downscaling of ERA40 over complex terrain. *Tellus*, **58A**, 445–455.

Žagar, N., A. Stoffelen, G. Marseille, C. Accadia, and P. Schlüessel (2008). Impact assess-ment of simulated Doppler wind lidars with a multivariate variational assimilation in the tropics. *Mon. Wea. Rev.*, **136**, 2443–2460.

Zhang, D.-L., and R. A. Anthes (1982). A high-resolution model of the planetary boundary layer: Sensitivity tests and comparison with SESAME-79 data. *J. Appl. Meteor.*, **21**, 1594–1609.

Zhang, D.-L., H.-R. Chang, N. L. Seaman, T. T. Warner, and J. M. Fritsch (1986). A two-way interactive nesting procedure with variable terrain resolution. *Mon. Wea. Rev.*, **114**, 1330–1339.

Zhang, F., M. Zhang, and J. A. Hansen (2009). Coupling ensemble Kalman filter with four-dimensional variational data assimilation. *Adv. Atmos. Sci.*, **26**, 1–8.

Zhang, H., and M. Rančić (2007). A global Eta model on quasi-uniform grids. *Quart J. Roy. Meteor. Soc.*, **133**, 517–528.

Zhang, Y. (2008). Online coupled meteorology and chemistry models: history, current sta-tus, and outlook. *Atmos. Chem. Phys. Disc.*, **8**, 1833–1912.

Zhang, Y., W. Maslowski, and A. J. Semtner (1999). Impacts of mesoscale ocean currents on sea ice in high-resolution Arctic ice and ocean simulations. *J. Geophys. Res.*, **104**(C8), 18409–18429.

Zhang, Y., M. K. Dubey, and S. C. Olsen (2009). Comparisons of WRF/Chem simulations in Mexico City with ground-based RAMA measurements during the MILAGRO-2006 period. *Atmos. Chem. Phys. Disc.*, **9**, 1329–1376.

Zheng, X. (2009). An adaptive estimation of forecast error covariance parameters for Kalman filtering data assimilation. *Adv. Atmos. Sci.*, **26**, 154–160.

Zheng, Y., Q. Xu, and D. J. Stensrud (1995). A numerical simulation of the 7 May 1985 mesoscale convective system. *Mon. Wea. Rev.*, **123**, 1781–1799.

Zhu, C., C.-K. Park, W.-S. Lee, and W.-T. Yun (2008). Statistical downscaling for multimodel ensemble prediction of summer monsoon rainfall in the Asia-Pacific region using geopotential height field. *Adv. Atmos. Sci.*, **25**, 867–884.

Zorita, E., and H. von Storch (1999). The analog method as a simple statistical downscaling technique: Comparison with more complicated methods. *J. Climate*, **12**, 2474–2489.

Zou, X., I. M. Navon, and F. X. LeDimet (1992). An optimal nudging data assimilation scheme using parameter estimation. *Quart. J. Roy. Meteor. Soc.*, **118**, 1163–1186.